编审委员会

主　任　侯建国

副主任　窦贤康　陈初升
　　　　　张淑林　朱长飞

委　员（按姓氏笔画排序）

方兆本	史济怀	古继宝	伍小平
刘　斌	刘万东	朱长飞	孙立广
汤书昆	向守平	李曙光	苏　淳
陆夕云	杨金龙	张淑林	陈发来
陈华平	陈初升	陈国良	陈晓非
周学海	胡化凯	胡友秋	俞书勤
侯建国	施蕴渝	郭光灿	郭庆祥
奚宏生	钱逸泰	徐善驾	盛六四
龚兴龙	程福臻	蒋　一	窦贤康
褚家如	滕脉坤	霍剑青	

普通高等教育"十一五"国家级规划教材　中国科学技术大学精品教材

"十二五"国家重点图书出版规划项目

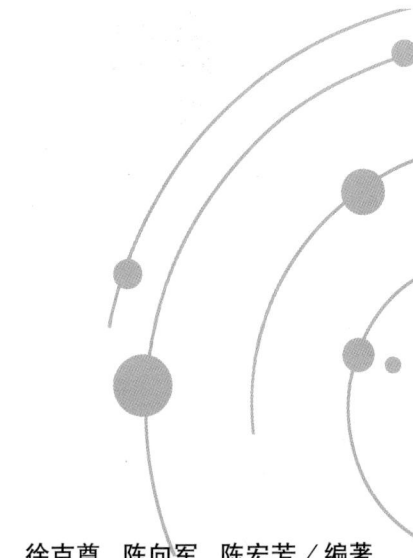

徐克尊　陈向军　陈宏芳／编著

Modern Physics

近代物理学

第4版

中国科学技术大学出版社

内 容 简 介

本书是"普通高等教育'十一五'国家级规划教材"和"中国科学技术大学精品教材",曾于1995年获得"国家教育委员会高等学校优秀教材奖二等奖"。

本书内容涉及近代物理学的原子物理、分子物理、原子核物理、粒子物理和射线与物质的相互作用几个方面。本书以实验事实为基础,同时引进量子力学的基本内容,力图把所有内容建立在实验和量子力学的概念和方法基础上,从而使近代物理学的基本物理现象、概念和规律阐述得更清楚、更透彻。书中还简要介绍了近代物理的一些最经典和最新的研究进展,试图把许多科技新成果和应用有机地结合到有关章节。书中还介绍了若干诺贝尔物理学奖获得者的工作,适当加入一些他们的思想方法和科学研究艺术内容,对培养学生的创新思维能力会有帮助。书中各章还配有一些例题和习题,这对掌握概念有帮助。

本书适合作为高等学校物理专业的教材或参考书,亦可供有关专业师生及科技工作者参考。

图书在版编目(CIP)数据

近代物理学/徐克尊,陈向军,陈宏芳编著. —4版. —合肥:中国科学技术大学出版社,2019.1(2024.3重印)

(中国科学技术大学精品教材)

普通高等教育"十一五"国家级规划教材

"十二五"国家重点图书出版规划项目

安徽省"十三五"重点图书出版规划项目

ISBN 978-7-312-04219-5

Ⅰ.近… Ⅱ.①徐… ②陈… ③陈… Ⅲ.物理学—高等学校—教材 Ⅳ.O41

中国版本图书馆CIP数据核字(2018)第080783号

出版	中国科学技术大学出版社 安徽省合肥市金寨路96号,230026 http://press.ustc.edu.cn https://zgkxjsdxcbs.tmall.com
印刷	合肥华苑印刷包装有限公司
发行	中国科学技术大学出版社
开本	710 mm×1000 mm 1/16
印张	29.25
插页	2
字数	557千
版次	1993年4月第1版 2019年1月第4版
印次	2024年3月第7次印刷
定价	69.00元

总　　序

2008年，为庆祝中国科学技术大学建校五十周年，反映建校以来的办学理念和特色，集中展示教材建设的成果，学校决定组织编写出版代表中国科学技术大学教学水平的精品教材系列。在各方的共同努力下，共组织选题281种，经过多轮、严格的评审，最后确定50种入选精品教材系列。

五十周年校庆精品教材系列于2008年9月纪念建校五十周年之际陆续出版，共出书50种，在学生、教师、校友以及高校同行中引起了很好的反响，并整体进入国家新闻出版总署的"十一五"国家重点图书出版规划。为继续鼓励教师积极开展教学研究与教学建设，结合自己的教学与科研积累编写高水平的教材，学校决定，将精品教材出版作为常规工作，以《中国科学技术大学精品教材》系列的形式长期出版，并设立专项基金给予支持。国家新闻出版总署也将该精品教材系列继续列入"十二五"国家重点图书出版规划。

1958年学校成立之时，教员大部分来自中国科学院的各个研究所。作为各个研究所的科研人员，他们到学校后保持了教学的同时又作研究的传统。同时，根据"全院办校，所系结合"的原则，科学院各个研究所在科研第一线工作的杰出科学家也参与学校的教学，为本科生授课，将最新的科研成果融入到教学中。虽然现在外界环境和内在条件都发生了很大变化，但学校以教学为主、教学与科研相结合的方针没有变。正因为坚持了科学与技术相结合、理论与实践相结合、教学与科研相结合的方针，并形成了优良的传统，才培养出了一批又一批高质量的人才。

学校非常重视基础课和专业基础课教学的传统，也是她特别成功的原因之一。当今社会，科技发展突飞猛进、科技成果日新月异，没有扎实的基础知识，很难在科学技术研究中作出重大贡献。建校之初，华罗庚、吴有训、严济慈等老一辈科学家、教育家就身体力行，亲自为本科生讲授基础课。他们以渊博的学识、精湛的讲课艺术、高尚的师德，带出一批又一批杰出的年轻教员，培养了一届又一届优秀学生。入选精品教材系列的绝大部分是基础课或专业基础课的教材,其作者大多直接或间接受到过这些老一辈科学家、教育家的教诲和影响,因此在教材中也贯穿着这些先辈的教育教学理念与科学探索精神。

改革开放之初,学校最先选派青年骨干教师赴西方国家交流、学习,他们在带回先进科学技术的同时,也把西方先进的教育理念、教学方法、教学内容等带回到中国科学技术大学,并以极大的热情进行教学实践,使"科学与技术相结合、理论与实践相结合、教学与科研相结合"的方针得到进一步深化,取得了非常好的效果,培养的学生得到全社会的认可。这些教学改革影响深远,直到今天仍然受到学生的欢迎,并辐射到其他高校。在入选的精品教材中,这种理念与尝试也都有充分的体现。

中国科学技术大学自建校以来就形成的又一传统是根据学生的特点,用创新的精神编写教材。进入我校学习的都是基础扎实、学业优秀、求知欲强、勇于探索和追求的学生,针对他们的具体情况编写教材,才能更加有利于培养他们的创新精神。教师们坚持教学与科研的结合,根据自己的科研体会,借鉴目前国外相关专业有关课程的经验,注意理论与实际应用的结合,基础知识与最新发展的结合,课堂教学与课外实践的结合,精心组织材料、认真编写教材,使学生在掌握扎实的理论基础的同时,了解最新的研究方法,掌握实际应用的技术。

入选的这些精品教材,既是教学一线教师长期教学积累的成果,也是学校教学传统的体现,反映了中国科学技术大学的教学理念、教学特色和教学改革成果。希望该精品教材系列的出版,能对我们继续探索科教紧密结合培养拔尖创新人才,进一步提高教育教学质量有所帮助,为高等教育事业作出我们的贡献。

侯建国

中国科学院院士
第三世界科学院院士

前　言

本书是根据作者给中国科学技术大学的本科生讲授"原子物理"课程和给中美联合培养物理类研究生计划（China-US Physics Examination and Application，CUSPEA）班讲授"原子核物理"课程的讲稿，经不断修改和补充而成的。第1版由高等教育出版社约稿，作为汪克林教授主编的《普通物理学教程》的第五分册，由徐克尊、周子舫和陈宏芳教授编写，在1993年4月出版，1995年获得"国家教育委员会高等学校优秀教材奖二等奖"。在此基础上，根据作者长期讲授"原子物理"课程的教学经验和几十年进行原子分子物理、原子核物理和粒子物理研究工作的科研经验，第2版作为"普通高等教育'十一五'国家级规划教材"和"中国科学技术大学精品教材"，由徐克尊、陈向军和陈宏芳教授重新编写，删去"固体物理"一章，于2008年9月由中国科学技术大学出版社出版。

2015年的第3版又作了较大修改，内容上改动较大的主要有以下几方面：(1) 对第6,7和8章的次序作了调整，第6章改名为"射线与物质的相互作用"，并移后作为第8章，从内容上看这样更合理。(2) 鉴于从原子、分子和原子核物理发展出来的一系列技术已获得广泛应用，特别是近几十年在医学诊断和癌症治疗方面取得的巨大进展，在第8章增写了一节"射线的重要应用技术"。(3) 对如下内容和段作了较大修改：摩尔、原子的质量和原子量，作用截面，位置和动量不确定关系，量子力学中的测量，力学量的算符表示、本征值和平均值，氢原子的 R 方程式的解，总角动量，角动量相加法则，氢原子能级结构的精细修正，兰姆移位实验，拉曼散射，壳层模型能级图，指数衰变规律，β 跃迁分类，重离子束应用，中子源，裂变反应堆和核电站，聚变反应堆，正电子湮灭，卢瑟福散射，非弹性散射，跃迁寿命，跃迁类型和选择定则，介子和重子的夸克组成，弱电统一，强相互作用，标准模型面临的挑战，标准模型以外的理论。(4) 对插图也作了较多修改，增加10幅，减少8幅，修改 50 幅，置换 71 幅。(5) 根据最新的数据值和 2010 年科学技术数据委员会 (Committee on Data for Science and Technology, CODATA) 的最新基本物理常数推荐值，更换了各章和附录中的全部数据。

本次第 4 版除了大量的小段落内容、文字和图表的修改外，也对如下内容和段作了较大修改和补充：原子的经典性质，量子力学中测量，原子核的质量，原子核的自旋和磁矩，壳层模型，γ射线多极性，核电站和聚变反应堆，跃迁类型和选择定则，射线的重要应用技术，反粒子，引力波及测量，暗物质的测量。作者还对几个小节作了调整：取消 1.1.2 小节，改写后作为"2.1.1 光子的粒子性"小节；取消 2.3.3 小节内的"量子力学中的测量"部分和 2.4.3 小节，改写后作为单独一节 "2.5 力学量的算符、本征值和测量值"；将 7.5.1 小节内的"重离子核反应"部分拿出改写作为单独的一节 7.5.2；将 9.1.2 小节"粒子的分类"改写为单独三小节："9.1.2 轻子""9.1.3 强子""9.1.4 规范玻色子、希格斯粒子和反粒子"；将 9.4.1 小节中的几种相互作用拿出作为单独三小节："9.4.2 电磁相互作用" "9.4.3 弱相互作用及弱电统一理论""9.4.4 强相互作用"。此外，在附录中增加电磁波谱和波段。

通常，近代物理主要是指 19 世纪末 20 世纪初开始形成的相对论和物质的微观结构现象与理论——原子、分子、原子核和粒子物理，固体物理也可以包括在内。在目前的课程体系下，相对论一般已在"力学"课程中讲解，本书作为普通物理学的"原子物理"课程教材，内容只包括原子物理、分子物理、原子核物理和粒子物理，以及这些微观粒子与物质的相互作用。

原子物理、分子物理、原子核物理和粒子物理的发展在一开始虽然有先后，但后来可以说是并行的，同时它们又是相互交叉和相互促进的。它们展现给人们的是在层出不穷的微观物质世界中，各种粒子的结构、运动和相互作用的新现象和新理论。毫无疑问，它们从诞生之日起，就一直处于科学研究的最前沿，这一点从大多数诺贝尔物理学奖获得者都是由于他们在这方面的研究成就可以看出。

近代物理学的发展大大推动了科学、技术、医疗和国民经济的迅猛发展。许多学科如天文学、化学、生物学、医学、凝聚态物理、材料科学和环境科学等，已经进入了原子分子这个层次；许多部门如农业、医学、地质、冶金、采矿、能源、考古、安检、国防等，已经越来越多地利用了近代物理的方法和技术。当今各个学科的相互交叉和相互渗透已经成为普遍的规律,要求一个理工科学生掌握涉及微观的原子、分子、原子核和基本粒子各层次的基本知识,显然是合理的。当然,希望本书对其他学科的科学家和工程师也有参考价值。

本书作为普通物理教材,讲解基本的物理思想和规律,着重给出基本的实验现象,对物理概念力求解释清楚,避免繁杂的、不必要的理论推导,做到说理清楚、重点突出、条理分明。为了使近代物理的概念阐述得更清楚和更准确,引进了量子力学的基础内容,把近代物理内容建立在量子力学概念和方法的基础上,使学生能够在初步量子力学的框架下学习和理解原子、分子、原子核和粒子物理,为后续的量子力学课程建立正确的微观图像。当然,作为普通物理学,我们并不要求读者掌握量子力学中很多繁杂的理论计算。

本书不仅给出上述基本知识,而且注意介绍近代物理最近几十年的主要研究进展和已得到广泛应用的技术,还通过许多著名的实验来介绍科学家的物理思考和提出的研究方法,给出创新研究所需要的素质和品质。通过这些学习使学生能掌握近代物理的基础、研究前沿及与相关学科和应用领域的联系,增加学生学习的兴趣,扩大学生的知识面,培养学生的创新思维、进行科研和独立解决问题的素质和能力。希望通过这些学习以利于学生在更宽广的领域从事研究、教学、应用和其他工作。

本书编写分工如下:第2版后陈向军教授编写第3、4和5章,陈宏芳教授编写第9章,第4版徐克尊修改;徐克尊教授编写其余各章和附录,并负责总审和串连。本书作为教材有部分章节内容较深、较广,是作为学生开阔眼界和深入探讨的参考,也是为了适应各学校各专业教学要求的不同,教师在教学中可以根据实际情况进行安排和取舍。附录给出了基本的物理和化学常数、10的幂词头、电磁波谱和波段、原子单位制、诺贝尔物理学奖获得者及其主要工作;书末给出了各章习题答案,并附名词索引和人名索引以方便查找;最后也给出了主要参考书目。若正文中有引用则在所处的右上方加方括号标注;若正文中是引用参考文章,则在当页下方用脚注形式给出。

本书初稿由中国科学技术大学汪克林教授审阅,中国科学技术大学的方容川、谢建平、夏上达和郭常新教授分别对部分章节进行了审阅,初稿完成后由中国科学技术大学北京研究生院汤拒非教授和国家教委高等学校物理学教学指导委员会主任、北京大学高崇寿教授进行了系统的审阅,高等教育出版社编辑奚静平先生审读了全书,他们均提出了很多中肯的修改意见,高崇寿教授并建议将书名"原子物理学"改为"近代物理学"。第2~4版得到中国科学技术大学出版社编辑的帮助,朱林繁教授在教学中发现了书中一些错误。作者要对所有参与审阅和评奖的先生和进行过讨论及给过帮助的老师、编辑和同学表示衷心的感谢。书中肯定还会存在缺点和不妥之处,敬请读者提出批评和建议,以便再版或重印时改正。

徐克尊

2018 年 8 月

目　次

总序 ··· (ⅰ)
前言 ··· (ⅲ)
第1章　原子模型和单电子原子 ··· (1)
　1.1　原子的经典性质和汤姆孙原子模型 ································· (1)
　　1.1.1　原子的经典性质 ··· (1)
　　1.1.2　电子的发现和质量 ··· (4)
　　1.1.3　电子的电荷与大小 ··· (6)
　　1.1.4　汤姆孙原子模型 ··· (8)
　1.2　α粒子散射实验和卢瑟福原子模型 ································· (9)
　　1.2.1　α粒子散射实验 ·· (9)
　　1.2.2　卢瑟福原子模型及散射公式 ································· (11)
　　1.2.3　卢瑟福散射公式与实验的比较 ······························· (14)
　　1.2.4　作用截面 ··· (16)
　1.3　氢原子光谱和玻尔原子模型 ······································· (18)
　　1.3.1　氢原子光谱和光谱项 ······································· (19)
　　1.3.2　玻尔原子模型 ··· (20)
　　1.3.3　轨道图和能级图 ··· (23)
　　1.3.4　跃迁和原子光谱 ··· (26)
　1.4　类氢离子光谱和原子的激发实验 ··································· (28)
　　1.4.1　类氢离子光谱 ··· (29)
　　1.4.2　原子核质量的影响 ··· (30)
　　1.4.3　弗兰克-赫兹实验——激发电势的测量 ························· (31)
　1.5　特殊的氢原子体系 ··· (34)

1.5.1 里德伯态 ……………………………………………………（34）
1.5.2 奇特原子 ……………………………………………………（36）
1.5.3 粒子素、电子偶素和反氢原子 ……………………………（40）
习题 …………………………………………………………………（41）

第2章 量子力学初步 ……………………………………………（44）

2.1 波粒二象性 ……………………………………………………（45）
  2.1.1 光子的粒子特性 ……………………………………………（45）
  2.1.2 单光子的粒子性 ……………………………………………（48）
  2.1.3 单光子的波动性 ……………………………………………（49）
  2.1.4 德布罗意波 …………………………………………………（50）
  2.1.5 电子的晶体衍射实验 ………………………………………（52）
  2.1.6 单电子的波动性 ……………………………………………（55）
2.2 不确定关系 ……………………………………………………（57）
  2.2.1 位置和动量的不确定关系 …………………………………（57）
  2.2.2 能量和时间的不确定关系 …………………………………（60）
2.3 波函数及其物理意义 …………………………………………（61）
  2.3.1 波函数的引入 ………………………………………………（61）
  2.3.2 波函数的统计解释和物理要求 ……………………………（62）
  2.3.3 对波函数的进一步讨论 ……………………………………（65）
2.4 薛定谔方程及应用例子 ………………………………………（67）
  2.4.1 薛定谔方程的建立 …………………………………………（67）
  2.4.2 定态薛定谔方程 ……………………………………………（68）
  2.4.3 一维无限高方势阱和零点能 ………………………………（70）
  2.4.4 一维方势垒和隧道效应 ……………………………………（73）
  2.4.5 电子显微镜和扫描隧道显微镜 ……………………………（74）
2.5 力学量的算符、本征值和测量值 ……………………………（76）
  2.5.1 本征方程和算符 ……………………………………………（76）
  2.5.2 本征值和测量值 ……………………………………………（78）
2.6 氢原子的量子力学解 …………………………………………（80）
  2.6.1 中心力场薛定谔方程 ………………………………………（80）

  2.6.2 Φ 和 Θ 方程式的解和角动量 ·· (81)
  2.6.3 R 方程式的解和能量 ·· (84)
  2.6.4 电子的空间概率密度分布 ·· (86)
 2.7 对应原理和普朗克常数的物理意义 ·· (93)
  2.7.1 对应原理 ·· (93)
  2.7.2 作用量判据 ·· (94)
  2.7.3 精确度的极限 ·· (95)
 习题 ·· (96)

第3章 电子自旋和原子能级的精细结构 ·· (99)
 3.1 原子的轨道磁矩和斯特恩-盖拉赫实验 ·· (99)
  3.1.1 原子的轨道磁矩 ·· (99)
  3.1.2 磁矩与磁场的相互作用 ·· (101)
  3.1.3 斯特恩-盖拉赫实验 ·· (102)
 3.2 电子自旋和自旋-轨道相互作用 ·· (104)
  3.2.1 电子自旋 ·· (104)
  3.2.2 自旋-轨道相互作用 ·· (107)
  3.2.3 总角动量 ·· (109)
  3.2.4 角动量相加法则和原子多重态 ·· (110)
 3.3 氢原子能级的精细结构和超精细结构 ·· (112)
  3.3.1 氢原子能级的精细结构修正 ·· (112)
  3.3.2 氢原子光谱的精细结构 ·· (117)
  3.3.3 兰姆移位和电子的反常磁矩 ·· (118)
  3.3.4 超精细结构 ·· (121)
 3.4 碱金属原子的能级与光谱 ·· (124)
  3.4.1 碱金属原子的能级及量子数亏损 ·· (124)
  3.4.2 碱金属原子的光谱 ·· (125)
  3.4.3 碱金属原子能级和光谱的精细结构 ···································· (127)
 3.5 外场中的原子 ·· (129)
  3.5.1 外磁场中的原子：塞曼效应 ·· (129)
  3.5.2 电子顺磁共振和原子分子束磁共振 ···································· (137)

3.5.3　外电场中的原子:斯塔克效应 ･･････････････････････････････ (138)
　习题 ･･･ (141)
第 4 章　多电子原子的能级和光谱 ･･････････････････････････････････ (143)
　4.1　氦原子的光谱和能级 ･･･ (143)
　4.2　泡利不相容原理和交换效应 ･･･････････････････････････････････ (145)
　　4.2.1　全同性原理和波函数的交换对称性 ･････････････････････････ (145)
　　4.2.2　泡利不相容原理 ･･･ (147)
　　4.2.3　两个电子的自旋波函数 ･････････････････････････････････････ (147)
　　4.2.4　氦原子的波函数与交换效应 ･････････････････････････････････ (149)
　4.3　多电子原子的电子组态和壳层结构 ････････････････････････････ (153)
　　4.3.1　多电子原子的中心力场近似和电子组态 ･････････････････････ (153)
　　4.3.2　原子的壳层结构和元素周期律 ･･･････････････････････････････ (155)
　　4.3.3　电子组态能级的简并度 ･････････････････････････････････････ (163)
　4.4　多电子原子的原子态和能级 ･･･････････････････････････････････ (164)
　　4.4.1　LS 耦合 ･･･ (165)
　　4.4.2　jj 耦合 ･･･ (171)
　　4.4.3　洪特定则和原子基态 ･･･････････････････････････････････････ (173)
　　4.4.4　外磁场中的多电子原子能级分裂 ･････････････････････････････ (175)
　　4.4.5　选择定则和多电子原子的光谱 ･･･････････････････････････････ (175)
　4.5　原子的内层能级和特征 X 射线 ････････････････････････････････ (177)
　　4.5.1　X 射线发射谱 ･･･ (178)
　　4.5.2　俄歇电子能谱和荧光产额 ･･･････････････････････････････････ (181)
　　4.5.3　同步辐射 ･･･ (183)
　习题 ･･･ (185)
第 5 章　分子结构和分子光谱 ･･････････････････････････････････････ (187)
　5.1　分子能级结构和光谱概述 ･･････････････････････････････････････ (187)
　5.2　分子的化学键 ･･ (189)
　　5.2.1　离子键 ･･ (190)
　　5.2.2　共价键 ･･ (192)
　5.3　双原子分子的能级和光谱 ･･････････････････････････････････････ (196)

  5.3.1 玻恩-奥本海默近似 ……………………………………………… (196)
  5.3.2 双原子分子的转动能级和转动光谱 ………………………… (197)
  5.3.3 双原子分子的振动能级和振动光谱 ………………………… (201)
  5.3.4 双原子分子的电子结构 ……………………………………… (206)
  5.3.5 双原子分子的电子振动转动光谱 …………………………… (211)
 5.4 拉曼散射 ……………………………………………………………… (216)
习题 ………………………………………………………………………………… (222)

第6章 原子核的基本性质和结构 ………………………………………… (223)
 6.1 原子核的经典性质 …………………………………………………… (223)
  6.1.1 原子核的电荷和组成 ………………………………………… (223)
  6.1.2 原子核的质量和核素 ………………………………………… (225)
  6.1.3 原子核的大小和密度 ………………………………………… (228)
 6.2 原子核的量子性质 …………………………………………………… (229)
  6.2.1 自旋、磁矩和电四极矩 ……………………………………… (229)
  6.2.2 核磁共振 ……………………………………………………… (232)
  6.2.3 宇称和统计性 ………………………………………………… (234)
 6.3 原子核的稳定性和结合能 …………………………………………… (235)
  6.3.1 核素图和 β 稳定线 ………………………………………… (235)
  6.3.2 结合能 ………………………………………………………… (237)
  6.3.3 液滴模型和结合能的半经验公式 …………………………… (240)
 6.4 核力 …………………………………………………………………… (242)
  6.4.1 核力的性质 …………………………………………………… (242)
  6.4.2 核力的介子场论和交换作用 ………………………………… (245)
 6.5 核结构模型 …………………………………………………………… (246)
  6.5.1 壳层模型 ……………………………………………………… (247)
  6.5.2 集体模型 ……………………………………………………… (250)
习题 ………………………………………………………………………………… (254)

第7章 核衰变和核反应 ……………………………………………………… (256)
 7.1 放射性衰变的基本规律 ……………………………………………… (256)
  7.1.1 指数衰变规律和活度 ………………………………………… (257)

- 7.1.2 级联衰变 (259)
- 7.1.3 核素生产 (261)
- 7.2 α衰变 (262)
  - 7.2.1 α衰变条件和衰变能 (262)
  - 7.2.2 衰变纲图 (264)
  - 7.2.3 α衰变概率和寿命 (265)
  - 7.2.4 质子和其他类α放射性 (267)
- 7.3 β衰变 (268)
  - 7.3.1 β衰变类型和衰变能 (268)
  - 7.3.2 β射线能谱和中微子 (271)
  - 7.3.3 β跃迁分类和选择定则 (273)
- 7.4 γ跃迁 (274)
  - 7.4.1 γ射线多极性和选择定则 (274)
  - 7.4.2 内转换和同质异能态 (277)
  - 7.4.3 穆斯堡尔效应 (278)
- 7.5 核反应 (280)
  - 7.5.1 核反应分类 (280)
  - 7.5.2 重离子核反应 (281)
  - 7.5.3 守恒定律和反应截面 (283)
  - 7.5.4 反应能和阈能 (285)
- 7.6 裂变和聚变 (287)
  - 7.6.1 自发裂变、诱发裂变和中子源 (287)
  - 7.6.2 链式反应、原子弹、裂变反应堆和核电站 (289)
  - 7.6.3 人工核聚变和聚变反应堆 (292)
  - 7.6.4 太阳能和氢弹 (296)
- 习题 (298)

第8章 射线与物质的相互作用 (302)
- 8.1 光子的吸收和散射 (303)
  - 8.1.1 光电效应 (303)
  - 8.1.2 康普顿散射和汤姆孙散射 (305)

8.1.3 瑞利散射和共振散射 ································· (310)
  8.1.4 吸收定律和X射线吸收精细结构 ················· (312)
 8.2 正电子及有关效应 ·· (314)
  8.2.1 正电子和反粒子 ·· (314)
  8.2.2 电子对效应 ··· (317)
  8.2.3 电子偶素 ··· (318)
  8.2.4 正电子湮灭 ··· (320)
 8.3 带电粒子的弹性和非弹性散射 ··························· (323)
  8.3.1 卢瑟福散射和莫特散射 ································ (324)
  8.3.2 非弹性散射 ··· (328)
  8.3.3 多次散射 ··· (330)
 8.4 带电粒子的电离损失和射程 ······························ (331)
  8.4.1 电离损失 ··· (331)
  8.4.2 径迹和射程 ·· (335)
 8.5 热碰撞激发和退激发 ·· (337)
  8.5.1 热激发和布居 ··· (337)
  8.5.2 无辐射碰撞退激发 ······································· (339)
 8.6 能级、跃迁和谱线的特性 ··································· (341)
  8.6.1 跃迁速率和寿命 ·· (342)
  8.6.2 谱线和能级的宽度 ······································· (344)
  8.6.3 谱线增宽和线形 ·· (347)
  8.6.4 跃迁类型和选择定则 ···································· (349)
 8.7 射线的重要应用技术 ·· (352)
  8.7.1 简单的能谱技术 ·· (353)
  8.7.2 影像诊断技术 ··· (356)
  8.7.3 放射治疗 ··· (361)
 习题 ·· (364)

第9章 粒子物理 ·· (367)
 9.1 粒子的基本性质和分类 ····································· (368)
  9.1.1 粒子的基本性质 ·· (368)

- 9.1.2 轻子 ……………………………………………………………… (370)
- 9.1.3 强子 ……………………………………………………………… (375)
- 9.1.4 规范玻色子、希格斯粒子和反粒子…………………………… (379)
- 9.2 强子的夸克模型 ………………………………………………………… (381)
  - 9.2.1 夸克的引入………………………………………………………… (381)
  - 9.2.2 介子和重子的夸克组成 ………………………………………… (383)
  - 9.2.3 夸克的基本性质和夸克模型的深入讨论 ……………………… (385)
- 9.3 守恒定律与对称性 ……………………………………………………… (390)
  - 9.3.1 相加性量子数的守恒律 ………………………………………… (391)
  - 9.3.2 相乘性量子数的守恒律 ………………………………………… (392)
- 9.4 粒子物理的标准模型及其他物理模型 ………………………………… (398)
  - 9.4.1 粒子物理的标准模型和四种相互作用 ………………………… (398)
  - 9.4.2 引力相互作用……………………………………………………… (400)
  - 9.4.3 电磁相互作用……………………………………………………… (401)
  - 9.4.4 弱相互作用及弱电统一理论 …………………………………… (402)
  - 9.4.5 强相互作用………………………………………………………… (406)
  - 9.4.6 标准模型面临的挑战 …………………………………………… (410)
  - 9.4.7 标准模型以外的理论 …………………………………………… (414)
- 习题 …………………………………………………………………………… (417)

附录Ⅰ 基本的物理和化学常数 ……………………………………………… (420)

附录Ⅱ 电磁波谱和波段 ……………………………………………………… (422)

附录Ⅲ 10 的幂词头 …………………………………………………………… (424)

附录Ⅳ 原子单位制 …………………………………………………………… (425)

附录Ⅴ 诺贝尔物理学奖获得者及其主要工作 ……………………………… (426)

习题答案 ………………………………………………………………………… (436)

主要参考书目 …………………………………………………………………… (443)

中英文名词索引 ………………………………………………………………… (445)

人名索引 ………………………………………………………………………… (452)

第 1 章 原子模型和单电子原子

原子是物质结构的一个层次。本章主要讨论原子的一般性质以及原子结构的经典模型,并着重讨论用能级和量子数描述的原子能量不连续状态以及它们的实验证实。作为简单的例子,本章还将半经典地讨论不考虑自旋轨道耦合作用等精细和超精细结构效应的单电子氢原子、类氢离子以及其他特殊的氢原子体系[1-9]。

1.1 原子的经典性质和汤姆孙原子模型

1.1.1 原子的经典性质

通过 18 世纪的大量化学实验,19 世纪初科学家发现定比定律即在每种化合物中,参与化学反应的各元素的量都成一定的整数比;以及倍比定律即由两种元素组成的不同化合物中,如果一种元素的量是一定的,与它化合的另一种元素的量都成倍数。1803~1807 年道尔顿(J. Dalton)提出原子论:宏观物质由少数几种元素组成,元素是由具有相同质量和属性的同种原子构成的,不同元素的原子具有不同的质量,化合物是由原子结合而成的,原子是化学作用的最小单位且在化学变化中不会改变。从而使物质构成的原子论从古希腊哲学上的争论开始走上科学。后来我们知道原子是由电子和原子核组成的,原子核内有 Z 个质子和 N 个中子,核子数 $A = Z + N$,化学元素实际上由相同质子数的原子构成,Z 相同、N 不同的原子互为同位素。原子用 $^A_Z X$ 描述,X 是元素符号,通常简写为 X-A 或 $^A X$,如碳-12 或 ^{12}C 原子。

在原子论基础上,可以不必知道原子的结构和组成情况,用经典的方法即可知道原子的下述一般经典性质。

(1) 摩尔和阿伏伽德罗常数

1811年阿伏伽德罗(A. Avogadro)根据上述研究提出定律:在相同温度和压强下,同体积的任何一种气体都含有相同的分子数目。1971年第十四届国际计量大会引入摩尔(mol)作为物质的量的国际单位制的基本单位,对由原子、离子、分子或其他微观粒子组成的一个系统,定义1摩尔该系统包含的粒子数与12 g 碳-12原子的数目相等,这个数目就是阿伏伽德罗常数 N_A。这样可以把阿伏伽德罗定律推广为更一般的表示方式:1摩尔任何种类的微观粒子系统(原子、分子、离子、电子等)都含有 N_A 个相同数目的微粒。实验给出 $N_A = 6.022\,140\,857(74) \times 10^{23}$ mol^{-1},其中,括号内两位数字为最后两位数字的误差。因此,1摩尔元素物质,不论它是哪种原子,都含有相同数目 N_A 个原子。2018年国际计量会议决定直接用 N_A 定义摩尔,1摩尔物质包含 $6.022\,140\,36 \times 10^{23}$ 个原子或分子等基本单元,这样 N_A 是精确值:

$$N_A = 6.022\,140\,76 \times 10^{23}$$

(2) 原子的质量和原子量

原子的质量 m 很小,通常使用相对质量计算更方便。1960年国际物理和化学会议决定:以一个 ^{12}C 原子质量的 1/12 作为微观粒子质量的基本单位 u。

$$1\,\text{u} = m(^{12}\text{C})/12 = 1.660\,539\,040(20) \times 10^{-24}\,\text{g}$$

用原子质量单位 u 表示的原子质量的数值就是原子量 A,即有 $m = A$ u,因而原子的原子量是它的质量除以 ^{12}C 质量的 1/12。这样 A 就是原子的相对质量,没有单位,不是很小的数。结合摩尔和原子量的定义,得到1摩尔原子系统具有 A 克质量,它又含有 N_A 个原子,因此以 g 为单位的一个原子的质量 m 也可以通过 A 和 N_A 得到:

$$m = A\text{u} = \frac{A}{N_A}(\text{g}) \tag{1.1.1}$$

各种同位素原子的质量已精确地测出,通常各种表列出的都是原子量,本书表6.1.1(见6.1节)给出若干常用的同位素原子的原子量,原子质量只要除以 N_A 就行。天然化学元素常含有多种同位素,它的原子量是其各种同位素原子量的加权平均值,周期表中元素最下面的数字即为此平均值。如天然碳元素主要含碳-12,^{12}C 原子的 $A = 12$,但还有约 1.07% 的碳-13,^{13}C 原子的 $A = 13.003\,355$,因而碳元素的原子量为 12.010 7。

原子的质量应等于组成它的所有电子、质子和中子的质量之和再减去它们的结合能。实际上电子质量比质子质量小三个量级,核子结合能也比核子质量能小两个多量级,粗略地看,原子的质量近似等于组成它的所有质子和中子的质量之和。由于质子和中子的质量都近于 1 u,原子量 A 都接近整数,实际上这个整数就是核子数。选择碳-12 原子作标准正是为了使各种原子的原子量都接近整数,如表 6.1.1 所示。

由此可见,原子的质量是多么小,但这一点是不足为怪的。从原子量与一个原子质量的关系 $A = N_A m$,法拉第常数 F 与电子电荷 e 的关系 $F = N_A e$,以及气体普适常数 R 与玻尔兹曼常数 k 的关系 $R = N_A k$,可以看出 N_A 起到了联系宏观量与微观量之间关系的桥梁作用,N_A 数字之大正好说明微观世界之小。

(3) 原子的大小和半径

原子很小,直径为 10^{-10} m 量级,使用一般方法很难观测到。可以这样来估计,设某元素物质的密度为 ρ,由式(1.1.1)可知,N_A/A 就是 1 克该物质含有的原子数,因此单位体积内的原子数即原子数密度 $N = \rho N_A/A$,其倒数就是每个原子平均占有的空间体积:

$$V = \frac{1}{N} = \frac{m}{\rho} = \frac{A}{\rho N_A} \tag{1.1.2}$$

如果认为原子呈球形,则可以由此公式估计出原子的半径大致为

$$R = \left(\frac{3V}{4\pi}\right)^{1/3} = \left(\frac{3A}{4\pi\rho N_A}\right)^{1/3} \tag{1.1.3}$$

表 1.1.1 给出的几种金属晶体元素物质的若干性质是由上述经典观点计算得到的。仔细分析这些数据后会发现,尽管各种原子的质量差很多,但所有原子的数密度、体积和半径相差不多,这是为什么? 当然,还有许多问题仍然是不清楚的,例如:每个原子的质量 m 正比于原子量 A,A 随原子序数 Z 的增加而增加,但又不与 Z 成正比,这是为什么? A 和 Z 的数值本质上反映了什么? 它们是怎么得来的? 尽管各种元素物质的 Z 和 A 可以差很多,但为什么它们的原子数密度、原子体积和半径却差不多?

表 1.1.1 某些金属晶体元素物质的若干性质

元素	Z	A	ρ ($\times 10^3$ kg·m^{-3})	m ($\times 10^{-26}$ kg)	N ($\times 10^{28}$ m^{-3})	V ($\times 10^{-29}$ m^3)	R ($\times 10^{-10}$ m)
锂 Li	3	6.9	0.534	1.15	4.66	2.15	1.72
铝 Al	13	27.0	2.70	4.49	6.02	1.66	1.58
铁 Fe	26	55.8	7.86	9.30	8.48	1.18	1.41
铜 Cu	29	63.5	8.94	10.5	8.48	1.18	1.41
银 Ag	47	108	10.5	17.9	5.85	1.71	1.60
铅 Pb	82	207	11.4	34.4	3.32	3.02	1.91

回答上述问题需要有更深入的关于原子内部情况的知识,包括结构和动力学知识,这也就是本书所要介绍的。在学完本书内容后返回来再想想这些问题,就易于理解了。

1.1.2 电子的发现和质量

19 世纪 70 年代,人们在对气体放电现象的进一步研究中发现了阴极射线。在一个抽真空后仍具有稀薄空气的玻璃管两端加上较高的电压后,不但会发生放电现象,在气体中出现辉光,而且从阴极会发射出一种射线,称为阴极射线。实验还发现,阴极射线在磁场中会偏转,由偏转的方向证明阴极射线带的是负电。当时人们对电的本质认识还很肤浅,著名物理学家开尔文在 1897 年还认为电是"一种连续的均匀液体"。一些人认为阴极射线是"以太"的一种特殊振动,另一些人认为它是带电的原子。真正把它作为亚原子粒子来研究的是 1897 年汤姆孙(J. J. Thomson)做的实验。汤姆孙实验所用的装置如图 1.1.1 所示。从阴极 C 发出的阴极射线,穿过具有狭缝的阳极 A 和准直孔 B 而形成细束,再穿过极板 D 和 E 之间的空间,最后到达管子右端带有标尺的荧光屏上,在屏上产生光点。如果使 D 板上带负电,E 板上带正电,则细束向下偏转,表明细束是带负电的。如果在 D 和 E 之间的空间加一个方向由纸面朝外的磁场,则细束向上偏转,由安培左手定则也表明细束是带负电的。假设细束中每一个粒子所带电荷为 $-q$,调节电场和磁场的大小,使它们对细束产生的偏转相互抵消,从而可以计算出细束的速度 v,也即只要使库仑力 $F_e = -qE = -qV/d$ 与洛伦兹力 $F_B = -qvB$ 相等,就可以得到

$$v = \frac{V}{Bd}$$

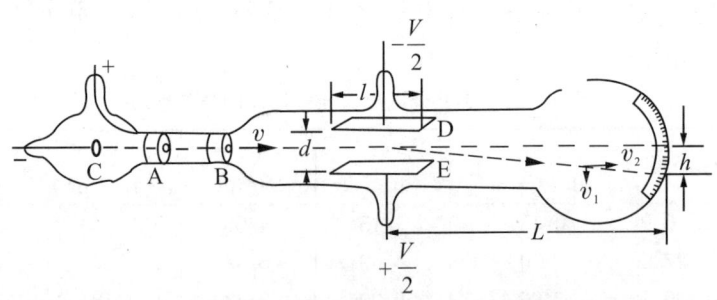

图 1.1.1 汤姆孙测量电子荷质比的实验装置示意图

这里 V 是在 D 和 E 两板间所加的电压差,d 是两板间的距离,V/d 即为 D 和 E 两板间所加的电场强度 E,B 为在 D 和 E 两板间所加的磁场强度。由电场和磁场

分别产生的细束向下和向上相等偏转距离 h，还可算出细束中每个粒子的电荷和质量的比值 q/m，即荷质比。设 l 为极板的长度，L 为极板中点到屏的距离，则由经典力学的基本公式，可以证明

$$\frac{q}{m} = \frac{hV}{dlLB^2} \tag{1.1.4}$$

实验表明，组成细束的粒子的 q/m 与气体的种类无关，其值比电解时测得的氢离子的 q/m 约大 1 000 倍，因此，它们不可能是电离的带电气体原子。

从实验测出的阴极射线粒子的荷质比还不能完全确定其质量比原子的小很多，也可能其电荷比氢离子的大很多。这之后的两年内，汤姆孙又从实验上证明了阴极射线粒子的电荷与氢离子的电荷相等。因此，汤姆孙确定：阴极射线粒子的电荷与氢离子的电荷大小相等、符号相反，但质量约是氢离子的 1/1 000，它们就是电子。现在知道，电子的质量 m_e 约为氢原子的质量 m_H 的 1/1 837：

$m_e = 9.109\ 383\ 56\ (11) \times 10^{-31}$ kg $= 0.510\ 998\ 946\ 1(31)$ MeV $\cdot c^{-2}$

汤姆孙因发现电子而获得 1906 年诺贝尔物理学奖。对于他的成功，有两点值得指出：首先，汤姆孙发现电子在客观上是由于高真空技术的发展。在汤姆孙发现电子之前，人们对阴极射线已研究了几十年，一些物理学家，其中包括电磁波的发现者赫兹（H. R. Hertz），也都做过类似的实验，但都由于当时所能达到的真空度不够高，空气的散射模糊了物理结果。由此可知，一个人获得科学成就有它的偶然性，但不管怎样都脱离不了当时社会生产和技术的发展水平，从这点看，它又是必然的。只要客观条件够了不是你就是他，看谁有天分和机遇了。其次，是汤姆孙本人的天分和严谨。他虽出身于富裕的商人家庭，但从小就爱读书，27 岁（1884 年）就当上了卡文迪什实验室主任教授；他敢于突破传统观念，大胆地承认了原子的可分及电子的存在。其实，休斯脱（A. Schuster）在 1890 年、考夫曼（W. Kaufman）在 1897 年也测出了荷质比，而且都在汤姆孙之前。但前者不相信阴极射线的粒子的质量不到氢原子的 1/1 000，宁可认为阴极射线粒子的质量与原子一样，因而电荷比氢离子的大得多。后者不承认阴极射线是粒子，因而不敢发表数据，直到 1901 年才公布。他们因而失去了发现电子的机会，是恩格斯所说的"当真理碰到鼻子尖上的时候还是没有得到真理"的人。

现在知道，电子是有质量的基本粒子中质量最小的。由能量、电荷和轻子数守恒定律可知，自由电子不会衰变为质量是零的光子，应该是稳定的。当然电子是否稳定要由实验确定，最新的实验给出电子的寿命大于 6.6×10^{28} 年，可以认为自由电子是稳定的。

1.1.3 电子的电荷与大小

很早以前人们就有了电荷的概念,但认为电荷的电量是连续的。1833 年法拉第(M. Faraday)发现了电解定律,指出当电解液通电时,在电极上析出的物质的质量 M 与通过的电量 q 以及物质的化学当量 A' 成正比,即

$$M = \frac{1}{F}A'q = \frac{1}{F}\frac{A}{B}q$$

式中,A 是原子量,B 是它的化合价数,F 是法拉第普适常数:

$$F = 96\,485.332\,89(59)\ \mathrm{C \cdot mol^{-1}}$$

因此,如果 $M = A, B = 1, q$ 就等于常数 F,即 1 mol 任何物质的单价离子都将把同样的电量带到电极上。换句话说,任何 1 mol 物质的单价离子本身永远带有相同的电量,这一电量就是法拉第常数 F。如果结合阿伏伽德罗定律,1 mol 物质含有 N_A 个数目的原子,很自然地得到,任何单价物质的每一个离子都带有相同的电荷:

$$e = \frac{F}{N_A} \tag{1.1.5}$$

任何二价物质的每一个离子带有的电荷为 $2e$。显然,e 就是电荷 q 的最小量,称为基元电荷或基本电荷,电荷是不连续的。其实这一推论早就应该得到,但由于旧思想的束缚,直到 1874 年才由斯通尼(G. J. Stoney)给出,他粗略地算出了这一基本电荷的近似值。

在汤姆孙发现电子之后,人们自然会想到电子携带的电荷 q 大小就是 e,氢离子携带的电荷等于电子的电荷大小,也是 e。不久,威尔逊(C. T. R. Wilson)和汤姆孙用威尔逊云室测定了过饱和蒸汽中雾滴的数目和总电量,确定了 e 的值。但这样得到的电荷值只是大量离子电荷的平均值。1911 年密立根(R. A. Millikan)用油滴实验直接测量了单个离子的电荷。

密立根所用的实验装置见图 1.1.2。一平行板空气电容器 P_1P_2 水平放置,在上板中间开一小孔,由喷雾器 AD 喷出的细小油滴(直径在 1 μm 量级)从小孔进入电容器中,同时在喷雾过程中由于摩擦力而使油滴带电。由光源 a 发出的光从窗 F_1 射入,照到油滴时被散射开。用显微镜从垂直方向的窗 F_2 处观察,油滴像是在黑暗背景上的一颗明亮的小星,通过测量油滴在重力、电场力、空气的黏滞阻力和浮力的共同作用下的平衡运动速度,就可以计算出油滴所带电荷的大小。

若先不在电容器上加电压,当油滴所受的重力和空气对它的浮力相平衡时,油滴的下降速度 v_g 就不再增加,满足如下关系:

$$\frac{4}{3}\pi r^3 (\rho - \rho_0)g = 6\pi \eta r v_g \tag{1.1.6}$$

油滴匀速下降。式中，r 是油滴的半径，ρ 和 ρ_0 是油滴和空气的密度，η 是空气的黏滞系数。若能测出油滴匀速下降的速度，就可以得到油滴的半径

$$r = \sqrt{\frac{9\eta v_g}{2(\rho - \rho_0)g}} \tag{1.1.7}$$

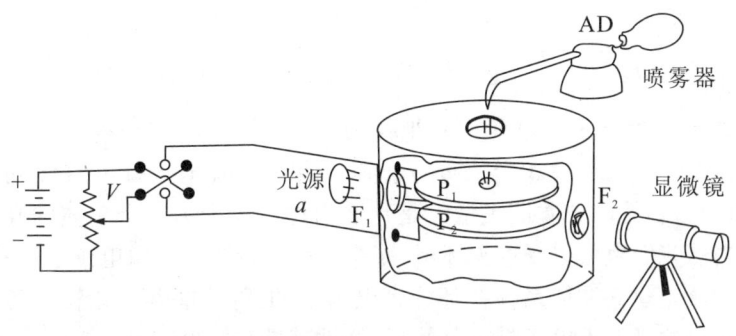

图 1.1.2 密立根实验装置简图

设电容器两极板之间的距离为 l，若在电容器上下板间加正向电压 V，那么如果油滴带有负电荷 e_k，当 V 大于一定值后，油滴就会受到电场力的作用而匀速上升。在这种情况下，力的平衡条件变为

$$-\frac{4}{3}\pi r^3 (\rho - \rho_0)g + \frac{V}{l}e_k = 6\pi \eta r v_e \tag{1.1.8}$$

测出油滴的上升速度 v_e，就可以算得

$$e_k = \frac{l}{V}\left[6\pi\eta r v_e + \frac{4}{3}\pi r^3(\rho - \rho_0)g\right] = \frac{6\pi \eta r l}{V}(v_e + v_g) \tag{1.1.9}$$

密立根对上千个油滴进行了上述测量，发现每个油滴带的电荷均为 e 的整数倍，因而这个最小电荷值即为电子的电荷。他由于直接测量到电子的电荷而获得 1923 年诺贝尔物理学奖。他测得的 e 值是 1.591×10^{-19} C，多年来一直被认为是最精确的值，直到 1929 年才发现有来源于 η 的 1% 误差。e 的现代值为

$$e = 1.602\,176\,620\,8(98) \times 10^{-19}\ \text{C}$$

现在可以肯定的是，电荷与质量一样，微观上是不连续的，取分立值。我们知道物体的最小电荷量为 e，各个粒子的电荷为 e 的整数倍或 0，因此一直认为 e 是基本电荷。但 1964 年盖尔曼的粒子物理的夸克模型给出组成基本粒子的各种夸克的电荷为 $\pm e/3, \pm 2e/3$，即带分数电荷。至今在实验中未找到夸克，但粒子物理标准模型相信夸克是真的。那么电荷是否存在分数呢？高能电子与电荷为 e 的质子的散射实验确实证明电荷在质子中是非均匀分布，这是部分子模型。当然究

竟是否存在分数电荷仍然是一个值得探索的问题,这在本书第9章将会详细讨论。

按相对论,电子的质量随它的速度增加而增加。那么,电子的电荷随速度增加是否有变化呢? 目前的实验表明,e/m 值随速度增加而减小,但 e 不变。

目前人们还不能直接测量到电子的半径。如果认为电子的质量来源于电磁作用,用经典理论可以算出所谓的电子经典半径

$$r_e = \frac{e^2}{4\pi\varepsilon_0 mc^2} = 2.817\,940\,322\,7\,(19) \times 10^{-15}\,\text{m}$$

但是如果认为电子是电荷占有半径为 r_e 的球体积,这种观念本身就存在矛盾。因为在 $(10^{-15})^3\,\text{m}^3$ 体积内分布的电荷,如果只存在电磁力,电子不可能保持稳定,其静电斥力会使电子立即飞散。是什么力保持电子为一个整体的呢? 现在还不知道。当然我们也可以反过来怀疑,库仑定律是否适用于像电子这样的小粒子。因为库仑力就是建立在体系存在部分带电体上的,静电能等于让粒子各部分分散开所做的功。这已假设电子是可分的了,这难道是对的吗?

电子到底有多大,这要由实验来定。量子电动力学假设电子是点粒子,就可以成功地解释许多微观和高速现象。例如,到目前为止,能量高到 $2\times100\,\text{GeV}$ 的高能正、负电子对撞实验,即尺度小到 $10^{-19}\,\text{m}$ 量级,用量子电动力学来解释仍然是正确的。也就是说,电子在 $10^{-19}\,\text{m}$ 范围外仍可以看作是点粒子。

通过上述讨论我们已经知道了电子的质量、寿命、电荷、大小,以后还要讲到电子的轨道角动量和自旋角动量、统计性等。但关于电子仍然有许多问题等待我们去探索,例如,什么因素和力决定了电子的质量和电荷是如此这般大小? 电子的质量为什么是氢原子的 1/1 837? 电子的电荷和质量为什么是量子化的? 电子为什么不衰变? 如果电子不是几何上的点粒子,那么电子的电荷分布在整个电子上,是什么力克服了库仑斥力而把电子维系在一起的呢? 如果不是这样,那么用什么机制和理论才能解释呢? 等等。

1.1.4 汤姆孙原子模型

发现电子之后,科学家就开始思考原子的结构了。如果电子是组成原子的一部分,原子又是电中性的,那么在原子中必定还有带正电荷的另一部分,其电荷大小与电子的电荷相等。此外,电子的质量只占原子质量的很小一部分,那么原子几乎全部的质量由这个带正电的部分携带。如果这些是正确的,在原子内部电子和这个带正电的部分是如何分布就成为关键的问题。

汤姆孙在 1904 年提出了一个原子模型,认为带正电 $+Ze$ 的部分是球对称均匀分布于整个原子空间($r\approx10^{-10}\,\text{m}$),而 Z 个电子($r\approx10^{-15}\,\text{m}$)则镶嵌在其中,处

在原子球内的平衡位置上,这样可以解释原子的电中性和稳定性。由本章习题 1.5 的计算可以看到,电子在汤姆孙原子中将做围绕原子中心的具有一定频率的简谐振动,因此能够产生一定频率的辐射。这就解释了原子的辐射特性。

汤姆孙还花了大量时间进行实验,以模拟他提出的原子结构中力的作用情形,后来找到了适合如上要求的不同个数的电子在原子内的平衡位置,如图 1.1.3 所示。虽然后来表明该模型是错误的,但由于汤姆孙的威望,其模型仍然占统治地位。直到 1911 年 α 粒子的散射实验完成后才确立了原子的核式模型。上述事实可以说明,任何理论,哪怕是再著名的权威人士提出来的理论,也都必须反复经受实验证明才能认为是正确的,包括不同类型的实验证明。这就是常说的"实践是检验真理的唯一标准"。

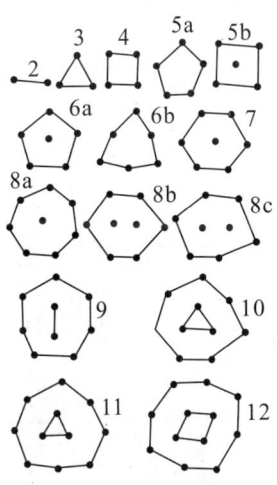

图 1.1.3　汤姆孙实验得到的电子在原子内的平衡位置

1.2　α 粒子散射实验和卢瑟福原子模型

1.2.1　α 粒子散射实验

当 1896 年放射性现象被发现后,人们知道 α 粒子是比电子质量重很多、带 $2e$ 正电荷的粒子。1909 年卢瑟福(E. Rutherford)和他的学生盖革(H. Geiger)、马斯登(E. Marsden)在用 α 射线做散射实验时发现:α 粒子受金箔散射时,虽然绝大多数是小角散射,但有 1/8 000 的 α 粒子散射偏转大于 90°。

他们用的经改进的实验装置如图 1.2.1 所示。B 是一个圆柱形金属盒,它可以在光滑的轴套 C 上转动。α 粒子放射源放在铝制小管子 R 中,放出的准直细束 α 粒子垂直射到重金属薄箔散射体 F 上,散射的 α 粒子在 ZnS(Ag) 荧光屏 S 上产生闪烁荧光,可用显微镜 M 来观测闪烁数目。每一次闪烁即相当于一个 α 粒子射到屏上。R 和 F 固定在与盒子 B 不相关的杆上,下面连有一根抽真空的管道 T,盒内抽成真空,使 α 粒子不会被空气散射。当 B 转动时,S 和 M 一起转动,但 F 和 R

不动,因而可以测出不同散射角在单位时间内射到屏上单位面积内的 α 粒子数目。

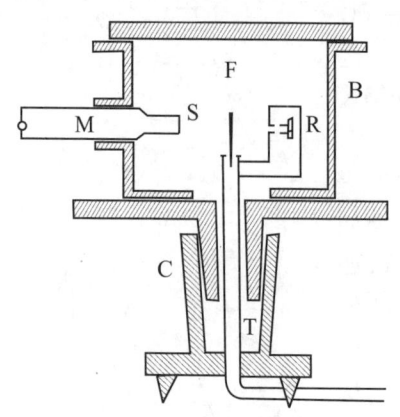

图 1.2.1　α 粒子散射实验装置图

如下所述,实验测出的 α 粒子的大角散射在汤姆孙原子模型中是不可能发生的。经典电磁理论证明,一个电荷均匀分布的半径为 R 的球,在与球心 O 相距 r 处的电场为

$$E = \frac{1}{4\pi\varepsilon_0} \cdot \frac{Q}{r^2}$$

其中,Q 是半径为 r 的球面内的总电荷。当 α 粒子在原子外通过时,由于原子的正负电荷相等,且其分布为球形对称分布,$Q=0$,原子外的电场为 0,原子对 α 粒子没有库仑作用力。α 粒子的运动如图 1.2.2 中的路径 1 所示,不受影响继续沿 0°方向前进。

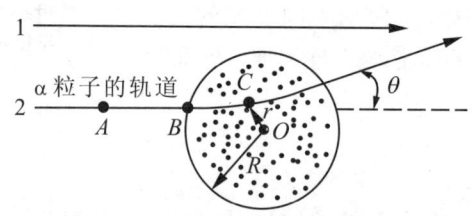

图 1.2.2　α 粒子被汤姆孙原子的小角和大角散射示意图

上述情况即便考虑 α 粒子接近原子时使原子极化,其作用力也是很小的。或者就是在极端条件下,假设 α 粒子接近原子时使原子中的电子受到力作用而离去,α 粒子只受原子中正电体的作用,也不可能产生大角散射。这可由图 1.2.2 中的路径 2 说明:设原子的正电荷 $+Ze$ 均匀分布在球内,当 α 粒子在球外点 A 处时,它所受的库仑力为

$$F_A = 2e \cdot \frac{Ze}{4\pi\varepsilon_0 r^2} = \frac{2Ze^2}{4\pi\varepsilon_0 r^2}$$

当 α 粒子到达球面点 B 时,有

$$F_B = \frac{2Ze^2}{4\pi\varepsilon_0 R^2}$$

当 α 粒子进入球内点 C 时,有

$$F_C = \frac{1}{4\pi\varepsilon_0 r^2} 2Ze^2 \frac{4\pi r^3/3}{4\pi R^3/3} = \frac{2Ze^2}{4\pi\varepsilon_0 R^2} \frac{r}{R}$$

由于在球内 $r<R$,所以 α 粒子受到的库仑力比在球面时还小,离球心越近,所受的

库仑力越小,在球面上受的库仑力最大。如果按最大的库仑力计算,由于原子的半径 R 较大,代入后面将要推导出的偏转角公式,也只能有小角散射,不足以说明实验大角散射的事实。

这里顺便谈一谈为什么采用 α 粒子散射来研究原子结构。在研究原子内部质量分布和电荷分布时,一般用散射方法为宜,因为快速运动的带电粒子通过物质时与物质中原子相互作用的情况不仅与作用力的性质有关,而且也与原子的结构、质量分布及电荷分布有关。散射实验使我们能根据散射结果估计在原子所占空间中的质量分布情况和电荷分布情况。当时能够用在散射实验中的已知粒子只有电子及 α 粒子。电子质量轻,通过薄箔就极易被散射,不容易得到明晰的结论,具有单一能量、质量较重的 α 粒子就是理想的"炮弹"了。其实散射实验现已不仅用来研究原子结构,而且发展成为研究原子核结构、质子结构、电子结构以及相互作用力的较好方法之一。例如,前述用正、负电子散射实验确定电子的大小,以及高能电子与氢原子核的散射实验确定质子内部质量和电荷不是均匀分布的。现在新建的大型加速器,除了用来寻找新粒子外,还用来研究一些最基本的物理现象和规律,其中就包括电子、质子和其他粒子的弹性和非弹性散射实验。

1.2.2 卢瑟福原子模型及散射公式

为了说明 α 粒子的大角散射实验结果,卢瑟福用了两年的时间进行思考、讨论和分析,提出了原子的核式模型:原子中带正电部分不是均匀分布在整个原子内,而是集中在原子中心很小的区域内,称之为原子核,电子围绕在原子核外。在 α 粒子接近原子时,由于 α 粒子质量比电子大很多,它受电子的作用而造成的运动方向改变不大,但受原子核的作用而造成的方向变化就大不相同。因为原子核很小,α 粒子进入原子后,虽然离原子中心距离 r 已小于原子半径 R,但仍在原子核外面,所受的力为 $2Ze^2/(4\pi\varepsilon_0 r^2)$。当 $r \ll R$ 时,α 粒子受的力远大于 F_B(图 1.2.2),可以很大,从而产生大角散射。遗憾的是,虽然卢瑟福由于完成 α 粒子散射实验且提出原子的核式模型而被公认为是最伟大的实验物理学家,但他没有获得诺贝尔物理学奖,他是在这之前的 1908 年,因用 α 射线和 β 射线证明放射性衰变是原子之间依一定规律的转变过程而获得诺贝尔化学奖。

下面用卢瑟福模型说明 α 粒子散射实验,先求偏转角公式,再求散射公式。

设原子核的质量为 M,具有正电荷 $+Ze$,并处于点 O,而质量为 m、能量为 E、电荷为 ze 的 α 粒子以速度 v 入射,如图 1.2.3 所示。若 $m \ll M$,则原子核可视为不动,α 粒子以 θ 角散射是由于 α 粒子受库仑斥力作用改变方向,偏转 θ 角。

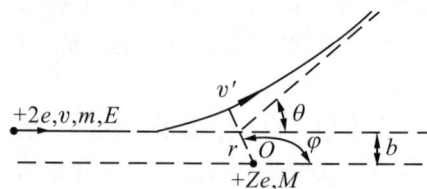

图 1.2.3 α 粒子被核式原子散射示意图

当 α 粒子进入原子核库仑场时,一部分动能将转变为库仑势能。设 α 粒子最初的动能和角动量分别为 E 和 L,由能量和角动量守恒定律给出

$$E = \frac{1}{4\pi\varepsilon_0} \cdot \frac{zZe^2}{r} + \frac{m}{2}(\dot{r}^2 + r^2\dot{\varphi}^2) \tag{1.2.1}$$

$$L = mr^2\dot{\varphi} = mvb \tag{1.2.2}$$

式中,$\dot{r} = dr/dt = dr/d\varphi \cdot \dot{\varphi}$,$b$ 称为瞄准距离,又称为碰撞参数,是入射粒子与原子核无作用时的最小直线距离。由式(1.2.2)求出 $\dot{\varphi}$,将 $\dot{r}$ 和 $\dot{\varphi}$ 的表达式代入式(1.2.1),即可得到

$$\frac{2mE}{L^2} = \frac{2zZe^2 m}{4\pi\varepsilon_0 L^2} \cdot \frac{1}{r} + \frac{1}{r^4}\left(\frac{dr}{d\varphi}\right)^2 + \frac{1}{r^2}$$

引入新变量 $\rho = 1/r$,然后对 φ 微分,令 $-zZe^2 m/(4\pi\varepsilon_0 L^2) = C$,则有

$$\frac{d^2\rho}{d\varphi^2} + \rho = C$$

它的解为非齐次方程的特解与齐次方程的通解之和,前者为 C,后者为 $A\cos\varphi + B\sin\varphi$,因此

$$\rho = C + A\cos\varphi + B\sin\varphi$$

用边界条件可以确定常数 A 和 B。当 α 粒子从左边无限远入射,即 $\varphi \to \pi$ 时,有 $\rho = 1/r \to 0$,$r\sin\varphi \to b$,可得 $A = C, B = 1/b$,所以

$$\rho = \frac{1}{r} = C(1 + \cos\varphi) + \frac{1}{b}\sin\varphi \tag{1.2.3}$$

这是 α 粒子的轨道运动方程,实际上是一个双曲线方程。在 α 粒子以 θ 角散射情况下,当 α 粒子出射到无限远时,$\rho \to 0$,$\varphi \to \theta$,代入式(1.2.3),可得

$$\cot\frac{\theta}{2} = -\frac{1}{Cb} = 4\pi\varepsilon_0 \cdot \frac{2Eb}{zZe^2} = \frac{2b}{a} \tag{1.2.4}$$

式中,$a = zZe^2/(4\pi\varepsilon_0 E)$,这就是库仑散射偏转角公式。

但是公式中含有一个在实验上无法测量的参数 b,为了与实验相比较,必须去掉此参数。对此,可以通过统计考虑来实现。事实上,某个 α 粒子与原子散射的瞄

准距离 b 可大可小,但是大量 α 粒子散射却具有一定的统计规律。由散射角公式(1.2.4)可见,θ 与 b 有对应关系,b 大,θ 就小,如图 1.2.4 所示。那些瞄准距离在 b 到 $b+db$ 之间的 α 粒子,经散射后必定向 θ 到 $\theta-d\theta$ 之间的角度射出。因此,凡通过图中所示的以 b 为内半径、以 $b+db$ 为外半径的那个环形面积 dS 的 α 粒子,必定散射到角度在 θ 到 $\theta-d\theta$ 之间的一个空心圆锥体内。

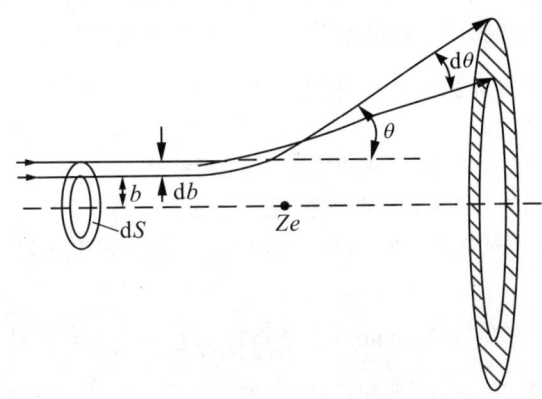

图 1.2.4 计算 α 粒子散射截面示意图

设靶是一个很薄的箔,厚为 d,α 粒子束通过箔的面积为 S,$dS = 2\pi b \cdot |db|$,一个 α 粒子被一个靶原子散射到 θ 角方向、θ 到 $\theta-d\theta$ 范围内的概率也就是 α 粒子打在环 dS 上的概率。利用式(1.2.4),可得

$$\frac{dS}{S} = \frac{2\pi b \cdot |db|}{S} = \frac{2\pi a^2 \cos(\theta/2)}{8S \cdot \sin^3(\theta/2)} d\theta \tag{1.2.5}$$

由于立体角

$$d\Omega = 2\pi\sin\theta d\theta = 4\pi\sin\frac{\theta}{2}\cos\frac{\theta}{2}d\theta$$

式(1.2.5)中 $d\theta$ 用立体角 $d\Omega$ 表示,则有

$$\frac{dS}{S} = \frac{a^2 d\Omega}{16S \cdot \sin^4(\theta/2)} \tag{1.2.6}$$

为求得实际的散射 α 粒子数,以与实验进行比较,还必须考虑靶上的原子数和入射的 α 粒子数。由于薄箔有许多个原子核,每一个原子核对应一个这样的环;若各个原子核互不遮挡,单位体积内原子数为 N,则体积 Sd 内有原子数 NSd,α 粒子打在每个原子的 dS 环上的散射角均为 θ,因此一个 α 粒子打在薄箔上,散射到 θ 方向的 $d\Omega$ 内的概率 $P = dS/S \cdot NSd$。若单位时间内有 n 个 α 粒子垂直入射到薄箔上,则单位时间内在 θ 方向且在 $d\Omega$ 立体角内可以测到的 α 粒子数为

$$dn = nP = n\frac{dS}{S}NSd = nNd\left(\frac{1}{4\pi\varepsilon_0} \cdot \frac{zZe^2}{4E}\right)^2 \frac{d\Omega}{\sin^4(\theta/2)} \quad (1.2.7)$$

经常使用的是微分散射截面形式

$$\frac{d\sigma(\theta)}{d\Omega} = \frac{dn}{nNdd\Omega} = \left(\frac{1}{4\pi\varepsilon_0} \cdot \frac{zZe^2}{4E}\right)^2 \frac{1}{\sin^4(\theta/2)} \quad (1.2.8)$$

它表示单位面积内垂直入射一个 α 粒子被一个原子核散射到 θ 角方向单位立体角内的概率,这就是著名的卢瑟福散射公式。关于截面问题后面还要详细讨论。

例 1.1 设 α 粒子是钋源发射的,能量为 5.3 MeV,散射体为金箔,厚度为 1 μm,$\rho = 1.93 \times 10^4$ kg·m^{-3},$Z=79$,$A=197$。试求:

(1) α 粒子通过金箔在 60°角方向的卢瑟福微分散射截面;

(2) 散射角大于 90°的所有 α 粒子占全部入射粒子的百分比。

解 (1) 由卢瑟福散射公式(1.2.8),得 α 粒子通过金箔在 60°角方向的卢瑟福微分散射截面为

$$\left.\frac{d\sigma(\theta)}{d\Omega}\right|_{\theta=60°} = (1.44 \text{ eV} \cdot \text{nm})^2 \left(\frac{2 \times 79}{4 \times 5.3 \text{ MeV}}\right)^2 \frac{1}{\sin^4 30°} = 1.84 \times 10^{-23} \text{ cm}^2$$

(2) 由式(1.1.2)有 $N = N_A\rho/A$,由卢瑟福散射公式(1.2.7),散射角大于 90°的所有 α 粒子占全部入射粒子的百分比:

$$\int_{\frac{\pi}{2}}^{\pi} \frac{dn}{n} = \frac{N_A\rho d}{A}\left(\frac{1}{4\pi\varepsilon_0} \cdot \frac{zZe^2}{4E}\right)^2 2\pi \int_{\frac{\pi}{2}}^{\pi} \frac{2\cos(\theta/2)}{\sin^3(\theta/2)} d\theta = 4.2 \times 10^{-5}$$

1.2.3 卢瑟福散射公式与实验的比较

1. 实验验证

为了能由实验来直接检验卢瑟福理论的正确性,需先验证由这个理论推导出来的公式的正确性。由公式(1.2.7)可得下面四个关系:

(1) 在同一 α 源和同一散射物的情况下,dn 反比于 $\sin^4(\theta/2)$;

(2) 在同一 α 源和相同散射角的情况下,同种材料散射物的 dn 正比于物质的厚度 d;

(3) 在同一散射物和相同散射角的情况下,dn 反比于 α 粒子能量的平方 E^2;

(4) 在同一 α 源和相同散射角的情况下,不同材料的散射物只要有相同的 Nd 值,dn 就正比于 Z^2。

1913 年盖革和马斯顿用实验证实了前三个结论(当时还没有方法能测定原子核的电荷数 Z 值)。1920 年查德威克(J. Chadwick)改进了装置,用卢瑟福散射公式第一次测出了几种元素(铜、银、铂)的 Z 值。所测 Z 值与这些元素的原子序数相符,从而进一步证明了卢瑟福散射公式和卢瑟福原子模型的正确性。

2. 原子核有限质量修正及小角和180°的偏差

在推导卢瑟福散射公式时,实际上是作了如下一些假设的:(a) α粒子只发生单次散射;(b) α粒子与原子核之间只有库仑相互作用;(c) 核外电子的作用可以忽略;(d) 靶原子核是静止的,也不考虑它的作用,碰撞后它没有反冲运动。

因此,在实际应用卢瑟福公式时需作必要的修正。

如果考虑靶原子核的有限质量和反冲,卢瑟福散射公式用到质心系仍成立,这时 E, θ 和 $d\sigma/d\Omega$ 均要用质心系的值代替。但实际情况是发生在实验室系。通过运动学变换,可以把卢瑟福散射公式换算到实验室系中:

$$\frac{d\sigma_L(\theta_L)}{d\Omega} = \left[\frac{1}{4\pi\varepsilon_0}\frac{zZe^2}{4E_L\sin^2(\theta_L/2)}\right]^2 \frac{\left[\cos\theta_L + \sqrt{1-\left(\frac{m}{M}\sin\theta_L\right)^2}\right]^2}{(1+\cos\theta_L)^2\sqrt{1-\left(\frac{m}{M}\sin\theta_L\right)^2}}$$

(1.2.9)

当 $m \ll M$ 时,这种修正可忽略,式(1.2.9)还原成原来的卢瑟福散射公式。

若要保证只发生单次 α 粒子散射,靶需要非常薄,靶上每个原子相互不遮掩。如果靶不是十分薄,则会发生多次散射。由于单个 α 粒子的散射方向无规则,小角散射的概率远大于大角散射的,因此,统计考虑多次叠加的结果,使小角计数比按公式(1.2.7)预期的要增加,像实验表明的那样。

在很小角度的情况下,即使是很薄的靶,α粒子只发生一次散射,卢瑟福散射公式与实验也不一致。这是由于卢瑟福公式中含有一个因子 $1/\sin^4(\theta/2)$,θ 很小相应于大碰撞参数,但 b 大到原子尺寸时,核外电子的作用不再可以忽略,电子的屏蔽效应使原子呈电中性,库仑散射不再发生,卢瑟福散射公式不再成立。

20 世纪 80 年代,科学家发现在 180° 背散射附近十分之几度范围内,非晶和多晶薄箔的散射实验值比用卢瑟福公式算出的大 1~2 倍,这可以用双原子模型来解释[①],即一个原子核散射 α 粒子,另一个紧靠的原子核在 α 粒子散射之前和之后偏转它。

3. 原子核的大小

由上所述,散射角大到 179° 时卢瑟福散射公式仍成立,由此可以算得相应的最小碰撞参数 b_{min}。严格地说,b_{min} 还不是原子核半径,如图 1.2.3 所示,α 粒子能达到的距原子核的最小距离 r_{min} 才是原子核半径的上限。

[①] Jackman T E, et al. An experimental study of the 180° backscattering yield enhancement[J]. Nucl. Instr. & Meth., 1981, 191:527. Oen O S. The two-atom model in enhanced ion backscattering near 180° scattering angles[J]. Nucl. Instr. & Meth., 1982, 194:87.

下面来求 $r_{\min}$。设 α 粒子离原子核很远时速度为 v，到达离原子核距离 r 处的速度为 v'，这时一部分动能转变为库仑势能。由能量和角动量守恒定律给出

$$E = \frac{1}{2}mv^2 = \frac{1}{2}mv'^2 + \frac{zZe^2}{4\pi\varepsilon_0 r}, \quad mvb = mv'r$$

合并以上两式，并用式(1.2.4)，求得

$$r = \frac{1}{4\pi\varepsilon_0} \cdot \frac{zZe^2}{2E}\left(1 + \csc\frac{\theta}{2}\right) \quad (1.2.10)$$

α 粒子带正电，具有排斥作用，公式取 + 号。由此可见，当 $\theta = 180°$ 时，r 达到最小，

$$r_{\min} = \frac{zZe^2}{4\pi\varepsilon_0 E} = a \quad (1.2.11)$$

因此，前面给出的参数 a 即为两体对心碰撞时能达到的最短距离，也就是散射体原子核半径的上限。实验表明，用 5.3 MeV 的 α 粒子入射到铜箔上，测得的铜原子核半径小于 1.58×10^{-14} m。当入射粒子能量大时，a 还会减小，例如，用 ^{214}Po 的 7.68 MeV 的 α 粒子作用到铜箔上，测得 $r_{\min} < 1.1 \times 10^{-14}$ m，所得的结果更接近原子核的大小。

卢瑟福散射的理论在 8.3.1 节还有详细讨论，事实上它在近代已经获得了一些实际应用，本书 8.7.1 节还会给出一个它的具体应用技术——卢瑟福背散射技术。

1.2.4 作用截面

在微观原子物理、原子核物理和粒子物理中，经常使用截面这个物理量来描述相互作用概率。这里我们着重讲一讲截面这一概念及它与作用概率的关系。结合式(1.2.7)和式(1.2.8)，可以得到

$$\frac{d\sigma(\theta)}{d\Omega} = \frac{dn}{nNd\,d\Omega} = \frac{dS}{d\Omega}$$

即散射到 $d\Omega$ 立体角内的截面 $d\sigma(\theta) = dS$。为什么要引入截面这一概念？为什么把 dS 这个面积叫作散射截面？又为什么说它是单位面积内垂直入射一个 α 粒子被一个原子核散射到 θ 角方向 $d\Omega$ 立体角内的概率？概率是一个相对的、无量纲的概念，怎么与 dS 面积这个有绝对大小、有量纲的量联系起来了呢？

下面我们不利用 α 粒子散射偏转角公式和环形面积概念，而从更一般的情况引入微分散射截面。设散射体垂直入射粒子方向的面积为 S，若单位时间内通过 S 的入射粒子数为 n，靶为薄靶，其厚度为 d，单位体积中散射中心数（这里即为原子数）为 N，则靶上原子数 $N' = NSd$。因此，单位时间内在 θ 角附近 $d\Omega$ 立体角内探测到的被散射的粒子数 dn 与 n/S、N' 和 $d\Omega$ 有正比关系：$dn \propto (n/S)N'd\Omega$，将其改为等式，比例系数与散射机制有关，是 θ 的函数，记为 $d\sigma(\theta)/d\Omega$，则有

$$\mathrm{d}n(\theta) \equiv \frac{\mathrm{d}\sigma(\theta)}{\mathrm{d}\Omega} N' \frac{n}{S} \mathrm{d}\Omega \tag{1.2.12}$$

由此可见，一个入射到靶上的粒子被散射到 θ 方向 $\mathrm{d}\Omega$ 立体角内的概率为

$$P = \frac{\mathrm{d}n(\theta)}{n} = \frac{\mathrm{d}\sigma(\theta)}{\mathrm{d}\Omega} Nd\mathrm{d}\Omega \tag{1.2.13}$$

它代表了散射概率，可以直接测量。如果在确定的立体角条件下测量，这个概率显然可以包括两个因子：Nd 和 $\mathrm{d}\sigma(\theta)/\mathrm{d}\Omega$，第一个因子是单位面积看过去的靶原子数，与散射物厚度 d 和原子数密度 N 有关，因此，对不同种物质来说，这个因子不是常数，就是对同一种物质来说，这个因子也不是常数，与物质厚度有关。第二个因子即为上述比例系数

$$\frac{\mathrm{d}\sigma(\theta)}{\mathrm{d}\Omega} \equiv \frac{\mathrm{d}n(\theta)/\mathrm{d}\Omega}{n \cdot Nd} = \frac{\text{沿 }\theta\text{ 方向单位立体角内的散射粒子数}}{\text{入射粒子数} \times \text{单位面积内的靶原子数}} \tag{1.2.14}$$

即表示垂直入射一个粒子（$n=1$）时，被这个面积内的一个靶原子（$Nd=1$）散射到 θ 角附近单位立体角内的概率。这第二个因子与入射粒子数和靶粒子数无关，是一个通用的常参数，只决定于两粒子的性质以及它们之间相互作用的动力学性质，确立了每个散射中心所做的贡献。而由式(1.2.13)确定的 $\mathrm{d}n/n$ 除与这些微观机制有关外，还与一些实验因素有关，不同的实验安排数值可以不同，不能用作通用常数。因此，$\mathrm{d}\sigma(\theta)/\mathrm{d}\Omega$ 起到了联系宏观可测量量——作用概率 $\mathrm{d}n/n$ 与微观机制的作用。

注意，根据上面的定义，这里 $\mathrm{d}\sigma(\theta)/\mathrm{d}\Omega$ 就是卢瑟福散射公式中的 $\mathrm{d}\sigma(\theta)/\mathrm{d}\Omega$，而且 $\mathrm{d}\sigma(\theta)$ 代表了所讨论过程中每一个散射中心面对粒子流的有效面积，入射粒子进入它就被散射到 θ 角方向，在卢瑟福散射中即为环形面积 $\mathrm{d}S$，具有面积量纲，称为微分散射截面，有时也称 $\mathrm{d}\sigma(\theta)/\mathrm{d}\Omega$ 为微分散射截面。

散射到各方向的总截面 σ 等于微分散射截面对所有立体角的积分，包括对极角 θ 和方位角 ψ 的积分，也叫积分截面，或简称截面，设散射截面对 ψ 角是各向同性的，则有

$$\sigma = \int \frac{\mathrm{d}\sigma(\theta)}{\mathrm{d}\Omega} \mathrm{d}\Omega = 2\pi \int_0^\pi \frac{\mathrm{d}\sigma(\theta)}{\mathrm{d}\Omega} \sin\theta \mathrm{d}\theta \tag{1.2.15}$$

注意，以上讨论是以散射过程为例的。实际上，微分散射截面的定义式(1.2.14)也适用于各种相互作用过程，只是将"散射粒子数"改为"作用粒子数"就是某种过程的微分作用截面。

此外，设 n 为入射粒子数，n' 为某种作用粒子数，也可以类似于微分截面公式(1.2.14)直接定义作用截面，即一个入射粒子与一个靶原子的作用截面 σ

$$\sigma = \frac{n'}{nNd} = \frac{\text{所有角度的作用粒子数}}{\text{入射粒子数} \times \text{单位面积内的靶原子数}} \quad (1.2.16)$$

利用这一公式,通过实验测量到 n 和 n',再由已知的 N 和 d 可以得到截面 σ。反过来,如果知道某一作用过程的截面 σ,就可以由 n,N 和 d 得到经历这一作用过程的粒子数 n',或得到一个入射粒子与靶上一个原子的某种作用概率

$$P = \frac{n'}{n} = \sigma N d \quad (1.2.17)$$

入射粒子常常会与靶原子发生多种作用过程,将各种作用过程的积分截面求和,即得到全截面或总截面。

截面单位是 b(靶)和 mb(毫靶),也可以直接用 cm^2 或 m^2:

$$1\ b = 10^{-24}\ cm^2 = 10^{-28}\ m^2$$

例 1.2 能量为 10 eV 的电子与氩原子的散射总截面约为 $10^{-19}\ m^2$。若入射电子束流为 $0.1\ \mu A$,作用在气压为 $10^{-4}/760$ atm、长度为 0.2 cm 的氩气上,求每秒散射的电子数。

解 散射截面为 $10^{-19}\ m^2$,即表示一个电子入射到 $1\ m^2$ 面积的氩气上被一个氩原子散射的概率为 10^{-19},因此微观作用截面是很小的。$0.1\ \mu A$ 电子束流每秒具有的电子数为

$$n = \frac{I}{e} = \frac{10^{-7}\ C \cdot s^{-1}}{1.6 \times 10^{-19}\ C} = 6.3 \times 10^{11}\ s^{-1}$$

因此,由式(1.2.17),可得每秒散射的电子数为

$$n' = \sigma n N d = 10^{-19}\ m^2 \times 6.3 \times 10^{11}\ s^{-1} \times \frac{6.02 \times 10^{23}}{0.0224\ m^3} \times \frac{10^{-4}}{760} \times 0.002\ m$$

$$= 4.4 \times 10^8\ s^{-1}$$

由此可见,由于靶原子数和入射粒子数很多,总的散射粒子数还是不少的。

1.3 氢原子光谱和玻尔原子模型

卢瑟福原子模型提出以后,随即产生了许多问题。例如,原子核外电子到底是处于什么状态?如果电子是静止的,就会被原子核吸引而进入核内;如果电子绕原子核运动,就会由于有加速运动而产生辐射使能量损失,导致轨道半径越来越小,即电子向着原子核做螺旋形运动,在极短的时间内掉进核内。这样,原子的稳定性无法解释,而且电子的加速度和辐射能量是连续变化的,也很难解释原子的光谱问题。因此,卢瑟福模型一提出来就产生了激烈的争论,很快就产生了玻尔理论及后

来的量子力学，用以阐述原子核外电子的运动规律。

玻尔提出的氢原子理论所依据的实验事实以及相应提出的规律有三个方面：① α 粒子散射实验和原子的核式模型；② 黑体辐射、光电效应、普朗克和爱因斯坦的辐射量子论；③ 氢原子光谱线系及由它们导出的原子光谱规律。前两方面在前两节已介绍，本节主要介绍第三方面。

1.3.1 氢原子光谱和光谱项

19 世纪人们虽然还不知道原子的结构，但已经知道每种原子或分子发的光都有自己的特征光谱，通常原子发射的是线光谱，分子发射的是带光谱，固体常发射连续光谱，只是不能解释这些光谱现象。后来随着实验数据的不断积累，人们逐渐总结出一些原子光谱的规律，首先是最简单的氢原子光谱的规律。

在图 1.3.1 给出的氢原子光谱图中，明显地看到有三个谱线系列：一个谱线系列在可见光和近紫外区，由瑞士人巴耳末（J. J. Balmer）发现，称为巴耳末系；一个谱线系列在紫外，叫赖曼（T. Lyman）系；第三个谱线系列在红外，叫帕邢（F. Paschen）系。此外，在长波方向还有一些线系。

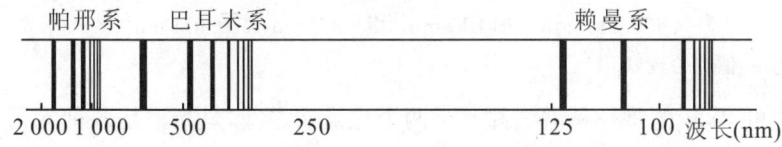

图 1.3.1　氢原子光谱

这些谱线系都很有规律，每个线系的谱线间隔和强度都向短波方向递减，即越来越密，越来越弱。例如，最早发现的巴耳末系到 1885 年已经知道有 14 条谱线，5 条从地球上的光源得到，其他几条从星体观测得到。1885 年巴耳末对这些谱线进行分析研究后发现，可以用一个公式来计算它们的波长（后来称为巴耳末公式）：

$$\lambda = B\frac{n^2}{n^2-4}, \quad n = 3,4,5,\cdots \tag{1.3.1}$$

其中，$B = 3.6456\times 10^{-7}$ m，是谱线系的极限值，即 $n\to\infty$ 时的波长值。

1889 年里德伯（J. R. Rydberg）将巴耳末公式改写，用波数 $\tilde{\nu}$ 表示，$\tilde{\nu}$ 为单位长度波列中波的数目，波长 λ 是一个周期波的长度，显然，$\tilde{\nu}$ 与波长 λ 和频率 ν 的关系为 $\tilde{\nu} = 1/\lambda = \nu/c$，$c$ 为光速。公式中的常数换为里德伯常数 $R = 4/B = 1.09737\times 10^7$ m^{-1}，于是巴耳末公式变为更有用的形式：

$$\text{巴耳末系} \quad \tilde{\nu} = \frac{1}{B}\frac{n^2-4}{n^2} = R\left(\frac{1}{2^2}-\frac{1}{n^2}\right), \quad n=3,4,5,\cdots \tag{1.3.2}$$

后来发现其他谱线也有类似的简单公式,它们分别是:

赖曼系 $\tilde{\nu} = R\left(\dfrac{1}{1^1} - \dfrac{1}{n^2}\right)$ $n = 2,3,4,\cdots$

帕邢系 $\tilde{\nu} = R\left(\dfrac{1}{3^2} - \dfrac{1}{n^2}\right)$ $n = 4,5,6,\cdots$

布拉开系 $\tilde{\nu} = R\left(\dfrac{1}{4^2} - \dfrac{1}{n^2}\right)$ $n = 5,6,7,\cdots$

显然,可以用一个普遍表达式来描述氢原子光谱(后来称为里德伯公式):

$$\tilde{\nu} = R\left(\frac{1}{m^2} - \frac{1}{n^2}\right) = T(m) - T(n) \tag{1.3.3}$$

其中,$T(n) = R/n^2$ 称为光谱项,$m = 1,2,3,\cdots$。对每一个 m,$n = m+1, m+2, \cdots$,构成一个谱线系,例如,$m=1$ 是赖曼系,$m=2$ 是巴耳末系。

例 1.3 计算氢的巴耳末系前四条谱线(即 $H_\alpha, H_\beta, H_\gamma, H_\delta$)的波长。

解 由式(1.3.2),可得

$$\lambda = \frac{1}{\tilde{\nu}} = \frac{4}{R} \cdot \frac{n^2}{n^2 - 2^2}$$

代入 $n = 3,4,5$ 和 6,即可分别得到氢的巴耳末系前四条谱线的波长为

656.114 nm,486.010 nm,433.938 nm,410.071 nm

它们都与实验值符合较好。

由此可见,氢的每一条谱线都等于两个光谱项之差,氢光谱是各种光谱项差的综合。因此,表面上如此复杂的光谱线,竟然由如此简单的公式表达了出来。

不过,巴耳末公式是纯凭经验凑出来的,当时许多物理学家都认为光谱太复杂,没有想到这个公式还有什么深奥的物理意义,所以没有去注意它。到 1906 年发现赖曼系,1908 年发现帕邢系后,原子光谱的规律更加明显,到 1913 年玻尔(N. Bohr)提出了他的氢原子理论。

1.3.2 玻尔原子模型

玻尔是丹麦人,他获得博士学位后去英国在剑桥大学汤姆孙主持的卡文迪什实验室工作了几个月,后又到曼彻斯特,在卢瑟福所在的实验室工作了四年。在这段工作中,他接触到了 α 粒子散射实验,了解了原子的核式模型思想,知道卢瑟福核式模型的困难。玻尔除了有汤姆孙敢于与传统观念决裂的精神外,还富于想象力,他不仅对隐蔽事物有直觉的理解能力,而且对旧事物有强有力的批判能力。他敏锐地意识到不能完全用经典理论处理微观问题。1913 年他回国工作从他的学生那里知道了里德伯公式之后,结合原子的核式模型和量子论,提出了一些量子化

假设和氢原子理论,解决了卢瑟福核式模型的困难。顺便说一下,玻尔也是一个爱国主义者,从英国回去后除二次大战避居美国外,其他时间都在哥本哈根,他建立了理论研究所,参加抵抗运动,反对德国纳粹侵略。

玻尔的原子理论虽然还是建立在经典理论基础上,但加入了一些量子化假设。玻尔理论包括三部分内容:

(1) 原子的核式模型加定态假设

氢原子中的一个电子绕 $Z=1$ 的原子核做圆周运动,所需的向心力由电子与原子核之间的库仑引力提供,即

$$\frac{1}{4\pi\varepsilon_0} \frac{e^2}{r^2} = \frac{m_e v^2}{r} \tag{1.3.4}$$

式中,m_e 是电子的质量,v 和 r 分别是电子绕核做轨道运动的速度和半径。

电子在原子中的总能量 E 应等于电子在圆周运动中的动能 T(假设原子核不动)和在库仑场中的势能 V 之和。利用式(1.3.4),可得

$$E = T + V = \frac{1}{2} m_e v^2 - \frac{1}{4\pi\varepsilon_0} \frac{e^2}{r} = -\frac{1}{4\pi\varepsilon_0} \frac{e^2}{2r} \tag{1.3.5}$$

E 为负值是因为取电子在无限远处($r \to \infty$)的势能为零,表示原子中电子是被束缚住的,$|E|$ 即为束缚能。

电子做圆周运动的速度和频率由式(1.3.4)求得,分别为

$$v = \left(\frac{e^2}{4\pi\varepsilon_0 m_e r}\right)^{1/2} \tag{1.3.6a}$$

$$f = \frac{v}{2\pi r} = \frac{e}{2\pi} \sqrt{\frac{1}{4\pi\varepsilon_0 m_e r^3}} \tag{1.3.6b}$$

按经典电动力学,电子做圆周加速运动将发射电磁辐射并损失能量,从而使 E 的值更小。由式(1.3.5)就要使 r 值变小,电子趋向原子核,原子不稳定。为此,玻尔作定态假设:电子绕原子核做圆周运动时,只能处在一些分立的稳定轨道上,并具有稳定的能量。电子所处的稳定运动状态称为定态,在定态时通常不产生辐射。

(2) 辐射条件

那么,电子在什么情况下才会产生辐射呢?玻尔假定:当电子从一个能量定态轨道(用整数 n 标记该定态)跃迁到另一个能量定态轨道(用整数 m 标记该定态)时,会以电磁辐射形式放出或者吸收能量:

$$h\nu = E_n - E_m \tag{1.3.7}$$

这里,玻尔用了量子论能量 $h\nu$ 来表示辐射能量,再用氢光谱的里德伯公式得到

$$h\nu = h\bar{\nu}c = hcR\left(\frac{1}{m^2} - \frac{1}{n^2}\right) = E_n - E_m$$

从而导出电子处在原子的定态轨道 n 上所具有的能量 E_n 的表达式

$$E_n = -\frac{hcR}{n^2} = -hcT(n) \tag{1.3.8}$$

从这公式可以明显地看出光谱项的物理意义,它本质上代表分立状态的能量。由式(1.3.5),可得这个定态轨道的半径

$$r_n = -\frac{1}{4\pi\varepsilon_0}\frac{e^2}{2E_n} = \frac{1}{4\pi\varepsilon_0}\frac{e^2}{2hcR}n^2 \tag{1.3.9}$$

由此可见,玻尔应用辐射的量子论和氢光谱的经验公式,得到 E_n 和 r_n 的数值,它不是连续变化而是量子化的,但这些数值仍与经验常数 R 有关。

(3) 角动量量子化

玻尔原子理论的第三个假设是电子在稳定轨道上运动的轨道角动量数值 L 也是量子化的,并取如下的不连续数值:

$$L = m_e vr = n\frac{h}{2\pi} = n\hbar, \quad n = 1,2,3,\cdots \tag{1.3.10}$$

这个角动量量子化假定也是合理的推论,因为辐射频率为

$$\nu = Rc\left(\frac{1}{m^2} - \frac{1}{n^2}\right) = Rc\frac{(n-m)(n+m)}{m^2 n^2} \tag{1.3.11}$$

当 n 很大时,两相邻能级间(即 $n-m=1$)跃迁的频率为

$$\nu = \frac{2Rc}{n^3} \tag{1.3.12}$$

下一章讨论的对应原理给出,当 n 很大时微观规律应与经典规律一致,ν 应等于式(1.3.6b)给出的电子运动频率 f,由此得到的

$$r = \sqrt[3]{\frac{1}{4\pi\varepsilon_0}\frac{e^2}{16\pi^2 R^2 c^2 m_e}n^2} \tag{1.3.13}$$

应与前面导出的 r_n 相等,于是得到

$$R = \frac{m_e e^4}{(4\pi\varepsilon_0)^2 4\pi\hbar^3 c} \tag{1.3.14}$$

$$r_n = \frac{4\pi\varepsilon_0 n^2 \hbar^2}{m_e e^2} \tag{1.3.15}$$

将式(1.3.6a)和式(1.3.15)代入式(1.3.10),可得

$$L = m_e vr = \sqrt{\frac{m_e e^2 r_n}{4\pi\varepsilon_0}} = n\hbar$$

这就是角动量的量子化条件。

式(1.3.14)表明里德伯常数不再是经验数值,可由一些基本常数得到。将式

(1.3.15)代入式(1.3.5),也可以得到与经验常数 R 无关的能量的量子化表达式

$$E_n = -\frac{1}{(4\pi\varepsilon_0)^2} \cdot \frac{m_e e^4}{2\hbar^2 n^2} \tag{1.3.16}$$

以上就是玻尔的氢原子理论。总之,玻尔原子模型除继承卢瑟福原子的核式模型外,对核外电子的运动作了两个基本的量子化假设:第一,原子中的电子只能在一系列一定大小的、彼此分隔的确定轨道上运动,它的半径是量子化的,角动量是量子化的,能量是量子化的,即原子只能处于某些确定的内部运动状态即定态上;第二,当原子中一个电子发射或吸收电磁辐射时,它将从一个定态轨道跃迁到另一个定态轨道。

量子化是微观世界客体的基本特性,这里 n 是我们遇到的第一个量子数。

此外,在玻尔的理论中,氢原子的电子运动轨道半径、角动量、能量不仅量子化了,而且其数值与经验常数(如 R)无关,仅由几个基本常数 $m_e, e, \hbar$ 决定。这又是一惊奇之处,使人们不能不承认它。可见,量子化在普朗克时代还是一个火花,只给出黑体辐射的能量是量子化的,而在玻尔把它用到原子物理之后就燃成了熊熊的大火。玻尔因此获得1922年诺贝尔物理学奖。

需要指出,直觉在科研中有巨大的作用。爱因斯坦有句名言:"真正可贵的因素是直觉。"直觉是对事物的突然领悟,俗称灵感,而不是靠逻辑推理和数学演算。玻尔的直觉在于认为氢原子光谱规律一定与氢原子结构规律相联系,由此得到玻尔原子理论。直觉常发生在对问题长时间思考和紧张工作后的闲逸时候。据说布洛赫教授常在火车上产生灵感,并常在旅途结束前得出结果。狄拉克常在周日独自漫步,步行时悠闲地回想目前的工作状况,正是在这样一次散步中,想到对易子与泊松括号之间可能有联系。但没有说哪个科学家在喝酒、抽烟时得到直觉的。因此,当物理现象或研究中碰到的问题百思不得其解,解一道题老是不会,仪器坏了修理时老是找不到原因时,干脆去睡一觉、玩玩、散步或做别的事,可能会得到解决问题的灵感。

1.3.3 轨道图和能级图

玻尔的原子模型给出原子存在一系列的定态,通常把能量最小的定态称为基态,比基态能量大的定态称为激发态。为了使原子的量子化状态形象化,常用图形来表示,例如,用轨道图表示量子化的可能轨道,用能级图表示量子化的可能能量。图1.3.2给出了氢原子定态的轨道图和能级图。在轨道图上,每一轨道大小正比于该轨道半径,玻尔理论中氢原子是圆形轨道,r_n 为

$$r_n = \frac{4\pi\varepsilon_0 n^2 \hbar^2}{m_e e^2} = \frac{\hbar c}{m_e c^2 \alpha} n^2 = n^2 a_0 \tag{1.3.17}$$

其中

$$a_0 = \frac{4\pi\varepsilon_0 \hbar^2}{m_e e^2} \approx \frac{1.24 \text{ keV} \cdot \text{nm}}{2\pi \cdot 511 \text{ keV}/137} \approx 0.53 \times 10^{-10} \text{ m} \qquad (1.3.18)$$

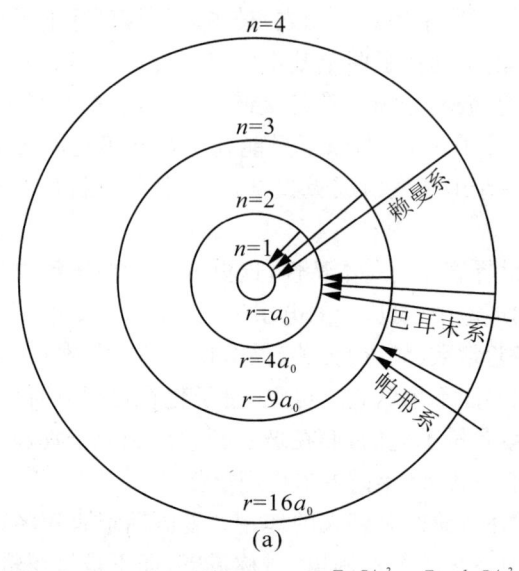

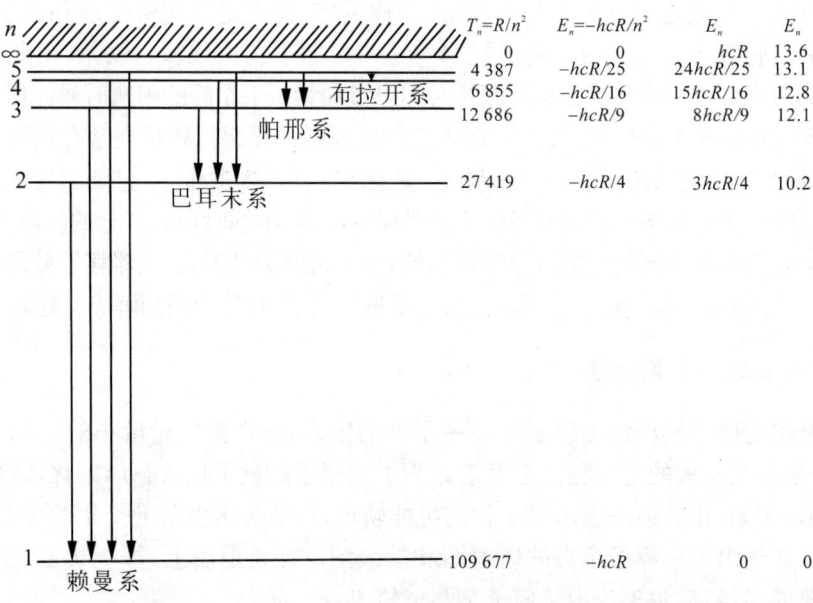

图 1.3.2 氢原子的轨道图(a)和能级图(b)

称为玻尔半径,实际上就是氢原子的第一轨道半径,氢原子能够有的轨道半径分别为 $a_0, 4a_0, 9a_0, \cdots$。式中常数 α 称为精细结构常数:

$$\alpha = \frac{e^2}{4\pi\varepsilon_0 \hbar c} = 7.297\,352\,533(27) \times 10^{-3} \approx 1/137$$

在能级图上,每一条横线代表一个能级,能量低的在下面,能量高的在上面,其上下距离是按能量大小成比例画出来的,氢原子各个能级的能量为

$$E_n = -\frac{hcR}{n^2} = -\frac{m_e e^4}{(4\pi\varepsilon_0)^2 2\hbar^2 n^2} = \frac{m_e c^2 \alpha^2}{2n^2} = E_1 \frac{1}{n^2} \qquad (1.3.19)$$

其中能量最小的

$$E_1 = -\frac{1}{2} m_e c^2 \alpha^2 \approx -\frac{1}{2} \times 511\,\text{keV} \times \frac{1}{137^2} \approx -13.6\,\text{eV} \qquad (1.3.20)$$

是氢原子基态(即电子正常所处的状态)的能量。氢原子能够有的能量状态分别为 $E_1, E_2 = E_1/4, E_3 = E_1/9, \cdots, E_2$ 和 E_3 分别是第一和第二激发态能量。这里是以动能为零的电子在无限远处,即与原子核无相互作用时为能量的零点,因此,其他能级均为负值,如图 1.3.2 能级图中第二列所示。由于高能级的能量绝对数值反而小,这与人们的习惯不符,因此,有时在实验上以基态为零能量,较高的激发态的能量均为正,如图 1.3.2 能级图第三列所示,具体的以 eV 作单位的数值在第四列中给出。

以上利用公式作具体计算时,我们用了简便数值计算法,为此,需要记住几个常用的常数。例如,$\alpha \approx 1/137$ 的平方表征电磁相互作用强度,由式(1.3.19),氢原子的库仑静电相互作用能量在数量级上等于电子的静止能量的 α^2 倍。再如,$m_e c^2 \approx 511\,\text{keV}$ 是电子的静止能量,$\hbar c \approx 0.197\,\text{keV} \cdot \text{nm}$(或 $hc \approx 1.24\,\text{keV} \cdot \text{nm}$)是联系粒子性能量 E 和波性波长 λ 的常数,$E = hc/\lambda$。用这些常数来表示一些基本公式以及进行计算就简单多了。

由上面的讨论可知,每一条轨道和能级均由量子数来标志。显然,相应于 $n = 1, 2, 3, \cdots$ 的轨道是由内往外(r 由小到大),而能级是由下往上(E 由小到大)。在下一章量子力学中我们要讲到,轨道的概念在微观世界中是一个不正确的概念,严格的讨论需要用波函数。在定性的讨论中,有时轨道概念很方便很形象,常常用,但在使用时要时刻记住轨道不是严格正确的。因此,能级图用得最普遍。不但在原子物理中,而且在核物理中能级图用得也很多,在粒子物理中用得较少。在 20 世纪 70 年代发现夸克偶素存在许多激发态以及它们之间存在跃迁(将在第 9 章讨论)之后,使用能级图来描述它们也仍然是一种好方法。

1.3.4 跃迁和原子光谱

轨道图和能级图还能够帮助我们理解光谱线系,特别是能级图对简化光谱的叙述非常有效。用想象的图形直观地描述一些复杂的物理问题,是一种很有用的方法。下面我们就用能级图来解释原子辐射问题。

1. 跃迁和谱线系

电子由外层轨道"跳"到内层轨道时,或者说电子由较高能量状态跃迁到较低能量状态时将产生辐射。这里使用"跃迁"这样一个抽象的概念,因为至今还不能精确地了解跃迁的细节,不知道电子是怎么到达下能级的。说"跳下去"更形象,但经典的轨道概念是不合适的,以后将经常采用能级和跃迁概念。

任何体系,不管是宏观物体还是微观原子,都是能量越低,状态越稳定。因此,高能态电子有自动向下跃迁的趋势。氢原子的能量最低的 $n=1$ 的能态是基态。

有了这些概念,光谱线系就容易理解了。赖曼系是所有其他较高能级上的电子跃迁到 $n=1$ 的能级上所发出的辐射形成的谱线系,其光子能量为

$$h\nu = E_n - E_1 = -\frac{hcR}{n^2} - \left(-\frac{hcR}{1^2}\right) = hcR\left(\frac{1}{1^2} - \frac{1}{n^2}\right), \quad n=2,3,4,\cdots$$

如图 1.3.2 所示。当 $n=\infty$ 时,谱线能量趋向于一个极大值 hcR,这称为赖曼系的系限。巴耳末系则为

$$h\nu = hcR\left(\frac{1}{2^2} - \frac{1}{n^2}\right), \quad n=3,4,5,\cdots$$

是电子从 $n=3,4,5,\cdots$ 的能级跃迁到 $n=2$ 的能级上所发出的辐射形成的谱线系。同样可写出帕邢系、布拉开系,它们与前面给出的谱线系公式是一致的。

2. 能级间是非等间隔,谱线系形成簇,簇之间常发生交叉

由式(1.3.19)可知,能级能量的绝对值 E 反比于 n^2,而能级间隔为

$$\Delta E = \left[-\frac{hcR}{(n+1)^2}\right] - \left(-\frac{hcR}{n^2}\right) = \frac{2n+1}{n^2(n+1)^2}hcR \tag{1.3.21}$$

因此,邻近能级间距不是等间隔的,随 n 增大而迅速减小。当 $n \to \infty$ 时,$E \to 0$,$\Delta E \to 0$,即能级越往上越密。

前面给出的各能级的能量为 $E_1, E_1/4, E_1/9, E_1/16, \cdots$,因此,赖曼系谱线的能量为 $-3E_1/4, -8E_1/9, -15E_1/16, \cdots, -E_1$,巴耳末系能量为 $-5E_1/36, -3E_1/16, \cdots, -1E_1/4$。赖曼系每条谱线的能量均大于巴耳末系每条谱线的能量。每个谱线系形成一簇,簇之间在复杂原子光谱中常发生交叉。

3. 发射谱线和吸收谱线

跃迁可用能级间的竖线表示,如图 1.3.2 所示。箭头向下表明跃迁辐射能量,

如前所述,产生光子,这一过程称为退激发或光发射,这时得到发射光谱。箭头向上表明跃迁吸收能量,原子吸收光子而激发,这一过程称为激发或光吸收,这时得到吸收光谱。一束具有连续波长的白光(例如用高压氙灯产生)通过原子化的样品后,原子吸收了相应能级间隔能量的光子而跃迁到高能级,因此观测到相应的一系列暗线。但为了提高灵敏度,降低本底,实际的原子吸收光谱方法往往用可调谐波长的线谱光源,如用能量(或波长)可调的激光器作激发光源。室温下原子一般处于基态,只能观测到从基态往上的吸收线,如氢原子的赖曼系。而发射光谱则不同,原子初态可处于不同的激发态,往下可以发生复杂的级联跃迁,因而常可以得到许多种谱线。因此,通常一种元素吸收光谱中的每一条线都在它发射光谱中有相对应的线,而发射光谱中只有某些线才能在吸收光谱中找到相应的线。

4. 连续谱和电离能

以上我们只考虑了电子在原子中总能为零以及总能为负值的情况。那么是否有总能为正值的情况呢?这是可能的,如考虑电子离原子核很远时有动能 $m v^2 / 2$(正值),虽势能为零,但总能即为动能,为正值。在这种情况下,电子的运动不能是周期性轨道,而是像 α 粒子散射情形中那样,是双曲线的一支。由于在这种情况下电子的速度 v 可以为任意值,能量不是量子化的,可从零到任何正值,相当于电子到达图 1.3.2 中能级图上 $n = \infty$ 以上的斜线部分。电子从连续区能态 E' 跃迁到一个量子化能级 n,发射的光子能量

$$h\nu = E' - E_n = \frac{1}{2} m_e v^2 + \frac{hcR}{n^2} \qquad (1.3.22)$$

也不是量子化的,在光谱图上表现为:在谱线系限之外有连续谱区。

上述过程的逆过程也可能发生,这时处于基态 E_1 的电子吸收大于 $|E_1|$ 的能量而跃迁到连续能级区中的 E' 能态,如果吸收的是光子,就是单原子的光电效应过程,跑出的电子称为光电子,具有动能 $E' = h\nu - |E_1|$。

原子要被电离,跑出的电子能量至少要大于零。因此,$|E_1|$ 是处于基态的原子能被电离所需的最小能量,称为电离能 I。电离能也就是把基态原子的电子移到无限远处所需要的最小能量

$$I = E_\infty - E_1 = - E_1 = |E_1| \qquad (1.3.23)$$

氢原子的电离能 $I_H = 13.6\,\text{eV}$,它也等于电子与氢原子核结合成氢原子放出的能量,即结合能。

5. 原子光谱的统计解释

图 1.3.2 上画的那些能级是可能的能级。在某一时刻,一个原子中的电子只能处于一定的能量状态(或能级)上。例如,在通常温度下氢原子中的电子绝大部

分是在 $n=1$ 的能级上，其他能级是空着的。那么我们为什么又会观测到许多种波长的光子呢？这是因为在发射光谱实验中，都要通过某种方法，如高温、电弧、放电等给原子以能量，这些能量常常是连续的，使电子跃迁到上面各个能级。一个氢原子只有一个电子，它只可能跃迁到某一能级，但实际情况是一个系统有许许多多个同种原子，不同的原子可以跃迁到不同的能级。因此，在用光谱学方法观测的一段时间内，各种能级间的跃迁都可以观测到，从时间上不能区分，好像各种光谱线是同时出现的。当然，用近代光电倍增管和单色器可以观测到不同能量的单个光子，就可以区别不同能级之间的跃迁了，甚至可以研究每种跃迁的动力学过程。

例 1.4 试用玻尔理论公式计算氢原子赖曼系第一、第二条谱线和巴耳末系第一条谱线的波长，并求氢原子的电离能。

解 由于 $n=hc/h\nu=hc/(E_n-E_m)$，代入式(1.3.19)，可分别算得赖曼系的第一、第二条谱线和巴耳末系的第一条谱线的波长分别为

$$\lambda_{L_1} = \frac{hc}{E_2 - E_1} = -\frac{hc}{\frac{1}{2}m_e c^2 \alpha^2 \left(\frac{1}{2^2} - \frac{1}{1^2}\right)} = \frac{8hc}{3m_e c^2 \alpha^2}$$

$$= \frac{8 \times 1240 \text{ eV} \cdot \text{nm} \times 137^2}{3 \times 511 \text{ keV}} = 121.4 \text{ nm}$$

$$\lambda_{L_2} = \frac{hc}{E_3 - E_1} = -\frac{hc}{\frac{1}{2}m_e c^2 \alpha^2 \left(\frac{1}{3^2} - \frac{1}{1^2}\right)} = \frac{9hc}{4m_e c^2 \alpha^2} = 102.5 \text{ nm}$$

$$\lambda_{B_1} = \frac{hc}{E_3 - E_2} = -\frac{2hc}{m_e c^2 \alpha^2 \left(\frac{1}{3^2} - \frac{1}{2^2}\right)} = \frac{72hc}{5m_e c^2 \alpha^2} = 655.8 \text{ nm}$$

氢原子的电离能为

$$I = \frac{1}{2} m_e c^2 \alpha^2 = \frac{1}{2} \times 511 \text{ keV} \times \frac{1}{137^2} = 13.6 \text{ eV}$$

1.4 类氢离子光谱和原子的激发实验

玻尔理论很好地解释了氢原子光谱。但一个好的新理论不但要能解释已有的实验，还要能预言一些新的现象，并为一些新的实验所证实。下面将介绍两类这方面实验：类氢离子光谱以及原子的激发实验。

1.4 类氢离子光谱和原子的激发实验

1.4.1 类氢离子光谱

类氢离子是原子核外只有一个电子而核内有多于一个正电荷的原子体系,例如,一次电离的氦离子 He$^+$,氦原子有两个电子,核内有两个质子,电离一个电子后即为 He$^+$;二次电离的锂离子 Li^{2+},三次电离的铍离子 Be^{3+},也都是类氢离子。

显然,类氢离子类似于氢原子,不同的只是 $Z \neq 1$,库仑力要用 $\dfrac{1}{4\pi\varepsilon_0}\dfrac{Ze^2}{r^2}$ 代替。类似玻尔理论的推导,可得到类氢离子的能量、半径和辐射波数公式:

$$E_n = -\frac{Z^2 m_e c^2 \alpha^2}{2n^2} = Z^2 E_H, \quad n = 1,2,3,\cdots \tag{1.4.1}$$

$$r_n = \frac{\hbar c n^2}{Z m_e c^2 \alpha} = \frac{r_H}{Z}, \quad n = 1,2,3,\cdots \tag{1.4.2}$$

$$\tilde{\nu} = Z^2 R\left(\frac{1}{m^2} - \frac{1}{n^2}\right) = Z^2 \tilde{\nu}_H, \quad m = 1,2,3,\cdots, n = m+1, m+2,\cdots \tag{1.4.3}$$

类氢离子光谱的实验表明了这些公式的正确性。一个有趣的例子是 He$^+$ 的一个光谱线系——皮克林(W. H. Pickering)系,它最早是从星体光谱中发现的,类似于巴耳末系,如图 1.4.1 所示,较长的谱线为巴耳末系,较短的谱线为皮克林系。可见皮克林系中每隔一条谱线与巴耳末系的谱线几乎重合,但波长仍有稍许差异,每两条邻近的巴耳末谱线之间多一条谱线,所有这些谱线用氢原子的里德伯公式可以近似表示为

$$\tilde{\nu} = R\left(\frac{1}{2^2} - \frac{1}{n^2}\right), \quad n = 2.5, 3, 3.5, \cdots$$

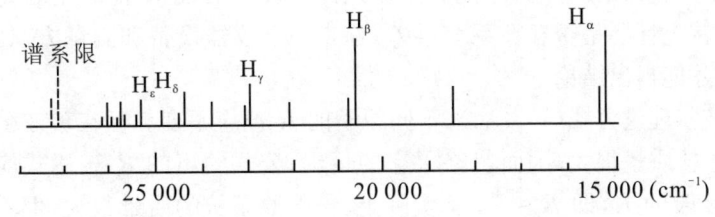

图 1.4.1 皮克林系和巴耳末系的光谱

用玻尔理论就容易理解这一经验公式。He$^+$ 的 $Z = 2$,由玻尔公式(1.4.3),得

$$\tilde{\nu} = R\left[\frac{1}{(m/Z)^2} - \frac{1}{(n/Z)^2}\right] = R\left[\frac{1}{(m/2)^2} - \frac{1}{(n/2)^2}\right]$$

只要令 $m/2 = 2, n/2 = 2.5, 3, 3.5, \cdots$,即 $m = 4, n = 5, 6, 7, \cdots$,这一公式就是上述

实验公式。这时离子 He^+ 的皮克林系的里德伯公式也可表示为

$$He^+: \quad \tilde{\nu} = 4R\left(\frac{1}{4^2} - \frac{1}{n^2}\right), \quad n = 5,6,7,\cdots \quad (1.4.4)$$

显然,应该还有波长更短的 $m=3,2,1$ 的光谱线系,后来它们均被发现。

同样,可得其他类氢离子光谱为

$$Li^{2+}: \quad \tilde{\nu} = 9R\left(\frac{1}{m^2} - \frac{1}{n^2}\right) \quad (1.4.5)$$

$$Be^{3+}: \quad \tilde{\nu} = 16R\left(\frac{1}{m^2} - \frac{1}{n^2}\right) \quad (1.4.6)$$

它们的里德伯常数 R 值均略有不同。

1.4.2 原子核质量的影响

上面指出,皮克林线系和巴耳末线系近似重合,但谱线的波长仍略有差别,彼此不完全重合,这个波长的差别正好反映了里德伯常数 R 的差别。从氢光谱中得到的 R_H、皮克林线系的 He^+ 光谱中得到的 R_{He^+} 和玻尔理论不考虑原子核质量影响算出的 R_∞,它们的最新值分别为

$$R_H = 1.0967758 \times 10^7 \text{ m}^{-1}$$
$$R_{He^+} = 1.0972227 \times 10^7 \text{ m}^{-1}$$
$$R_\infty = 1.0973732 \times 10^7 \text{ m}^{-1}$$

它们之间略有差别。

上述 R_H, R_{He^+} 和 R_∞ 之间的差别难道是偶然的吗?我们知道,实验结果如碰到这种情况,则要先看看数据差别是偶然的、参差不齐的,还是有规律的。前者可能是偶然误差造成的。然而即使数据差别是有规律的,也不能断定就是发现了新现象,还要首先怀疑是否存在系统误差,检查一下仪器设备和测量方法,最后排除上述原因,才能得出结论。

根据玻尔理论公式(1.3.14),不同原子的 R 值应不变。但在玻尔公式推导中假定了原子核质量很大,因而忽略了它的运动,公式给出的 R 表达式应为原子核质量 $M = \infty$ 时的 R,即 $R = R_\infty$。实际上,虽然原子核的质量很大,但不是 ∞。如果考虑原子核的有限质量,那么不是电子绕核做圆周运动,而是电子和核绕两者的质心运动。因此,只要用折合质量 $\mu = m_e M/(m_e + M)$ 代替原来公式中的电子质量 m_e 就可以了。由此得到考虑原子核质量(用原子量表征)的 R 表达式:

$$R_A = \frac{1}{(4\pi\varepsilon_0)^2} \frac{e^4}{4\pi \hbar^3 c} \frac{m_e M}{m_e + M} = R_\infty \left(\frac{1}{1 + m_e/M}\right) \quad (1.4.7)$$

修正系数为 $1/(1+m_e/M)$，M 越小（即原子量 A 越小）差异越大，氢的 M 最小，所以 R_H 最小，偏离 R_∞ 最多。

R 随原子核质量的变化这一点曾用来确认氢的同位素氘的存在。历史上用质谱仪测得氢的原子量（相对于公认的氧原子量 16.000 00）为 $1.007\,78 \pm 0.000\,015$，而用化学方法测得为 $1.007\,77 \pm 0.000\,02$，两者符合得很好。实际上这里出现一些错误。1929 年发现氧除有同位素 ^{16}O 外，还有两种同位素 ^{17}O 和 ^{18}O，含量较多的 ^{18}O 与 ^{16}O 之比为 1∶1 250，用质谱仪测得的是 ^{16}O 的质量，但以两种同位素混合的氧的实际质量作为 ^{16}O 的原子量来标度氢原子量，而化学方法测量的是氧的两种同位素混合的质量，并以此当作氧的原子量。如果纠正这个错误，质谱法得到的是 1.007 56，比化学法测得的小 0.000 21，超过统计误差。这促使伯奇（R. T. Birge）和门泽尔（D. H. Menzel）提出假设，测量的氢中有两种同位素：轻氢 ^1H 和重氢 ^2H，它们的原子序数相同，但 ^2H 的质量比 ^1H 大 1 倍。由此计算出它们的质量比为 $m(^1H) : m(^2H) = 4\,500 : 1$。之后在 1932 年，尤里（H. Urey）用高精密光谱仪摄取氢光谱，似乎看到有双线迹象，但不能确定。他于是想提纯重氢，向华盛顿的美国国家标准局求助，他们把 4 000 cm³ 液氢在 14 K 低温和 53 mmHg 低压条件下谨慎蒸发，因为在三相点（13.9 K）轻核素组成的普通氢分子的蒸发速度快，重氢逐渐在剩余的混合液中浓缩起来，蒸发到 1 cm³ 后装入放电管，尤里摄取了光谱，在巴耳末系的前四条中得到双线，它们的波长差与理论上算得的里德伯常数差造成的波长差符合，从而证实了重氢的存在，现在把它叫作氘[①]。这里顺便指出，1935 年尤里获得诺贝尔化学奖之后不久，发现用质谱仪方法测到的氢原子量不是上述值，测量的误差估计过小。实际上，用上述两种方法在当时测量的精确度是不足以估算出氘的丰度的。尽管这样，尤里的光谱实验却是确定无疑地证实了氘的存在。

1.4.3 弗兰克-赫兹实验——激发电势的测量

原子的激发实验能最清楚地说明原子存在分立能级。这个实验是弗兰克（J. Franck）和赫兹（G. Hertz）在玻尔理论发表后的第二年即 1914 年进行的。他们的实验思想是这样的：利用具有一定能量的电子去碰撞气体原子，然后测量电子经碰撞后的能量分布。如果所发生的是弹性碰撞，原子的内部能量未变化，电子质量远小于原子质量，原子核获得的反冲能量很小，电子的能量几乎不变，只是方向改变。如果是非弹性碰撞，把它看作是电子与原子的核外电子作用，则电子的能量要减少，电子可把一部分或全部能量交给原子的电子，使其激发或电离。如果原子具有

[①] 郭奕玲. 尤里和氘的发现[J]. 高能物理, 1987(1): 29.

的能量状态是分立的,则在激发实验中测量到的经碰撞损失能量后的电子能量分布应具有分立特性,否则应具有连续特性。他们所用的测量第一激发电势的实验装置如图1.4.2所示。在玻璃容器中充以要测的气体,电子由热阴极 K 发出,被栅极 G 与 K 之间所加的正电压 V 加速。在阳极 A 与 G 间加反偏压 0.5 V,可以保证能量小于 0.5 eV 的电子通过栅极 G 后不足以克服这一反电压而被 A 收集,以此提高峰谷比。

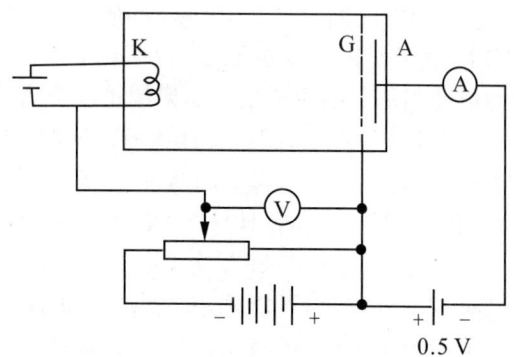

图 1.4.2　测量激发电势的装置原理图

最初测量的气体是汞蒸气,充气压较高,约为 1 mmHg,改变 G 和 K 间的电压,观测电流计的电流,得到如图1.4.3所示的曲线。可以看到,随着电压的增加,电流呈周期性变化,电压周期为 4.9 V。第一个 4.1 V 是由于金属电极连接时存在

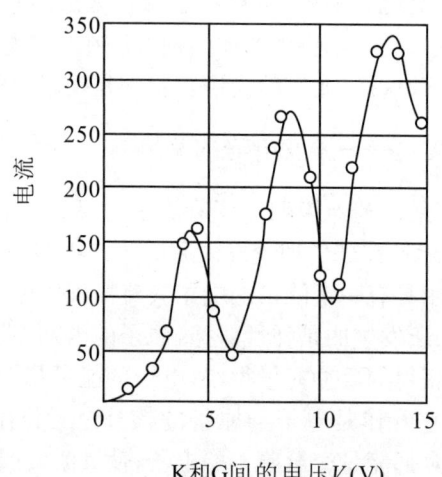

图 1.4.3　汞蒸气的电流-电压关系曲线

接触电势差的关系。

对上述实验现象我们如何解释呢？用电子碰撞和原子有分立能级的理论可以很容易理解。通常汞原子处于基态，4.9 eV 是汞原子的第一激发能量，当电子在 K 和 G 间运动而电压低于 4.9 V 时，电子获得的能量不足以产生非弹性碰撞，电子由于弹性碰撞损失的能量很小，能够通过栅极克服 G 和 A 间反偏压而到达 A 极，产生电流。随电压的增加，能达到 A 极的电子数增多，电流与电压的关系类似于真空管中的伏安特性，基本按 $V^{3/2}$ 规律迅速增加。当 K 和 G 间的电压达到 4.9 V 时，有些电子在栅极 G 附近发生非弹性碰撞，把 4.9 eV 能量传给汞原子，使其从基态跃迁到第一激发态。而电子剩下的动能很小，不足以克服 A 和 G 间的反偏压而到达 A 极，所以电流下降。当 K 和 G 间的电压超过 4.9 V 很多时，电子经非弹性碰撞后剩余的能量已足够大，电子又能通过 G 到达 A 极，从而使电流再次增加。当 K 和 G 间的电压达到 2×4.9 V 时，一部分电子会由于两次非弹性碰撞而失去能量，使电流又下降。

上述实验测量的是汞的第一激发电位，由于在装置中电子的加速和碰撞是在同一区域中，电子获得相当于第一激发电势能量后，会由于碰撞而损失掉，不易获得更高的能量，因此很难测更高的激发电势。不过只要将上述实验装置稍加改变，紧靠阴极 K 再加一个栅极 G_1，其所加电位与 G 相同，使加速区和碰撞区分开，电子加速仅在 K 和 G_1 之间的小区域里先进行，然后到达碰撞区 G_1G，就能测出更高的激发电势。弗兰克和赫兹很快对实验装置做了这种改进，测量到了汞原子更高的激发电势。至于测量原子的电离电势的实验，这就更为复杂了，此实验后来也由赫兹做成了，这里不再介绍。

原子的激发实验表明，要把原子激发到不同能量状态，需要吸收一定数值的能量，这些数值不是连续的，而是量子化的，从而无可辩驳地说明了原子分立能级的存在。弗兰克和赫兹也因此获得 1925 年的诺贝尔物理学奖。

最后要指出，弗兰克和赫兹实验提供了一种不同于光谱实验的电子碰撞技术，它现在已成为研究原子分子价壳层和内壳层激发态的重要实验技术，在原子分子物理和化学、凝聚态物理、表面科学、环境科学等领域获得广泛应用。但他们的原始装置是很简单的，由于要加热阴极到 2 000 K 高温，它发射的电子能量服从玻尔兹曼热分布，分散大约在 0.5 eV，尽管在 A 与 G 间加 0.5 V 反偏压提高结果的峰谷比，但不能改善装置的能量分辨。现代的电子碰撞实验已发展了高能量分辨的电子能量损失谱仪[6]，在 8.3.2 节也给出详细介绍。

1.5 特殊的氢原子体系

现在我们把氢原子概念推广到氢原子体系,即一个电荷为 $+Ze$、质量为 M 的原子核(或粒子)与一个质量为 m、电荷为 $-e$ 的粒子被库仑作用联系在一起的体系。显然,氢原子是这种体系中最简单的情况,以前讨论的类氢离子如 He^+,Li^{2+},以及氢原子的同位素氘和氚原子均属于氢原子体系,可以用同一理论近似处理。本节要介绍其他几种特殊的氢原子体系,它们是原子分子的里德伯态、奇特原子、电子偶素、反氢原子和粒子素,基本上可以用类氢离子的玻尔理论近似处理。

1.5.1 里德伯态

里德伯态是原子或分子中电子被激发到高量子态的情况,有时也简称为里德伯原子。这时远离的剩余电子与原子核组成原子实,原子实对这个激发电子的静电库仑作用就像一个单位点电荷 $+e$ 那样。因此,可以把里德伯态看作是单电子类氢原子,很适合于用玻尔理论来处理,只是原子实的质量要比氢原子核大。任何原子都可以形成里德伯态;分子的结构比原子复杂,但如果分子的一个价电子或芯电子跃迁到高激发态,这个电子会绕各个原子核和其他电子运动,相当于一个里德伯态原子,又简单化了。

事实上,在天体现象中以及在电子、离子和激光与原子分子碰撞实验中,往往会遇到原子和分子的里德伯态或光谱。早在 19 世纪巴耳末公式出现后,人们就从天体光谱观测中发现 n 高到 31 的氢原子谱线,但对里德伯态的详细研究是从 20 世纪 70 年代之后才进行的[1][6]。目前在实验室内采用电子碰撞激发、电子和光子(激光)碰撞相结合和双光子或多光子激发等方法可以产生 n 约到 200 的里德伯氢原子,在天体中利用射电天文观测已发现 n 高到 630 的氢原子里德伯态。

与普通原子相比,里德伯原子有许多奇特的性质,表 1.5.1 给出了氢原子里德伯态的某些性质,下面较详细地介绍几点。

---

[1] 张绮香. 高激发态里德伯原子[J]. 物理,1981(10):273. 张志三. 里德伯原子[J]. 现代物理知识,1989(4):13. Gallaher T F. Rydberg Atoms[J]. Reports on Progress in Physics,1988,51:143.

表 1.5.1　具有不同主量子数 n 的氢原子的某些性质比较

物 理 量	与 n 的关系	$n=1$	$n=105$
轨道半径 a_n ($\times 10^{-10}$ m)	$\approx n^2 a_0$	$a_0 = 0.53$	5.8×10^3
电离能 I(eV)	I_H/n^2	$I_H = 13.6$	1.23×10^{-3}
能级间隔 ΔE(eV)	$\approx 2I_H/n^3$ (n 足够大)	$3I_H/4 = 10.2$	2.3×10^{-5}
电子速度均方根值 v_n (m·s^{-1})	$\approx v_1/n$	$v_1 \approx c\alpha = 2.2 \times 10^6$	2.1×10^4
激发态寿命 T(s)	$\propto n^{4.5}$	$\approx 10^{-8}$ ($n=2$)	≈ 10

1. 尺度很大

1.1 节中已指出,普通原子在正常情况下半径相差不多,约为 10^{-10} m。而里德伯原子的半径却相差很大,根据玻尔公式,近似有

$$r_n = n^2 a_0 \tag{1.5.1}$$

轨道半径正比于 n^2,因此,当 $n=20$ 时,半径为 0.021 μm,当 $n=105$ 时,半径为 0.58 μm,比基态氢原子大 1 万倍,已达到细胞大小。

2. 电离能 I、相邻能级间隔 ΔE 和辐射能量均很小

电离能近似为

$$I_n = |E_n| = \frac{I_H}{n^2} \tag{1.5.2}$$

反比于 n^2,其中 I_H 为氢原子的电离能。ΔE 可由式(1.3.21)计算,反比于 n^3. 当 $n=105$ 时,计算得到的 $I_n = 1.2 \times 10^{-3}$ eV,$\Delta E_n = 2.3 \times 10^{-5}$ eV。与能级间隔相对应的辐射波长已经到达红外区域,甚至到微波区域。这样小的电离能和辐射能给实验带来了很大困难。例如,室温下的外来微弱辐射能量或热碰撞能量($kT = 25$ meV)已能够使它再激发或电离,使高于选定的里德伯能级的其他能级上也有布居。为了得到所需激发态的原子,要求有单色性很高的光源和高分辨率的谱仪。因此,近代高分辨激光光谱技术的发展使里德伯态的研究成为可能,从而开展原子分子物理研究,也可以用到红外和微波区域的基本度量中。

3. 寿命很长

普通原子的激发态寿命在 10^{-8} s 左右,但当 n 很大时,寿命可以很长。考虑到不同的角量子数 l 形成组态混合,计算给出:量子数为 n 的里德伯态的平均寿命大约正比于 $n^{4.5}$. 因此,只要不受到其他原子的碰撞,寿命可长到 ms 甚至 s 以上,即相当于亚稳态原子寿命。

4. 外加电、磁场的影响很大

普通原子的内部库仑作用较强,外加电、磁场对它的影响较小,可以作为微扰

处理。但里德伯态中被激发的电子与原子实的库仑作用很弱,外加电、磁场对它的作用就显得强许多,因此,里德伯态的结构、形状和光谱在强外场中会发生很大变化,这与第3章中将要讨论的外场对普通原子的光谱影响不完全相同。例如,磁场会使光谱中出现一组近乎等间距的共振线,谱线之间距离正比于磁场强度;外加直流电场可以使里德伯态在辐射之前被离化,产生场电离现象等[6]。

原子的高激发态结构除了这里讨论的无数个里德伯态之外,还包括无数个自电离态和相应的连续态,这些也是近些年来活跃的研究课题[6],本书不再讨论。

1.5.2 奇特原子

奇特原子是由不同于电子的其他带负电粒子(如 μ^- 子、π^- 介子、K^- 介子、反质子 $\bar{p}$ 等)与普通原子核形成的原子①。μ^- 形成的称为 μ 原子,π^-、K^-、$\bar{p}$ 和 Σ^- 形成的称为强子原子。费米(E. Fermi)首先在1940年提出奇特原子理论,我国物理学家张文裕在1947年第一个用云室观察到宇宙线中 μ^- 子形成的 μ 原子过程中所产生的X射线。由于束流很弱,探测器效率很低,探测是很粗糙和困难的。后来随着NaI(Tl)闪烁谱仪以及高分辨率的Ge(Li)谱仪的出现,配合加速器中产生的强大的 μ^- 子束、π^- 介子束等,奇特原子的详细研究才有可能。图1.5.1是一个研究 π 原子的实验安排示意图。由加速器出来的具有同样动量的带负电粒子束通过石墨吸收体,其厚度足以使 π^- 介子减慢,K^- 介子停止。一系列的闪烁计数器用来给出粒子到达和停止的信号,如 $123\bar{4}$ 符合计数(即1,2,3同时有信号,4没有)表示 π^- 介子停止在靶内,用它控制Ge(Li)探测器的输出门,切伦科夫探测器仅仅在电子通过时才给出信号,用作反符合,即它给出信号时,Ge(Li)探测器不记录,这样得到纯 π^- 事例。

奇特原子的某些主要特性被列在表1.5.2中,所涉及的带负电粒子的质量分别为:$m_p = m_{\bar{p}} = 1\,836$,$m_{\mu^-} = m_{\mu^+} = 207$,$m_{\pi^-} = 273$,$m_{K^-} = 966$,$m_{\Sigma^-} = 2\,343$,这些数值均以电子质量为单位。表1.5.2数据未考虑精细结构效应和有限核大小的修正,对于 $Z>2$ 的原子也未考虑原子实的极化和轨道贯穿效应。

下面讨论奇特原子的主要特点。

(1) 形成过程 高能带负电粒子进入物质后由于电离和激发效应损失能量而

---

① Wu C S, Wilets L. Muonic atoms and nuclear structure[J]. Annual Review of Nuclear Science,1969,19:527. Backenstons G. Pionic atoms[J]. Annual Review of Nuclear Science,1970,20:467. Seki R,Wiegand C E. Kaonic and other exotic atoms[J]. Annual Review of Nuclear Science,1975,25:241.

1.5 特殊的氢原子体系

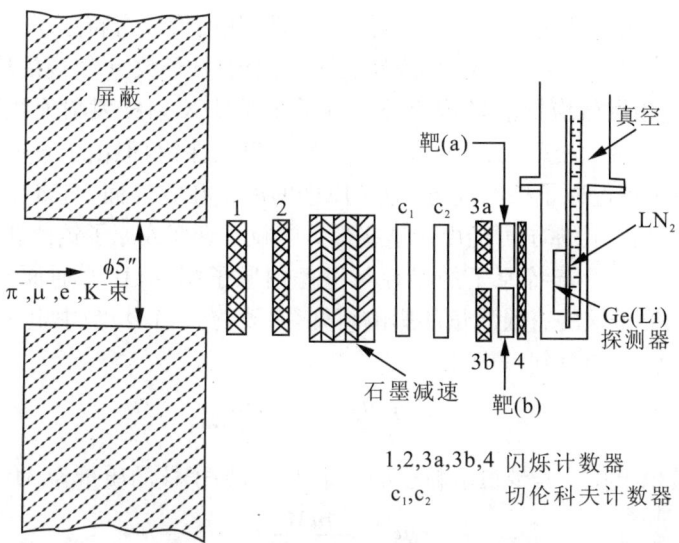

图 1.5.1 一个奇特原子的实验测量装置

表 1.5.2 各种氢原子体系的特性比较(相对于氢原子)

系　统	折合质量 μ/m_e ($m_e c^2 \approx 511$ keV)	电离能 $I=\|E_{n=1}\|/I_H$ ($I_H \approx 13.6$ eV)	基态半径 a/a_0 ($a_0 \approx 0.53 \times 10^{-10}$ m)
一般公式	$\dfrac{mM}{m+M}$	$\dfrac{Z^2\mu}{m_e}I_H$	$\dfrac{1}{Z}\dfrac{m_e}{\mu}a_0$
氢(e^- p)	1 836/1 837≈1	1	1
反氢原子($e^+\bar{p}$)	≈1	1	1
类氢离子	≈1	≈Z^2	≈$1/Z$
碱金属原子[†]	≈1	≤1	≥1
氢μ原子(μ^- p)	≈186	≈186	≈5.4×10^{-3}
Z大的μ原子[*]	≈207	≈$207Z^2$	≈$1/207Z$
氢π原子(π^- p)[*]	≈238	≈238	≈4.2×10^{-3}
氢K原子(K^- p)[*]	≈633	≈633	≈1.6×10^{-3}
质子偶素($\bar{p}p$)	≈918	≈918	≈1.1×10^{-3}
氢Σ原子(Σ^- p)[*]	≈1 029	≈1 029	≈9.7×10^{-4}
μ子素($e^-\mu^+$)	207/208≈1	≈1	≈1
电子偶素($e^- e^+$)	0.5	≈0.5	≈2

[†] 未考虑原子实极化和轨道贯穿效应修正,否则 I 要大些。

[*] 未考虑自旋-轨道耦合作用和有限核大小修正。

很快慢化,达到热运动速度后被原子或分子俘获,从而形成奇特原子。在固体中这段时间为 $10^{-9} \sim 10^{-10}$ s。形成的奇特原子最初处于量子数 n 较高的能态,带负电粒子可以通过俄歇效应把能量传给外层电子或通过 X 射线发射而级联跃迁到低能级,直至 $n=1$ 的基态。原子原来的电子虽然仍被保留,但由于这些带负电的粒子很重,处在很靠近原子核的地方,原子原来的电子在它外面,对奇特原子的影响可以忽略。最后奇特原子可能由于这些带负电粒子衰变或原子核俘获而消失掉。

(2) 原子半径 奇特原子的半径与里德伯原子相反,比普通原子小很多,由 1.4 节讨论的原子核的有限质量的影响可知,只要将式(1.4.2)中电子质量 m_e 用折合质量 μ 代替,即得到

$$r_n = \frac{n^2 \hbar c}{Z \mu c^2 \alpha} = \frac{n^2}{Z} \frac{m_e}{\mu} a_0 \tag{1.5.3}$$

其中 a_0 是玻尔半径。若带负电粒子的质量为 m,原子核的质量为 M,则有

$$\mu = \frac{mM}{m+M} \tag{1.5.4}$$

例如,基态 μ 原子的半径 r_μ 与氢原子的半径 r_H 之比为

$$\frac{r_\mu}{r_H} = \frac{\mu_H}{\mu_\mu Z} \tag{1.5.5}$$

对于 $Z=1$ 的氢 μ 原子,由式(1.5.4)算得 $\mu_\mu = 186 m_e$,因而其半径是氢原子的 1/186。重元素可以忽略约化质量效应,它们的 $r_\mu / r_H \approx m_e / m_\mu = 1/(207Z)$,因此,$Z=50$ 的 μ 原子的 $r_\mu \approx 5 \times 10^{-15}$ m,已接近于核的半径。

(3) 能量 奇特原子的能级能量为

$$E_n = -\frac{Z^2 \alpha^2 \mu c^2}{2 n^2} = -\frac{Z^2 \mu}{n^2 m_e} I_H \tag{1.5.6}$$

式中,I_H 为氢原子的电离能。

奇特原子的电离能 $I = |E_{n=1}|$,即

$$I = \frac{Z^2 \alpha^2 \mu c^2}{2} = \frac{Z^2 \mu}{m_e} I_H \tag{1.5.7}$$

这个电离能以及跃迁过程中产生的光子能量比普通原子的大很多。例如,$Z=1$ 的氢 μ 原子的电离能比氢原子的大 186 倍,而 $Z=50$ 的 μ 原子的 $I \approx 207 Z^2 \approx$ 6 MeV,产生的光子(习惯上称为 X 射线)能量已达到 γ 射线能区。

在第 3 章中指出,自旋-轨道耦合作用附加的能量 $\Delta E_{ls} \propto m Z^4$,因此奇特原子的精细结构分裂也很大。此外,由于在低量子数轨道上带负电的粒子很靠近原子核,必须进行有限核大小的修正。图 1.5.2 是钛的 μ 原子的 X 射线能谱,可以清楚地看到巴耳末系(上图)和赖曼系(下图)的各谱线,它们的能量已很大,也可以看

到很弱的精细结构分裂。

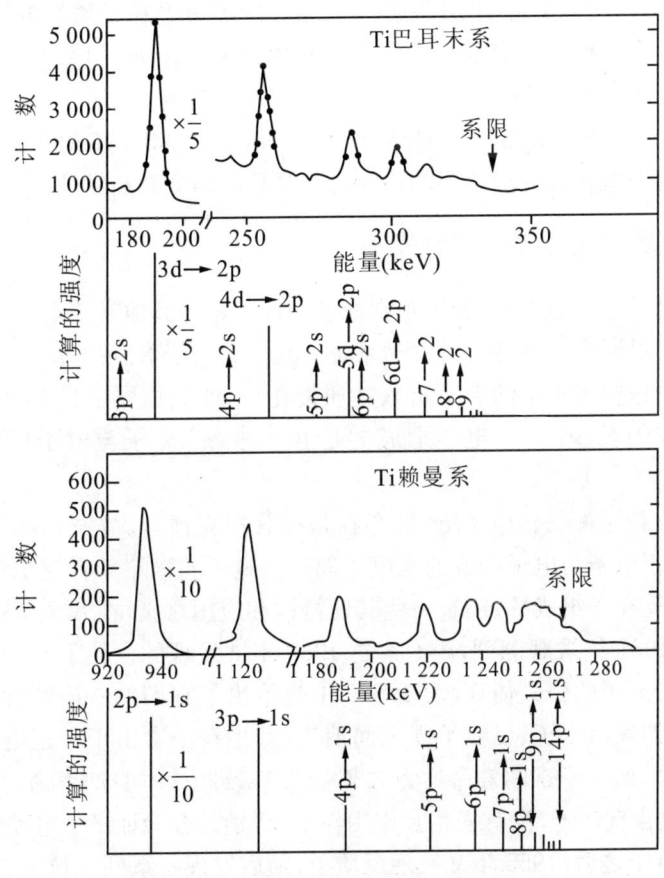

图 1.5.2 钛的 μ 原子的 X 射线能谱

(4) 不稳定,寿命很短 由于这些带负电粒子在物质中都是不稳定的,寿命很短,它们可能在轨道上衰变而消失,或者被原子核俘获。例如,μ^- 被俘获后与质子发生反应 $\mu^- + p = n + \nu_\mu$,n 为中子,ν_μ 为中微子。核俘获概率随 Z 的增加而增加,在氢中,俘获与衰变概率之比为 4×10^{-4},在 $Z = 11$ 的原子中,两者相等。

对于强子奇特原子,其轨道离核更近,甚至进入核内,而且它们都是强作用粒子,因此核俘获概率很大。表 1.5.2 所列性质仅对库仑作用成立,原则上不适用于强子原子,因此,表中给出的电离能和基态半径是粗略的,但考虑到强相互作用力的短程性,强子奇特原子的高激发态,特别是 $l \neq 0$ 的态,仍可用这一理论计算。

由于奇特原子的形成和发展涉及许多领域,因此,奇特原子的研究不仅有本身的价值,而且可以用来进行物质结构研究、相关的带负电粒子属性的测量、量子电动力学检验以及各种核效应如核内电荷分布的研究。例如,用奇特原子方法测量的 μ 子和 K^- 介子的质量

$$m_\mu = 105.658\,371\,5(35)\ \text{MeV}\cdot c^{-2}, \quad m_{K^-} = 493.646\ \text{MeV}\cdot c^{-2}$$

以及它们的磁矩是各种方法给出的这些可测量量中精度最高的结果。

1.5.3 粒子素、电子偶素和反氢原子

与奇特原子类似地考虑,如果正常原子的原子核被其他带正电的粒子代替,它们与电子也可以形成一种特殊的原子系统。与一个电子形成的称为粒子素。在实验上通常是让这些带正电的粒子进入物质慢化后,俘获物质中自由电子或原子中的电子形成粒子素,μ^+ 子与电子形成的是 μ 子素,π^+ 介子与电子形成的是 π 介子素。

电子的反粒子——正电子 e^+ 的存在是被狄拉克预言、被安德森于1932年的实验发现的,正电子与电子形成的是电子偶素。电子偶素除具有粒子素的特点外,由于是由正、反粒子组成的,还有一些其他特性和应用意义,在8.2节中专门讨论。电子偶素在1951年被观测到,μ 子素是1960年被发现的。粒子素的一般特性可以用前面奇特原子的公式估算,表1.5.2中也给出了它们的一般特性。它们是不稳定的,电子偶素由于正、反粒子湮灭而消失,其他粒子素由于带正电的粒子有一定寿命而消失,如 μ 子素的寿命约为 2.2×10^{-6} s,即 μ^+ 本身的寿命。电子偶素和 μ 子素由于仅含有轻子,没有强相互作用粒子,特别适合验证量子电动力学。

发现正电子之后,1955年又发现反质子,随后发现一系列反粒子,1965年发现反氘核(一个反质子和一个反中子组成的反核)。长期以来,人们一直在寻找反物质(由正电子与反核组成的反原子形成的物质),例如,在宇宙中寻找反物质星球,在地球上寻找反物质,但都失败了。人们也试图在地球实验室产生反物质,直到1995年底在实验室终于产生并探测到世界上最简单的反物质原子——反氢原子 $\overline{\text{H}} = e^+\bar{\text{p}}$。实验是由 W. Oelert 领导的一个欧洲研究组在 CERN 的 LEAR(Low Energy Antiproton Ring)上完成的[6],他们用一个 2 MeV 反质子束通过由 Xe 核形成的库仑场以便产生正负电子对,反质子会俘获其中的正电子而形成反氢原子,由 30 万个触发中得到 11 个有反氢原子特性的事例,其中两个由本底贡献(即事例数为 11 ± 2),这些与理论预期的 9 个事例相符。

例1.5 计算电子偶素的第一、第二激发态的激发能、基态电离能、赖曼系中的最长波长和

第一激发态时正、负电子的距离。

解 由式(1.5.6)和式(1.5.7),可得激发能、电离能和最长波长分别为

$$E_1 = -\frac{1}{2}\mu c^2 \alpha^2 \left(\frac{1}{2^2} - \frac{1}{1^2}\right) = \frac{3}{8}\frac{m_e}{2}c^2\alpha^2 = \frac{3 \times 511 \text{ keV}}{16 \times 137^2} = 5.10 \text{ eV}$$

$$E_2 = -\frac{1}{2}\mu c^2 \alpha^2 \left(\frac{1}{3^2} - \frac{1}{1^2}\right) = \frac{8}{36}m_e c^2 \alpha^2 = 6.05 \text{ eV}$$

$$I = \frac{1}{2}\mu c^2 \alpha^2 = \frac{1}{4}m_e c^2 \alpha^2 = 6.81 \text{ eV}$$

$$\lambda_1 = \frac{hc}{E_1} = \frac{1\,240 \text{ eV} \cdot \text{nm}}{5.10 \text{ eV}} = 243 \text{ nm}$$

由式(1.5.3),可求得第一激发态的正、负电子距离为

$$r_1 = n^2 \frac{m_e}{\mu} a_0 = 8a_0 = 8 \times 0.052\,9 \text{ nm} = 0.423 \text{ nm}$$

习 题

1.1 氯化钠晶体组成立方点阵,钠和氯原子沿三个轴交错占据位置。已知它们的原子量分别为 22.99 和 35.46,氯化钠的密度为 $2.17 \times 10^3 \text{ kg} \cdot \text{m}^{-3}$,试估算两相邻离子的间隔。

1.2 (1) 广播天线以频率为 $1 \text{ MHz} \cdot \text{s}^{-1}$、功率为 1 kW 发射无线电波。求每秒发射的光子数。

(2) 太阳垂直入射到地球表面上的辐射率是 $1.94 \text{ cal} \cdot \text{cm}^{-2} \cdot \text{min}^{-1}$,平均波长为 550 nm。如果直接去看它,设眼球接收光的面积为 1 cm^2,求每秒内人的眼睛接收到的光子数。这两个数目表明为什么在研究广播辐射和太阳光学时,电磁辐射的量子特性并未直接显示出来。

1.3 已知天空中相当明亮的一等星在地球表面产生大约 $10^{-6} \text{ lm} \cdot \text{m}^{-2}$ 的光通量,1 lm 平均波长为 556 nm 的光相当于 0.016 W,正常人眼只要接收到 100 个光子就有感觉。试估算每秒进入人眼中的光子数,并说明天上某些星星的"眨眼"(包括一等星)是否是由于光的量子性引起的。

1.4 在密立根的油滴实验中,一个特定的油滴在两块相距为 5 mm 的水平板之间自由下落,速度为 $2.26 \times 10^{-4} \text{ m} \cdot \text{s}^{-1}$。在两板上加一电势差 1 600 V 后,油滴以 $0.90 \times 10^{-4} \text{ m} \cdot \text{s}^{-1}$ 速度均匀上升。已知空气的黏滞度为 $1.80 \times 10^{-5} \text{ N} \cdot \text{s} \cdot \text{m}^{-2}$,油的密度为 $900 \text{ kg} \cdot \text{m}^{-3}$,试求油滴的半径和它所带的电荷。

1.5 (1) 设有正电荷均匀分布在一半径为 R 的球形区域内,电荷密度为 ρ,试证明电荷为 $-e$ 的电子在它内部可以做围绕球心的简谐运动;

(2) 若正电荷大小等于电子电荷,$R = 1.0 \times 10^{-10}$ m,求作用力常数 k 和电子的振动频率。

1.6 在 α 粒子散射实验中,若 α 放射源用的是 ^{210}Po,它发出的 α 粒子能量为 5.30 MeV,散射体用 $Z = 79$ 的金箔,求:

(1) 散射角为 90°所对应的瞄准距离;

(2) 在这种情况下,α 粒子与金核达到的最短距离;

(3) 这种能量下的 α 粒子与金核能达到的最短距离。

1.7 加速器产生的能量为 1.5 MeV 质子束垂直入射到厚为 1 μm 的金箔上。求：

(1) 散射角大于 90° 的质子数占全部入射粒子数的百分比(已知金的 $A = 197, \rho = 1.932 \times 10^4$ kg·m^{-3})；

(2) 散射到 29°~31°, 89°~91° 和 149°~151° 间隔内质子数的比例；

(3) 设束流为 10 nA，10 分钟内散射到 149°~151° 内的质子数；

(4) 在 30° 角方向质子的卢瑟福散射微分截面。

1.8 计算氢原子基态中电子绕核转动的轨道半径、频率、周期、线速度、线动量、角速度、角动量、加速度、动能、势能和总能。

1.9 在氢原子中，求：

(1) 电子在 $n = 1$ 轨道上运动时相应的电流值大小；

(2) $n = 1$ 轨道中心处的磁场强度。

1.10 试求氢原子的电子与核之间的库仑引力和万有引力以及它们的比值，从中看出把万有引力略去不计是否合理。

1.11 分别计算氢的赖曼系、巴耳末系和帕邢系中最短和最长的波长。这三个线系各属于哪个电磁波段？

1.12 求氦离子 He$^+$ 的电离能、第一和第二激发能、赖曼系第一条谱线的波长、巴耳末系限波长和第一玻尔轨道半径。

1.13 从含有氢和氦的放电管内得到的光谱中，发现有一条线离氢的 H$_\alpha$ 线(656.279 nm)的距离为 2.674×10^{-10} m，这被归于一次电离的氦原子的跃迁。

(1) 找出 He$^+$ 的这一跃迁中涉及的能级的主量子数；

(2) 计算离子 He$^+$ 的里德伯常数(已知 $R_H = 1.096\ 775\ 8 \times 10^7$ m^{-1}，氦核质量为 3 726.358 MeV)；

(3) 假设核为无限重的，计算 He$^+$ 的里德伯常数。

1.14 某一气体放电管中装有 ^{1}H, ^{2}H, ^{3}He$^+$, ^{4}He$^+$, ^{6}Li^{2+} 和 ^{7}Li^{2+} 原子或离子。

(1) 计算它们的电离能量；

(2) 当放电管所加的电压从零逐渐增大时，最先出现哪一条谱线？

1.15 用 12.9 eV 的电子去激发基态氢原子。

(1) 求受激发的氢原子向低能级跃迁时发出的光谱线；

(2) 如果这个氢原子最初是静止的，计算当它从 $n = 3$ 态直接跃迁到 $n = 1$ 态时的反冲能量和速度。

1.16 设一 μ 子代替氢原子中一个电子而形成中性氢 μ 原子，试求它的基态结合能和从 $n = 3$ 态到 $n = 2$ 态跃迁发出的光子能量。如果是中性锂 μ 原子，它的化学性质最类似于哪种化学元素？基态结合能呢？

1.17 (1) 用最简单的氢原子理论粗略估算 $Z = 50$ 的 π 原子的最低两个能级所对应的能量和轨道半径、电离能和第一激发能量；

(2) 将这些结果与氢原子的能量和轨道半径进行比较,已知 $m_\pi = 273 m_e$。做这种比较是有意义的,由此可以得到一些什么结论?

1.18 (1) 试求钠原子被激发到 $n = 100$ 的里德伯原子态的原子半径、电离能和第一激发能;

(2) 将所求的结果与氢原子的 $n = 100$ 的里德伯原子态所对应的量作一比较。

第 2 章 量子力学初步

上一章讲的卢瑟福原子的核式模型使我们对原子结构的认识前进了一大步,但核式模型完全停留在经典理论上,有许多现象不能解释。玻尔在核式模型基础上提出了微观体系特有的量子规律,这些规律与经典理论是相矛盾的,但与实验相一致,因此大大推动了近代原子物理的发展,起到了经典理论与量子力学理论承前启后的作用,这也是玻尔理论的历史功绩。

但是玻尔理论有很大的局限性,它是基于定态和其他经典假设为基础的量子论。这些量子规律只是作为假设引入的,没有理论根据,只能解释单电子氢原子和类氢离子的光谱,对碱金属原子的光谱勉强还可处理,但不能确定光谱线的强度和宽度。玻尔理论的最大失败在于连周期表中第二号元素氦原子以及最简单的氢分子的光谱都不能解释。这是由于玻尔理论不是彻底的量子理论,虽然他指出了经典力学及经典电磁理论不适用于原子内部,但当他研究电子的运动状态时,却又用了经典力学来描述宏观现象所用的坐标、速度和轨道等概念并用经典力学来计算电子的轨道,只不过人为地引入了量子化条件而已。

实际上,微观粒子的行为与经典微粒的行为是很不一样的,我们知道常被看作为电磁波的光,有时候行为像粒子;后面我们还会知道,被认为是粒子的电子,有时候的行为又像波。微观粒子的行为既像粒子又像波,与我们日常的经验不符合,因此很难形象地描述。对每个人来说,不论他是刚开始学物理,还是有经验的现代物理学家,一接触到这个问题,都会感到新奇而又神秘。同时从一开始到现在,在这个问题上始终充满争论,包括最伟大的物理学家之间。用经典力学和半经典的量子论来描述它们是不行的,更完善的现代理论是德布罗意(L. V. de Broglie)、薛定谔(E. Schrödinger)和海森伯(W. Heisenberg)等提出的量子力学理论。

本章给出量子力学的初步知识[1-6]。首先介绍量子力学的物理基础,包括微观粒子的波粒二象性实验,由此导出实物粒子的德布罗意波假设和不确定关系,以及量子力学理论建立的几个基本假设即公设:波函数、薛定谔方程、力学量算符、测量。然后给出薛定谔方程解的几个简单例子,以及氢原子的量子力学严格解,最后讨论对应原理和普朗克常数的物理意义,详细的量子力学知识请参考专门的教程[7-15]。

这里顺便指出,尽管玻尔的旧量子论存在着上述种种缺陷,但是人们有时也用它来近似地描述量子现象,特别是旧量子论往往能够直观形象地说明那些用量子力学相当抽象的语言难以说明的过程。

2.1 波粒二象性

本节要讨论的是光子和电子既具有粒子性又具有波动性这样一个问题,即波粒二象性问题。在这里所谓粒子性和波动性本质上是指什么呢?我们下面的讨论从两个观点区分:第一,是指它所具有的能量是局域于空间某一部分还是分散到空间的不同地方,即是否具有局域性;第二,是指粒子可保持整体而波可以分割,即是否具有可分割性。

2.1.1 光子的粒子特性

在"光学"课程中详细讨论了光的波动性,它在空间的位置和路径是不确定的。然而经典物理学理论在解释黑体辐射的光谱分布实验结果时导出的公式与实验结果不符,其中矛盾最为突出的地方是:光谱分布的实验结果中有一峰值,而经典物理学只能给出一个没有极大值的表达式,在短波方向发散,称为"紫外灾难"。普朗克(M. Planck)在1900年引入了辐射的不连续量子假说,从而在经典理论上导出了黑体辐射的普朗克公式,能正确反映实验结果。在"光学"课程中还给出了光电效应的实验结果,经典波动理论解释光电效应时也碰到了不可克服的困难。1905年爱因斯坦(A. Einstein)推广了普朗克的量子假说,认为频率为 ν 的光是由一个个能量为 $h\nu$ 的能包(后来叫光子)组成,在光与原子的相互作用中,可以把它看作是一个个光子与原子的作用,光子有可能将其全部能量给予原子中的一个电子。这样就可以很好地解释光电效应实验以及后来发现的康普顿效应实验(在第8章将详细讨论)。在经过长时间的怀疑和否定,并在玻尔的原子模型取得了光辉胜利之后,这两位大师的上述光的粒子假说在物理学界才得到普遍承认,普朗克和爱因斯坦也因为他们的这些成就分别获得1918年和1921年的诺贝尔物理学奖。

事实上,爱因斯坦的光的量子学说适用于整个电磁波,即电磁波具有粒子性,是由一个一个光子组成的。光子除具有波性参量频率 ν 和波长 λ 之外,还可用粒子参量来描述。这里给出几个我们熟悉的参量。

(1) 速度

由于光速 c 的测量精度越来越高,有了 ^{133}Cs 原子钟作为时间秒的计量单位后,1983 年第 17 届国际计量会议上正式规定光速 c 成为无误差的常数,光子在真空中的速度

$$v_{真空} = c = 2.997\,924\,58 \times 10^8 \text{ m} \cdot \text{s}^{-1}$$

光子在介质中的相速度是

$$v = \frac{c}{n} \tag{2.1.1}$$

式中,n 为介质的折射率。因此,在不同的介质中光子的速度是不同的。

(2) 能量

光子的能量 E 由普朗克公式给出,代入关系 $\nu = c/\lambda$,在真空中,有关系

$$E = h\nu = \frac{hc}{\lambda} \approx \frac{1\,240}{\lambda} \tag{2.1.2}$$

式中,h 是普朗克常数,λ 的单位是 nm(纳米),E 的单位是 eV(电子伏)。理论上常使用原子单位制,见附录Ⅳ。本书一般使用国际单位制,但在某些特定场合,一些物理量也使用其他单位,如能量单位 eV、keV 和 MeV,1 eV(电子伏)即带有 1 个电子电荷的粒子经过 1 V 电位差加速后获得的能量。由式(2.1.2)可知,$\lambda = 589$ nm 的钠黄光的能量为 5.1 eV,能量为 10 keV 的 X 射线的波长为 0.12 nm。

在不同介质中光子的频率是相同的,光子的能量也是相同的。但由于光子在不同介质中的速度不同,因而光子的波长在不同介质中也不同,设在介质中波长为 λ',结合上述两公式可得 $\lambda' = v/\nu = (c/n)/\nu = \lambda/n$。

(3) 动量和角动量

光子不仅具有能量,而且还具有动量。在经典电磁学中,在确定方向上传播的电磁波的动量密度 g 和能量密度 W 的关系为 $g = W/c$。如果假设光子的动量和能量有上述同样的关系,则可以得到光子的动量为

$$p = \frac{E}{c} = \frac{h\nu}{c} = \frac{h}{\lambda} = \hbar k \tag{2.1.3}$$

式中,$\hbar = h/(2\pi)$ 称为约化普朗克常数,也简称为普朗克常数,波数 $k = 2\pi/\lambda$,即 2π 长度内波的周期数目。实际上光波有方向性,动量和波数可用矢量 $\boldsymbol{p}$ 和 $\boldsymbol{k}$ 表征,$\boldsymbol{k}$ 也称为波矢,它们的方向沿光线的传播方向,光子的动量写成矢量形式为

$$p = \hbar k \tag{2.1.4}$$

从相对论质能关系 $E = mc^2$，也可以得到同样的光子动量表达式

$$p = mc = \frac{E}{c^2} \cdot c = \frac{E}{c} = \hbar k$$

其中，m 是光子的相对论质量。光子的动量已被光压实验所证实。在现代用激光减速、冷却、捕获粒子的实验中，正是利用了光子具有动量这一性质，通过原子吸收和发射光子的过程中的动量交换这样一种冷却机制，实现了原子的减速和冷却，甚至被捕获在激光阱中。对此作出重大贡献的美籍华人朱棣文、菲利普斯（W. D. Phillips）和科恩·塔努吉（C. C. Tannoudji）获得了 1997 年诺贝尔物理学奖[6]。

例 2.1 用频率为 ν 的单色光垂直照射到物体表面。设单位时间内入射到单位面积上的光能量为 φ，物体表面对入射光的反射系数为 ρ，试用光子论求出该物体受到的光压。

解 由题中所给条件可知，单位时间内垂直入射到物体表面单位面积上的光子数为 $N = \varphi/(h\nu)$。然而，每个光子的动量为 $h\nu/c$，光子对物体的压力就是物体所受到的光子的冲量。由动量定理可知，光子的冲量等于光子的动量变化；若光子被物体吸收，则光子给物体的冲量为 $h\nu/c$，若光子被物体反射，则光子给物体的冲量为 $2h\nu/c$（光子动量从 $h\nu/c$ 变到 $-h\nu/c$）。因此，单位时间内作用在物体表面单位面积上的总压力，即光压为

$$P = (1-\rho)N\frac{h\nu}{c} + \rho N \frac{2h\nu}{c} = \frac{Nh\nu}{c}(1+\rho) = (1+\rho)\frac{\varphi}{c}$$

既然光子具有动量，对某个选定的坐标原点，如发射光子的原子或分子，被发射的光子就具有轨道角动量 $l = r \times p = \hbar r \times k$。在 7.4.1 和 9.1.1 小节将给出，光子还具有内禀角动量即自旋 s，它在 k 方向的数值为 $\hbar$，因此被发射的光子具有总角动量

$$j = l + s \tag{2.1.5}$$

（4）质量

由相对论可知，光子的相对论质量为

$$m = \frac{E}{c^2} = \frac{h\nu}{c^2} \tag{2.1.6}$$

若光子有静质量 m_0，可以通过把相对论的能量、动量和质量关系推广到光子而导出：由于 $E^2 = m_0^2 c^4 + p^2 c^2$，由式（2.1.3）光子的 $E = pc$，所以光子的 $m_0 = 0$。实验至今没有测量到光子有质量，最新给出的光子质量上限为 5.35×10^{-63} kg。

上述光子的静质量为零这一结果看上去似乎很特别，因为按通常的理解，光子既然具有粒子性，那么我们在相对光子静止的惯性参考系中观察，光子就应有质量。但是，如果我们用相对论的观点去看，也就不觉得奇怪了。事实上，并不存在光子在其中为静止的惯性系。在任何惯性系中，电磁辐射即光子都以速度 c 传播。

因此,静止的光子是一个没有意义的概念。当然,在现代规范场理论中,光子质量为零具有更深刻的意义,它与规范不变性相联系。

最后要讨论一下无质量的光子和有质量的实物粒子之间的归类。一开始对光子与实物粒子了解得很少,仅知道很少一些参量,如 m、v、波动性等,认为有质量、可静止、有确定路径的是实物粒子,无质量、光速运动、没有确定路径的是光子,这是两种截然不同的东西。后来发现粒子还有许多其他特性,如自旋、宇称,质子是 $(1/2)^+$,光子也有这些特性,是 1^-。因此,把有质量、可静止、有确定路径的客体定义为粒子是不完全准确的,事实上,把光子和其他无质量的粒子同样看作是粒子更方便、更合理一些。后面会看到,有质量的粒子也有波动性。

2.1.2 单光子的粒子性

光学中引入光子概念的光电效应和康普顿效应实验所使用的是一束光,含有许多光子。现在要讨论的是单光子是否具有粒子性质,即一个光子是像经典粒子那样,能量具有局域性呢,还是像光波那样,可以把能量分散到空间不同的地方,极端地说,是否可以把能量为 $h\nu$ 的一个光子分裂为两部分,每部分的能量均小于 $h\nu$。

实验表明,单个光子是不能分裂的,例如用一光束分离器,即一面半透镜,使入射光束透过一半,反射一半,如图 2.1.1 所示。由于波分成两半,一部分透射,一部分反射,因此,光子探测器 2 测到的光强是光束透过的那一半。现在让光源变得很弱,即可看作是一个一个的单光子入射,调整两个光子探测器的光电倍增管的工作条件,使它对 $h\nu$ 能量响应,对一半 $h\nu$ 不响应。如果光子分裂为二,一半透射,一半反射,那么两个探测器均不会响应。但实际测量下来两者均有响应。只是当探测器 1 测到信号时,探测器 2 没有信号,或者正好相反,两探测器的计数各占一半。上述实验结果说明光子作为整体是不能分裂的,要么透射,要么反射,它们的概率各为 1/2。

还可以从另一类光电效应实验中看到光子的粒子性。如果有一光源向四面八方发射光,根据经典理论,在距光源 r 处用光电倍增管记录,测到的能量密度反比于

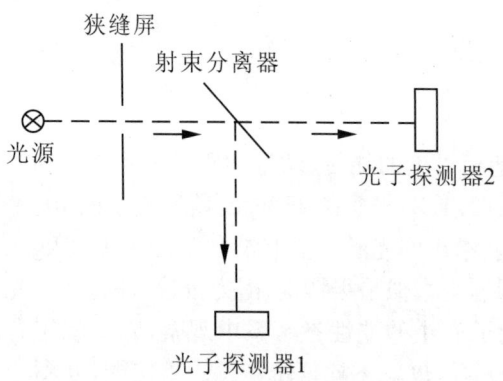

图 2.1.1 单光子的粒子性实验

r^2。因此,只要 r 足够远,光电倍增管测量到的能量要多小就会多小,如果光电倍增管对光的能量响应有一定的阈值,则在 r 增大到一定程度后,光电倍增管就会没有信号输出。然而实验表明,当光源足够弱时,光电倍增管记录到的仍是一个一个的光子,每个光子均有能量 $h\nu$,只是测得的计数率与 r^2 成反比。

这里我们只是说单个光子具有粒子性,不像波那样可以分裂。但这并不意味着说光子没有结构。光子可能有结构,可能由其他粒子组成,但这必须由实验来确定。到目前为止,实验还未显示出光子有结构的征兆。

2.1.3 单光子的波动性

光的干涉和衍射实验显示了光的波动性,当然实验所用的光源是一束光,其中含有大量光子。我们要问的是,单个光子是否有波动性?光的波动性是怎么一回事?干涉效应是否可以认为是大量光子的集体效应,或者说波动性是大量光子的集体效应,而粒子性是单个光子的特性?单光子实验表明:单个光子不仅具有粒子性,而且也具有波动性,波粒二象性是光子本身的固有特性。

显示光的波动性的最典型实验是单缝衍射和双缝干涉实验,如图 2.1.2 所示。设光源 S 发出波长为 λ、频率为 ν 的单色光照射狭缝,光源距狭缝较远,可近似看作平行光入射。若缝宽 a、两缝间距 b 可以与 λ 比较,在缝后较远处($r \gg a$)观察,如果关闭狭缝 2 或 1,得到的是单缝衍射图像 $I_1(x)$ 或 $I_2(x)$,如果双缝都打开,得到的不是两列衍射波 $I_1(x)$ 和 $I_2(x)$ 的线性相加,而是它们的相干叠加 $I_{12}(x)$,此

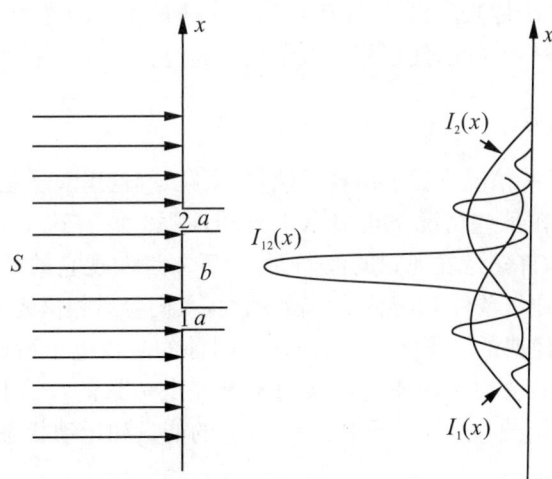

图 2.1.2 光的单缝衍射和双缝干涉实验

种干涉条纹表现为某些地方是单缝强度的4倍,而不是2倍。

这是经典的光的衍射干涉实验,光源是一束光,即许多光子入射的情况,用经典波动理论很容易理解。用光子论又如何来理解呢?是把它看作通过狭缝1的光子与通过狭缝2的光子之间的相互作用产生的干涉现象,还是把它看作是单个光子就会产生的干涉现象呢?这个问题必须用单光子实验才能回答。

如果我们让光源减到很弱,每次实际只有一个光子通过狭缝。由于光子的粒子性,它不会分裂,那么光子是按照波性的相干叠加,还是像经典粒子那样是每个粒子的线性相加呢?实验表明,只要延长时间,使之总起来仍有许多光子通过单个狭缝,得到的仍然是像经典波那样的衍射或干涉图像。这个实验最早是1909年泰勒(G. I. Taylor)做的,他先用强光照射缝衣针,拍下针孔的衍射图像,再把光源衰减到极弱,使每次只能是单个光子通过针孔,延长曝光时间达2 000小时,即近三个月的时间,结果发现衍射图样和用强光源得到的完全一样。以后,有人也做过双缝实验,同样得到预期的干涉图样。

上述实验是用同一个光源作相干光源,1963年门德尔(L. Mandel)和1971年拉德罗夫(W. Rodloff)用两支独立的激光束作为光源实现了它们之间的干涉,并且进一步又观测到高度减弱的两束激光之间的单光子干涉。也就是说,他们使激光束减弱到在光束1有一个光子通过狭缝并抵达探测器的这段时间内,光束2没有光子通过狭缝。在这种情况下仍观察到有干涉[①]。

所有这些实验表明,单个光子有波动性,但这种波动性只有在有大量光子传播时才以经典的波动图像表露出来,即或者是一次通过大量的光子,或者是一次通过少数光子,但延长测量时间,使累积有大量光子通过。

2.1.4 德布罗意波

光子既然在某些情况下显示出粒子性,那么粒子(这里粒子是指具有静止质量的实物粒子)是否在某些情况下也显示出波动性呢?回答这个问题是不容易的。历史上,对于光子,首先是发现它的波动性,然后才是发现它的粒子性。当然这和科学实践有关,在通常条件下,光显示出波动性,人们容易相信光是由波动形成的,而电子有质量,在经典的电子实验中,如在汤姆孙的测量电子荷质比的实验中,电子是自由粒子,它的动力学性质与经典力学是完全一致的,人们容易相信它是粒子。但是对于束缚电子,如氢原子中的电子,它的能量和运动状态只能取某些确定

[①] 关洪.对光的本性的新认识[J].物理,1988,17:149. Paul H. Interference between independent photons[J]. Rev. Mod. Phys., 1986, 58:209.

值,经典力学已经完全不能解释了。在发现光子的粒子性之后,由于思想的偏见,当时还没有人去思考电子的波动性。

粒子到底是否有波动性呢？一个电子是否可能有波的某些性质呢？这个问题直到 1923 年才由德布罗意提出[①]。他本人是这样回忆当时的想法的:"在 1923 年期间,经过一段长时间的独自沉思以后,我突然有了这样一个思想,爱因斯坦在 1905 年所作的发现应该推广到所有的物质粒子,明显地可以推广到电子。""看来光的本性是具有奇怪的'两重性'。如果说,在整整几个世纪的长时间里,在谈论关于光的理论时,人们过分地倾向于用波的概念而忽视'微粒'概念,那么在谈论物质的理论时,人们是否又犯了与此相反的错误呢？物理学家是否有权利只考虑微粒的概念而忽视波的概念呢？"从这一思想出发,他认为:"任何物质都伴随有波,而且不可能将物体的运动与波的传播分开。"1924 年德布罗意系统地总结了自己的想法,完成了他的博士论文《量子理论的研究》。根据他的理论,设一具有总能量 E、动能 T、速度 v、动量 p 和静止质量 m 的自由粒子,与它相联系的波的频率 ν 和波长 λ 可以用光子的粒子性公式(2.1.2)和公式(2.1.3)类比地得到

$$\nu = \frac{E}{h}, \qquad \lambda = \frac{h}{p} = \frac{h}{mv}\sqrt{1-\beta^2} \tag{2.1.7}$$

由相对论的包括粒子静质量的总能量、动能和动量的公式 $E^2 = m^2c^4 + p^2c^2$ 和 $E = T + mc^2$,可以得到粒子的 λ 与 E 的关系为

$$\lambda = \frac{hc}{\sqrt{E^2 - m^2c^4}} = \frac{hc}{\sqrt{2mc^2T}\sqrt{1+T/(2mc^2)}} \tag{2.1.8}$$

在 $v \ll c$ 非相对论自由粒子的情况下,$T = mv^2/2$,公式(2.1.7)变为

$$\lambda = \frac{h}{p} \approx \frac{h}{mv} = \frac{h}{\sqrt{2mT}} \tag{2.1.9}$$

显然,粒子的动量越大,或者能量越大,或者质量越大,与之相联系的波的波长就越小。这种与实物粒子相对应的波称为德布罗意波。

对德布罗意的这种大胆想法,他的导师朗之万有点吃惊,拿不定主意是否提交博士论文答辩,于是拿去请爱因斯坦评论,爱因斯坦认为这篇论文很有价值,而且立即引用了它,这促使朗之万接受了它。答辩会在 1924 年 11 月 2 日举行,主席是诺贝尔物理学奖获得者佩林。德布罗意报告后全场倾倒,提不出任何问题,只有佩林问了一句:"这些该怎样用实验来证实呢？"德布罗意胸有成竹地说:"用晶体对

[①] 金尚年.德布罗意的生平和贡献[J].物理,1992,21:434. 向义和.物质波理论的创立:(Ⅰ);(Ⅱ)[J].物理,1991,20:118;189.

电子的衍射实验可以做到。"

例 2.2 (1) 质量为 100 g 的小球以 $1 \text{ m} \cdot \text{s}^{-1}$ 的速度运动,求它的德布罗意波长;
(2) 一个电子经 1 000 V 电压加速后的德布罗意波长是多少?

解 (1) 应用非相对论公式(2.1.9),得

$$\lambda = \frac{h}{mv} = \frac{hc \cdot c}{mc^2 \cdot v} = \frac{1\ 240 \text{ eV} \cdot \text{nm} \cdot 3\times 10^8 \text{ m} \cdot \text{s}^{-1}}{0.1 \text{ kg} \cdot 5.6\times 10^{35} \text{ eV} \cdot \text{kg}^{-1} \cdot 1 \text{ m} \cdot \text{s}^{-1}} = 6.6\times 10^{-33} \text{ m}$$

(2) 能量为 1 keV 的电子的速度 v 比光速 c 小很多,也可用非相对论公式,得

$$\lambda = \frac{hc}{\sqrt{2mc^2 T}} = \frac{1\ 240 \text{ eV} \cdot \text{nm}}{\sqrt{2\times 0.511\times 10^6 \text{ eV} \cdot 10^3 \text{ eV}}} = 0.39\times 10^{-10} \text{ m}$$

2.1.5 电子的晶体衍射实验

如何用实验来检验粒子的波动性呢?由例 2.2 可见,即使是一个宏观上很微小的粒子,它以很低的速度在运动,相应的德布罗意波长也是很微小的。这说明如果物质波动性存在的话,利用宏观物体是不能观测到的。

从光学中我们知道,光的波长比光学仪器有关线度小很多时,用以粒子性为基础的几何光学来描述就较精确。为测到光的波动性,即干涉和衍射,必须使仪器有关的线度可以与光的波长相比较。因此,如果认为德布罗意波具有波动性,为探测物质的这种波动性,如上所述,必须加大它的波长,根据德布罗意关系式(2.1.7),应该选择质量最小的微观粒子即电子来做实验,并使它有尽可能小的速度。例 2.2 给出,能量为 1 keV 的电子的德布罗意波长 $\lambda = 0.39\times 10^{-10}$ m,与原子半径、晶格常数同数量级,这就是德布罗意建议的、戴维孙(C. J. Davisson)和盖末(L. H. Germer)在 1927 年完成的著名的电子的晶体衍射实验的基本思想。

实际上,戴维孙在 1925 年就已经做了电子在镍单晶上的散射实验,发现在一特殊角上散射最大。他对所得到的散射电子的奇怪分布大感不解,在 1926 年去英国参加一次会议时获悉了德布罗意假设,回美国之后,1927 年他与盖末一起系统地完成了电子衍射实验,结果与德布罗意的预言一致。实验的示意图见图 2.1.3,一束静电加速后的电子束经准直后垂直射到晶体

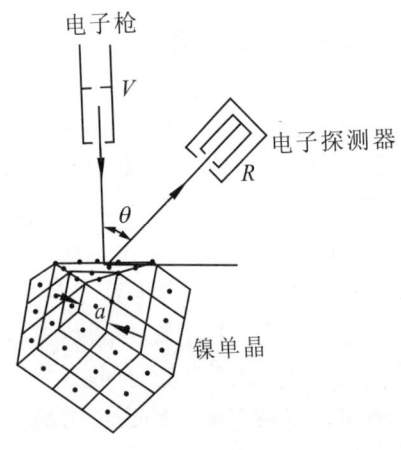

图 2.1.3 电子的晶体衍射实验

镍的(111)面上,在不同的加速电压 V 下测量电子探测器收集到的电子束强度(正比于探测器的集电极输出电流)与电子出射方向与入射方向夹角 θ 之间的关系。实验发现,固定 $V=54$ V 以及固定 $\theta=50°$时,分别测量散射电子束强度与散射角 θ 以及与加速电压 V 的关系,都看到有明显的极大,如图 2.1.4 所示。

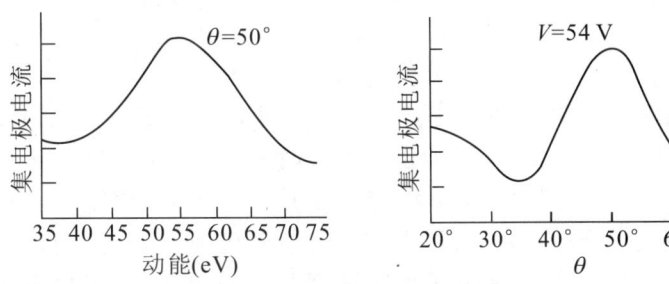

图 2.1.4 电子的晶体衍射实验结果

用电子的德布罗意波与晶体的衍射作用容易理解这一结果。在晶体上,原子形成有规则的间距为 a 的晶格点阵,镍单晶不属于简单的立方点阵,而是面心立方点阵,如图 2.1.3 所示,晶体原胞的点阵常数 $a=0.351$ nm。图上(111)切面上原子点阵如图 2.1.5(a)所示,原子在这个平面内的一个特殊方向上整齐排列成直线行,如图(a)中平行直线所示,它们相当于许多线型光栅的集合,光栅间距即两相邻平行直线之间的距离 $d=(\sqrt{2}a/2)\cdot(\sqrt{3}/2)=0.215$ (nm)。实验要求电子垂直入射到这个平面上,并在垂直于这些平行直线的平面内的角 θ 方向上反射,如图 2.1.5(b)所示。出现反射波相干加强的条件是两平行光的光程差为 λ 的整数倍,即

$$d\sin\theta = n\lambda \tag{2.1.10}$$

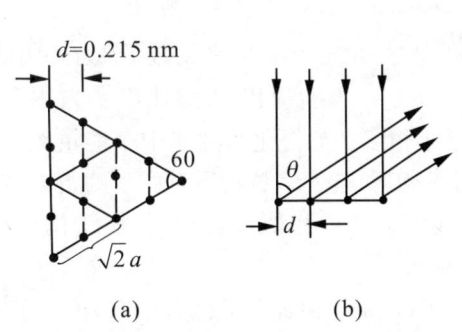

图 2.1.5 电子的晶体衍射分析

电子的德布罗意波长

$$\lambda \approx \frac{h}{\sqrt{2m_e T}} = \frac{hc}{\sqrt{2m_e c^2 eV}} = \frac{1.227}{\sqrt{V}} \quad (2.1.11)$$

其中，V 的单位是 V，λ 的单位是 nm。而在晶体的 d 为常数的实验条件下，若固定 θ 角进行测量，利用式(2.1.10)和式(2.1.11)计算，当 V 满足关系

$$\sqrt{V} = n \frac{1.227}{d\sin\theta} = nk \quad (2.1.12)$$

时发生相干加强，接收器接收到的电子数增多(这里 $k = 1.227/(d\sin\theta)$，d 的单位是 nm，在角 θ 固定时为常数)。实验上得到的最大电子数的条件是 $\theta = 50°$，$V = 54$ V。设 $n = 1$，由式(2.1.10)算得 $\lambda = 0.165$ nm，而由德布罗意公式(2.1.11)算得 $\lambda = 0.167$ nm，两者符合得较好。其中后一计算值大 0.002 nm，这是由于计算时所用的电子能量是入射电子进入晶体前的能量，实际上金属有一定的脱出功，电子进入晶体后动能要增大，如此修正后的数值就符合得更好。

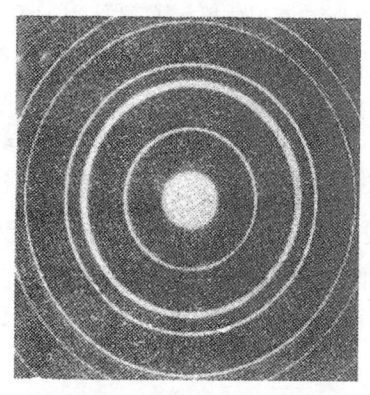

图 2.1.6　电子通过多晶金箔后的衍射图样

同年，汤姆孙(G. P. Thomson)利用一束能量更高(17.5～56.5 keV)的电子通过一片多晶金箔，在其后面用照相底片接收电子，获得了由同心圆构成的衍射图样。图 2.1.6 是这样的一张照片。

电子的衍射实验完全证实了电子的波动性，入射电子波与晶面上有规则排列的原子作用产生干涉，形成我们所见到的电子衍射花纹。上述两类电子衍射实验后来被发展成物质结构分析的两种方法：低能和高能电子衍射仪，在 8.7.1 小节介绍。

后来又做了质子和中子的衍射实验。由于它们的质量比电子大很多，要做这类衍射实验需使它们的能量比电子小很多。如慢化后的热中子能量约为 0.025 eV，相应的波长为 0.18 nm，与 X 射线相近，且大多数物质对中子的折射率与对 X 射线的相近，所以中子衍射与 X 射线衍射实验相似，因而在物质结构分析中也获得了实际应用，在 8.7.1 节也有介绍。

1929 年通过实验证明氦原子和氢分子也有衍射，即它们也有波动性。电子是一种简单粒子，原子、分子却是由简单粒子组成的复合体。这表明作为物质整体就有波动性，不管它是什么种类粒子，只不过在与室温相当的动能($kT = 0.025$ eV)

下,中子的波长为 0.18 nm,氦原子的波长为 0.09 nm,比氦还重的粒子的德布罗意波长比晶格距离小很多,不容易观察到它的波动性而已。

2.1.6 单电子的波动性

与光子的波动性类似,我们也可以问,电子衍射实验所反映的物质波动性是不是许多电子的集体效应?实验表明,电子衍射需要许多电子才能形成图案,但这并不意味着是不同电子之间的相互作用形成的干涉图案,实际上单个电子就有波动性①。

在电子的晶体衍射实验中,当入射通量越来越弱,以至于可以认为电子是一个一个入射的,这时在计数器上记录到的电子所具有的能量仍然是入射电子的能量,而不是电子的一部分能量,只是计数器的计数率与入射电子通量成正比地减少。这说明电子衍射不可能是大量电子相互作用的集体效应,而单个电子也不能像经典的波包那样分裂,把能量分散,反射电子带有入射电子的全部能量。如果计数器探测到电子,那么探测的就是整个电子,并具有完整的电子电量、质量和能量。电子的波动性不在于是经典波或波包,可以想象每个电子能被散射到不同方向上,但散射到不同方向的概率不同,由电子波动性预言的相干加强方向有最大概率,因此,大量电子散射就构成了衍射图案。这一点以后还要详细讨论。

要演示电子波动性最典型的实验应是通过狭缝的干涉衍射实验,这种实验的结果与晶体结构无关,仅与粒子源的波长、狭缝的大小以及粒子源与狭缝之间的距离有关。由于电子的德布罗意波长很小,这类实验较难做,要得到很小狭缝是不容易的,一般教科书是作为假想实验引入的。1961 年约恩逊(V. C. Jönsson)才第一次在实验上得以实现。他用特殊工艺在薄金属片上制得多到 5 条狭缝,每条缝长 50 μm,宽 0.3 μm,缝间隔 1 μm。用 50 kV 电压加速电子,它的德布罗意波长为 0.005 nm。调节电子束使其足够细,让电子分别通过薄片上单缝、双缝……五缝,在距狭缝 35 cm 处得到的相应的衍射和干涉图样与光的相似,相对强度和位置与光学计算的也一致。图 2.1.7 给出其中的单缝和双缝

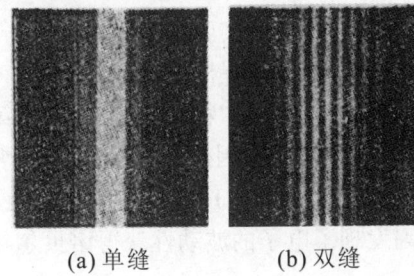

(a) 单缝　　(b) 双缝

图 2.1.7　电子的狭缝衍射图像

---

① 许明康.电子干涉、衍射实验:微观粒子波粒二象性的验证[J].物理,1980,9:332.　中国科学技术大学.现代物理学参考资料:第二集[M].北京:科学出版社,1978.

衍射图①。

1976年用电子显微镜内加入一个电子双棱镜系统做干涉实验,并直接用像增强器看放大的干涉图像。图2.1.8为一个结果②,从图(a)到(f),随着电子流密度增加,开始时只有几个亮点,逐渐隐约可见干涉条纹,最后看到了清晰的有规律的干涉条纹。这一实验清楚地显示出了电子的波动性不是经典的波动,而是一种概率波,这在2.3节中还要详细讨论。

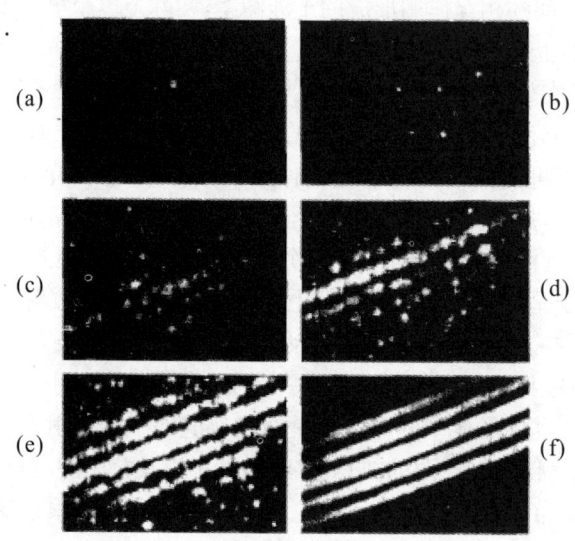

图2.1.8　电子双棱镜干涉实验图像

总之,所有的实验均表明单个粒子就具有波动性,这种波动性是粒子自身的固有属性,德布罗意提出的微观粒子具有的波粒二象性假说也被实验证实,他也因此获得1929年诺贝尔物理学奖,他也是第一个以博士论文获诺贝尔奖的人。戴维孙和G.P.汤姆孙也因他们的实验而获得1937年诺贝尔物理学奖。有意思的是,G.P.汤姆孙的父亲J.J.汤姆孙是因发现了电子的粒子性获得诺贝尔物理学奖,而他是因发现了电子的波动性获得诺贝尔物理学奖。

---

① Jönsson V C Z. Elektroneninterferenzen and mehreren künstlich hergestellten Feinspalten[J]. Phys.,1961,161:454.

② Merli P G, Missiroli G F, Pozzi G. Statistical aspect of electron interference phenomena[J]. American Journal of Physics, 1976, 44:306.

2.2 不确定关系

2.2.1 位置和动量的不确定关系

在经典力学的概念中,一个粒子的位置和动量是可以同时精确地测定的。例如,在质量为 m 的粒子的一维运动中,如果知道在某时刻它在空间某点的位置 $x(t)$,则动量为 $p_x(t) = m\mathrm{d}x(t)/\mathrm{d}t$ 也是确定的,它们可以同时精确测量。

但在量子力学中,一个粒子的位置和动量不可能同时精确地确定,这就是动量和位置的不确定原理。它是粒子的波粒二象性的反映,首先由海森伯提出,写成数学形式即为不确定关系

$$\Delta x \cdot \Delta p_x \geqslant \frac{\hbar}{2} \tag{2.2.1}$$

其中,$\hbar$ 为普朗克常数,Δx 为位置的不确定范围,Δp_x 是动量的不确定范围。

同样可以有

$$\Delta y \cdot \Delta p_y \geqslant \frac{\hbar}{2} \tag{2.2.1a}$$

$$\Delta z \cdot \Delta p_z \geqslant \frac{\hbar}{2} \tag{2.2.1b}$$

量子力学可以严格得到不确定关系。我们在这里并不去严格推导上述不确定关系,而是从电子具有波动性这一点出发,用一个测量粒子坐标和动量的实验,即单狭缝电子衍射实验为例,来理解和不严格导出不确定关系。

设电子以动量 p 沿 y 方向通过狭缝并落到狭缝后面的荧光屏上,如图 2.2.1 所示。缝宽为 d,电子可以通过狭缝中任何一点,因此,可以用这套装置来确定粒子穿过狭缝的 x 坐标的不确定范围就由 d 确定,即有 $\Delta x = d$。由于电子具有波动性,在屏上会产生如图所示的衍射图样。由光学中的单狭缝衍射强度分布公式可知[16],当 $\sin(\pi d\sin\theta/\lambda) = 0$ 时强度为 0,即 $\pi d\sin\theta/\lambda = k\pi$ 处光强分布出现最小值。在这里 k 为整数,$\lambda = h/p$ 为电子的德布罗意波波长,θ 是狭缝中心到衍射极小点的连线与中线的夹角。电子的德布罗意波通过狭缝衍射后绝大部分集中在 $k = \pm 1$ 所对应的 $\pm\theta_0$ 之间,θ_0 由下式确定:

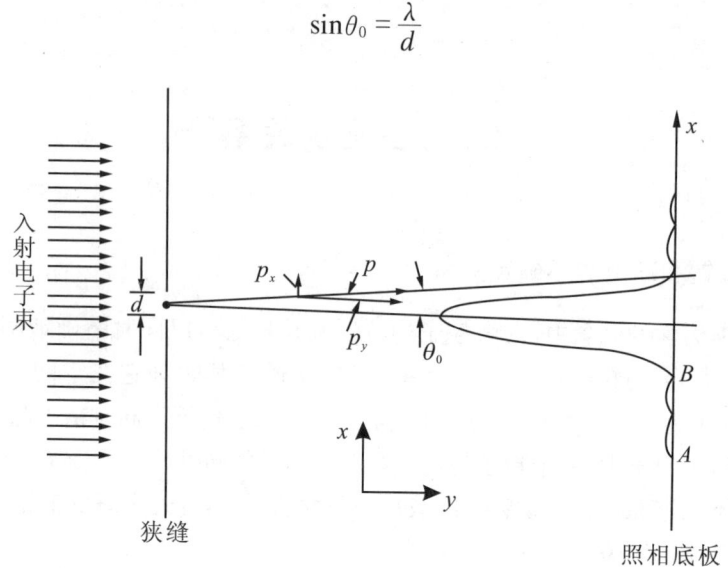

图 2.2.1　单狭缝电子衍射

也就是说,每个电子经狭缝后的进行方向可能偏离原方向,但大多数偏离值在 $\pm\theta_0$ 范围。这样,动量 $p = h/\lambda$ 在垂直于原前进方向上的投影值 p_x 在 $0 \sim p\sin\theta_0$ 内变化,因此,p_x 近似有不确定量

$$\Delta p_x \approx p\sin\theta_0 = p\frac{\lambda}{d} = \frac{h}{d} = \frac{h}{\Delta x}$$

由此有

$$\Delta x \cdot \Delta p_x \approx h$$

注意,通过大量同类粒子的单缝衍射实验,从系综统计上确立不确定关系,是否能说单个粒子就有不确定关系呢?前述单电子的单缝衍射实验中,狭缝对电子起两种作用,一是使它的 x 坐标限制在缝宽 d 范围,二是使它的 x 方向动量分量发生上述变化。这两种作用是相伴相生的,电子在入射前即使 x 和 p_x 有确定值,由于狭缝的存在使通过狭缝后有一分布,单个电子的坐标位置和相应的动量就不能具有确定数值。但是必须指出,单个粒子本身就具有 x 和 p_x 的不确定性质,与测量没有关系,上述推导只是为了说明问题,不能同时测准粒子的 x 和 p_x 只是不确定规律的必然结果。因此,不确定关系并不必须与测量相联系,这一关系过去称为测不准关系,基于这一点把它叫作不确定关系更准确。此外,单缝衍射中狭缝限制了电子在 x 方向的位置,引起 x 方向的衍射和动量变化,但对与它垂直的 y 和 z

方向的动量分量没有影响,不受不确定关系约束,如有关系 $\Delta x \cdot \Delta p_y \geqslant 0$ 等。海森伯因提出不确定关系和量子力学的矩阵力学而获得 1932 年诺贝尔物理学奖。

例 2.3 设一质量为 100 g 的子弹和一电子以同样的速度 $v = 100\ \text{m} \cdot \text{s}^{-1}$ 沿 x 方向运动。已知速度测量的精确度为 0.01%,试求它们在 x 方向位置测量的最大精确度。

解 对于电子,

$$\Delta p_x = m_e \Delta v_x = m_e \frac{\Delta v_x}{v_x} v_x = 0.511 \times 10^6\ \text{eV} \cdot c^{-2} \times 10^{-4} \times 100\ \text{m} \cdot \text{s}^{-1}$$

因此

$$\Delta x = \frac{\hbar}{2\Delta p_x} = \frac{\hbar c}{2c\Delta p_x} = \frac{197 \times 10^{-9}\ \text{eV} \cdot \text{m} \times 3 \times 10^8\ \text{m} \cdot \text{s}^{-1}}{2 \times 0.511 \times 10^4\ \text{eV} \cdot \text{m} \cdot \text{s}^{-1}} = 5.8 \times 10^{-3}\ \text{m}$$

对于子弹,

$$\Delta p_x = m \frac{\Delta v_x}{v_x} v_x = 0.1 \times 0.561 \times 10^{36}\ \text{eV} \cdot c^{-2} \times 10^{-4} \times 100\ \text{m} \cdot \text{s}^{-1}$$
$$= 0.561 \times 10^{33}\ \text{eV} \cdot c^{-2} \cdot \text{m} \cdot \text{s}^{-1}$$

因此

$$\Delta x = \frac{\hbar c}{2c\Delta p_x} = \frac{197 \times 10^{-9}\ \text{eV} \cdot \text{m} \times 3 \times 10^8\ \text{m} \cdot \text{s}^{-1}}{2 \times 0.561 \times 10^{33}\ \text{eV} \cdot \text{m} \cdot \text{s}^{-1}} = 5.3 \times 10^{-32}\ \text{m}$$

由此可见,不确定关系来源于粒子的波动性,因而它是普遍存在的。但对宏观物体来说,由不确定关系确定的位置精度范围是如此的小,以至于可以不考虑。而对电子,位置的确定精度范围已经达到 $10^{-3}\ \text{m}$ 这种程度,必须认真考虑。

现在把电子具有波动性和不确定关系用到氢原子,看会发生什么情况。电子在质子静电场中的非相对论总能量是动能与库仑势能之和,由于电子被束缚在线度为半径 r 的范围内,用 r 代替位置的不确定性 Δr,p 代替动量的不确定性 Δp,那么不确定关系为 $rp \approx \hbar$,用等号代入总能量 E 的表达式(1.3.5),得

$$E = \frac{p^2}{2m_e} - \frac{e^2}{4\pi\varepsilon_0 r} = \frac{p^2}{2m_e} - \frac{e^2 p}{4\pi\varepsilon_0 \hbar}$$

氢原子具有稳定状态的条件是 E 最小,即 E 对 p 的微分为 0,由此得到处于稳定状态的氢原子中电子的动量为

$$p_1 = \frac{e^2 m_e}{4\pi\varepsilon_0 \hbar}$$

所以,稳定状态下电子的运动半径和总能分别为

$$r_1 = \frac{\hbar}{p_1} = \frac{4\pi\varepsilon_0 \hbar^2}{e^2 m_e} = 0.53 \times 10^{-10}\ \text{m}$$

$$E_1 = -\frac{e^4 m_e}{2(4\pi\varepsilon_0)^2 \hbar^2} = -13.6\ \text{eV}$$

用不确定关系由稳定的氢原子中电子的总能量要最小,求出的 r_1 和 E_1 值正好与氢原子的玻尔半径和基态能量值相同,这一情况虽然是意外的巧合,但它提供了在波动理论基础上原子为什么稳定而不离解或电子不进入原子核内的解释。实际上,基态能量是原子能够存在所应有的最低可能能量,这个能量包括符号相反的两项之和,负的势能项与 r 是一次方反比关系,正的动能项与 p 是二次方正比关系。如果我们通过把电子限制在原子核周围极小的空间内,那么势能项更负,由于不确定关系,波具有很大的动量而使动能增大更多,总能量变大。另一方面又不能使波过分弥散(远离核),否则动能项减小得比势能项更多,总能量也变大。稳定的氢原子中电子的动能即速度不能为零,基态总能量正好满足总能量为最小的玻尔条件。

上面的讨论表明,从电子的波动性出发考虑,氢原子中电子位置的不确定性 r_1 和玻尔半径 a_0 同数量级,在微观世界中,粒子的静止概念和轨道概念不存在,它们与波动图像根本不相容,因此,谈论半径为 a_0 的圆周轨道运动是毫无意义的。

总之,由微观粒子波动性给出的不确定原理揭示的是微观世界的一条重要物理规律,即微观粒子不能同时具有确定的位置和动量。如果粒子的位置精确地确定了,即 $\Delta x \to 0$,则 $\Delta p_x \to \infty$,即粒子的动量完全不能确定。反之亦然,如果精确地知道动量 p_x,则我们对位置 x 就一无所知,粒子在 x 方向的位置完全不能确定。如果同时确定动量和位置,它们的确定精度由不确定关系给出限制。

2.2.2 能量和时间的不确定关系

除了在位置和动量之间存在不确定关系外,量子力学还可以严格证明,在能量和时间之间也存在类似的不确定关系:

$$\Delta E \cdot \Delta t \geqslant \frac{\hbar}{2} \tag{2.2.2}$$

可以从位置和动量的不确定关系合理地推出能量和时间的不确定关系。对一个沿 x 轴运动的自由粒子,它的能量 $E = p_x^2/(2m)$,能量的不确定度可以化成动量的不确定度 $\Delta E = p_x \Delta p_x/m = v_x \Delta p_x$。如果时间的不确定度为 Δt,它与位置的不确定度之间有关系 $\Delta t = \Delta x/v_x$,则两式相乘即得到 $\Delta E \Delta t = \Delta p_x \Delta x \geqslant \hbar/2$。

下面通过一个例子可以看到这一关系的意义。

例 2.4 电视信号所包含的脉冲全宽度为 $\Delta t \approx 10^{-6}$ s。试讨论为什么不能用调幅广播频带发射电视信号。

答 由不确定关系式(2.2.2)得到电视信号中一个频道的频率展宽是

$$\Delta \nu = \frac{\Delta E}{h} \approx \frac{1}{4\pi \Delta t} \approx 10^5 \text{ Hz}$$

整个调幅广播频带范围是 $0.5\times10^6\sim1.6\times10^6$ Hz,这只能满足几个电视频道的需要,因此不能用它发射电视信号。电视发射频宽一般要用到 10^8 Hz,这样可以容纳几十个电视频道。

能量和时间不确定关系最重要的应用是给出原子或其他系统的束缚态的能级宽度和寿命的关系,而玻尔理论无法给出。在上一章中给出了原子的能级图,每一个能级用一条线表示,能量是单一值,更进一步的实验表明,原子所处的激发态能量并不是单一值,而是在一个很小的能量范围 $\varGamma$ 内出现,$\varGamma$ 称为能级宽度。另外,实验也表明,原子处于这个激发态的时间是有一定大小的,它所处的平均时间 τ 称为寿命。不确定关系给出了这个能级宽度与寿命的关系是

$$\varGamma \cdot \tau = \hbar$$

能级越宽,其寿命越小;反之,长寿命的亚稳能级宽度很窄,实验测量确实证实了这一关系。关于能级宽度和寿命在第8章中还要详细讨论。

2.3 波函数及其物理意义

2.3.1 波函数的引入

对于宏观物体,只要给定其所在力场及初始条件,经典物理学就对它规定了一条确定的路径。例如,在发射卫星时就是这样,可以事先给卫星规定一条精确的运行路径和轨道。但在电子衍射实验中不能这样做,因为它们具有动量不确定性,我们不能确切地知道它究竟走的是哪一条路径,或者到达屏上哪一点,大量电子的行为显示的是波动性。前面已经讲过,与实物粒子相对应的波叫德布罗意波。那么,这种德布罗意波究竟是一种什么波呢?在数学上如何表示它呢?

以最简单的单色波为例。我们知道,在弹性介质中,机械弹性波是由物质的位移引起的,在 y 方向位移造成在 x 方向运动的平面单色波的位移可以表示为

$$y(x,t) = y_0\cos(\omega t - kx)$$

其中,y_0,ω 和 k 分别是该单色波的振幅、圆频率和波矢。同样,电磁波是电场和磁场交替变化引起的,在 x 方向运动的平面单色波的场强表示为

$$E(x,t) = E_0\cos(\omega t - kx)$$

由此可见,微观粒子的波应当有一个相当于弹性波的位移或相当于电磁波的电场强度和磁场强度的量来描述,我们称这个量为波函数,用符号 ψ 表示。

现在来讨论一种最简单的波函数的表达式。对于实物粒子，如果它是自由的，即不受外力作用，它的非相对论能量 E 即动能和动量 p 将保持不变。根据爱因斯坦公式和德布罗意公式

$$E = h\nu = \hbar\omega, \quad p = \frac{h}{\lambda} = \hbar k \tag{2.3.1}$$

可见，自由粒子的德布罗意波的波长 λ 和频率 ν 也是不变的，这是一个平面单色波。在初位相为零的情况下，平面单色波可以写为

$$\psi(\boldsymbol{r}, t) = \psi_0 \cos(\omega t - \boldsymbol{k} \cdot \boldsymbol{r})$$

这里波矢大小 $k = 2\pi/\lambda$，圆频率 $\omega = 2\pi\nu$，ψ_0 是振幅。在量子力学中常用复数形式

$$\psi(\boldsymbol{r}, t) = \psi_0 e^{i(\boldsymbol{k}\cdot\boldsymbol{r}-\omega t)} \tag{2.3.2}$$

表示，更常用的是以粒子参数表示的形式

$$\psi(\boldsymbol{r}, t) = \psi_0 e^{i(\boldsymbol{p}\cdot\boldsymbol{r}-Et)/\hbar} \tag{2.3.3}$$

这就是描写自由粒子的德布罗意平面波，它代表的是振幅恒定、在时间和空间上无限延展的波。

自由粒子是一种特殊的力学体系，它的动量、能量不随时间和空间位置改变。在一般情况下，如果粒子在随时间或位置变化的势场中运动，它的动量和能量不再是常数，这时，粒子就不能再用平面波来描述了，必须用更复杂的波来描写，其波函数的具体形式由粒子所处的外部情况而定，在后面会看到若干例子。

2.3.2 波函数的统计解释和物理要求

以上波函数的引入只是一种类比的假设，本质上用波函数描述微观粒子的量子状态是量子力学的一个公设。那么应该如何理解波函数呢？它代表的究竟是什么？怎样理解这个波和它所描写的粒子之间的关系呢？

机械波是一种物质的运动属性，不是物质，它是质点的振动在空间上的传播。例如，水波是水面上下起伏形成的，麦浪是麦秆梢头左右摇摆而形成的。电磁波和光波是不是一种物质的属性呢？19 世纪盛行以太说，认为它们是以太的属性，以太充斥宇宙，以太的有规则周期运动形成电磁波。但后来的实验否定了以太的存在。光和电磁波是一种变化的电磁场，是电磁场物质的传播，它们就是一种物质。因此，对波有两种理解：波是物质的运动属性，以及波就是物质。那么德布罗意波是什么呢？

如果认为波是基本的，粒子是由波组成的，物理客体就是波本身，那么由于平面波充满整个空间，自由粒子也就充满整个空间。这显然是没有意义的。如果认为粒子是由许多平面单色波组合起来的一个波包，波包的群速度即为粒子的速度

(薛定谔的观点),则由于波包是由不同频率 ν 的波组成,它们在介质中的速度 $v=c/n(\nu)$ 不同,因而波包会逐渐扩展而消失,只有在特殊情况下波包才能保持稳定而形成孤立子。然而实验中电子不会在介质中因扩展而消失,它在云室中会显示出明确的径迹。

如果认为粒子是基本的,波是由它描写的粒子组成的,是大量粒子分布密度的变化,即波是物质的运动属性,则无法解释单光子或单电子的衍射。前面实验已给出,单个入射粒子不能显示衍射图,只有许多个粒子同时入射或大量单个粒子入射累积起来才能显示出波动性。

单个粒子的这种波动性和经典的波不同,经典波在两介质界面上可分成折射波和反射波两部分,而一个微观粒子(无论是无质量的光子或有质量的电子)不能分成两个。例如,单个电子有确定的质量、半径($<10^{-18}$ m)和能量,探测到的是整个粒子。在狭缝实验中,每个电子到达屏上的位置是杂乱无章的,我们无法预言它走的路径和到达屏的位置,但是大量粒子通过狭缝就形成了干涉图样。

对所有这些现象的解释是很困难的,人们有着不同的理解。我们能够说的是,电子既不是经典粒子,也不是经典波。在量子力学发展起来以后,我们说电子既是粒子,也是波,它具有波粒二重性。但这里说的波已摒弃了经典的物理实在波概念,这里说的粒子也摒弃了经典的粒子轨道运动概念。现在对这种波粒二重性的正确理解是,将德布罗意波作概率统计解释。由于在所有电子波动性实验中都牵涉到大量电子,只不过有的实验是在一次测量中同时入射大量电子的统计结果,而单电子实验是在长时间、许多次测量中,大量单个电子行为的统计结果。1926 年玻恩(M. Born)把 ψ 理解为对粒子的这种统计行为的描写,在衍射图中,亮线处波的强度最大,$|\psi|^2$ 最大,即到达的电子最多。暗线处波的强度最小,$|\psi|^2$ 最小,即到达的电子最少。

根据这种概率统计解释,类比光学中光的强弱与光波的电场或磁场强度的平方成正比,可以认为描述微观粒子状态的波函数模的平方 $|\psi(r,t)|^2$ 与 t 时刻在空间 r 处单位体积内找到的粒子数目成正比。对单个粒子而言,$|\psi(r,t)|^2$ 代表 t 时刻在 r 处单位体积内发现粒子的概率,即概率密度 $w(r,t)$,有 $w(r,t)=|\psi(r,t)|^2$。由于概率必须是实数,如果 ψ 是复数,就用 $\psi^*\psi$ 代替 ψ^2,ψ^* 是 ψ 的共轭复数。因此,在空间 $d\tau$ 体积内发现一个粒子的概率 dw 就等于概率密度乘以空间体积(为简单计,先不写随时间的变化),即

$$dw(r) = w(r)d\tau = |\psi(r)|^2 d\tau = \psi^*(r)\psi(r)d\tau \qquad (2.3.4)$$

如果有大量粒子存在,在某处粒子的密度就与此处发现一个粒子的概率成正比,这就是德布罗意波函数的物理意义。按此理解,描写粒子的波不像光波、声波或弹性

波那样是实在的波,而是概率波。$|\psi(r)|^2$并不是薛定谔所认为的电荷密度,而是代表在空间某处找到电子的概率密度。我们曾说德布罗意波是与粒子相联系的波,只是要说明粒子在空间各处出现的概率有波的性质,而不是说有一个真实的粒子波,ψ是它的幅度,因此波函数ψ又叫概率幅。

波函数既然具有物理意义,当然就要满足一定的物理条件。由于粒子在空间各点出现的概率只决定于ψ在空间各点强度的比例,不决定于强度的绝对大小。将ψ在空间各点振幅同时加大1倍,并不影响粒子在空间各点出现的概率,即ψ乘一常数,并不改变所描写的粒子状态。ψ的这一性质是经典波动过程所没有的。经典波动,如声、光、电磁波的振幅大小也决定体系状态,各处振幅如同时加大1倍,则各处声强或光强加大4倍,这就是另一状态了。

不过,根据波函数的统计解释,粒子一定要在空间内出现(不考虑粒子湮灭和产生)。因此,一个物理实在的粒子在空间各点出现的概率之和应归一为1,即

$$\int_V \mathrm{d}w(r) = \int_V \psi^*(r)\psi(r)\mathrm{d}\tau = 1 \tag{2.3.5}$$

实际上,并不是所有的波函数都能用式(2.3.5)归一化,那些$\psi^*\psi$在整个空间内积分不为有限值的波函数可用其他方式归一化,这在量子力学中会讨论。

另外,从概率观点出发,波函数ψ要满足的物理条件除归一化外,还要求ψ及其一阶偏微分是连续的、单值的,即ψ是连续变化的,某处概率不能突变,而且每一点只能有一个概率,故ψ是单值的。

类似于光学中波的线性叠加原理,还要求ψ遵循态叠加原理。当然,这不是经典波的叠加,而是概率幅的叠加。根据叠加原理,如果$\psi_1,\psi_2,\cdots,\psi_n$是体系的可能态,则它们的任意线性叠加

$$\psi(r) = c_1\psi_1(r) + c_2\psi_2(r) + \cdots + c_n\psi_n(r) = \sum_\alpha c_\alpha \psi_\alpha(r) \tag{2.3.6}$$

也是一个可能的态,其中$c_1,c_2,\cdots,c_n$为常系数。

实际上,态也可能是随时间变化的,上述对波函数的要求也同样成立,叠加原理也适用于这种含时间的态的叠加,当然各个系数与时间无关。由于态的运动的独立性,量子力学要求态的运动方程为线性方程,这样它的解才有线性叠加特性。

总之,量子力学的波函数公设包括前述四方面内容:微观粒子状态可用波函数描述,波函数用统计概率解释,某个状态的发生概率是波函数的绝对值平方,波函数有归一性、单值性和连续性,状态服从叠加原理。

以上是用位置空间坐标r来描述粒子的状态的,此外,粒子还有其他力学量$A(r)$,如动量和能量,它们的数值同样也具有统计的概率性。除位置空间外,也可

以在动量空间 p 用相应的波函数 $\psi(p)$ 来描述粒子的状态,即有粒子处在动量空间的概率密度 $|\psi(p)|^2$ 以及它随 p 的分布。

2.3.3 对波函数的进一步讨论

由此可见,量子力学与经典力学不同,处于确定状态的粒子用波函数 $\psi(r)$ 或 $\psi(p)$ 来描述,满足叠加原理。可以计算这个波函数,并求出粒子在每一处 r 出现或具有 p 的概率密度 $|\psi(r)|^2$ 或 $|\psi(p)|^2$。从这种观点出发,我们可以这样来解释电子衍射、干涉现象:无论是单缝衍射还是双缝干涉,它们都是一个电子的德布罗意波自身的相干叠加,也就是电子的不同态或者不同过程(是通过上缝或是通过下缝)的概率幅的线性叠加,从而在远离的屏上观测到衍射或干涉图像。在干涉条纹极大的地方,相干波的强度大,表明粒子投射到这里的概率大,因而投射到这里的粒子多。在干涉极小的地方,波互相抵消,波的强度很小,粒子投射到这里的概率很小,因而投射到这里的粒子很少。

那么,自由粒子的平面波应如何解释呢? 自由粒子的平面波的 $|\psi(r)|^2 = \psi_0^2$,为一常数,即在空间各点发现自由粒子的概率相同。

对于原子情况,电子被束缚在一定的能量定态中,我们也可以用波函数来描述电子在原子中所处的这个能态,不同的能态有不同的波函数,确定的能态有确定的波函数 $\psi(r)$,因而在这个能态电子在原子内不同空间有确定的概率分布,它由 $|\psi(r)|^2$ 决定。在上节的氢原子图像中已经指出,电子在一轨道上运动的概念是错误的,只能用概率的观点理解轨道,即在某点找到电子的概率,或找到电子速度为某一值的概率。所谓玻尔轨道,只是在半径等于这些值的地方发现电子的概率较大,而在其他地方发现电子的概率要小。有人称之为电子云,实际上是概率云。这一点在后面 2.3 节氢原子的计算中还可以看得更清楚。因此,氢原子中电子能级不能理解为经典的轨道,只能理解为氢原子所处的能量状态。

对波函数的这种概率解释曾经引起了激烈的争论,直到今天争论还没有平息[①]。以玻尔和海森伯为首的哥本哈根学派持的是这种观点,而爱因斯坦和薛定谔则是持反对的观点,薛定谔提出了粒子是波包的理论,玻恩认为物质波像水波一样引导粒子运动,德布罗意也认为表现粒子波动性的不是纯粹的概率波,而是一种实在波。也就是说,他们认为粒子的波动性和微粒性同样都是物理实在,共同构成

[①] 中国科学技术大学.现代物理学参考资料:第三集[M].北京:科学出版社,1978. 沈惠川.德布罗意亲王[J].自然杂志,1992,15(2):220-225. 沈惠川.德布罗意的非线性波动力学[J].自然杂志,1992,15(8):620-626.

物理实体，在同一时刻，物理实体既是一个波又是一个粒子，是波和粒子的缔合。当然，他们对波的物理实在究竟是什么也是含糊不清的。

波函数的统计解释涉及对世界本质的认识，实质上它认为宇宙中事件的偶然性是根本的，必然性是偶然性的平均表现。但爱因斯坦相信，自然界是不依赖感觉主体而独立存在的，事物的联系具有因果性，自然规律根本上是决定论的。因此，量子力学的描述是不完备的，概率解释是掩盖对原因无知的一种权宜之计。他不相信单个电子通过狭缝后动量的不确定性，也不相信微观世界的这种内在模糊性或不明确性，他不相信概率解释是对自然界所能作出的最好描述。对双缝干涉实验，从逻辑上，作为粒子的电子由于不可分性，通过左缝就通不过右缝，通过右缝就通不过左缝，出现的似乎应是两个衍射图的简单相加，而实际却是相干相加。爱因斯坦问：电子通过左缝时何以知道你关闭右缝而呈现衍射图像？何以知道你打开右缝而出现干涉图像呢？对于这样的问题，哥本哈根学派这样回答：你不能从实验上提出这样的问题，因为如果你要确定电子从那条缝通过，就必须在那条缝后放一探测器，一旦这样做了，就会干扰电子的运动行为以至测量结果，即测量仪器与粒子会发生不可控制的作用。如只在一个缝后面测，选出的是单缝衍射事例，如在双缝后面测，选出的是双缝干涉事例。两派在1927年和1930年两次索尔维会议上发生激烈争论，以哥本哈根学派胜利而告终。

之后，爱因斯坦和薛定谔仍坚持自己的意见，爱因斯坦在1948年仍然说："上帝肯定不是用掷骰子来决定电子应如何运动的！"德布罗意不说话，使用玻尔的观点，但心里一直不认输，到1952年又重新批判哥本哈根学派，提出非线性量子力学路线。晚年的狄拉克的观点已脱离哥本哈根派体系，他在1972年说："在我看来，很显然，我们还没有量子力学的基本定律。我们现在正在使用的定律需要作重要修改……非常可能，从现在的量子力学到将来的相对论性量子力学的修改，会像从玻尔轨道理论到目前的量子力学的那种修改一样剧烈。当我们作出这样剧烈的修改之后，当然，我们用统计计算对理论作出物理解释的观念可能会被彻底地修改。""使其回到决定论，从而证明爱因斯坦的观点是正确的。"

由此可见，微观粒子既不是经典的波，又不是经典的粒子，到现在为止，对它还无法用现有的日常语言和习惯概念来恰当地描述。微观粒子是一个特殊的客体，在不同的环境中会显示出类似经典波或粒子特性的行为。由于对玻恩的波函数的统计解释存在长时间的激烈争论，玻恩迟至1954年才获得诺贝尔物理学奖。然而令人惊奇的是，尽管波函数的物理解释是困难和有争议的，但数学上的描述是极其简单的，即用德布罗意波函数和量子力学方程来处理微观粒子的行为就行了；此外，用量子力学还可以解释许多物理效应和科学实验现象，而且其在应用方面也取得了巨大的成功。

2.4 薛定谔方程及应用例子

在经典力学中,质点的运动状态是用坐标和速度来描述的。知道质点在某一时刻的状态,就可以用质点运动所满足的方程如牛顿方程 $F = m\mathrm{d}v/\mathrm{d}t$ 求解质点以后的运动情况。而在微观世界中,粒子的运动状态是用波函数来描述的,波函数是时间和坐标的复函数。在德布罗意波假说提出之后,人们同样希望得到一个类似牛顿方程那样含有波函数对时间微商的方程,它决定粒子的运动状态和变化,从而建立一种新的原子理论。这个方程就是薛定谔方程以及其他一些方程,对它们求解就可以得到粒子的运动状态、波函数解和力学量数值,这也就是量子力学的基本思想。

2.4.1 薛定谔方程的建立

如何得到量子力学中的薛定谔方程呢?经典力学中的牛顿方程不是从理论上推导出来的,而是对自然现象的观察和总结,并经过实验验证,因而是一条经验规律。量子力学中薛定谔方程的得到与牛顿方程有相似之处,也不是从理论上推导出来的。然而两者也有不同之处,那就是薛定谔方程不是一条经验规律,它实质上是一个公设,当然这个公设与前面讨论的德布罗意波函数假说是一致的。为了便于接受,下面给出一个似乎非常合理的论证,在这基础上建立起薛定谔方程。

先考虑最简单的自由粒子情况。由式(2.3.3),自由粒子的波函数是平面波
$$\Psi(r, t) = \psi_0 \mathrm{e}^{\mathrm{i}(p \cdot r - Et)/\hbar}$$
将此平面波对坐标 x、y 和 z 分别取两次微分,得
$$\frac{\partial^2 \Psi}{\partial x^2} = -\frac{p_x^2}{\hbar^2}\Psi, \quad \frac{\partial^2 \Psi}{\partial y^2} = -\frac{p_y^2}{\hbar^2}\Psi, \quad \frac{\partial^2 \Psi}{\partial z^2} = -\frac{p_z^2}{\hbar^2}\Psi$$
三个式子相加合并,引入拉普拉斯算符 $\nabla^2 = \partial^2/\partial x^2 + \partial^2/\partial y^2 + \partial^2/\partial z^2$,有
$$\nabla^2 \Psi(r, t) = \left(\frac{\partial^2}{\partial x^2} + \frac{\partial^2}{\partial y^2} + \frac{\partial^2}{\partial z^2}\right)\Psi(r, t) = -\frac{p^2}{\hbar^2}\Psi(r, t) \quad (2.4.1)$$
将平面波对时间微分,得
$$\mathrm{i}\hbar\frac{\partial \Psi(r, t)}{\partial t} = E\Psi(r, t) \quad (2.4.2)$$

在自由粒子的速度 $v \ll c$ 的非相对论低能情况下，能量即动能 E 与动量 p 之间有关系 $E = p^2/(2m)$，将其代入式(2.4.2)并用式(2.4.1)得到

$$i\hbar \frac{\partial \Psi(\boldsymbol{r},t)}{\partial t} = -\frac{\hbar^2}{2m} \nabla^2 \Psi(\boldsymbol{r},t) \tag{2.4.3}$$

这就是质量为 m 的自由粒子的运动所满足的薛定谔方程。

下面对自由粒子的波动方程(2.4.3)进行推广，使其能适用于有外力作用的情况，即粒子不是自由的情况。设粒子在力场中的势能为 $V(\boldsymbol{r},t)$，这时粒子的能量不只是粒子的动能，而是粒子的动能和势能之和，即

$$E = \frac{p^2}{2m} + V(\boldsymbol{r},t)$$

把 E 的上述表达式代入式(2.4.2)，并用式(2.4.1)，可以将方程(2.4.3)推广成

$$i\hbar \frac{\partial \Psi(\boldsymbol{r},t)}{\partial t} = \left[-\frac{\hbar^2}{2m} \nabla^2 + V(\boldsymbol{r},t) \right] \Psi(\boldsymbol{r},t) \tag{2.4.4}$$

这就是一般的薛定谔方程，它描述了一个质量为 m 的粒子在势场 $V(\boldsymbol{r},t)$ 中的运动状态随时间的变化。粒子在任何时刻 t 的运动状态 $\psi(\boldsymbol{r},t)$ 原则上都是确定的，因此薛定谔方程反映了微观粒子的基本运动规律。

2.4.2 定态薛定谔方程

对原子情况，电子受到的原子核的库仑势能 $V(\boldsymbol{r})$ 仅是空间的坐标函数，与时间无关，体系属于定态，即体系的能量不随时间变化。现在讨论这种情况，使用分离变量方法，将库仑势下的薛定谔方程的解表达为坐标函数与时间函数的乘积

$$\Psi(\boldsymbol{r},t) = \psi(\boldsymbol{r}) f(t) \tag{2.4.5}$$

将上式代入式(2.4.4)并分离变量，得

$$\frac{i\hbar}{f(t)} \frac{df(t)}{dt} = \frac{1}{\psi(\boldsymbol{r})} \left[-\frac{\hbar^2}{2m} \nabla^2 + V(\boldsymbol{r}) \right] \psi(\boldsymbol{r})$$

上式左边只是时间的函数，右边只是坐标的函数，要求两边相等，即要求两边应等于一个与坐标和时间均无关的常数，以 E 表示，则有

$$i\hbar \frac{df(t)}{dt} = E f(t) \tag{2.4.6}$$

$$\left[-\frac{\hbar^2}{2m} \nabla^2 + V(\boldsymbol{r}) \right] \psi(\boldsymbol{r}) = E \psi(\boldsymbol{r}) \tag{2.4.7}$$

式(2.4.6)的解为

$$f(t) = C e^{-(iE/\hbar)t} \tag{2.4.8}$$

其中，C 为常数。若把 C 包含到 $\psi(\boldsymbol{r})$ 中去，即令 $C=1$，则式(2.4.5)变为

$$\Psi(r,t) = \psi(r)\mathrm{e}^{-(\mathrm{i}E/\hbar)t} \tag{2.4.9}$$

与平面波函数比较,常数 E 即能量。对自由粒子的情况,E 仅为动能;对非自由粒子,E 包括动能和势能,但不包括静止能。另外,由于 $|f(t)|^2 = \mathrm{e}^{(\mathrm{i}E/\hbar)t} \cdot \mathrm{e}^{-(\mathrm{i}E/\hbar)t} = 1$,定态中粒子出现的概率密度

$$|\Psi(r,t)|^2 = |\psi(r)|^2$$

与时间无关。这就表明在定态中发现粒子的概率密度不随时间变化,定态中体系的能量和其他力学量的平均值也不随时间变化,波函数 $\psi(r)$ 和能量 E 仅由方程(2.4.7)确定,是坐标的函数,与时间无关。方程(2.4.7)是粒子在与时间无关的势能作用下的定态薛定谔方程,$\psi(r)$ 称为定态波函数。

由此可见,薛定谔方程并不是从数学上严格推导出来的,而是仅仅在自由粒子的德布罗意平面波假设下先将方程(2.4.3)导出,然后再将它推广到势能 V 作用下的方程(2.4.4)。同时,薛定谔方程也不是由实验总结出来的定律,它是一个量子力学基本方程,本质上是量子力学的又一个公设。它的正确性是由在各种具体情况下从它导出的各个结论与实验结果相符合的事实而确立的。在1925年薛定谔刚给出这一方程后,人们便很快把它用到原子、分子物理学的许多问题上,如氢原子、定态能量、发射光谱线波长、跃迁概率等,并取得了显著成功,从而肯定了这一方程的正确性。

当然,薛定谔方程是在低能情况下得到的,用了非相对论的动量与能量关系式 $E = p^2/(2m)$。从薛定谔方程可以看出,它对时间的微商是一阶的,对坐标的微商是二阶的。因此,薛定谔方程对时空坐标的微商是不对称的,不能满足相对论洛伦兹变换下不变的要求。

对于高能相对论情况,量子力学中还有其他相对论波动方程。例如,利用相对论能量-动量公式 $E^2 = p^2 c^2 + m^2 c^4$,类似薛定谔方程导入的方法,把 E,p 算符(运算符号,下面会介绍)代入,即有算符方程

$$-\hbar^2 \frac{\partial^2}{\partial t^2} = (-\hbar^2 \nabla^2)c^2 + m^2 c^4$$

将它作用到波函数上,即得自由粒子的相对论波动方程,称为克莱因-戈尔登(Klein-Gordon)方程

$$\nabla^2 \Psi(r,t) - \frac{1}{c^2}\frac{\partial^2 \Psi(r,t)}{\partial t^2} - \frac{m^2 c^2}{\hbar^2}\Psi(r,t) = 0 \tag{2.4.10}$$

该方程对时间和坐标的导数均是二阶的。相对论波动方程还有另外的形式,其对时间和坐标的导数是一阶的,称为狄拉克方程。除自由粒子的方程之外,还有在外场中的相对论方程,如在库仑势 $V(r)$ 中,引入系数 α 和 β 的定态狄拉克方程

$$i\hbar \frac{\partial}{\partial t}\psi(r) = H\psi(r) = [c\alpha\hat{p} + \beta mc^2 + V(r)]\psi(r) = E\psi(r) \quad (2.4.11)$$

不过,对原子和分子的物理问题而言,薛定谔方程在一般情况下已经够用了。例如,在氢原子内第一玻尔轨道上运动的电子速度 $v = \alpha c \approx c/137 \ll c$,属于非相对论情况。当然在要求精度较高时,或者能量较大时,或者对重原子,必须使用相对论方程。

薛定谔和狄拉克因建立量子力学基本方程而获得 1933 年诺贝尔物理学奖。薛定谔不仅是一个伟大的物理学家,而且是现代生物学即分子生物学的奠基人。生物学发展经历三个时期,从达尔文 1859 年发表《物种起源》后开始了第一时期,主要是观察和形态分类。20 世纪后开始第二时期,用生理学和化学物理方法做实验,称为实验时期。二次大战后开始第三时期即分子生物学时期,它开始于薛定谔,提出从能量、结构和信息三个方面来分析基因的性质,探讨生命的本质,特别是提出从信息的观念来讨论遗传问题,将物理学与生物学结合起来,他的这一思想反映到他在 1944 年出版的一本叫《生命是什么》(*What's Life*)的书中,由此吸引了许多物理学家包括德布罗意都参加了进来,从而促使在 1953 年发现遗传物质 DNA 的双螺旋结构,并破译了其上的遗传密码,揭开了分子生物学这一新篇章。

下面几小节给出薛定谔方程解的几个简单例子。由它们可知,要得到粒子在各种不同势场中的运动状态,需要求解薛定谔方程。对于定态情况,是求解定态薛定谔方程(2.4.7)。在具体问题中,原则上只要知道粒子所在势场 $V(r)$ 的具体形式和波函数所应满足的边界条件,就可以求解方程得到波函数和能量的具体形式。

2.4.3 一维无限高方势阱和零点能

首先讨论势场为一维无限高方势阱的情形,质量为 m 的粒子局限在一维 x 方向运动,因而数学上大为简化,而得到的基本结果却具有量子力学的典型特征。

一维无限高方势阱是势能在势阱内为零,在势阱外等于无穷大的情况,即

$$V(x) = \begin{cases} 0, & 0 < x < a \\ \infty, & x \leqslant 0, \ x \geqslant a \end{cases} \quad (2.4.12)$$

如图 2.4.1 所示。在势阱外的区域,由于 $V(x) = \infty$,从物理上考虑,粒子不能穿透势阱壁而进入势阱外区域,因而出现的概率为零,无需考虑。而在势阱内的薛定谔方程(2.4.7)可写为

$$\frac{d^2\psi(x)}{dx^2} = -\frac{2mE}{\hbar^2}\psi(x) = -k^2\psi(x), \quad 0 < x < a \quad (2.4.13)$$

这里,$k^2 = 2mE/\hbar^2$,由于 $E > 0$,k 为实数,该方程给出势阱内的通解为

$$\psi(x) = A'\mathrm{e}^{\mathrm{i}kx} + B'\mathrm{e}^{-\mathrm{i}kx} = A\cos(kx) + B\sin(kx) \qquad (2.4.14)$$

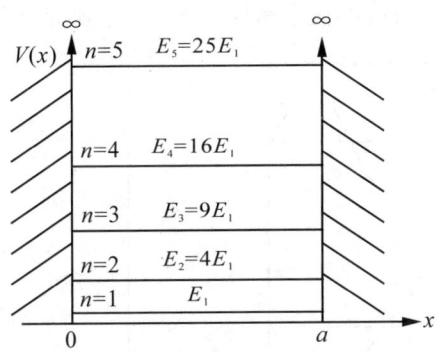

图 2.4.1 一维无限高方势阱和能量本征值

其中，A,B 为待定系数。由波函数必须是连续的条件，在边界上，即 $x=0$ 和 $x=a$ 处，波函数必须为 0，由此得到 $A=0$ 和 $B\sin(ka)=0$，于是

$$ka = n\pi, \quad n = 1,2,3,\cdots \qquad (2.4.15)$$

代入 k 的表达式，从而得到能量通解为

$$E_n = \frac{\hbar^2}{2m}k^2 = \frac{\pi^2\hbar^2}{2ma^2}n^2, \quad n = 1,2,3,\cdots \qquad (2.4.16)$$

其中除去 $n=0$，这是因为当 $n=0$ 时，由后面的方程(2.4.25)可知，波函数 $\psi_0 = 0$，这是没有物理意义的平凡解。n 也不取负值，因为 n 取负值时，E_n 和 $|\psi_n|^2$ 与 n 取正值时一样，无意义。

图 2.4.1 上也画出由式(2.4.16)确定的一维无限高方势阱的前几个能量值。由此可见，粒子在势阱内的能量是量子化的，能级间隔与 n^2 成正比，越往上间隔越宽，与氢原子的相反。不过共同的特征是能量的量子化，这个量子化直接来源于薛定谔方程，用不着人为地引入量子化条件了。

将求得的 k 值代入式(2.4.14)，即可求得势阱内波函数

$$\psi_n = B\sin(kx) = B\sin\left(\frac{n\pi}{a}x\right), \quad n = 1,2,3,\cdots$$

式中，B 值由概率密度的归一化条件

$$\int_{-\infty}^{+\infty} |\psi|^2 \mathrm{d}x = \int_0^a B^2 \sin^2\frac{n\pi x}{a}\mathrm{d}x = 1$$

确定，上式积分后解得 $B = \sqrt{2/a}$，因此，能量为式(2.4.16)的归一化波函数为

$$\psi_n = \sqrt{\frac{2}{a}}\sin\left(\frac{n\pi}{a}x\right), \quad n = 1,2,3,\cdots \qquad (2.4.17)$$

图 2.4.2 分别画出了 $n=1,2$ 和 3 的波函数 ψ_n 和概率密度 $|\psi_n|^2$ 在势阱内的分布。由此可见，粒子在势阱内的概率密度分布 $|\psi_n|^2$ 不是均匀的。

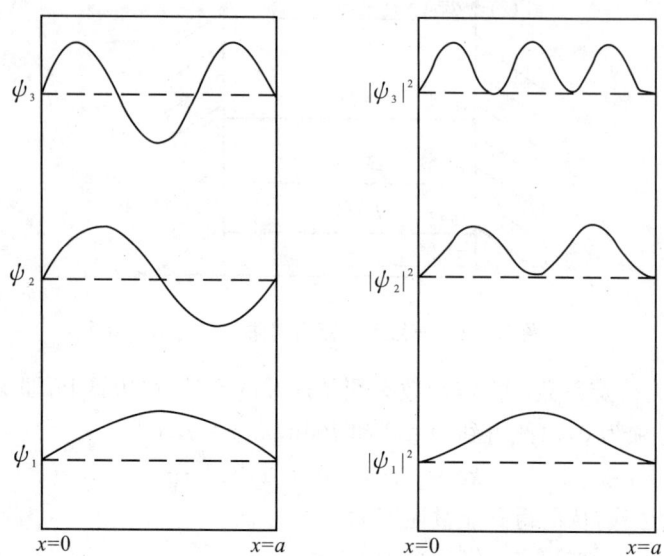

图 2.4.2　一维无限高方势阱的波函数和概率密度函数

一维无限高方势阱是最简单的一种情况，如果势阱是有限高的，设为 V_0，也同样可以求解，不过解的方法复杂一些。这时应讨论 $E<V_0$ 和 $E>V_0$ 两种情形。当 $E<V_0$ 时，在 $0\sim a$ 范围内的解与 $V_0=\infty$ 时的解相类似，也有分裂能级。

在无限高方势阱情况下，$n=1$ 的能量值为

$$E_1 = \frac{\pi^2 \hbar^2}{2ma^2} \tag{2.4.18}$$

这个能量值具有特别的意义，称为零点能。它是粒子被无限高方势阱束缚在 $0<x<a$ 区域内所能够具有的最低总能量，即基态能量。由于在阱内 $V=0$，E 就是粒子的动能，因此，E_1 不为零表明粒子的动能不可能为零。在第 5 章中计算分子的振动能的谐振子势的量子力学解中也得到零点能。同样，对下节氢原子的情况，最低的 $n=1$ 能级的动能也不为零。

从根本上说，零点能不为零是不确定原理必然导致的结果，这是因为如果粒子被束缚在 x 从 $0\sim a$ 的范围内，那么坐标 x 的不确定度 $\Delta x\approx a$，由不确定关系，动量的不确定度至少为 $\Delta p\approx \hbar/(2\Delta x)=\hbar/(2a)$，不能为零，因而粒子不能够被束缚在动能为零的状态中。

零点能的概念与经典物理学中的概念是矛盾的。在经典物理中，当系统温度

处于热力学零度时,一切运动都停止了,总动能也为零。然而在量子力学中,粒子存在零点能,因此,它必定有零点运动,即使是处在最低能量值的粒子,也不可能是绝对静止的。

2.4.4 一维方势垒和隧道效应

现在来讨论质量为 m、能量为 E 的粒子沿 x 轴正方向与如图 2.4.3 所示的厚度为 D、高度为 V_B 的方势垒发生散射的情形。方形势垒可表示为

$$V(x) = \begin{cases} 0, & x \leqslant 0(\text{区域 I}), x \geqslant D(\text{区域 III}) \\ V_B, & 0 < x < D(\text{区域 II}) \end{cases}$$
(2.4.19)

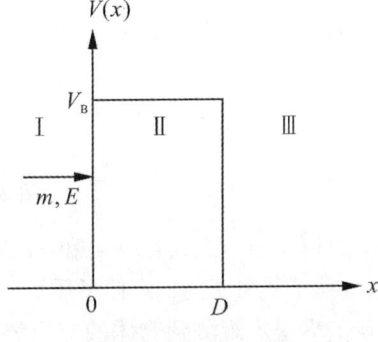

图 2.4.3 一维方势垒

仅讨论 $E < V_B$ 的情况。由方程(2.4.7),得到三个区域的薛定谔方程分别为

$$\frac{d^2\psi(x)}{dx^2} = \begin{cases} -k^2\psi, & \text{区域 I 和 III} \\ \lambda^2\psi, & \text{区域 II} \end{cases}$$
(2.4.20)

其中,$k^2 = 2mE/\hbar^2, \lambda^2 = 2m(V_B - E)/\hbar^2$。用类似方势阱的方法求解,可得

$$\psi(x) = \begin{cases} \psi_I = A_1 e^{ikx} + B_1 e^{-ikx}, & \text{区域 I} \\ \psi_{II} = A_2 e^{k_2 x} + B_2 e^{-k_2 x}, & \text{区域 II} \\ \psi_{III} = A_3 e^{ikx}, & \text{区域 III} \end{cases}$$
(2.4.21)

区域 I 中 $A_1 e^{ikx}$ 表示沿 x 轴方向传播的入射波,$B_1 e^{-ikx}$ 表示反射波,区域 III 中只能有正方向传播的透射波,没有反射波,$B_3 e^{-ikx}$ 项已被舍去。A_1, B_1, A_2, B_2 和 A_3 均为常数,由波函数及其导数在 $x = 0$ 和 D 两点连续的要求确定,这里不再给出。

由上述可见,区域 II 和 III 中波函数均不为零,图 2.4.4 给出了计算所得势垒穿透的波动图像,原来在区域 I 的入射势垒的粒子有通过区域 II 进入区域 III 的可能性。按经典力学观点,这是不可能的,粒子能量 E 等于动能与势能之和,在区域 II 粒子能量小于势能 V_B,意味粒子动能为负,粒子要被弹回去,反射概率等于 1。但在量子力学中就完全不同了,一部分粒子将穿透势垒到达区域 III,称为隧道效应。粒子从区域 I 经 II 到达 III 的穿透概率或贯穿系数 P 等于 III 区透射波与 I 区入射波强度之比,即 $|A_3|^2/|A_1|^2$,在 $\lambda D \gg 1$,即势垒比较高、比较厚的情况下,由量子力学算得

$$P = \frac{|A_3|^2}{|A_1|^2} \approx \frac{16E(V_B - E)}{V_B^2} \exp\left[-\frac{2}{\hbar}\sqrt{2m(V_B - E)}D\right]$$
(2.4.22)

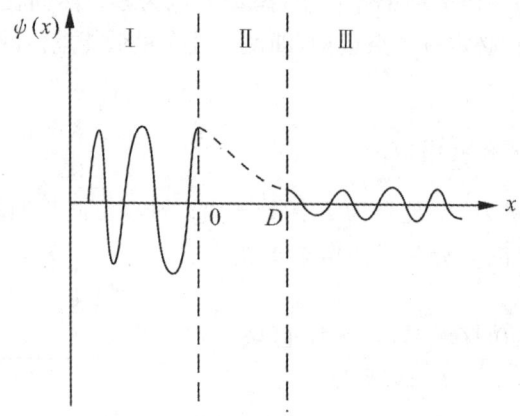

图 2.4.4 方势垒的波函数

由此可见,P 与 D、E、V_B 和 m 都有指数关系,势垒厚度 D 越大、势垒高度 V_B 越大、粒子能量 E 越小、粒子质量越大、粒子的穿透概率越小,而且灵敏。因此,在宏观世界很难观测到物体的穿透势垒现象。

隧道效应是量子力学的特有现象,是实物粒子的行为具有波动性和不确定原理应用的又一个例子。当粒子穿过势垒时,如势垒很薄,则穿行时间很短,它的能量会有大的不确定度,不违反能量守恒。只有在势垒区外,它才能作为一个定域粒子而被探测到。隧道效应已被许多实验所证实。下面介绍的扫描隧道显微镜是隧道效应应用的一个例子,在快速电子学中也利用此效应做成隧道二极管。

2.4.5 电子显微镜和扫描隧道显微镜

电子的波动性概念和电子衍射现象很快就得到了应用。主要的应用有直接利用衍射现象的电子衍射仪和电子显微镜。由于技术上的原因,低能电子衍射仪(LEED)直到 20 世纪 70 年代后才得到应用。1933 年,德国人鲁斯卡(N. Ruska)首先研制成功了电子显微镜,它的原理与光学显微镜类似,只不过用电子枪产生能量较高的电子束代替光源,通常具有 50 keV 以上能量,用电磁透镜聚焦电子束,使其通过很薄的晶体样品后被一次成像,即为透射电镜(TEM);或从样品正面收集作用后产生的各种出射粒子,如二次电子、背散射电子、俄歇电子和 X 射线,即为反射电镜(REM);如果通过 x 和 y 二维方向逐点扫描电子束,可以得到次级粒子强度的透射或反射扫描图像,从而推得样品的形貌、结构、元素分布等信息,即为扫描电镜(SEM)。整个装置放在高真空中。目前纵向分辨达 10 nm,横向分辨已做到小于 0.1 nm,比普通光学显微镜的分辨 200 nm 和最好的近场光学显微镜的分辨2 nm精确很多,可以清楚地看到病毒、细胞和晶体的结构,在生物、医学、物理、化学、冶金等各方面获得了广泛的应用。

扫描隧道显微镜(STM)直接利用势垒的隧道效应,是 1981 年由宾尼格(G. Binnig)和罗雷尔(H. Rohrer)首先研制成功的,它不需要电子源和透镜,专门用来研究表面结构,其工作原理示意于图 2.4.5。在这种显微镜中,利用特殊工艺加工一根钨丝或铂铱合金金属针,使针尖非常尖锐,最前端具有单个原子大小最好。当它与被研究的样品表面距离很近时(小到零点几纳米),针尖原子的电子和材料表面原子的电子波函数开始发生交叠,或者说电子云相接触。若在针尖与表面之间加一小的直流或脉冲电位差,由于隧道效应而产生隧道电流,由式(2.4.22),这种电流强度随着针尖与物体表面距离的增大即势垒厚度的增大而呈指数函数形式下降,故隧道电流对针尖与表面距离十分敏感。在典型情况下,间距增加 1 nm,电流下降一个数量级。隧道电流经一系列放大及计算机控制线路反馈,控制 x,y 和 z 方向的压电陶瓷扫描驱动器,使针尖能按设定的工作方式在样品表面扫描运动,从而给出样品表面电子云分布或原子分布状况,即样品表面的形貌,借助电子仪器和计算机可以将它显示在屏幕上。横向分辨取决于针尖的尺寸,现已达到 0.1 nm,纵向分辨达到 0.01 nm,远比电子显微镜优越。它能直接给出真实空间中的表面具有原子分辨的三维图像,因此,不仅可以清晰地分辨出表面单个原子和原子台阶,用来在原子尺度范围内观测表面形貌和原子结构,如超晶格结

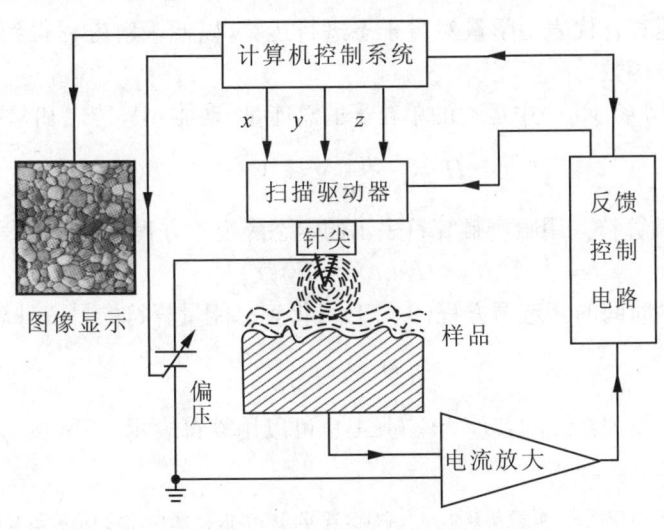

图 2.4.5 扫描隧道显微镜原理图

构、表面缺陷及其细节,而且可以获得定域表面电子态及其在表面的分布。另外,由于STM也可以在大气或液体以及常温或低温下工作,所以可以观测活体DNA基因及病毒,在表面科学、材料科学、生命科学和微电子技术等领域有重要的应用意义。

短短几年时间,STM就得到了迅速发展,因此他们两人和鲁斯卡共同获得了1986年诺贝尔物理学奖。由于STM基于测量电子隧道电流,故不能直接用来检验绝缘体。1986年后,宾尼格等又在STM的基础上发展了一种原子力显微镜(AFM),可以用来在原子的尺度上研究绝缘体(或导体)的表面。之后,又发展了其他一些种类扫描探针显微镜(SPM)以及扫描近场光学显微镜等[1][6]。

2.5 力学量的算符、本征值和测量值

2.5.1 本征方程和算符

定态薛定谔方程(2.4.7)可看作一个算符作用在波函数 $\psi(r)$ 上,得到一个能量数值 E 乘以同一状态 $\psi(r)$,这种等式被称为本征方程,方程(2.4.7)是能量的本征方程。这里算符代表力学量对量子态进行运算,以便求解方程得到状态的力学量的数值和波函数。

因此,在势场 $V(r)$ 中运动的单粒子的总能量(动能和势能之和)算符是

$$H = -\frac{\hbar^2}{2m}\nabla^2 + V(r) \qquad (2.5.1)$$

H 也称哈密顿算符。用哈密顿算符表示的定态薛定谔方程即本征方程为

$$H\psi(r) = E\psi(r) \qquad (2.5.2)$$

由更一般的含时间的薛定谔方程(2.4.1)可得到总能量算符的另一种表示式

$$H = i\hbar\frac{\partial}{\partial t} \qquad (2.5.1a)$$

除能量外物理系统的其他力学量 A 也可以用算符表示,通常在力学量符号上

---

[1] Quate C F.真空隧道:显微新技术[J].物理,1987,16:129. 汪世才.扫描隧道显微镜[J].物理,1987,16:321. 戴道宣.洞察表面原子和电子结构的隧道显微镜[J].物理,1987,16:641. 周肇威.原子力显微镜[J].物理,1988,16:351.

方加^表示相应的算符,但能量算符用得多,常省去符号^。这样力学量 A 的本征方程为

$$\hat{A}\psi(r) = A\psi(r) \tag{2.5.3}$$

时间 t 在量子力学和经典力学中都是作为保持连续变化的外在参量,而非物理系统的力学量,因此不存在时间算符。单粒子的如下常用力学量的算符表示为

(1) 位置矢量算符

$$\hat{r} = \{\hat{x}, \hat{y}, \hat{z}\} = r = \{x, y, z\} \tag{2.5.4}$$

(2) 动量矢量算符

$$\hat{p} = \{\hat{p}_x, \hat{p}_y, \hat{p}_z\} = \left\{-i\hbar\frac{\partial}{\partial x}, -i\hbar\frac{\partial}{\partial y}, -i\hbar\frac{\partial}{\partial z}\right\} = -i\hbar\nabla \tag{2.5.5}$$

由于状态波函数是坐标 r 的函数,坐标算符 $\hat{r}$ 直接取 r。将平面波式(2.3.3)分别对坐标 x, y 和 z 作一次偏微分,再对照动量分量的本征方程如 $\hat{p}_x\psi(x,t) = p_x\psi(x,t)$,就可得到动量 p_x, p_y 和 p_z 的以上算符,∇ 是梯度算符。其他的力学量算符可以用这两个算符的函数去构造。

(3) 非相对论动能算符

$$\hat{T} = \frac{\hat{p}^2}{2m} = -\frac{\hbar^2}{2m}\nabla^2 \tag{2.5.6}$$

(4) 势能算符

$$\hat{V} = \hat{V}(\hat{r}) = V(r) \tag{2.5.6a}$$

(5) 角动量矢量算符

$$\hat{L} = \hat{r} \times \hat{p} = -i\hbar r \times \nabla \tag{2.5.7}$$

在球坐标中,角动量算符的三个分量分别为

$$\left.\begin{aligned}\hat{L}_x &= y\hat{p}_z - z\hat{p}_y = i\hbar\left(\sin\varphi\frac{\partial}{\partial\theta} + \cot\theta\cos\varphi\frac{\partial}{\partial\varphi}\right) \\ \hat{L}_y &= z\hat{p}_x - x\hat{p}_z = i\hbar\left(-\cos\varphi\frac{\partial}{\partial\theta} + \cot\theta\cos\varphi\frac{\partial}{\partial\varphi}\right) \\ \hat{L}_z &= x\hat{p}_y - y\hat{p}_x = -i\hbar\frac{\partial}{\partial\varphi}\end{aligned}\right\} \tag{2.5.7a}$$

(6) 角动量平方算符

$$\hat{L}^2 = \hat{L}_x^2 + \hat{L}_y^2 + \hat{L}_z^2 = -\hbar^2\left[\frac{1}{\sin\theta}\frac{\partial}{\partial\theta}\left(\sin\theta\frac{\partial}{\partial\theta}\right) + \frac{1}{\sin^2\theta}\frac{\partial^2}{\partial\varphi^2}\right] \tag{2.5.8}$$

当然对复杂的体系,力学量的算符表示形式不是如此简单,由具体情况确定。

由此可见,力学量 A 在经典力学和量子力学运算中的表示不同。在经典力学中就用它的动力学变量 A 表示,在量子力学中必须要用它的算符 $\hat{A}$ 表示。实际

上,用算符表示力学量是量子力学的又一个公设,它的正确性也是由它导出的结果与实验符合而确立的。

2.5.2 本征值和测量值

定态薛定谔方程(2.4.7)在数学上对任何能量 E 值都有 $\psi(r)$ 解,但在实际问题中 $\psi(r)$ 必须满足一些物理要求,因而不是任意 E 值都有解。能满足这些物理要求的力学量值是确定的,称为力学量算符的本征值,相应的量子数俗称好量子数,能满足要求的波函数称为本征函数,相应的状态称为本征态。

为求得这些力学量的本征值和本征函数,首先要写出它所在状态的力学量 A 相对应的算符 $\hat{A}$,列出它的本征方程,代入这个状态所要满足的物理要求,解本征方程就可得到。上面几个例子中所求得的能量值和相应的波函数就是能量算符的本征值和本征函数。一般情况下求得的解不是单值,力学量 A 有 n 个本征值 A_α,如 $E_1, E_2, \cdots, E_n$,相应的 $\psi(r)$ 也有 n 个本征函数 $\psi_\alpha(r)$。也可能 m 个本征态具有相同的本征值,则称它们是 m 重简并态。

现在讨论力学量的本征值与测量值的关系。对一个处于波函数 $\psi(r)$ 态的微观粒子系统,在时刻 t 测量它的可观测的力学量 A 的数值,如果在测量前 $\psi(r)$ 处于确定的本征态 ψ_α,则测量到的 A 的数值一定是 A_α。一般情况下,力学量算符 $\hat{A}$ 通常会有不止一个本征值和本征态,测量前系统处于算符 $\hat{A}$ 的如式(2.3.6)所示的所有本征态的线性叠加态上。这种情况下,量子力学一次测量不能得到 $\hat{A}$ 的所有本征值,只能得到其中的某一个 A_α;与此同时,测量必定会干扰 $\psi(r)$,使它向所得本征值 A_α 的本征态 ψ_α 突变或称塌缩,粒子在测量时刻 t 必定处于本征态 ψ_α。每次测量得到的 A_α 不一定相同,但各次得到的各个 A_α 和 ψ_α 一一对应。

因此,对一个处于叠加态的微观粒子系统,仅对其作有限次数测量,原则上无法确定测量前系统的状态。但由于每一个 $\psi_\alpha(r)$ 态所占的部分是式(2.3.6)中的 $c_\alpha \psi_\alpha(r)$,模 c_α 为常数。虽然各个态的出现是偶然的,但测量后塌缩到态 $\psi_\alpha(r)$ 的概率 P_α 具有确定值,是它的模平方,这可由它的概率密度 $w_\alpha(r)$ 积分得到:

$$P_\alpha = \int_V w_\alpha(r) d\tau = \int_V [c_\alpha \psi_\alpha(r)]^* [c_\alpha \psi_\alpha(r)] d\tau = |c_\alpha|^2 \quad (2.5.9)$$

这里用了概率密度分布 $\psi^*(r)\psi(r)$ 满足的归一化条件 $\int \Psi^*(r)\Psi(r) d\tau = 1$。

如果微观系统是由大量相同 $\psi(r)$ 态如同种粒子态组成的量子系综,则对该系统的力学量 A 的每一次测量只是使其中的一个粒子塌缩到某个本征态,多次测量会使不同粒子塌缩到不同的本征态,得到的测量值有若干种。至于塌缩到哪个态完全是随机的、不可逆的、非局域的,只能由统计平均得到。当测量次数很多时,力学量 A 的期望值即得到的平均值应等于 A 的各种测量值乘以它的概率再求和,即各种本征值加权平均,加权系数为各态出现的概率 P_α。因此物理系统在三维位置空间的任何一个可观测力学量 A 的期望值为

$$\overline{A} = \frac{\int \psi^*(\mathbf{r}) \hat{A} \psi(\mathbf{r}) \mathrm{d}\tau}{\int \psi^*(\mathbf{r}) \psi(\mathbf{r}) \mathrm{d}\tau} = \frac{\sum P_\alpha A_\alpha}{\sum P_\alpha} = \sum P_\alpha A_\alpha = \sum_\alpha |c_\alpha|^2 A_\alpha \quad (2.5.10)$$

当然,有单一本征值如能量 E_1 的态的测量期望值就是它的本征值,是确定的:

$$\overline{H} = \int \psi^*(\mathbf{r}) \hat{H} \psi(\mathbf{r}) \mathrm{d}\tau = \int \psi_1^*(\mathbf{r}) E_1 \psi_1(\mathbf{r}) \mathrm{d}\tau$$
$$= E_1 \int \psi_1^*(\mathbf{r}) \psi_1(\mathbf{r}) \mathrm{d}\tau = E_1$$

因此,有单一力学量本征值的态,它的测量期望值也就是它的本征值,是确定的。

当然,上面的讨论是基于假设微观系统各粒子是独立的,它们均处于确定的态。如果各粒子不是独立的,各粒子态会发生相干性叠加,则称为量子态纠缠。多个微观粒子纠缠形成的这种量子叠加态就是量子纠缠态,对纠缠态的测量也会发生塌缩,当然情况更复杂,这是当前的一个研究热点——量子信息论的核心,可参考文献[6,14]。

以上这些实际上是前节波函数的概率统计解释深入到测量值情况,本质上是量子力学的另一个公设——测量公设。它包括如下内容:对一个处于状态 $\psi(\mathbf{r})$ 的微观粒子系统的力学量 A 进行测量,若本征值是唯一的,测量值就是这个本征值;若 $\psi(\mathbf{r})$ 有多个本征值,则测量值不确定,得到的是它的所有本征值中随机的某个 A_α,测量后态也不可逆转地塌缩到这个本征值对应的本征态 $\psi_\alpha(\mathbf{r})$,出现的概率是这个态的叠加系数 c_α 的平方;如微观系统是有许多个相同粒子的系综,重复测量时每次测量值虽有不同,但平均值是唯一确定的,等于它的各个本征值的加权平均。这个测量公设已被实验证实。从而求出力学量 $\mathbf{r}$ 或 $\mathbf{p}$ 的期望值。而在实验中,波函数本身不可能测量到,粒子通常并无确定的坐标或动量值,在单次测量中不知道粒子将在何处出现,或具有何种动量数值,每次的测量值通常是不同的,只有多次测量的平均值才是确定的,由此得到坐标或动量的概率密度分布,从中得到波函数的一些信息。中国科学技术大学已建成(e,2e)电子动量谱仪[6],能够从实验上测量原子、分子内不同能态(即不同轨道)上电子的球平均动量的概率密度 $|\psi(\mathbf{p})|^2$ 的分布,将实验的平均值与计算的期望值比较,已经证明两者是一致的。

对一个有解的微观系统，各种力学量都有自己的本征值和本征函数。例如，自由粒子的位置 r 的本征态是 $\delta(r'-r)$，动量 p 的本征态由式(2.3.3)给出，两类力学量所对应的状态完全不同，在 2.2 节已指出位置 x 和动量 p_x 不能同时确定，存在不确定关系。那么一个微观系统的两种状态之间有怎样的关系呢？一般来说，各种力学量的本征态不相同，使微观粒子的各种力学量不能同时确定。但量子力学证明[13]，要使两个力学量 A 和 B 同时都有确定的本征值的条件是它们有共同的本征函数，数学上要求它们的算符对易，即 $\hat{A}\hat{B}=\hat{B}\hat{A}$。如位置算符 r 的三个分量 $\{x,y,z\}$ 彼此对易，它们具有共同的本征态，因而它们能同时具有确定值。两个不对易的力学量算符没有共同本征函数，它们的力学量不能同时具有确定值，之间满足不确定关系。

测量公设与波函数公设、不确定关系共同构成量子力学关于实验观测的理论基础。

2.6 氢原子的量子力学解

现在从薛定谔方程出发，无需任何其他假定，就能够自然地得到氢原子的玻尔理论能量解，并直接给出氢原子的角动量本征值和本征波函数。

2.6.1 中心力场薛定谔方程

在类氢原子中，电子在原子核的库仑场中运动，体系的势能

$$V(r)=V(r)=-\frac{Ze^2}{4\pi\varepsilon_0 r} \qquad (2.6.1)$$

与时间无关，只是两粒子间距离 r 的函数，是一种在原子结构研究中起重要作用的与角度无关的中心力场。由式(2.4.7)，类氢原子满足的定态薛定谔方程为

$$\left[-\frac{\hbar^2}{2m_e}\nabla^2+V(r)\right]\psi(r)=E\psi(r) \qquad (2.6.2)$$

中心力场具有球对称性，采用球坐标最简单。球坐标的拉普拉斯算符表达式为

$$\nabla^2=\frac{1}{r^2}\frac{\partial}{\partial r}\left(r^2\frac{\partial}{\partial r}\right)+\frac{1}{r^2\sin\theta}\frac{\partial}{\partial\theta}\left(\sin\theta\frac{\partial}{\partial\theta}\right)+\frac{1}{r^2\sin^2\theta}\frac{\partial^2}{\partial\varphi^2}$$

代入式(2.6.2)，电子的质量 m_e 用它与核的折合质量 μ 代替，有

$$\frac{1}{r^2}\frac{\partial}{\partial r}\left(r^2\frac{\partial \psi}{\partial r}\right)+\frac{1}{r^2\sin\theta}\frac{\partial}{\partial \theta}\left(\sin\theta\frac{\partial \psi}{\partial \theta}\right)+\frac{1}{r^2\sin^2\theta}\frac{\partial^2 \psi}{\partial \varphi^2}+\frac{2\mu}{\hbar^2}[E-V(r)]\psi=0$$

(2.6.3)

由于 V 仅是 r 的函数,可用分离变量方法,把方程的解表示为两个函数的乘积,

$$\psi(r)=R(r)Y(\theta,\varphi) \qquad (2.6.4)$$

代入上式,经整理分离变量即得

$$\frac{1}{R}\frac{\mathrm{d}}{\mathrm{d}r}\left(r^2\frac{\mathrm{d}R}{\mathrm{d}r}\right)+\frac{2\mu r^2}{\hbar^2}[E-V(r)]=-\frac{1}{Y\sin\theta}\frac{\partial}{\partial \theta}\left(\sin\theta\frac{\partial Y}{\partial \theta}\right)-\frac{1}{Y\sin^2\theta}\frac{\partial^2 Y}{\partial \varphi^2}$$

(2.6.5)

左边只是变量 r 的函数,右边只是 θ 和 φ 的函数,两式相等的必要条件是两者都等于一个与 r,θ 和 φ 无关的常数,设为 λ,于是得到径向和角向两个方程

$$\frac{1}{r^2}\frac{\mathrm{d}}{\mathrm{d}r}\left[r^2\frac{\mathrm{d}R(r)}{\mathrm{d}r}\right]+\left\{\frac{2\mu}{\hbar^2}[E-V(r)]-\frac{\lambda}{r^2}\right\}R(r)=0 \qquad (2.6.6)$$

$$\frac{\sin\theta}{Y(\theta,\varphi)}\frac{\partial}{\partial \theta}\left[\sin\theta\frac{\partial Y(\theta,\varphi)}{\partial \theta}\right]+\lambda\sin^2\theta=-\frac{1}{Y(\theta,\varphi)}\frac{\partial^2 Y(\theta,\varphi)}{\partial \varphi^2} \quad (2.6.7)$$

同样,将 $Y(\theta,\varphi)$ 表示为两个分别与 θ 和 φ 有关的函数 $\Theta(\theta)$ 和 $\Phi(\varphi)$ 的乘积:

$$Y(\theta,\varphi)=\Theta(\theta)\Phi(\varphi) \qquad (2.6.8)$$

代入式(2.6.7),分离变量后,两边应等于一常数,设为 m^2,于是也得到两个方程

$$\frac{1}{\sin\theta}\frac{\mathrm{d}}{\mathrm{d}\theta}\left[\sin\theta\frac{\mathrm{d}\Theta(\theta)}{\mathrm{d}\theta}\right]+\left(\lambda-\frac{m^2}{\sin^2\theta}\right)\Theta(\theta)=0 \qquad (2.6.9)$$

$$\frac{\mathrm{d}^2 \Phi(\varphi)}{\mathrm{d}\varphi^2}+m^2\Phi(\varphi)=0 \qquad (2.6.10)$$

由此可见,氢原子的薛定谔方程化为三个单变量微分方程(2.6.6)、(2.6.9)和(2.6.10),只要求解出这三个微分方程,氢原子的问题就解决了。

2.6.2 Φ 和 Θ 方程式的解和角动量

Φ 方程式(2.6.10)的通解为

$$\Phi(\varphi)=A'\mathrm{e}^{\mathrm{i}m\varphi}+B'\mathrm{e}^{-\mathrm{i}m\varphi} \qquad (2.6.11)$$

由于物理上 φ 和 $\varphi+2N\pi$ 是同一角度,其中 N 为整数,要使函数 $\Phi(\varphi)$ 是单值的,此函数就必须是周期为 2π 的周期函数,即 $\Phi(\varphi)=\Phi(\varphi+2N\pi)$。与上式比较,即要求 m 为整数或零,于是方程(2.6.10)的归一化的本征函数的特解为

$$\Phi_m(\varphi)=\frac{1}{\sqrt{2\pi}}\mathrm{e}^{\mathrm{i}m\varphi}, \quad m=0,\pm 1,\pm 2,\cdots \qquad (2.6.12)$$

现在求 Θ 方程式(2.6.9)的解。变换变量 θ 为 $x=\cos\theta$,由于 $\mathrm{d}/\mathrm{d}\theta=\mathrm{d}/\mathrm{d}x \cdot$

$dx/d\theta = -\sin\theta \, d/dx$,所以 $d\Theta/d\theta = -\sin\theta d\Theta/dx$,代入式(2.6.9),得到

$$\frac{d}{dx}\left[(1-x^2)\frac{d\Theta(x)}{dx}\right] + \left(\lambda - \frac{m^2}{1-x^2}\right)\Theta(x) = 0 \quad (2.6.13)$$

此方程中由于 θ 在 0 到 π 之间变化,则 x 在 -1 到 1 之间变化,方程有两个奇点: $x = \pm 1$。分析方程在奇点附近的行为可以知道[13],$\Theta(x)$ 必须具有如下幂级数形式才能在 x 变化的全部区域内保持有限(其中 $v(x)$ 可取 x 的幂级数):

$$\Theta(x) = (1-x^2)^{|m|/2} v(x) = (1-x^2)^{|m|/2} \sum_{\nu=0}^{\infty} a_\nu x^\nu \quad (2.6.14)$$

将式(2.6.14)代入式(2.6.13),可得 $v(x)$ 的方程:

$$(1-x^2)\frac{d^2 v(x)}{dx^2} - 2(|m|+1)x\frac{dv(x)}{dx} + (\lambda - |m|^2 - |m|)v(x) = 0$$

将式(2.6.14)中 $v(x)$ 的表达式代入,得到 x 的幂级数方程:

$$\sum_{\nu=0}^{\infty} \{(\nu+1)(\nu+2)a_{\nu+2} - [\nu(\nu-1) + 2(|m|+1)\nu - \lambda + |m| + m^2]a_\nu\} x^\nu = 0$$

为使此等式对所有 x 的值都成立,充分必要条件是所有 x^ν 的系数都等于零,即得 a_ν 的递推公式

$$a_{\nu+2} = a_\nu \frac{\nu(\nu-1) + 2(|m|+1)\nu - \lambda + |m| + m^2}{(\nu+2)(\nu+1)} \quad (2.6.15)$$

波函数的有限性要求式(2.6.14)级数只含有限项,即在某一项中断变为多项式。设 $\nu = k$ 为多项式中最高幂次,即 $a_{k+2} = 0$,代入式(2.6.15),得到对 λ 值的限制为

$$\lambda = k(k-1) + 2(|m|+1)k + |m| + |m|^2 = (k+|m|)(k+|m|+1)$$

令 $k + |m| = l$,则有

$$\lambda = l(l+1) \quad (2.6.16)$$

由于 k 和 $|m|$ 是零或正整数,因此,l 只能是零或正整数,

$$l = 0, 1, 2, \cdots \quad (2.6.17)$$

由于 $|m| \leqslant l$,所以 m 的取值被限制为

$$m = 0, \pm 1, \pm 2, \cdots, \pm l \quad (2.6.18)$$

在对方程(2.6.13)中的参数 m 和 λ 这样的整数限制下,方程即为连带勒让德(associate Legendre)方程,它的解为连带勒让德多项式 $P_l^m(x)$

$$\Theta(x) = P_l^m(x) = (-1)^m \frac{1}{2^l l!} (1-x^2)^{m/2} \frac{d^{l+m}}{dx^{l+m}} (x^2-1)^l \quad (2.6.19)$$

利用 $P_l^m(x)$ 的正交归一关系,再由式(2.6.8)和式(2.6.12)得到角向方程(2.6.7)的归一化解,即角向波函数为球谐函数 $Y_{lm}(\theta, \varphi)$

$$Y(\theta,\varphi) = Y_{lm}(\theta,\varphi) = \sqrt{\frac{2l+1}{4\pi}\frac{(l-m)!}{(l+m)!}} P_l^m(\cos\theta)e^{im\varphi} \quad (2.6.20)$$

由式(2.6.19)和式(2.6.20),可求得几个 l,m 值小的角向方程表达式为

$$\left. \begin{aligned} l=0: \quad & Y_{00}(\theta,\varphi) = \sqrt{\frac{1}{4\pi}} \\ l=1: \quad & Y_{10}(\theta,\varphi) = \sqrt{\frac{3}{4\pi}}\cos\theta \\ & Y_{1\pm 1}(\theta,\varphi) = \mp\sqrt{\frac{3}{8\pi}}\sin\theta e^{\pm i\varphi} \\ l=2: \quad & Y_{20}(\theta,\varphi) = \sqrt{\frac{5}{16\pi}}(3\cos^2\theta - 1) \\ & Y_{2\pm 1}(\theta,\varphi) = \mp\sqrt{\frac{15}{8\pi}}\sin\theta\cos\theta e^{\pm i\varphi} \\ & Y_{2\pm 2}(\theta,\varphi) = \sqrt{\frac{15}{32\pi}}\sin^2\theta e^{\pm i2\varphi} \end{aligned} \right\} \quad (2.6.21)$$

为了看清量子数 l 和 m 的物理意义,将式(2.6.7)改写为

$$-\hbar^2\left[\frac{1}{\sin\theta}\frac{\partial}{\partial\theta}\left(\sin\theta\frac{\partial}{\partial\theta}\right) + \frac{1}{\sin^2\theta}\frac{\partial^2}{\partial\varphi^2}\right]Y(\theta,\varphi) = \lambda\hbar^2 Y(\theta,\varphi)$$

由式(2.5.8)可知,左式中系数即为轨道角动量平方算符 $\hat{L}^2$,这个方程即为角动量平方算符的本征方程,由此求得角动量平方算符的本征值即角动量平方的大小为

$$L^2 = \lambda\hbar^2 = l(l+1)\hbar^2 \quad (2.6.22)$$

它的本征函数是 $Y_{lm}(\theta,\varphi)$。由此可见,量子数 l 与电子运动的角动量直接相关,通常把 l 称为轨道角动量量子数,简称角量子数。轨道角动量的大小为

$$L = \sqrt{l(l+1)}\hbar, \quad l = 0,1,2,\cdots \quad (2.6.23)$$

将式(2.5.7a)$\hat{L}_z$ 算符作用到 $Y(\theta,\varphi)$ 函数上,代入式(2.6.20),得到

$$\hat{L}_z Y(\theta,\varphi) = -i\hbar\frac{\partial}{\partial\varphi}[Y(\theta,\varphi)] = -i\hbar \cdot CP_l^m(\cos\theta)\frac{d}{d\varphi}e^{im\varphi} = m\hbar Y(\theta,\varphi)$$

因此,角动量在 z 方向分量的本征值为

$$L_z = m\hbar, \quad m = 0, \pm 1, \pm 2, \cdots, \pm l \quad (2.6.24)$$

$\hat{L}_z$ 的本征函数也是 $Y_{lm}(\theta,\varphi)$。量子数 m 与角动量在 z 方向分量的本征值直接相关,空间的特定方向 z 轴可能是由外磁场引起的,因此量子数 m 也称为磁量子数。由于 $\hat{L}^2$ 和 $\hat{L}_z$ 有共同本征函数,它们能同时有确定的本征值或量子数。

我们要指出在旧量子论中 $L = n\hbar$,n 最小值取1。对 $n=1$ 的情况,按玻尔理论

$L=\hbar$,而按量子力学 l 的最小值可以为 0,即 $L=0$,而且 L 的取值为 $\sqrt{l(l+1)}\hbar$,而不是 $\hbar$。后来的实验表明量子力学的结论是对的。由此可见,直接从薛定谔方程就可以得到角动量及其 z 分量的量子化,无需人为地加入量子化条件。

另外还有一点,角动量在 z 方向分量数值是 $m\hbar$,最大值为 $l\hbar$,而不等于角动量本身数值 $\sqrt{l(l+1)}\hbar$。这与经典概念也不一致。按经典理论,一个矢量在某一给定方向上投影的最大值就等于它本身大小。而在量子力学中,角动量在某一给定方向上投影的最大值通常并不等于它本身大小,要比它小。只有当 $l=0$ 时它们才相等,或者当 l 很大时,$\sqrt{l(l+1)}\hbar \approx l\hbar$,这时角动量在 z 方向分量的最大值近似等于角动量本身的数值,这也是对应原理的一个例子。后来的实验也表明量子力学的结论是对的。

2.6.3 R 方程式的解和能量

现在来求在库仑势作用下的径向方程(2.6.6)的解[1,15]。这个方程对大于零的 E 的任何值均有解,这是容易理解的,$E>0$ 相当于非束缚态,因而粒子的能量具有连续值。我们关心的是 $E<0$ 的束缚态情况,引入如下参量:

$$\kappa^2 = -\frac{8\mu E}{\hbar^2}, \quad \beta = \frac{2Z\mu e^2}{4\pi\varepsilon_0 \hbar^2 \kappa} = \frac{2Z}{a_0 \kappa} \quad (2.6.25)$$

其中,a_0 是玻尔半径。作变量变换 $\rho = \kappa r$,使 r 变换为无量纲的 ρ,方程(2.6.6)变为

$$\frac{d^2 R(\rho)}{d\rho^2} + \frac{2}{\rho}\frac{dR(\rho)}{d\rho} + \left[\frac{\beta}{\rho} - \frac{1}{4} - \frac{l(l+1)}{\rho^2}\right]R(\rho) = 0 \quad (2.6.26)$$

为求解此方程的本征波函数和能量,先考虑 $\rho \to \infty$ 时的情况。这时方程变为

$$\frac{d^2 R(\rho)}{d\rho^2} - \frac{1}{4}R(\rho) = 0$$

它的解 $R(\rho)$ 有形式 $e^{-\rho/2}$,另一解 $e^{\rho/2}$ 当 $\rho \to \infty$ 时为无穷大,与波函数的有限要求不符,要舍去。$\rho=0$ 是方程(2.6.26)的奇点,为了保证解在 $\rho \to 0$ 附近为 0 成立,方程的解需要取 ρ 的幂级数形式,加上 $\rho \to \infty$ 的结果,$R(\rho)$ 可取如下形式的解:

$$R(\rho) = e^{-\rho/2} \rho^s \sum_{\nu=0}^{\infty} b_\nu \rho^\nu \quad (2.6.27)$$

其中,s 是大于 0 的整数。将此级数代入式(2.6.26),整理后得到 ρ 的级数方程为

$$\sum_{\nu=0}^{\infty}[(\nu+s)(\nu+s+1) - l(l+1)]b_\nu \rho^{\nu+s-2} + \sum_{\nu=0}^{\infty}[(\beta-1)-(\nu+s)]b_\nu \rho^{\nu+s-1} = 0$$

$$(2.6.28)$$

由此方程可以求出参数 s 和 β。首先求参数 s，由于方程为 0 要求 ρ 的各级幂次项的系数分别为 0，取 ρ 的最低幂次项为 0，即式中令 $\nu=0$ 的第一项的系数为 0，得到

$$s(s+1) = l(l+1)$$

此方程有两个解：$s=l$ 或 $-(l+1)$。由于 $l=0$ 或正整数，s 必须大于 0，故只能取

$$s = l \tag{2.6.29}$$

现在求参数 β。波函数 $R(\rho)$ 的有限性要求级数(2.6.27)含有限项，设最高幂次 $\nu = n_r$，这要求式(2.6.28)中第二项的系数在 $\nu = n_r$ 时为 0，即

$$\beta = n_r + s + 1 = n_r + l + 1 \tag{2.6.30}$$

由于 n_r 和 l 都是正整数或 0，因此 β 是正整数，记为 n，于是 n 和 l 有如下要求：

$$n = 1, 2, 3, \cdots \tag{2.6.31}$$

$$l = 0, 1, 2, \cdots, n-1 \tag{2.6.32}$$

将 $\beta = n$ 代入式(2.6.25)，得到类氢原子的薛定谔方程的能量本征值为

$$E_n = -\frac{Z^2 \mu e^4}{(4\pi\varepsilon_0)^2 2\hbar^2 n^2} = -\frac{Z^2 \mu c^2 \alpha^2}{2n^2} \approx -\frac{Z^2 m_e c^2 \alpha^2}{2n^2} \tag{2.6.33}$$

此公式与玻尔理论中给出的式(1.4.1)相同，n 被称为主量子数。由此可见，类氢原子体系的能量仅由量子数 n 决定，直接来源于非相对论的薛定谔方程，无需任何人为量子化假设，只要存在束缚势阱就必然导致量子化。

最后求解式(2.6.28)得到系数 b_ν，将求得的 β 和 s 值及 b_ν 代入式(2.6.27)，并将式中的 ρ 换回 r，即 $\rho = \kappa r = 2Zr/(na_0)$，就得到径向方程(2.6.6)归一化的径向波函数为

$$R_{nl}(r) = \left\{ \left(\frac{2Z}{na_0}\right)^3 \frac{(n-l-1)!}{2n[(n+l)!]^3} \right\}^{1/2} \exp\left(-\frac{Zr}{na_0}\right) \left(\frac{2Z}{na_0} r\right)^l L_{n+l}^{2l+1}\left(\frac{2Z}{na_0} r\right)$$

$$\tag{2.6.34}$$

右边第一项是归一化因子，最后一项是连带拉盖尔(associate Laguerre)多项式：

$$L_{n+l}^{2l+1}\left(\frac{2Zr}{na_0}\right) = \sum_{\nu=0}^{n-l-1} (-1)^\nu \frac{[(n+l)!]^2}{(n-l-1-\nu)!(2l+1+\nu)!\nu!} \left(\frac{2Zr}{na_0}\right)^\nu \tag{2.6.35}$$

径向波函数除与主量子数 n 有关外，还与角量子数 l 有关，常常用 n,l 来标示处于这种波函数的能量状态或电子，$l=0,1,2,3,4,5,6$ 的电子用字母 s,p,d,f,g,h,i 表示，能态则用大写正体英文字母 S,P,D,F,G,H,I 表示，字母前的数字表示 n，例如，2p 和 2P 分别表示 $n=2, l=1$ 的电子和原子态。由式(2.6.34)和式(2.6.35)，可以求出几个 n,l 值小时的径向波函数表达式为

$$n = 1: \quad R_{10}(r) = 2\left(\frac{Z}{a_0}\right)^{3/2} e^{-\frac{Zr}{a_0}}$$

$$n = 2: \quad R_{20}(r) = 2\left(\frac{Z}{2a_0}\right)^{3/2}\left(1 - \frac{Zr}{2a_0}\right) e^{-\frac{Zr}{2a_0}}$$

$$R_{21}(r) = \frac{2}{\sqrt{3}}\left(\frac{Z}{2a_0}\right)^{3/2}\left(\frac{Zr}{2a_0}\right) e^{-\frac{Zr}{2a_0}}$$

$$n = 3: \quad R_{30}(r) = 2\left(\frac{Z}{3a_0}\right)^{3/2}\left[1 - \frac{2Zr}{3a_0} + \frac{2}{3}\left(\frac{Zr}{3a_0}\right)^2\right] e^{-\frac{Zr}{3a_0}}$$

$$R_{31}(r) = \frac{4\sqrt{2}}{3}\left(\frac{Z}{3a_0}\right)^{3/2}\left[\frac{Zr}{3a_0} - \frac{1}{2}\left(\frac{Zr}{3a_0}\right)^2\right] e^{-\frac{Zr}{3a_0}}$$

$$R_{32}(r) = \frac{2\sqrt{2}}{3\sqrt{5}}\left(\frac{Z}{3a_0}\right)^{3/2}\left(\frac{Zr}{3a_0}\right)^2 e^{-\frac{Zr}{3a_0}}$$

(2.6.36)

由此可见，描述类氢原子状态的波函数由三个量子数 n、l 和 m 决定，只要选取式(2.6.36)中相应的 $R_{nl}(r)$ 和式(2.6.21)中相应的 $Y_{lm}(\theta,\varphi)$，将它们相乘就得到氢原子的总波函数 $\psi_{nlm}(r,\theta,\varphi)$ 的具体表达式。在主量子数 n 确定后，原子总能量就被确定，是量子化的，但波函数 $\psi_{nlm}(r,\theta,\varphi)$ 还没有完全确定，它还与 l 和 m 有关。对应一个 n 值，l 可由式(2.6.32)取 n 个值，对应一个 l 值，m 可由式(2.6.18)取 $2l+1$ 个值，总共取值数为 $\sum_{l=0}^{n-1}(2l+1) = n^2$，也即同一能量状态可以有 n^2 个不同的波函数，这被称为简并，这儿的简并度为 n^2。当然第 3 和 4 章将给出，考虑自旋、相对论和多电子非中心力场等效应时，能级的简并会解除。

2.6.4 电子的空间概率密度分布

在氢原子中，电子在空间 $\mathrm{d}\tau$ 体积内被发现的概率为

$$|\psi_{nlm}|^2 \mathrm{d}\tau = \psi_{nlm}\psi_{nlm}^* \mathrm{d}\tau = R_{nl}^2 r^2 \mathrm{d}r \cdot \Theta_{lm}^2 \sin\theta \mathrm{d}\theta \cdot \Phi_m \Phi_m^* \mathrm{d}\varphi \quad (2.6.37)$$

式中，Φ_m 为复数，因此要乘以共轭复数。R 和 Θ 都是实数，概率为它们的平方。

前一节给出了氢原子的径向波函数和角向波函数。除了波函数有用外，波函数的平方 $|\psi_{nlm}(r,\theta,\varphi)|^2$ 也很有用，它描述电子在原子、分子中空间某点 (r,θ,φ) 单位体积内的概率，即概率密度。电子的这种空间概率密度随空间坐标的分布常被形象地称作电子云，量子数不同，其概率密度分布不同，电子云的形状也不同。下面讨论氢原子内电子的波函数和波函数的平方在空间各点的取值情况。为此，先讨论沿径向的分布，再讨论角度分布，最后给出完整图像。

图 2.6.1 给出氢原子内 $n=1,2$ 和 3 的电子径向波函数 R_{nl} 和 R_{nl}^2，$r^2 R_{nl}^2$ 随 r

的变化,均与磁量子数无关,只与 n 和 l 相关。其中左列是 R_{nl}-r 图,表示电子波函数沿径向的变化,R_{nl} 为零的点为节点,数目为 $n-l-1$。以节点到原点为半径的球面为节面,R_{nl} 均为零。由图可见,只有 $l=0$ 的 1s,2s 和 3s 波函数在原点不为零。

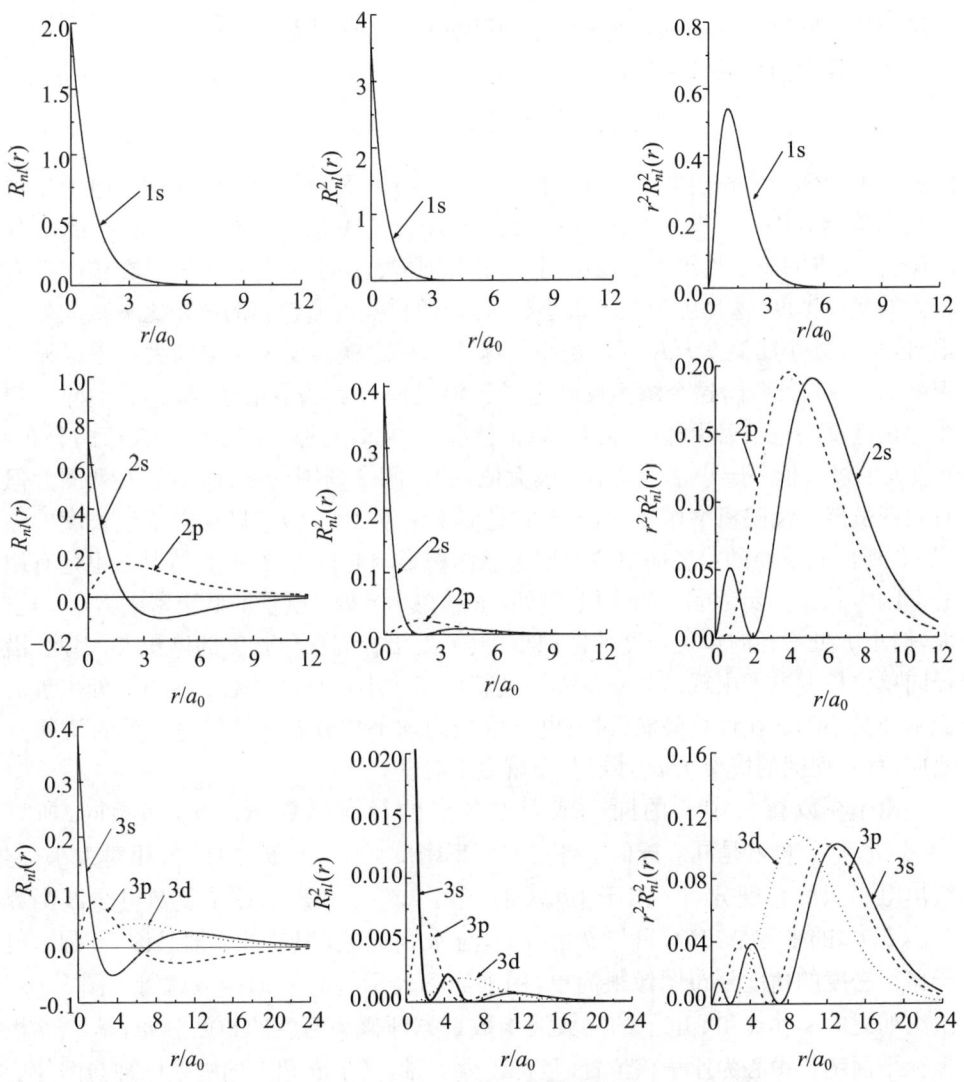

图 2.6.1 氢原子的径向波函数和概率密度随 r 的变化

中间一列是 R_{nl}^2-r 图,表示电子的概率密度沿径向(固定 θ 和 φ)的分布,即沿径向单位球壳体积内电子出现的概率与 r 的关系,反映电子云沿径向各点的取值情况,有数值为零的节点和极大值分布。从图可以粗略地估计电子云的延伸范围:随主量子数 n 增大,电子云的分布会远离核。而且从图可见,s 电子在原子核附近有较大的概率密度,p 电子和 d 电子在核上的概率密度等于零,这可以说明下一章要讨论的不同轨道电子对多电子原子的屏蔽效应和量子数亏损的差异。

由于径向函数的归一化条件为
$$\int_0^\infty r^2 R_{nl}^2(r) \mathrm{d}r = 1$$
沿径向单位球壳体积内电子出现的概率是 $R_{nl}^2(r)$,而沿径向单位长度上电子出现的概率是 $r^2 R_{nl}^2(r)$,图 2.6.1 右列给出 $r^2 R_{nl}^2$-r 关系。从图可见,所有的函数 $r^2 R_{nl}^2$ 在原点的概率均很小。与中间一列图的情况不同,在那里 s 电子在核附近有较大的概率密度,这是由于在 r 很小处,径向单位长度所包容的体积比 r 很大处小很多,小 r 处小的概率 $r^2 R_{nl}^2(r)$ 被小的球壳体积除就会反映出空间大的电子概率密度 $R_{nl}^2(r)$。因此,这个图不反映电子云沿径向各点的取值情况,只有中间一列图才正确反映电子云沿径向各点的取值情况。再如,对那些有多个极大值的分布,r 值大的极大值一定小于 r 较小的极大值,如中间一列图所示,而不是右列图。但右列图虽然不反映概率密度,但由于它是概率密度 $R_{nl}^2(r)$ 乘以径向单位长度的体积 r^2,所以它反映的是径向单位长度考虑体积影响的概率,在一些情况下也是有用的。因为总概率要考虑空间体积,例如,虽然在小 r 处 s 电子的概率密度 $R_{nl}^2(r)$ 很大,但小 r 处沿径向单位长度的体积小,大 r 处沿径向单位长度的体积大,因此,沿径向单位长度电子出现的概率在大 r 处就可能比小 r 处大,s 电子在小 r 处出现的概率还是小的。在计算势能、讨论电子沿径向球平均分布和解释电子的轨道贯穿效应时,右列图的概率 $r^2 R_{nl}^2(r)$ 分布就更准确些。

由于在以核为中心的同一球面上各点的径向函数 $R_{nl}(r)$ 都相同,所以 $|Y_{lm}(\theta,\varphi)|^2$ 也就是同一球面上各点的概率密度 $|\psi_{nlm}(r,\theta,\varphi)|^2$ 的相对大小,它给出电子云的角度分布。由于 $|\Phi_m(\varphi)|^2 = |e^{im\varphi}|^2 = 1$,氢原子复数电子波函数 $Y_{lm}(\theta,\varphi)$ 的平方是实数,只与 θ 角有关,与 φ 角无关,相对于 z 轴对称。因此,电子概率密度的角度分布图像很简单,用平面图表示作为 θ 的函数就行。图 2.6.2 给出如此的 s,p,d 和 f 电子的复数波函数平方即概率密度的角度分布,是 z-θ 极坐标平面图。中心为原子核位置,竖直线为 z 轴,某个 θ 角下的极坐标轴与图像交点的弦长不表示电子波函数的径向坐标 r,也不表示电子波函数的径向值,而是表示概率密度在此方向上的相对大小。只要沿 z 轴旋转一周即为它的 θ 和 φ 的二维

空间概率密度分布图像。从图可见,s 轨道与角度无关,为各向同性,其他轨道都是各向异性的,二维空间概率密度分布随 θ 角度变化。其中 $l=1, m=0$ 的是 $\cos^2\theta$ 关系,电子概率密度分布集中在 z 轴附近,$\theta=0°$ 的概率密度最大,$\theta=90°$ 为 0;

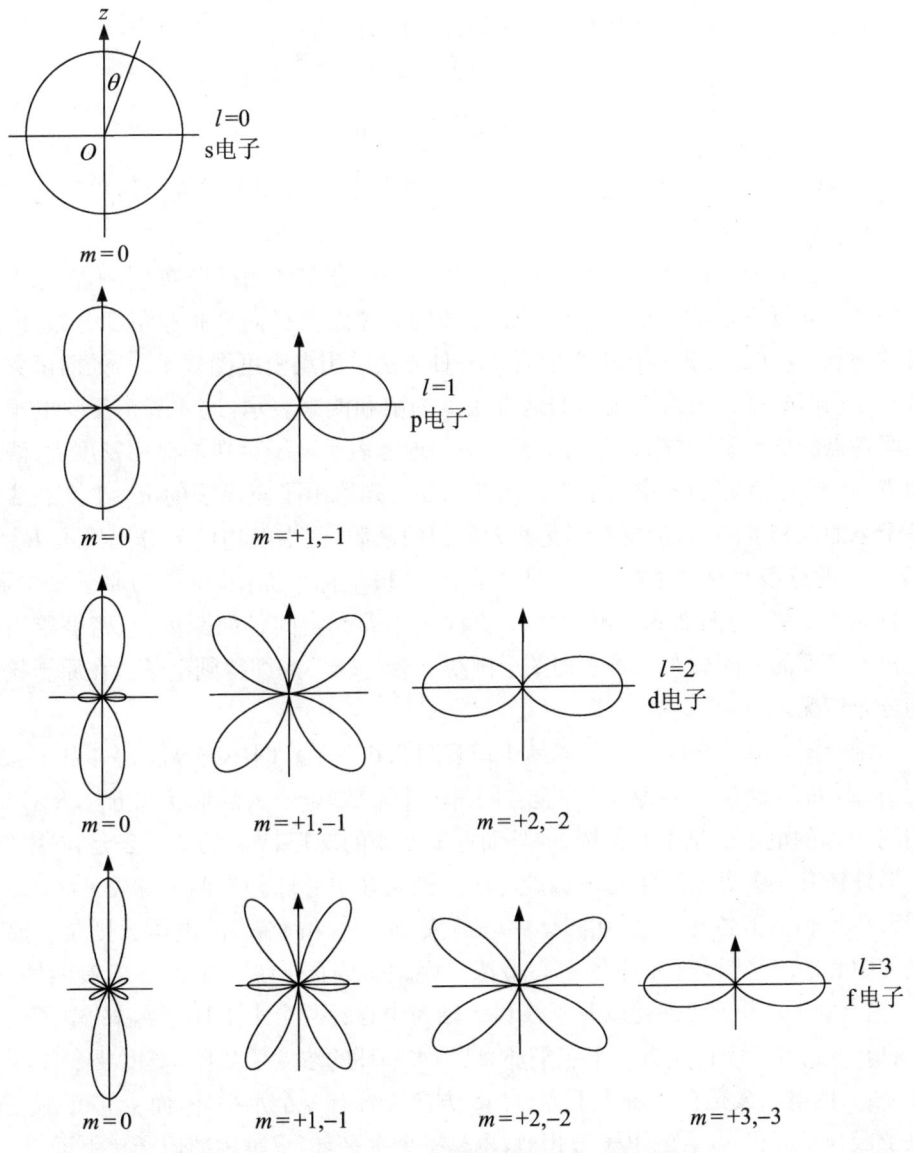

图 2.6.2 s,p,d 和 f 电子的概率密度随 θ 的角度分布

$l=1$, $|m|=1$ 的是 $\sin^2\theta$ 关系,电子概率密度分布集中在 xy 平面附近,$\theta=0°$ 为 0,$\theta=90°$ 最大;$l=2$,$m=0$ 的是 $(3\cos^2\theta-1)^2$ 关系,因而 $\theta=90°$ 的概率密度不为 0,是 $0°$ 的 1/4,概率密度为 0 的角度在 $\theta\approx54.7°$ 处。另外,对一确定的不为 0 的 l,各 m 态的电子空间概率密度分布不是球对称,但各 m 态的概率密度之和的分布即满支壳层的电子云分布是球对称。例如,$l=1$ 时的和

$$|Y_{11}(\theta,\varphi)|^2+|Y_{10}(\theta,\varphi)|^2+|Y_{1-1}(\theta,\varphi)|^2$$
$$=\frac{3}{8\pi}\sin^2\theta+\frac{3}{4\pi}\cos^2\theta+\frac{3}{8\pi}\sin^2\theta=\frac{3}{4\pi}$$

是常数,与 θ 和 φ 角无关。这就是后面章节中用到的电子占满壳层后电场为球对称分布的原因。

以上我们分别讨论了电子在氢原子中的径向分布和角度分布,电子在原子分子中的空间概率密度分布的完整图像必须同时考虑其径向分布和角度分布,即两者的乘积,这样的图很难用图形实现。一种方法是用点密度图表示[7],径向函数平方和角向函数平方相乘大或小的地方用点的浓和淡来表示,这才真正反映电子在空间各点的概率密度分布,即电子云。浓的地方表示电子存在的概率密度大,淡的地方表示电子存在的概率密度小。图 2.6.3 右列给出了氢原子的 $n=1,2$ 和 3 的各个态的点密度图,为清楚看出是两者乘积的来源,图中左边两列分别给出 R_{nl}^2 和 $|Y_{lm}|^2$ 的点密度图。注意,这些图也是 z-θ 极坐标平面图,中心为原子核位置,竖直线为 z 轴,与图 2.6.2 不一样,r 方向大小即为空间径向距离,点密度给出的是概率密度的空间分布。将右列图形围绕 z 轴旋转一周即得到电子云在原子核外的分布情况。

结合图 2.6.1 和图 2.6.2 就易于理解图 2.6.3 了。图中态 ψ_{100},ψ_{200} 和 ψ_{300} 即为 1s,2s 和 3s 轨道。因为 Y_{00} 在全空间是一个常数,电子云的形状和 R_{10}^2,R_{20}^2,R_{30}^2 相同,ψ_{100} 的电子云是中心最浓、向外面逐渐变淡的球形,ψ_{200} 的电子云是在这样的球形外还有一个更大的球壳,ψ_{300} 的电子云则是在中心球外有两个球壳。ψ_{210} 的电子云在 z 轴上下各有一团,在团体中心最浓,而 ψ_{211} 和 ψ_{21-1} 的电子云则是以原子核为中心的水平粗环,在环体中心最浓。ψ_{310} 的电子云在 z 轴上下各有两团,而 ψ_{311} 和 ψ_{31-1} 的电子云则是以原子核和 z 轴为中心的两个水平环。ψ_{320} 的电子云在 z 轴上下各有一团且还有一个水平环,只是水平环的浓度要淡些,宽度要窄些,ψ_{321} 和 ψ_{32-1} 的电子云是在 z 轴上下方、$\pm 45°$ 方向上各有一个水平环,而 ψ_{322} 和 ψ_{32-2} 的电子云与 ψ_{211} 和 ψ_{21-1} 的电子云相似,也是一个水平环,只是距离原子核更远。

电子在原子内不停地运动,在原子处于各个定态情况下,电子在空间的概率密

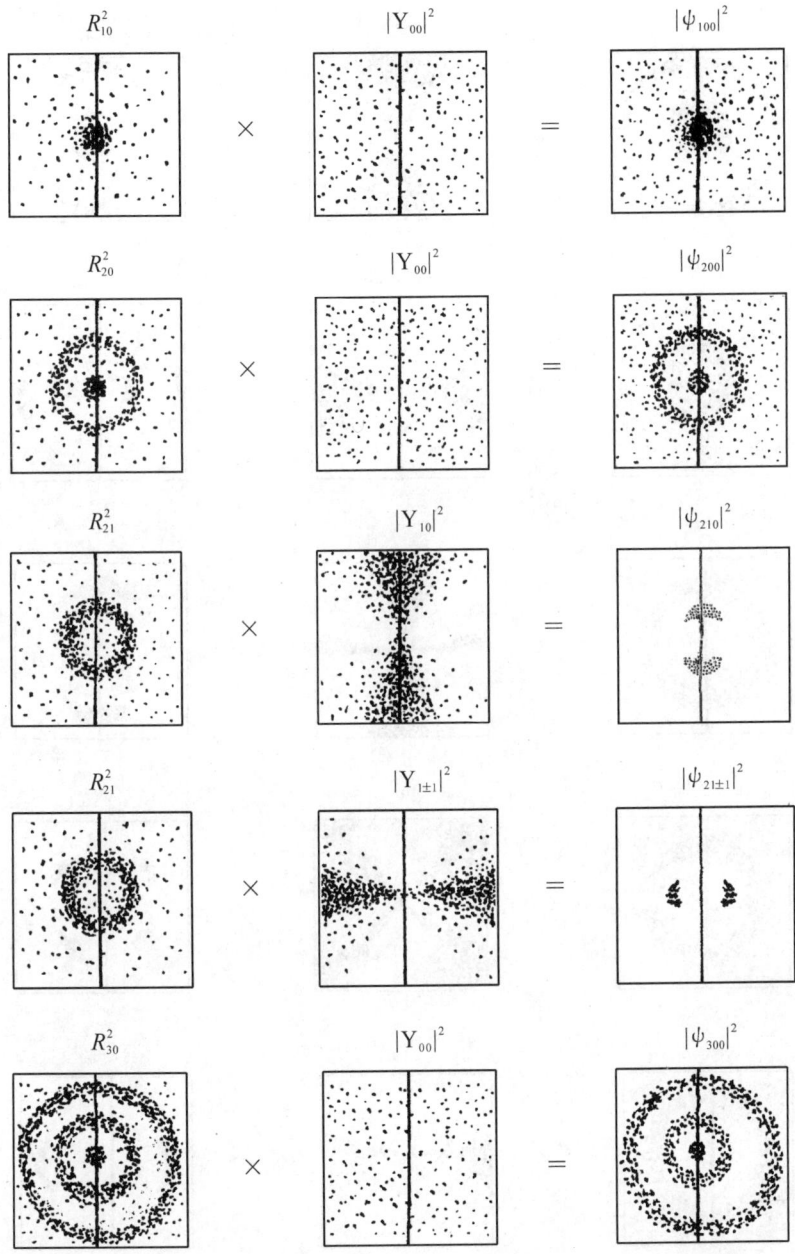

图 2.6.3　氢原子的 $n=1,2$ 和 3 的各个态的电子概率密度分布平面图

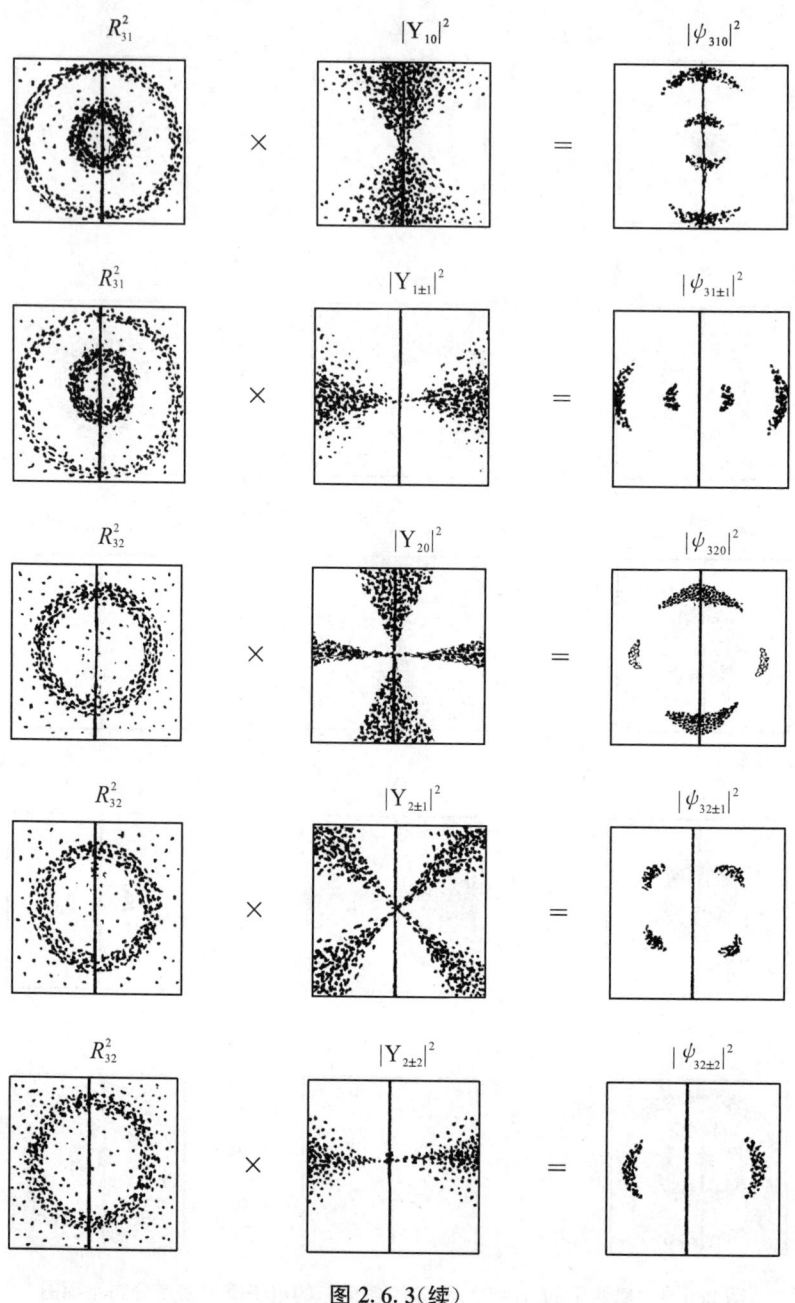

图 2.6.3(续)

度分布是不变的。因此,电子云必定是围绕空间 z 轴在不停地转动。由于电子的质量和电荷按概率密度分散在核外,所以电子云的转动将产生电子角动量的 z 分量和轨道磁矩。

2.7 对应原理和普朗克常数的物理意义

通过前面的讨论看到,量子规律与经典规律是完全不同的,经典理论不适用于原子内部。现在进一步讨论宏观经典理论与微观量子理论之间究竟有什么关系?它们是互相矛盾还是互相协调?

2.7.1 对应原理

经典规律和量子规律虽然在形式上和内容上均有不同之处,看起来似乎是矛盾的,前面的讨论一直强调不同和矛盾之处。但这种矛盾只是它们应用在不同条件和场合下才出现,它们在各自的应用领域即"宏观世界"和"微观世界"中均是正确的。原则上,宏观物体是由大量微观粒子组成的,经典的和量子的物理量和规律之间应该有一个对应的关系,在某种"经典极限"条件下,量子规律能够转化为经典规律,描述微观世界的量子规律也能正确地描述宏观世界,这叫作对应原理。玻尔指出,一般情况下,量子数变得很大时就趋近于"经典极限",量子力学规律就转化为经典规律。实际上对应原理是量子力学的又一个公设。

以能量为例,量子规律的特点是原子内部能量取不连续值,原子具有能级结构,电子在氢原子内的能量由式(2.6.33)决定。由于 n 取整数,所以 E_n 为不连续值。辐射只能在能级之间发生跃迁时产生,辐射能量是不连续值,为

$$\Delta E_{n,m} = \frac{m_e c^2 \alpha^2}{2}\left(\frac{1}{m^2} - \frac{1}{n^2}\right) = \frac{m_e c^2 \alpha^2}{2}\frac{(n-m)(n+m)}{m^2 n^2} \quad (2.7.1)$$

而根据经典电动力学,原子中电子在做轨道运动时由于不断辐射而能量连续减小,这显然与量子规律相矛盾。但当 n 很大时,如果 $\Delta n = n - m \ll n$,由量子规律得到的二能级能量差

$$\Delta E_{n,n-\Delta n} \approx m_e c^2 \alpha^2 \frac{\Delta n}{n^3} \quad (2.7.2)$$

很小,当 $n \to \infty$ 时,$\Delta E \to 0$。可见,当 n 很大时,可以说能级是连续的,量子化的特

性就消失了。如果这时原子发生跃迁并发出辐射,该辐射就是经典所要求的连续辐射。事实上在原子光谱中就可以看到,光谱线系中谱线向短波方向越来越密,最后达到线系极限附近时谱线可近似看作连续谱,而在线系之外可以看到连续谱。从上述情况我们清楚地看到了从量子规律到经典规律的过渡。

除能量之外,其他一些物理量,如辐射频率、轨道半径、角动量等也表现出量子理论和经典理论的对应关系,其中在玻尔理论的引入中已用过频率和角动量的对应关系。实际上,经典理论和非经典理论的对应关系是一种普遍原理,除了刚才讲的经典理论与量子理论之间的对应原理之外,牛顿力学与相对论力学之间也存在对应原理,当物体速度大到接近光速时,必须用相对论力学处理,但物体速度远小于光速时,相对论力学就简化为牛顿力学,两者之间的物理量有一一对应关系。

由此可见,量子理论和经典理论看起来虽然是互不相容的,但它们有各自的适用领域,经典理论适用于宏观物体,量子规律适用于微观系统。量子理论研究由少数微观粒子构成的小系统,而经典理论研究由大量微观粒子构成的宏观物体。当然,原则上说只要知道了支配物质下一层次的微观粒子的基本规律,就可以用统计方法预言由大量微观粒子构成的上一层次的宏观物理系统的行为,这意味着经典规律来自量子规律。从这个意义上说,量子规律也适用于宏观世界。这在固体物理中也会看到这方面的例子。

但还必须指出量子理论与经典理论差别的另一方面,即描述构成宏观物质的微观粒子的运动规律是建立在概率基础上的,它不可能准确地预言实验中将发生什么事,而只能预言其可能性,或者说只能预言发生事件的概率,至少今天还是这样认为。也就是说,作为基本理论的量子理论在描述一个微观粒子的行为时却不是一个可以确切描述的理论,而经典规律却能精确地描述在确定的环境下会发生什么事件。或许这也是一种矛盾的对立统一。一方面是基本理论,但从微观上看是不精确的概率理论;另一方面是唯象理论,但从宏观上看又是精确理论,这种精确性又满足量子规律的不精确性要求。

2.7.2 作用量判据

下面进一步讨论从量子规律到经典规律的过渡问题。我们希望了解在什么情况下,或者说什么条件下发生这种过渡。在狭义相对论中,光速 $c = 3 \times 10^8 \text{ m} \cdot \text{s}^{-1}$ 有一个基本作用,它是任何物质粒子速度的上限,它为经典理论的适用范围提供了一个简单判据,它决定了什么时候可以用非相对论,什么时候必须用相对论。这个判据就是:当所有有关的速度都接近光速时,必须用相对论;当所有有关的速度远小于光速时,用非相对论就足够了,这时相对论公式过渡到非相对论公式。

那么我们要问,是否存在一个与上述判据相类似的判据,它能告诉我们什么时候必须用量子理论,什么时候可以用经典理论? 是否存在一个类似光速 c 的那样一个自然常数,可以作为这一简单的判据呢?

这样一个常数确实存在,那就是普朗克常数 $\hbar$。$\hbar = 1.055 \times 10^{-34}$ J·s = 6.582×10^{-16} eV·s,物理量纲是[时间]×[能量]、[长度]×[动量]或[角动量]。这样一个量通常称为作用量,角动量 $L = \sqrt{l(l+1)}\hbar$ 为作用量,$\hbar$ 也称作用量子。这是因为作用量是量子化的,最小作用量为 $\hbar$,所以 $\hbar$ 为作用量子。

这个判据大致如下:对一个物理系统,当任何有作用量量纲的动力学变量具有可以与 $\hbar$ 相比的数值时,该系统行为必须用量子理论描述。反之,若作用量比 $\hbar$ 大很多,则该系统行为可以用经典理论描述。

由于 $\hbar$ 是很小的,作用量与 $\hbar$ 可比较的物理系统就是微观系统,如氢原子的 $l=1$ 的 p 电子的角动量 $L=\sqrt{2}\hbar$。但对宏观系统,其作用量用 $\hbar$ 作单位,则是一个巨大的数。如有一个使用单摆的挂钟,摆的周期(1 s)乘总能量(1 J)是作用量,它在宏观世界不算大,但却比 $\hbar$ 大 10^{34} 倍;再如宏观谐振子,$m=1$ kg,最大速度 $v=1$ m·s^{-1},最大振幅 $x=1$ m,则 $x \cdot p = 1$ J·s,在宏观世界也不算大,但也是一个比 $\hbar$ 大 10^{34} 倍的作用量。

实际上,前面在讨论氢原子时,玻尔所引入的角动量量子化条件 $L = n\hbar$ 中已含有这一判据了,也就是说,当作用量 L 可以与 $\hbar$ 比较,即 n 很小时,这是原子物理情况,能量、动量和角动量是量子化的;当 n 很大,即 $L \gg \hbar$ 时,能量已经是连续的了,这与宏观规律一致。

2.7.3 精确度的极限

从上面的讨论可以看到普朗克常数 $\hbar$ 的一层意义,那就是当作用量大小可以与 $\hbar$ 比较时,经典理论不再适用。现在讨论 $\hbar$ 的更深一层的物理意义,它是和不确定关系相联系的。

在经典物理学中,系统的每一个动力学变量的测量,例如位置和动量的测量,原则上可以达到任意精确度,但实际上却做不到。这是由于测量仪器的精确度、人的主观因素等造成的系统误差、偶然误差和过失误差,使测量精度受到了限制。当然,通过测量仪器的不断改进,并注意克服人的主观因素,可以不断地提高物理量测量的精确度,所以原则上不存在对测量精确度的限制。

但是在微观世界里对这些物理量进行测量时,精确度却有一个基本的原则的限制,那就是由不确定关系所给出的限制。例如,由于坐标和动量不确定关系

$\Delta p \Delta q \geqslant \hbar/2$,以及时间和能量不确定关系 $\Delta E \Delta t \geqslant \hbar/2$,物理量 p 和 q,E 和 t 的测量准确度受到了限制,它们的"不确定度"的乘积不能小于普朗克常数的数量级。

前面已经指出,$\hbar$ 是很小的,在宏观物理量的测量中,例如,质量为 1 kg 的物体的速度误差 1 μm·s^{-1} 和距离误差 1 μm 已经是精度很高的了,但它们的 $\Delta p \Delta q = 10^{-12}$ J·s 却比 $\hbar$ 大 10^{22} 倍。因此,虽然不确定关系所决定的测量精确度是基本的限制,但宏观测量的其他误差带来的不确定度已大大超过了它的限制,在经典物理学中,由不确定关系给出的基本精度已不重要,通常被其他误差所掩盖。只有在涉及微观物理量的测量中,不确定关系给出的基本精度才显出重要性来。从这一点来看,与我们的宏观经验知识也是不矛盾的。

例 2.5 试论证在原子中电子轨道运动的概念完全没有意义,而在电子的荷质比实验和 α 粒子散射实验中粒子的轨道还是有意义的。

解 原子的尺度为 10^{-10} m,原子中电子能量约为 10 eV,速度为 $v \approx \alpha c \approx 2 \times 10^6$ m·s^{-1},要谈论一个稳定原子内部的电子运动,其速度的不确定度要远小于 v,至多 $\Delta v \approx 10^5$ m·s^{-1},由不确定关系,$\Delta x \approx \hbar/(2\mu \Delta v) = 6 \times 10^{-10}$ m。可见位置测量的误差比位置本身还大,谈论轨道的概念已失去意义。但在测量电子的荷质比的实验中,如果电子束截面的线度是 $\Delta x \approx 10^{-4}$ m,已经算很小了,由不确定关系得到 $\Delta v_x \approx 0.6$ m·s^{-1}。如果电子的加速电压为 10 V,其纵向速度 $v_y = 2 \times 10^6$ m·s^{-1},显然 Δv_x 对电子纵向运动的偏离已经小到不起多大作用了,电子束可以看作细束在运动。在这种情况下,电子运动以及轨道的概念就变得有意义了。在 α 粒子散射实验中也有类似的计算。由此可见,在原子内部,电子的运动主要表现为波动性,不确定原理起了显著的作用,需要用量子力学处理。在电子的荷质比测量中,电子的运动主要表现为粒子性,不确定原理的作用已经不重要,可以用经典方法处理。

习 题

2.1 试求:
(1) 电子、中子和氦原子在室温下的德布罗意波波长;
(2) 光子、电子、中子和氦原子具有 0.1 nm 波长所对应的能量。

2.2 试求:
(1) 经过 10 kV 电势差加速的电子束和质子束的德布罗意波波长;
(2) 在磁场强度为 46 G 的均匀磁场中沿半径为 0.5 cm 做圆周运动的电子的德布罗意波波长;
(3) 西欧中心的电子加速器 LEP 的电子能量为 50 GeV,求它的德布罗意波波长。

2.3 证明在戴维孙和盖末的实验条件下不可能有与所测的一级极大值对应的二级和三级衍射峰。如果要得到二级衍射峰,并使它出现在 50°处,需要用多大的加速电压?

2.4 在氯化钾晶体中,主平面间距为 0.314 nm,试比较能量为 10 keV 的电子和光子在这些平面上的一级和二级布拉格反射方向与入射方向之间的夹角。

2.5 中子衍射方法常用来进行结构分析,设有一窄束热中子射到晶体上,测得一级布拉格掠射角为 $30°$,求晶体的布拉格面的间距。

2.6 用一束速度为 $400 \text{ m} \cdot \text{s}^{-1}$ 的质子做杨氏双缝实验。如在缝后 5 m 处的屏上观测到相距 $2 \times 10^{-4} \text{ m}$ 的明暗区,试求两缝的距离。

2.7 试证明氢原子稳定轨道上正好能容纳下整数个电子的德布罗意波波长,而且上述结果不但适用于圆轨道,也适用于椭圆轨道。

2.8 一电子束在 37 V 电场中加速并垂直通过一块有两狭缝 A 和 B 的板,缝宽 $0.1 \mu\text{m}$,两缝相距 $1 \mu\text{m}$,板后 1 m 处有一个垂直于电子束方向的屏,屏上装有一位置灵敏探测器,能确定电子击中屏的位置。分别画出以下情况下到达屏上电子的相对位置分布图,并给以解释:

(1) 缝 A 开,缝 B 关;

(2) 缝 B 开,缝 A 关;

(3) 缝 A,B 都开;

(4) 将斯特恩-盖拉赫装置连到板前,使只有 $s_z = \hbar/2$ 的电子能通过缝 A,$s_z = -\hbar/2$ 的电子能通过缝 B(参见下一章);

(5) 只有 $s_z = \hbar/2$ 的电子能通过缝 A,同时只有 $s_z = \hbar/2$ 的电子能通过缝 B;

(6) 若束流强度减弱到如此之低,以至在某一时刻仅有一个电子通过装置,问有什么影响?

2.9 用不确定关系求解以下问题:

(1) 设在非相对论情况下有 $H = p^2/(2\mu) - Ze^2/(4\pi\varepsilon_0 r)$,求类氢离子的基态能量。

(2) 设在相对论情况下有 $H = (p^2c^2 + \mu^2c^4)^{1/2} - Ze^2/(4\pi\varepsilon_0 r)$,求类氢离子的基态能量,此结果是否对所有 Z 都正确?与(1)中结果有什么联系?

(3) 一个质量为 m、动量为 p 的粒子垂直入射到具有排斥势 V_0 的表面的贯穿深度。

2.10 试解释为什么在量子力学产生之前,一个很大的理论问题是如何防止原子发光,而在量子力学产生之后,一个很大的理论问题是如何使处于激发态的原子发光,什么使处于激发态的原子发光。

2.11 能量为 1 eV 的电子束,其方向由两个相距 1 m 的同样狭缝限定,为了最好地确定电子束方向,试问狭缝的宽度应为多少?

2.12 一个电子被禁闭在一个一维盒子内,盒宽为 10^{-10} m,电子处于基态,能量为 38 eV。计算:

(1) 电子在第一激发态的能量;

(2) 当电子处在基态时盒壁所受的平均力。

2.13 (1) 一个电子被禁闭在一个三维无限深势阱中,三个平行于 x, y 和 z 轴的边分别长为 a, b 和 c,求电子可能有的波函数和能量。

(2) 设这个势阱盒子是一立方体,边长为 $2 \times 10^{-10} \text{ m}$,求第一激发态相对基态的激发能量。

2.14 考虑质点在下列一维势中的运动:

$$V = \begin{cases} \infty, & x<0 \\ 0, & 0 \leqslant x \leqslant a \\ V_0, & x>a \end{cases}$$

证明束缚态能级由方程 $\tan(\sqrt{2mEa}/\hbar) = -[E/(V_0-E)]^{1/2}$ 给出。不进一步求解，大致画出基态波函数的形状。

2.15 考虑势能为 $V(x)$ 的一维系统

$$V(x) = \begin{cases} V_0, & x>0 \\ 0, & x<0 \end{cases}$$

其中，$V_0 > 0$。若一能量为 E 的粒子束从 $x = -\infty$ 处入射，其透射率和反射率各为多少？考虑 E 的所有能值。

2.16 能量为 1 eV 的电子入射到矩形势垒上，势垒高为 2 eV，为使穿透概率为 10^{-3}，求势垒的宽度。

2.17 在发现中子以前，人们曾经认为原子核由 A 个质子和 $A-Z$ 个电子组成，试估算这种情况下的零点能，从而证明电子不可能被限定在像原子核这样小的区域内。

2.18 试求氢原子基态的：

(1) 波函数 ψ；

(2) 坐标位置的平均值 $\bar{r}$；

(3) 电子沿径向分布的最大值处的 r 值；

(4) 势能平均值 $\bar{V}$；

(5) 动能平均值 $\bar{T}$。

第 3 章 电子自旋和原子能级的精细结构

在氢原子中,电子在原子核的库仑场中运动,从经典物理的角度看,其轨道角动量矢量 L 可以指向空间的任意方向。但上一章的量子力学计算表明,电子轨道角动量 L 不仅大小是量子化的,其在空间特定方向(例如外加磁场或电场方向)上的分量也是量子化的。这称为角动量的空间取向量子化,简称空间量子化。空间量子化的概念最早是由索末菲(A. Sommerfeld)和德拜(P. Debye)提出的,目的是要解释塞曼效应,即原子光谱线在磁场中的分裂现象。这一概念在 1922 年被两位德国物理学家斯特恩(O. Stern)和盖拉赫(W. Gerlach)完成的重要实验所证明。本章首先介绍斯特恩-盖拉赫实验,并由此引入电子自旋的概念,进一步讨论氢原子和碱金属原子的能级与光谱的精细结构,以及原子在外磁场和外电场下的行为等物理现象。

3.1 原子的轨道磁矩和斯特恩-盖拉赫实验

3.1.1 原子的轨道磁矩

先从经典物理的图像出发,推导原子中电子的轨道运动产生的磁矩。在玻尔的氢原子模型中,电子在闭合的圆轨道上以角动量 L 绕原子核运动,闭合轨道上的电子运动形成一个小电流环。由经典电磁学知识可知,这样一个小电流环可以看作一个磁偶极子,其磁偶极矩为

$$\boldsymbol{\mu}_l = IS\boldsymbol{n} \tag{3.1.1}$$

其中，I 是电流环的电流大小，S 是电流环包围的面积，n 是该面积法线方向的单位矢量，如图 3.1.1 所示。

设轨道半径为 r，电子绕原子核运动的线速度为 v，则有

$$\boldsymbol{\mu}_l = IS\boldsymbol{n} = \frac{ev}{2\pi r}\pi r^2 \frac{-\boldsymbol{r}\times\boldsymbol{v}}{rv} = -\frac{e}{2m_e}\boldsymbol{r}\times m_e\boldsymbol{v} = -\frac{e}{2m_e}\boldsymbol{L} \quad (3.1.2)$$

其中，$\boldsymbol{L} = \boldsymbol{r}\times m_e\boldsymbol{v}$ 就是电子的轨道角动量，m_e 是电子的质量。由于电子带负电 $-e$，电子运动方向与电流方向相反，所以电子轨道运动产生的磁矩与轨道角动量方向相反。

事实上，直接从量子力学出发，利用概率流密度的概念，可以得到与式(3.1.2)相同的结论，只是轨道角动量要用量子力学的表达式。对于氢原子，由式(2.6.23)和式(2.6.24)，轨道角动量的大小 L 和在 z 方向的分量 L_z 分别为

$$L = \sqrt{l(l+1)}\,\hbar, \quad l = 0,1,\cdots,n-1$$
$$L_z = m_l\hbar, \quad m_l = -l,-(l-1),\cdots,l$$

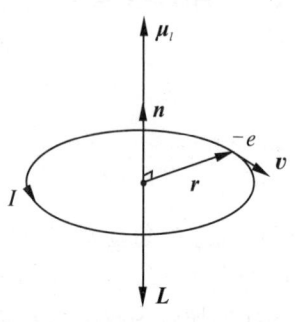

图 3.1.1 圆轨道上运动的电子的轨道角动量和轨道磁矩

因而，相应的轨道磁矩的大小

$$\mu_l = \frac{e}{2m_e}\sqrt{l(l+1)}\,\hbar = \sqrt{l(l+1)}\,\mu_B \quad (3.1.3)$$

轨道磁矩在 z 方向的分量

$$\mu_{lz} = -\frac{e}{2m_e}L_z = -m_l\mu_B, \quad m_l = -l,-(l-1),\cdots,(l-1),l \quad (3.1.4)$$

其中，μ_B 是轨道磁矩的最小单元，称为玻尔磁子，数值为

$$\mu_B = \frac{e\hbar}{2m_e} \approx 9.274\times 10^{-24}\,\text{J}\cdot\text{T}^{-1} \approx 5.788\times 10^{-5}\,\text{eV}\cdot\text{T}^{-1} \quad (3.1.5)$$

显然轨道磁矩 z 分量 μ_{lz} 和轨道角动量 z 分量 L_z 的比值是一个常数，称为电子的轨道旋磁比，用符号 γ_L 表示：

$$\gamma_L = \frac{|\mu_{lz}|}{|L_z|} = \frac{e}{2m_e} = \frac{\mu_B}{\hbar} \quad (3.1.6)$$

由此可见，除了轨道角动量的 z 分量 L_z 是量子化的以外，相应的轨道磁矩的 z 分量 μ_{lz} 也是量子化的，空间量子化也表现为 μ_{lz} 的量子化。实际上，z 轴的选择具有任意性，人们自然要问，空间量子化是仅仅具有数学上的意义呢？还是具有物理的真实性呢？量子论发展的初期，包括一些著名的量子论先驱都曾经认为试图从

实验上观测空间量子化是天真的、愚蠢的。1921年,德国物理学家斯特恩建议,可以利用当时刚刚发展起来的分子(原子)束技术,测量一束原子在非均匀磁场中的偏转来观测空间量子化。随后,他与同事盖拉赫一起完成了这一在量子论历史上具有里程碑意义的实验。在具体介绍他们的实验之前,首先来讨论一下具有轨道磁矩的原子在磁场中受到的作用。

3.1.2 磁矩与磁场的相互作用

根据电磁学的知识,磁矩 $\boldsymbol{\mu}$ 在磁场 $\boldsymbol{B}$ 中具有势能(取向势),可以表示为

$$U = -\boldsymbol{\mu} \cdot \boldsymbol{B} = -(\mu_x B_x + \mu_y B_y + \mu_z B_z) \tag{3.1.7}$$

由势能可以求出磁矩在磁场中所受到的力

$$\boldsymbol{F} = -\nabla U = -\left(\boldsymbol{i}\frac{\partial U}{\partial x} + \boldsymbol{j}\frac{\partial U}{\partial y} + \boldsymbol{k}\frac{\partial U}{\partial z}\right) \tag{3.1.8}$$

式中,$\boldsymbol{i},\boldsymbol{j}$ 和 $\boldsymbol{k}$ 分别是 x,y 和 z 方向的单位矢量。它的直角坐标分量可写为

$$\left.\begin{aligned} F_x &= -\frac{\partial U}{\partial x} = \mu_x \frac{\partial B_x}{\partial x} + \mu_y \frac{\partial B_y}{\partial x} + \mu_z \frac{\partial B_z}{\partial x} \\ F_y &= -\frac{\partial U}{\partial y} = \mu_x \frac{\partial B_x}{\partial y} + \mu_y \frac{\partial B_y}{\partial y} + \mu_z \frac{\partial B_z}{\partial y} \\ F_z &= -\frac{\partial U}{\partial z} = \mu_x \frac{\partial B_x}{\partial z} + \mu_y \frac{\partial B_y}{\partial z} + \mu_z \frac{\partial B_z}{\partial z} \end{aligned}\right\} \tag{3.1.9}$$

如果磁场是均匀的,其梯度为零,则磁矩所受合力为零。

除此之外,磁矩还受到一个力矩 $\boldsymbol{\tau}$ 的作用,引起角动量的变化,有

$$\boldsymbol{\tau} = \frac{d\boldsymbol{L}}{dt} = \boldsymbol{\mu} \times \boldsymbol{B} \tag{3.1.10}$$

因此,在均匀磁场中磁矩虽然不受净平移力的作用,但仍要受到一个力矩的作用。对于原子中的电子轨道磁矩,将式(3.1.2)代入上式,得到

$$\boldsymbol{\tau} = \frac{d\boldsymbol{L}}{dt} = \boldsymbol{\mu}_l \times \boldsymbol{B} = -\frac{e}{2m_e}\boldsymbol{L} \times \boldsymbol{B} = \boldsymbol{\omega} \times \boldsymbol{L} \tag{3.1.11}$$

其中

$$\boldsymbol{\omega} = \frac{e}{2m_e}\boldsymbol{B} = \frac{\mu_B}{\hbar}\boldsymbol{B} \tag{3.1.12}$$

显然,在均匀磁场中力矩垂直于角动量,不改变角动量的大小,只改变角动量的方向,造成角动量 $\boldsymbol{L}$ 和轨道磁矩 $\boldsymbol{\mu}_l$ 绕磁场 $\boldsymbol{B}$ 以恒定的角频率 $\boldsymbol{\omega}$ 做拉莫尔进动,$\boldsymbol{\omega}$ 称为拉莫尔角频率。

3.1.3 斯特恩-盖拉赫实验

斯特恩和盖拉赫用来观测原子空间取向量子化的实验装置如图 3.1.2(a)所示,图(b)是磁铁的剖面示意图和选取的直角坐标系。这种特殊形状的磁极形成的磁场在 z 方向上有很大的梯度,磁场强度沿 z 轴增加很快。最初的实验[①]采用的是银原子,银蒸气从 1 000 ℃的加热炉中射出形成中性银原子束,沿 x 方向前进,经过两个长 8 mm、宽 0.3 mm 的狭缝准直得到扁平的细束,原子束穿过一个强度为 0.1 T、z 方向的梯度为 10 T·cm^{-1}、长 3.5 cm 的非均匀磁场区后,被冷凝板探测屏探测。

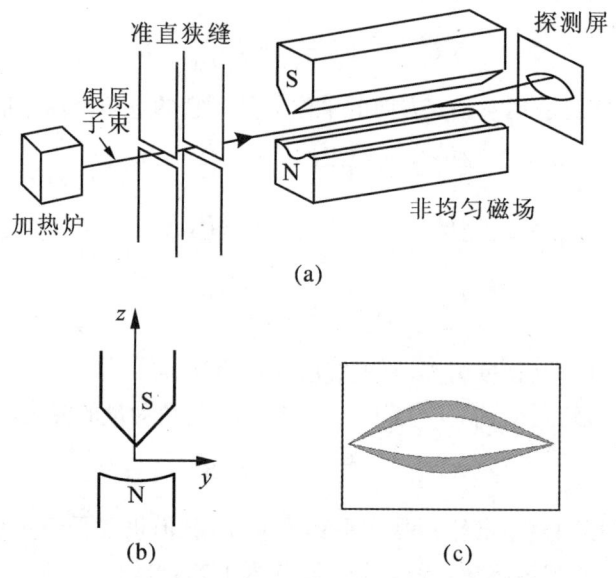

图 3.1.2 斯特恩-盖拉赫实验装置和结果的示意图

原子虽然是电中性的,但具有磁矩,在非均匀磁场中将受到式(3.1.9)所示的力的作用。设银原子的轨道磁矩为 $\boldsymbol{\mu}_l$,由于仅存在 z 方向磁场 B_z,故在斯特恩-盖拉赫实验装置中受到的力为

$$F_x = \mu_{lz}\frac{\partial B_z}{\partial x}, \quad F_y = \mu_{lz}\frac{\partial B_z}{\partial y}, \quad F_z = \mu_{lz}\frac{\partial B_z}{\partial z} \quad (3.1.13)$$

[①] Gerlach W, Stern O. The experimental evidence of direction quantistion in the magnetic field[J]. Z. Phys., 1922, 9: 349-352.

磁极关于 xz 平面对称，并且银原子束也局限在该平面内，所以 $\partial B_z/\partial y = 0$。另外，除了边缘效应外，$\partial B_z/\partial x = 0$，所以作用在原子上的力只有 z 方向的分量。显然，在磁场区内银原子由于受到一个 z 方向的作用力，会发生 z 方向上的偏转。设 $\partial B_z/\partial z$ 是常数，则原子出磁场区时的偏转量与 μ_{lz} 成正比。这里 z 轴的选取有了明确的意义，即外磁场方向，按照空间量子化的结论，磁矩在该方向的分量是量子化的，只能取式(3.1.4)给出的分立值，于是，在磁场中入射束中有部分原子的轨道磁矩的 z 分量 $\mu_{lz} = -l\mu_B$，部分原子的 $\mu_{lz} = -(l-1)\mu_B$……部分原子的 $\mu_{lz} = +l\mu_B$。按照式(3.1.13)，μ_{lz} 不同即 m_l 不同的原子受到的力不同，穿越磁场区后的偏转量也不同，因此在探测屏上应该出现若干条分立的束斑。

而如果按照经典物理的理解，入射束中原子的轨道磁矩 $\boldsymbol{\mu}_l$ 相对于外磁场 z 轴的取向完全是随机的，因而磁矩分量 μ_{lz} 可以取 $-\mu_l$ 到 $+\mu_l$ 内的任意值，预期的实验结果是在屏上出现一条相对于零偏转位置对称的展宽的束斑。

量子理论和经典理论给出了完全不同的预期。斯特恩和盖拉赫得到的实验结果如图3.1.2(c)所示，在探测屏上，他们观察到了两条关于零偏转位置对称的分立的清晰束斑。这个实验结果无可辩驳地证明了量子理论预言的原子角动量和磁矩空间取向量子化的物理真实性。它同弗兰克和赫兹实验证明原子内部能量量子化一样，成为量子理论最具说服力的实验证据之一。斯特恩也因为发展了分子束技术、实验证实了空间量子化以及测量发现了质子的反常磁矩而获得了1943年的诺贝尔物理学奖。

值得一提的是，从上述实验我们可以看到，量子数 m_l 在原子与外磁场相互作用的时候才有了可观测的物理意义，因此，通常又把 m_l 称作磁量子数。

斯特恩-盖拉赫实验一方面雄辩地证明了量子理论预言的空间量子化，却同时使量子理论遇到了新的麻烦。因为按照式(3.1.4)，当 l 一定时，轨道磁矩有 $2l+1$ 个取向，由于 l 是整数，$2l+1$ 一定是奇数，原子束应该分裂为奇数条，并且由于总有 $m_l = 0$，零偏转位置上一定有一条束斑出现。然而实验事实是银原子束分裂为两条，且都偏离原来的束流位置，根据这一实验结果，$2l+1 = 2$，将得到 $l = 1/2$。更加明显的实验是1927年菲普斯(T. E. Phipps)和泰勒(J. B. Taylor)所做的氢原子束实验[①]，氢原子只有一个电子，基态的轨道角动量子数 $l = 0$，相应的轨道磁矩也等于零，因此氢原子束经过斯特恩-盖拉赫磁铁应该不被偏转。然而实验的结果出乎意料，仍然分裂为对称的两条束斑。这说明，原子中除了轨道磁矩外，还

---

① Phipps T E, Taylor J B. The magnetic moment of atomic hydrogen[J]. Phys. Rev., 1927, 29: 309-320.

有其他形式的磁矩没有被我们认识。

实际上,除了斯特恩-盖拉赫实验之外,随着光谱仪分辨本领的提高,人们发现原子光谱存在精细结构,例如,实验观测到的氢原子巴耳末线系的第一条谱线 H_α 线是双线结构,这也是玻尔、薛定谔理论解释不了的。这一理论也不能解释后面要介绍的实验观测到的光谱线在外磁场中的反常塞曼分裂现象。

3.2 电子自旋和自旋-轨道相互作用

3.2.1 电子自旋

为了解释光谱的精细结构和反常塞曼效应,1925 年荷兰的两位年轻的研究生——乌伦贝克(G. E. Uhlenbeck)和古兹密特(S. Goudsmit)提出了一个大胆的假设[①]:将电子看作一个带电的小球,原子中的电子除了围绕原子核的轨道运动之外,还有自旋运动,相应的自旋角动量用 S 表示。与轨道角动量类似,S 的平方值和 z 分量值分别有下列量子化关系式

$$S^2 = s(s+1)\hbar^2 \tag{3.2.1}$$
$$S_z = m_s \hbar \tag{3.2.2}$$

其中,s 是电子自旋角动量量子数,简称自旋量子数,m_s 是与自旋角动量 z 分量 S_z 相对应的自旋磁量子数。

带电荷的电子的自旋运动产生相应的自旋磁矩,对于氢原子基态,轨道磁矩为零,用斯特恩-盖拉赫实验装置测量得到的磁矩显然就是电子的自旋磁矩。从氢原子束的双分裂实验结果可以推测,自旋角动量的 z 分量只能取两个值,即 $2s+1=2$,由此得到电子自旋量子数 s 和磁量子数 m_s 分别为

$$s = \frac{1}{2}, \quad m_s = \pm \frac{1}{2} \tag{3.2.3}$$

事实上,在下章将会了解到,银原子的轨道角动量也是零,其磁矩也源自电子的自旋磁矩,在斯特恩-盖拉赫实验中也是双分裂的。改进实验装置后,斯特恩和

---

① Uhlenbeck G E, Goudsmit S. Spinning electrons and the structure of spectra[J]. Naturwissenschaften, 1925, 13(47): 953; Nature, 1926, 117: 264-265.

盖拉赫测量了银原子磁矩在磁场方向的分量,大小刚好是一个玻尔磁子 μ_B,因此电子的自旋旋磁比的大小为

$$\gamma_s = \frac{|\mu_{sz}|}{|S_z|} = \frac{\mu_B}{\hbar/2} = \frac{e}{m_e}$$

是轨道旋磁比的2倍。由此可见,磁矩与角动量之间并不是式(3.1.2)那样简单关系,还需要乘一常数,称为朗德(A. Landé) g 因子。因此,电子的自旋磁矩 $\boldsymbol{\mu}_s$ 和自旋角动量 $\boldsymbol{S}$ 以及它们的 z 分量应有以下关系

$$\boldsymbol{\mu}_s = -\frac{e}{m_e}\boldsymbol{S} = -g_s\frac{\mu_B}{\hbar}\boldsymbol{S} \tag{3.2.4}$$

$$\mu_{sz} = -\frac{e}{m_e}S_z = -g_s\mu_B m_s \tag{3.2.5}$$

其中,$g_s = 2$,称作电子的自旋朗德 g 因子,它可以表示为

$$g_s = \frac{|\mu_{sz}/\mu_B|}{|S_z/\hbar|} \tag{3.2.6}$$

即以 μ_B 为单位的磁矩 z 分量与以 $\hbar$ 为单位的角动量 z 分量的比值,是一个无量纲的常数,也可以用来表征电子的旋磁比。

对于电子的轨道磁矩,可以同样定义相应的 g 因子

$$g_l = \frac{|\mu_{lz}/\mu_B|}{|L_z/\hbar|}$$

g_l 称作轨道 g 因子。由式(3.1.2),显然 $g_l = 1$。轨道磁矩也可以统一表示为

$$\boldsymbol{\mu}_l = -\frac{e}{2m_e}\boldsymbol{L} = -g_l\frac{\mu_B}{\hbar}\boldsymbol{L} \tag{3.2.7}$$

赋予电子自旋角动量的属性,并且令 $s = 1/2$,就很好地解释了施特恩-格拉赫实验,以及当时已经观测到的原子光谱的精细结构和光谱在磁场中的反常塞曼分裂。然而,把电子看作经典的旋转陀螺却会导致荒谬的结论。

经典电子论认为电子的质量源于电磁能,由此算出电子的经典半径为

$$r_e = \frac{e^2}{4\pi\varepsilon_0 m_e c^2}$$

由式(3.2.2),旋转陀螺的转动角动量

$$m_e v r_e \approx \frac{1}{2}\hbar$$

则电子表面一点的线速度大小为

$$v \approx \frac{4\pi\varepsilon_0 \hbar c^2}{2e^2} \approx \frac{c}{\alpha} = 137c$$

大大超过光速,这是不可接受的。因此,乌伦贝克和古兹密特的论文发表后,立刻

遭到了包括泡利在内的一些物理学家的反对。事实上,在第1章中我们已指出,现代高能物理实验表明,直到 10^{-19} m,仍可以把电子看作是一个无结构的点粒子。一个质点是无所谓自转的,因此,电子不可能是一个经典的带电荷的旋转陀螺。对电子自旋的正确理解是在1929年狄拉克(P. Dirac)建立相对论量子力学之后,他统一了量子力学和狭义相对论,给出了描述电子的相对论性波动方程,从数学上自然赋予了电子的自旋这一额外自由度,其自旋量子数 $s=1/2$。自旋是电子的内禀属性,是相对论量子力学特有的,不能作经典的对应。此外,狄拉克理论还导出了电子具有式(3.2.4)所示的内禀磁矩,并且自旋旋磁比是轨道旋磁比的2倍,即电子的自旋 g 因子等于2,与光谱精细结构和斯特恩-盖拉赫实验等的观测结果相吻合。

例3.1 在斯特恩和盖拉赫的最初实验中,银原子束从温度 $T=1\,000$ K 的加热炉内射出,通过斯特恩-盖拉赫磁铁,磁场区的长度为3.5 cm,磁场梯度为 $10\,\text{T}\cdot\text{cm}^{-1}$,问磁场出口处原子束分为几束?每束的偏离量为多大?

解 银原子的轨道角动量为零,所以其磁矩源自电子的自旋磁矩。由于 $m_s=\pm1/2$,所以原子束分为两束。原子在磁场区受到的力

$$F_z = -g_s \mu_B m_s \frac{\partial B_z}{\partial z}$$

将 $g_s=2$ 和 $m_s=\pm1/2$ 代入,得

$$F_z = \pm \frac{\partial B_z}{\partial z} \mu_B$$

沿 x 方向出射的原子的初始动能为

$$\frac{1}{2} M v_x^2 = \frac{3}{2} kT$$

其中 M 是原子质量,k 是玻尔兹曼常数。由此可以得到 x 方向的速率为

$$v_x = \sqrt{\frac{3kT}{M}}$$

原子穿越长度为 l 的磁场区所需的时间为

$$t = \frac{l}{v_x} = l\sqrt{\frac{M}{3kT}}$$

原子在磁场出口处 z 方向上的偏移量

$$\Delta z = \frac{1}{2} a t^2 = \frac{1}{2} \frac{F_z}{M} l^2 \frac{M}{3kT} = \pm \frac{\partial B_z}{\partial z} \frac{\mu_B l^2}{6kT}$$

$$= \pm \frac{1\,000 \times 9.27 \times 10^{-24} \times 0.035^2}{6 \times 1.38 \times 10^{-23} \times 1\,000} \text{ m} \approx \pm 1.4 \times 10^{-4} \text{ m}$$

所以每束的偏离量为0.14 mm,两束之间的劈裂只有约0.3 mm。由此可见,斯特恩和盖拉赫最初的实验观测是非常困难的。

3.2.2 自旋-轨道相互作用

上述例子说明了引入电子自旋后可以很好地解释原子束在非均匀磁场中的分裂现象。下面讨论引入电子自旋后如何解释原子能级和光谱的精细结构。

对单电子的类氢原子体系,若只考虑电子与核的库仑静电相互作用,由非相对论的薛定谔方程可以求得原子的能量本征值,如第 2 章式 (2.6.33) 所示,能量决定于主量子数 n,对于量子数 l 和 m_l 是简并的,相应的氢原子能级如图 3.2.1 在上图所示。薛定谔理论对氢原子光谱的计算与玻尔理论是一致的。例如,考虑原子核的有限质量,计算得到的巴耳末线系的第一条谱线 H_α 线用波数表示为 $15\,233.00\ \mathrm{cm}^{-1}$。然而,早在 1887 年,迈克耳孙(A. Michelson)和莫雷(E. Morley)就利用高分辨的干涉光谱仪观测到了如图 3.2.1 右下图所示的 H_α 线的双重结构,并测量到其间隔约为 $0.253\ \mathrm{cm}^{-1}$,双重结构的重心也偏离理论计算 $0.2\ \mathrm{cm}^{-1}$ 左右。这就是光谱的精细结构,非相对论的薛定谔理论无法解释这种精细结构。

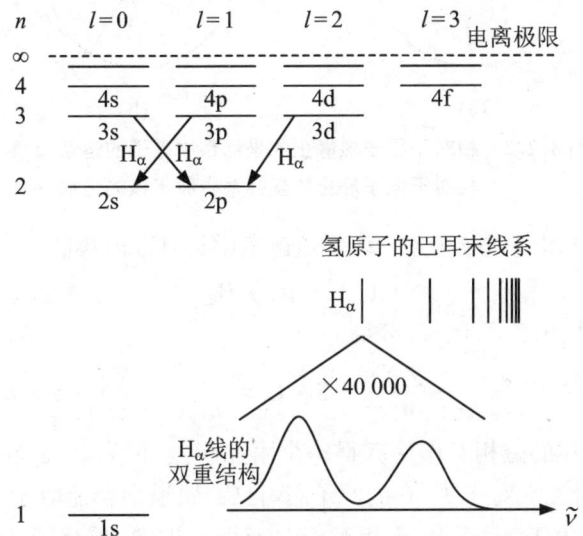

图 3.2.1 氢原子能级图和 H_α 线的双重结构

电子的轨道运动会在原子内部产生一个内磁场,引入自旋后,电子具有的内禀自旋磁矩与原子内磁场的磁相互作用会引起能级分裂,通常将这种相互作用称作自旋-轨道相互作用。与电子和核的库仑静电作用相比,这种作用较弱,由它引起的能级和光谱的移动和分裂称作精细结构。本节先从经典的图像出发给出定性的讨论,下一节由狄拉克方程的非相对论近似给出氢原子能级精细结构的精确表述。

设电子相对于原子核的位矢为 r,并以速度 v 绕原子核运动。在相对于电子静止的坐标系中,相当于原子核位于 $-r$,以速度 $-v$ 绕电子运动,构成一个电流环,电子就处在这个电流环产生的磁场内,如图 3.2.2 所示,电子所在处的磁场方向垂直纸面向外。原子核带 $+Ze$ 的正电荷,以速度 $-v$ 运动,这相当于一个电流元 $j = Ze(-v)$,由毕奥-萨伐尔定律可求得这一电流元在电子处产生的磁场为

$$B_e = \frac{1}{4\pi\varepsilon_0 c^2} \frac{j \times r}{r^3} = \frac{1}{4\pi\varepsilon_0 c^2} \frac{Ze(-v) \times r}{r^3}$$

$$= \frac{1}{4\pi\varepsilon_0 m_e c^2} \frac{Ze}{r^3} r \times m_e v = \frac{Ze}{4\pi\varepsilon_0 m_e c^2 r^3} L \quad (3.2.8)$$

其中,m_e 是电子质量,$L = r \times m_e v$ 是电子的轨道角动量。

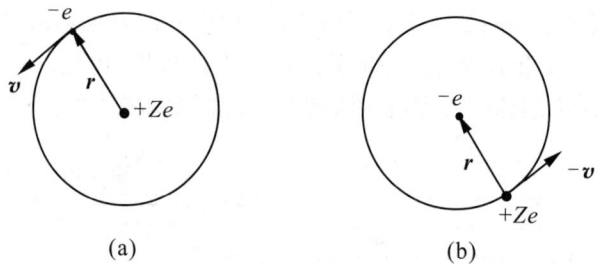

图 3.2.2　相对于原子核静止的坐标系中电子的运动(a)和
相对于电子静止的坐标系中原子核的运动(b)

由式(3.1.7),电子自旋磁矩 μ_s 在该磁场中具有取向势能

$$U = -\mu_s \cdot B_e$$

将式(3.2.4)和式(3.2.8)代入,可得

$$U = \frac{e}{m_e} \frac{Ze}{4\pi\varepsilon_0 m_e c^2 r^3} S \cdot L = \frac{1}{m_e^2 c^2} \frac{Ze^2}{4\pi\varepsilon_0 r^3} S \cdot L$$

可见电子由于上述的磁相互作用获得一个附加能量,称为自旋-轨道相互作用能,或自旋-轨道耦合能。对于 $l=0$ 的原子态,自旋-轨道耦合能等于零,能级不分裂。对于 $l \neq 0$ 的态,由于 $s=1/2$,S 相对于 L 有两个取向,平行于 L 时,$S \cdot L$ 是正值,反平行于 L 时,$S \cdot L$ 是负值,对应的能级一分为二。

上式是在相对电子静止的坐标系中导出的,需要变换到实验室坐标系,即相对于原子核静止的坐标系,1926 年托马斯(L. H. Thomas)给出了相应的洛伦兹变换[1],变换的结果是上式要乘上一个因子 1/2,即

---

[1] Thomas L H. Motion of the spinning electron[J]. Nature, 1926, 117: 514.

$$U = \frac{1}{2m_e^2 c^2} \frac{Ze^2}{4\pi\varepsilon_0 r^3} \boldsymbol{S} \cdot \boldsymbol{L} = \xi(r) \boldsymbol{S} \cdot \boldsymbol{L} \tag{3.2.9}$$

其中,$\xi(r) = \frac{1}{2m_e^2 c^2} \frac{Ze^2}{4\pi\varepsilon_0 r^3}$,表示自旋-轨道耦合作用能系数。

例 3.2 试估计氢原子处在 2p 态时自旋-轨道相互作用能和内磁场的大小。

解 在式(3.2.9)中,取 $Z=1, r=4a_0, |L| \approx |S| \approx \hbar$,由此得到自旋-轨道相互作用能

$$U \approx \frac{1}{2m_e^2 c^2} \frac{e^2}{4\pi\varepsilon_0} \frac{1}{(4a_0)^3} \hbar^2 = \frac{1}{2(m_e c^2)^2} \frac{e^2}{4\pi\varepsilon_0} \frac{(\hbar c)^2}{(4a_0)^3}$$

$$= \frac{1}{2 \times (0.511 \text{ MeV})^2} (1.44 \text{ eV} \cdot \text{nm}) \frac{(197 \text{ eV} \cdot \text{nm})^2}{(4 \times 0.053 \text{ nm})^3}$$

$$\approx 10^{-5} \text{ eV}$$

由 $U = -\boldsymbol{\mu}_s \cdot \boldsymbol{B}_e, \mu_s \approx \mu_B \approx 5.8 \times 10^{-5} \text{ eV} \cdot \text{T}^{-1}$,得到内磁场的大小

$$B_e \approx \frac{|U|}{\mu_B} = \frac{10^{-5} \text{ eV}}{5.8 \times 10^{-5} \text{ eV} \cdot \text{T}^{-1}} \approx 0.2 \text{ T}$$

3.2.3 总角动量

原子中的电子具有轨道角动量 $\boldsymbol{L}$ 和自旋角动量 $\boldsymbol{S}$。如果忽略自旋-轨道相互作用,则电子的自旋运动和轨道运动彼此独立,自旋角动量和轨道角动量的大小以及它们的 z 分量都不随时间改变,具有确定的取值,相应的力学量 $\boldsymbol{L}^2, L_z, \boldsymbol{S}^2, S_z$ 称为守恒量,可以用量子数 n, l, m_l, s, m_s 描述电子的状态,称这些量子数为"好量子数"。

但是,考虑自旋-轨道相互作用之后,电子的自旋磁矩在轨道运动产生的内磁场 $\boldsymbol{B}_e$ 中将受到一个力矩的作用,导致自旋角动量 $\boldsymbol{S}$ 随时间改变,不再是个守恒量。由式(3.1.10),可以得到其随时间的变化率为

$$\frac{d\boldsymbol{S}}{dt} = \boldsymbol{\mu}_s \times \boldsymbol{B}_e$$

将式(3.2.4)和式(3.2.8)代入上式,可得

$$\frac{d\boldsymbol{S}}{dt} = -\frac{Ze^2}{4\pi\varepsilon_0 m_e^2 c^2 r^3} \boldsymbol{S} \times \boldsymbol{L} = \zeta(r) \boldsymbol{L} \times \boldsymbol{S} \tag{3.2.10}$$

其中,$\zeta(r) = Ze^2/(4\pi\varepsilon_0 m_e^2 c^2 r^3)$。同时,轨道角动量受到一个相反的力矩,使得 $\boldsymbol{L}$ 也不再是守恒量,其随时间的变化率为

$$\frac{d\boldsymbol{L}}{dt} = \zeta(r) \boldsymbol{S} \times \boldsymbol{L} \tag{3.2.11}$$

引入电子的总角动量 $\boldsymbol{J}$,即轨道角动量 $\boldsymbol{L}$ 和自旋角动量 $\boldsymbol{S}$ 的矢量和,表示为

$$\boldsymbol{J} = \boldsymbol{L} + \boldsymbol{S} \tag{3.2.12}$$

J 的平方和 z 分量分别满足一般的角动量量子化关系
$$J^2 = j(j+1)\hbar^2 \qquad (3.2.13)$$
$$J_z = m_j\hbar \qquad (3.2.14)$$
其中, j 是总角动量量子数,描述其大小; m_j 是相应的磁量子数,描述其 z 分量。

引入总角动量后,式(3.2.10)和式(3.2.11)可分别改写为
$$\frac{dS}{dt} = \zeta(r)(L+S)\times S = \zeta(r)J\times S \qquad (3.2.15)$$
$$\frac{dL}{dt} = \zeta(r)(S+L)\times L = \zeta(r)J\times L \qquad (3.2.16)$$

其中用到了 $S\times S=0$ 和 $L\times L=0$。显然,L 和 S 受到的力矩都垂直于角动量矢量本身,按照式(3.1.11)的经典图像,L 和 S 以相同的角速度 $\omega=\zeta(r)J$ 围绕 J 做拉莫尔进动,大小不变,方向改变。因此描述角动量大小的力学量 L^2 和 S^2 仍是守恒量,量子数 l 和 s 还是好量子数;而角动量的 z 分量 L_z 和 S_z 则不再具有确定的取值,相应的量子数 m_l 和 m_s 也不再是好量子数。对孤立的原子,电子受到的合力矩为零,总角动量 J 不随时间改变,力学量 J^2 和 J_z 是守恒量,相应的量子数 j 和 m_j 是好量子数。所以,考虑了自旋-轨道相互作用后,描述电子状态的好量子数相应为 n,l,s,j 和 m_j。

3.2.4 角动量相加法则和原子多重态

现在的问题是如何从已知的各个角动量的量子数来确定总角动量量子数 j。这就涉及两个角动量相加的一般法则。设 J_1 和 J_2 是体系的两个角动量,满足一般的角动量量子化关系
$$J_1^2 = j_1(j_1+1)\hbar^2, \quad J_{1z} = m_1\hbar, \quad m_1 = -j_1, -j_1+1, \cdots, j_1-1, j_1$$
$$J_2^2 = j_2(j_2+1)\hbar^2, \quad J_{2z} = m_2\hbar, \quad m_2 = -j_2, -j_2+1, \cdots, j_2-1, j_2$$
其中, j_1, m_1 和 j_2, m_2 分别是描述大小和 z 分量的量子数。

如果 J_1 和 J_2 彼此独立,没有耦合,直接用量子数 (j_1, m_1, j_2, m_2) 来描述体系的状态。在 j_1 和 j_2 给定后,m_1 和 m_2 分别有 $2j_1+1$ 和 $2j_2+1$ 个不同的取值,因此共有 $(2j_1+1)(2j_2+1)$ 个不同的状态。

如果 J_1 和 J_2 之间有耦合,则两个角动量要相加,得到总角动量 J:
$$J = J_1 + J_2 \qquad (3.2.17)$$
总角动量 J 的平方值和 z 分量也分别满足一般的角动量量子化关系:
$$J^2 = j(j+1)\hbar^2, \quad J_z = m\hbar \qquad (3.2.18)$$
其中,j,m 是描述总角动量大小和 z 分量的量子数。这时要用量子数 $(j_1, j_2, j,$

m)来描述体系的状态,当 j_1 和 j_2 给定后,仍应有 $(2j_1+1)(2j_2+1)$ 个不同的状态,也就是说,对给定的 j_1 和 j_2 而言,必须有 $(2j_1+1)(2j_2+1)$ 组不同的 (j,m)。

这样问题变成:已知体系角动量 $\boldsymbol{J}_1$ 和 $\boldsymbol{J}_2$ 的量子数 j_1 和 j_2,总角动量量子数 j 的可能取值是什么?

对 z 分量,显然有

$$J_z = J_{1z} + J_{2z} \qquad (3.2.19)$$

因而有

$$m = m_1 + m_2 \qquad (3.2.20)$$

由于 m_1 和 m_2 的最大可能取值分别为 j_1 和 j_2,因此 m 的绝对值最大为 $|m|_{max} = j_1+j_2$,所以 j 的最大可能取值为

$$j_{max} = j_1 + j_2$$

现在来求 j 的最小可能取值 j_{min}。j 的可能取值为 $j_1+j_2, j_1+j_2-1, \cdots, j_{min}$,对于每一个 j 的取值,相应的 m 都有 $2j+1$ 个取值,所以总的状态数目等于

$$\sum_{j=j_{min}}^{j_{max}}(2j+1) = \sum_{j=j_{min}}^{j_1+j_2}(2j+1) = (j_1+j_2+1)^2 - j_{min}^2$$

同时,总的状态数目应该是 $(2j_1+1)(2j_2+1)$,两者相等,可以解得

$$j_{min} = |j_1 - j_2|$$

由此得到两个角动量相加的一般法则,即对给定的 j_1 和 j_2,总角动量量子数的可能取值为

$$j = j_1+j_2, j_1+j_2-1, \cdots, |j_1-j_2| \qquad (3.2.21)$$

当 $j_1 > j_2$ 时,j 共有 $2j_2+1$ 个取值;当 $j_1 < j_2$ 时,j 共有 $2j_1+1$ 个取值,即共有 $2\min(j_1,j_2)+1$ 个取值,$\min(j_1,j_2)$ 表示 j_1 和 j_2 中较小的一个。

对给定量子数 l 和 s 的单电子原子,由此法则可以确定总角动量量子数 j 的可能取值为

$$j = l+s, l+s-1, \cdots, |l-s|$$

由于 $s=1/2$,所以

$$j = l+\frac{1}{2}, \left|l-\frac{1}{2}\right| \qquad (3.2.22)$$

通常把具有相同量子数 l, s 的状态称为原子的多重态。如果不考虑自旋-轨道耦合,这些状态的能级是简并的。考虑了自旋-轨道耦合后,能级将按照 j 的不同取值而分裂。通常用下列符号来表示这种原子的多重态:

$$n^{2s+1}L_j \qquad (3.2.23)$$

L 表示不同的轨道量子数 $l=0,1,2,3,\cdots$,分别用大写字母 S,P,D,F,$\cdots$ 表示。L

的左上角用数字 $2s+1$ 代表状态的多重数,如单电子情形,$s=1/2$,$2s+1=2$ 即表示双重态,它实际给出电子自旋的可能状态数目。L 前面可以标明主量子数 n,右下角标明总角动量量子数 j。例如,氢原子的基态 $n=1,l=0,s=1/2,j=1/2$,相应的多重态用 $1\,^2S_{1/2}$ 表示;而 $n=2,l=1,s=1/2,j=1/2,3/2$ 的激发态用 $2\,^2P_{1/2},2\,^2P_{3/2}$ 表示。在第4章的多电子原子中我们还会详细讨论原子的多重态。

3.3 氢原子能级的精细结构和超精细结构

从上面的讨论知道,由于存在电子自旋,自旋-轨道相互作用会导致能级具有精细结构。事实上,在相对论量子力学中通过解狄拉克方程,可以直接得到氢原子能级的精细结构,式(3.2.9)的自旋-轨道耦合能只是其中的一部分,因此能级的精细结构是由相对论效应引起的。由第1章的玻尔模型知道,氢原子基态的电子运动速度为 αc,即光速的 $1/137$,远低于光速。因此在原子中,相对论效应通常很小,可以在非相对论的薛定谔方程的基础上,作相对论效应修正而得到精细结构。下面就来定量讨论氢原子能级的修正值。

3.3.1 氢原子能级的精细结构修正

氢原子或类氢离子的狄拉克方程(2.4.11)在非相对论近似下,可以表示为[13]

$$\left[\frac{\hat{p}^2}{2m_e} + V(r) - \frac{\hat{p}^4}{8m_e^3c^2} + \frac{1}{2m_e^2c^2}\frac{1}{r}\frac{dV(r)}{dr}L\cdot S + \frac{\hbar^2}{8m_e^2c^2}\nabla^2 V(r)\right]\psi$$
$$= (H_0 + H_T + H_{ls} + H_V)\psi = E\psi \tag{3.3.1}$$

其中,m_e 是电子的静质量,$V(r) = -Ze^2/(4\pi\varepsilon_0 r)$ 是电子的静电荷库仑势;前两项是非相对论薛定谔方程的哈密顿算符 H_0,第三项是动能的相对论修正项 H_T,第四项是自旋-轨道相互作用修正项 H_{ls},第五项是库仑势能的相对论修正项 H_V。下面分别讨论。

1. 动能的相对论修正

在相对论情况下,电子的动能为

$$T = (p^2c^2 + m_e^2c^4)^{1/2} - m_ec^2 = m_ec^2\left(1 + \frac{p^2}{m_e^2c^2}\right)^{1/2} - m_ec^2 \tag{3.3.2}$$

在原子中,电子的速度远小于光速,所以 $p^2/(m_e^2c^2)$ 是一个小量,可以将 T 展开为

$$T \approx \frac{p^2}{2m_e} - \frac{1}{8}\frac{p^4}{m_e^3 c^2} + \cdots$$

其中,$p^2/(2m_e)$是非相对论动能,用T_0表示,第二项即为动能的相对论修正。因此,相对论动能修正算符

$$H_T = -\frac{\hat{p}^4}{8m_e^3 c^2} = -\frac{1}{2m_e c^2}\hat{T}_0^2 = -\frac{1}{2m_e c^2}[E_n - V(r)]^2$$

其中,E_n是类氢离子非相对论薛定谔方程的能量本征值,由式(2.6.33)决定:

$$E_n = -\frac{1}{2}m_e(\alpha c)^2 \frac{Z^2}{n^2} \tag{3.3.3}$$

式中,α是精细结构常数。电子能量的动能相对论修正值就是H_T的平均值,用$\langle\ \rangle$表示为

$$\Delta E_T = \langle H_T \rangle = -\frac{1}{2m_e c^2}\left\{E_n^2 + 2E_n\left\langle\frac{Ze^2}{4\pi\varepsilon_0 r}\right\rangle + \left\langle\frac{Z^2 e^4}{(4\pi\varepsilon_0)^2 r^2}\right\rangle\right\} \tag{3.3.4}$$

由于$\langle r^k \rangle = \iiint \psi_{nlm}^* r^k \psi_{nlm} r^2 \mathrm{d}r \sin\theta \mathrm{d}\theta \mathrm{d}\varphi = \int_0^\infty |R_{nl}|^2 r^k r^2 \mathrm{d}r$,由2.6节类氢离子的非相对论薛定谔方程的本征函数$R_{nl}(r)$可算得r^{-1}、r^{-2}和r^{-3}的平均值分别为

$$\langle r^{-1} \rangle = \frac{1}{n^2}\frac{Z}{a_0}, \quad \langle r^{-2} \rangle = \frac{1}{(l+1/2)n^3}\left(\frac{Z}{a_0}\right)^2 \tag{3.3.5a}$$

$$\langle r^{-3} \rangle = \frac{1}{n^3 l(l+1/2)(l+1)}\left(\frac{Z}{a_0}\right)^3 \tag{3.3.5b}$$

将式(3.3.5a)及式(3.3.3)代入式(3.3.4),得

$$\Delta E_T = -E_n \frac{\alpha^2 Z^2}{n^2}\left(\frac{3}{4} - \frac{n}{l+1/2}\right) \tag{3.3.6}$$

因此,相对论效应导致电子的动能减少,造成氢原子(类氢离子)能级的下降。

2. 自旋-轨道相互作用修正

将$V(r) = -Ze^2/(4\pi\varepsilon_0 r)$代入自旋-轨道相互作用的修正项,有

$$H_{ls} = \frac{1}{2m_e^2 c^2}\frac{1}{r}\frac{\mathrm{d}V(r)}{\mathrm{d}r}\boldsymbol{L}\cdot\boldsymbol{S} = \frac{1}{2m_e^2 c^2}\frac{Ze^2}{4\pi\varepsilon_0 r^3}\boldsymbol{L}\cdot\boldsymbol{S} \tag{3.3.7}$$

这就是3.2节中已经得到的式(3.2.9)的自旋-轨道相互作用能,物理上代表电子自旋磁矩与轨道运动产生的磁场之间的相互作用。相应的能量修正是H_{ls}的平均值。显然,当$l=0$时,H_{ls}引起的能量修正为零。只要讨论$l\neq 0$的情形即可。

由于自旋-轨道耦合,需要引入电子的总角动量$\boldsymbol{J} = \boldsymbol{L} + \boldsymbol{S}$,其平方为

$$\boldsymbol{J}^2 = \boldsymbol{L}^2 + \boldsymbol{S}^2 + 2\boldsymbol{L}\cdot\boldsymbol{S}$$

由此得到

$$\boldsymbol{L} \cdot \boldsymbol{S} = \frac{1}{2}(\boldsymbol{J}^2 - \boldsymbol{L}^2 - \boldsymbol{S}^2)$$

$$= \frac{1}{2}[j(j+1) - s(s+1) - l(l+1)]\hbar^2 \quad (3.3.8)$$

将式(3.3.8)和式(3.3.5b)代入式(3.3.7)可得

$$\Delta E_{ls} = -E_n \frac{\alpha^2 Z^2}{n^2} \frac{n[j(j+1) - s(s+1) - l(l+1)]}{2l(l+1/2)(l+1)} \quad (3.3.9)$$

电子的自旋量子数 $s=1/2$，在 $l \neq 0$ 时，j 有两个取值，$j=l \pm 1/2$，代入上式，得到

$$\Delta E_{ls} = \begin{cases} -E_n \dfrac{\alpha^2 Z^2}{n^2} \dfrac{n}{2(l+1/2)(l+1)}, & j = l + \dfrac{1}{2} \\ +E_n \dfrac{\alpha^2 Z^2}{n^2} \dfrac{n}{2l(l+1/2)}, & j = l - \dfrac{1}{2} \end{cases}$$

因此，自旋-轨道相互作用使得氢原子(类氢离子) $l \neq 0$ 的能级产生分裂，其中 $j = l + 1/2$ 的能级上升，$j = l - 1/2$ 的能级下降。

3. 势能的相对论修正

式(3.3.1)中的势能相对论修正项又称达尔文项。其物理图像是，在速度很高时电子运动不是光滑的，而是围绕其中心位置有极高频率的小尺度涨落，这一现象称为"zitterbewegung"，即所谓的颤振运动。狄拉克方程在求解时除了有正能量的解外，还有负能量的解，电子的这种颤振运动就是正能态与负能态之间的干涉造成的。由于这种颤振运动，电子感受到的核库仑势需要作修正，对于单电子原子，库仑势 $V(r) = -Ze^2/(4\pi\varepsilon_0 r)$。由于

$$\nabla^2 \left(\frac{1}{r}\right) = \frac{1}{r^2}\left[\frac{\mathrm{d}}{\mathrm{d}r}\left(r^2 \frac{\mathrm{d}}{\mathrm{d}r}\left(\frac{1}{r}\right)\right)\right] = -\delta(r)$$

所以

$$H_V = \frac{\hbar^2}{8m_e^2 c^2} \nabla^2 V(r) = \frac{\hbar^2}{8m_e^2 c^2} \frac{Ze^2}{4\pi\varepsilon_0}\delta(r)$$

相应的能量修正为

$$\Delta E_V = \frac{\hbar^2}{8m_e^2 c^2} \frac{Ze^2}{4\pi\varepsilon_0} \langle \delta(r) \rangle = \frac{\hbar^2}{8m_e^2 c^2} \frac{Ze^2}{4\pi\varepsilon_0} \int \psi_{nlm_l}^* \delta(r) \psi_{nlm_l} \mathrm{d}\tau$$

$$= \frac{\hbar^2}{8m_e^2 c^2} \frac{Ze^2}{4\pi\varepsilon_0} |\psi_{nlm_l}(0)|^2 \quad (3.3.10)$$

式中，$\psi_{nlm_l}(0)$ 是波函数在原点处(即 $r=0$)的值。由第2章对氢原子波函数的讨论可知，只有 $l=0$ 的情形，波函数在原点处才不为零，因此该项修正只对 $l=0$ 的 s 态起作用，波函数只取径向部分，将式(2.6.36)的 $R_{n0}(0) = 2[Z/(na_0)]^{3/2}$ 代入，可得

$$\Delta E_V = \frac{\hbar^2}{8m_e^2 c^2} \frac{Ze^2}{4\pi\varepsilon_0} \cdot 4\left(\frac{Z}{a_0 n}\right)^3 = -E_n \frac{\alpha^2 Z^2}{n} \tag{3.3.11}$$

因此,势能修正项使得氢原子(类氢离子) $l = 0$ 的能级上升。

4. 总的相对论修正

氢原子(类氢离子)总的相对论修正是三项的和,即 $\Delta E = \Delta E_T + \Delta E_{ls} + \Delta E_V$,可以分为两种情况。

(a) 当 $l \neq 0$ 时,$\Delta E_V = 0$。此时,$\Delta E = \Delta E_T + \Delta E_{ls}$,代入 $s = 1/2, j = l \pm 1/2$,得到

$$\Delta E = -\frac{\alpha^2 Z^2}{n^2} E_n \left(\frac{3}{4} - \frac{n}{j + 1/2}\right)$$

(b) 当 $l = 0$ 时,$\Delta E_{ls} = 0$。此时,

$$\Delta E = \Delta E_T + \Delta E_V = -E_n \frac{\alpha^2 Z^2}{n^2}\left(\frac{3}{4} - n\right)$$

由于 $l = 0, s = 1/2$,所以 $j = 1/2$。将上式改写为

$$\Delta E = -E_n \frac{\alpha^2 Z^2}{n^2}\left(\frac{3}{4} - \frac{n}{1/2 + 1/2}\right) = -E_n \frac{\alpha^2 Z^2}{n^2}\left(\frac{3}{4} - \frac{n}{j + 1/2}\right)$$

综上,无论 l 是否为零,氢原子(类氢离子)精细结构总的能量修正公式为

$$\begin{aligned}\Delta E &= \Delta E_{nj} = -E_n \frac{\alpha^2 Z^2}{n^2}\left(\frac{3}{4} - \frac{n}{j + 1/2}\right) \\ &= \frac{1}{2} m_e c^2 \frac{\alpha^4 Z^4}{n^4}\left(\frac{3}{4} - \frac{n}{j + 1/2}\right)\end{aligned} \tag{3.3.12}$$

下标 nj 表示能量修正与主量子数 n 及总角动量量子数 j 有关。ΔE_{nj} 与 E_n 比值的数量级为 α^2,$\alpha \approx 1/137$,$\alpha^2 \approx 5 \times 10^{-5}$,所以相对论修正引起的能级分裂很小,构成氢原子能级的精细结构,这就是把 α 称为精细结构常数的原因,因为 α^2 标志了精细结构相互作用的量级。

精细结构的能量修正与 Z 的四次方成正比,所以重元素的相对论效应变得非常明显,例如,类氢铀离子(U^{91+})2p 能级的精细结构分裂可以达到约 4.5 keV。

图 3.3.1 给出了氢原子能级的修正图,图中左边第一列是薛定谔理论和玻尔理论给出的能级图,能级只与主量子数 n 有关;左边第二列是考虑了相对论动能修正的能级图,所有的能级均有下降,主量子数 n 相同而 l 不同的能级下降的程度不同,l 越小能级下降越多,能级关于 l 的简并解除;第三列是同时考虑相对论动能修正和势能修正的能级图,加入势能修正后,$l = 0$ 的能级上升,$l \neq 0$ 的能级保持不变;第四列则是同时考虑所有三项相对论修正的能级图,加入自旋-轨道修正后,$l \neq 0$ 的能级按照 j 量子数的不同产生分裂,$j = l + 1/2$ 的能级上升,$j = l - 1/2$ 的

能级下降,而 $l=0$ 的能级保持不变,联合作用的结果使得 j 相同、l 不同的能级简并。图中用波数表示出了 $n=1,2,3$ 能级的移动和分裂间隔,波数 $\tilde{\nu}$ 与能量 E 的关系是 $E = hc\tilde{\nu}$,$1\text{ eV} \approx 8\,065.54\text{ cm}^{-1}$。

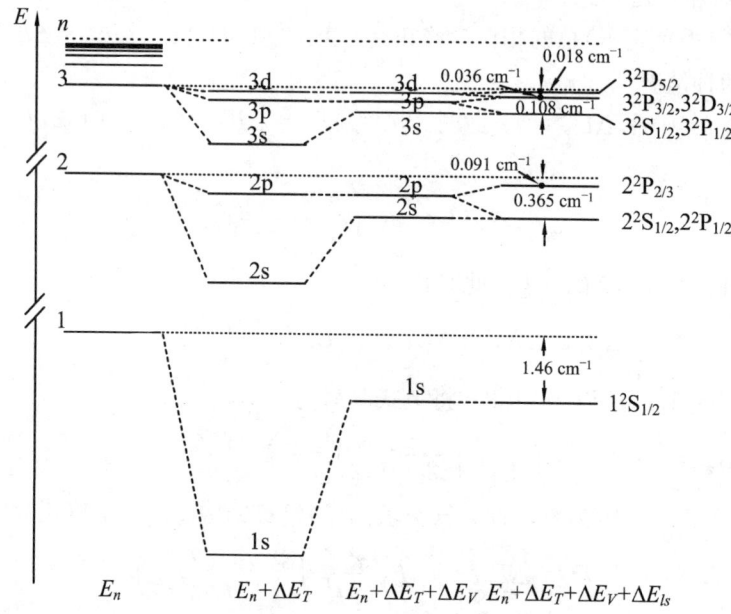

图 3.3.1 氢原子 $n=1,2,3$ 能级的精细结构分裂

例 3.3 计算氢原子 $n=1,2$ 能级的精细结构修正。

解 对于 $n=1$ 的能级,只有 1s 态,$l=0$,$s=1/2$,所以 $j=1/2$,原子状态记为 $1\,^2S_{1/2}$。代入式(3.3.12),该能级的精细结构修正为

$$\Delta E_{1,1/2} = -E_1 \frac{\alpha^2 1^2}{1^2}\left(\frac{3}{4} - \frac{1}{1/2+1/2}\right) \approx -1.81\times 10^{-4}\text{ eV} \approx -1.46\text{ cm}^{-1}$$

对于 $n=2$ 的能级,没有考虑精细结构修正之前,$l=0$ 的 2s 态和 $l=1$ 的 2p 态是简并的。考虑修正后,对于 2s 态,$l=0$,$s=1/2$,所以 $j=1/2$,原子状态记为 $2\,^2S_{1/2}$,它的精细结构修正为

$$\Delta E_{2,1/2} = -E_2 \frac{\alpha^2 1^2}{2^2}\left(\frac{3}{4} - \frac{2}{1/2+1/2}\right) \approx -5.66\times 10^{-5}\text{ eV} \approx -0.456\text{ cm}^{-1}$$

对于 2p 态,$l=1$,$s=1/2$,所以 $j=1/2, 3/2$,对应的原子状态分别记为 $2\,^2P_{1/2}$ 和 $2\,^2P_{3/2}$。由于 $2\,^2P_{1/2}$ 的 n、j 值与 $2\,^2S_{1/2}$ 相同,所以这两个状态是简并的,精细结构修正同为 $\Delta E_{2,1/2} \approx -5.66\times 10^{-5}$ eV,而 $2\,^2P_{3/2}$ 的精细结构修正为

$$\Delta E_{2,3/2} = -E_2 \frac{\alpha^2 1^2}{2^2}\left(\frac{3}{4} - \frac{2}{3/2+1/2}\right) \approx -1.13\times 10^{-5}\text{ eV} \approx -0.091\text{ cm}^{-1}$$

所以,考虑精细结构修正后,$n=2$ 的能级分裂为两条,一条对应简并的 $2\,^2S_{1/2}$ 和 $2\,^2P_{1/2}$ 态,

另一条对应 $2\,^2P_{3/2}$ 态，如图 3.3.1 所示。

3.3.2 氢原子光谱的精细结构

能级的精细结构分裂导致相应光谱的精细结构分裂。原子吸收和辐射电磁波可以近似看作是一种电偶极振荡，对于这种电偶极辐射，原子对应的跃迁要满足如下的选择定则（选择定则的物理内涵将在 8.6 节中介绍）

$$\Delta l = \pm 1, \quad \Delta j = 0, \pm 1 \tag{3.3.13}$$

以氢原子光谱巴耳末系的 H_α 线为例讨论光谱的精细结构，按照选择定则，H_α 线相应的精细结构跃迁如图 3.3.2 所示，允许的跃迁有 7 个，分别是

(a) $3\,^2S_{1/2} \to 2\,^2P_{3/2}$，　(b) $3\,^2D_{3/2} \to 2\,^2P_{3/2}$，　(c) $3\,^2D_{5/2} \to 2\,^2P_{3/2}$

(d) $3\,^2P_{1/2} \to 2\,^2S_{1/2}$，　(e) $3\,^2S_{1/2} \to 2\,^2P_{1/2}$

(f) $3\,^2P_{3/2} \to 2\,^2S_{1/2}$，　(g) $3\,^2D_{3/2} \to 2\,^2P_{1/2}$

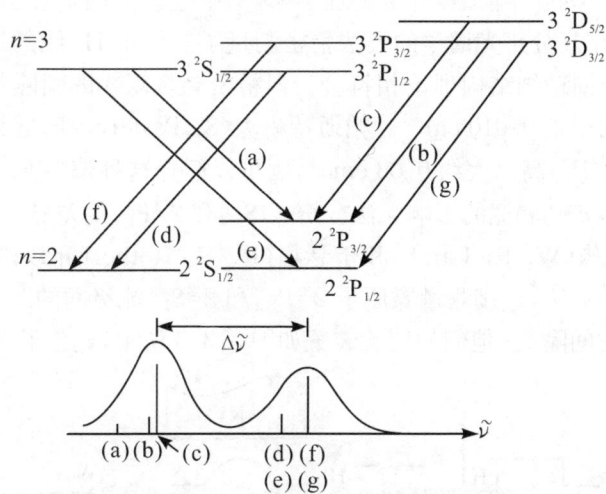

图 3.3.2　氢原子光谱的巴耳末系 H_α 线相应的精细结构跃迁

由于能级 $3\,^2S_{1/2}$ 与 $3\,^2P_{1/2}$、$2\,^2P_{1/2}$ 与 $2\,^2S_{1/2}$ 是简并的，所以跃迁(d)和(e)对应的谱线波数相等。同理，跃迁(f)和(g)对应的谱线波数也相等。所以按照相对论的狄拉克理论预言，H_α 线的精细结构应该是 5 条谱线。表 3.3.1 列出了计算得到的谱线相对于薛定谔理论值（15 233.00 cm^{-1}）的移位和谱线的相对强度[①]。早期

[①] Lamb W E. Anomalous fine structure of hydrogen and singly ionized helium[J]. Rep. Prog. Phys., 1951, 14: 19.

的干涉光谱仪由于受到多普勒效应的限制(可以参考8.6.3小节),观测到的是双线结构,如图3.3.2所示。根据表3.3.1,可以计算出所有谱线的重心偏离薛定谔理论值为 0.21 cm^{-1},这与实验观测是一致的;同时,双线的间隔主要是(c)线和(f)/(g)线之间的间隔,根据表中的数值可以计算出双线的间隔 $\Delta\tilde{\nu}\approx 0.329$ cm^{-1}。

表3.3.1 氢原子 H$_\alpha$ 线的精细结构谱线相对移位和相对强度

谱 线	(a)	(b)	(c)	(d)	(e)	(f)	(g)
移位(cm^{-1})	−0.071	0.037	0.073	0.294	0.294	0.402	0.402
相对强度	0.20	1.0	9	1.04	0.1	2.08	5.0

3.3.3 兰姆移位和电子的反常磁矩

狄拉克理论很好地解释了实验观测到的 H$_\alpha$ 线的双线结构,并预言了双线间隔为 0.329 cm^{-1}。1935年前后,许多物理学家,其中包括中国物理学家谢玉铭参加的研究小组,利用高分辨光谱学的方法精密测量了氢原子 H$_\alpha$ 线的这种双线结构,实验结果基本上同精细结构理论相符合。但精密测量双线的间隔却发现,测得的数值比理论值约小了 0.010 cm^{-1}。帕斯特耐克(S. Pasternack)曾推测,如果下能级的 $2\,^2S_{1/2}$ 比 $2\,^2P_{1/2}$ 高出大约 0.03 cm^{-1},则可以解释这种偏差[1]。然而光谱学的方法由于受到多普勒展宽的影响无法分辨 $2\,^2S_{1/2}$ 和 $2\,^2P_{1/2}$ 的差异。

1947年,兰姆(W. E. Lamb)和李瑟福(R. C. Retherford)利用原子束技术和微波波谱学的方法,直接测量氢原子 $2\,^2P_{1/2}$ 和 $2\,^2S_{1/2}$ 能级间的跃迁,从而精密确定这两个能级的间隔[2]。他们的实验装置如图3.3.3所示,氢分子在加热炉中被高

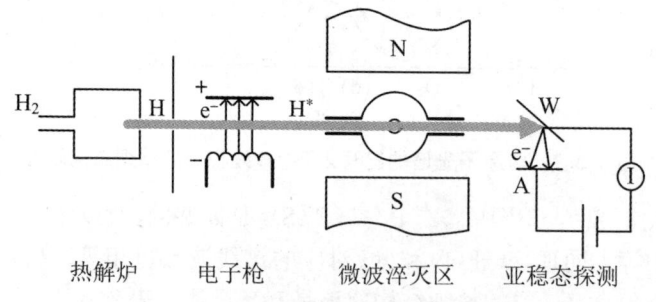

图3.3.3 兰姆和李瑟福的实验装置示意图

---

[1] Pasternack S. Note on the fine structure of H$_\alpha$ and D$_\alpha$[J]. Phys. Rev., 1938, 54: 1113.
[2] Lamb W E, Retherford R C. Fine structure of the hydrogen atom by a microwave method[J]. Phys. Rev., 1947, 72: 241.

温裂解为氢原子,从小孔喷出后经准直成为平行的氢原子束,氢原子束再经低能电子枪轰击(电子动能略大于 10.2 eV),其中一部分氢原子被激发到 $2\,^2S_{1/2}$ 态。按照式(3.3.13)的选择定则,$2\,^2S_{1/2}$ 态不能通过电偶极跃迁回到基态,所以这个态的寿命很长(约 0.14 s),称为亚稳态。亚稳态的氢原子有足够的时间飞行到装置的末端被亚稳态原子探测器探测到,探测器由钨板和收集极组成,亚稳态的氢原子撞击钨板 W 后会退激发到基态,释放的 10.2 eV 能量足以将钨金属(脱出功为 4.52 eV)中的电子打出,出射的电子被收集极 A 收集并在电路中被检流计检出。如果在电子枪和探测器之间加入一个微波场,当频率刚好与 $2\,^2S_{1/2}$ 和 $2\,^2P_{1/2}$ 的能级差匹配时,会诱导 $2\,^2S_{1/2}$ 态共振跃迁到 $2\,^2P_{1/2}$,而 $2\,^2P_{1/2}$ 态的寿命只有 1.6×10^{-9} s,到达收集极之前就退激发到基态,经过这一过程亚稳态被淬灭掉,因此,探测器检出的电流在共振频率处会有一个尖锐的下降。

兰姆和李瑟福利用这种方法直接测出了 $2\,^2S_{1/2}$ 和 $2\,^2P_{1/2}$ 的能级差。在 1947 年最初的实验中,他们发现 $2\,^2S_{1/2}$ 能级比 $2\,^2P_{1/2}$ 能级高 1 000 MHz,1953 年进一步实验①得到的更精确的结果为 $(1\,057.77\pm0.10)$ MHz,或者用波数表示为 0.035 cm^{-1},相当于 $n=2$ 能级精细结构的 1/10,与帕斯特耐克的推测值相吻合,这称为兰姆移位。$n\geqslant3$ 的能级也有类似的移位。图 3.3.4 给出了氢的 $n=2$ 和 $n=3$ 能级的精细结构及兰姆移位。由于兰姆移位的存在,$2\,^2P_{1/2}$ 和 $2\,^2S_{1/2}$ 能级不再简并。回头再看氢原子的 H_α 线,(f)和(g)以及(d)和(e)谱线都会分裂,如图 3.3.4 所示,其中(f)线向低波数端的移动量刚好等于兰姆移位 0.035 cm^{-1}。按照表 3.3.1 的强度值,计算得到(f),(g)线的重心位置向低波数端移动了 0.010 cm^{-1},与光谱观测一致。

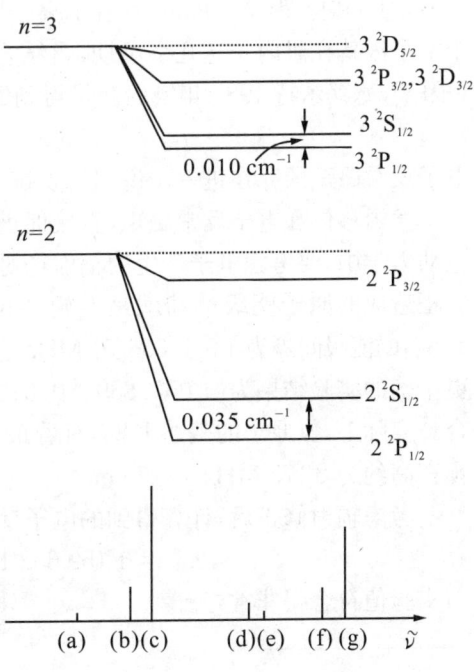

图 3.3.4 氢原子 $n=2$ 和 $n=3$ 的精细结构能级及兰姆移位

---

① Triebwasser S, Dayhoff E S, Lamb W E. Fine structure of the hydrogen atom[J]. Phys. Rev., 1953, 89: 98.

从图3.3.4可以看到兰姆移位的如下特点：① 对于同一 n 值的态，$j=1/2$ 能级的移位最大，$j>1/2$ 能级的兰姆移位非常小，几乎可以忽略；② n 越大，兰姆移位越小。狄拉克的相对论量子力学无法解释兰姆移位。

几乎同时，库什(P. Kusch)和弗利(H. M. Foley)通过实验发现了电子的反常磁矩。我们知道，狄拉克相对论量子力学的一个直接的结论是电子具有内禀的自旋磁矩，由式(3.2.6)，自旋磁矩 z 分量的大小刚好是一个玻尔磁子，电子自旋 g 因子严格等于2。利用拉比(I. I. Rabi)发展起来的原子束磁共振实验技术(3.5节中将介绍磁共振技术)，库什他们通过一系列的精确实验测量了电子的内禀磁矩，发现并不严格等于一个玻尔磁子，而是等于 1.00119 ± 0.00005 个玻尔磁子，相应的电子自旋 g 因子 $g_s=2\times(1.00119\pm0.00005)$[①]。为了方便讨论，令 $g_s=2(1+a)$，a 表示 g 因子和2的差别，称为电子的反常磁矩。德默尔特(H. G. Dehmelt)和保罗(W. Paul)发展了离子阱技术。利用该技术，德默尔特可以将单个电子囚禁在阱内长达几个星期，再结合磁共振技术就可以直接测量电子的自旋 g 因子，德默尔特1987年实验测量得到的 a 值为[②]

$$a_{\text{ex}} = 1\,159\,652\,188.4(43)\times 10^{-12}$$

电子反常磁矩的存在进一步说明了狄拉克相对论量子力学的局限性。

兰姆移位和电子反常磁矩，直接促进了量子电动力学(QED)的发展。在量子电动力学中，要考虑电子产生的辐射场对它自身的作用，即所谓的辐射修正。辐射修正造成的原子能级移动就是兰姆移位，量子电动力学计算的氢原子 $2\,^2P_{1/2}$ 和 $2\,^2S_{1/2}$ 的能级间隔为 $1\,057.866(5)$ MHz，兰姆的实验结果为 $(1\,057.77\pm0.10)$ MHz，更精确的实验结果为 $(1\,057.839\pm0.012)$ MHz[③]，与量子电动力学的理论计算吻合。实际上，氢原子的基态 $1^2S_{1/2}$ 有着最大的兰姆移位，使其能级比狄拉克理论的预言高约为 $8\,173$ MHz(0.27 cm^{-1})。

考虑辐射修正后，计算得到的电子反常磁矩 a 的值为[④]

$$a_{\text{th}} = 1\,159\,652\,181.78(77)\times 10^{-12}$$

与实验值符合得非常好。

[①] Kusch P, Foley H M. The magnetic moment of the electron[J]. Phys. Rev., 1948, 74：256.

[②] Van Dyck R S, Schwinberg P B, Dehmelt H G. New high precision comparision of electron/positron g-factors[J]. Phys. Rev. Lett., 1987, 59：26.

[③] Hagley E W, Pipkin F M. Separated oscillatory field measurement of hydrogen 2S$_{1/2}$-2P3/2 fine structure interval[J]. Phys. Rev. Lett. 1994, 72：1172.

[④] Kinoshita T. Tenth-order qed contribution to the electron g-2 and high precision test of quantum electrodynamics[J]. Int. J. Mod. Phys. A, 2014, 29：1430003.

由于兰姆移位和电子反常磁矩测量的重要意义,兰姆和库什分享了 1955 年的诺贝尔物理学奖。值得一提的是,对电子自旋 g 因子的测量是人类迄今最精确的测量之一,而量子电动力学的理论计算与实验测量符合的程度也达到了令人叹为观止的地步。德默尔持和保罗由于发展了带电粒子的囚禁技术和高精度物理常数的测量获得了 1989 年的诺贝尔物理学奖。施温格(J. S. Schwinger)、朝永振一郎(S. Tomonaga)和费恩曼(R. P. Feynman)也由于量子电动力学理论工作分享了 1965 年的诺贝尔物理学奖。

3.3.4 超精细结构

高分辨的微波波谱学除了观测到了相当于精细结构能级 1/10 的兰姆移位之外,还可以观测到更细小的能级分裂,例如,H 原子的基态 $1\,^2S_{1/2}$ 实际上包含了间距大约为 0.048 cm^{-1} 的两个能级,分裂间距比能级精细结构要小 2~3 个数量级,这称作能级的超精细结构。

到目前为止,在讨论原子能级结构时,我们将原子核看作是一个带 $+Ze$ 电荷、质量为 M 的质点。实际上,原子核并不是一个质点,它是由核子(质子和中子)组成的,每个核子与电子一样也具有内禀角动量即自旋,质子与中子的自旋量子数均为 1/2。此外,核子在原子核内的空间运动也有相应的轨道角动量。所有这些运动的总和使原子核具有总角动量 I,通常所说的原子核的自旋是指原子核基态的总角动量(原子核性质的详细讨论参见第 6 章)。核自旋角动量 I 的平方值也满足量子化关系式

$$I^2 = I(I+1)\hbar^2 \tag{3.3.14}$$

其中,I 是核自旋角动量量子数。

自旋角动量为 I 的带正电荷的原子核具有相应的磁矩

$$\boldsymbol{\mu}_I = g_I \frac{\mu_N}{\hbar} \boldsymbol{I} \tag{3.3.15}$$

其中,$\mu_N = e\hbar/(2m_p)$,称为核磁子,m_p 为质子的质量,g_I 为原子核的 g 因子。显然,$\mu_N \approx \mu_B/1837$,即大约是玻尔磁子的 1/2 000。原子核磁矩在电子运动产生的磁场中会有取向势能,带来附加的能量。

有限大小的原子核内电荷有一定分布,在远离原子核处产生的电势相当于电多极矩产生的势。实验表明,原子核的电偶极矩恒为零,但可能存在电四极矩。电四极矩与核外电子电荷分布存在的电场梯度也会有相互作用而产生附加能量。

这两项相互作用使原子能级进一步分裂。通常将这两种相互作用造成的能级分裂称作超精细结构效应。此外,同一元素的不同同位素(质子数相同,中子数不

同)具有不同核质量和不同大小的有限核体积(因而不同的电荷分布),会引起原子能级的微小移位,称为同位素移位,其量级与超精细结构相当。

核的电四极矩引起的超精细结构相互作用相对较小,在以下情况还不存在,其一,对自旋量子数 $I=0$ 或 $1/2$ 的原子核,电四极矩等于零;其二,对电子总角动量量子数 $J=0$ 和 $1/2$ 的原子,其核外电子在原子核处产生的电场梯度为零。例如,氢原子的原子核是质子,自旋量子数为 $1/2$;碱金属原子铯(^{133}Cs)的基态是 $^2S_{1/2}$,电子总角动量 $J=1/2$,它们都不用考虑电四极矩引起的超精细结构相互作用。

现在讨论核磁矩引起的磁超精细结构,设原子核磁矩为 $\boldsymbol{\mu}_I$,电子运动产生的磁场为 $\boldsymbol{B}_e$,则核磁矩在磁场中的取向势能引起的附加能量

$$\Delta E = -\boldsymbol{\mu}_I \cdot \boldsymbol{B}_e \tag{3.3.16}$$

电子的轨道运动和电子自旋运动都会在原子核处产生磁场,可以证明原子核感受到的电子的磁场 $\boldsymbol{B}_e$ 与电子的总角动量 $\boldsymbol{J}$ 成正比。由式(3.3.15),$\boldsymbol{\mu}_I$ 与核的自旋角动量 $\boldsymbol{I}$ 也成正比,于是有

$$\Delta E = A\boldsymbol{I} \cdot \boldsymbol{J} \tag{3.3.17}$$

式中,A 称为超精细相互作用常数,决定超精细能级移动的大小。

设原子体系的电子总角动量 $\boldsymbol{J}$ 和核自旋角动量 $\boldsymbol{I}$ 耦合成总角动量 $\boldsymbol{F}$:

$$\boldsymbol{F} = \boldsymbol{I} + \boldsymbol{J} \tag{3.3.18}$$

总角动量量子数 F 的取值由量子数 I 和 J 决定:

$$F = I+J, I+J-1, \cdots, |I-J|$$

将式(3.3.18)平方可得

$$\boldsymbol{I} \cdot \boldsymbol{J} = \frac{1}{2}(\boldsymbol{F}^2 - \boldsymbol{J}^2 - \boldsymbol{I}^2) = \frac{\hbar^2}{2}[F(F+1) - J(J+1) - I(I+1)]$$

代入式(3.3.17),令 $a = A\hbar^2$,得到超精细相互作用引起的附加能量为

$$\Delta E = \frac{a}{2}[F(F+1) - J(J+1) - I(I+1)] \tag{3.3.19}$$

对 $l \neq 0$ 的氢原子(或类氢离子),量子力学计算得到系数 a 的表达式为

$$a = g_I \frac{m_e}{m_p} m_e c^2 \alpha^4 \frac{1}{j(j+1)(2l+1)} \frac{Z^3}{n^3}$$

$$= -2g_I \frac{m_e}{m_p} \frac{Z}{n} \frac{1}{j(j+1)(2l+1)} \alpha^2 E_n \tag{3.3.20}$$

其中,E_n 是式(3.3.3)所示的非相对论类氢离子的能量。对单电子原子,为了保持符号的一致性,上式仍用小写字母 j 来表示电子总角动量量子数,l 是电子的轨道角动量量子数,n 是主量子数。已知精细结构相互作用能的量级是 $\alpha^2 E_n$,由上式可知,超精细结构相互作用能是精细结构的 m_e/m_p,大约 $1/2\,000$,又小三个量级。

对于 $z=1, n=1, l=0$ 的氢原子的基态 $1\,^2S_{1/2}, j=1/2, I=1/2$，所以 $F=1$ 或 0，由以上 10 个公式可算得，基态能级分裂为两个超精细结构能级，附加能量分别为

$$\Delta E = \begin{cases} +\dfrac{1}{4}a, & F=1 \\ -\dfrac{3}{4}a, & F=0 \end{cases}$$

如图 3.3.5 所示；能级的间隔为

$$\Delta E(F=1) - \Delta E(F=0) = a \tag{3.3.21}$$

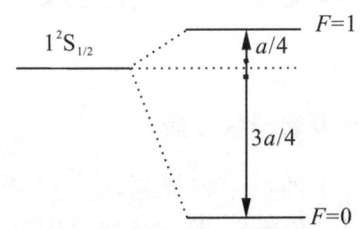

图 3.3.5 氢原子基态能级的超精细结构分裂

氢原子基态的系数 a 的表达式为

$$a = \frac{4}{3} g_I \frac{m_e}{m_p} m_e c^2 \alpha^4 \tag{3.3.22}$$

质子的 g 因子 $g_I = 5.585\,694\,77$。由此算出这两个超精细结构能级之间的跃迁频率 $\nu \approx 1\,420$ MHz，对应的波长 $\lambda \approx 21$ cm，能量 $h\nu \approx 5.88 \times 10^{-6}$ eV。

由于比精细结构能级分裂还要小 2～3 个数量级，精确测量超精细跃迁的难度非常大。拉姆齐(N. F. Ramsey)在拉比原子分子束磁共振技术的基础上，提出了分离振荡场实验方法来测量氢原子基态超精细跃迁的频率，大大提高了测量精度，目前最精确的测量结果为[①]

$$\nu = 1.420\,405\,751\,766\,7(10)\ \text{GHz}$$

对超精细跃迁频率的高精度测量，使人们可以将其作为时间标准[6]。由于碱金属原子铯(^{133}Cs)的核自旋为 7/2，基态的两个超精细能级 $F=4$ 和 $F=3$ 的间隔约为 9.192 GHz，比氢原子的超精细跃迁频率高 10 倍左右，其测量精度比氢要好很多。用氢原子基态超精细跃迁的频率作为时间标准称为氢原子钟，用铯原子基

---

① Essen L, Donaldson M J, Bangham M J, et al. Frequency of the hydrogen maser[J]. Nature, 1971, 229: 110.

态超精细跃迁的频率作为时间标准称为铯原子钟。目前,世界上最稳定的钟是氢原子钟,稳定度好于 1×10^{-16} d^{-1};最准确的钟是铯原子钟,其精度已达到 1×10^{-16}。因此 1967 年第 13 届国际计量大会正式决定用铯钟作为频率标准,把铯原子跃迁振荡 9 192 631 770 次所经历的时间定义为 1"秒"。拉姆齐因发明了分离振荡场的方法以及在原子钟方面的应用也分享了 1989 年的诺贝尔物理学奖。

3.4 碱金属原子的能级与光谱

3.4.1 碱金属原子的能级及量子数亏损

碱金属是元素周期表中的第一列元素,它们是锂(Li)、钠(Na)、钾(K)、铷(Rb)、铯(Cs)、钫(Fr),是一价元素,具有相似的化学、物理性质,由此可推知它们应有相似的原子结构。原子序数为 Z 的碱金属原子由一个带 $+Ze$ 正电荷的原子核和核外的 Z 个电子构成,最外层轨道上有一个价电子,它与原子结合较为松散,与原子核的距离比其他内壳层电子远很多,因此可以把除价电子之外的所有电子和原子核看作一个核心,称之为原子实。价电子在原子实外面运动时,相当于在一个单位正电荷的库仑场中运动,所以碱金属原子的能级与氢原子能级相似。这个价电子的状态同样可以用量子数 n,l,m_l 来描述,基态为 ns 态,对于锂、钠、钾、铷、铯、钫,基态的 n 分别等于 2,3,4,5,6,7。

但原子实与氢原子的原子核毕竟不同,由第 2 章知道,价电子的径向分布如图 2.6.1 所示,价电子会有相当的概率出现在 r 小的地方,即进入原子实的内部,所以平均而言,价电子感受到的有效核电荷数不再是 1,而是一个大于 1 的值,设为 Z^*。按照单电子的图像,可以将价电子的能量写为

$$E_n = -\frac{1}{2}\mu\alpha^2 c^2 \frac{Z^{*2}}{n^2}$$

其中 μ 为电子与原子实的约化质量。由于有效核电荷数 $Z^* > 1$,能量应比相同主量子数的氢原子的能量低,我们把由此引起的能量降低称为轨道贯穿效应。

从图 2.6.1 所示的径向分布函数可以看到,主量子数 n 相同、轨道量子数 l 小的电子,出现在原子核附近的概率大,感受到的有效核电荷数也越大,即

$$Z^*_{ns} > Z^*_{np} > Z^*_{nd} > \cdots$$

因此，碱金属价电子的能级对量子数 l 的简并解除，能级不仅与主量子数 n 有关，也与轨道量子数 l 有关，表示为

$$E_{nl} = -\frac{1}{2}\mu\alpha^2 c^2 \frac{Z_{nl}^{*2}}{n^2} = -\frac{1}{2}\mu\alpha^2 c^2 \frac{1}{n^{*2}} \qquad (3.4.1)$$

其中，$n^* = n/Z_{nl}^*$。由于 $Z_{nl}^* > 1$，所以 $n^* < n$，可令 $n^* = n - \Delta_{nl}$，Δ_{nl} 称为量子数亏损。通常使用量子数亏损而不是有效核电荷数来描述由于轨道贯穿效应引起的能级移动现象。上式改写为

$$E_{nl} = -\frac{1}{2}\mu\alpha^2 c^2 \frac{1}{(n-\Delta_{nl})^2} = -\frac{Rhc}{(n-\Delta_{nl})^2} \qquad (3.4.2)$$

显然，价电子处在不同角量子数 l 的状态，对原子实的贯穿程度不同。l 大的价电子出现在原子核附近的概率小，贯穿弱，量子数亏损 Δ_{nl} 就小；反之，l 小的价电子出现在原子核附近的概率大，贯穿强，量子数亏损 Δ_{nl} 就大。表 3.4.1 列出了钠原子各能级的量子数亏损值，从表中可以看到，量子数亏损主要取决于轨道量子数 l，主量子数 n 的影响比 l 小很多，通常又将量子数亏损记为 Δ_l。图 3.4.1 是锂和钠的能级图，为了与氢原子比较，在图的右边也画出了氢原子的能级。电子对原子实的这种贯穿效应引起了能级的下降和分裂，l 越小和越是外层的电子相应的能级下降越多，价壳层的 s 电子能级下降最多。

表 3.4.1 钠原子能级的量子数亏损 Δ_{nl}

l \ n	3	4	5	6	7	8
0	1.373	1.358	1.354	1.352	1.351	1.351
1	0.883	0.867	0.862	0.860	0.859	0.858
2	0.011 0	0.013 4	0.014 5	0.015 6	0.016 1	0.015 5
3	—	0.001 9	0.002 6	0.002 9	0.003 6	0.004 3

3.4.2 碱金属原子的光谱

按照式(3.3.12)电偶极跃迁的选择定则 $\Delta l = \pm 1$，图 3.4.1 还标出了锂原子和钠原子部分可能的跃迁，与氢原子类似，这些跃迁产生的光谱也构成若干谱线系，我们以钠原子为例分别介绍。

$np \to 3s$ 的一系列跃迁产生的谱线构成主线系(the principal series)。能级的能量 E_n 与光谱项 T_n 的关系为 $E_n = -hcT_n$，谱线相应的波数是两个能级光谱项之

差,为

$$\tilde{\nu}_n = \frac{R}{(3-\Delta_s)^2} - \frac{R}{(n-\Delta_p)^2}, \quad n = 3,4,5,\cdots \tag{3.4.3}$$

式中,Δ_s 和 Δ_p 分别是 $l=0$ 的 s 能级和 $l=1$ 的 p 能级的量子数亏损,R 是里德伯常数。代入表 3.4.1 中相应的数值,可以求得主线系的第一条谱线(3p→3s 跃迁)的波长是 589.3 nm,是大家熟悉的钠黄光,称为 D 线。

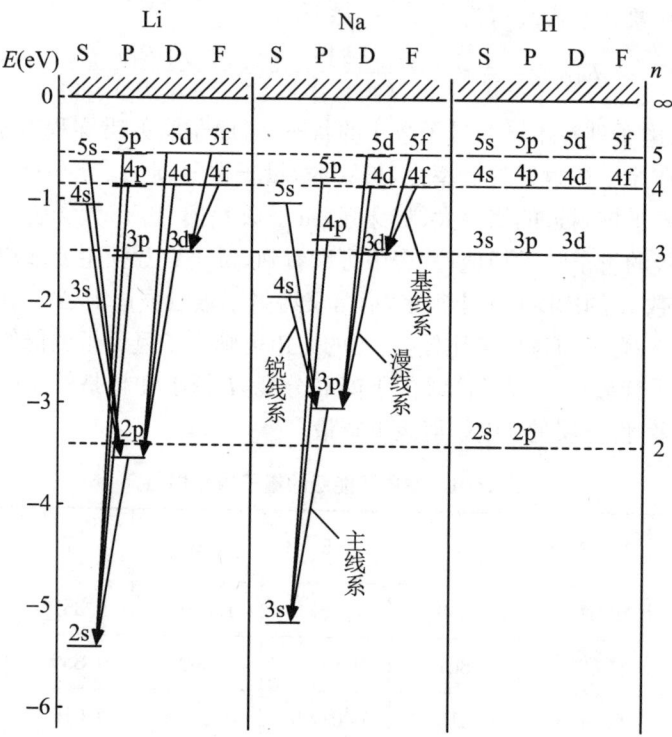

图 3.4.1 锂原子和钠原子的能级图

nd→3p 的一系列跃迁产生的谱线构成漫线系(the diffuse series),又称第一辅线系(the first subordinate series),谱线相应的波数可以表示为

$$\tilde{\nu}_n = \frac{R}{(3-\Delta_p)^2} - \frac{R}{(n-\Delta_d)^2}, \quad n = 3,4,5,\cdots \tag{3.4.4}$$

式中,Δ_d 是 $l=2$ 的 d 能级的量子数亏损。

ns→3p 的一系列跃迁产生的谱线构成锐线系(the sharp series),又称第二辅线系(the second subordinate series),谱线相应的波数可以表示为

$$\tilde{\nu}_n = \frac{R}{(3-\Delta_\mathrm{p})^2} - \frac{R}{(n-\Delta_\mathrm{s})^2}, \quad n = 4,5,6,\cdots \qquad (3.4.5)$$

$n\mathrm{f} \to 3\mathrm{d}$ 的一系列跃迁产生的谱线则构成基线系(the fundamental series),又称伯格曼线系(the Bergmann series),谱线相应的波数可以表为

$$\tilde{\nu}_n = \frac{R}{(3-\Delta_\mathrm{d})^2} - \frac{R}{(n-\Delta_\mathrm{f})^2}, \quad n = 4,5,6,\cdots \qquad (3.4.6)$$

式中,Δ_f 是 $l=3$ 的 f 能级的量子数亏损。

3.4.3 碱金属原子光谱和能级的精细结构

实验发现碱金属原子的光谱也有精细结构,每条光谱线实际上都是由 2~3 条线组成的。主线系和锐线系的每一条谱线都是双线结构,而漫线系和基线系的每一条谱线则都是三线结构。例如,钠原子的 D 线在精细结构的光谱上是由波长为 589.6 nm(D_1 线) 和 589.0 nm(D_2 线) 的两条线组成的双线结构。

从氢原子的讨论可知,能级和光谱的精细结构来源于相对论效应,它对能量的修正主要包括自旋-轨道相互作用修正、动能的相对论修正和势能的相对论修正,其中后两项的修正只是引起能级的移位,而这种移位与轨道贯穿效应引起的能级下移相比要小得多。因此,碱金属原子能级的精细结构分裂主要是自旋-轨道相互作用造成的。类似于氢原子,该项的修正可以表示为

$$\Delta E_{ls} = \begin{cases} 0, & l=0 \\ \dfrac{\mu c^2 \alpha^4 Z_{fs}^{*4}}{2n^{*3}} \dfrac{j(j+1)-l(l+1)-s(s+1)}{2l(l+1/2)(l+1)}, & l \neq 0 \end{cases} \qquad (3.4.7)$$

轨道贯穿效应对应的有效核电荷数 Z_{nl}^* 已经计入到量子数亏损即 n^* 中,这里的 Z_{fs}^* 是相对论效应中价电子感受到的有效核电荷数。对于 $l=0$ 的 S 态,能级没有精细结构分裂;对于 $l \neq 0$ 的态,由于价电子的自旋量子数 $s=1/2$,其总角动量量子数 $j=l \pm 1/2$,相应的能级将按照 j 量子数的不同分裂为两个精细结构能级,能量的修正值分别为

$$\Delta E_{ls} = \begin{cases} \dfrac{\mu c^2 \alpha^4 Z_{fs}^{*4}}{2n^{*3}} \dfrac{1}{(l+1)(2l+1)} > 0, & j = l + \dfrac{1}{2} \\ -\dfrac{\mu c^2 \alpha^4 Z_{fs}^{*4}}{2n^{*3}} \dfrac{1}{l(2l+1)} < 0, & j = l - \dfrac{1}{2} \end{cases} \qquad (3.4.8)$$

$j=l+1/2$ 的能级上移,$j=l-1/2$ 的能级下移,能级间的裂距为

$$\delta E_{ls} = \Delta E_{ls}(j=l+1/2) - \Delta E_{ls}(j=l-1/2)$$
$$= \frac{\mu c^2 \alpha^4 Z_{fs}^{*4}}{2n^{*3}} \frac{1}{l(l+1)} \qquad (3.4.9)$$

仍以钠原子为例,基态时价电子在 3s 态,$l=0$,$s=1/2$,则 $j=1/2$,用多重态的符号表示为 $3\,^2S_{1/2}$,基态能级没有精细结构分裂;价电子激发到 $ns(n\geqslant 4)$态,原子相应的状态为 $n\,^2S_{1/2}$,激发态 S 态的能级也没有精细结构分裂;价电子激发到 $np(n\geqslant 4)$态,$l=1$,$s=1/2$,则 $j=3/2$,$1/2$,原子的状态表示为 $n\,^2P_{3/2}$ 和 $n\,^2P_{1/2}$,所以激发态 P 态的能级分裂为 $n\,^2P_{3/2}$ 和 $n\,^2P_{1/2}$ 两个精细结构能级;同样,激发态 D 态的能级分裂为 $n\,^2D_{5/2}$ 和 $n\,^2D_{3/2}$ 两个精细结构能级,激发态 F 态的能级则分裂为 $n\,^2F_{7/2}$ 和 $n\,^2F_{5/2}$ 两个精细结构能级。图 3.4.2 给出了钠原子的精细结构能级图(为了清楚起见,图中精细能级的裂距放大了 100 倍),以及按照式(3.3.13)的选择定则给出的部分精细结构光谱的电偶极跃迁。

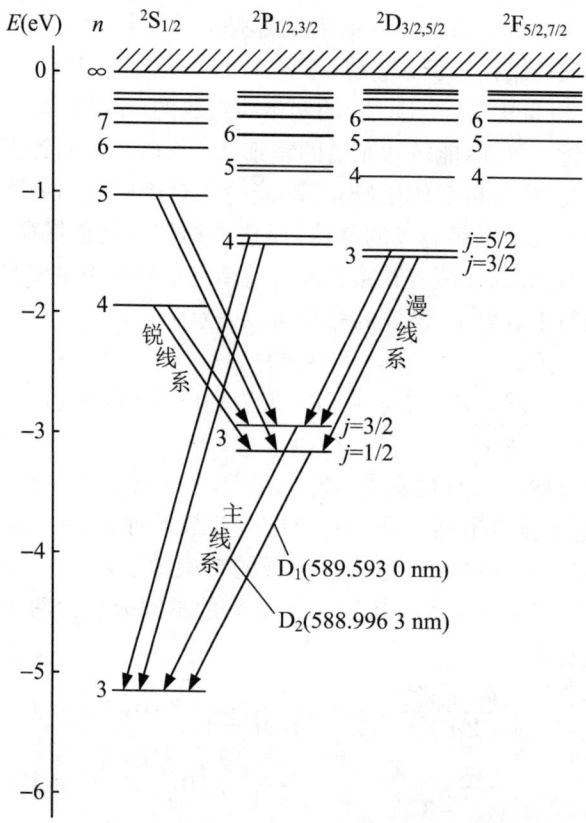

图 3.4.2 钠原子能级和光谱的精细结构图

3.5　外场中的原子

3.5.1　外磁场中的原子：塞曼效应

1896年塞曼(P. Zeeman)发现：把光源放在磁场中，光源发出的每一条谱线都会分裂成三条偏振的谱线，这种现象称为塞曼效应[①]。洛伦兹(H. A. Lorentz)用经典"电子论"对光谱线在磁场中的三分裂现象作出了理论解释。他们两人因此分享了1902年的诺贝尔物理学奖。但不久后的实验发现，光谱分裂的数目不一定是3条，例如，在弱的外磁场中垂直于磁场方向观测钠原子的黄色光谱线发现，589.6 nm的D_1线分裂成4条，而589.0 nm的D_2线则分裂成6条。经典"电子论"无法解释光谱的非三分裂现象，因而称之为反常塞曼效应。与之对应，将三分裂的现象称为正常塞曼效应。只有在电子自旋概念建立之后，塞曼效应才得到了全面的理解。

下面讨论引入电子自旋的量子力学是如何解释塞曼效应的。首先分析原子和磁场的相互作用，在研究外磁场和原子的相互作用时，原子的磁矩是一个重要的物理量。3.2节指出原子中的电子具有轨道磁矩$\boldsymbol{\mu}_l$和自旋磁矩$\boldsymbol{\mu}_s$，原子核也有磁矩，但与电子磁矩相比要小2~3个数量级，所以讨论原子磁矩时核磁矩通常可以忽略。电子的轨道磁矩和自旋磁矩合成为原子的总磁矩$\boldsymbol{\mu}$，由式(3.2.5)和式(3.2.7)得到

$$\boldsymbol{\mu} = \boldsymbol{\mu}_l + \boldsymbol{\mu}_s = -\frac{\mu_B}{\hbar}(g_l \boldsymbol{L} + g_s \boldsymbol{S}) \tag{3.5.1}$$

由于$g_s = 2$和$g_l = 1$，原子的总磁矩也可以写为

$$\boldsymbol{\mu} = -\frac{\mu_B}{\hbar}(\boldsymbol{L} + 2\boldsymbol{S}) \tag{3.5.2}$$

原子磁矩在外磁场$\boldsymbol{B}$中具有取向势能

$$U = -\boldsymbol{\mu} \cdot \boldsymbol{B} = \frac{\mu_B}{\hbar}(\boldsymbol{L} + 2\boldsymbol{S}) \cdot \boldsymbol{B} \tag{3.5.3}$$

[①] Zeeman P. The effect of magnetisation on the nature of light emitted by a substance[J]. Nature, 1897, 55: 347-347.

由于取向势能的存在，在外磁场中的原子会有附加的能量，其大小取决于外磁场的大小。忽略相对论修正中动能和势能的修正项，则在外磁场中原子的总哈密顿量为

$$H = H_0 + H_{ls} + \frac{\mu_B}{\hbar}(L + 2S) \cdot B \tag{3.5.4}$$

其中，H_0 是无外场下非相对论薛定谔方程的哈密顿算符，H_{ls} 是自旋-轨道相互作用项。3.2 节指出，造成能级精细结构分裂的自旋-轨道相互作用可以视为电子自旋磁矩与电子轨道运动产生的内磁场的作用。下面分别讨论两种极端的情况，即弱磁场和强磁场下的塞曼效应。

1. 弱磁场的情况

外加磁场的强弱是相对内磁场而言的，内磁场大小的数量级在 $10^{-1} \sim 10^2$ T，T 是 B 的单位（特斯拉）。弱磁场就是外磁场远小于原子内部磁场，这时原子与外磁场的磁相互作用能远小于自旋-轨道耦合能，因此，可以首先忽略原子与外磁场的相互作用。由于电子的轨道-自旋相互作用，原子能级产生精细结构分裂，此时，L 和 S 耦合得到的总角动量 J 是守恒量，而 L 和 S 各自围绕 J 做拉莫尔进动，不再是守恒量。在此基础上再考虑原子与外磁场的作用，将式(3.5.2)改写为

$$\mu = -\frac{\mu_B}{\hbar}(J + S) \tag{3.5.5}$$

显然，原子总磁矩 μ 不在总角动量 J 的相反方向上，随着 S 绕 J 的进动也相应地绕 J 进动，因而 μ 不是守恒量，它在外磁场方向（设为 z 方向）上的分量没有确定的取值，我们不能直接用式(3.5.3)计算外磁场的作用能。然而如果将 μ 分解为两个分量：一个平行于 J 的分量，记作 μ_j，另一个垂直于 J 的分量，可以证明垂直分量的平均值为零。因此起作用的是 μ_j，称之为原子的有效磁矩，有

$$\mu_j = \frac{\mu \cdot J}{J^2} J \tag{3.5.6}$$

其中

$$\mu \cdot J = -\frac{\mu_B}{\hbar}(L \cdot J + 2S \cdot J)$$

另外，由角动量相加的矢量表达式，得

$$S^2 = J^2 + L^2 - 2L \cdot J$$

从而

$$L \cdot J = \frac{1}{2}(J^2 + L^2 - S^2)$$

同样有

$$\mathbf{S} \cdot \mathbf{J} = \frac{1}{2}(J^2 + S^2 - L^2)$$

由此得到

$$\boldsymbol{\mu}_j = -\frac{\mu_B}{\hbar}\left(1 + \frac{J^2 + S^2 - L^2}{2J^2}\right)\mathbf{J}$$

将 $J^2 = j(j+1)\hbar^2, L^2 = l(l+1)\hbar^2, S^2 = s(s+1)\hbar^2$ 代入，得到

$$\boldsymbol{\mu}_j = -\frac{\mu_B}{\hbar}\left[1 + \frac{j(j+1) + s(s+1) - l(l+1)}{2j(j+1)}\right]\mathbf{J} = -g_j\frac{\mu_B}{\hbar}\mathbf{J} \quad (3.5.7)$$

其中

$$g_j = 1 + \frac{j(j+1) + s(s+1) - l(l+1)}{2j(j+1)} \quad (3.5.8)$$

是朗德 g 因子，它反映了原子总（有效）磁矩和总角动量的比值，即旋磁比。

显然，原子的有效磁矩 $\boldsymbol{\mu}_j$ 是守恒量，其大小和 z 分量分别为

$$\mu_j = g_j\sqrt{j(j+1)}\mu_B \quad (3.5.9)$$

$$\mu_{jz} = -g_j m_j \mu_B, \quad m_j = \pm j, \pm(j-1), \cdots \quad (3.5.10)$$

于是，原子磁矩在外磁场（取为 z 方向）中的取向势能为

$$U = -\boldsymbol{\mu}_j \cdot \mathbf{B} = -\mu_{jz} B = m_j g_j \mu_B B \quad (3.5.11)$$

在外磁场中，原子能级在精细结构能级的基础上，进一步按照 m_j 的取值分裂为 $2j+1$ 条等间隔的能级，m_j 为正的能级上升，m_j 为负的下降。能级的间隔为

$$\Delta E = g_j \mu_B B \quad (3.5.12)$$

图 3.5.1 给出与钠原子 D 线光谱跃迁相关的能级 $^2S_{1/2}$, $^2P_{1/2}$ 和 $^2P_{3/2}$ 在弱磁场中的分裂情况，虚线是不加磁场的情形，实线是加磁场的情形。这三个能级相应的朗德 g 因子由式 (3.5.8) 计算得到，分别是 2, 2/3 和 4/3，m_j 和 $m_j g_j$ 值列在右边。

现在来考察原子的两个精细结构能级 E_2 和 E_1 之间的光谱跃迁，为了简化下面的讨论将忽略下标 j。设 $E_2 > E_1$，在无外磁场时，精细结构谱线的频率 ν_0 满足

$$\nu_0 = (E_2 - E_1)/h$$

加外磁场后两个能级会发生分裂，按照式 (3.5.11)，分裂后的能量为

$$E_2' = E_2 + m_2 g_2 \mu_B B, \quad E_1' = E_1 + m_1 g_1 \mu_B B$$

光谱线的频率变为

$$\nu = \frac{E_2' - E_1'}{h} = \frac{E_2 - E_1}{h} + \frac{\mu_B B}{h}(m_2 g_2 - m_1 g_1)$$

$$= \nu_0 + \frac{\mu_B B}{h}(m_2 g_2 - m_1 g_1) \quad (3.5.13)$$

用波数表示为

$$\tilde{\nu} = \tilde{\nu}_0 + (m_2 g_2 - m_1 g_1)\mathscr{L} \quad (3.5.14)$$

式中

$$\mathscr{L} = \frac{\mu_B B}{hc} = \frac{eB}{4\pi m_e c} \tag{3.5.15}$$

称为洛伦兹单位。当 $B = 1$ T 时，$\mathscr{L} = 0.466$ cm^{-1}。

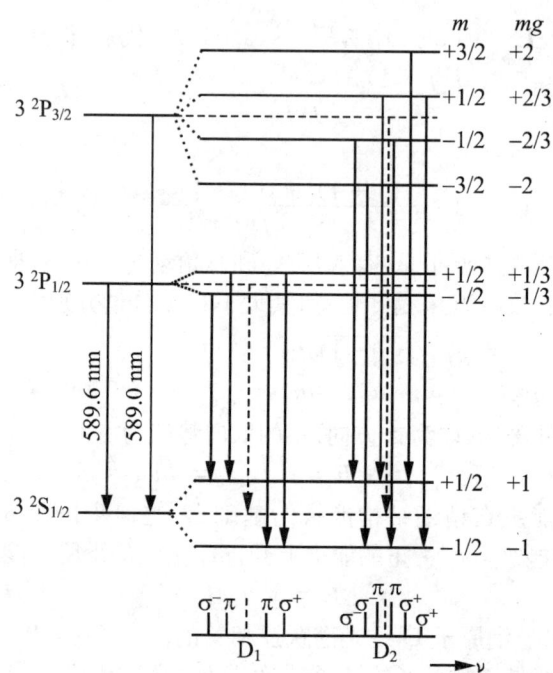

图 3.5.1 钠原子与 D 线光谱跃迁相关的 3P 和 3S 能级和谱线在弱磁场中的分裂

对于磁量子数，光谱的电偶极跃迁要满足选择定则

$$\Delta m = 0, \pm 1 \tag{3.5.16}$$

作为例子，我们来分析钠原子 D 双线的塞曼分裂情况。根据式(3.5.16)的选择定则，容易得到：波长为 589.6 nm 的 D_1 线分裂为四条，如图 3.5.1 所示，图中的虚线是没有外磁场时原子谱线的位置，虚线两边相邻两谱线的波数差为 $2\mathscr{L}/3$，而中间两条的波数差为 $4\mathscr{L}/3$。相应的跃迁也在上图中标出了，带箭头的虚线表示没有外磁场时的跃迁。而波长为 589.0 nm 的 D_2 线则分裂为等间隔的六条，相邻两谱线的波数差都是 $2\mathscr{L}/3$。

由上述讨论可知，在弱磁场情况下，光谱线通常不是三分裂的，应用量子力学并引入电子自旋，这种反常塞曼效应可以得到圆满解释。

2. 强磁场的情况

现在讨论另外一种极端的情形,即外磁场远大于原子内部磁场的情形(外磁场 $B > Z^4\mathrm{T}$,即可视为强磁场)。这时原子与外磁场的磁相互作用是主要的,先忽略自旋-轨道耦合作用,则轨道角动量 $\boldsymbol{L}$ 和自旋角动量 $\boldsymbol{S}$ 各自均为守恒量,它们在外磁场 $\boldsymbol{B}$ 方向(z 方向)上的分量 L_z 和 S_z 有确定值。于是按照式(3.5.3),原子在强磁场中的取向势能为

$$U = \frac{\mu_B B}{\hbar}(L_z + 2S_z) = (m_l + 2m_s)\mu_B B \tag{3.5.17}$$

由此带来的附加能量使原子的能级按照 m_l 和 m_s 的不同组合产生分裂。

对于磁能级,产生光谱线的电偶极跃迁还要服从磁量子数的选择定则:

$$\Delta m_s = 0, \quad \Delta m_l = 0, \pm 1 \tag{3.5.18}$$

现在考察如图 3.5.2 所示的 $n\mathrm{p}$ 和 $3\mathrm{s}$ 原子的两个能级 E_2 和 E_1 之间的光谱跃迁($E_2 > E_1$)。在强磁场下,依照式(3.5.17)两个能级均会分裂,能量分别为

$$E_1' = E_1 + (m_{l1} + 2m_{s1})\mu_B B$$
$$E_2' = E_2 + (m_{l2} + 2m_{s2})\mu_B B$$

谱线的频率变为

$$\nu = \frac{E_2' - E_1'}{h} = \frac{E_2 - E_1 + 2\mu_B B(m_{s2} - m_{s1}) + \mu_B B(m_{l2} - m_{l1})}{h}$$

$$= \nu_0 + \frac{2\mu_B B}{h}\Delta m_s + \frac{\mu_B B}{h}\Delta m_l = \nu_0 + \frac{\mu_B B}{h}\Delta m_l \tag{3.5.19}$$

其中用到了选择定则 $\Delta m_s = 0$。也可以用波数表示为

$$\tilde{\nu} = \tilde{\nu}_0 + \frac{\mu_B B}{hc}\Delta m_l = \begin{cases} \tilde{\nu}_0 + \mathscr{L}, & \Delta m_l = +1 \\ \tilde{\nu}_0, & \Delta m_l = 0 \\ \tilde{\nu}_0 - \mathscr{L}, & \Delta m_l = -1 \end{cases} \tag{3.5.20}$$

可见按照选择定则 $\Delta m_l = 0, \pm 1$,谱线总是分裂为间隔相等的三条,其中一条($\Delta m_l = 0$)与不加磁场时的谱线重合。所以谱线在强场下表现为正常的塞曼分裂,图 3.5.2 给出 $n\mathrm{p}$ 和 $3\mathrm{s}$ 能级及谱线的分裂,(b)图中的六个允许跃迁两两简并,得到三条谱线。德国物理学家帕邢和巴克(E. Back)最早讨论了这种强磁场破坏自旋-耦合的情形[1],所以又称为帕邢-巴克效应。

进一步考虑自旋-轨道相互作用,此时图 3.5.2 的能级存在精细结构。由于磁场很强,轨道磁矩和自旋磁矩仍可以近似看作各自独立地与外磁场作用,轨道角动

---

[1] Paschen F, Back E. Liniongruppen magnetisch vervollständigt[J]. Physica, 1921, 1: 261-273.

量 L 和自旋角动量 S 仍近似为守恒量,量子数 m_l 和 m_s 也仍近似为好量子数。此时,附加能量除了式(3.5.17)的取向势能外,还要做自旋-轨道相互作用的修正。显然,这种修正对 $l=0$ 的 s 态为零。量子力学的计算结果为

$$\Delta E_{ls} = \xi_{nl} m_l m_s, \quad l \neq 0 \tag{3.5.21}$$

式中,ξ_{nl} 是自旋-轨道耦合系数。图 3.5.2(c)给出了强磁场下考虑自旋-轨道耦合后 np 与 $3s$ 能级和光谱的分裂情况,图中虚线能级是不考虑自旋-轨道相互作用的能级,实线差即能级移动 $\xi_{nl}/2$。下图中间的 $\Delta m_l = 0$ 的谱线与不加磁场时的谱线重合,而两边的 $\Delta m_l = \pm 1$ 的谱线则存在精细结构分裂,谱线由 3 条变成 5 条。

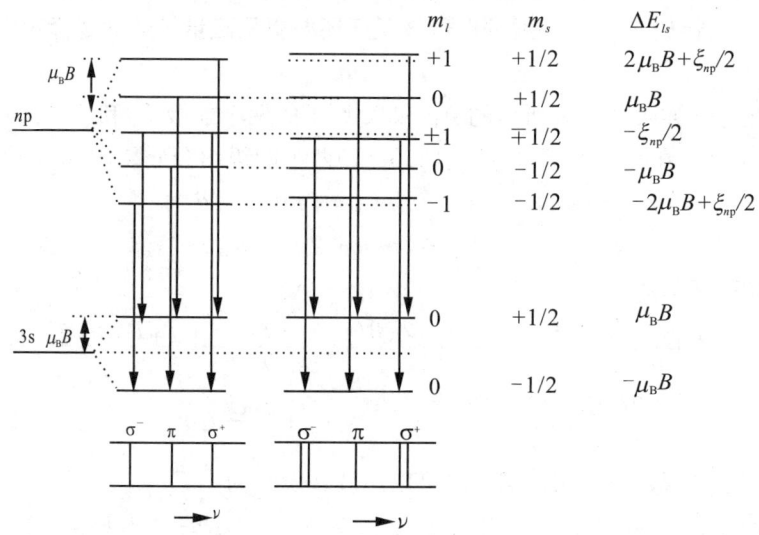

(a) 3s和3p能级 (b) 强场下分裂 (c) 自旋-轨道耦合影响

图 3.5.2 np 和 $3s$ 能级和跃迁的帕邢-巴克效应

图 3.5.3 是 np 能级的塞曼分裂随磁场变化关系的示意图。在外磁场为零的情况下,np 能级由于自旋-轨道相互作用分裂为两个多重态精细结构能级 $^2P_{3/2}$ 和 $^2P_{1/2}$。图的左侧表示弱磁场下的塞曼分裂,此时自旋-轨道耦合主导,多重态精细结构能级产生磁分裂;右端表示强磁场下的情况,此时自旋-轨道耦合被破坏,np 能级直接按照 m_l, m_s 产生磁分裂;中间场区域能级的分裂则较复杂。

3. 塞曼谱线的偏振特性

塞曼分裂的各谱线均是偏振的,图 3.5.1 和 3.5.2 已标出各谱线的偏振状态。取磁场方向为 z 方向,$\Delta m = \pm 1$ 的跃迁对应 xy 平面内的电偶极振荡,称为 σ 偏振态;$\Delta m = 0$ 的跃迁对应于 z 方向的电偶极振荡,称为 π 偏振。可作如下解释:

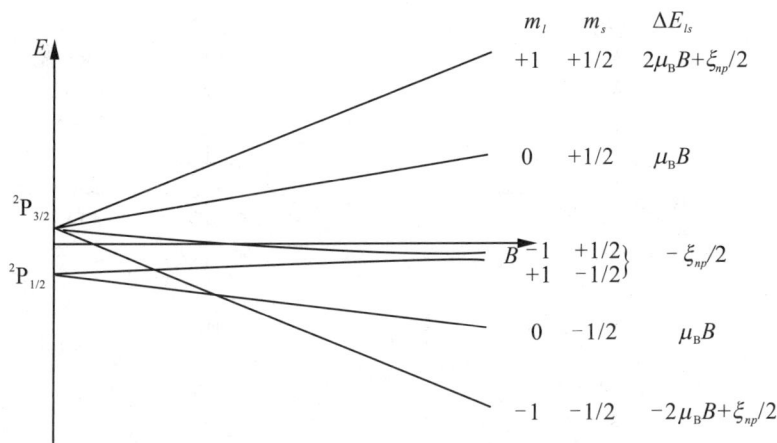

图 3.5.3 $n\mathrm{p}$ 能级的塞曼分裂随磁场的关系

设 $E_2 > E_1$，讨论 $E_2 \to E_1$ 跃迁的发射光谱。对 $\Delta m = m_1 - m_2 = -1$ 的情况，原子发射一个光子后，在磁场方向的角动量减小 $\hbar$，按角动量守恒，发射的光子必定在磁场方向具有 $\hbar$ 的角动量。当纵向观测时（磁场指向观测者的方向），如图 3.5.4(a)所示，电磁波的波矢 k（光的传播方向）沿 z 方向，电矢量 ε 逆时针旋转，观测到的将是左旋的圆偏振光，由于光子的角动量方向和光的传播方向一致，这种光子具有正螺旋性，即 σ^+ 偏振。对 $\Delta m = m_1 - m_2 = 1$ 的情况，原子在磁场方向的角动量增加 $\hbar$，因此发射的光子必定在磁场方向具有 $-\hbar$ 的角动量，即与磁场方向相反，当纵向观测时，将观测到电磁波的电矢量顺时针旋转的右旋圆偏振光，这时光子的角动量方向和光的传播方向相反，具有负螺旋性，即 σ^- 偏振（图 3.5.4(b)）。横向（垂直磁场方向）观测对应于 $\Delta m = \pm 1$ 的谱线，看到的是电矢量垂直于磁场及光传播方向的线偏振光，见图 3.5.4(c)。

对 $\Delta m = 0$ 的情况，原子角动量在磁场方向的分量不变，但光子具有自旋角动量 $\hbar$，因此发射光子的角动量必定垂直于磁场，相应电磁波的电矢量一定在与磁场平行的平面内，又由于 x, y 轴取向的任意性，电矢量 x 和 y 分量的平均值均为零，所以平均而言电矢量只有磁场方向的 z 分量。横向观测时，看到的是电矢量在磁场方向上的线偏振光，即 π 偏振光。而由于电矢量的 x 和 y 分量均为零，纵向观测将看不到与 $\Delta m = 0$ 相应的谱线，如图 3.5.4(d)所示。

3.5.2 电子顺磁共振和原子分子束磁共振

原子的能级在外磁场 $\boldsymbol{B}$ 中会按照磁量子数的不同发生塞曼分裂，如果磁场较

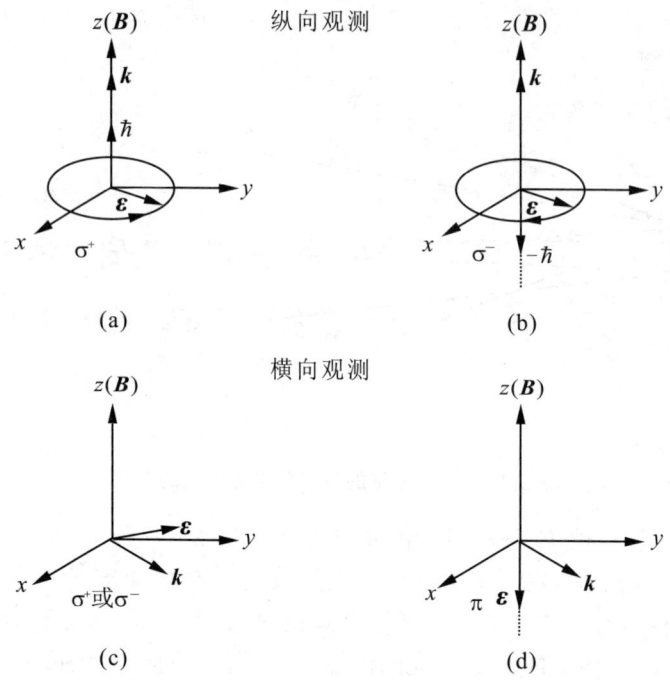

图 3.5.4 塞曼谱线的偏振特性

弱,能级的裂距 $\Delta E = g_J\mu_B B$。我们可以在普通的光学波段上观察这种分裂,例如前面讨论的塞曼光谱,涉及主量子数不同的两个能级之间的跃迁,每个能级都有塞曼分裂,通过测量光谱在磁场中的分裂可以定出对应能级的 g 因子,进而可以导出电子的自旋 g 因子。然而在弱磁场下,这种磁相互作用造成的能级分裂甚至比自旋-轨道耦合造成的精细结构分裂还要小,所以在普通的光学波段上观测这样微小的分裂实验是非常困难的。像兰姆移位和超精细结构那样,人们可以直接在微波波段测量非常精细的能级分裂。对上述在外磁场中的原子,如果在垂直于外磁场的方向加上一个频率为 ν 的电磁波,由式(3.5.12)当频率满足

$$\nu = \Delta E/h = g_J\mu_B B/h \tag{3.5.22}$$

时(称为拉莫频率),相邻磁能级之间会有很大的概率发生跃迁,电磁波与磁能级间隔对应的固有频率发生共振而被强烈地吸收,这就是磁共振现象。显然,上述磁共振发生的前提是原子的磁矩不为零。在固体样品中磁矩不为零的原子会顺着外磁场方向排列,表现出顺磁性,所以通常将磁矩不为零的原子称为顺磁性原子。因此,这种磁共振又称电子顺磁共振(Electron Paramagnetic Resonance,EPR)。

磁共振技术通常与原子(或分子)束技术结合。原子束技术可以追溯到斯特恩和盖拉赫的实验,他们利用银原子束在非均匀磁场中的偏转验证了空间量子化,也提供了一种测量原子磁矩和 g 因子的方法,但精度不高。1938 年拉比(I. I. Rabi)将两种技术结合起来,提出了原子分子束磁共振技术,实现了 g 因子、超精细结构分裂、兰姆移位等物理量的高精度测量,从而获得 1944 年诺贝尔物理学奖。

图 3.5.5 是一个典型的原子分子束磁共振实验装置示意图。我们以碱金属原子为例来说明它的工作原理。碱金属原子的基态为 $^2S_{1/2}$,$j = 1/2$,$m_j = \pm 1/2$。从原子炉出射的原子束通过由三个磁铁 A,B 和 C 组成的系统,磁铁 A 和 B 类似于斯特恩和盖拉赫实验中用到的磁铁,产生非均匀磁场,但磁场梯度的方向正好相反。图中磁铁 A 的磁场梯度朝下,从狭缝 S_1 出射的原子中,只有沿如图所示的两条轨迹运动的原子束才能通过狭缝 S_2,朝上出射的一条原子的 $m_j = -1/2$,受朝下力运动,朝下出射的一条原子的 $m_j = 1/2$,受朝上力运动。磁铁 B 的磁场梯度朝上,如果不加电磁铁 C,则 B 的作用使通过 S_2 的两条轨迹重新汇合到 S_3 并被探测器 D 探测到。将电磁铁 C 通电,提供一个 z 方向的均匀磁场 B,碱金属原子的基态能级会分裂为 $m_j = 1/2$ 和 $m_0 = -1/2$ 两个能级,能级裂距的大小取决于磁场 B。在垂直于该磁场的方向上再加上一个频率满足式(3.5.22)的射频电磁波,则会发生磁共振,部分 $m_j = -1/2$ 的原子会跃迁到 $m_j = 1/2$,部分 $m_j = 1/2$ 的原子则会跃迁到 $m_j = -1/2$。这些原子进入 B 区受到的力不再使原子束会聚,因而它们将通不过 S_3,结果是探测器 D 探测到的原子束强度锐减。由于微波频率调制比较困难,通常固定微波频率 ν,改变磁场 B,磁场的调制则可以通过改变调制线圈的电流来实现。

图 3.5.6 是一个模拟的自由电子磁共振吸收谱,微波频率 ν 固定在 9 388.2

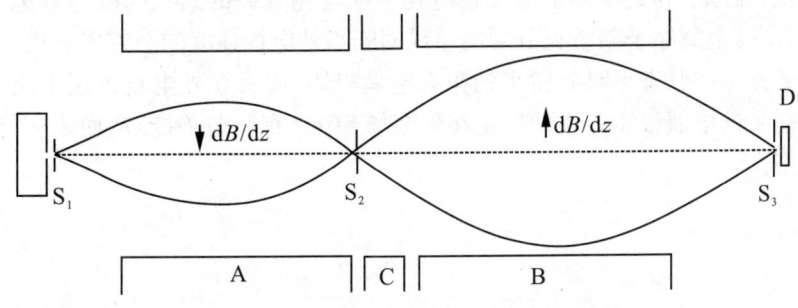

图 3.5.5　原子分子束磁共振实验装置示意图

MHz,则在磁场强度 $B = h\nu/(g_s\mu_B) = 3\,350$ G 附近发生强烈的共振吸收。通常对吸收谱求导获得一阶导数谱,利用一阶导数谱的过零点可以精确确定共振吸收的位置。进而,由式(3.5.22)可以非常精确地测量磁矩和 g 因子。库什就是利用这种方法精确测量了电子的自旋 g 因子,用同样的方法可以研究超精细结构能级的磁共振,并可以用来测量原子核的磁矩。拉比由于创立了原子分子束磁共振技术并用于测量原子核磁矩而获得了1944年的诺贝尔物理学奖。

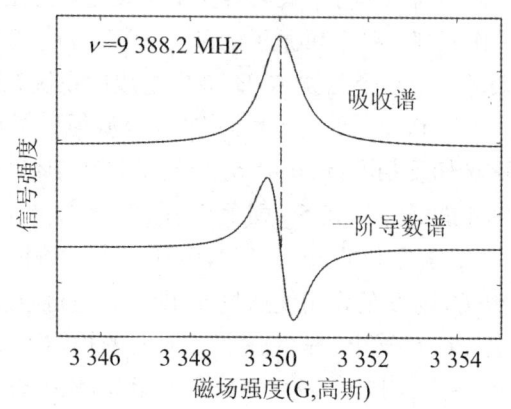

图 3.5.6　电子磁共振吸收谱

3.5.3　外电场中的原子:斯塔克效应

斯塔克(J. Stark)在1913年发现,在很强的静电场中(10^7 V·m^{-1})氢原子巴耳末线系的谱线会产生分裂。原子的能级和光谱在外电场中的这种分裂或移位现象称为斯塔克效应。斯塔克因此获得了1919年的诺贝尔物理学奖。进一步的实验还发现,氢原子和类氢离子谱线在电场中斯塔克分裂的谱线间隔与外电场强度成正比,而碱金属原子斯塔克分裂的谱线间隔与外电场强度的平方成正比。

原子在某些状态下具有微小的固有电偶极矩,或者在外电场作用下由于极化而产生感生的电偶极矩。电偶极矩在外电场 $\mathscr{E}$ 中具有取向势能,从而附加能量,使能级分裂。

1. 线性斯塔克效应

取外电场 $\mathcal{E}$ 方向为 z 方向,电偶极矩 $\boldsymbol{D} = -e\boldsymbol{r}$ 在外电场中的取向势为

$$U = -\boldsymbol{D} \cdot \boldsymbol{\mathcal{E}} = -D_z \mathcal{E} = e\mathcal{E}z \tag{3.5.23}$$

引起的附加能量为

$$\Delta E = e\mathcal{E}\langle z \rangle \tag{3.5.24}$$

其中, $-e\langle z\rangle$ 为平均电偶极矩。我们先考察氢原子(或类氢离子)的基态,无外场时的波函数为 ψ_{100},有

$$\langle z \rangle = \int \psi_{100}^* z \psi_{100} \mathrm{d}\tau = \int \psi_{100}^* r\cos\theta \psi_{100} \mathrm{d}\tau = 0$$

所以,氢原子基态的固有电偶极矩 $-e\langle z\rangle = 0$,在外电场中的取向势为零。量子力学可以证明对任意一个具有确定角动量量子数 l 的状态,固有电偶极矩都为零。

再来考察氢原子的激发态能级,例如 $n=2$ 的能级,如果忽略精细结构相互作用,则该能级是 4 重简并的,四个简并状态的波函数分别为 ψ_{200}, ψ_{210}, ψ_{211} 和 ψ_{21-1}。 $n=2$ 能级的状态是这些波函数的线性组合,因而不具有确定的角动量量子数 l。量子力学的计算表明,氢原子的 $n=2$ 状态,存在一个大小为 $3ea_0$ 的电偶极矩,它在外电场中有三种取向(空间取向量子化):垂直、平行和反平行于电场,所以相应的取向势引起的附加能量为

$$\Delta E = 0, \pm 3ea_0\mathcal{E} \tag{3.5.25}$$

所以氢原子 $n=2$ 的能级分裂为三个能级,能级的间距为 $3ea_0\mathcal{E}$,其中 a_0 是玻尔半径,当 $\mathcal{E} = 10^7$ V·m^{-1} 时, $\Delta E \approx 1\,200$ m^{-1},比精细结构的能级分裂大得多。

可以看到,如果原子具有固有的电偶极矩,则附加能量与电场强度成正比,这称为线性斯塔克效应。

氢原子 $n=3$ 的能级在线性斯塔克效应下分裂为五个能级。图 3.5.7 给出了氢原子 $n=3$ 和 $n=2$ 能级的线性斯塔克分裂及相关的光谱跃迁。选择定则为 $\Delta m_l = 0, \pm 1$。

需要指出的是,精细结构、兰姆移位等作用会使氢原子能级对 l 的简并解除,但在强电场下,斯塔克分裂比精细结构要大得多,我们仍可将 $n>1$ 的能级当作简并态处理。然而,如果电场很弱,斯塔克效应引起的分裂比精细结构还要小,由于精细结构相互作用而退简并的状态的固有电偶极矩为零,此时不存在线性斯塔克效应。所以,实验上需要建立足够强的电场才能观测到斯塔克效应,这比塞曼效应的观测要困难。

2. 平方斯塔克效应

氢原子的基态是非简并的能级,碱金属原子的能级由于轨道贯穿效应对 l 也

是非简并的,这些能级对应状态的固有电偶极矩都等于零,因此不存在线性斯塔克效应。然而,由于外电场的作用,原子中的电荷分布会发生微小的变化而产生感生电偶极矩

$$D' = \alpha \mathscr{E}$$

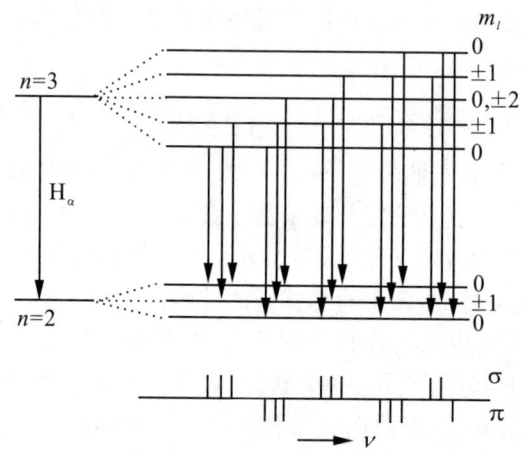

图 3.5.7 氢原子 $n=3$ 和 $n=2$ 能级的线性斯塔克分裂

感生电偶极矩的大小显然和电场大小 $\mathscr{E}$ 成正比,式中 α 称为原子的电极化率。对于氢原子的基态,量子力学计算得到的电极化率为

$$\alpha = \frac{9}{2}(4\pi\varepsilon_0)a_0^3$$

感生电偶极矩与外电场的相互作用产生的附加能量为

$$\Delta E = -\frac{1}{2}\alpha\mathscr{E}^2 = -\frac{9}{4}(4\pi\varepsilon_0)a_0^3\mathscr{E}^2 \tag{3.5.26}$$

与电场强度的平方成正比,故称为平方斯塔克效应或二级斯塔克效应。

习 题

3.1 μ^- 粒子被氢原子俘获形成 μ 氢原子,基态时其轨道运动的磁矩有多大?基态电子偶素中电子和正电子绕共同质心运动的磁矩有多大?(已知 $m_\mu = 207 m_e$。)

3.2 一束基态氢原子束按斯特恩-盖拉赫实验方法通过极不均匀的磁场,磁场梯度 $\frac{\partial B_z}{\partial z} = 1.5 \times 10^2$ T·m^{-1},氢原子的速度为 $v = 10^4$ m·s^{-1},磁场区的长度为 $d_1 = 20$ cm,从磁铁到屏的漂移的距离 $d_2 = 10$ cm(如图所示)。求氢原子束在屏上的裂距 Δz。(已知氢原子的质量为

$1.6×10^{-27}$ kg。)

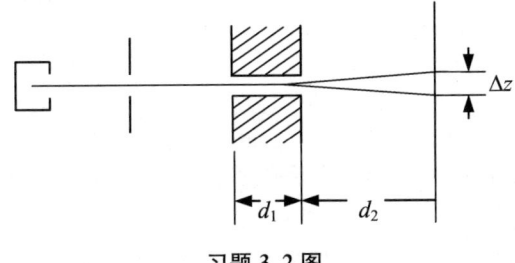

习题 3.2 图

3.3 一束自旋为 1/2、磁矩为 μ 的中性粒子束沿 x 方向通过斯特恩-盖拉赫实验装置,结果该中性粒子束按粒子的 μ_z 值不同而分裂。如果入射束中的粒子磁矩是下列情况之一,粒子束通过斯特恩-盖拉赫实验装置后的行为如何?(a)磁矩沿 $+z$ 方向极化(排列);(b)沿 $-z$ 方向极化;(c)沿 $+y$ 方向极化;(d)不极化。

3.4 设电子是一个半径为 10^{-17} m 的经典小球,试由其自旋角动量的大小估算球面一点的线速度。(已知 $m_e = 9.1×10^{-31}$ kg,$\hbar = 1.05×10^{-34}$ J·s。)

3.5 氢原子的 2p 态电子由于自旋-轨道相互作用产生的能级裂距等效于电子自旋磁矩在磁感应强度 B 为多少的磁场中产生的能级裂距?

3.6 对于量子数 $L=1, S=1/2$ 的原子,
(1) 计算 $L·S$ 可能的值; (2) 计算其总角动量可能的值。

3.7 今测得氢原子 $n=3$ 是由谱项自下至上依次相差 0.1082 cm^{-1} 与 0.0361 cm^{-1} 的三能级所构成的。试问其赖曼系的第二条实际是由波长相差多少的两谱线构成的?

3.8 光谱仪的分辨本领 $R=\lambda/\delta\lambda$ 为多大时,可以分辨出氢原子 H_α 线(巴耳末系的第一条)的全部精细结构成分?(不考虑兰姆位移。)

3.9 考虑氢原子的基态和 $n=2$ 的各态。
(1) 标出图中四个态的原子态符号。
(2) 形成氢原子能级分裂的物理原因为:兰姆移位、自旋-轨道耦合、相对论效应、超精细结构。
(a) 对 $n=1$ 的态,要考虑哪些修正因素?
(b) 对 $n=2, l=0$ 的态和 $n=2, l=1$ 的态要考虑哪些修正因素?
(c) 按大小列出四个修正项的次序或指出哪些修正项数量级相同。

习题 3.9 图

3.10 已知铯原子光谱的锐线系的第一条谱线双线结构的波数为 $\tilde{\nu}_1 = 6805$ cm^{-1},$\tilde{\nu}_2 = 7359$ cm^{-1}。
(1) 这两条谱线是由哪两个能级劈裂引起的?
(2) 此两子能级的能量差为多少电子伏?
(3) 若认为能级差是由电子自旋磁矩与电子轨道运动在电子处产生的磁场间的作用引起的,试估算该内部磁场 B 的大小。($\mu_B = 5.79×10^{-5}$ eV·T^{-1}。)

3.11 已知钾原子的基态为 $4\,^2S_{1/2}$,其电离能为 4.32 eV,主线系第一条谱线由波长为 $\lambda_1 =$ 769.90 nm 和 $\lambda_2 = 766.41$ nm 的双线组成;漫线系的第一条谱线的精细结构为 $\lambda_3 = 1\,168.98$ nm, $\lambda_4 = 1\,177.17$ nm 和 $\lambda_5 = 1\,177.14$ nm。

(1) 试画出产生这些谱线的能级跃迁图;

(2) 求 4S,4P,3D 各能态的能量及相应的有效电荷数 Z^* 和量子数亏损。

3.12 已知钠原子的共振线波长为 589.3 nm,漫线系第一条谱线的波长为 819.3 nm,基线系第一条谱线波长为 184.59 nm,主线系的系限波长为 241.3 nm。试求相关的 S,P,D 和 F 能级的量子数亏损值。

3.13 原子在热平衡条件下处在不同能量状态的原子数目按玻尔兹曼分布。$N = N_0\,\dfrac{g}{g_0}\cdot$ $e^{-(E-E_0)/(kT)}$,其中 N_0 和 N 分别是处在 E_0 和 E 状态的原子数,g_0 和 g 是相应能量状态的统计权重,$k = 8.62\times 10^{-5}$ eV·K^{-1} 是玻尔兹曼常数。从高温铯原子气体光谱中测出主线系第一条谱线的双线 $\lambda_1 = 894.35$ nm,$\lambda_2 = 852.11$ nm 的强度比 $I_1 : I_2 = 2 : 3$,试估算气体的温度。(已知相应的能级的统计权重 $g_1 = 2$,$g_2 = 4$。)

3.14 某碱金属原子处于弱磁场中。

(1) $^2P_{3/2}$ 和 $^2D_{5/2}$ 态的 g 因子各为多少?

(2) $^2P_{3/2}$ 和 $^2D_{5/2}$ 的磁分裂能级的相邻能级间隔哪个大?

(3) $^2P_{3/2}$ 和 $^2D_{5/2}$ 态相距最远的能级间隔分别为多少?(用 $\mu_B B$ 来表示。)

3.15 跃迁 $^2P_{1/2}\to {}^2S_{1/2}$ 在弱磁场中将分裂为几条谱线?其与原谱线的波数差为多少(用 $\mathscr{L}$ 为单位来表示)?画出其能级跃迁图。钠的 589.59 nm 谱线刚好对应此跃迁。要使其 σ 偏振线与 π 偏振线的波长差为 0.600 nm,则外磁场的磁感应强度应为何值(取三位有效数字)?

3.16 对于 Na 原子($Z = 11$),

(1) 考虑了相对论效应和自旋-轨道耦合后,量子数 $n = 3$ 的能级数是多少?

(2) 在强磁场下,量子数 $n = 3$ 的能级数为多少?定性画出其能级分裂图。

3.17 试问基态铯原子在 1.00 T 的磁场中塞曼劈裂的能量差是多少?若要使电子的自旋变换方向,需要外加振荡电磁场的频率是多少?

3.18 氢的 1 420 MHz 发射线是在射电天文学中发现最早、最重要的谱线之一。利用这条谱线可探测宇宙空间中氢原子的分布情况,它来自于氢原子基态的超精细结构间的跃迁。试计算氢原子基态超精细作用系数 a。(已知氢原子的核自旋量子数 $I = 1/2$,$a > 0$。)

3.19 在某种碱金属原子的电子顺磁共振试验中,固定微波频率为 2.0×10^{10} Hz,当磁场强度 B 调到 1.787 T 时发生强烈的共振吸收,试计算碱金属原子该状态的朗德 g 因子,并指出原子处在何种状态?

第4章 多电子原子的能级和光谱

前面介绍了单电子原子的能级结构和光谱,包括氢原子(类氢离子)以及可以近似看作单电子的碱金属原子。本章讨论更复杂的多电子原子,其中最简单的是双电子原子(或离子),例如氦原子。多电子原子有特殊的量子力学效应,并由此带来其能级和光谱的特性。本章首先从介绍双电子原子的光谱和能级的基本特点出发,引入全同性原理和交换对称性等重要物理概念;在此基础上,讨论多电子原子能级和光谱的一般规律;最后介绍原子内层能级跃迁和X射线发射。

4.1 氦原子的光谱和能级

氦原子和类氦离子(如一价锂离子 Li^+、二价铍离子 Be^{2+} 等)都是由一个带正电的原子核和核外两个电子组成的。核外多了一个电子之后,其运动状态比单电子情况要复杂得多,这可以从光谱的复杂性中表现出来。实验发现双电子原子的光谱也存在一系列谱线系,但与近似单电子的碱金属原子不同,其光谱都有两套谱线系,即有两个主线系、两个锐线系、两个漫线系等。这两套谱线的结构有显著的差别,一套谱线全是单线的,而另一套却有复杂的结构。

从光谱的结构可以推测出能级的结构,图 4.1.1 是氦原子的能级图以及与光谱线相对应的跃迁,图中的数字是相应的谱线波长,单位是 nm。从图中可以总结出氦原子能级结构的如下几个特点:

(1) 有两套能级。一套能级是单重结构的,另一套能级是三重结构的。光谱实验中观测到的两套光谱线系,是由两套能级各自的跃迁产生的。实验中未发现两套能级之间的光谱跃迁。人们曾据此认为有两种氦,谱线有复杂结构的称为正氦,谱线是单线结构的称为仲氦。

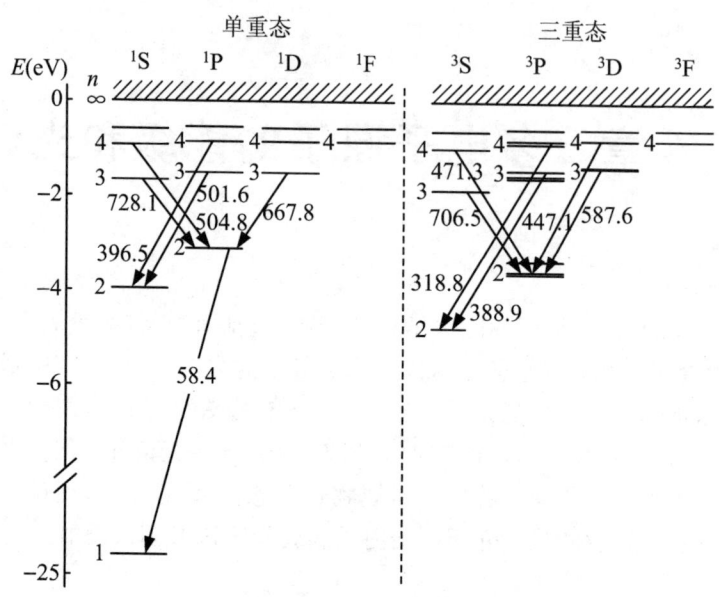

图 4.1.1　氦原子的能级和相关的光谱跃迁

图中正氦的漫线系的第一条谱线波长为 587.6 nm,是一条黄色线,和钠原子的 D_1 和 D_2 线非常接近,称为 D_3 线,最早是 1868 年在对太阳光谱的观测中发现的,并由此发现了氦。

(2) 三重态的能级比相应的单重态的能级低。例如,$2\,^3S_1$ 态能级比 $2\,^1S_0$ 态低 0.796 eV。

(3) $n=1$ 的原子态不存在三重态。

(4) 激发态 $2\,^3S_1$ 和 $2\,^1S_0$ 的寿命都很长,称为亚稳态,如 $2\,^1S_0$ 的寿命约为 19.5 ms。处在这两个状态的氦原子通过辐射跃迁回到基态的概率很小。

另外,氦的基态和第一激发态之间有很大的能量差,差值为 19.819 eV。氦的电离能也是所有元素中最大的,为 24.587 eV。

氦原子能级和光谱的上述特性,尤其是单重态和三重态的特性,使玻尔理论陷入了极大的困境,并对量子力学提出了新的挑战。下一节将讨论如何用量子力学来解释这些现象。

4.2 泡利不相容原理和交换效应

4.2.1 全同性原理和波函数的交换对称性

微观粒子如电子、质子、中子、光子等具有静止质量、电荷、自旋、磁矩等固有属性,这些属性不受外界作用的影响,故称为粒子的内禀属性。同一种粒子有完全相同的内禀属性。例如,所有的电子都具有相同的静止质量 $0.511\text{ MeV}\cdot c^{-2}$、相同的电荷 $-e$、相同的 $1/2$ 自旋等等,通过实验是不能观测到不同电子个体之间内禀属性的差异的。我们把内禀属性都相同的微观粒子称为全同粒子。

在经典力学中,即便是全同粒子仍然可以通过粒子各自确定的运动轨迹分辨它们。但是在量子力学中,微观粒子的运动状态是由波函数完全描述的,具有概率性质,因此,对于两个全同粒子,在波函数重叠的区域,本质上无法分辨它们。全同粒子的这种不可分辨性使得在由全同粒子组成的体系中,交换任意两个粒子不会引起体系物理状态的变化,这称为全同性原理。全同粒子体系的这种交换对称性对描述体系状态的波函数却给出了新的限制,导致重要的物理结果。以最简单的由两个全同粒子组成的体系(如氦原子中的两个电子)为例来说明,两个粒子分别记为粒子 1 和粒子 2。体系的状态波函数为 $\psi(q_1,q_2)$,其中 q_1,q_2 分别是两个粒子的全部坐标(包括空间坐标与自旋状态)。引入交换算符 P_{12},定义如下:

$$P_{12}\psi(q_1,q_2) = \psi(q_2,q_1) \tag{4.2.1}$$

按照全同性原理,交换两个粒子不改变体系的物理状态,$\psi(q_1,q_2)$ 与 $\psi(q_2,q_1)$ 描述的是同一个量子态,它们之间只可能差一个常数因子 λ,即

$$P_{12}\psi(q_1,q_2) = \lambda\psi(q_1,q_2)$$

这是算符 P_{12} 的本征方程,为了得到本征值 λ,将两粒子再交换一次,有

$$P_{12}^2\psi(q_1,q_2) = \lambda P_{12}\psi(q_1,q_2) = \lambda^2\psi(q_1,q_2)$$

算符 P_{12} 作用两次,即两粒子交换两次,体系应回到原来的状态,即

$$\lambda^2\psi(q_1,q_2) = \psi(q_1,q_2)$$

因而有

$$\lambda = \pm 1 \tag{4.2.2}$$

当 $\lambda = +1$ 时,有

$$P_{12}\psi(q_1,q_2) = \psi(q_1,q_2) \tag{4.2.3}$$
称体系的波函数对于交换两个粒子是对称的。当 $\lambda = -1$ 时,有
$$P_{12}\psi(q_1,q_2) = -\psi(q_1,q_2) \tag{4.2.4}$$
称体系的波函数对于交换两个粒子是反对称的。

实验表明,任一全同粒子体系的波函数都具有这种交换对称性,而且是确定的,不是对称的就是反对称的。这实际上给全同粒子体系的波函数一个很强的限制。

两个全同粒子体系的波函数 $\psi(q_1,q_2)$ 满足薛定谔方程
$$H\psi(q_1,q_2) = E\psi(q_1,q_2) \tag{4.2.5}$$
如果忽略粒子间的相互作用,则体系的总哈密顿量是两个粒子各自哈密顿量之和:
$$H = H_0(q_1) + H_0(q_2)$$
对这样的体系,波函数可以分离变量为
$$\psi(q_1,q_2) = \psi(q_1)\psi(q_2)$$
于是,薛定谔方程(4.2.5)可分解为两个粒子各自的薛定谔方程:
$$H_0(q_1)\psi(q_1) = E_1\psi(q_1), \quad H_0(q_2)\psi(q_2) = E_2\psi(q_2)$$
其中,$E_1 + E_2 = E$。由于两个粒子的哈密顿量形式相同,所以它们有相同的一套能量本征值 E_k 和本征函数 ψ_k,k 表示一组完备的量子数。

设体系的一个粒子处于 ψ_α 态,另一个粒子处于 ψ_β 态,则体系可能的状态是粒子 1 处于 ψ_α 态,粒子 2 处于 ψ_β 态,其波函数为
$$\psi_{\mathrm{I}} = \psi_\alpha(q_1)\psi_\beta(q_2) \tag{4.2.6}$$
或粒子 1 处于 ψ_β 态,粒子 2 处在 ψ_α 态,波函数为
$$\psi_{\mathrm{II}} = \psi_\beta(q_1)\psi_\alpha(q_2) \tag{4.2.7}$$
两个波函数虽然都满足体系的薛定谔方程,但它们既不是交换对称的,也不是交换反对称的,不满足全同性原理的要求。为此,需要重新构造新的满足交换对称性的波函数。将两个波函数相加和相减,分别得到
$$\psi_{\mathrm{S}}(q_1,q_2) = \frac{1}{\sqrt{2}}[\psi_\alpha(q_1)\psi_\beta(q_2) + \psi_\beta(q_1)\psi_\alpha(q_2)] \tag{4.2.8}$$
$$\psi_{\mathrm{A}}(q_1,q_2) = \frac{1}{\sqrt{2}}[\psi_\alpha(q_1)\psi_\beta(q_2) - \psi_\beta(q_1)\psi_\alpha(q_2)] \tag{4.2.9}$$
其中,$1/\sqrt{2}$ 是归一化因子。容易验证,它们均为体系薛定谔方程的解,并且 $\psi_{\mathrm{S}}(q_1,q_2)$ 满足式(4.2.3),是交换对称的;$\psi_{\mathrm{A}}(q_1,q_2)$ 满足式(4.2.4),是交换反对称的。它们才是描述全同粒子体系的合适的波函数。

4.2.2 泡利不相容原理

玻尔在利用旧量子论解释元素周期律时,就曾经推测原子的每一个定态轨道上只能容纳有限个电子,但不能说明原因。泡利(W. Pauli)在详细分析原子光谱的塞曼效应等实验现象的基础上,于1925年提出了著名的泡利不相容原理。他认为在多电子原子中,不能有任何两个电子处于完全相同的状态。为了说明实验现象,泡利还发现在原子中要确定一个电子的状态,需要引入第四个量子数。除了当时已知的 n,l,m_l 之外,他认为应该还有另外一个双取值的量子数。在电子自旋概念建立之后我们知道,第四个量子数是自旋量子数 m_s。如果考虑自旋-轨道相互作用,电子的状态也可用量子数 n,l,j 和 m_j 来表示。所以泡利原理的另一种表述为:原子中不能有任何两个电子具有完全相同的四个量子数。泡利不相容原理的建立较好地解释了元素周期律,这在下节中还要详细介绍。

对泡利不相容原理更基本的表述则是基于基本的对称性考虑。考察式(4.2.8)和式(4.2.9)所示的两粒子体系的波函数,如果两个粒子处在相同的状态,比如都处在 ψ_a 态,则反对称的波函数恒等于零:

$$\psi_A(1,2) = \frac{1}{\sqrt{2}}[\psi_a(q_1)\psi_a(q_2) - \psi_a(q_1)\psi_a(q_2)] \equiv 0 \quad (4.2.10)$$

由此可见,泡利不相容原理的量子力学实质是:由电子构成的全同粒子体系的波函数一定是交换反对称性的。

大量的实验还表明,全同粒子体系的交换对称性与粒子的内禀自旋有关。凡是由自旋量子数为半整数的粒子组成的全同粒子体系(如电子、质子等),其总波函数一定是交换反对称的,这一类粒子称为费米子。而由自旋量子数为零或整数的粒子组成的全同粒子体系(例如光子、π 介子等),其波函数一定是交换对称的,这一类粒子称为玻色子。

因此泡利原理更普遍的表述是:费米子体系的波函数一定是交换反对称性的。泡利因发现不相容原理而获得了1945年的诺贝尔物理学奖。

多电子原子就是一个费米子体系,其波函数必须具有交换反对称性。这种交换反对称性的要求对系统可观测的物理量有什么影响呢?下面我们以氦原子的两电子系统为例来进行讨论。

4.2.3 两个电子的自旋波函数

在3.2.1小节中已给出电子具有自旋角动量 s,单个电子的自旋量子数 $s = 1/2$,对应的磁量子数 $m_s = \pm 1/2$。用 σ 表示电子的自旋波函数,σ_+ 表示自旋朝上

的 $m_s = 1/2$ 的态；σ_- 表示自旋朝下的 $m_s = -1/2$ 的态。

对两个电子组成的体系（用 1,2 分别标记），总自旋角动量 S 是它们各自的自旋 s_1 和 s_2 的矢量和：

$$S = s_1 + s_2 \tag{4.2.11}$$

由于 $s_1 = s_2 = 1/2$，按照角动量相加的法则，总自旋量子数 S 的取值为

$$S = 1 \text{ 或 } 0 \tag{4.2.12}$$

当 $S = 1$ 时，总自旋磁量子数可能的取值为

$$M_S = 1, 0, -1 \tag{4.2.12a}$$

当 $S = 0$ 时，总自旋磁量子数只能取

$$M_S = 0 \tag{4.2.12b}$$

忽略电子之间的相互作用，两电子体系的总自旋波函数 $\chi(s_1, s_2)$ 可以用单个电子自旋波函数的乘积表示：

$$\chi(s_1, s_2) = \sigma(1)\sigma(2)$$

两个电子自旋的状态可能有如表 4.2.1 所示的四种组合。

表 4.2.1 两个电子自旋的状态

电子 1 的 m_s	电子 2 的 m_s	总自旋的 M_S	两个电子自旋的状态
+1/2	+1/2	+1	$\sigma_+(1)\sigma_+(2)$
+1/2	-1/2	0	$\sigma_+(1)\sigma_-(2)$
-1/2	+1/2	0	$\sigma_-(1)\sigma_+(2)$
-1/2	-1/2	-1	$\sigma_-(1)\sigma_-(2)$

显然，$\sigma_+(1)\sigma_+(2)$ 和 $\sigma_-(1)\sigma_-(2)$ 是交换对称的，而其他两种既不是对称的也不是反对称的，不能作为两电子体系的总自旋波函数。然而类似式(4.2.8)和式(4.2.9)，它们的线性组合构成对称的自旋波函数 χ_S 和反对称的自旋波函数 χ_A：

$$\chi_S = \frac{1}{\sqrt{2}}[\sigma_+(1)\sigma_-(2) + \sigma_-(1)\sigma_+(2)]$$

$$\chi_A = \frac{1}{\sqrt{2}}[\sigma_+(1)\sigma_-(2) - \sigma_-(1)\sigma_+(2)]$$

所以，两电子体系交换对称的自旋波函数为

$$\chi_S = \begin{cases} \sigma_+(1)\sigma_+(2), & M_S = +1 \\ \frac{1}{\sqrt{2}}[\sigma_+(1)\sigma_-(2) + \sigma_-(1)\sigma_+(2)], & M_S = 0 \\ \sigma_-(1)\sigma_-(2), & M_S = -1 \end{cases} \tag{4.2.13}$$

相应于总自旋量子数 $S=1$ 的状态,称作三重态。可以形象地将两个电子的自旋取向看作是"平行"的。

而两电子体系交换反对称的自旋波函数为

$$\chi_A = \frac{1}{\sqrt{2}}[\sigma_+(1)\sigma_-(2) - \sigma_-(1)\sigma_+(2)], \quad M_S = 0 \quad (4.2.14)$$

相应于总自旋量子数 $S=0$ 的状态,称作单重态。可以形象地将两个电子的自旋取向看作是"反平行"的。

4.2.4 氦原子的波函数与交换效应

氦原子由一个原子核和核外两个电子组成,原子核带 $2e$ 正电荷,质量 M 大约是氢原子核质量的 4 倍。由于 $M \gg m_e$,故原子核可视为静止,建立如图 4.2.1 所示的坐标系,以原子核为坐标原点,r_1, r_2 分别是电子 1 和电子 2 的位矢。

氦原子的总波函数可以写成空间及自旋波函数的乘积,即

$$\psi(q_1, q_2) = u(r_1, r_2)\chi(s_1, s_2)$$

其中,$u(r_1, r_2)$ 是两个电子的空间波函数,$\chi(s_1, s_2)$ 是两个电子的自旋波函数。总波函数要满足交换反对称性,则只有:空间波函数 $u(r_1, r_2)$ 对称,自旋波函数 $\chi(s_1, s_2)$ 反对称;或者 $u(r_1, r_2)$ 反对称,$\chi(s_1, s_2)$ 对称。

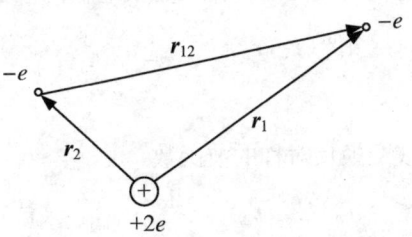

图 4.2.1 He 原子体系的坐标图

自旋波函数部分已由式(4.2.13)和式(4.2.14)给出,现在来讨论空间波函数 $u(r_1, r_2)$,它满足如下薛定谔方程

$$Hu(r_1, r_2) = Eu(r_1, r_2)$$

哈密顿量为

$$H = -\frac{\hbar^2}{2m_e}\nabla_1^2 - \frac{Ze^2}{4\pi\varepsilon_0 r_1} - \frac{\hbar^2}{2m_e}\nabla_2^2 - \frac{Ze^2}{4\pi\varepsilon_0 r_2} + \frac{e^2}{4\pi\varepsilon_0 r_{12}} = H_0 + H'$$

(4.2.15)

其中氦原子的 $Z=2$,$r_{12} = |r_2 - r_1|$ 表示两个电子之间的距离;哈密顿量 H_0 是前四项之和,最后一项 H' 是两个电子的库仑斥力势能。

作为非常粗略的近似,忽略两个电子的库仑斥力势能,则体系的薛定谔方程为

$$H_0 u^{(0)}(r_1, r_2) = E^{(0)} u^{(0)}(r_1, r_2) \quad (4.2.16)$$

哈密顿量 H_0 可以分成两部分 h_1 和 h_2,即 $H_0 = h_1 + h_2$,其中

$$h_i = -\frac{\hbar^2}{2m_e}\nabla_i^2 - \frac{Ze^2}{4\pi\varepsilon_0 r_i}, \quad i = 1,2$$

这样体系的波函数可以分离变量,令 $u^{(0)}(\boldsymbol{r}_1,\boldsymbol{r}_2) = u_{n_1 l_1 m_{l1}}(\boldsymbol{r}_1)u_{n_2 l_2 m_{l2}}(\boldsymbol{r}_2)$,方程(4.2.16)可分解为两个类氢离子的方程

$$h_i u_{n_i l_i m_{li}} = E_{n_i} u_{n_i l_i m_{li}}, \quad i = 1,2 \tag{4.2.17}$$

体系的总能量

$$E^{(0)} = E_{n_1} + E_{n_2} = -\frac{Z^2}{2}m_e c^2 \alpha^2 \left(\frac{1}{n_1^2} + \frac{1}{n_2^2}\right) \tag{4.2.18}$$

对应的体系总空间波函数为

$$u^{(0)}(\boldsymbol{r}_1,\boldsymbol{r}_2) = u_{n_1 l_1 m_{l1}}(\boldsymbol{r}_1)u_{n_2 l_2 m_{l2}}(\boldsymbol{r}_2)$$

或

$$u^{(0)}(\boldsymbol{r}_1,\boldsymbol{r}_2) = u_{n_2 l_2 m_{l2}}(\boldsymbol{r}_1)u_{n_1 l_1 m_{l1}}(\boldsymbol{r}_2)$$

它们的线性组合构成交换对称的波函数

$$u_S^{(0)}(\boldsymbol{r}_1,\boldsymbol{r}_2) = \frac{1}{\sqrt{2}}[u_{n_1 l_1 m_{l1}}(\boldsymbol{r}_1)u_{n_2 l_2 m_{l2}}(\boldsymbol{r}_2) + u_{n_2 l_2 m_{l2}}(\boldsymbol{r}_1)u_{n_1 l_1 m_{l1}}(\boldsymbol{r}_2)]$$

$$\tag{4.2.19a}$$

或交换反对称的波函数

$$u_A^{(0)}(r_1,r_2) = \frac{1}{\sqrt{2}}[u_{n_1 l_1 m_{l1}}(\boldsymbol{r}_1)u_{n_2 l_2 m_{l2}}(\boldsymbol{r}_2) - u_{n_2 l_2 m_{l2}}(\boldsymbol{r}_1)u_{n_1 l_1 m_{l1}}(\boldsymbol{r}_2)]$$

$$\tag{4.2.19b}$$

由此可见,两电子体系的状态取决于两个电子各自的量子数,即电子的组态。下面分别讨论基态和激发态的情况。

1. 氦原子基态

两个电子都处在能量最低的1s态,电子组态记为$1s^2$。此时两个电子的三个量子数均相同,即$n=1, l=0, m_l=0$,空间波函数只能是交换对称的,有

$$u_S^{(0)}(\boldsymbol{r}_1,\boldsymbol{r}_2) = u_{100}(\boldsymbol{r}_1)u_{100}(\boldsymbol{r}_2)$$

相应的自旋波函数必定是式(4.2.14)所示的交换反对称的波函数,即氦原子基态只存在自旋"反平行"的单重态,两个电子的自旋一个朝上,一个朝下。

基态的能量由式(4.2.18)计算得

$$E_g = 2E_1 = 2 \times 2^2 \times (-13.6 \text{ eV}) = -108.8 \text{ eV}$$

于是,氦的电离能(使基态氦原子失去一个电子所需要的最低能量值)应该是54.4 eV。实验测得的氦的电离能是24.58 eV,这与上面的计算值约差30 eV。

显然,电子间库仑相互作用的影响是不能忽略的。由于电子的电荷是同号的,

它们之间的静电斥力作用能量是正的，会使能级向上移动。用量子力学微扰论方法可近似计算两个电子间的静电斥力势能的平均值，为

$$\Delta E = \frac{e^2}{4\pi\varepsilon_0}\left\langle\frac{1}{r_{12}}\right\rangle$$

代入基态波函数 $u_S^{(0)}(\boldsymbol{r}_1,\boldsymbol{r}_1) = u_{100}(\boldsymbol{r}_1)u_{100}(\boldsymbol{r}_1)$，可以得到

$$\Delta E = \frac{5}{8}\left(\frac{e^2}{4\pi\varepsilon_0 a_0}\right)Z \tag{4.2.20}$$

对于氦原子，$Z=2$，$\Delta E \approx 34.0\text{ eV}$，则基态的能量 E_g 经修正后为

$$E_g = -108.8\text{ eV} + 34.0\text{ eV} = -74.8\text{ eV}$$

氦原子的电离能修正值为

$$\text{I.P.} = 54.4\text{ eV} - 34.0\text{ eV} = 20.4\text{ eV}$$

修正后的数值和实验测量值就比较接近了。

2. 氦原子的激发态

原子中两个电子同时激发的概率很小，如果没有特殊说明，我们只讨论一个电子激发的情形。图4.1.1的氦原子能级图以及上一章中碱金属原子的能级图都是单电子激发的能级图。氦原子的激发态即指一个电子处在 1s 态，而另一个电子处在 $nl(n>1)$ 态的单电子激发态，电子组态表示为 $1snl$。

如前所述，忽略了库仑斥力势能的氦原子空间波函数为交换对称的式(4.2.19a)或交换反对称的式(4.2.19b)，体系的总能量如式(4.2.18)所示，交换对称和反对称状态的能量是简并的，称为交换简并。

现在考虑两个电子库仑斥力势能的修正，同样可以用量子力学的微扰论方法近似计算，对于空间交换对称态和反对称态，其平均值分别为

$$\Delta E_S = C + J, \quad \Delta E_A = C - J \tag{4.2.21}$$

其中

$$C = \frac{e^2}{4\pi\varepsilon_0}\iint\frac{|u_{n_1 l_1 m_{l1}}(\boldsymbol{r}_1)|^2\,|u_{n_2 l_2 m_{l2}}(\boldsymbol{r}_2)|^2}{r_{12}}\text{d}\boldsymbol{r}_1\text{d}\boldsymbol{r}_2 \tag{4.2.22}$$

$$J = \frac{e^2}{4\pi\varepsilon_0}\iint\frac{u_{n_1 l_1 m_{l1}}^*(\boldsymbol{r}_1)u_{n_2 l_2 m_{l2}}(\boldsymbol{r}_1)u_{n_2 l_2 m_{l2}}^*(\boldsymbol{r}_2)u_{n_1 l_1 m_{l1}}(\boldsymbol{r}_2)}{r_{12}}\text{d}\boldsymbol{r}_1\text{d}\boldsymbol{r}_2 \tag{4.2.23}$$

C 和 J 均为正值。对于交换对称的空间波函数 $u_S^{(0)}(\boldsymbol{r}_1,\boldsymbol{r}_2)$，自旋波函数一定是交换反对称的单重态，此时氦原子的能量为

$$E_S = E_{n_1} + E_{n_2} + C + J \tag{4.2.24}$$

而对于交换反对称的空间波函数 $u_A^{(0)}(\boldsymbol{r}_1,\boldsymbol{r}_2)$，自旋波函数一定是交换对称的三重态，此时氦原子的能量为

$$E_A = E_{n_1} + E_{n_2} + C - J \tag{4.2.25}$$

可见考虑了两个电子之间的库仑斥力势能修正后,能级按照单重态和三重态分裂了,并且三重态的能级低于单重态的能级。这样,我们就对图 4.1.1 的氦原子能级图作了粗略的说明。

令 $\rho_1(r_1) = -e|u_{n_1 l_1 m_{l1}}(r_1)|^2$,表示处在状态 $n_1 l_1 m_{l1}$ 的电子 1 的电荷密度,$\rho_2(r_2) = -e|u_{n_2 l_2 m_{l2}}(r_2)|^2$ 表示处在状态 $n_2 l_2 m_{l2}$ 的电子 2 的电荷密度。C 的表达式可以改写为

$$C = \iint \frac{\rho_1(r_1)\rho_2(r_2)}{4\pi\varepsilon_0 r_{12}} dr_1 dr_2$$

它的物理意义很明显,表示两个电子的电荷分布之间直接的静电库仑斥力,所以称为库仑能。显然,库仑能 C 只能引起能级的上升。J 虽然也来自库仑斥力修正项,但没有经典的物理对应,是量子力学特有的,称为交换能。交换能 J 造成了能级按照单重态和三重态分裂,这种效应称为交换效应,是全同费米子体系波函数的交换反对称性的限制带来的效应。

可以通过下述物理图像帮助理解这种交换效应。对于氦原子自旋"平行"的三重态,相应的空间波函数 $u_A^{(0)}(r_1, r_2)$ 是反对称的,如式(4.2.19b)所示,考虑两个电子靠近的情形,即在 $r_1 \approx r_2$ 的区域,有

$$u_A^{(0)}(r_1, r_2) \approx 0$$

这说明两个电子相互靠近的概率很小,自旋"平行"的两个电子之间的距离趋于增大,因而对应的库仑斥力引起的能级上升就小。

另一方面,对于氦原子自旋"反平行"的单重态,相应的空间波函数 $u_S^{(0)}(r_1, r_2)$ 是交换对称的,如式(4.2.19a)所示,当 $r_1 \approx r_2$ 时,有

$$u_S^{(0)}(r_1, r_2) \approx \sqrt{2} u_{n_1 l_1 m_{l1}}(r_1) u_{n_2 l_2 m_{l2}}(r_2)$$

在这一区域的概率分布密度近似为

$$u_S^{*(0)} u_S^{(0)} \approx 2 u_{n_1 l_1 m_{l1}}^*(r_1) u_{n_1 l_1 m_{l1}}(r_1) u_{n_2 l_2 m_{l2}}^*(r_2) u_{n_2 l_2 m_{l2}}(r_2)$$

相当于平均概率密度的 2 倍,自旋"反平行"的两个电子之间的距离趋于减小,对应的库仑斥力引起的能级上升就大。

由此可见,由于交换效应的存在,自旋"平行"的电子之间和"反平行"的电子之间表现出不同的行为特征,并产生实验上可观测的物理结果。

4.3 多电子原子的电子组态和壳层结构

4.3.1 多电子原子的中心力场近似和电子组态

本小节讨论多电子原子的一般情形。设原子由一个带 $+Ze$ 电荷的原子核和核外 N 个电子组成,核质量近似看作无穷大,考虑非相对论的情形,并将原子核取为坐标原点。这样一个体系的哈密顿量可以写为

$$H = \sum_{i=1}^{N}\left(-\frac{\hbar^2}{2m_e}\nabla_i^2\right) + \sum_{i=1}^{N}\left(-\frac{Ze^2}{4\pi\varepsilon_0 r_i}\right) + \sum_{i<j=1}^{N}\frac{e^2}{4\pi\varepsilon_0 r_{ij}} \quad (4.3.1)$$

其中,r_i 是第 i 个电子到原子核的距离,r_{ij} 是第 i 个电子和第 j 个电子之间的距离。上式右边的第一项为电子的动能项,第二项为电子在原子核库仑场中的静电吸引势能,第三项为电子之间的静电斥力势能。与上述哈密顿量相关的薛定谔方程不能严格求解,量子力学中通常采用一些近似的方法,例如微扰论,首先考虑哈密顿量中的最主要项,解薛定谔方程,得到波函数及相应状态的能量,然后逐级讨论其他项对能量的修正。具体的方法将在"量子力学"课程中学到,这里只作定性的讨论。

从上节对氦原子的讨论我们看到,直接用静电斥力势能做修正过于粗略。一种较好的近似是,在考察第 i 个电子的时候,将它看作是在原子核的库仑场和其他 $N-1$ 个电子形成的平均场中运动,这称为独立粒子模型近似。如果平均场近似取球对称场 $S(r_i)$,则称为中心力场近似。体系的哈密顿量可以写为

$$\begin{aligned}H &= \sum_{i=1}^{N}\left[-\frac{\hbar^2}{2m_e}\nabla_i^2 - \frac{Ze^2}{4\pi\varepsilon_0 r_i} + S(r_i)\right] + \sum_{i<j=1}^{N}\frac{e^2}{4\pi\varepsilon_0 r_{ij}} - \sum_{i=1}^{N}S(r_i)\\&= H_0 + H_1\end{aligned} \quad (4.3.2)$$

其中

$$H_0 = \sum_{i=1}^{N}\left(-\frac{\hbar^2}{2m_e}\nabla_i^2 - \frac{Ze^2}{4\pi\varepsilon_0 r_i} + S(r_i)\right) = \sum_{i=1}^{N}\left[-\frac{\hbar^2}{2m_e}\nabla_i^2 + V(r_i)\right] \quad (4.3.3)$$

$V(r_i)$ 是第 i 个电子感受到的中心势,

$$H_1 = \sum_{i<j=1}^{N}\frac{e^2}{4\pi\varepsilon_0 r_{ij}} - \sum_{i=1}^{N}S(r_i) \quad (4.3.4)$$

H_1 是电子之间静止斥力势能去除球对称平均场后剩余的部分,称为剩余静电势,它相对于 H_0 就比较小了。

先忽略 H_1,此时,薛定谔方程化简为

$$H_0 u^{(0)}(\boldsymbol{r}_1, \boldsymbol{r}_2, \cdots, \boldsymbol{r}_N) = E^{(0)} u^{(0)}(\boldsymbol{r}_1, \boldsymbol{r}_2, \cdots, \boldsymbol{r}_N) \tag{4.3.5}$$

该方程可以用分离变量法求解,设

$$u^{(0)}(\boldsymbol{r}_1, \boldsymbol{r}_2, \cdots, \boldsymbol{r}_N) = \prod_{i=1}^{N} u(\boldsymbol{r}_i) \tag{4.3.6}$$

则方程(4.3.5)可以分解为 N 个单电子的薛定谔方程

$$\left[-\frac{\hbar^2}{2m_e}\nabla_i^2 + V(\boldsymbol{r}_i)\right] u(\boldsymbol{r}_i) = E_i u(\boldsymbol{r}_i), \quad i = 1, 2, 3, \cdots, N \tag{4.3.7}$$

由于 $V(\boldsymbol{r}_i)$ 是中心势,类似于氢原子情况,这个单电子的方程也可以分离变量,得到径向和角向的方程,角向方程与 $V(\boldsymbol{r}_i)$ 无关,其解是球谐函数,而径向方程则取决于 $V(\boldsymbol{r}_i)$ 的具体形式。因此,上述单电子方程的本征函数可以表示为

$$u(\boldsymbol{r}_i) = R_{n_i l_i}(r_i) Y_{l_i m_{l_i}}(\theta, \varphi) \tag{4.3.8}$$

再考虑第 i 个电子的自旋波函数 $\sigma_{m_{si}}$,单电子的本征波函数可以写为

$$\psi(\boldsymbol{r}_i, s_i) = R_{n_i l_i}(r_i) Y_{l_i m_{l_i}}(\theta, \varphi) \sigma_{m_{si}} \tag{4.3.8a}$$

其中,$m_{si} = \pm 1/2$ 分别表示自旋朝上和自旋朝下的态。

单电子的能量与氢原子不完全相同,不仅与主量子数 n 有关,而且与轨道量子数 l 有关。这是因为,对其中一个电子而言,其他 $N-1$ 个电子的平均场对原子核有一定的屏蔽作用,类似于第 3 章对碱金属价电子的讨论,该电子将感受到一个有效的核电荷数 Z^*。对不同的状态,径向概率分布不同,感受到的有效核电荷数也不同,即 Z^* 与该电子的状态量子数 n, l 有关,记为 Z_{nl}^*,且有 $1 < Z_{nl}^* < Z$。所以形式上,单电子的能量可以表示为

$$E_{nl} = -\frac{1}{2} m_e c^2 \alpha^2 \frac{Z_{nl}^{*2}}{n^2} \tag{4.3.9}$$

可见,在中心力场近似下,每个电子的状态可以用四个量子数 (n, l, m_l, m_s) 来描述。原子总的状态取决于各个独立电子的状态,称为原子的电子组态。但原子的总波函数(电子组态波函数)不能简单地用单电子波函数的乘积表示,根据费米子体系的要求,要对总波函数进行反对称化,这不是本书讨论的内容,所以不再详述。

在中心力场近似下,多电子原子的能量等于 N 个单电子能量的和

$$E^{(0)} = \sum_{i=1}^{N} E_{n_i l_i} \tag{4.3.10}$$

即原子能级(电子组态能级)取决于每个电子的量子数 n, l。

通常用小写字母 s, p, d, f, ⋯ 表示单个电子 $l = 0, 1, 2, 3, \cdots$ 的状态,用各电子状态量子数 n, l 合起来表示原子的电子组态。例如,氦原子基态的两个电子都处在 1s 态,所以电子组态表示为 1s1s,或 $1s^2$。

4.3.2 原子的壳层结构和元素周期律

在总结元素的化学和物理性质的基础上,1869 年门捷列夫(D. I. Mendeleev)发现了元素周期律。他把元素按原子量大小的次序排列起来,发现元素性质呈现出周期性的变化。例如,不同元素原子的电离能随原子序数 Z 呈现出一定的周期性,如图 4.3.1 所示。在 $Z = 2, 10, 18, 36$ 等惰性元素处,电离能呈现峰值,而在 $Z = 3, 11, 19$ 等碱金属元素处,电离能呈现极小值。在量子力学出现之前,元素性质的这种周期性变化无法解释。早期人们将出现极大、极小值的原子序数称为"幻数"。

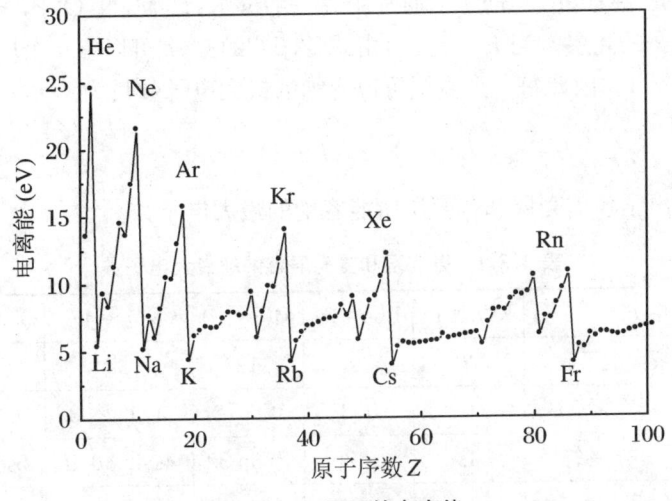

图 4.3.1 原子的电离能

玻尔最早从量子理论的角度解释了元素周期表,他最大的贡献是把元素的原子序数与原子的核电荷数(即中性原子的核外电子数)联系起来,而元素的性质取决于中性原子基态的核外电子排布,即取决于中性原子基态的电子组态。但玻尔并没有一个明确的原则来确定电子的排布,而是凭经验和直觉排出了一张基本类似现代版本的元素周期表,据此预言了 72 号元素的存在,并预言了它的性质,指出它不是稀土元素,而应该是类似于锆的金属。1923 年,玻尔研究所果然在锆矿中找到了 72 号元素,为了纪念玻尔的家乡哥本哈根,将其命名为铪(Hafnium)。在

1925年泡利提出不相容原理之后,才明确知道元素的周期律源于中性原子基态电子组态的周期性,而电子组态的周期性与特定原子壳层可容纳的电子数有关。

1. 原子的壳层结构

由于单电子的能量取决于量子数 n,l,通常把具有相同量子数 n,l 的电子称为属于同一支壳层(subshell),谱学上用小写字母 s,p,d,f,… 表示 $l=0,1,2,3,…$ 的支壳层。如前所述,在中心力场近似下单电子的状态由四个量子数 (n,l,m_l,m_s) 描述,泡利不相容原理指出,多电子原子中不能有两个电子具有完全相同的四个量子数,因此处在同一支壳层即 n,l 相同的电子数目就要受到不相容原理限制。由式(2.6.18)和式(3.2.3)知,n,l 相同而 m_l,m_s 不同的可能状态数为 $2(2l+1)$,每一个支壳层可以容纳的最大电子数为

$$N_l = 2(2l+1) \tag{4.3.11}$$

具有相同主量子数 n 的不同支壳层(l 不同)具有粗略相同的能量,通常称其为属于同一壳层(shell)。谱学上通常用大写字母 K,L,M,N,O,P,… 表示 $n=1,2,3,4,5,6,…$ 的壳层。当 n 一定时,由式(2.6.32)知,l 可以有 n 个取值,即 $l=0,1,2,3,…,n-1$。因此每一个壳层可以容纳的最大电子数目为

$$N_n = \sum_{l=0}^{n-1} 2(2l+1) = 2n^2 \tag{4.3.12}$$

表 4.3.1 列出了各支壳层和各壳层所能容纳的最大电子数。

表 4.3.1 各壳层和支壳层容纳的最大电子数

壳层 n		K($n=1$)	L($n=2$)	M($n=3$)	N($n=4$)	O($n=5$)
壳层容纳的最大电子数		2	8	18	32	50
支壳层	l	0	0 1	0 1 2	0 1 2 3	0 1 2 3 4
	符号	1s	2s 2p	3s 3p 3d	4s 4p 4d 4f	5s 5p 5d 5f 5g
支壳层容纳的最大电子数		2	2 6	2 6 10	2 6 10 14	2 6 10 14 18

2. 基态原子的核外电子排布

决定基态原子的核外电子排布(或电子组态)的原则有两条,其一是泡利不相容原理,它决定了各壳层、支壳层可以容纳的最大电子数目;其二是能量最低原则,按照壳层能量的高低,电子由低到高依次排布,使得原子能量最低。

在多电子原子中,单电子的能量与量子数 n 和 l 有关,形式上可以表示为式(4.3.9)。对于同一壳层的电子,可粗略地认为感受到的有效核电荷数 Z_{nl}^* 是相同的。当 $n=1$ 时,电子几乎受到全部原子核电荷的作用,随着 n 增大,由于内层电

4.3 多电子原子的电子组态和壳层结构

子的屏蔽效应,Z_{nl}^* 变小并趋于 1。所以电子的能量在 n 值小时随 n 的增大而很快升高,但在 n 值大时,随 n 的增大能量升高逐渐变缓。

属于同一壳层的不同支壳层电子能级,还与轨道量子数 l 有关,对于 l 较小的能级,电子靠近原子核的概率较大,由于轨道贯穿效应,内层电子的屏蔽作用就弱,Z_{nl}^* 较大,因此能级较低;相反,l 较大则能级较高。

然而,当 n 较大时,随 n 的增大能量升高变缓,而轨道贯穿效应却主要取决于量子数 l,因此,有可能出现 n 壳层 l 小的支壳层,比 $n-1$ 壳层 l 大的支壳层能量还要低,发生相邻壳层的支壳层能级交错的现象。

按照能量由低到高,图 4.3.2 给出了原子中支壳层的能量次序与原子序数的关系,随着原子序数的增加,增加的核外电子依次填入支壳层的实际次序标于曲线左侧。从图中可以看到,从 1s 到 3p 基本依照 n 由小到大,l 由小到大的次序,但到了 3p 后,由于 4s 强烈的轨道贯穿效应,它的能量比 3d 还低,发生交错,所以电子先填充 4s,再填充 3d。同样,由于 5s 强烈的轨道贯穿效应,它的能量比 4d 和 4f 还低,也发生交错。核外电子依次填充支壳层的次序可以用一个经验规律来描述:(1) 按照 $n+l$ 值增大的次序填充;(2) 当 $n+l$ 值相同时,按照 n 增大的次序填充。

图 4.3.2 也在曲线右侧标示了原子中电子填满各壳层后支壳层的能量次序。

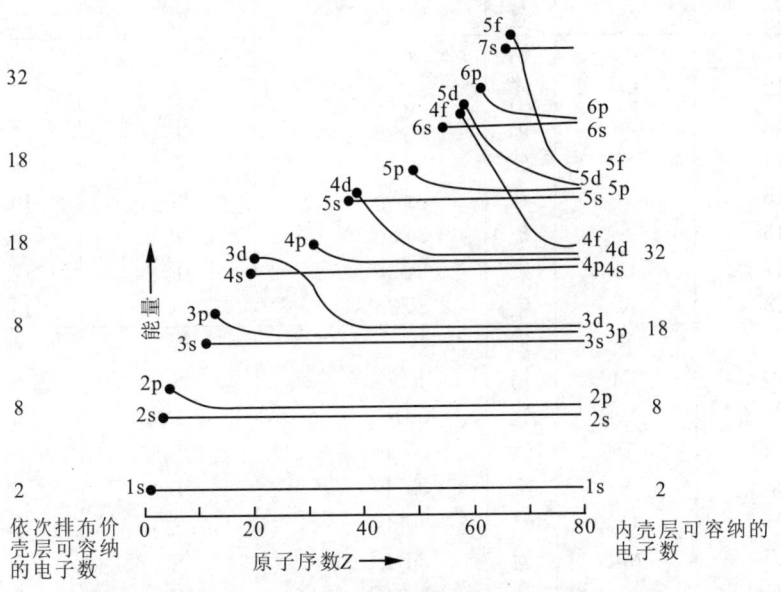

图 4.3.2 原子中支壳层的能量次序与原子序数的关系

从图中可以看到,核外电子随原子序数的增加依次填充支壳层的次序(或者说外层电子的能量次序)和填满后支壳层的次序是不同的,填满的内壳层能量基本上依照 n 由小到大、l 由小到大的次序递增,而形成按主量子数 n 区分的壳层。

3. 元素周期律

元素的周期律源于中性原子基态的核外电子排布(即电子组态)的周期性,表 4.3.2 给出了各周期元素原子的基态的电子组态,同时还给出了它们的原子态和电离能数值。

表 4.3.2 基态原子的电子组态、原子态和电离能

原子序数 Z	元素符号	名称	基态电子组态	基态原子谱项	电离能(eV)
1	H	氢	1s	$^2S_{1/2}$	13.598
2	He	氦	$1s^2$	$^1S_0$	24.587
3	Li	锂	[He]2s	$^2S_{1/2}$	5.392
4	Be	铍	$2s^2$	$^1S_0$	9.323
5	B	硼	$2s^2 2p$	$^2P_{1/2}$	8.298
6	C	碳	$2s^2 2p^2$	$^3P_0$	11.260
7	N	氮	$2s^2 2p^3$	$^4S_{3/2}$	14.534
8	O	氧	$2s^2 2p^4$	$^3P_2$	13.618
9	F	氟	$2s^2 2p^5$	$^2P_{3/2}$	17.423
10	Ne	氖	$2s^2 2p^6$	$^1S_0$	21.565
11	Na	钠	[Ne]3s	$^2S_{1/2}$	5.139
12	Mg	镁	$3s^2$	$^1S_0$	7.646
13	Al	铝	$3s^2 3p$	$^2P_{1/2}$	5.986
14	Si	硅	$3s^2 3p^2$	$^3P_0$	8.152
15	P	磷	$3s^2 3p^3$	$^4S_{3/2}$	10.487
16	S	硫	$3s^2 3p^4$	$^3P_2$	10.360
17	Cl	氯	$3s^2 3p^5$	$^2P_{3/2}$	12.968
18	Ar	氩	$3s^2 3p^6$	$^1S_0$	15.760
19	K	钾	[Ar]4s	$^2S_{1/2}$	4.341
20	Ca	钙	$4s^2$	$^1S_0$	6.113
21	Sc	钪	$3d4s^2$	$^2D_{3/2}$	6.562
22	Ti	钛	$3d^2 4s^2$	$^3F_2$	6.828
23	V	钒	$3d^3 4s^2$	$^4F_{3/2}$	6.746
24	Cr	铬	$3d^5 4s$	$^7S_3$	6.766
25	Mn	锰	$3d^5 4s^2$	$^6S_{5/2}$	7.434
26	Fe	铁	$3d^6 4s^2$	$^5D_4$	7.902

续表

原子序数 Z	元素符号	名称	基态电子组态	基态原子谱项	电离能(eV)
27	Co	钴	$3d^7 4s^2$	$^4F_{9/2}$	7.881
28	Ni	镍	$3d^8 4s^2$	$^3F_4$	7.640
29	Cu	铜	$3d^{10} 4s$	$^2S_{1/2}$	7.726
30	Zn	锌	$3d^{10} 4s^2$	$^1S_0$	9.394
31	Ga	镓	$3d^{10} 4s^2 4p$	$^2P_{1/2}$	5.999
32	Ge	锗	$3d^{10} 4s^2 4p^2$	$^3P_0$	7.899
33	As	砷	$3d^{10} 4s^2 4p^3$	$^4S_{3/2}$	9.789
34	Se	硒	$3d^{10} 4s^2 4p^4$	$^3P_2$	9.752
35	Br	溴	$3d^{10} 4s^2 4p^5$	$^2P_{3/2}$	11.814
36	Kr	氪	$3d^{10} 4s^2 4p^6$	$^1S_0$	14.000
37	Rb	铷	[Kr]$5s$	$^2S_{1/2}$	4.177
38	Sr	锶	$5s^2$	$^1S_0$	5.695
39	Y	钇	$4d 5s^2$	$^2D_{3/2}$	6.217
40	Zr	锆	$4d^2 5s^2$	$^3F_2$	6.634
41	Nb	铌	$4d^4 5s$	$^6D_{1/2}$	6.759
42	Mo	钼	$4d^5 5s$	$^7S_3$	7.092
43	Tc	锝	$4d^5 5s^2$	$^6S_{5/2}$	7.119
44	Ru	钌	$4d^7 5s$	$^5F_5$	7.360
45	Rh	铑	$4d^8 5s$	$^4F_{9/2}$	7.459
46	Pd	钯	$4d^{10}$	$^1S_0$	8.337
47	Ag	银	$4d^{10} 5s$	$^2S_{1/2}$	7.576
48	Cd	镉	$4d^{10} 5s^2$	$^1S_0$	8.994
49	In	铟	$4d^{10} 5s^2 5p$	$^2P_{1/2}$	5.786
50	Sn	锡	$4d^{10} 5s^2 5p^2$	$^3P_0$	7.344
51	Sb	锑	$4d^{10} 5s^2 5p^3$	$^4S_{3/2}$	8.608
52	Te	碲	$4d^{10} 5s^2 5p^4$	$^3P_2$	9.010
53	I	碘	$4d^{10} 5s^2 5p^5$	$^2P_{3/2}$	10.451
54	Xe	氙	$4d^{10} 5s^2 5p^6$	$^1S_0$	12.130
55	Cs	铯	[Xe]$6s$	$^2S_{1/2}$	3.894
56	Ba	钡	$6s^2$	$^1S_0$	5.212
57	La	镧	$5d 6s^2$	$^2D_{3/2}$	5.577
58	Ce	铈	$4f 5d 6s^2$	$^1G_4$	5.539
59	Pr	镨	$4f^3 6s^2$	$^4I_{9/2}$	5.473
60	Nd	钕	$4f^4 6s^2$	$^5I_4$	5.525
61	Pm	钷	$4f^5 6s^2$	$^6H_{5/2}$	5.582

续表

原子序数 Z	元素符号	名称	基态电子组态	基态原子谱项	电离能(eV)
62	Sm	钐	$4f^6 6s^2$	$^7F_0$	5.644
63	Eu	铕	$4f^7 6s^2$	$^8S_{7/2}$	5.670
64	Gd	钆	$4f^7 5d 6s^2$	$^9D_2$	6.150
65	Tb	铽	$4f^9 6s^2$	$^6H_{15/2}$	5.864
66	Dy	镝	$4f^{10} 6s^2$	$^5I_8$	5.939
67	Ho	钬	$4f^{11} 6s^2$	$^4I_{15/2}$	6.022
68	Er	铒	$4f^{12} 6s^2$	$^3H_6$	6.108
69	Tm	铥	$4f^{13} 6s^2$	$^2F_{7/2}$	6.184
70	Yb	镱	$4f^{14} 6s^2$	$^1S_0$	6.254
71	Lu	镥	$4f^{14} 5d 6s^2$	$^2D_{3/2}$	5.426
72	Hf	铪	$4f^{14} 5d^2 6s^2$	$^3F_2$	6.825
73	Ta	钽	$4f^{14} 5d^3 6s^2$	$^4F_{3/2}$	7.550
74	W	钨	$4f^{14} 5d^4 6s^2$	$^5D_0$	7.864
75	Re	铼	$4f^{14} 5d^5 6s^2$	$^6S_{5/2}$	7.834
76	Os	锇	$4f^{14} 5d^6 6s^2$	$^5D_4$	8.438
77	Ir	铱	$4f^{14} 5d^7 6s^2$	$^6F_{9/2}$	8.967
78	Pt	铂	$4f^{14} 5d^9 6s^1$	$^3D_3$	8.959
79	Au	金	$[Xe, 4f^{14} 5d^{10}] 6s$	$^2S_{1/2}$	9.226
80	Hg	汞	$6s^2$	$^1S_0$	10.438
81	Tl	铊	$6s^2 6p$	$^2P_{1/2}$	6.108
82	Pb	铅	$6s^2 6p^2$	$^3P_0$	7.417
83	Bi	铋	$6s^2 6p^3$	$^4S_{3/2}$	7.286
84	Po	钋	$6s^2 6p^4$	$^3P_2$	8.414
85	At	砹	$6s^2 6p^5$	$^2P_{3/2}$	9.350
86	Rn	氡	$6s^2 6p^6$	$^1S_0$	10.748
87	Fr	钫	$[Rn] 7s$	$^2S_{1/2}$	4.073
88	Ra	镭	$7s^2$	$^1S_0$	5.278
89	Ac	锕	$6d 7s^2$	$^2D_{3/2}$	5.380
90	Th	钍	$6d^2 7s^2$	$^3F_2$	6.307
91	Pa	镤	$5f^2 6d 7s^2$	$^4K_{11/2}$	5.89
92	U	铀	$5f^3 6d 7s^2$	$^5L_6$	6.194
93	Np	镎	$5f^4 6d 7s^2$	$^6L_{11/2}$	6.266
94	Pu	钚	$5f^6 7s^2$	$^7F_0$	6.026
95	Am	镅	$5f^7 7s^2$	$^8S_{7/2}$	5.974
96	Cm	锔	$5f^7 6d 7s^2$	$^9D_2$	5.992

续表

原子序数 Z	元素符号	名称	基态电子组态	基态原子谱项	电离能(eV)
97	Bk	锫	$5f^9 7s^2$	$^6H_{15/2}$	6.198
98	Cf	锎	$5f^{10} 7s^2$	$^5I_8$	6.282
99	Es	锿	$5f^{11} 7s^2$	$^4I_{15/2}$	6.368
100	Fm	镄	$5f^{12} 7s^2$	$^3H_6$	6.50
101	Md	钔	$5f^{13} 7s^2$	$^2F_{7/2}$	6.58
102	No	锘	$5f^{14} 7s^2$	$^1S_0$	6.65
103	Lr	铹	$5f^{14} 7s^2 7p$	$^2P_{1/2}$	4.96
104	Rf	鑪	$5f^{14} 6d^2 7s^2$	$^3F_2$	6.01
105	Db	𨧀	$5f^{14} 6d^3 7s^2$	$^4F_{3/2}$	6.8
106	Sg	𨭎	$5f^{14} 6d^4 7s^2$		7.8
107	Bh	𨨏	$5f^{14} 6d^5 7s^2$		7.7
108	Hs	𨭆	$5f^{14} 6d^6 7s^2$		7.6
109	Mt	鿏			
110	Ds	𨰻			
111	Rg	𬬭			
112	Cn	鎶			
113	Nh	鉨			
114	Fl	𫓧			
115	Mc	镆			
116	Lv	𫟷			
117	Ts	鿬			
118	Og	鿫			

参考:www.nist.gov/pml/data/periodic.cfm。

周期表从氢原子开始,它只有一个电子,基态的电子组态是 1s,电离这个电子所需的能量是 13.6 eV;第二个元素是氦,它的两个电子都填充在 1s 上,基态的电子组态是 $1s^2$,从表 4.3.2 可以看到,氦原子的电离能是所有元素中最大的(24.59 eV)。至此,$n=1$ 的 K 壳层填满。这两个元素构成了周期表的第一周期。

第二周期从锂($Z=3$)开始,锂的第三个电子依顺序填在了 L 壳层的 2s 上,基态的电子组态是 $1s^2 2s$。如果 K 壳层的两个 1s 电子的屏蔽是完全的,则 2s 价电子感受到的有效核电荷数为 1,相应的电离能为 $|(-13.6 \text{ eV})/2^2|=3.4 \text{ eV}$。实际上,由于 2s 电子的贯穿效应,屏蔽不完全,所以电离能要大一些,为 5.39 eV。铍($Z=4$)的第四个电子将 2s 支壳层填满,基态的电子组态是 $1s^2 2s^2$。由于核电荷数增加,铍的电离能比锂大,为 9.32 eV。

从硼($Z=5$,基态的电子组态是 $1s^22s^22p$)到氖($Z=10$,基态的电子组态是 $1s^22s^22p^6$),依次将 2p 支壳层填满。虽然硼的核电荷数比铍增加了 1,但 2p 电子的轨道贯穿较弱,有效核电荷数比铍小,因而电离能(8.30 eV)比铍小。之后的碳($Z=6$)和氮($Z=7$)的电离能都随着核电荷数的增大而增加。但氧($Z=8$)原子的电离能又减小,这一点如何理解呢? 当 2p 支壳层有三个电子时(半满,对应氮原子),从对氦原子的讨论我们知道,自旋平行的电子趋于分开,使能量降低。所以,为了使能量最低,填充在 2p 上的三个电子的自旋是平行的,由泡利不相容原理,这三个电子必须分别处于 $m_l=-1,0,+1$ 的不同态上。但到了氧原子,2p 上多出一个电子,它的 m_l 必定与原来的三个电子中的一个相同,受泡利原理的限制,它的自旋一定与原来的三个电子相反,而自旋反平行的电子趋于靠近,使能量增加,因而电离减少。之后的氟($Z=9$)和氖($Z=10$)的电离能仍依次增加,氖达到极大值(21.56 eV)。到氖元素为止,$n=2$ 的 L 壳层填满,第二周期结束。

第三周期的钠($Z=11$)开始填充 3s 支壳层,因此钠原子的电离能(5.14 eV)比氖小很多。之后一直到氩($Z=18$,基态的电子组态是 $1s^22s^22p^63s^23p^6$)依次填满 3s 和 3p。钾($Z=19$)原子增加的一个电子却并不填充 3d 支壳层,如图 4.3.2 所示,由于 4s 电子的轨道贯穿作用,其能量比 3d 电子还要低。因此对 $n=3$ 壳层的填充到氩原子暂时告一段落,第三周期也到此结束。

第四周期的钾($Z=19$)和钙($Z=20$)依次填满 4s 支壳层,从钪($Z=21$)到锌($Z=30$)的 10 个元素则依次将 3d 支壳层填满,填充 d 壳层的这一组元素称为第一组过渡元素。需要指出的是,由于 4s 和 3d 的能量非常接近,几乎简并,因此会出现争夺电子的现象。这一组过渡元素中,铬($Z=24$)的基态电子组态是 $1s^22s^22p^63s^23p^64s3d^5$(简写作[Ar]$4s3d^5$),铜($Z=29$)的基态电子组态是[Ar]$4s3d^{10}$,这两个元素的原子都有一个 4s 电子被 3d 夺走。从镓($Z=30$)到氪($Z=36$)依次将 4p 支壳层填满,第四周期结束。

第五周期与第四周期类似,从铷($Z=37$)到氙($Z=54$),依次填充 5s,4d 和 5p 支壳层,其中填充 4d 壳层的 10 个元素(从 $Z=39$ 的钇到 $Z=48$ 的镉)称为第二组过渡元素。

第六周期从铯($Z=55$)到氡($Z=86$)共有 32 个元素,依次填充 6s,4f,5d,6p 支壳层。从镧($Z=57$)起到镱($Z=70$)新增加的电子不断填充 4f 支壳层,加上镥($Z=71$)共 15 个元素形成镧系元素,再加上化学性质相近的钪($Z=21$)和钇($Z=39$),统称为稀土元素。填充 5d 壳层的元素(从 $Z=72$ 的铪到 $Z=80$ 的汞)称为第三组过渡元素。6s,4f,5d 的能量也非常接近,它们之间也有争夺电子的现象。

第七周期的钫($Z=87$)和镭($Z=88$)填充 7s 支壳层。从锕($Z=89$)到铹(Z

=103)的 15 个元素组成锕系元素。这一周期的原子核都是不稳定的,是放射性元素。自然界存在的元素到铀($Z=92$)为止,比铀更重的元素都是人工合成的。第七周期本来是一个未满周期,但近年来陆续人工合成的元素已经到了 $Z=118$。2016 年 11 月,国际纯粹和应用化学联合会(IUPAC)正式命名了 $Z=113,115,117$ 和 118 号元素。$Z=115$ 号元素由俄罗斯和美国的科学家在莫斯科州的杜布纳联合原子核研究所合成,他们以莫斯科英文地名命名了该元素为镆(Moscovium);$Z=117,118$ 号元素也是由美国和俄罗斯的科学家联合共同合成的,前者以美国的田纳西州命名为础(Tennessine),后者命名为氭(Oganesson),以纪念俄罗斯著名的核物理学家欧甘尼辛(Y. Oganessian);日本理化研究所独立地合成了 $Z=113$ 号元素并获得了命名权,他们以日本国名将其命名为鿭(Nihonium),这是亚洲国家首次合成和发现的新元素。这四个元素确认并命名后,第七周期已经成为一个完整的周期。

原子的化学性质与这种原子和其他原子的相互作用有关,而决定这种相互作用的是处在最外支壳层的价电子。有两方面的关键因素,一是该支壳层的电子占据数目,二是该支壳层与下一个能量更高的空支壳层的能量间隔。例如,如果原子的最外支壳层填满,且该支壳层与下一个能量更高的空支壳层之间有相当大的能量间隔,则要激发或电离价电子就需要较大的能量。稀有气体原子(He,Ne,Ar,Kr,Xe,Rn)就是这种情况,最外的 np 支壳层填满,而 $(n+1)s$ 支壳层与 np 的能量差别又特别大,所以,这些原子的化学性质极不活泼,以单原子状态存在于自然界。另一方面,碱金属原子(Li,Na,K,Rb,Cs,Fr)的最外支壳层只有一个束缚很弱的 s 电子,与其他原子相互作用时,很容易失去这个价电子,表现出活泼的化学性质。

4.3.3 电子组态能级的简并度

在中心力场近似下,原子的能量(能级)取决于电子组态,即每个电子的 n,l 值。对于给定的 n,l 值,m_l 和 m_s 有不同的取值,所以电子组态能级有一定的简并度。

考察 v 个电子的电子组态,如果这 v 个电子的 $n_i, l_i (i=1,2,\cdots,v)$ 均不相同,则该电子组态可能的状态数,即组态能级的简并度为

$$G = \prod_{i=1}^{v} 2(2l_i + 1) \tag{4.3.13}$$

例如,氢原子的一个电子激发到 3d,电子组态为 1s3d,简单计算得到的 $G=20$。所以,在中心力场近似下氢原子这个激发态能级的简并度为 20。

我们把处在同一支壳层、具有相同的 n,l 值的电子称为等效电子(有的教科书上称为同科电子)。如果 v 个电子是等效电子,电子组态是 $(nl)^v$,则由于泡利不相容原理,m_l 和 m_s 的取值受到限制,可能的状态数就会减少。例如,对于氦原子的激发态电子组态 1s2s,简单计算得到 $G=4$,但如果是氦原子的基态电子组态 $1s^2$,两个电子的 $n_1=n_2=1, l_1=l_2=0, m_{l1}=m_{l2}=0$,则第四个量子数 m_s 必须分别取 $+1/2$ 和 $-1/2$,所以可能的状态数只能为 1,氦原子基态能级的简并度为 1。

一般而言,对于等效电子组态 $(nl)^v$,可能的状态数,即组态能级的简并度为组合数

$$G = C_{2(2l+1)}^v = \frac{[2(2l+1)]!}{v![2(2l+1)-v]!} \tag{4.3.14}$$

例如,np^2 电子组态的简并度 $G=15$。显然,对满支壳层的电子组态 $v=2(2l+1)$,$G=1$,如 ns^2 的 $G=1$。

事实上,对任意一个支壳层 nl 而言,其电子可以有 $2l+1$ 个 m_l 状态和 2 个 m_s 状态,共有 $2(2l+1)$ 种状态。按照泡利原理,满支壳层电子组态中的 $2(2l+1)$ 个电子只能各占据其中一种状态。所以满支壳层电子组态只有这一种可能的状态,此时,各个电子的 m_l 和 m_s 总是正负成对出现,如果各个电子的轨道角动量和自旋角动量耦合成总轨道角动量 $\boldsymbol{L}$ 和总自旋角动量 $\boldsymbol{S}$,则总的磁量子数 $M_L = \sum m_l = 0, M_S = \sum m_s = 0$,从而 $\boldsymbol{L}=\boldsymbol{S}=\boldsymbol{0}$。所以在考虑原子的总角动量时,只要计及未满支壳层即可。

原子电子组态的总简并度等于各支壳层电子简并度的乘积,例如,碳原子基态的电子组态是 $1s^2 2s^2 2p^2$,对于 $1s^2$ 和 $2s^2$,G 都等于 1,而 $2p^2$ 的 $G=15$,所以碳原子基态电子组态的总简并度 $G=15$。

4.4 多电子原子的原子态和能级

在中心力场近似中,我们只考虑了电子在核库仑场中的引力势能以及电子-电子间静电斥力势能中的球对称部分,此时,原子的状态用电子组态描述。本节将考虑对中心力场近似的修正。第一个重要的修正是式(4.3.4)的剩余静电势 H_1,它是电子-电子间的静电斥力势能去除球对称平均场后剩余的部分。可以证明,n,l 相同,m_l 不同的所有状态概率密度的和是球对称的,因此满支壳层电子组态的电

荷分布一定是球对称的,对 H_1 没有贡献。所以在考虑 H_1 时只要计及未满支壳层上的电子,通常是最外支壳层上的价电子即可。

另一个重要的修正是自旋-轨道相互作用,在独立粒子模型近似下,每个电子看作是独立的,则可将自旋-轨道相互作用项 H_2 写为

$$H_2 = \sum_{i=1}^{N} \xi(r_i) \boldsymbol{l}_i \cdot \boldsymbol{s}_i \tag{4.4.1}$$

其中,$\boldsymbol{l}_i$ 和 $\boldsymbol{s}_i$ 分别是第 i 个电子的轨道角动量和自旋角动量,$\xi(r_i)$ 是与第 i 个电子的中心势有关的函数。由式(3.3.7),知

$$\xi(r_i) = \frac{1}{2m_e^2 c^2} \frac{1}{r_i} \frac{dV(r_i)}{dr_i}$$

可以证明,满支壳层的电子对 H_2 的贡献也为零,所以自旋-轨道相互作用项也只要计及价电子就可以了。

这两项修正的重要性要看它们的相对大小。如果两项的大小相似,称为中间耦合,量子力学上处理比较困难。通常讨论两种极端的情形:对基态原子和轻原子的低激发态,通常剩余静电势远大于自旋-轨道相互作用,此时采用 LS 耦合;另一种极端的情形通常发生在重原子激发态,此时自旋-轨道相互作用远大于剩余静电势,要采用 jj 耦合。下面分别定性地加以说明。

4.4.1 LS 耦合

剩余静电势远大于自旋-轨道相互作用的情形是罗素(H. N. Russell)和桑德尔斯(F. A. Saunders)首先研究的,所以又称罗素-桑德尔斯耦合。

1. 剩余静电势引起的电子组态能级分裂

首先忽略自旋-轨道相互作用,而只考虑剩余静电势。从经典物理图像来看,由于剩余静电势的存在,每个价电子受到其他电子非中心力的作用,从而也受到一个力矩的作用,单个电子的轨道角动量不再守恒。但力矩的作用只是改变轨道角动量的方向,不改变其大小,所以每个电子的量子数 n, l 仍是好量子数,但 m_l 不再是好量子数。整个原子体系受到的合外力矩为零,所以各个电子的轨道角动量耦合成的总轨道角动量 L 是守恒的,由于前述原因,耦合得到总轨道角动量只用计及 v 个价电子,有

$$\boldsymbol{L} = \sum_{i=1}^{v} \boldsymbol{l}_i \tag{4.4.2}$$

总轨道角动量的平方 L^2 及其 z 分量 L_z 的本征值分别为

$$L^2 = L(L+1)\hbar^2 \tag{4.4.3}$$

$$L_z = M_L \hbar, \quad M_L = L, L-1, \cdots, -L \tag{4.4.4}$$

其中,L 是总轨道角动量量子数,M_L 是相应的磁量子数,L 和 M_L 是好量子数。

同样,各个电子的自旋角动量耦合成的总自旋角动量 S 也是一个守恒量,

$$S = \sum_{i=1}^{v} s_i \tag{4.4.5}$$

总自旋角动量的平方 S^2 及其 z 分量 S_z 的本征值分别为

$$S^2 = S(S+1)\hbar^2 \tag{4.4.6}$$

$$S_z = M_S \hbar, \quad M_S = S, S-1, \cdots, -S \tag{4.4.7}$$

其中,S 是总自旋角动量量子数,M_S 是相应的磁量子数,S 和 M_S 也是好量子数。所以,在 LS 耦合下,有 v 个价电子的原子的状态用下列量子数描述

$$(n_1 l_1)(n_2 l_2) \cdots (n_v l_v) L S M_L M_S \tag{4.4.8}$$

考虑剩余静电势 H_1 的修正后,中心力场近似下的电子组态能级的简并将部分撤除,能级按照 L 和 S 的不同产生分裂。L 不同带来的能级分裂来自于各电子不同概率分布造成的电子之间的不同库仑斥力;从 4.2 节对氦原子的讨论可知,S 不同带来的能级分裂源于与自旋取向相关的交换效应。

给定 L,S 值的能级对 M_L 和 M_S 仍是简并的,简并度为 $(2L+1)(2S+1)$。在原子光谱学中将这简并的 $(2L+1)(2S+1)$ 个态的集合称为原子的多重态或多重项,简称项(term)或谱项,记作 ^{2S+1}L,$2S+1$ 称为谱项的多重数。用大写字母 S,P,D,F 等表示 $L = 0,1,2,\cdots$ 的状态。

2. 多重态能级的精细结构

在剩余静电势的基础上,我们进一步考虑自旋-轨道相互作用的修正。由于自旋-轨道相互作用,内磁场的力矩使 L 和 S 不再是守恒量,M_L 和 M_S 不再是好量子数。但由于外力矩为零,由 L 和 S 耦合而成的原子的总角动量 J 是守恒量,

$$J = L + S \tag{4.4.9}$$

总角动量平方 J^2 及其 z 分量 J_z 的本征值分别为

$$J^2 = J(J+1)\hbar^2 \tag{4.4.10}$$

$$J_z = M_J \hbar \tag{4.4.11}$$

其中,总轨道角动量量子数 J 和相应的磁量子数 M_J 是好量子数,取值分别为

$$J = L+S, L+S-1, \cdots, |L-S| \tag{4.4.12}$$

$$M_J = J, J-1, \cdots, -J \tag{4.4.13}$$

于是,在考虑两项修正后,有 v 个价电子的原子的状态用下列量子数描述:

$$(n_1 l_1)(n_2 l_2) \cdots (n_v l_v) L S J M_J \tag{4.4.14}$$

多重态能级的简并将进一步撤除,能级按照 J 的不同进一步分裂。由于自旋-轨道

相互作用远小于剩余静电势,这种分裂称为多重态能级的精细结构。

对给定的 L,S,如果 $L \geqslant S$,则 J 的可能取值数目为 $2S+1$,等于该多重态的多重数;如果 $L < S$,则 J 的可能取值数目为 $2L+1$。所以 ^{2S+1}L 多重态能级分裂为 $2\min(L,S)+1$ 个精细结构能级,$\min(L,S)$ 表示 L 和 S 中较小的一个。这里需要特别注意,能级的多重数不等同于分裂的精细结构能级数。

在原子光谱学中,用 $^{2S+1}L_J$ 表示多重态能级的精细结构成分,或称子项。显然,精细结构能级对于量子数 M_J 仍是 $2J+1$ 重简并的。

在 LS 耦合下,自旋-轨道相互作用项可以写为
$$H_2 = \xi(L,S) \boldsymbol{L} \cdot \boldsymbol{S} \tag{4.4.15}$$
其中,$\xi(L,S)$ 是与电子组态和量子数 L,S 有关的一个常数。而
$$\boldsymbol{L} \cdot \boldsymbol{S} = \frac{1}{2}(\boldsymbol{J}^2 - \boldsymbol{L}^2 - \boldsymbol{S}^2)$$
所以 H_2 引起的能级移动为
$$\Delta E_J = \frac{\hbar^2}{2}\xi(L,S)[J(J+1) - L(L+1) - S(S+1)] \tag{4.4.16}$$
显然,对 $L=0$ 的 S 态和 $S=0$ 的单重态,自旋-轨道相互作用均为零,能级没有精细结构。同一多重态相邻能级的间隔为
$$\Delta E_J - \Delta E_{J-1} = \frac{\hbar^2}{2}\xi(L,S)[J(J+1) - (J-1)J] = \xi(L,S)J \tag{4.4.17}$$
因此,在一个多重态的精细结构能级中,两个相邻能级的间隔与它们中较大的 J 值成正比。这个结论称为朗德间隔定则。

在实际情况中,$\xi(L,S)$ 可正可负,当 $\xi(L,S) > 0$ 时,从式(4.4.16)可以看到,同一多重态的精细结构能级中,J 越小,能量越低,这称为正常次序的多重态。而如果 $\xi(L,S) < 0$,则 J 越大,能量越低,这称为倒转次序的多重态。

用一个例子来说明在 LS 耦合下多重态能级的分裂情况。假设碳原子的一个价电子激发到 3p,则该激发态的电子组态为 $1s^2 2s^2 2p3p$。只要考虑两个非等效电子的价电子组态 2p3p,在中心力场近似下,该激发态是一个简并的能级,如图 4.4.1 左列所示。计入剩余静电势,两个电子的轨道角动量和自旋角动量分别耦合为总轨道角动量和总自旋角动量,由于 $l_1 = l_2 = 1, s_1 = s_2 = 1/2$,按照角动量的相加法则,分别得到 $L=0,1,2, S=0,1$,电子组态能级分裂为多重态能级,用谱项符号表示分别为:三个单态能级 $^1S, ^1P, ^1D$ 和三个三重态能级 $^3S, ^3P, ^3D$,如图中间列所示。进一步考虑自旋-轨道相互作用,多重态的能级按总角动量量子数 J 分裂。显然 $S=0$ 的单重态没有精细结构,相应的原子态为 $^1S_0, ^1P_1, ^1D_2$。$L=0$ 的 S 态也没有

精细结构分裂,如 $L=0,S=1$ 的三重态,相应的 $J=1$,原子态为 $^3S_1$。而 $L=1,S=1$ 的 ^3P 态,相应的 $J=0,1,2$,原子态为 $^3P_{0,1,2}$,分裂为三个精细结构能级。同样,$L=2,S=1$ 的 ^3D 态,相应的 $J=1,2,3$,原子态为 $^3D_{1,2,3}$,也是三分裂的,如图右列所示。精细结构的能量裂距服从朗德间隔定则,图 4.4.1 是按照正常次序给出的。

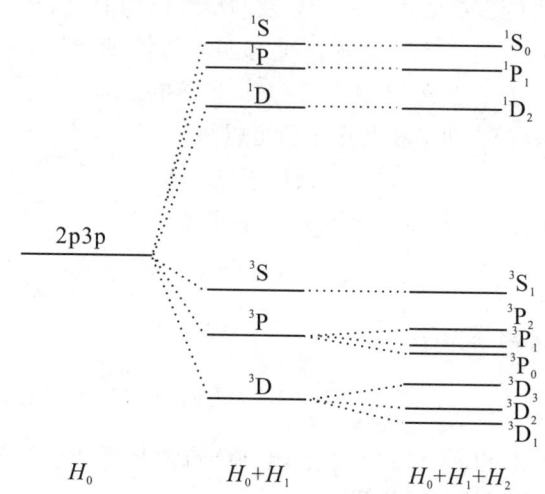

图 4.4.1 2p3p 电子组态能级在 LS 耦合下的分裂

3. 等效电子组态的原子多重态(谱项)

给定电子组态,原子可能的状态数目对于等效电子组态和非等效电子组态是不同的。这些原子状态在 LS 耦合下,分别属于不同的多重态(谱项)。对于非等效电子组态可能的多重态,按照前面介绍的方法就可以得到,例如,前例中碳原子激发态的电子组态 2p3p 就是非等效电子组态,可能的状态数目有 $G(2p3p)=36$ 个,在 LS 耦合下分别属于原子态 $^3D_{1,2,3}$,$^3P_{0,1,2}$,$^3S_1$,$^1D_2$,$^1P_1$ 和 $^1S_0$。

但对于等效电子组态,由于泡利不相容原理的限制,可能的状态数会减少。在这种情况下,如何来确定多重态呢?

最简单的情形是由两个 s 电子组成的等效电子组态 ns^2,这是满支壳层组态,一定有 $L=S=0$,则 $J=0$,可能的原子态只有 $^1S_0$。但如果是两个非等效 s 电子的组态,则还有 $^3S_1$ 态。$^3S_1$ 在 ns^2 组态中不出现是泡利原理限制的结果。

现在再来考察两个等效 p 电子的组态,以碳原子的基态为例,电子组态为 $1s^22s^22p^2$。只要考虑价电子组态 $2p^2$,两个电子的 $n_1=n_2=2,l_1=l_2=1$,已经有两个量子数相同,按照泡利原理的要求,两个电子的另外两个量子数 m_l 和 m_s 不能完全相同。由于 $m_l=0,\pm 1,m_s=\pm 1/2$,可能的 m_l 和 m_s 组合有 $2\times 3=6$ 种,两个电子各取其中一种,则不违背泡利原理。于是2p²电子组态可能的原子状态数目为 $G(2p^2) = C_6^2 = 15$ 种,这15种状态的两个电子的 m_l 和 m_s 取值,列于表4.4.1中。表中也给出总的磁量子数 $M_L = m_{l_1} + m_{l_2}$ 和 $M_S = m_{s_1} + m_{s_2}$ 的值,要确定的是这些原子状态在 LS 耦合下,分别属于哪些多重态。首先,从表中看到,没有 $M_L = 2, M_S = 1$ 的组合,表明³D态不存在;此外表中有 $M_L = \pm 2, M_S = 0$ 的组合,表明 $L = 2$ 的 D 态的存在,应该是¹D态,表中前五个状态构成了¹D态。表中还有 $M_L = 1, M_S = 1$ 的组合,说明 $L = S = 1$ 的³P的存在,第6~14的九个状态属于³P态。剩下的一个状态显然是 $L = S = 0$ 的¹S态。所以,2p²电子组态可能的多重态只有三种,即³P$_{0,1,2}$,¹D$_2$和¹S$_0$。事实上,状态3,10和15是不可区分的,都对应 $M_L = 0, M_S = 0$ 的态;状态2,7也是不可区分的,对应 $M_L = +1, M_S = 0$ 的态;状态4,13也不可区分,对应 $M_L = -1, M_S = 0$ 的态。例如,¹S态的 $M_L = 0, M_S = 0$,实际上是状态3,10和15的叠加态,表中为了简洁,只把状态15列在¹S态名下。

表4.4.1 2p²电子组态可能的原子状态

序数	电子1		电子2		$M_L = m_{l_1} + m_{l_2}$	$M_S = m_{s_1} + m_{s_2}$	原子态
	m_{l_1}	m_{s_1}	m_{l_2}	m_{s_2}			
1	+1	+$\frac{1}{2}$	+1	−$\frac{1}{2}$	+2	0	
2	+1	+$\frac{1}{2}$	0	−$\frac{1}{2}$	+1	0	
3	+1	+$\frac{1}{2}$	−1	−$\frac{1}{2}$	0	0	¹D
4	0	+$\frac{1}{2}$	−1	−$\frac{1}{2}$	−1	0	
5	−1	+$\frac{1}{2}$	−1	−$\frac{1}{2}$	−2	0	
6	+1	+$\frac{1}{2}$	0	+$\frac{1}{2}$	+1	+1	
7	+1	−$\frac{1}{2}$	0	+$\frac{1}{2}$	+1	0	³P
8	+1	−$\frac{1}{2}$	0	−$\frac{1}{2}$	+1	−1	
9	+1	+$\frac{1}{2}$	−1	+$\frac{1}{2}$	0	+1	

续表

序数	电子1		电子2		$M_L = m_{l_1} + m_{l_2}$	$M_S = m_{s_1} + m_{s_2}$	原子态
	m_{l_1}	m_{s_1}	m_{l_2}	m_{s_2}			
10	+1	$-\frac{1}{2}$	-1	$+\frac{1}{2}$	0	0	
11	+1	$-\frac{1}{2}$	-1	$-\frac{1}{2}$	0	-1	
12	0	$+\frac{1}{2}$	-1	$+\frac{1}{2}$	-1	$+1$	^3P
13	0	$-\frac{1}{2}$	-1	$+\frac{1}{2}$	-1	0	
14	0	$-\frac{1}{2}$	-1	$-\frac{1}{2}$	-1	-1	
15	0	$+\frac{1}{2}$	0	$-\frac{1}{2}$	0	0	^1S

碳原子的基态电子组态能级在 LS 耦合下的分裂情况类似于图 4.4.1 给出的，只是没有 $^1P_1$、$^3S_1$ 和 $^3D_{3,2,1}$。从图中我们看到碳原子的"真正"基态是 $1s^2 2s^2 2p^2\ ^3P_0$。

用这种列表的方法，也可给出其他等效电子组态可能的原子态谱项。

对于只有两个等效电子的组态 $(nl)^2$，有一个简便的方法可以判定其可能的原子态谱项，即 $L+S$ 必须为偶数。原因是：泡利原理要求多电子体系的波函数必须是交换反对称的。对两个等效电子的体系，其空间波函数的交换对称性为 $(-1)^L$。当 L 为偶数时，空间波函数是对称的，因此自旋波函数必须是反对称的，只能是 $S=0$ 的态。而 L 为奇数时，空间波函数是反对称的，这样自旋波函数就一定是对称的，只能是 $S=1$ 的态。在两种情况下，$L+S$ 都等于偶数。按照这个简单的判据，我们可以推导 nd^2 组态的情况，由 $l_1=l_2=2$，轨道角动量耦合得到 $L=0,1,2,3,4$；由 $s_1=s_2=1/2$，得到 $S=0,1$。$L+S$ 为偶数的组合有：$L=0,2,4, S=0; L=1,3, S=1$。所以，可能的原子多重态有：$^1G_4, ^1D_2, ^1S_0, ^3P_{2,1,0}$ 和 $^3F_{4,3,2}$。

对于满支壳层电子组态 $(nl)^{2(2l+1)}$，$L=S=0$，所以 $M_L = \sum_{i=1}^{Y} m l_i = 0$，$M_S = \sum_{i=1}^{Y} m S_i = 0$，其中 $Y = 2(2l+1)$。现在考察满支壳层的等效电子组态 $(nl)^v$ 和 $(nl)^{Y-v}$（称为互补的组态），显然有

$$(M_L)_v + (M_L)_{Y-v} = (M_L)_Y = 0$$

所以

$$(M_L)_v = -(M_L)_{Y-v}$$

即 v 个电子组态和 $Y-v$ 个电子组态的磁量子数 M_L 总是大小相等、符号相反，所以一定有

$$(L)_v = (L)_{Y-v}$$

同理，对自旋量子数也有

$$(S)_v = (S)_{Y-v}$$

因此，互补电子组态 $(nl)^v$ 和 $(nl)^{Y-v}$ 具有相同的原子态谱项。可以理解为，支壳层上有 v 个电子的组态与支壳层上有 v 个"空穴"的组态具有相同的可能原子态。例如，$2p^4$ 组态与 $2p^2$ 组态有相同的多重态 $^3P_{0,1,2}$，$^1D_2$ 和 $^1S_0$。

对包含一组或若干组等效电子的电子组态，先要确定每组等效电子的谱项，总的谱项再由不同组的谱项耦合得到。

例 4.1 氟原子的激发态电子组态为 $2p^4 3s$，求它在 LS 耦合下可能的原子态。

解 先求 $2p^4$ 的谱项，它是 $2p^2$ 的互补组态，所以与 $2p^2$ 具有相同的谱项，分别是 ^3P，^1D 和 ^1S。另一个非等效电子 $3s$ 的 $l=0$，$s=1/2$，它分别与 $2p^4$ 的谱项耦合。

对于 ^3P，$L'=1$，$l=0$，则总的 $L=1$；$S'=1$，$s=1/2$，则总的 $S=3/2,1/2$。于是 $J=5/2,3/2,1/2$ 和 $3/2,1/2$，可能的原子态是 $^4P_{5/2,3/2,1/2}$ 和 $^2P_{3/2,1/2}$。

对 ^1D，$L'=2$，$l=0$，总的 $L=2$；$S'=0$，$s=1/2$，总的 $S=1/2$。于是 $J=5/2,3/2$，可能的原子态是 $^2D_{5/2,3/2}$。

对 ^1S，$L'=0$，$l=0$，总的 $L=0$；$S'=0$，$s=1/2$，总的 $S=1/2$。于是 $J=1/2$，可能的原子态是 $^2S_{1/2}$。

因此，$2p^4 3s$ 组态可能的原子态有 $^2S_{1/2}$，$^2D_{5/2,3/2}$，$^4P_{5/2,3/2,1/2}$ 和 $^2P_{3/2,1/2}$。

4.4.2 jj 耦合

下面讨论另一种极端的情形，即自旋-轨道相互作用远大于剩余静电势的情形，此时要采用 jj 耦合。

首先忽略剩余静电势，只考虑自旋-轨道相互作用。这时原子中每个电子类似于单电子情形，各自独立地在中心力场中运动，自旋-轨道相互作用使它的轨道角动量 l 和自旋角动量 s 不再是守恒量，但总角动量 $j=l+s$ 是守恒量。用量子数 (n,l,j,m_j) 来描述这个电子的状态，其中 j,m_j 分别是电子的总角动量量子数和相应的磁量子数。因此，有 v 个价电子的原子的状态，在 jj 耦合下，用下列量子数描述

$$(n_1,l_1,j_1,m_{j_1})(n_2,l_2,j_2,m_{j_2})\cdots(n_v,l_v,j_v,m_{j_v}) \quad (4.4.18)$$

第 i 个电子的自旋-轨道相互作用能量 $\Delta E_{n_i l_i j_i}$ 是

$$\Delta E_{n_i l_i j_i} = \langle \xi(r_i) \rangle l_i \cdot s_i$$
$$= \frac{\hbar^2}{2} \xi(n_i, l_i)[j_i(j_i+1) - l_i(l_i+1) - s_i(s_i+1)]$$
$$= \frac{\hbar^2}{2} \xi(n_i, l_i)\left[j_i(j_i+1) - l_i(l_i+1) - \frac{3}{4}\right] \quad (4.4.19)$$

其中，$\xi(n_i, l_i)$ 是系数 $\xi(r_i)$ 的平均值，只与量子数 n_i，l_i 有关。总的自旋-轨道相互作用引起的能量修正为

$$\Delta E = \sum_{i=1}^{v} \Delta E_{n_i l_i j_i} \quad (4.4.20)$$

显然，电子组态能级的简并将部分撤除，能级按照 j_i 的不同组合产生分裂，其中最小的 j_i 组合的能级最低。对于 v 个电子的组态，通常用 $(j_1, j_2, \cdots, j_v)$ 表示在 jj 耦合下的原子多重态(或谱项)。

在此基础上，进一步考虑剩余静电势的作用。此时，单电子的 j 不再是守恒量，而原子的总角动量 $J = \sum_{i=1}^{v} j_i$ 是守恒量，能级按总角动量量子数 J 进一步分裂，相应的原子态用 $(j_1, j_2, \cdots, j_v)_J$ 来表示。

以非等效电子组态 $nsn'p$ 为例来说明 jj 耦合的能级分裂情况，如图 4.4.2 所示。ns 电子的 $l_1 = 0$，$s_1 = 1/2$，因而 $j_1 = 1/2$；$n'p$ 电子的 $l_2 = 1$，$s_2 = 1/2$，因而 $j_2 = 3/2, 1/2$。所以在自旋-轨道相互作用下分裂为 2 个多重态能级，分别为 $(1/2, 1/2)$ 和 $(1/2, 3/2)$。再考虑剩余静电势的作用，能级按 J 进一步分裂，分别为 $(1/2, 1/2)_{0,1}$ 和 $(1/2, 3/2)_{1,2}$，详细情况见图 4.4.2。

对于等效电子组态，与 LS 耦合一样需要考虑泡利原理的限制，同样可以通过列表的方法得到，这里不再详述。

LS 耦合和 jj 耦合是两种极端的情况。由式(3.3.9)知道自旋-轨道相互作用能与 Z^{*4} 成正比，由式(4.2.20)知道静电斥力能的修正与 Z^* 成正比。因此，随 Z 增大 Z^* 也变大，自旋-轨道耦合能迅速增大并超过剩余静电势。由此可见，原子的基态和轻元素的低激发态通常采用 LS 耦合，而 jj 耦合一般

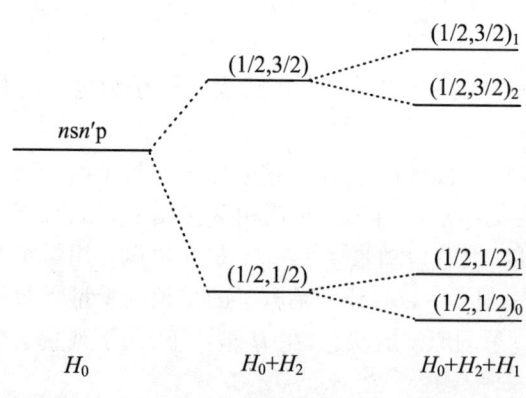

图 4.4.2 $nsn'p$ 组态能级在 jj 耦合下的分裂

出现在重元素的原子或某些高激发态中。

图 4.4.3 给出了碳族各元素原子的第一激发态电子组态 $np(n+1)s$ 的能级结构图,可以看出 Z 较小的碳、硅原子是 LS 耦合,^3P 态内部的能级间隔远小于 ^3P 态和 ^1P 态之间的间隔,说明自旋-轨道耦合能远小于剩余静电势。Z 较大的锡、铅原子则是 jj 耦合,剩余静电势远小于自旋-轨道耦合能。而锗原子则介于两者之间,从能级的结构上也可以看出剩余静电势和自旋-轨道耦合能相当。

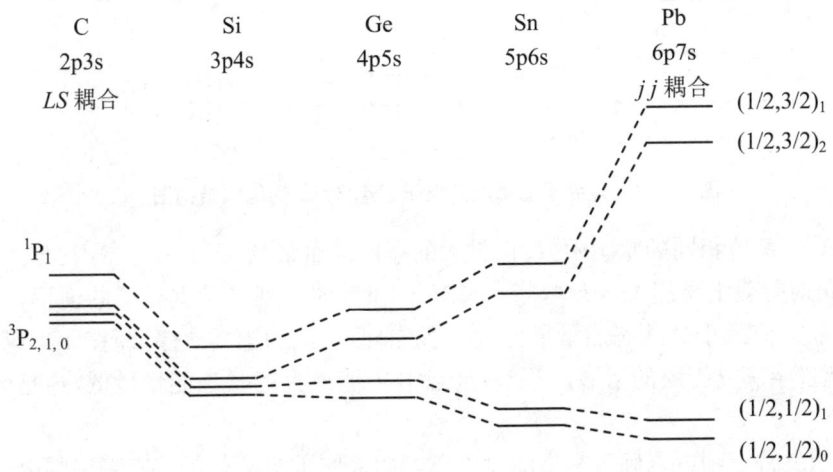

图 4.4.3 碳族元素的第一激发态电子组态 $np(n+1)s$ 的能级结构图

图 4.4.4 给出了另外一种由 LS 耦合向 jj 耦合过渡的情形,它是硅原子的激发态电子组态 $3pns$ 的能级结构。由图可见,$n=4$ 的第一激发态还是比较典型的 LS 耦合,随着 n 的增大,原子处于高激发态,两个价电子之间的库仑斥力迅速减小,使剩余静电势小于自旋-轨道耦合能,变为 jj 耦合。

4.4.3 洪特定则和原子基态

原子在通常情况下都处于基态,如前所述,一般遵从 LS 耦合,基态电子组态的能级在 LS 耦合下会发生分裂,那么在这些分裂的原子多重态能级中,哪一个是"真正"的基态呢?

1925 年,洪特(F. Hund)提出了一个经验法则,用以确定在典型的 LS 耦合下,给定电子组态的所有可能原子态的能量次序,称为洪特定则,表述如下:

(a) 对一给定的电子组态,能量最低的原子态必定具有泡利原理所允许的最大 S 值;

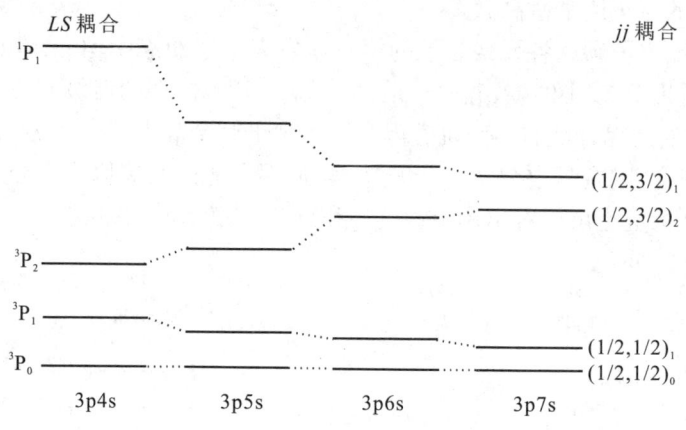

图 4.4.4 硅原子的激发态电子组态 3pns 的能级结构图

(b) 在 S 值相同的状态中，L 值最大的态的能量最低；

(c) 对等效电子组态 $(nl)^v$，当 $v < 2l+1$ 时，即不到半满支壳层的情形，一个多重态中 J 值最小的状态能量最低，这就是前面所说的正常次序，而在 $v > 2l+1$ 时，即超过半满支壳层的情形，一个多重态中 J 值最大的状态能量最低，这是倒转次序。

利用洪特定则可以确定基态的原子态。如果原子的基态是满支壳层的电子组态，则可能的原子态只有 $^1S_0$，例如惰性气体元素原子的基态电子组态是 $1s^2$ 和 np^6，它们的基态原子态均为 $^1S_0$。对于未满支壳层的组态，分三种情形：

其一是小于半满支壳层的情形。例如碳原子的基态电子组态是 $1s^2 2s^2 2p^2$，可以用前述等效电子方法写出所有的原子多重态，再按照洪特定则求出基态。也可以用洪特定则直接写出基态原子态。首先，S 最大要求两个电子的自旋平行，所以 $S=1$；依照泡利原理，此时两个电子的 m_l 不能再相等，因此，M_L 的最大可能值 $(M_L)_{max} = 1 + 0 = 1$，所以 $L=1$；于是 $J=0,1,2$，依照洪特定则这是正常次序，J 值最小的能量最低，所以碳原子的基态是 $^3P_0$。

其二是刚好半满支壳层的情形。例如氮原子的基态电子组态是 $1s^2 2s^2 2p^3$，首先，S 最大要求三个电子的自旋平行，所以 $S=3/2$；此时，三个电子的 m_l 只能分别取 $+1,0,-1$，所以 $L=0$，$J=3/2$，基态原子态是 $^4S_{3/2}$。

其三是大于半满支壳层的情形。例如，氧原子的基态电子组态是 $1s^2 2s^2 2p^4$，它是 $2p^2$ 的互补组态，按照上述的第一种情况，得到 $S=1,L=1,J=0,1,2$，依照洪特定则，这是倒转次序，J 值最大的能量最低，所以氧原子的基态原子态是 $^3P_2$。

各元素原子的基态原子态列于表 4.3.1 中。

4.4.4 外磁场中的多电子原子能级分裂

电子组态能级在考虑剩余静电势和自旋-轨道耦合能修正后,简并部分撤除,但仍然对磁量子数 M_J 是简并的。在外磁场中,原子磁矩的取向势能将引起原子能级的进一步分裂,对 M_J 的简并也会撤除。

考虑弱磁场的情形,原子的总有效磁矩在磁场中具有取向势能

$$U = -\boldsymbol{\mu}_J \cdot \boldsymbol{B} \tag{4.4.21}$$

与单电子原子类似,多电子原子的总有效磁矩可以表示为

$$\boldsymbol{\mu}_J = -g_J \frac{\mu_B}{\hbar} \boldsymbol{J} \tag{4.4.22}$$

其中 g_J 是朗德因子,如果原子能级是 LS 耦合的,则有

$$g_J = 1 + \frac{J(J+1) + S(S+1) - L(L+1)}{2J(J+1)} \tag{4.4.23}$$

于是,外磁场引起的能量变化即塞曼分裂为

$$\Delta E = M_J g_J \mu_B B \tag{4.4.24}$$

一个给定 J 值的能级将分裂为 $2J+1$ 条等间隔的能级。对 jj 耦合的原子能级也有类似的结果,不同的仅是朗德因子的表达式。

4.4.5 选择定则和多电子原子的光谱

以上讨论了多电子原子的能级结构以及在弱的外磁场中的能级分裂,现在来讨论能级之间辐射跃迁产生的原子光谱。在第 3 章中已经了解到,不是所有能级之间都可以发生辐射跃迁产生光谱的,这需要满足一定的选择定则,选择定则的本质是电偶极跃迁的概率不为零,这里只作简单的介绍。

电偶极辐射跃迁最基本的一个选择定则是:跃迁只允许在宇称相反的态之间发生,称为拉波特(O. Laporte)定则。这个由宇称守恒确定的定则在 7.4.1 和 8.6.4 小节还会详细讨论,无论原子态按何种方式耦合这一定则都普遍成立。

在中心力场近似下,单电子的波函数为

$$u_{nlm_l}(\boldsymbol{r}) = R_{nl}(r) Y_{lm_l}(\theta,\varphi) \tag{4.4.25}$$

所谓原子态的宇称,就是空间反演的对称性。对单电子波函数作空间反演操作,即作 $\boldsymbol{r} \mapsto -\boldsymbol{r}$ 的变换,在球坐标下,这种变换为

$$r \mapsto r, \quad \theta \mapsto \pi - \theta, \quad \varphi \mapsto \pi + \varphi$$

在该变换下,径向函数 $R_{nl}(r)$ 不变,而角向的球谐函数变为

$$Y_{lm_l}(\pi-\theta,\pi+\varphi) = (-1)^l Y_{lm_l}(\theta,\varphi) \tag{4.4.26}$$

所以,该单电子状态的宇称取决于$(-1)^l$。若l为偶数,则波函数在空间反演操作下不变,该状态具有偶宇称;若l为奇数,则波函数在空间反演操作下变号,该状态具有奇宇称。

显然,多电子原子电子组态的宇称取决于$(-1)^{\sum l_i}$,其中l_i是该电子组态中各电子的轨道角动量量子数。上述拉波特定则要求电偶极跃迁的选择定则是

$$\Delta \sum l_i = \pm 1 \tag{4.4.27}$$

例如氦原子的双电子激发,从$1s^2$的基态跃迁到$2s2p$态,初态的$\sum l_i = 0+0 = 0$,末态的$\sum l_i = 0+1 = 1$,两者差为1,所以是允许跃迁。但如果从$1s^2$的基态跃迁到$2s^2$态,则末态的$\sum l_i = 0+0 = 0$,两者的差为0,所以跃迁是禁戒的。

一般情况下,原子光谱只涉及单电子的跃迁,即跃迁只涉及一个电子的n和l的改变。则该选择定则可简化为

$$\Delta l = \pm 1 \tag{4.4.28}$$

l是发生跃迁的电子的轨道角动量。例如氦原子$1s2p$态到$1s^2$态的跃迁,发生跃迁的电子由$2p$到$1s$,该电子轨道角动量的变化为$\Delta l = -1$,所以是允许跃迁。但对于$1s2s$态到$1s^2$态的跃迁,跃迁电子的$\Delta l = 0$,所以跃迁是禁戒的。

除了普遍满足的拉波特定则外,对LS耦合和jj耦合下的能级,还有其他的选择定则。

LS耦合

$$\begin{cases} \Delta S = 0 \\ \Delta L = 0, \pm 1 \\ \Delta J = 0, \pm 1 \quad (J=0 \to J=0 \text{除外}) \\ \Delta M_J = 0, \pm 1 \quad (\text{当}\Delta J = 0\text{时}, M_J = 0 \to M_J = 0 \text{除外}) \end{cases} \tag{4.4.29}$$

jj耦合

$$\begin{cases} \Delta j = 0, \pm 1 \quad (\text{跃迁电子}) \\ \Delta J = 0, \pm 1 \quad (J=0 \to J=0 \text{除外}) \\ \Delta M_J = 0, \pm 1 \quad (\text{当}\Delta J = 0\text{时}, M_J = 0 \to M_J = 0 \text{除外}) \end{cases} \tag{4.4.30}$$

在此基础上,作为一个例子,我们讨论氦原子的光谱。氦原子的基态电子组态为$1s^2$,原子态为$^1S_0$;激发态组态$1snl$的两个电子按照LS耦合,分别得到三重态能级和单态能级。例如,$1sns$组态分裂为$^3S_1$和$^1S_0$能级,$1snp$组态分裂为$^3P_{2,1,0}$和$^1P_1$能级,$1snd$组态分裂为$^3D_{3,2,1}$和$^1D_2$能级,等等。这就形成了本章开头所描述

的两套能级。一套是单层的单重态能级,另一套是三层的三重态能级,如图 4.1.1 所示。选择定则要求 $\Delta S = 0$,所以两套能级之间的跃迁是电偶极禁戒的,两套能级各自跃迁产生两套光谱线系。

$n^3P_{2,1,0} \to 2^3S_1$ 的跃迁构成了正氦的主线系,按照选择定则,$\Delta J = 0, \pm 1$,谱线的精细结构是三线结构的。$n^1P_1 \to 2^1S_0$ 的跃迁构成了仲氦的主线系,显然谱线是单线结构的。同样,还有两套锐线系、两套漫线系等。一套谱线全是单线的,另一套有复杂的结构。这些线系的具体结构请读者自行分析。相应的跃迁见图 4.1.1。

4.5 原子的内层能级和特征 X 射线

1895 年伦琴(W. Röntgen)在用阴极射线管做实验的时候发现了 X 射线,并因此于 1901 年获得了第一个诺贝尔物理学奖。1912 年弗里德里克(W. Friedrich)和尼宾(P. Knipping)根据劳厄(M. von Laue)的建议,利用晶体衍射实验证实了 X 射线是波长很短的电磁波,X 射线的波长范围一般在 10^{-3} nm 到 1 nm 或更长一些。劳厄因此获得了 1914 年的诺贝尔物理学奖。

可以有多种方法产生 X 射线,最常用的是利用 X 射线管。1913 年考利基(W. Coolidge)发明了热阴极 X 射线管,其基本结构如图 4.5.1 所示。在高真空的管子里面有两个电极,阴极 K 通常由钨丝制成,通电后发热的钨丝会发射电子,所以称为热阴极;阳极 A 通常由原子序数大的金属材料制成,例如铜、钼等。A 和 K 之间加上很高的电压 U(几万伏到几十万伏),使热阴极表面逸出的电子加速到很高的能量,打到靶阳极上,产生 X 射线。轰击到靶阳极上的电子的能量大约只有1%转化为 X 射线,其他99%转化为热量。为防止靶熔化,以达到较大的 X 射线输出功率,通常要用水冷或风冷使靶的温度降低。现代的 X 射线管都是以考

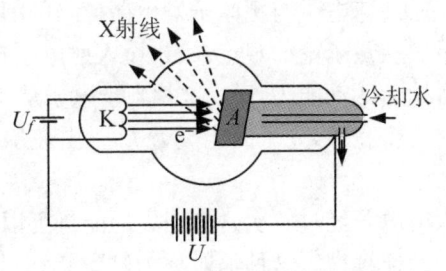

图 4.5.1 热阴极 X 射线管

利基管为基础设计的,原理上没有大的变动,只是在 20 世纪 50 年代为了得到更大的功率输出,发明了旋转阳极(转靶)的 X 射线管。转靶 X 射线管的输出功率可以

达到几万瓦。

4.5.1 X 射线发射谱

测量 X 射线管发射的 X 射线强度随波长的变化关系,即得到 X 射线的发射谱。图 4.5.2 是在不同加速电压下测得的铜的 X 射线的发射谱。X 射线明显分成两种类型,一种是波长连续变化的,称为连续谱;另一种是波长取分立值的线状谱,它叠加在连续谱上。

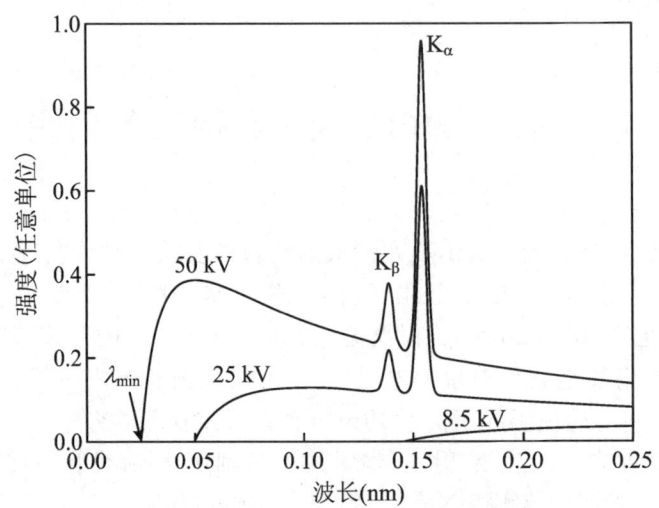

图 4.5.2　不同加速电压下铜的 X 射线发射谱

1. 连续谱

高速电子与靶原子发生碰撞,在靶原子核库仑场的作用下发生散射并损失能量。从量子论的观点来看,设入射电子在碰撞前的动能为 T,电子和原子核经一次碰撞后的动能为 T'。这相当于电子从一个连续态到另外一个连续态的跃迁,并辐射一个光子,光子的能量为 $h\nu$。由玻尔频率规则,得

$$h\nu = T - T' \tag{4.5.1}$$

入射电子经过一次碰撞损失的能量可以是 $0 \sim T$ 内的任意值,因此形成了图 4.5.2 中的连续谱。这种辐射称为轫致辐射(bremsstrahlung),英文词源自德语,意思是刹车辐射。

由图 4.5.2 可看到,当 X 射线管上所加的电压一定时,连续谱存在一个最短波长 $\lambda_{\min}$,其数值和靶材料无关,只与 X 射线管上所加的电压有关。事实上,如果

入射电子经过一次碰撞损失全部动能,并转换成辐射光子能量,则由式(4.5.1)有

$$h\nu_{max} = \frac{hc}{\lambda_{min}} = T = eU \tag{4.5.2}$$

由此得到

$$\lambda_{min} = \frac{hc}{eU} \tag{4.5.3}$$

其中,U 是 X 射线管所加的电压,e 是电子电荷。λ_{min} 的存在只能用量子论的观点解释,是量子论正确的又一个实验证据。

由式(4.5.3)测出最短波长 λ_{min} 的值,结合所加电压 U 的值可以精确测定普朗克常数 h。杜安(W. Duane)和亨特(F. L. Hunt)[1]于 1915 年第一次用这一方法实验测定了 h 值,所得的结果与利用光电效应实验测定的 h 值十分接近。

2. 特征谱

从图 4.5.2 还可以看到,当加速电压大于一定值时,在连续谱上出现了分立的线谱,其波长与加速电压无关,只与靶材料有关,因此称为特征谱。实验还表明,对不同的靶材料,除了波长不同外,X 射线的特征谱具有相似的结构。1913 年,莫塞莱(H. G. J. Moseley)系统地测量了从铝到金总共 38 种元素的特征谱[2],发现特征谱包含两组谱线,按波长的次序称为 K 线系和 L 线系,K 线系包含 $K_\alpha, K_\beta, K_\gamma$ 等谱线,而 L 线系包含 $L_\alpha, L_\beta, L_\gamma$ 等谱线。原子序数大的元素会出现更多的谱系,分别称为 M 系和 N 系。

莫塞莱还发现,各元素的特征线波数的平方根与原子序数(原子核电荷数)呈线性关系,如图 4.5.3 所示。对于 K_α 线,莫塞莱给出的经验公式是

$$\tilde{\nu}_K = R(Z-1)^2 \left(\frac{1}{1^2} - \frac{1}{2^2}\right) \tag{4.5.4}$$

其中,R 是里德伯常数,Z 是原子核电荷数。

对于 L_α 线,有

$$\tilde{\nu}_L = R(Z-7.4)^2 \left(\frac{1}{2^2} - \frac{1}{3^2}\right) \tag{4.5.5}$$

上述规律称为莫塞莱定律,图 4.5.3 称为莫塞莱图。可以根据实验测量的特征线波数,从莫塞莱图上标识元素的种类,所以特征谱又称为标识谱。

---

[1] Duane W, Hunt F L. On X-ray Wave-lengths[J]. Phys. Rev., 1915, 6: 166-172.
[2] Moseley H G J. The high frequency spectra of the elements[J]. Phil. Mag., 1913: 1024.

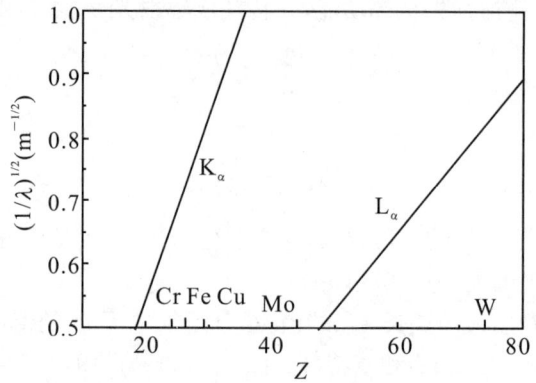

图 4.5.3　K 线和 L 线的莫塞莱图

利用量子理论可以很容易解释上述的经验公式。对照类氢离子的光谱公式，K_α X 射线对应的是电子由 $n=2$ 态向 $n=1$ 态的跃迁，但由于泡利原理，只有在 $n=1$ 壳层出现空位（即被电离掉一个电子）时，这种跃迁才能发生。由于 $n=1$ 壳层中剩余的一个电子的屏蔽，跃迁电子感受到的有效核电荷数是 $Z-1$，所以在式(4.5.4)中，用 $(Z-1)^2$ 代替了类氢离子光谱公式中的 Z^2。而 L_α X 射线则是当 $n=2$ 壳层出现空位时，$n=3$ 的电子向 $n=2$ 跃迁时发出的，此时有效核电荷只有 $Z-7.4$。图 4.5.4 给出了特征 X 射线产生机制的示意图。

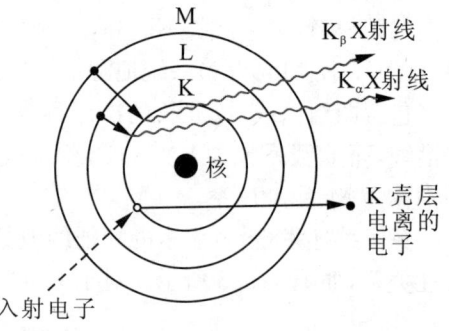

图 4.5.4　特征 X 射线产生机制的示意图

可以用能级图来表示 X 射线产生过程相应的电子跃迁。K 壳层出现一个空位的电离态的电子组态可以表示为 $1s^{-1}$，它是 1s 态的互补态，原子状态为 $1\,^2S_{1/2}$；同样，L 壳层 s 支壳层出现一个空位的电离态的电子组态可以表示为 $2s^{-1}$，它是 2s 态的互补态，原子状态为 $2\,^2S_{1/2}$；而 L 壳层 p 支壳层出现一个空位的电离态的电子组态为 $2p^{-1}$，它是 2p 态的互补态，原子状态为 $2\,^2P_{1/2,3/2}$，依次类推。相应的能级分别记作 $K(1\,^2S_{1/2})$，$L_I(2\,^2S_{1/2})$，$L_{II}(2\,^2P_{1/2})$，$L_{III}(2\,^2P)_{3/2}$，…。

图 4.5.5 给出了相应的电离态能级图。值得注意的是，图中的能级高低是倒过来的，能量最高的 $1\,^2S_{1/2}$ 在最低的位置上，箭头表示电子的跃迁方向，跃迁同样服从选择定则，跃迁电子要满足

$$\Delta l = \pm 1, \quad \Delta j = 0, \pm 1 \tag{4.5.6}$$

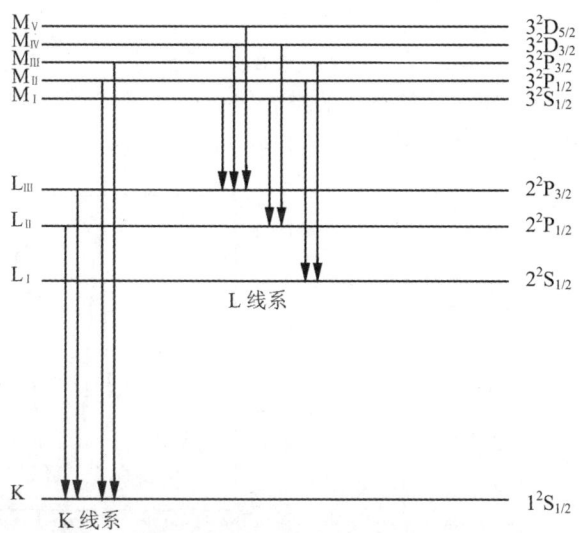

图 4.5.5 原子电离态能级图及产生 X 射线的跃迁

外层电子跃迁到 $n=1$ 的 K 壳层空位而产生的 X 射线组成 K 线系。由 $n=2$ 的 L 层跃迁到 K 层发射的谱线称为 K_α 线,其精细结构包含了 K_{α_1} 和 K_{α_2} 两条谱线;由 $n=3$ 的 M 壳层跃迁到 K 层发射的谱线称为 K_β 线,等等,由于选择定则的限制,K 线系的谱线都是双线结构。外层电子跃迁到 L 壳层空位而产生的 X 射线组成 L 线系,依次类推。

显然,产生特征 X 射线的前提条件是原子内层的一个或多个电子被电离,产生电子空位。在 X 射线管中是由高能电子和靶原子相互作用引起靶原子内层电子的电离而产生电子空位的,也可以利用其他手段产生内层空位,如质子束、离子束、X 射线以及 γ 射线等。

4.5.2 俄歇电子能谱和荧光产额

原子内壳层出现空位形成的电离态是激发态,一种途径是通过辐射特征 X 射线退激发到基态或低激发态,也可以通过另外一种不辐射 X 射线的过程退激发:外层电子填补空位释放的能量使另一个外层电子电离。这一现象首先是由法国的物理学家俄歇(P. V. Auger)发现的,称为俄歇效应,也称作内光电效应,发射的电子称为俄歇电子。图 4.5.6 给出了这一过程的示意图,K 壳层出现一个空位后,一个 L 壳层 s 支壳层上的电子(2s 电子)跃迁到 K 壳层填充这个空位,释放出的能量传递给 L 壳层 p 支壳层上的一个电子(2p 电子)并使之电离,这一过程称为

KL$_I$L$_{II,III}$俄歇跃迁。俄歇电子的动能为

$$E_A = E_K - E_{L_I} - E_{L_{II,III}} \tag{4.5.7}$$

其中,E_K,E_{L_I},$E_{L_{II,III}}$分别是各壳层的结合能。图 4.5.7 是能量为 600 eV 的电子轰击 Ar 原子,并测量俄歇电子的动能得到的 LMM 俄歇谱。

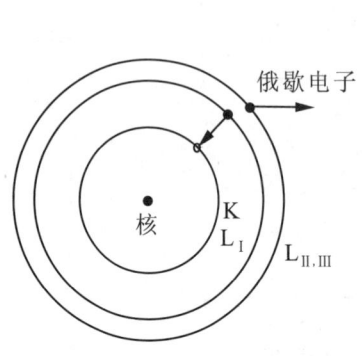

图 4.5.6　俄歇电子发射示意图

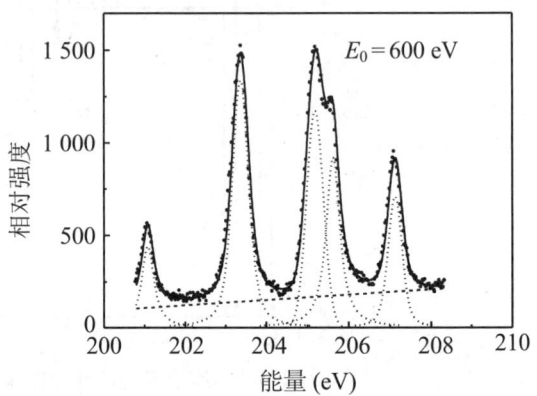

图 4.5.7　电子碰撞产生的 Ar 原子 LMM 俄歇谱

很显然,俄歇电子的动能只与涉及的原子能级有关,同特征 X 射线一样可以用来标识元素。

特征 X 射线的发射和俄歇电子的发射是两个相互竞争的过程,通常用荧光产额 ω 来表示内壳层出现空位后 X 射线发射的概率,例如,定义 K 壳层的荧光产额 ω_K 为

$$\omega_K = \frac{K \text{ X 光子数}}{\text{有 K 层空位的原子数}} \tag{4.5.8}$$

由于唯一的其他可能过程是俄歇电子发射,所以 $1-\omega_K$ 表示俄歇电子的产生概率。图 4.5.8 是 K,L,M 壳层的荧光产额随原子序数的变化关系[1],可以看到,荧光产额随原子序数的增加而单调增大。例如,钠原子的 K 壳层的荧光产额 ω_K 只有 0.02,即钠原子出现 K 壳层空位后,只有 2% 的概率辐射 X 光子,主要以发射俄歇电子为主,而锌原子则已经有 45% 的概率辐射 X 光子。图中点为实验值,ω_K 的拟合实线满足如下经验公式:

$$\omega_K \approx (1 + b_K Z^{-4})^{-1} \tag{4.5.9}$$

---

[1] Hubbell J H, et al. X-Ray mass attention coefficients[J]. J. Phys. Chem. Ref. Data, 1994, 23: 339-364.

其中，$b_K \approx 7.5 \times 10^5$，是一个常数。

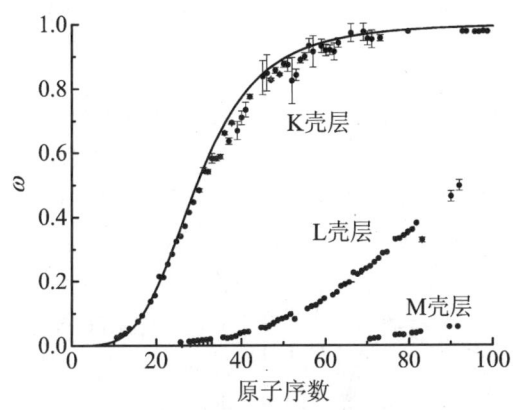

图 4.5.8　K，L，M 壳层的荧光产额随原子序数的变化关系

4.5.3　同步辐射

另外一种产生 X 射线的手段是同步辐射，由于它的独特优势，近年来越来越受到重视，成为一种得到广泛应用的光源。

由电动力学的知识知道，带电粒子运动速度发生变化必然伴随电磁辐射。电子做圆周运动，其速度的方向不断地变化，因而也会辐射电磁波。1908 年英国科学家舒特（G. A. Schott）系统研究了电子做圆周运动的辐射问题，导出了辐射强度的公式、辐射的偏振、角分布以及光谱分布。1947 年，在美国通用电气公司的一台 70 MeV 的电子同步加速器上观测到了这种辐射，称之为同步辐射。显然，同步辐射对高能加速器是"有害的"，会阻碍粒子的能量提高。但在发现同步辐射 20 年之后，人们逐步意识到了这种光源的强大优越性，在世界范围内相继建立了多台专用的同步辐射光源，20 世纪 90 年代之后建成运行的几个著名的同步辐射光源有法国的 ESRF、日本的 SPRING-8、美国芝加哥 ANL 的 APS 以及中国台湾新竹同步辐射研究中心的 SRRC。我国也分别在合肥、北京和上海建成了专用或兼用的同步辐射光源。

同步辐射之所以重要，是因为它具有独特的优势和特点。

1. 波长范围宽

同步辐射和韧致辐射一样是连续谱，具有很宽的波长范围，从远红外一直到软 X 射线甚至到硬 X 射线。图 4.5.9 是我国已有的几台同步辐射装置的光谱分布。定义同步辐射装置的特征波长 λ_c，使 λ_c 两边谱的总辐射功率相等，有

$$\lambda_c = \frac{4\pi}{3} R \left(\frac{E}{m_e c^2} \right)^{-3} \quad (4.5.10)$$

其中,E是电子的总能量,R是电子轨道的曲率半径。合肥同步辐射装置的 $\lambda_c = 2.43$ nm(相当于能量 0.51 keV),最短可用波长约在 $\lambda_c/5$ 处,为 0.48 nm(2.5 keV),二期工程加超导扭摆磁铁后 $\lambda_c = 0.58$ nm,最短可用波长为 0.12 nm(10 keV),达到硬 X 射线范围。长波方向则平缓下降可延伸到 $10^4 \lambda_c$,即红外。

2. 输出功率强

能量为 E(以 GeV 为单位)的相对论电子,做圆周运动的曲率半径为 R(以 m 为单位),流强为 I(以 A 为单位),则总的辐射功率为(以 kW 为单位)

$$P = \frac{88.47 E^4 I}{R} \quad (4.5.11)$$

合肥同步辐射光源的 $E = 0.8$ GeV,$I = 0.2$ A,$R = 2.2$ m,则总功率可达 3.3 kW,比典型的 X 光机高 2~3 个量级。使用波荡器后还可提高 3 个数量级。

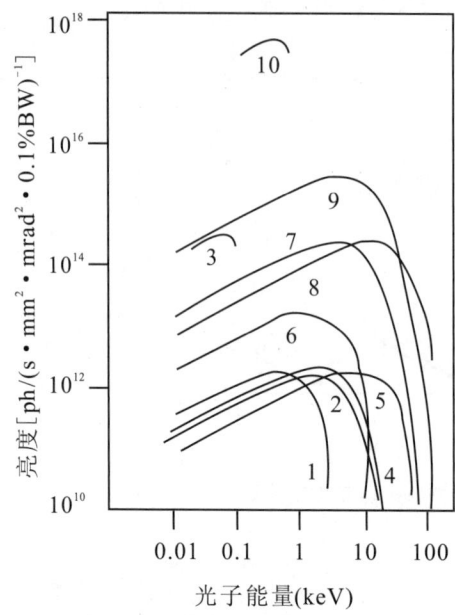

图 4.5.9　同步辐射装置的光谱分布

1~3:合肥同步辐射装置(弯铁、超导扭摆器和波荡器);4~5:北京同步辐射装置(弯铁和超导扭摆器);6:台湾新竹同步辐射装置(弯铁);7~10:上海同步辐射装置(弯铁、超导弯铁、扭摆器和波荡器)

3. 方向性好

当电子的速度接近光速时,辐射光基本集中在电子运动的切线方向,辐射的半张角为

$$\theta_{1/2} = \frac{m_e c^2}{E} \quad (4.5.12)$$

合肥同步辐射光源的半张角约为 0.511 MeV/800 MeV≈0.6 mrad。

另外,同步辐射光还具有非常好的偏振特性,偏振平面在电子圆周运动平面内,电矢量指向圆心,是完全线偏振光。由于电子束团的注入是脉冲的,同步辐射光也具有脉冲时间结构,以合肥同步辐射为例,在多束团工作模式下(一周 45 个束团),光脉冲的宽度约为 50 ps,周期为 5 ns。如果是单束团运行,周期可达 0.2 μs。

鉴于这些特性,同步辐射在原子分子物理、材料科学、化学、生命科学、医学、微加工以及光刻等领域都有广泛的应用。

习 题

4.1 假设 He 原子中两个电子的自旋不是 1/2 而是 1,试定性讨论 He 原子的基态。

4.2 氦原子 $n=2$ 的激发态能级如图所示,定性解释 ΔE_1 和 ΔE_2 产生的物理原因,并比较两者的大小。

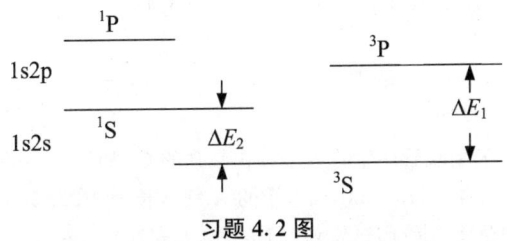

习题 4.2 图

4.3 分别写出氖原子($Z=10$)、镁原子($Z=12$)、磷原子($Z=15$)、钴原子($Z=27$)和锗原子($Z=32$)基态的电子组态。

4.4 计算由两个 d 电子(分等效电子及非等效电子两种情况)组成的电子组态能级的简并度。

4.5 试判断下列电子组态和原子态是否可能存在并说明理由:
(1) 电子组态:1p2d,2s3f,2p3d;　　(2) 原子态:$^1P_2$,$^3F_3$。

4.6 按 LS 耦合写出三个等效 p 电子组态可能的原子态,并计算其全部可能的状态数目。

4.7 已知某原子的一个能级为三重结构,且随能量的增加,两个能级间隔之比为 3∶5,试由朗德间隔定则确定这些能级的 S,L 和 J 值,并写出状态符号。

4.8 分别写出 Al($Z=13$),Mg($Z=12$),Ti($Z=22$)基态的电子组态,以及每个原子基态的原子态。

4.9 已知铑原子($Z=45$)的基态电子组态为 $1s^2 2s^2 2p^6 3s^2 3p^6 3d^{10} 4s^2 4p^6 4d^8 5s^1$。
(1) 试按 LS 耦合确定其所有可能的原子态;　　(2) 由洪德定则确定其基态原子态。

4.10 铅原子基态的两个价电子都在 6p 轨道。若其中一个价电子被激发到 7p 轨道,则可组成哪些原子态?(电子间的相互作用属 jj 耦合。)

4.11 在斯特恩-盖拉赫实验中,原子态的氢从温度为 400 K 的炉中射出,在屏上接收到两条氢束线,其间距为 0.6 cm。若把氢原子换成氯原子,其他条件不变,那么在屏上可以接收到几条束线?其相邻两束的间距是多少?

4.12 在磁感应强度为 2.0 T 的磁场中,钙的 $^1D_2 \to ^1P_1$ 的谱线($\lambda = 732.6$ nm)分裂成相距为 2.8×10^{10} Hz 的三个成分,试计算电子的荷质比。

4.13 (1) 试计算处于 ^3P 态的原子的朗德因子 g;

(2) 证明所有 S 态(自旋单态除外)的朗德因子 $g=2$；

(3) 证明所有自旋单态的朗德因子 $g=1$。

4.14 指出下列原子辐射跃迁中哪些是电偶极允许跃迁,哪些是禁戒跃迁,并说明后者所违背的选择定则：

(1) 氦$1s2p\,^1P_1 \to 1s^2\,^1S_0$；　(2) 氦$1s2p\,^3P_1 \to 1s^2\,^1S_0$；　(3) 碳$3p3s\,^3P_1 \to 2p^2\,^3P_0$；

(4) 碳$2p3s\,^3P_0 \to 2p^2\,^3P_0$；　(5) 钠$2p^6 4d\,^2D_{5/2} \to 2p^6 3p\,^2P_{1/2}$。

4.15 已知镁原子($Z=12$)是二价原子,且符合 LS 耦合。问：由价电子组态 3p4p 直接跃迁到 3s3p 有多少种辐射跃迁？用原子态符号表示这些可能的跃迁。

4.16 动能 $T=40\text{ keV}$ 的电子所产生的最短的 X 射线波长为 0.031 1 nm,试求普朗克常数。

4.17 高速电子打在铑($Z=45$)靶上,产生 X 连续光谱的短波限 $\lambda_{\min}=0.062$ nm,试问此时能否观察到 K 线系标识谱线？

4.18 装有钴靶的 X 射线管产生的 X 射线由较强的 Co 原子 K 线系和较弱的杂质 K 线系组成。Co 原子 K_α 线波长为 0.179 1 nm,而杂质的 K_α 线波长为 0.229 1 nm 和 0.154 2 nm。试利用莫塞莱定律计算两种杂质的原子序数。它们是什么元素？

第 5 章 分子结构和分子光谱

前两章在量子力学的框架下介绍了原子的结构和光谱。然而,现实世界的物质主要是由比原子更复杂的分子组成的,分子是物质保持其化学性质的最小单元。在量子力学出现之前,人们就已经知道分子是由原子组成的,两个或两个以上的原子结合在一起可以形成稳定的分子。量子力学解释了维系分子存在的原子间相互作用力的本质。另外,实验观测到的分子光谱具有非常复杂的结构,说明了分子内部运动和能级结构的复杂性。本章以量子力学的基本概念为基础,主要以双原子分子为例,阐述形成分子的化学键以及分子的结构、能级和光谱。

5.1 分子能级结构和光谱概述

稳定的分子可以看作是由两个或两个以上的原子核与核外电子组成的束缚体系。例如,最简单的中性双原子分子 H_2 可以看作是两个质子(氢原子核)和两个核外电子组成的量子力学体系。与孤立的原子相比,分子的运动状态要复杂得多,这可以从光谱的复杂性上表现出来。图 5.1.1(b)是氢原子在可见光区域的巴耳末线系,由一系列独立的谱线构成,是典型的线状光谱;而图 5.1.1(a)则是 H_2 分子在相同区域的光谱,谱线密集而连成片,表观上形成一系列光谱带,光谱学上称为带状光谱,与氢原子光谱相比要复杂得多。在分子中,除了电子的运动外,还要考虑原子核的运动,幸运的是,由于原子核的质量比电子的质量大得多,原子核的运动速度要比电子慢得多,原子核在分子中的相对位置基本固定(分子有一个平衡构型),这一点可以从中子衍射实验中得到证明。不带电的中子与电子没有相互作用,但与原子核则有很强的核力相互作用,利用这一点,中子衍射实验可以用来测量分子中原子核的相对位置,例如,中性 H_2 分子中两个质子的平衡间距为 0.074 nm,而由两个氧原子组成的 O_2 分子的核间距则为 0.121 nm。

X 射线光谱学的实验还表明,当原子结合形成分子时,强束缚的内壳层电子几乎不受影响,仍然局域在每个原子上。而外价壳层的电子则分布在整个分子中,价电子的电荷分布提供了形成分子的相互作用力,这在化学上称为化学键。

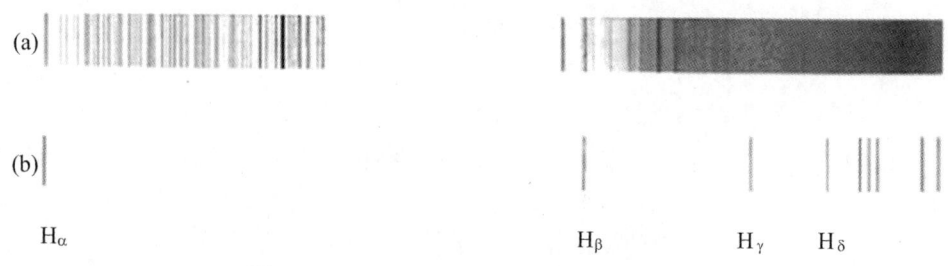

图 5.1.1 (a) H_2 分子光谱;(b) H 原子光谱

分子价电子的能量大小可以估算如下:设 R_0 是分子中原子核之间的平衡距离,由不确定关系,价电子的动量大小 p_e 约为 $\hbar/R_0$,于是电子的能量 E_e 的大小为 $E_e = p_e^2/(2m_e) \approx \hbar^2/(2m_e R_0^2)$,其中 m_e 是电子质量。取 $R_0 = 0.1$ nm,则 $E_e \approx 1 \sim 10$ eV。显然,价电子低激发态能级间隔与孤立原子是同一数量级的,电偶极跃迁产生的光谱在紫外和可见光区。

与孤立原子不同的是,在分子中还要考虑原子核的运动,核运动可以分解为原子核在平衡构型下整体的平动和转动以及原子核在平衡位置附近的振动。平动可以通过引入质心系而分离出来,所以只要考虑原子核的振动与转动即可。先来估计振动能量,设电子通过作用力 F 束缚于原子核,则原子核受到一个大小相等、方向相反的力。设这个力是简谐力,力常数为 k,则电子运动的频率为 $\nu_e = (k/m_e)^{1/2}/(2\pi)$,核振动的频率相应为 $\nu_N = (k/M)^{1/2}/(2\pi)$,其中 M 是原子核的质量,则电子运动与核振动的能量之比为 $h\nu_e/(h\nu_N) \approx (M/m_e)^{1/2}$,从而得到核振动的能量为 $E_v \approx (m_e/M)^{1/2} E_e$,$m_e/M$ 的比值为 $10^{-3} \sim 10^{-5}$,故 $E_v \approx 10^{-2} E_e$,振动的能量为 $10^{-2} \sim 10^{-1}$ eV。

以同核双原子分子的简单情形为例来估计转动能量 E_r。如果把分子看作一个刚性的转子,则其转动惯量 $I = MR_0^2/2$,转子的能量 $E_r = L^2/(2I) = L^2/(MR_0^2)$,其中 L 是该转子的转动角动量,取 $L \approx \hbar$,则 $E_r \approx \hbar^2/(MR_0^2) \approx (m_e/M) E_e$。将 m_e/M 的比值为 $10^{-3} \sim 10^{-5}$ 代入得到 $E_r \approx 10^{-4} E_e$,转动的能量为 $10^{-4} \sim 10^{-3}$ eV。

由此可见,核运动的速度比电子运动的速度慢得多,因此电子运动和核运动可以分开独立地处理。按照量子力学的结果,振动和转动的能量也都是量子化的,相应的能级间隔具有上面估算的数量级,因此可以预料分子的能级要比原子的能级复杂得多。图 5.1.2 给出了一个双原子分子只涉及两个电子能级的能级示意图,对应每个电子态能级,存在一系列精细的振动能级,而对应每一振动能级,又存在一系列更加精细的转动能级。分子光谱就是分子能级之间电偶极允许跃迁产生的,分子能级的复杂性导致了分子光谱的复杂结构。如果分子的电子能级和振动能级不变,只有转动能级跃迁产生的光谱在远红外或微波区域,波长为毫米或厘米的数量级,称为纯转动光谱;如果分子的电子能级不变,振动能级跃迁产生的光谱在近红外区域,波长为微米的数量级。振动能级的跃迁必然伴随转动能级的跃迁,所以相应的光谱称为振转光谱;而如果分子在电子能级之间发生跃迁,产生的光谱一般在可见和紫外区域。电子能级的跃迁必然伴随转动和振动能级的跃迁,分子光谱形成光谱带系。带状光谱是分子光谱的特点,一个光谱带是由一组很密集的、用中等分辨本领的光谱仪难以分辨的分立的光谱线组成的,若干光谱带形成一个光谱带系,许多光谱带系组成了完整的分子光谱。

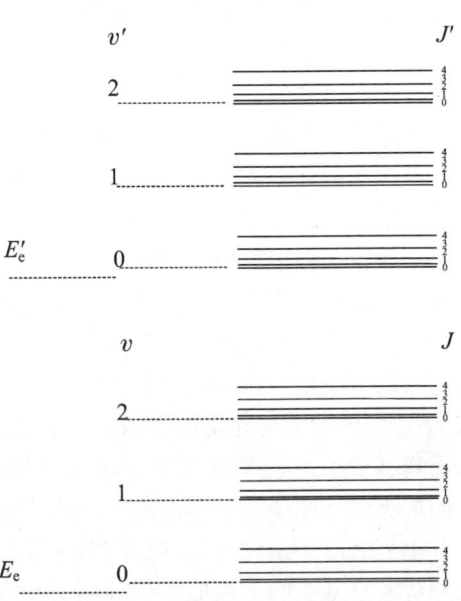

图 5.1.2 双原子分子能级的示意图

在量子力学出现之前,人们无法理解分子光谱的这种复杂性,也无法理解原子是如何形成分子的。本章各节将利用第 2 章学习的量子力学初步知识,讨论分子的化学键以及分子的内部运动和分子光谱。

5.2 分子的化学键

除了少数惰性元素可以以原子的形式存在外,其他元素的原子大都以形成分子或晶体的形式稳定存在,组成分子或晶体的相邻原子之间必定存在强烈的相互作用,这种相互作用称为化学键。参与化学键的主要是原子的价电子,内壳层电子几乎不受影响,仍然局域在每个原子上。根据性质的不同,化学键主要有离子键、共价键和金属键。金属键主要存在于金属晶体中,本节主要介绍前两种化学键。

5.2.1 离子键

考察元素周期表可以发现,ⅧA族元素是惰性气体元素,如氦、氖、氩、氪等,惰性元素原子的最外支壳层被填满(氦原子为$2s^2$电子组态,其他为np^6组态),因而性质非常稳定。1916年路易斯(G. N. Lewis)指出,在形成化学键的时候,元素原子趋于获得类似惰性原子的电子组态。在共价键化合物中,原子通过共用价电子获得这样的电子组态,如在Cl_2分子中,两个Cl原子共用各自拿出的一个3p价电子,而分别具有$3p^6$的电子组态。而在离子键化合物中,原子则通过转移电子而获得这样的电子组态,如在NaCl分子中,Na原子的一个电子转移给Cl原子,分别具有$2p^6$和$3p^6$的满支壳层电子组态。元素周期表的ⅠA碱金属和ⅡA碱土金属族原子具有很小的电离能,例如,Na原子的电离能为5.14 eV,其s价电子很容易失去而成为惰性原子的电子组态。而周期表右端的ⅥA氧族和ⅦA卤素族原子,则具有很高的电子亲和势,很容易得到电子而成为惰性原子的电子组态。所谓电子亲和势就是基态的中性原子俘获一个电子成为一价负离子而释放出的能量,亲和势越大表示原子获得电子的能力越强,例如,Cl原子的电子亲和势为3.62 eV。

为了统一标度原子在形成化学键时吸引电子的能力,鲍林(L. Pauling)引入了电负性的概念,将电子亲和势很大的F原子的电负性定义为4,而将电离能很小的Li原子的电负性定义为1。电负性差别很大的原子形成分子时,通常通过交换电子而以离子键结合,而电负性差别小或相同(例如同核双原子分子)的原子则通常通过共用电子而以共价键结合。所以离子键和共价键没有绝对的界限,在量子力学的框架下可以统一描述,它们实际上是化学键的两种极端情形。对离子键的情形,电子完全从一个原子转移给另一个原子而形成正负离子,通过离子间的静电库仑吸引力形成化学键,这种成键的原理基于经典物理的图像就可以理解。而对无电负性差异的共价键情形,成键原子获得电子的能力相同,原子完全通过共用电子而成键,这一成键图像则只有通过量子力学才能够理解。一般的情形则介于两者之间。本小节首先讨论容易理解的离子键,下一小节再通过H_2^+分子离子的例子来理解共价键。

NaCl分子是离子键的典型例子。从Na原子中移去一个最外层的3s电子而形成满壳层的Na^+离子的电离能是5.14 eV,Cl原子在获得一个电子形成一价负离子时会释放出3.62 eV的能量。因此,当一个电子从Na原子转移到Cl原子上

形成相距无穷远的 Na^+ 和 Cl^- 离子时，需要耗费 $5.14\,eV - 3.62\,eV = 1.52\,eV$ 的能量。设由孤立的中性 Na 原子和 Cl 原子组成的体系的能量为零，则形成相距无穷远的离子对时，体系的能量为 $+1.52\,eV$。正负离子在库仑吸引力的作用下相互接近，体系的能量下降（$\sim -e^2/(4\pi\varepsilon_0 R)$），当正负离子的距离 R 小于 $0.95\,nm$ 时，体系将有净能量释放。随着距离的进一步减小，体系的能量也越来越低，但当两个离子靠得很近时，两个离子的电子波函数将会重叠，产生很强的斥力，这种斥力的本质不只是简单的电子间的静电库仑斥力，还有源自泡利不相容原理的相互作用力。在波函数重叠的区域，作为费米子的电子不能都处于低能量状态，有一定概率进入高能量状态，从而使体系能量升高。离子靠得越近，电子波函数重叠程度越高，更多的电子进入高能量状态，体系的能量将急剧升高，离子间感受到随核间距 R 的减小而迅速增大的斥力，这种斥力称为泡利斥力（或简并力）。相应的斥力势可以用半经验公式 Ae^{-cR} 描述，其中 A 和 c 可以由实验确定。在引力和斥力的共同作用下，两离子将有一个平衡间距 R_0（称为键长），对于气相 NaCl 分子，$R_0 \approx 0.24\,nm$，此时两离子之间的引力和斥力相等，体系的能量也达到极小值，比相距无穷远的 Na^+ 和 Cl^- 离子体系的能量降低了 $5.78\,eV$，形成稳定的 NaCl 分子。Na^+ 和 Cl^- 离子之间的势能随两离子之间的距离 R 变化的曲线如图 5.2.1 所示。因此，当 Na 原子和 Cl 原子通过离子键形成 NaCl 分子时，能量降低了 $4.26\,eV$（即 $1.52\,eV - 5.78\,eV = -4.26\,eV$），我们称这一能量为 NaCl 分子离子键的键能，显然该能量也是中性 Na 原子和 Cl 原子形成 NaCl 分子时的结合能，或是 NaCl 分子解离成中性 Na 原子和 Cl 原子时的解离能。

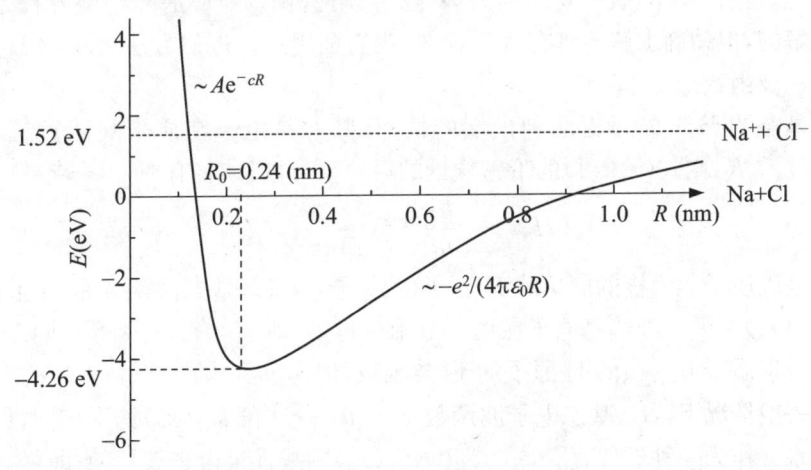

图 5.2.1　NaCl 分子基态的势能曲线

NaCl 在常温常压下以晶体形式存在,每个离子间的平衡距离约为 0.28 nm,比气相分子略大。NaCl 是通过离子键而结合成分子的,它的正离子所带的正电荷和负离子所带的负电荷在区域上是分离的,正负电荷的"中心"不相重合,因此,NaCl 分子具有固有的电偶极矩,是极性分子。由离子键形成的分子通常都是极性分子。

5.2.2 共价键

对由无电负性差异的原子形成的共价键的理解,则需要量子力学的知识。我们以最简单的 H_2^+ 分子离子为例来说明。

H_2^+ 是一个三体系统,由一个电子和两个 H 原子核即质子组成,电子 e 在两个质子的联合静电库仑场中运动,如图 5.2.2 所示,设质子 a 和质子 b 之间的距离为 R,电子到两个质子的距离分别是 r_a 和 r_b。在上一节中已经提到,在分子中电子的运动与核运动由于能量相差很大可以分开处理,这一近似称为玻恩-奥本海默(Born-Oppenheimer)近似。因此在处理电子运动时,可以假设两个质子的间距 R 保持不变。H_2^+ 体系的哈密顿量为

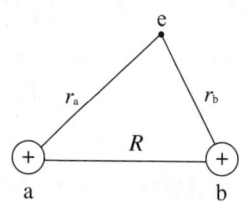

图 5.2.2 H_2^+ 分子离子的坐标

$$H = -\frac{\hbar^2}{2m_e}\nabla^2 - \frac{e^2}{4\pi\varepsilon_0 r_a} - \frac{e^2}{4\pi\varepsilon_0 r_b} + \frac{e^2}{4\pi\varepsilon_0 R} \tag{5.2.1}$$

上式右边第一项为电子的动能项,第二、第三项分别为电子在两个质子库仑场中的吸引势能,最后一项为质子间的斥力势能。该哈密顿量对应的薛定谔方程是可以精确求解的,但精确求解不具有普遍意义,我们利用一种近似方法来求解 H_2^+ 的基态能量和波函数。

对基态的 H_2^+,先考虑两种极端的情形,其一是电子在质子 a 附近运动,即 $r_a \ll r_b, r_a \ll R$,则式(5.2.1)的哈密顿量的后两项可以忽略,有

$$H = -\frac{\hbar^2}{2m_e}\nabla^2 - \frac{e^2}{4\pi\varepsilon_0 r_a} \tag{5.2.2}$$

这显然是以质子 a 为核的简单的 H 原子的薛定谔方程,基态波函数是 1s 波函数,记为 $u_{1s}(r_a)$。另一极端是电子在质子 b 附近运动,即 $r_b \ll r_a, r_b \ll R$。同理,基态波函数是以质子 b 为核的 H 原子的 1s 波函数,记为 $u_{1s}(r_b)$。

在一般情况下,H_2^+ 基态电子波函数 ψ 与 $u_{1s}(r_a)$ 和 $u_{1s}(r_b)$ 均不相同,但显然又有联系。作为一种近似,用 $u_{1s}(r_a)$ 和 $u_{1s}(r_b)$ 的线性组合来表示 ψ,即

$$\psi = c_a u_{1s}(r_a) + c_b u_{1s}(r_b) \tag{5.2.3}$$

通常把原子分子定态的单电子波函数称为轨道,因此,这个近似称为原子轨道的线性组合近似,即 LCAO (Linear Combination of Atomic Orbitals)近似。式中的系数可以通过量子力学的变分方法得到,这里我们不给出具体的计算,直接给出结果。基态 ψ 将有两种可能的状态,它们的波函数和能量分别是

$$\left. \begin{aligned} \psi_g &= \frac{1}{\sqrt{2+2S}} [u_{1s}(r_a) + u_{1s}(r_b)], \quad E_g = \frac{J+K}{1+S} \\ \psi_u &= \frac{1}{\sqrt{2-2S}} [u_{1s}(r_a) - u_{1s}(r_b)], \quad E_u = \frac{J-K}{1-S} \end{aligned} \right\} \quad (5.2.4)$$

其中,下标 g 和 u 表示 ψ 关于两个质子连线中点的空间反演对称性,即宇称,偶宇称的态用下标 g(gerade) 表示,奇宇称的态用下标 u(ungerade) 表示,相应的分子轨道称为偶轨道和奇轨道;J,K 和 S 分别是如下积分:

$$J = \int u_{1s}(r_a) H u_{1s}(r_a) d\tau = E_{1s} + \frac{e^2}{4\pi\varepsilon_0 R} - \int \frac{e^2 |u_{1s}(r_a)|^2}{4\pi\varepsilon_0 r_b} d\tau \quad (5.2.5)$$

$$K = \int u_{1s}(r_a) H u_{1s}(r_b) d\tau \quad (5.2.6)$$

$$S = \int u_{1s}(r_a) u_{1s}(r_b) d\tau \quad (5.2.7)$$

式(5.2.5)中 E_{1s} 是 H 原子基态能量,$e^2/(4\pi\varepsilon_0 R)$ 为质子间的库仑排斥能,第三项则表示处在 $u_{1s}(r_a)$ 态的电子与质子 b 的库仑吸引能,所以 J 主要与粒子间的库仑相互作用有关,称为库仑积分。K 称为交换积分,S 称为重叠积分。

将 H 原子的 1s 波函数代入,上述三个积分均可以解析求出并表示为 R 的函数,于是 H_2^+ 的能量可以表示为 R 的函数:

$$E_{g,u}(R) = E_{1s} + \frac{1}{R} \frac{(1+R)e^{-2R} \pm (1-2R^2/3)e^{-R}}{1 \pm (1+R+R^2/3)e^{-R}}$$

将 $E_g(R)$ 和 $E_u(R)$ 分别对 R 作图,如图 5.2.3 所示。当 $R \to \infty$ 时,两条曲线均趋向于基态 H 原子的能量 $E_{1s}(-13.6\,\text{eV})$,H_2^+ 解离为相距无穷远的 H^+ 离子和基态 H 原子,它们与孤立的两个质子和一个电子的体系能量相差一个基态 H 原子的能量。从图中可以看到,处在 ψ_g 态的 H_2^+ 分子离子的能量随 R 的关系曲线(即势能曲线)在 $R_0 = 0.132\,\text{nm}$ 处有一个极小值点,$E_g(R_0) = -15.37\,\text{eV}$。与 NaCl 分子的势能曲线类似,在 $R > R_0$ 区域表现为吸引力,在 $R <$

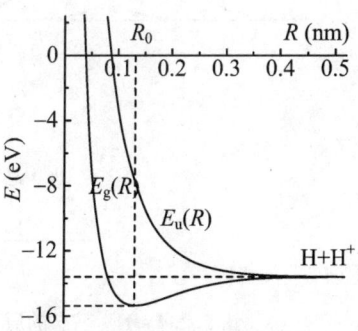

图 5.2.3 H_2^+ 基态的成键和反键轨道的势能曲线

R_0 区域表现为斥力,R_0 为平衡位置,此时引力和斥力相等,体系的能量达到极小值,比相距无穷远的 H^+ 和 H 体系的能量降低了 1.77 eV,形成稳定的 H_2^+,相应的分子轨道 ψ_g 称为成键轨道。另一方面,处在 ψ_u 态的 H_2^+ 分子离子的势能曲线则随 R 的增大一直单调下降,没有极小值,在 R 的整个区域都表现为排斥力,H_2^+ 处在这个状态将会立即解离为 H^+ 和 H,所以称分子轨道 ψ_u 为反键轨道。

交换积分 K 在成键轨道 ψ_g 的成键作用中起了决定性的作用,如果忽略交换积分项,则 $E_g(R)$ 也没有极小点,整条曲线也是排斥的,无成键作用。

为了进一步从物理图像上理解成键和反键作用,我们来考察分子轨道 ψ_g 和 ψ_u 的电子概率分布。为简化图像,令 $S=0$,按照 LCAO 近似,分子轨道上的电子各有一半的概率处于原子轨道 $u_{1s}(r_a)$ 和 $u_{1s}(r_b)$ 上,但电子在空间的概率分布不是简单的原子轨道概率分布相加,由式(5.2.4)ψ_g 和 ψ_u 态的概率密度分别为

$$|\psi_g|^2 = \frac{1}{2}[|u_{1s}(r_a)|^2 + |u_{1s}(r_b)|^2 + 2u_{1s}(r_a)u_{1s}(r_b)] \quad (5.2.8)$$

$$|\psi_u|^2 = \frac{1}{2}[|u_{1s}(r_a)|^2 + |u_{1s}(r_b)|^2 - 2u_{1s}(r_a)u_{1s}(r_b)] \quad (5.2.9)$$

取两个质子的连线方向(又称为键轴方向)为 z 轴。图 5.2.4(a)是根据图 2.5.1 的 H 原子 1s 态概率密度,给出的 $u_{1s}(r_a)$ 和 $u_{1s}(r_b)$ 概率密度的一半沿 z 方向的分布;图 5.2.4(b)和(c)中的实线分别给出了 ψ_g 和 ψ_u 的概率密度沿 z 方向的分布,图中的虚线为原子轨道沿 z 方向概率密度的简单相加。

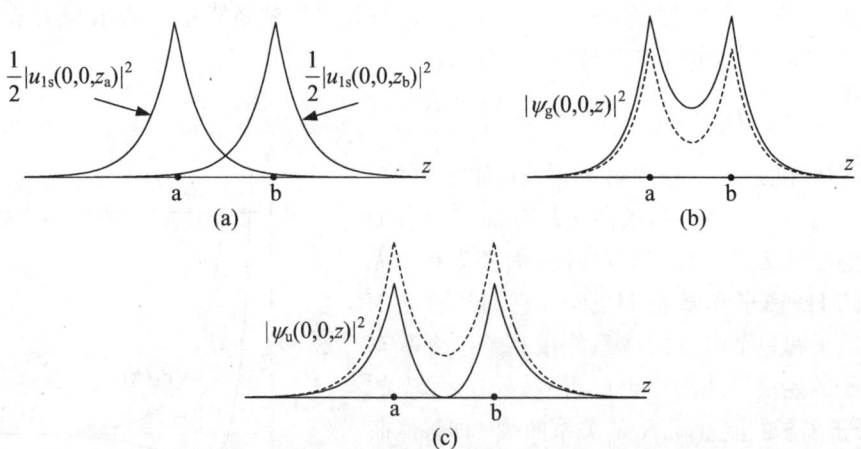

图 5.2.4 H_2^+ 基态的原子和分子轨道在键轴方向的电子概率密度分布

图 5.2.5 给出了成键和反键轨道在通过键轴的任意平面上的概率密度分布的

等值线图,这是概率密度分布的二维图形,图中一条曲线上各点的概率密度相等。

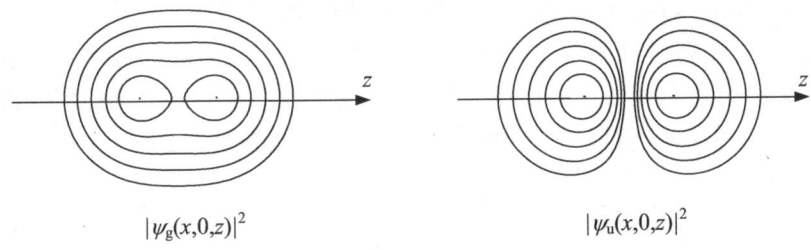

图 5.2.5　H_2^+ 基态的分子轨道的概率密度分布等值图

由图 5.2.4 和图 5.2.5 可以很清楚地看到,成键态 ψ_g 的电子在两核之间的概率密度比简单的原子概率密度之和还要高,即电荷分布在两核之间是增强的,增强的电荷分布使电子对两个核同时感受到吸引力,从而建立起有效的化学键,这就是通过共用电子形成的共价键。而对于反键态 ψ_u,电子在两核之间的概率密度比简单的原子概率密度之和还要低,原子间感受到的则是斥力。

以上是在粗略近似下计算的结果,但已经清楚地说明 H_2^+ 中的共价键。精确的结果是,平衡核间距 $R_0 = 0.106$ nm(2 倍的玻尔半径),成键轨道势能曲线的极小值 $E_g(R_0) = E_{1s} - 2.79$ eV,2.79 eV 也是 H_2^+ 离子解离为 $H + H^+$ 的解离能,比前述简单理论给出的解离能 1.77 eV 大不少。在该平衡核间距下,库仑积分 $J = 0.97 E_{1s} \approx E_{1s}$,近似为原子 1s 轨道的能量。如果忽略重叠积分 S,则成键轨道的能量 $E_g = E_{1s} + K$;同样可以得到反键轨道的能量 $E_u = E_{1s} - K$,其中 $K < 0$。

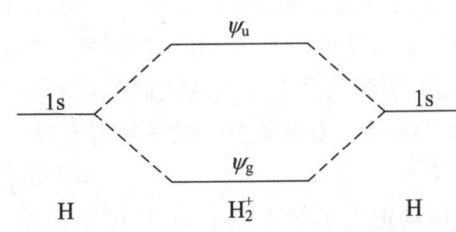

图 5.2.6　H_2^+ 的两个最低轨道能级示意图

通过上述讨论,可以给出如下定性的结论:H_2^+ 基态的分子轨道可以用原子轨道 $u_{1s}(r_a)$ 和 $u_{1s}(r_b)$ 的线性组合来表示,分别得到成键轨道 ψ_g 和反键轨道 ψ_u,在平衡构型下($R = R_0$),ψ_g 的能量比 H 原子 1s 轨道能量低,ψ_u 的能量比 H 原子 1s 轨道能量高。通常用图 5.2.6 的轨道能级图来直观表示,两侧是原子轨道能级,图中只给出了 1s 能级,中间是相对应的分子轨道能级,基态 H_2^+ 的唯一一个电子占据能量低的 ψ_g 轨道。

这一图像可以简单地推广到 H_2 分子,H_2 中的两个 H 原子的 1s 轨道可以组成与 H_2^+ 一样的分子轨道。H_2 中有两个电子,根据泡利不相容原理,两个电子如果自旋反平行,则可以同时占据成键轨道,分子的能量比 H_2^+ 更低,形成稳定的基态 H_2

分子。两个中性 H 原子形成基态 H_2 分子的结合能约为 4.7 eV,核间的平衡距离约为 0.074 nm。因此,H_2 分子比 H_2^+ 分子离子束缚得更紧。

像 H_2 分子这样的同核双原子分子,正负电荷的中心是重合的,所以没有固有的电偶极矩,分子是非极性的;而像 HCl 这样的异核双原子分子,虽然也是通过共价键形成的,但电荷分布不对称,所以具有固有的电偶极矩,是极性分子。

5.3 双原子分子的能级和光谱

5.3.1 玻恩-奥本海默近似

对 H_2^+ 分子离子的描述可以推广到多电子的双原子分子。设双原子分子由 N 个电子和两个核电荷数分别为 Z_a 和 Z_b 的原子核组成,体系的哈密顿量为

$$H = \sum_{i=1}^{N}\left(-\frac{\hbar^2}{2m_e}\nabla_i^2\right) + \left(-\frac{\hbar^2}{2m_a}\nabla_a^2 - \frac{\hbar^2}{2m_b}\nabla_b^2\right)$$
$$+ \sum_{i=1}^{N}\left(-\frac{Z_a e^2}{4\pi\varepsilon_0 r_{ai}} - \frac{Z_b e^2}{4\pi\varepsilon_0 r_{bi}}\right) + \sum_{i<j=1}^{N}\left(\frac{e^2}{4\pi\varepsilon_0 r_{ij}}\right) + \frac{Z_a Z_b e^2}{4\pi\varepsilon_0 R} \quad (5.3.1)$$

其中,r_{ai} 是第 i 个电子到原子核 a 的距离,r_{bi} 是第 i 个电子到原子核 b 的距离,r_{ij} 是第 i 个电子与第 j 个电子之间的距离,R 是两个原子核之间的距离。式(5.3.1)右边第一项是 N 个电子的动能算符,第二项是两个原子核的动能算符,第三项是电子在两个原子核库仑场中的静电吸引势能,第四项是电子两两之间的库仑斥力势能,最后一项是两个原子核之间的库仑斥力势能。双原子分子的薛定谔方程为

$$H\Psi = E\Psi \quad (5.3.2)$$

在玻恩-奥本海默近似[6]下,考虑到核运动速度远小于电子的,将电子运动与核运动分开处理。在处理电子运动时,可以设两个原子核的间距 R 保持不变,此时核动能项为零,将其略去,得到双原子分子电子运动的方程为

$$(H_e + V_{NN})\Psi_e = U\Psi_e \quad (5.3.3)$$

式中

$$H_e = \sum_{i=1}^{N}\left(-\frac{\hbar^2}{2m_e}\nabla_i^2\right) + \sum_{i=1}^{N}\left(-\frac{Z_a e^2}{4\pi\varepsilon_0 r_{ai}} - \frac{Z_b e^2}{4\pi\varepsilon_0 r_{bi}}\right) + \sum_{i<j=1}^{N}\left(\frac{e^2}{4\pi\varepsilon_0 r_{ij}}\right)$$

是电子运动的哈密顿量;$V_{NN} = Z_a Z_b e^2/(4\pi\varepsilon_0 R)$ 是核库仑斥力势能,在核间距 R

保持不变时等于常数。可以将该项从方程(5.3.3)两边减去,得到新的电子运动的方程

$$H_e \Psi_e = = E_e \Psi_e \tag{5.3.4}$$

该方程与方程(5.3.3)的波函数相同,能量相差一个常数 V_{NN},即 $E_e = U - V_{NN}$。E_e 是纯的电子能量,U 则是计入了核斥力势能的电子能量。求解电子运动方程(5.3.3)或(5.3.4),可以得到电子的波函数和能量,它们均以核坐标为参量,即对给定的核构型,可以解得一组状态波函数和能量。

由于电子运动的速度远大于核运动的速度,当核运动到某个位置时,电子总能快速调整到满足方程(5.3.3)的新状态,所以电子能量 U 随核坐标的变化关系相当于核运动的势能,对于双原子分子,势能 $U(R)$ 只是核间距 R 的函数,稳定分子的 $U(R)$ 曲线类似于图 5.2.3 的 H_2^+ 成键态曲线。核运动的方程为

$$H_N \Phi_N = \left[\left(-\frac{\hbar^2}{2m_a} \nabla_a^2 - \frac{\hbar^2}{2m_b} \nabla_b^2 \right) + U(R) \right] \Phi_N = E \Phi_N \tag{5.3.5}$$

式中,E 是分子的总能量,Φ_N 是核运动波函数。在质心系中,双原子分子的核运动可以分解为平衡构型下整体的转动和原子核在平衡位置附近沿键轴方向的振动。

于是,在玻恩-奥本海默近似下,把分子的运动分解为电子运动和原子核的振动和转动。当考虑电子运动时,可以认为各个原子核是不动的;考虑原子核振动时,可以认为分子不转动;考虑分子转动时,可以将分子看作是原子核固定在各自的振动平衡位置上的刚体。三种运动可以分别处理,分子的总能量近似为三种运动能量之和。以 E_e,E_v 和 E_r 分别表示分子的电子、振动和转动能量,则分子的总能量为

$$E = E_e + E_v + E_r \tag{5.3.6}$$

分子光谱是分子在允许的能级之间的电偶极跃迁产生的,发射或吸收光子的频率由玻尔频率规则确定:

$$\nu = \frac{|E' - E|}{h} = \frac{|(E_e' - E_e) + (E_v' - E_v) + (E_r' - E_r)|}{h} \tag{5.3.7}$$

以下将以此为基础讨论双原子分子的电子运动和核运动的能级结构及相应的光谱。

5.3.2 双原子分子的转动能级和转动光谱

可以把双原子分子看作是一个以角速度 ω 绕通过其质心且垂直于键轴的任意轴转动的刚体,这称为刚性转子模型。如图 5.3.1(a)所示,设双原子分子中两个原子核的质量分别为 m_a 和 m_b,R_0 为平衡核间距,质心 C 位于两核的连线上,

两个原子核到质心的距离分别为 r_a 和 r_b,则刚性转子的转动惯量 $I = m_a r_a^2 + m_b r_b^2 = \mu R_0^2$,其中 $\mu = m_a m_b/(m_a + m_b)$ 是两个原子核的折合质量。可以把这样的刚性转子等效为一个以 R_0 为半径、以角速度 ω 绕固定点 O 转动的质量为 μ 的粒子,如图 5.3.1(b) 所示,其转动角动量 $L = I\omega = \mu R_0^2 \omega$。按照经典力学,转子的转动能 E_r 为

$$E_r = \frac{1}{2} I\omega^2 = \frac{L^2}{2I} \qquad (5.3.8)$$

而按照量子力学,等效粒子的薛定谔方程为

$$-\frac{\hbar^2}{2\mu} \nabla^2 \psi_r = E_r \psi_r \qquad (5.3.9)$$

实际上,直接从核运动方程(5.3.5)出发,令 $R = R_0$(即不考虑振动),并转换到质心系即可得到上述转动方程。其中 ψ_r 是转动波函数。采用球极坐标,注意到 $R = R_0$,所以波函数对 R 的微分为零,则由 2.6.2 小节可知,转动薛定谔方程可化为

$$\hat{L}^2 \psi_r = -\hbar^2 \left[\frac{1}{\sin\theta} \frac{\partial}{\partial \theta}\left(\sin\theta \frac{\partial}{\partial \theta}\right) + \frac{1}{\sin^2\theta} \frac{\partial^2}{\partial \varphi^2} \right] \psi_r$$
$$= \lambda \hbar^2 \psi_r \qquad (5.3.10)$$

其中,$\hat{L}^2$ 是角动量平方算符,$\lambda = 2IE_r/\hbar^2$。这是角动量平方算符的本征方程,方程的本征函数就是球谐函数 $Y_{J,M_J}(\theta, \varphi)$,本征值即角动量平方的大小为

$$L^2 = \lambda \hbar^2 = J(J+1)\hbar^2, \quad J = 0, 1, 2, \cdots \qquad (5.3.11)$$

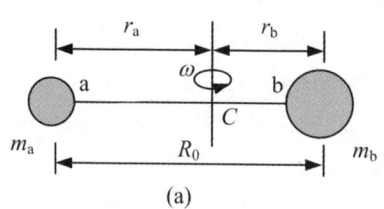
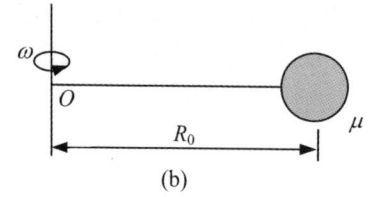
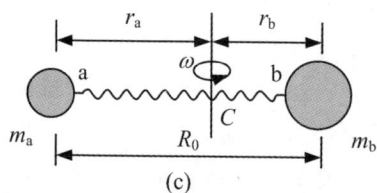

图 5.3.1 双原子分子的转动模型
(a) 刚性转子;(b) 绕固定点转动的等效粒子;(c) 弹性转子

刚性转子的转动能大小为 $E_r = \lambda \hbar^2/(2I) = L^2/(2I)$,与经典力学的结果一致。但在量子力学中,转动角动量的大小是量子化的,将式(5.3.11)代入,得转动能

$$E_r = E_J = \frac{\hbar^2}{2I} J(J+1), \quad J = 0, 1, 2, \cdots \qquad (5.3.12)$$

J 称为转动量子数。可见分子转动能也是量子化的。

相邻两个转动能级之间的间隔为

$$\Delta E_J = E_J - E_{J-1} = \frac{\hbar^2}{2I} \left[J(J+1) - (J-1)J \right] = \frac{\hbar^2}{I} J \qquad (5.3.13)$$

能级间隔与转动量子数成正比,量子数越大,能级间隔越大,如图 5.3.2 所示。

如果分子在同一电子能级和同一振动能级的不同转动能级之间跃迁,则得到

的是纯转动光谱。对非极性的同核双原子分子，两个原子核的电荷数相等，即 $Z_a = Z_b$，且 $r_a = -r_b$，所以核电荷分布带来的固有电偶极矩 $\boldsymbol{D}_N = e(Z_a \boldsymbol{r}_a + Z_b \boldsymbol{r}_b) = \boldsymbol{0}$，不会发生转动的电偶极跃迁，也就没有纯转动光谱。而像 HF 分子这样的极性异核双原子分子，其核电荷分布带来的固有电偶极矩不为零，因而可以发生转动的电偶极跃迁，从而可观察到纯转动光谱。

纯转动的电偶极跃迁的选择定则是
$$\Delta J = \pm 1, \quad \Delta M_J = 0, \pm 1 \quad (5.3.14)$$

可见转动只能在相邻的能级之间跃迁，相应谱线的波数为
$$\tilde{\nu}_J = \frac{E_J - E_{J-1}}{hc} = 2BJ \quad (5.3.15)$$

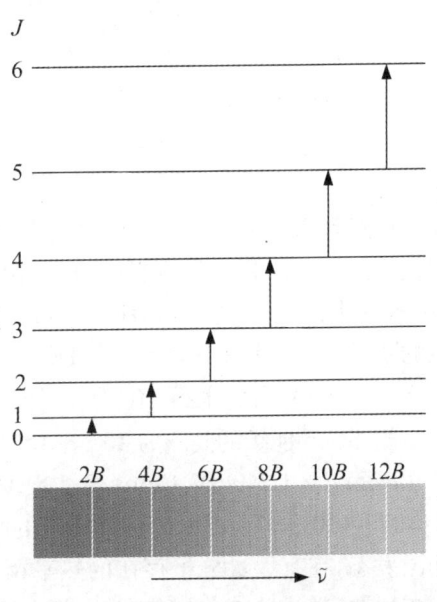

图 5.3.2 双原子分子的转动能级和转动光谱

式中，$B = \hbar/(4\pi I c) = \hbar/(4\pi \mu R_0^2 c)$ 称为转动常数。例如，$J=1 \leftarrow J=0$ 谱线的波数为 $2B$，$J=2 \leftarrow J=1$ 谱线的波数为 $4B$。可见，纯转动光谱是由一系列间隔相等的谱线组成，如图 5.3.2 下图所示，谱线的间隔为 $\Delta \tilde{\nu} = 2B$。在分子光谱中，通常约定跃迁的写法，高能态写在前面，低能态写在后面，"→"表示发射，"←"表示吸收。

图 5.3.3 是实验测量得到的一个典型远红外吸收光谱，横坐标是波数，纵坐标是吸收率。表 5.3.1 则列出了利用远红外光栅光谱测量得到的 HF 分子远红外吸收光谱的部分实验数据。

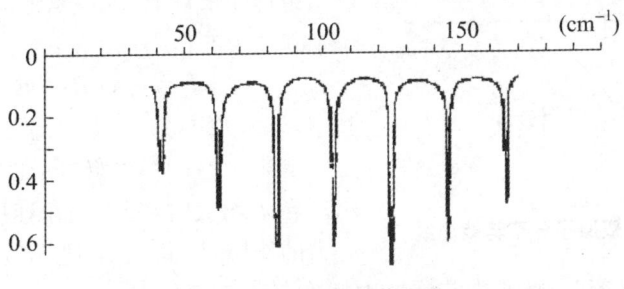

图 5.3.3 远红外吸收光谱

表 5.3.1　HF 分子远红外吸收光谱

跃迁 $J' \leftarrow J$	1←0	2←1	3←2	4←3	5←4	6←5	7←6
谱线波数(cm^{-1})	41.08	82.19	123.15	164.00	204.62	244.93	285.01
谱线间隔(cm^{-1})	—	41.11	40.96	40.85	40.62	40.31	40.08

从图 5.3.3 和表 5.3.1 中可以看到,谱线间隔大致相等,验证了上述刚性转子模型的合理性。利用实验测量的光谱数据,还可以得到分子的一些性质,例如,可以得到双原子分子的平衡核间距 R_0。按照刚性转子模型的结果,$J=1 \leftarrow J=0$ 谱线的波数为 $2B$,由表 5.3.1 得到 HF 分子的转动常数 $B = \hbar/(4\pi\mu R_0^2 c) = 41.08/2 = 20.54$ (cm^{-1}),由此求得 HF 分子的平衡核间距 $R_0 \approx 0.091$ nm。

相邻转动能级的间隔为 $10^{-4} \sim 10^{-3}$ eV(上例中 HF 分子的能级间隔为 $2Bhc \approx 41.08\ cm^{-1} \times 1240\ eV \cdot nm \approx 5.1 \times 10^{-3}$ eV),而室温下分子的热运动能量为 $k_B T \approx 2.5 \times 10^{-2}$ eV,远大于转动能级的间隔。因此,室温下有许多分子处在各个转动激发态,在有大量分子存在的热平衡系统中,处在不同转动能级的分子数目(称为布居数)遵从玻尔兹曼分布,这将在第 8 章讨论。因此,在纯转动吸收光谱中,初态为不同转动量子态的谱线均存在,最强的谱线也不是 $J=1 \leftarrow J=0$ 的谱线,如图 5.3.3 所示。

表 5.3.1 中 HF 分子远红外光谱数据显示,谱线间隔虽然大致相等,基本符合刚性转子模型的结论,但如果仔细比较就会发现,谱线间隔随量子数 J 的增大逐步缩小。事实上,双原子分子不是一个严格的刚体,处在稳定状态的双原子分子的核运动势能曲线如图 5.3.4 所示,在 R_0 处有一个极小值,在偏离平衡位置不太大的情况下,势能曲线可以用抛物线来近似表示,原子核之间近似受到一个弹性力的作用:

$$f = -k(R - R_0) \quad (5.3.16)$$

其中,k 为力常数。所以双原子分子可以看作是一个非刚性的弹性转子,如图 5.3.1(c)所示。当 J 增大时,分子的角速度增大,由于离心力的作用,核间距 R 比无转动时的平衡间距 R_0 略大。平衡时,离心力与弹性力相等,有

$$\mu\omega^2 R = k(R - R_0) \quad (5.3.17)$$

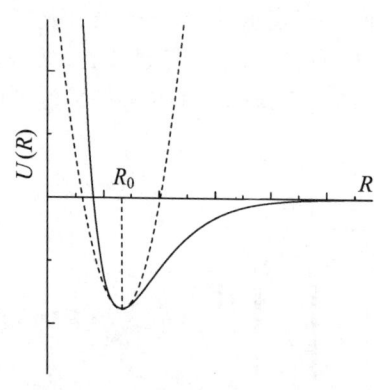

图 5.3.4　双原子分子势能曲线

于是
$$R - R_0 = \frac{\mu\omega^2 R}{k} = \frac{L^2}{\mu k R^3} \approx \frac{L^2}{\mu k R_0^3} \tag{5.3.18}$$

非刚性转子的总能量除转动能外还要加上弹性势能：
$$E_J = \frac{L^2}{2\mu R^2} + \frac{1}{2}k(R - R_0)^2 \tag{5.3.19}$$

将式(5.3.18)代入，得
$$E_J \approx \frac{L^2}{2\mu R_0^2}\left(1 + \frac{L^2}{\mu k R_0^4}\right)^{-2} + \frac{1}{2}k\left(\frac{L^2}{\mu k R_0^3}\right)^2 \tag{5.3.20}$$

由于 $R \approx R_0$，所以 $L^2/(\mu k R_0^4) \ll 1$ 是一个小量，展开并略去高次项，得
$$E_J \approx \frac{L^2}{2\mu R_0^2} - \frac{L^4}{2\mu^2 k R_0^6} \tag{5.3.21}$$

将角动量平方的表达式(5.3.11)代入，得
$$E_J = hc[BJ(J+1) - DJ^2(J+1)^2] \tag{5.3.22}$$

式中，$B = \hbar/(4\pi\mu R_0^2 c)$，即转动常数；$D = \hbar^3/(4\pi k\mu^2 R_0^6 c)$。式(5.3.22)右边第一项就是刚性转子的结果，第二项是非刚性修正。

此时，$J \leftarrow J - 1$ 吸收谱线的波数为
$$\tilde{\nu}_J = \frac{E_J - E_{J-1}}{hc} = 2BJ - 4DJ^3 \tag{5.3.23}$$

相邻谱线的间隔为
$$\Delta\tilde{\nu} = \tilde{\nu}_J - \tilde{\nu}_{J-1} = 2B - 4D(3J^2 - 3J + 1) \tag{5.3.24}$$

这就是纯转动光谱谱线间距随量子数 J 增大而缩小的原因。由于这种缩小可以看作是由离心力造成的，所以又称为离心畸变。通常 $D \ll B$，较小 J 的非刚性效应所引起的修正一般可以忽略，只有对较大的 J 才有考虑非刚性修正的必要。

5.3.3 双原子分子的振动能级和振动光谱

如前所述，在偏离平衡位置不太大的情况下，可以用抛物线来近似表示双原子分子的势能曲线，所以原子核之间的力近似为弹性力，相应的弹性势能为
$$U(R) = \frac{1}{2}k(R - R_0)^2 = \frac{1}{2}kx^2 \tag{5.3.25}$$

式中，$x = R - R_0$ 是相对位移。在该势能的作用下，原子核在平衡位置附近沿键轴方向做简谐振动，双原子分子的这种简谐振动在质心系中可以等效为质量为折合质量 μ、围绕 R_0 附近振动的一维谐振子。按照经典力学，谐振子的振动频率为
$$\nu_0 = \frac{1}{2\pi}\sqrt{\frac{k}{\mu}} \tag{5.3.26}$$

而按照量子力学,一维谐振子的薛定谔方程为

$$\left(-\frac{\hbar^2}{2\mu}\frac{d^2}{dx^2}+\frac{1}{2}kx^2\right)\psi_v = E_v\psi_v \tag{5.3.27}$$

式中,ψ_v 是振动波函数,E_v 是振动本征能量。这是一个一维定态问题,求解该方程[13-15]可以得到

$$E_v = \left(v+\frac{1}{2}\right)h\nu_0, \quad v=0,1,2,\cdots \tag{5.3.28}$$

其中,ν_0 就是式(5.3.26)给出的经典振动频率,v 称为振动量子数。可见简谐振动的能量也是量子化的,相应的能级是等间距的,间距为 $h\nu_0$,并有等于 $h\nu_0/2$ 的振动零点能存在,如图 5.3.5 上图所示。

如果分子在同一电子能级的不同振动能级之间跃迁,则得到的是振动光谱。如前所述,非极性的同核双原子分子的固有电偶极矩为零,所以也不会发生振动的电偶极跃迁,没有振动光谱;而对于具有固有电偶极矩的极性异核双原子分子,则可以发生振动的电偶极跃迁,观察到振动光谱。不同的振动能级还包含有更精细的转动能级,振动能级的跃迁必然伴随转动能级的改变,因此两个振动能级之间的跃迁产生的不是一条谱线,而是一组对应不同转动能级跃迁的间隔非常小的谱线,表观上形成一个光谱带,所以振动光谱也称为振动转动光谱,它是带状光谱。我们先不考虑精细的转动能级,先讨论振动转动光谱的振动结构。

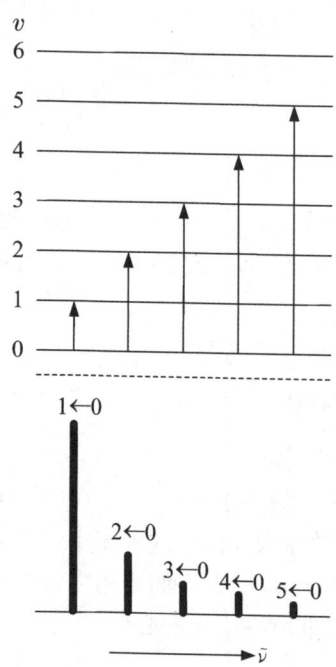

图 5.3.5 双原子分子的振动能级和光谱带系

在谐振子模型下,振动的电偶极跃迁选择定则为

$$\Delta v = \pm 1 \tag{5.3.29}$$

可见只有相邻的振动能级之间才可以发生电偶极跃迁,相应谱线的波数为

$$\tilde{\nu} = \frac{E_v - E_{v-1}}{hc} = \frac{\nu_0}{c} = \tilde{\nu}_0 \tag{5.3.30}$$

式中,$\tilde{\nu}_0 = \nu_0/c$ 是与经典频率对应的波数。按照这一结论,振动光谱上只有 $\tilde{\nu}_0$ 一条谱带,这与实验观测的结果不符。例如,图 5.3.5 下图所示的 HCl 分子的红外

吸收谱,除了在 $\tilde{\nu}_0$ 处有很强的一条谱带外,在 $2\tilde{\nu}_0$,$3\tilde{\nu}_0$,… 处都有谱带存在,只是强度很快变弱。表 5.3.2 给出了实验测量得到的 HCl 分子红外吸收谱的谱带位置和谱带间隔[①],可以看到,吸收谱由一系列的谱带组成,谱带间隔粗略相等,但显然随着波数增大,间隔逐渐减小。

表 5.3.2　HCl 分子红外吸收光谱带

跃迁 $v' \leftarrow 0$	1←0	2←0	3←0	4←0	5←0
谱带位置(cm^{-1})	2 886.194	5 668.526	8 347.199	10 922.636	13 395.204
谱带间隔(cm^{-1})		2 782.332	2 678.673	2 575.437	2 472.568

事实上,如果分子振动的振幅较大,势能曲线将偏离抛物线,此时必须考虑高次修正。如果仅考虑三次方项,则势能

$$U(x) = \frac{1}{2}kx^2 + \beta x^3$$

振动不再是简谐振动,量子力学的计算给出这种非简谐振动的能量为[6,9]

$$E_v = h\nu_0 \left(v + \frac{1}{2}\right) - h\nu_0 \eta \left(v + \frac{1}{2}\right)^2, \quad v = 0,1,2,\cdots \quad (5.3.31)$$

式中,η 称为非谐性常数,其值远小于 1,例如,HCl 分子的 $\eta = 0.017$。因此,振动能级不再是等间隔的,能级间隔随振动量子数 v 增大而逐渐减小。

对于非简谐振动,振动能级跃迁的选择定则不限于 $\Delta v = \pm 1$,也可以发生 $\Delta v = \pm 2, \pm 3, \cdots$ 的跃迁,只是跃迁的概率较小。在常温下,大多数分子处在振动基态上,所以吸收谱的振动跃迁主要是 $v' \leftarrow v = 0$,相应的波数为

$$\tilde{\nu}(v' \leftarrow 0) = \frac{E_{v'} - E_0}{hc} \quad (5.3.32)$$

将非简谐振动的能量表达式(5.3.31)代入,可以得到

$$\tilde{\nu}(v' \leftarrow 0) = v'\tilde{\nu}_0 - v'(v'+1)\tilde{\eta\nu}_0, \quad v' = 1,2,3,\cdots \quad (5.3.33)$$

其中最强的 1←0 谱带的波数为 $\tilde{\nu}(1\leftarrow 0) = \tilde{\nu}_0 - 2\tilde{\eta\nu}_0$,近似为 $\tilde{\nu}_0$,称为基频带;2←0 谱带的波数为 $\tilde{\nu}(2\leftarrow 0) = 2\tilde{\nu}_0 - 6\tilde{\eta\nu}_0$,近似为 $2\tilde{\nu}_0$,称为第一泛频带;3←0 谱带的波数为 $\tilde{\nu}(3\leftarrow 0) = 3\tilde{\nu}_0 - 12\tilde{\eta\nu}_0$,近似为 $3\tilde{\nu}_0$,称为第二泛频带;以此类推,强度逐渐降低,如图 5.3.5 下图所示。并且由于非简谐项的存在,相邻谱带的间隔随振动量子数 v' 的增加而减小,这就解释了表 5.3.2 所列的 HCl 分子红外吸收光谱。

---

① Naudé S M, Verleger H. The Vibration-Rotation Bands of the Hydrogen Halides HF, $H^{35}Cl$, $H^{37}Cl$, $H^{79}Br$, $H^{81}Br$ and $H^{127}I$[J]. Proc. Phys. Soc. A, 1950, 63: 470-477.

通过测量任意两条谱带的波数,例如 $\tilde{\nu}(1\leftarrow 0)$ 和 $\tilde{\nu}(2\leftarrow 0)$,就可以通过求解如下方程组:

$$\begin{cases} \tilde{\nu}(1\leftarrow 0) = \tilde{\nu}_0 - 2\eta\tilde{\nu}_0 \\ \tilde{\nu}(2\leftarrow 0) = 2\tilde{\nu}_0 - 6\eta\tilde{\nu}_0 \end{cases} \quad (5.3.34)$$

从实验上求出 $\tilde{\nu}_0$ 和 η,进而还得到双原子分子的力常数 k。

例 5.1 已知 $H^{35}Cl$ 分子的近红外吸收光谱的基频带位置在 $2\,886.19\,\text{cm}^{-1}$,第一泛频带的位置在 $5\,668.53\,\text{cm}^{-1}$,试求 $H^{35}Cl$ 分子的力常数 k。

解 将数据代入方程组(5.3.34),得

$$\begin{cases} \tilde{\nu}_0 - 2\eta\tilde{\nu}_0 = 2\,886.19 \\ 2\tilde{\nu}_0 - 6\eta\tilde{\nu}_0 = 5\,668.53 \end{cases}$$

解得 $\eta = 0.017\,4$,$\tilde{\nu}_0 = 2\,990.06\,\text{cm}^{-1}$。

由式(5.3.26)得力常数 $k = 4\pi^2\mu c^2\tilde{\nu}_0^2$,其中折合质量数 $\mu = m_1 m_2/(m_1 + m_2) = 1\times 35/(1+35) = 35/36$,将它和 $\tilde{\nu}_0$ 代入,可以求得 $k = 516.2\,\text{N}\cdot\text{m}^{-1}$。

如果用高分辨的光谱仪观测 HCl 分子的近红外吸收光谱,就会发现每一条谱带都是由许多谱线组成的。图 5.3.6 是 HCl 分子 $1\leftarrow 0$ 的基频带的精细结构,它是由一系列近乎等间距的谱线组成的,但独缺中心的一条,这使得谱带自然形

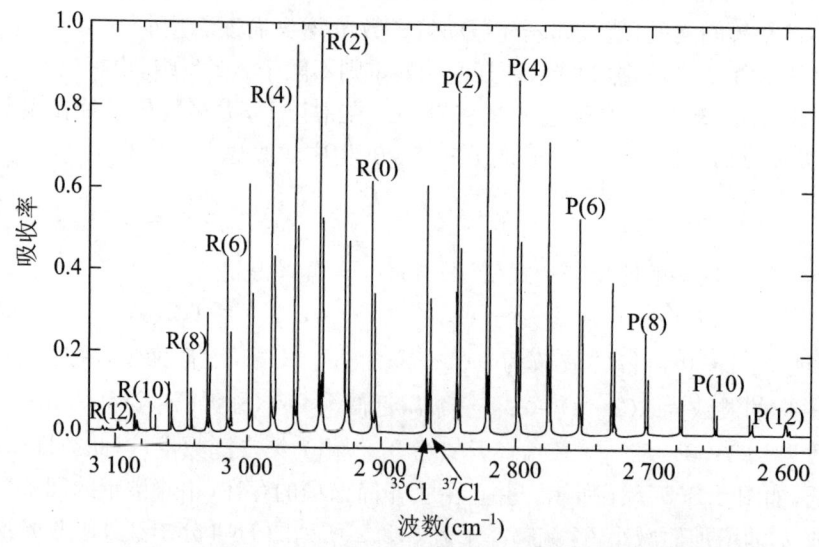

图 5.3.6 HCl 分子近红外吸收光谱 $1\leftarrow 0$ 谱带的精细结构

成左右两支。谱带的这种精细结构是由伴随振动能级跃迁的转动能级的改变形

成的。

考察 $(v', J') \leftarrow (v, J)$ 的跃迁,不考虑离心畸变,则产生的谱线的波数为

$$\tilde{\nu} = \frac{1}{hc}[(E_{v'} + E_{J'}) - (E_v + E_J)] = \frac{1}{hc}[(E_{v'} - E_v) + (E_{J'} - E_J)]$$
$$= \tilde{\nu}(v' \leftarrow v) + B'J'(J' + 1) - BJ(J + 1) \tag{5.3.35}$$

式中 B' 和 B 分别为上、下振动能级的转动常数。由于分子的势能曲线是不对称的,较高的振动能级有较大的核间距离,因此 B' 比 B 略小。但通常同一电子态的低振动态 B' 和 B 相差甚小,可认为 $B' \approx B$。

振转光谱的转动量子数的选择定则与纯转动光谱的相同,即 $\Delta J = \pm 1$。

对应 $\Delta J = +1$,即 $J' = J + 1$,得到一系列谱线,其波数为

$$\tilde{\nu} = \tilde{\nu}(v' \leftarrow v) + B'(J + 1)(J + 2) - BJ(J + 1)$$
$$= \tilde{\nu}(v' \leftarrow v) + 2B' + (3B' - B)J + (B' - B)J^2, \quad J = 0, 1, 2, \cdots$$
$$\tag{5.3.36}$$

当 $B' \approx B$ 时,有

$$\tilde{\nu} = \tilde{\nu}(v' \leftarrow v) + 2B(J + 1), \quad J = 0, 1, 2, \cdots \tag{5.3.37}$$

对应 $\Delta J = -1$,即 $J' = J - 1$,得到一系列谱线,其波数为

$$\tilde{\nu} = \tilde{\nu}(v' \leftarrow v) + B'(J - 1)J - BJ(J + 1)$$
$$= \tilde{\nu}(v' \leftarrow v) - (B' + B)J + (B' - B)J^2, \quad J = 1, 2, 3, \cdots \tag{5.3.38}$$

当 $B' \approx B$ 时,有

$$\tilde{\nu} = \tilde{\nu}(v' \leftarrow v) - 2BJ, \quad J = 1, 2, 3, \cdots \tag{5.3.39}$$

由此可见,$v' \leftarrow v$ 谱带由很多条密集的谱线组成,这些谱线按 $\Delta J = \pm 1$ 分成两组,称为谱带的两支,$\Delta J = +1$ 的一支,其波数比 $\tilde{\nu}(v' \leftarrow v)$ 大,称为 R 支;$\Delta J = -1$ 的一支,其波数比 $\tilde{\nu}(v' \leftarrow v)$ 小,称为 P 支。由于 $\Delta J = 0$ 是禁戒的,所以谱带的 $\tilde{\nu}(v' \leftarrow v)$ 处是空的,$\tilde{\nu}(v' \leftarrow v)$ 称为谱带的基线,也称"带心"或"带源"。

在 $B' \approx B$ 时,R 支和 P 支的谱线都是等间隔的,间隔为 $2B$;R 支和 P 支之间的间隔则由于基线位置的空缺而等于 $4B$,如图 5.3.7 所示,这与图 5.3.6 的实验观测是一致的。

如果进一步仔细观察图 5.3.6,会发现转动谱线不是严格等间距的,并且 P 支的间距大于 R 支,这种不等间距主要是离心畸变造成的。此外,每一条谱线还具有双线结构,这是由同位素效应引起的。HCl 分子有两种同位素分子:$H^{35}Cl$ 和 $H^{37}Cl$,它们具有相同的内部力场,因而具有相同的力常数和相同的平衡核间距,但折合质量不同,因而振动频率不一样,使同位素分子的振动转动谱带的基线产生位移,这就是造成双峰结构的原因。

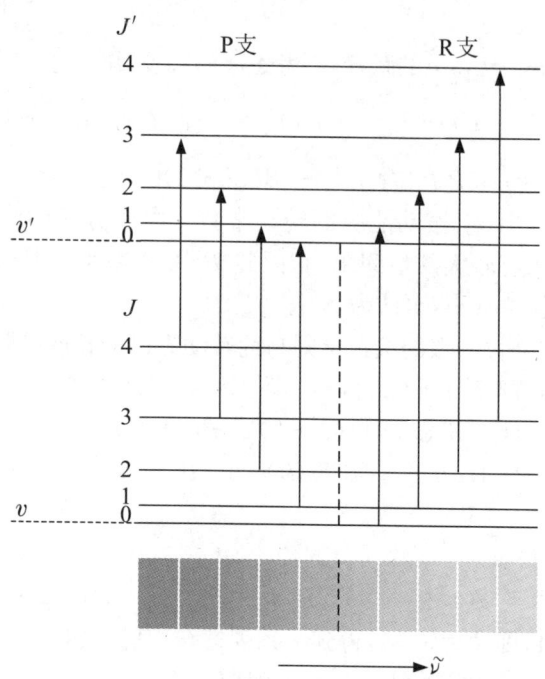

图 5.3.7 双原子分子的振动转动能级和谱带的转动结构

5.3.4 双原子分子的电子结构

在玻恩-奥本海默近似下，双原子分子电子运动的薛定谔方程为

$$\left[\sum_{i=1}^{N}\left(-\frac{\hbar^2}{2m_e}\nabla_i^2\right)+\sum_{i=1}^{N}\left(-\frac{Z_a e^2}{4\pi\varepsilon_0 r_{ai}}-\frac{Z_b e^2}{4\pi\varepsilon_0 r_{bi}}\right)+\sum_{i<j=1}^{N}\left(\frac{e^2}{4\pi\varepsilon_0 r_{ij}}\right)\right]\Psi_e = E_e\Psi_e$$

(5.3.40)

类似于多电子原子，我们采用独立粒子模型近似，在考察第 i 个电子的时候，将它看作是在两个原子核的库仑场以及其他 $N-1$ 个电子的平均场中运动，于是可以得到 N 个单电子的方程：

$$\left(-\frac{\hbar^2}{2m_e}\nabla_i^2-\frac{Z_a e^2}{4\pi\varepsilon_0 r_{ai}}-\frac{Z_b e^2}{4\pi\varepsilon_0 r_{bi}}+V_{ei}\right)\psi_i = E_i\psi_i, \quad i=1,2,\cdots,N$$

(5.3.41)

其中，ψ_i 是第 i 个电子的单电子波函数，称为分子轨道，E_i 是该分子轨道的能量，V_{ei} 是第 i 个电子感受到的其他 $N-1$ 个电子的平均势能。

进一步利用 LCAO 近似，将分子轨道表示为原子轨道的线性组合（略去下标 i）：

$$\psi = c_a u_a + c_b u_b \tag{5.3.42}$$

运用量子力学变分法，对同核双原子分子，有 $c_a = \pm c_b$，与氢分子离子的讨论类似。而对于异核的双原子分子，则通常 $c_a^2 \neq c_b^2$，设原子轨道 u_a 和 u_b 的能量分别为 E_a 和 E_b，并设 $E_a < E_b$，则成键轨道和反键轨道的能量分别为

$$E_1 \approx E_a - h, \quad E_2 \approx E_b + h \tag{5.3.43}$$

其中

$$h = \frac{1}{2}\left[\sqrt{(E_a - E_b)^2 + 4K^2} - |E_a - E_b|\right] \tag{5.3.44}$$

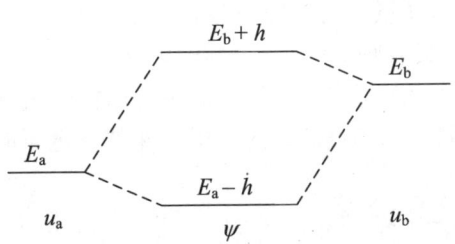

图 5.3.8 异核双原子分子的轨道能级示意图

K 是与式(5.2.6)形式相同的交换积分，显然 $h > 0$。图 5.3.8 给出了异核双原子分子在 $E_a < E_b$ 时的轨道能级图。

即使是双原子分子，形成分子轨道的具体情形也非常复杂，并不是所有的原子轨道都可以组成有效的分子轨道。所谓有效，是指形成分子轨道时式(5.3.44)表示的 h 值要较大，因此，组成分子轨道的原子轨道需要满足一些条件。例如，原子轨道能量要相近，如在 HF 分子中，H 的 1s 轨道（轨道能量为 $-13.6\,\text{eV}$）主要和 F 原子中能量相近的 2p 轨道（能量为 $-18.6\,\text{eV}$）形成分子轨道。在有些情况下原子轨道即使能量相近，也会由于原子轨道的特殊对称性而使 h 值等于零。在原子轨道中，通常用式(2.6.21)复数形式的球谐函数表示角向函数，但在分子中用原子复数波函数线性叠加而成的实数形式的球谐函数更加有用，特别是描述化学键的方向性和强度。低量子数的前几个球谐函数如下：

$$Y_{00} = \frac{1}{\sqrt{4\pi}} \quad (\text{s 轨道})$$

$$Y_{10} = \sqrt{\frac{3}{4\pi}}\cos\theta = \sqrt{\frac{3}{4\pi}}\frac{z}{r} \quad (\text{p}_z \text{ 轨道})$$

$$Y_{1,\cos} = \sqrt{\frac{3}{4\pi}}\sin\theta\cos\varphi = \sqrt{\frac{3}{4\pi}}\frac{x}{r} \quad (\text{p}_x \text{ 轨道})$$

$$Y_{1,\sin} = \sqrt{\frac{3}{4\pi}}\sin\theta\sin\varphi = \sqrt{\frac{3}{4\pi}}\frac{y}{r} \quad (\text{p}_y \text{ 轨道})$$

可见，p 轨道的三个函数表现的就像笛卡儿坐标的三个分量。仍以 HF 分子为例，取分子键轴方向为 z 方向，F 原子的 2p 轨道有三个分量，即 $2p_x, 2p_y$（$|m_l| =$

1)和 $2p_z(m_l=0)$,H 的 1s 轨道只与 F 的 $2p_z$ 形成有效的分子轨道,与 $2p_x$ 和 $2p_y$ 的交换积分均为零,h 也等于零,不能形成有效的分子轨道。本书限于篇幅不能深入讨论,仅以同核双原子分子来定性说明。同核双原子分子的两个原子分别提供 1s,2s,$2p_x$,$2p_y$,$2p_z$ 等原子轨道,1s-1s,2s-2s,$2p_x$-$2p_x$,$2p_y$-$2p_y$,以及 $2p_z$-$2p_z$ 可以组成分子轨道,其中价电子才能组成有效的分子轨道,每一对原子轨道分别组成一个能量比原子轨道低的成键轨道和一个能量比原子轨道高的反键轨道。

原子在中心力场近似下,可以用量子数 (n,l,m_l,m_s) 来描述单电子的状态(即原子轨道)。与孤立的原子不同,在双原子分子中,电子所受的库仑势不再是中心势,中心力场近似不成立,电子的轨道角动量不再是守恒量,轨道角动量量子数 l 不是好量子数。但由于双原子分子势场具有轴对称性(对称轴为键轴,取为 z 方向),作用在电子上的力矩在对称轴方向上的投影为零,角动量在对称轴上的分量是守恒量。因此,对双原子分子,可以用轨道角动量的轴向分量 l_z 来描述电子的状态,l_z 是量子化的,有

$$l_z = m_l \hbar, \quad m_l = 0, \pm 1, \pm 2, \cdots \quad (5.3.45)$$

在无外磁场情况下,分子轨道的能量对 m_l 和 $-m_l$ 简并,引入量子数 $\lambda = |m_l|$ 来表示电子的状态。类似于原子中用 s,p,d,f 等小写字母来表示不同大小轨道角动量的电子状态,对应于分子中不同的 λ 值的电子状态,常用如下的符号来表示:

$$\lambda \text{ 值}: 0, 1, 2, 3, \cdots$$
$$\text{电子态}: \sigma, \pi, \delta, \varphi, \cdots$$

处于这些态的电子分别称为 σ 电子、π 电子等,相应的分子轨道称为 σ 轨道、π 轨道等。由于 σ 轨道的 $\lambda = m_l = 0$,所以 σ 轨道是非简并的,而 π,δ,φ 轨道的 $m_l = \pm\lambda$,因而是二重简并的轨道。

1s-1s,2s-2s,$2p_z$-$2p_z$ 组成的分子轨道 λ 均等于 0,为 σ 轨道;而 $2p_x$-$2p_x$,$2p_y$-$2p_y$ 组成的分子轨道 λ 均等于 1,为 π 轨道。

对同核双原子分子,分子轨道还具有确定的宇称,在关于键轴中点的空间反演对称操作下,可以证明,σ 成键轨道和 π 反键轨道均在该对称操作下不变,因而具有偶宇称,在电子态符号的右下角用 g 表示,σ_g 和 π_g 轨道均为偶轨道;σ 反键轨道和 π 成键轨道在该对称操作下仅改变符号,因而具有奇宇称,在电子态符号的右下角用 u 表示,σ_u 和 π_u 轨道均为奇轨道。常常在反键轨道符号的右上角标记 * 号,成键轨道则不标记。因而 1s-1s 组成的成键轨道记作 $\sigma_g 1s$,反键轨道记作 $\sigma_u^* 1s$;2s-2s 组成成键的 $\sigma_g 2s$ 和反键的 $\sigma_u^* 2s$,$2p_z$-$2p_z$ 组成成键的 $\sigma_g 2p$ 和反键的 $\sigma_u^* 2p$;$2p_x$-$2p_x$ 组成成键的 $\pi_u 2p_x$ 和反键的 $\pi_g^* 2p_x$;$2p_y$-$2p_y$ 则组成成键的 $\pi_u 2p_y$ 和反键的 $\pi_g^* 2p_y$,以此类推。同核双原子分子的轨道能级图如图 5.3.9 所示。

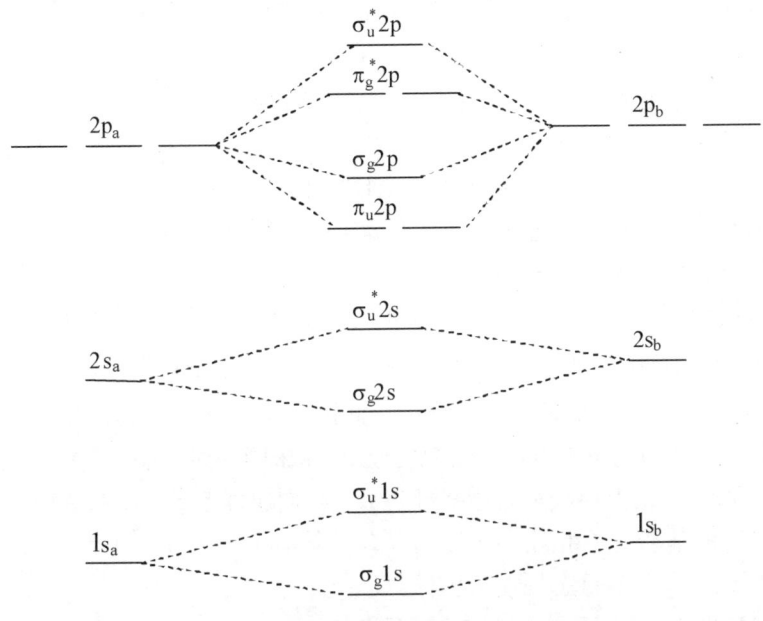

图 5.3.9 同核双原子分子的轨道能级图

基态分子的核外电子的排布也与原子类似,按照能量最低原则和泡利不相容原理依次填充,形成电子组态。同核双原子分子轨道的能量次序大致如图 5.3.9 所示。σ 轨道最多可以容纳 2 个电子;π 轨道由于是二重简并的,最多可以容纳 4 个电子。例如,最简单的 H_2^+ 核外只有一个电子,基态时排在 $\sigma_g 1s$ 轨道,基态电子组态为 $(\sigma_g 1s)^1$,该电子是成键电子,所以 H_2^+ 是稳定的共价键分子离子。H_2 分子在基态时,核外的两个电子均排在 $\sigma_g 1s$ 轨道,按照泡利不相容原理,两个电子的自旋相反,基态电子组态为 $(\sigma_g 1s)^2$,基态 H_2 分子有两个成键电子,也是稳定的共价键分子。又如,N_2 分子的基态电子组态是 $(\sigma_g 1s)^2 (\sigma_u^* 1s)^2 (\sigma_g 2s)^2 (\sigma_u^* 2s)^2 (\pi_u 2p)^4 (\sigma_g 2p)^2$,有 6 个成键价电子,它们的自旋两两配对分别占据两个 $\pi_u 2p$ 轨道和 1 个 $\sigma_g 2p$ 轨道,形成非常稳定的共价键分子。

在单电子近似(轨道近似)下,用电子组态来描述分子核外电子的运动状态。在此基础上,类似于多电子原子还要考虑角动量耦合,对由轻原子组成的分子,采用 L-S(罗素-桑德尔斯)耦合,各个电子的轨道角动量和自旋角动量分别耦合得到总轨道角动量和总自旋角动量。在双原子分子中,由于电子感受到的库仑场不是球对称的中心场,所以总轨道角动量不是守恒量,但它在键轴上的投影是守恒量,其值为 $M_L \hbar$($M_L = 0, \pm 1, \pm 2, \pm 3, \cdots$),它是各单电子轨道角动量轴向分量的简单

代数和,有 $M_L = \sum m_{li}$。引入量子数 Λ 来描述总轨道角动量,定义为
$$\Lambda = |M_L| \tag{5.3.46}$$
对应分子不同 Λ 值的电子态,常用下列光谱学符号来表示:

Λ 值:$0,1,2,3,\cdots$

电子态:$\Sigma,\Pi,\Delta,\Phi,\cdots$

对同核双原子分子,其电子态还具有确定的宇称,我们同样用下标 g 和 u 表示分子电子态的奇偶,如 $\Sigma_g,\Sigma_u,\Pi_g,\Pi_u$ 等。

电子的自旋角动量不受库仑场的影响,与原子情况相同,分子中诸电子的自旋角动量耦合成总自旋角动量 S,即 $S = \sum s_i$,相应的量子数 S 是一个好量子数。

给定双原子分子的电子组态,由罗素-桑德尔斯耦合得到的各分子电子态中,具有相同 Λ 和 S 的电子态有比较接近的性质,属于同一多重态,记作 $^{2S+1}\Lambda$,$2S+1$ 是自旋多重数,Λ 用上述大写希腊字母表示。我们通过若干例子来说明:

(1) H_2^+ 的基态电子组态是 $(\sigma_g 1s)^1$,只有一个 σ 电子,$\Lambda = \lambda = 0$,自旋量子数 $S = s = 1/2$,所以相应的多重态是 $^2\Sigma$,是自旋双重态。

(2) H_2 的基态电子组态是 $(\sigma_g 1s)^2$,两个 σ 电子的 $\lambda = 0$,所以 $\Lambda = 0$;泡利原理要求两个电子的自旋取向相反,即 $S = 0$,相应的谱项是 $^1\Sigma$,是自旋单重态。对分子轨道填满(即满壳层)的情形,与原子类似,也有 $\Lambda = S = 0$。又如,C_2 分子的价壳层电子组态为 $(\pi_u 2p)^4$,是一个满壳层的组态,有 $\Lambda = S = 0$,分子的电子态也是单重态 $^1\Sigma$。因此在考察分子的多重态时,像原子一样不用计及满壳层的组态。

(3) B_2^+ 离子的基态价电子组态是 $(\pi_u 2p)^1$,只有一个 π 电子,所以 $\Lambda = \lambda = 1$;自旋量子数 $S = s = 1/2$,所以相应的多重态是 $^2\Pi$。

(4) 如果将 Li_2 分子的一个 $\sigma_g 2s$ 激发到 $\pi_u 2p$,则该激发态的电子组态为 $(\sigma_g 2s)^1(\pi_u 2p)^1$,$\sigma$ 电子的 $m_l = 0$,π 电子的 $m_l = \pm 1$,所以 $\Lambda = |M_L| = |\sum m_l| = 1$;两个电子的 $s_1 = s_2 = 1/2$,所以 $S = 0,1$。可能的分子多重态有 $^1\Pi$ 和 $^3\Pi$。

(5) C_2^+ 分子离子的基态价电子组态是 $(\pi_u 2p)^3$,与原子类似,其多重态与 $(\pi_u 2p)^1$ 相同,即 $^2\Pi$ 态。

(6) 相对复杂的是等效电子组态 π^2,例如 B_2 分子的基态价电子组态是 $(\pi_u 2p)^2$,可以仿照原子 p^2 电子组态的方法给出 $(\pi_u 2p)^2$ 组态可能的分子多重态,有三重态 $^3\Sigma$、单重态的 $^1\Sigma$ 和 $^1\Delta$。

进一步考虑自旋-轨道相互作用,分子多重态能级会进一步分裂。在 $\Lambda \neq 0$

的态中,电子的轨道运动会产生一个沿键轴方向的磁场,使电子总自旋角动量 S 绕键轴进动,S 在键轴上的投影为 $M_S \hbar$,在分子中,通常用 Σ 表示量子数 M_S(注意不要跟 $\Lambda=0$ 的分子态符号 Σ 混淆):

$$\Sigma = S, S-1, \cdots, -S+1, -S$$

电子总的轨道角动量和总自旋角动量的轴向分量相加,得到电子总角动量的轴向分量,为 $(\Lambda+\Sigma)\hbar$,$\Lambda+\Sigma$ 的取值为

$$\Lambda+S, \Lambda+S-1, \cdots, \Lambda-S+1, \Lambda-S$$

对于双原子分子 $\Lambda \neq 0$ 的态,自旋-轨道相互作用能的大小近似正比于 $\Lambda\Sigma$,Σ 有 $2S+1$ 个取值,所以自旋-轨道相互作用的结果使分子多重态能级进一步分裂为 $2S+1$ 条,在光谱学中,用 $^{2S+1}\Lambda_{\Lambda+\Sigma}$ 表示多重态的精细结构。例如,三重态 $^3\Delta$ 的 $\Lambda=2$,$S=1$,对应 $\Sigma=0,\pm1$,$\Lambda+\Sigma=1,2,3$,能级分裂为 $^3\Delta_1$,$^3\Delta_2$ 和 $^3\Delta_3$ 三个精细结构子能级。显然,在无外磁场情况下,由于 $M_L=\pm\Lambda$,所以 $^{2S+1}\Lambda_{\Lambda+\Sigma}$ 仍是二重简并的。

对于 $\Lambda=0$ 的 Σ 态,电子总轨道角动量在键轴方向上的投影为零,不产生轴向磁场,自旋-轨道相互作用能近似为零,能级不分裂,这与原子的 S 态情况类似。

$\Lambda+\Sigma$ 的绝对值 Ω 称为总角动量量子数:

$$\Omega = |\Lambda+\Sigma| \tag{5.3.47}$$

5.3.5 双原子分子的电子振动转动光谱

分子的电子能级发生跃迁,必然伴随着振动能级和转动能级的改变,由此形成电子振动转动光谱。电偶极跃迁遵循如下选择定则:

$$\begin{cases} \Delta\Lambda = 0, \pm1 \\ \Delta S = 0 \\ \Delta v = 0, \pm1, \pm2, \cdots \\ \Delta J = 0, \pm1 \quad (J=0 \text{ 到 } J'=0 \text{ 是禁戒的}) \end{cases} \tag{5.3.48}$$

设上能级和下能级的电子能量、振动能量和转动能量分别为 $(E'_e, E_{v'}, E_{J'})$ 和 (E_e, E_v, E_J),则两个能级之间的跃迁吸收或辐射的光子的波数为

$$\tilde{\nu} = \frac{1}{hc}[(E'_e - E_e) + (E_{v'} - E_v) + (E_{J'} - E_J)]$$

$$= \tilde{\nu}_e + \frac{1}{hc}[(E_{v'} - E_v) + (E_{J'} - E_J)] \tag{5.3.49}$$

式中,$\tilde{\nu}_e = (E'_e - E_e)/(hc)$ 是两个电子能级差对应的波数。先不考虑精细的转动结构,即首先讨论光谱的振动结构,忽略转动能量,跃迁对应的谱线波数为

$$\tilde{\nu} = \tilde{\nu}_e + \frac{1}{hc}(E_{v'} - E_v)$$

将非谐性的振动能量公式(5.3.31)代入，得

$$\tilde{\nu}_{ev} = \tilde{\nu}_e + \left(v' + \frac{1}{2}\right)\tilde{\nu}_0' - \left(v' + \frac{1}{2}\right)^2 \eta'\tilde{\nu}_0' - \left(v + \frac{1}{2}\right)\tilde{\nu}_0 + \left(v + \frac{1}{2}\right)^2 \eta\tilde{\nu}_0$$

(5.3.50)

由于两个电子态的势能曲线通常不一样，所以对应的经典振动频率和非谐性常数一般也不同。对电子跃迁，振动量子数没有严格的选择定则，从原则上讲，高电子态的每个振动能级和低电子态的每个振动能级之间都可以跃迁，因此这样的(v,v')组合有很多，每个组合都对应一个谱带，通常将这一系列的电子光谱带分成若干组。一种方法是把Δv等于常数的谱带挑出来组成所谓的谱带序，简称"序"。例如，(0,0)序包括(0,0)带、(1,1)带和(2,2)带等，(1,0)序包括(1,0)带、(2,1)带和(3,2)带等。同一序中谱带的基频波数相差不大，差别主要来自上、下电子态的振动频率的不同。

电子振动光谱的吸收和发射光谱有显著的不同，下面分别讨论。

发射光谱是分子从较高电子态回到较低电子态的跃迁产生的。在常温下，大部分分子处在基态，为了获得分子的高电子态，需要激发源去激发。图5.3.10是C_2分子的斯簧谱带系。从图中可以看到，两个电子能级之间的跃迁产生的光谱带系是由若干个光谱序组成的，每个序又包括若干个谱带。

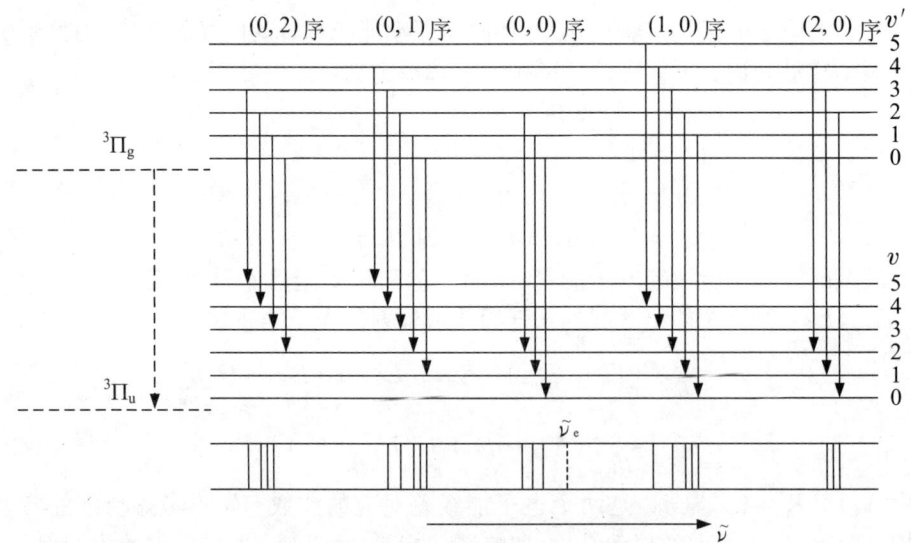

图 5.3.10　C_2分子的斯簧谱带系的振动结构

吸收光谱是分子从基态跃迁到较高电子态产生的。在常温下，处在电子基态的 $v=0$ 能级上的分子数比 $v=1$ 能级上的分子数大得多，因此，在吸收光谱中，只有 $v=0$ 到 v' 的谱线可以明显观测到，如图 5.3.11 所示，其谱线的波数为

$$\tilde{\nu}(v'\leftarrow 0) = \tilde{\nu}_e + \left(v' + \frac{1}{2}\right)\tilde{\nu}_0' - \left(v' + \frac{1}{2}\right)^2 \eta'\tilde{\nu}_0' - \frac{1}{2}\tilde{\nu}_0 + \frac{1}{4}\eta\tilde{\nu}_0$$

(5.3.51)

由于非谐性项 $-(v'+1/2)^2\eta'\tilde{\nu}_0'$ 的存在并且是负的，所以谱带的间隔越来越密，最后近似成为连续谱。

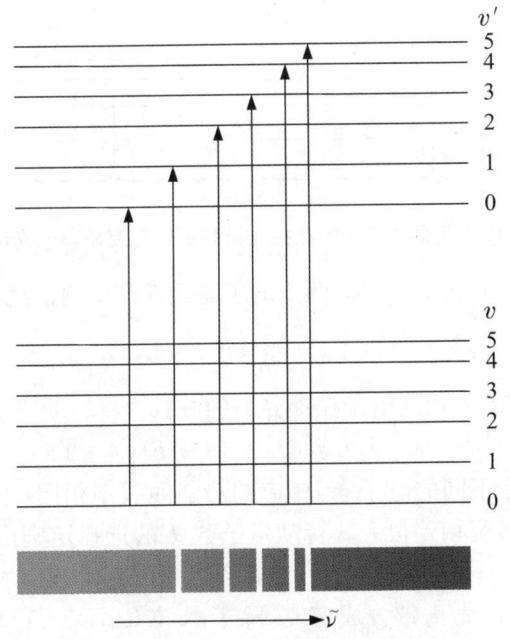

图 5.3.11　双原子分子的吸收光谱带系的振动结构

分子吸收能量处在电子激发态后，往往会伴随荧光发射。例如，分子从电子基态的 $v=0$ 态跃迁到电子激发态的 $v'=2$ 态后，当分子退激发回到电子基态时，可以跃迁到任一振动能级 v，发出 $\tilde{\nu}(2\rightarrow 0)$，$\tilde{\nu}(2\rightarrow 1)$，$\tilde{\nu}(2\rightarrow 2)$，…谱带，其中，除了 $\tilde{\nu}(2\rightarrow 0)$ 与吸收谱波数相同外，其余的发射谱的波数都小于吸收谱的波数。这一结果可表述为所谓的斯托克斯(Stokes)定则：荧光光谱的波长大于或至少等于原来入射光的波长。斯托克斯定则也有例外。如果由于某种原因，如热激发，分子原来就有一部分处于振动激发态，例如，$v=2$ 态，这种情况下吸收跃迁后伴随的荧光光

谱可以不符合斯托克斯定则,称为反斯托克斯辐射,如图 5.3.12 所示。

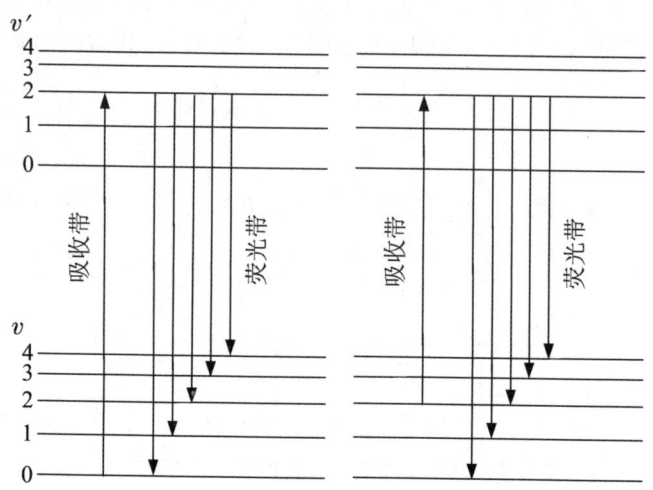

图 5.3.12 双原子分子的斯托克斯和反斯托克斯辐射光谱带系

进一步考虑光谱的转动结构。两个电子态跃迁产生的谱线波数为

$$\tilde{\nu} = \tilde{\nu}_{ev} + \frac{1}{hc}(E_{J'} - E_J) \tag{5.3.52}$$

其中,$\tilde{\nu}_{ev}$ 是式(5.3.50)表示的电子振动光谱的波数。将转动能量的公式代入,得

$$\tilde{\nu} = \tilde{\nu}_{ev} + B'J'(J'+1) - BJ(J+1) \tag{5.3.53}$$

由于 J 和 J' 分属两个不同的电子态,相应的势能曲线不相同,平衡距离也不相同,因此,通常 $B' \neq B$,甚至相差很大。转动量子数 J 的选择定则由式(5.3.48)给出,与纯振动、转动光谱不同,非极性分子也能产生电子振动、转动光谱。按照 ΔJ 的不同将电子振动、转动光谱带分成三支,除了 R 支($\Delta J = +1$)和 P 支($\Delta J = -1$)外,还有 $\Delta J = 0$ 的 Q 支,分别如下:

R 支:$\Delta J = +1$,即 $J' = J+1$,一系列谱线的波数为

$$\tilde{\nu} = \tilde{\nu}_{ev} + B'(J+1)(J+2) - BJ(J+1)$$
$$= \tilde{\nu}_{ev} + 2B' + (3B' - B)J + (B' - B)J^2, \quad J = 0,1,2,\cdots \tag{5.3.54}$$

P 支:$\Delta J = -1$,即 $J' = J-1$,一系列谱线的波数为

$$\tilde{\nu} = \tilde{\nu}_{ev} - (B' + B)J + (B' - B)J^2, \quad J = 1,2,3,\cdots \tag{5.3.55}$$

Q 支:$\Delta J = 0$,即 $J' = J$,一系列谱线的波数为

$$\tilde{\nu} = \tilde{\nu}_{ev} + (B' - B)J + (B' - B)J^2, \quad J = 1,2,3,\cdots \tag{5.3.56}$$

以吸收谱为例,这三支谱线对应的能级跃迁如图 5.3.13(a)所示。Q 支中,

$J \neq 0$ 是由于选择定则禁戒了 $J=0$ 到 $J'=0$ 跃迁,所以谱带在 $\tilde{\nu}_{ev}$ 处没有谱线。电子振动、转动光谱有一个例外,假如上、下能级均为 $^1\Sigma$ 态,选择定则为 $\Delta J = \pm 1$,只有 R 支和 P 支,没有 Q 支。

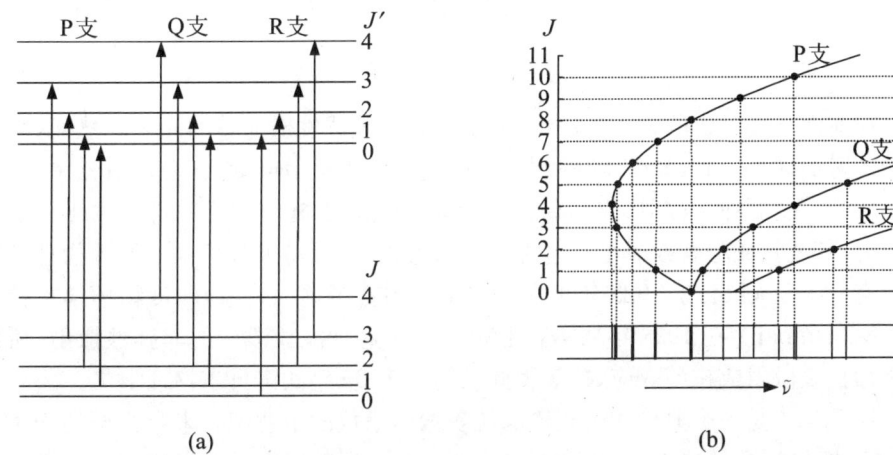

图 5.3.13 电子谱带的转动跃迁(a)及光谱结构分析图(b)

对于近红外的振动转动光谱,由于上、下振动能级处在同一电子态,所以 B' 和 B 相差很小,且通常上振动能级的 B' 小于下振动能级的 B。但对电子振动、转动光谱而言,B' 和 B 可以相差很大,且既有 $B' < B$ 的情况,也有 $B' > B$ 的情况,取决于上、下电子态的势能曲线。

各支谱线的波数是转动量子数 J 的二次函数,即呈抛物线规律,如图 5.3.13(b)所示。如果 $B' > B$,在 P 支的波数表达式中,J 的一次项是负的,二次项是正的,所以随着量子数 J 的增大,波数先是递减,谱线向低频端(红端)展开,且越来越密,到某一个 J 值后,二次项绝对值超过一次项,波数转而增加,谱线向高频端(紫端)展开,强度越来越弱。对于 R 支、Q 支,J 的一次项和二次项均是正的,所以随着量子数 J 的增大,波数一直递增,谱线向紫端展开。谱带在 P 支抛物线的顶点附近谱线密集,红端形成一个明显的边界,称为谱带头。如果 $B' < B$,则抛物线的方向相反,P 支和 Q 支的各谱线单调向红端展开,R 支抛物线则在紫端有顶点,形成紫端的谱带头。

利用二次函数的关系可以对谱线进行标识,属于同一支的谱线的波数和 J 的关系应该落在同一条抛物线上。利用标识的谱带数据还可以确定 B 和 B' 的数值,从而实验上确定分子处在不同电子态时的转动惯量、原子核间的距离等分子参数。

5.4 拉曼散射

在前面几节讨论的分子光谱中,分子总是吸收或发射完整的光子。然而,当一束光照射到样品上时,光除了被吸收之外,还会发生透射或散射,在散射光中,大部分是波长不变的弹性散射,或称瑞利(Rayleigh)散射,还有很小一部分发生了非弹性散射,其波长或增大或减小。这种散射通常很弱,不易被观察到。德国物理学家史梅克(A. Smekal)于1923年首先从理论上预言了这一现象,印度物理学家拉曼(C. V. Raman)在1928年从实验上观察到了这种波长改变的非弹性散射,所以称之为拉曼散射或拉曼效应,拉曼因此获得了1930年的诺贝尔物理学奖。

图5.4.1是一个典型的气相样品拉曼散射谱仪的示意图。来自光源的光束经透镜 L_1 聚焦到样品池 C 中,反射镜 M_1 将透射光反射回样品池以增加拉曼散射的强度,直接散射光和由反射镜 M_2 反射回来的散射光由透镜 L_2 聚焦到光谱分析仪 S 中。设入射光为单色光,波数为 $\tilde{\nu}_i$,实验观测表明,在散射光谱中除了强度很强的波数为 $\tilde{\nu}_i$ 的瑞利散射线外,还有波数为 $\tilde{\nu} = \tilde{\nu}_i \pm \Delta\tilde{\nu}$ 的谱带对称地分布在 $\tilde{\nu}_i$ 的两旁。波长比瑞利线长的称为斯托克斯线(又称为红伴线),波长比瑞利线短的称为反斯托克斯线(又称为紫伴线)。$\Delta\tilde{\nu}$ 称为拉曼位移,它与入射光的波数 $\tilde{\nu}_i$

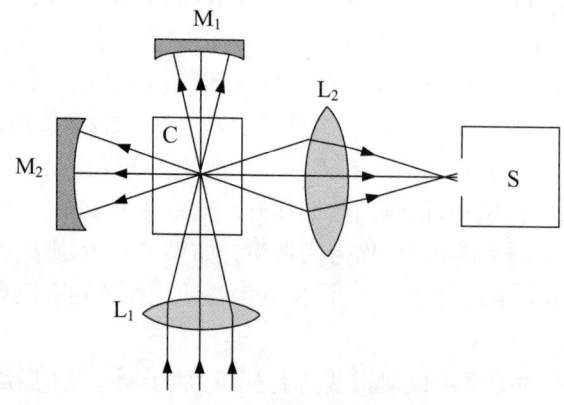

图 5.4.1 拉曼散射谱仪的示意图

无关。

双原子分子的拉曼光谱如图 5.4.2 所示,有两类拉曼散射线,一类具有相对较大的拉曼位移,其反斯托克斯线的强度比斯托克斯线的强度弱很多,在双原子分子中几乎观察不到;但随着温度的升高,反斯托克斯线的强度迅速增强,而斯托克斯线的强度则变化不大。例如,早期实验用汞灯的 253.65 nm 紫外线作为光源与 HCl 气体散射,在长波方向得到一条新谱线,其中心波长是 273.7 nm,与瑞利散射线的波数差为 2 888.1 cm^{-1},这与 HCl 分子的红外 1←0 吸收带的基频波数相同,这条新谱线就是大拉曼位移的斯托克斯线。显然,大拉曼位移与分子的振动能级有关。用高分辨的谱仪观测,大拉曼位移的斯托克斯线和反斯托克斯线都是由一系列间隔为 $4B$ 的谱线组成的,它们与分子的转动能量有关,因此,大拉曼位移线实际上是一个振动、转动谱带。在高分辨的谱仪下,还可以观测到另一类小拉曼位移线,它们几乎对称地出现在瑞利散射线的两侧,即反斯托克斯线和斯托克斯线强度相同,谱线间隔也是 $4B$,只与分子的转动能量有关,因此小拉曼位移线是纯转动的拉曼谱线。

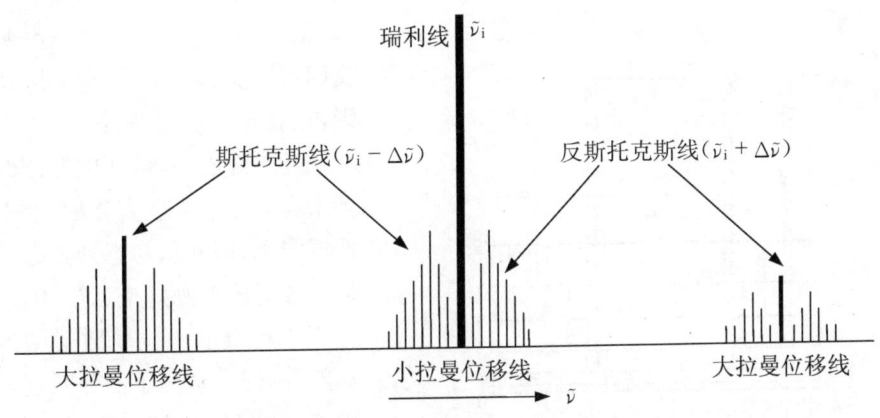

图 5.4.2 双原子分子的拉曼光谱

瑞利散射和拉曼散射的量子过程可以用图 5.4.3 来说明,能量为 $h\nu_i$ 的光子被分子吸收,分子从初态跃迁到一个虚能态 ε,再从虚能态发射一个能量为 $h\nu'_i$ 的光子退激发到末态。设初始时分子处在基态 E_0,如果分子回到基态,则散射光子与入射光子的能量相等,分子的内部状态不发生变化,这是瑞利散射;如果分子回到激发态 E_1,则光子在散射过程中将部分能量传递给分子,散射光子的能量减少为 $h\nu'_i = h\nu_i - \Delta E$,其中 $\Delta E = E_1 - E_0$,这是拉曼散射的斯托克斯线。如果分子初态是激发态 E_1,末态是基态 E_0,则光子在散射过程中从分子获得部分能量,散射

光子的能量增加到 $h\nu'_i = h\nu_i + \Delta E$，这是拉曼散射的反斯托克斯线。

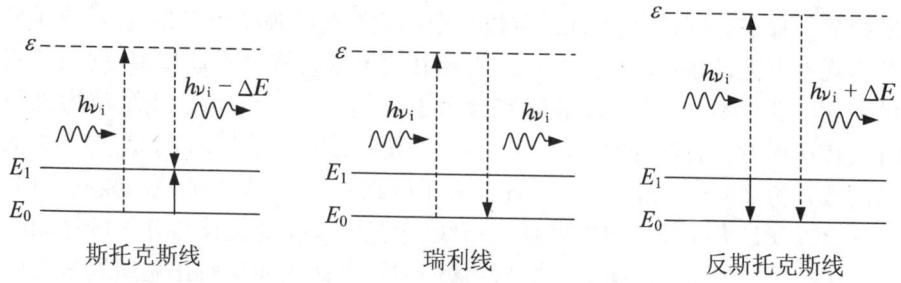

图 5.4.3 瑞利散射和拉曼散射的量子过程

如果在拉曼散射中只有转动能级发生了变化，得到的拉曼光谱就是纯转动拉曼光谱。虽然和远红外纯转动光谱一样都是由转动能级跃迁所产生的，但是纯转动拉曼光谱的谱线间隔是 $4B$，是远红外纯转动光谱的 2 倍，两者遵循不同的选择定则。拉曼散射中转动能级跃迁的选择定则为

$$\Delta J = 0, \pm 2 \tag{5.4.1}$$

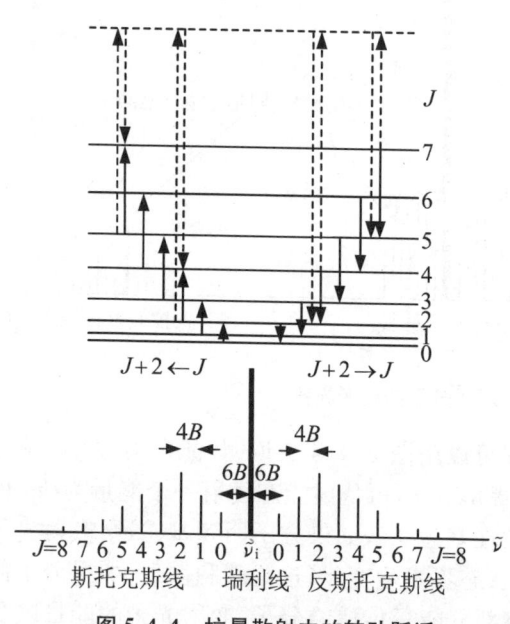

图 5.4.4 拉曼散射中的转动跃迁和纯转动拉曼光谱

我们可以这样来理解这个选择定则，在转动拉曼散射中，分子从初态跃迁到虚能态，再从虚能态跃迁到末态，均需要遵从 $\Delta J = \pm 1$ 的选择定则，因此从初态到末态转动量子数的改变刚好是 $\Delta J = 0, \pm 2$。图 5.4.4 给出了拉曼散射中的转动跃迁（图中画出了部分跃迁经过虚能态的量子过程）和光谱示意图，$\Delta J = 0$ 对应的就是中心最强的瑞利散射线，散射光的波数仍是 $\tilde{\nu}_i$。

$J+2 \leftarrow J$ 的一系列谱线对应斯托克斯线如图 5.4.4 左半边所示。在双原子分子的刚性转子模型下，谱线的小拉曼位移是

$$\Delta\tilde{\nu}_J = BJ(J+1) - B(J+2)(J+3)$$
$$= -4B\left(\frac{3}{2}+J\right), \quad J = 0,1,2,\cdots \tag{5.4.2}$$

第一条谱线的位移是$-6B$,之后每条谱线的间隔均为$4B$。

$J+2\to J$的一系列谱线对应反斯托克斯线,如图5.4.4右半边所示。谱线的小拉曼位移是

$$\Delta\tilde{\nu}_J = B(J+2)(J+3) - BJ(J+1)$$
$$= 4B\left(\frac{3}{2}+J\right), \quad J = 0,1,2,\cdots \tag{5.4.3}$$

第一条谱线的位移是$6B$,之后每条谱线的间隔均为$4B$。由于在室温下就有许多分子处在转动激发态,所以小拉曼位移的斯托克斯线和反斯托克斯线几乎是等强度的。

如果在拉曼散射中振动能级发生了变化,得到的将是大拉曼位移谱线。在非谐振模型下,振动跃迁的选择定则原则上没有限制,所以大拉曼位移对任意Δv(振动量子数)都可以发生。但在常温下振动激发态的分子布居数远少于基态的布居数,所以,大拉曼位移的反斯托克斯线强度比斯托克斯线强度弱得多。但随着温度的升高,振动激发态的分子布居数增加,反斯托克斯线的强度也会随之增强。此外,$\Delta v = 2$以上的斯托克斯线由于跃迁概率很小,也不容易观测到。因此,在室温下$1\leftarrow 0$的振动斯托克斯线最强,例如,HCl分子位于273.7 nm的大拉曼位移线就是$1\leftarrow 0$的振动斯托克斯线,其中心位置的拉曼位移等于振动的基频$\tilde{\nu}_0$。

与红外振动谱一样,用高分辨的光谱仪还可以观测到振动拉曼谱带的转动精细结构,振动拉曼光谱对应的转动跃迁的选择定则也是$\Delta J = 0, \pm 2$。按照ΔJ的不同,谱带分成三支,$\Delta J = +2$的称为S支,$\Delta J = 0$的称为Q支,$\Delta J = -2$的称为O支,如图5.4.5所示。

S支:$\Delta J = +2$,即$J+2\leftarrow J$,谱线的波数为
$$\tilde{\nu}_S = \tilde{\nu}_i - \tilde{\nu}_0 + BJ(J+1) - B'(J+2)(J+3)$$
$$= \tilde{\nu}_i - \tilde{\nu}_0 - 6B' - (5B'-B)J - (B'-B)J^2, \quad J = 0,1,2,\cdots \tag{5.4.4}$$

O支:$\Delta J = -2$,即$J-2\leftarrow J$,谱线的波数为
$$\tilde{\nu}_O = \tilde{\nu}_i - \tilde{\nu}_0 + BJ(J+1) - B'(J-2)(J-1)$$
$$= \tilde{\nu}_i - \tilde{\nu}_0 - 2B' + (3B'+B)J - (B'-B)J^2, \quad J = 2,3,4,\cdots \tag{5.4.5}$$

Q支:$\Delta J = 0$,即$J\leftarrow J$,谱线的波数为
$$\tilde{\nu}_Q = \tilde{\nu}_i - \tilde{\nu}_0 + BJ(J+1) - B'J(J+1)$$
$$= \tilde{\nu}_i - \tilde{\nu}_0 - (B'-B)J - (B'-B)J^2, \quad J = 0,1,2,\cdots \tag{5.4.6}$$

对 $1 \leftarrow 0$ 的振动跃迁来讲，$B' \approx B$，Q 支的所有谱线都靠在一起，几乎不可分辨，在 $\tilde{\nu}_i - \tilde{\nu}_0$ 处形成一条很强的展宽谱线，拉曼位移的大小 $\Delta\tilde{\nu}_Q \approx \tilde{\nu}_0$。

而 S 支和 O 支的波数分别为

$$\tilde{\nu}_S = \tilde{\nu}_i - \tilde{\nu}_0 - 4B\left(J + \frac{3}{2}\right), \quad J = 0,1,2,\cdots \tag{5.4.7}$$

$$\tilde{\nu}_O = \tilde{\nu}_i - \tilde{\nu}_0 + 4B\left(J - \frac{1}{2}\right), \quad J = 2,3,4,\cdots \tag{5.4.8}$$

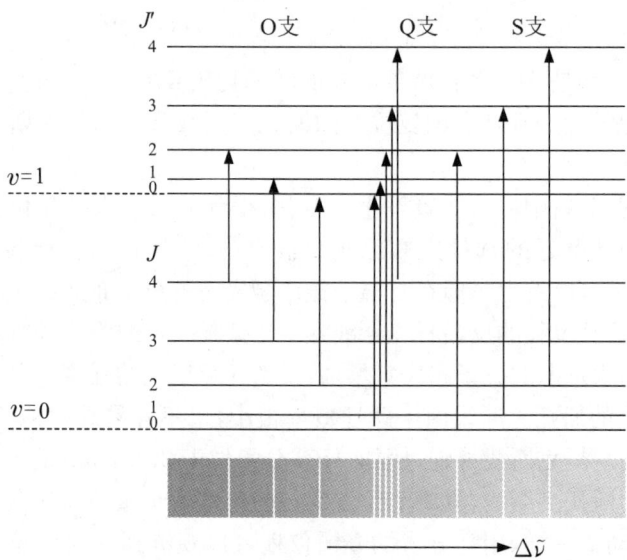

图 5.4.5　振动拉曼谱带的转动精细结构

相应的拉曼位移的大小分别为

$$\Delta\tilde{\nu}_S = \tilde{\nu}_0 + 4B\left(J + \frac{3}{2}\right), \quad J = 0,1,2,\cdots$$

$$\Delta\tilde{\nu}_O = \tilde{\nu}_0 - 4B\left(J - \frac{1}{2}\right), \quad J = 2,3,4,\cdots$$

可见，S 支的第一条谱线位于 $\Delta\tilde{\nu} = \tilde{\nu}_0 + 6B$ 处，O 支的第一条谱线位于 $\Delta\tilde{\nu} = \tilde{\nu}_0 - 6B$，两者相距 $12B$，这两支的其他谱线相邻的间隔均为 $4B$，如图 5.4.5 的下边所示，横坐标是拉曼位移。图 5.4.6 是实验测量的 CO 分子 $1 \leftarrow 0$ 振动拉曼的斯托克斯谱带，横坐标也是拉曼位移。

在拉曼光谱中，拉曼位移对应分子的振动和转动能级的跃迁，因此和红外光谱一样，拉曼光谱可以提供分子结构的信息，如双原子分子的平衡核间距。不同的是,只有具有固有电偶极矩的分子才能观测到红外光谱;而在拉曼散射实验中,分子被电磁辐射诱导出电偶极矩,非极性的同核双原子分子如 H_2、N_2 和 O_2 等,虽然没有红外光谱,却有拉曼光谱。因此,拉曼和红外光谱是两种互补的实验手段,互相配合使用,可以提供较为全面的分子结构信息。然而拉曼散射光的强度非常弱,通常只有入射光强度的 $1/10^7$,探测和分析都非常困难。拉曼光谱实验要求亮度强的单色光作为光源,早期的拉曼光谱仪以汞灯作为光源,由于强度低,需要很长的时间才能获得一张满意的拉曼光谱,因而拉曼散射实验在其发展的初期,远没有红外光谱技术发展迅速。直到 20 世纪 60 年代之后,随着激光的飞速发展,现代的拉曼光谱仪多用激光器作为光源,常用的有氦氖激光器的 632.8 nm 线、氩离子激光器的 488 nm 和 514.5 nm 线等。激光技术的应用,给拉曼散射提供了单色性好、强度高的光源,大大改善了拉曼光谱仪的性能,拓宽了它的实用范围。

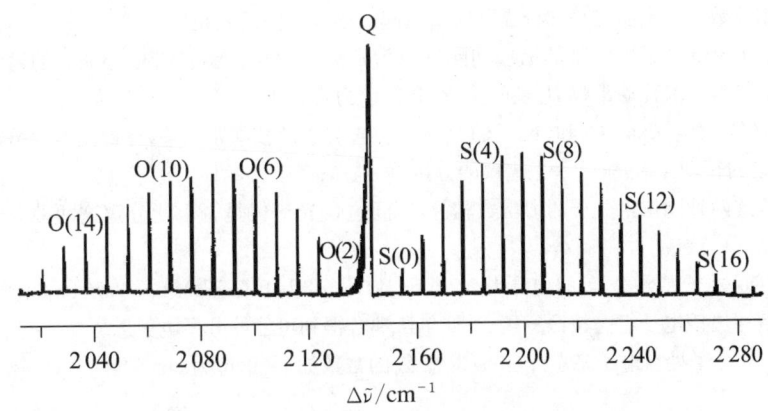

图 5.4.6　CO 分子 1←0 振动拉曼斯托克斯谱带

拉曼光谱仪的另一个优点是光源有较大的选择性,可以在紫外或可见区域观察分子的振动和转动光谱,这比红外或远红外光谱技术更为方便。拉曼技术还具有非破坏性,几乎不需要制备样品,只要用光源直接照射样品并测量其散射光谱即可,样品可以是气体、液体和固体,也可以是水溶液。随着技术的发展,还出现了一些新的拉曼光谱技术,例如受激拉曼光谱、表面增强拉曼光谱、傅里叶变换拉曼光谱以及拉曼显微谱仪等等,拉曼技术已经在化学化工、生物医学、环境科学等领域得到了广泛的应用。

第5章 分子结构和分子光谱

习 题

5.1 KI 分子原子核的平衡间距为 0.305 nm，K 原子的第一电离能为 4.34 eV，I 原子的电子亲和能为 3.08 eV，试计算中性 K 原子和 I 原子形成 KI 分子时的结合能。

5.2 K 原子的第一电离能为 4.34 eV，Cl 原子的电子亲和能为 3.82 eV，KCl 分子解离为一个 K 原子和一个 Cl 原子需能量为 4.64 eV，求 KCl 分子的远红外第一条转动光谱线的波数。

5.3 HBr 分子的远红外吸收光谱是一些 $\Delta\tilde{\nu} = 16.94$ cm^{-1} 等间隔的光谱线，试求 HBr 分子的转动惯量及原子核的距离。

5.4 试以 H^{35}Cl 分子为例说明，室温下大部分分子处于振动基态。(设 H 原子与 Cl 原子之间相互作用力常数为 516 N·m^{-1}。)

5.5 已知 H^{35}Cl 分子的基频带波数为 2 886.19 cm^{-1}，求：

(1) H^{37}Cl 分子相应的基频谱带的波数；

(2) 用波数表示出由这种同位素效应所引起的谱线之间的间距。

5.6 ^{12}C^{16}O 分子基频带的谱线间隔近似为常数 3.86 cm^{-1}，谱带中心缺失的谱线波数为 2 170.21 cm^{-1}，试求转动常数 B、核间距 R_0 和振动力常数 k。

5.7 (1) 假定 ^{23}Na^{35}Cl 和 ^{23}Na^{37}Cl 两种同位素分子的核间距相等，一台光谱仪恰能分辨这两种同位素的转动光谱，求这一光谱仪的分辨率 $\Delta\lambda/\lambda$；

(2) 若这两种同位素分子的力常数相等，试问这台光谱仪是否也能分辨这两种分子的振动光谱？

5.8 N$_2$ 分子某激发态的电子组态是 $(\sigma_g 1s)^2 (\sigma_u^* 1s)^2 (\sigma_g 2s)^2 (\sigma_u^* 2s)^2 (\pi_u 2p)^4 (\sigma_g 2p)^1 (\sigma_u 2p)^1$，请写出该电子组态按照罗素-桑德尔斯耦合得到可能的分子电子态。

5.9 N$_2$ 分子处在电子基态 $^1\Sigma_g$ 和激发态 $^1\Sigma_u$ 的常数如下(单位为 cm^{-1})：

	$\tilde{\nu}_0$	$\eta\tilde{\nu}_0$	B
基态 $^1\Sigma_g$：	2 359.6	14.456	2.010
激发态 $^1\Sigma_u$：	751.7	4.820	1.145

这两个电子态之间的跃迁对应的波数为 103 678.9 cm^{-1}。

(1) 计算该电子振转光谱中，(0,0)带的 R 支和 P 支各自前四条谱线的波数；

(2) 说明(0,0)带的带头在红端还是在紫端？并求出带头的位置。

5.10 用氦氖激光器波长为 632.8 nm 的激光照射 HCl 样品，在散射光中出现了 532.1 nm 和 780.5 nm 两种波长的谱线。试解释这两条谱线产生的原因，并据此计算 HCl 分子的经典振动频率(不考虑非简谐振动)。

第 6 章 原子核的基本性质和结构

现在讨论有关原子核物理的问题,关于这方面的内容分成两章来介绍。这一章介绍把原子核作为整体考虑的一些基本性质,如电荷、组成、尺度、密度、自旋、磁矩、电四极矩、宇称、统计性、稳定性和结合能,以及核力和核结构模型[18-25]。下一章介绍涉及原子核变化的一些现象,它们是放射性核素衰变的基本规律和三种主要的衰变类型、核反应以及两种重要的核反应类型:裂变和聚变。

6.1 原子核的经典性质

6.1.1 原子核的电荷和组成

在 α 粒子散射实验中已经知道,原子核处于原子的中心,它的尺度只有原子的大约万分之一,而质量却占原子的 99.9% 以上。因此,在原子内部,电子的运动是主要的,原子核近似地被看作是不动的点粒子。元素的化学、物理和光谱性质主要归因于原子内电子的运动,如以前各章所述。原子核对原子性质起主要贡献的是它的质量和所带的正电荷。原子核的其他性质对原子虽然也有影响,但相当微弱,如第 3 章中所讨论的原子核的磁矩和电四极矩所造成的原子光谱的超精细结构就是这样。另一方面,除非在非正常的奇特原子情况下,否则核外电子对原子核的性质也几乎不起作用。原子和原子核在物质结构中是两个泾渭分明的层次,它不像分子与原子之间以及基本粒子与原子核之间的关系那样,有明显的交叉。

原子是电中性的,原子核所带电荷必须与核外电子所带的总电荷在数值上相等,符号相反。因此,原子核带正电荷,数值 $Q = Ze$,Z 为核外电子数即原子序数。

任何能确定原子序数的方法均能用来测量原子核的电荷。1.2 节和 8.3.1 节介绍的入射带电粒子的散射方法、4.5.1 节和 8.1.4 节介绍的测量特征 X 射线的能量或波长的方法以及 γ 射线和 X 射线的核散射方法都是常用的方法,第二种方法最准确。

下一个问题是,原子核由什么组成?在卢瑟福提出核模型的时代,人们只知道电子、质子和光子三种粒子。质子就是剥离电子后的氢原子核,带一个单位正电荷。许多元素的原子量近于氢元素原子量的整数倍,这一事实很容易使人们想到原子核是由质子组成的。但认为核仅由质子组成是不能说明所有实验现象的,如氦原子的 $Z=2$,质量却为氢原子的 4 倍,如果氦核由两个质子组成,只能说明核的电荷却不能说明核的质量,而光子的加入无助于问题的解决。一段时间内人们认为原子核是由质子和电子组成的,例如认为氦核由 4 个质子和 2 个电子组成,这样既可以说明电荷,又可以说明质量,并与当时已发现的 β 衰变,即核内放出电子这一现象符合。但就是这样仍然还存在一些其他的困难,例如,设核的尺度即直径 $d=2.5\times 10^{-15}$ cm,由不确定原理得知,核内电子将具有很大能量,即

$$E_e = \frac{p^2}{2m_e} \approx \frac{\hbar^2 c^2}{8 m_e c^2 d^2} = \frac{(197 \text{ eV} \cdot \text{nm})^2}{8\times 0.511\times 10^6 \text{ eV} \times 2.5^2 \times 10^{-30} \text{ cm}^2} \approx 1.5\times 10^{13} \text{ eV}$$

然而在 β 衰变中电子的最大能量为 4 MeV,远小于上述计算结果。因此,很难设想在原子核内存在自由电子,而且也无法解释下一节将要讨论的核的自旋和磁矩。卢瑟福在 1920 年曾设想核内存在有一种与质子质量相近的中性粒子,但当时还没有实验证实。

1932 年约里奥-居里夫妇(F. Joliot-Curie 和 I. Joliot-Curie)发现:在钋源 α 粒子轰击下,铍发射出穿透力很强的不带电的粒子,它们能把放在计数管前面的含氢物质中的质子击出来。可惜的是他们认为这是光子,其实只要稍微推理一下就会发现,光子没有质量,如果要击出质子,光子应有 50 MeV 以上能量,这是难于想象的。实验公布后,在英国卢瑟福实验室工作的查德威克(J. Chadwick)由于知道卢瑟福的中子假设,立即重做实验,并让由铍发射出的穿透力很强的不带电粒子通过氢和氮靶,分别测出氢核和氮核的反冲速度:$v_p = 33\times 10^6$ m·s^{-1},$v_N = 4.7\times 10^6$ m·s^{-1}。设 m_n, m_p 和 m_N 分别为此种粒子、氢核和氮核的质量,利用能量和动量守恒定律可算出,在弹性散射中有关系

$$\frac{v_p}{v_N} = \frac{m_n + m_N}{m_n + m_p}$$

由于 $m_N \approx 14 m_p$,故得到 $m_n \approx 1.15 m_p$,从而证明了中子存在的假说。现代测量表明,中子质量与质子相差很小,$m_n = 1.001\,378\,419\,17(45) m_p$。

后来人们知道,存在于原子核内的中子是稳定的,而自由中子是不稳定的,它的寿命为 881.5 s,大约 15 min。

查德威克因发现中子而获得 1935 年诺贝尔物理学奖。杰出的科学家约里奥夫妇虽然观察到了新现象,但是由于没有"有准备的头脑",还是错过了难得的机会,没有得到真理。当然,他们对于发现中子还是有杰出的贡献。

之后,海森伯很快就提出,原子核是由质子和中子组成的,它们统称为核子。若原子核内质子数为 Z,中子数为 N,核子数 A 就等于它们之和:

$$A = Z + N \tag{6.1.1}$$

6.1.2 原子核的质量和核素

既然原子核是由质子和中子组成的,原子核的质量应等于组成这个核的所有质子质量和中子质量之和再减去它们的结合能,6.3 节给出核子结合能比核子质量能小三个量级,粗略地看,原子核的质量近似等于组成它的所有质子和中子的质量之和。此外,原子核的质量也应等于由它组成的原子质量减去核外所有电子的质量再加上它们的结合能,电子在原子中的结合能比核子质量能小 8 个量级,粗略地看,原子核的质量也近似等于由它组成的原子质量减去核外所有电子的质量。由于电子的质量比核子的小 3 个数量级,原子核的质量近似等于原子质量。后一方法得到的原子核质量比前一方法得到的精度高得多,因此通常用后一方法近似得到原子核的质量。例如,用原子质量单位 u 质量,氢原子 ^{1}H 的质量 $m(^1\text{H}) = 1.007\,825$ u,电子质量 $m_e = 0.000\,548\,6$ u,因而氢原子核的质量 $= m(^1\text{H}) - m_e = 1.007\,276$ u $= m_p$,这就是质子质量;而氦原子 ^{4}He 的质量 $m(^4\text{He}) = 4.002\,603$ u,因而氦原子核的质量 $= m(^4\text{He}) - 2m_e = 4.001\,506$ u。由此可见,用 u 作单位,中子与质子的质量都接近 1,电子的质量比核子质量小 3 个量级,原子核质量与原子质量相近,都接近整数,这个整数就是质量数,实际上就是核子数 A。书上通常给出的都是原子质量表,而不是原子核质量表,表 7.1.1 就是原子质量表。精密的原子核质量可以从上述公式由原子质量表算出,不过在许多计算中,如在结合能计算中,只要知道原子质量就可以了,电子质量可以自动抵消。

要在实验中由一个原子得到它的原子核是比较困难的,特别是要得到 Z 较大的原子核更困难,因此大多数原子核质量不容易直接测量。一般常用质谱仪方法通过测量离子的质量来推知原子核的质量。质谱仪使用类似于汤姆孙测量电子荷质比的方法工作,首先把原子电离化,做成离子源,然后使离子在电场中加速,并通过电场和磁场的偏转和聚焦,或者用飞行时间方法,可得到离子的荷质比,测量出电荷值后,就可得到质量[6]。

通常把具有特定质子数 Z 和中子数 N(或核子数 A)的一类原子叫作核素,用符号 ${}_{Z}^{A}X_{N}$ 表示,如 ${}_{1}^{1}H_{0}$, ${}_{2}^{4}He_{2}$ 核,X 是元素的名称,实际上常简写为 ${}^{A}X$ 或 ${}_{Z}^{A}X$。

根据 Z,N 和 A 之间的关系,可以把核素分成以下几类:

(1) 同位素。它们是具有相同原子序数 Z、不同质量数 A 的核素,即它们的质子数相同而中子数不同。例如,氢有三种同位素:${}^{1}H$,${}^{2}H$ 和 ${}^{3}H$,在周期表中占据同一位置,氢的三种同位素的核分别叫质子、氘核和氚核,分别用符号 p,d 和 t 表示。

(2) 同中子异荷素。它们是具有相同 N、不同 Z 的核素,即它们的中子数相同而质子数不同,简称同中子素,如 ${}_{6}^{12}C$ 和 ${}_{7}^{13}N$。

(3) 同量异位素。它们是具有相同 A 的各种核素,如 ${}_{18}^{40}Ar$ 和 ${}_{19}^{40}K$。

(4) 同质异能素,或叫同核异能态。它们是具有相同 N 和 Z,但能量状态不同的核素,通常是指处在亚稳激发态和基态的同一种核素,如 ${}^{60m}Co$ 和 ${}^{60}Co$。大多数同质异能素集中在 N 或 Z 略小于 50 和 82 的两个区域。

表 6.1.1 某些核素的特性[20-25]

核素	自旋 ($\hbar$)	宇称	磁矩 (μ_N)	电四极矩 (10^{-28} m²)	原子质量 (u)	比结合能 (MeV)	丰度或衰变类型(%)	半衰期
n	1/2	+	−1.913 04	0	1.008 664 915 88		β^-	881.5 s
${}^1H$	1/2	+	2.792 85	0	1.007 825 032 23		99.988 5	2.8×10²³ a
${}^2H$	1	+	0.857 44	0.002 86	2.014 101 778 12	1.112	0.011 5	
${}^3H$	1/2	+	2.978 96	0	3.016 049 277 9	2.827	β^-	12.33 a
${}^3He$	1/2	+	−2.127 75	0	3.016 029 320 1	2.57	0.000 134	
${}^4He$	0	+	0	0	4.002 603 254 13	7.07	99.999 866	
${}^6Li$	1	+	0.822 05	−0.000 8	6.015 122 887 4	5.33	7.59	
${}^7Li$	3/2	−	3.256 44	−0.040 6	7.016 003 436 6	5.61	92.41	
${}^8Be$	0	+	0	0	8.005 305 10	7.06	2α	7×10⁻¹⁷ s
${}^9Be$	3/2	−	−1.177 44	0.029	9.012 183 065	6.46	100	
${}^{12}C$	0	+	0	0	12.000 000 0	7.68	98.93	
${}^{13}C$	1/2	−	0.702 41	0	13.003 354 835 1	7.47	1.07	
${}^{14}C$	0	+	0	0	14.003 241 988 4	7.52	β^-	5 730 a
${}^{14}N$	1	+	0.403 76	0.020 0	14.003 074 004 4	7.48	99.636	

续表

核素	自旋($\hbar$)	宇称	磁矩(μ_N)	电四极矩(10^{-28} m²)	原子质量(u)	比结合能(MeV)	丰度或衰变类型(%)	半衰期
^{15}N	1/2	−	−0.283 19	0	15.000 108 898 9	7.70	0.364	
^{16}O	0	+	0	0	15.994 914 619 6	7.98	99.757	
^{17}O	5/2	+	−1.893 8	−0.026	16.999 131 756 5	7.75	0.038	
^{18}O	0	+	0	0	17.999 159 612 9	7.77	0.205	
^{20}Ne	0	+	0	0	19.992 440 176 2	8.03	90.48	
^{23}Na	3/2	+	2.217 52	0.146	22.989 769 282 0	7.76	100	
^{39}K	3/2	+	0.391 46	0.049	38.963 706 486 4	8.55	93.258 1	
^{40}Ca	0	+	0	0	39.962 590 863	8.55	96.941	
^{60}Co	5	+	3.799	0.44	59.933 817 1	8.79	β⁻	5.274 52 a
^{63}Cu	3/2	−	2.226 1	0.16	62.929 597 72	8.45	69.15	
^{87}Rb	3/2	−	2.751 2	0.13	86.909 180 531 0	8.41	27.83	
^{88}Sr	0	+	0	0	87.905 612 5	8.61	82.58	
^{99}Tc	9/2	+	5.684 7	−0.129	98.906 250 8	8.55	β⁻	2.14×10^5 a
^{127}I	5/2	+	2.813 3	−0.71	126.904 471 9	8.44	100	
^{131}Xe	3/2	+	0.691 86	−0.12	130.905 084 06	8.12	21.232 4	
^{133}Cs	7/2	+	2.582 91	−0.003 55	132.905 451 961 0	8.41	100	
^{137}Cs	7/2	+	+2.838 2	+0.050	136.907 1	8.39	β⁻	30.187 a
^{176}Lu	7	−	3.169	4.92	175.942 689 7	8.05	2.59, β⁻	3.73×10^{10} a
^{197}Au	3/2	+	0.145 75	0.55	196.966 568 79	7.92	100	
^{208}Pb	0	+	0	0	207.976 652 5	7.87	52.4	$>2\times 10^{19}$ a
^{209}Bi	9/2	−	4.080 2	−0.34	208.980 399 1	7.85	100	$>2\times 10^{18}$ a
^{232}Th	0	+	0	0	232.038 055 8	7.62	100, α	1.41×10^{10} a
^{235}U	7/2	−	−0.38	4.94	235.043 930 1	7.59	0.720 4, α	7.04×10^8 a
^{238}U	0	+	0	0	238.050 788 4	7.57	99.274 2, α	4.47×10^9 a
^{239}Pu	1/2	+	0.203	0	239.052 163 6	7.56	α	2.41×10^4 a

6.1.3 原子核的大小和密度

原子的大小决定于电子沿径向的分布,电子分布的边界不是十分明确,在第 2 章氢原子波函数一段中已给出。原子核与原子不一样,相对来说有比较明确的边界,在原子核表面以内,原子核物质存在的概率很高;在原子核表面以外,这个概率很快下降到零,特别是重原子核更是这样。实验表明,一部分核的形状近于球形,其余核的形状为椭球形,它们主要集中在 $A \approx 150 \sim 190$ 和 $A > 220$ 的区域,不过它们绝大部分相对于球形的变形是较小的。

因此,可以用原子核半径来近似表示原子核的大小。实验确定的原子核半径可用下式表示:

$$R = r_0 A^{1/3} \tag{6.1.2}$$

其中,r_0 是由实验确定的系数,A 是原子核的质量数。

有许多方法可用来确定原子核的半径,它们大致分为两类:利用原子核与粒子之间的核力作用或利用原子核与粒子之间的电磁作用。在第 1 章中可以看到,用 α 粒子散射的方法可以确定原子核的半径,更准确的电磁方法是用高能电子被核散射或测量 μ 原子的 X 射线方法,后者是由于 μ 原子的 μ 子质量较大,离原子核很近,它发出的 X 射线能量与核的大小关系较大。用电磁方法得到的 r_0 值大约为 1.20×10^{-15} m,用核力方法得到的 r_0 大约是 1.40×10^{-15} m。

从原子核半径可以得到原子核体积大约为

$$V = \frac{4}{3}\pi R^3 = \frac{4}{3}\pi r_0^3 A \tag{6.1.3}$$

原子核质量近似为原子质量 $M = A/N_A$,因此原子核密度

$$\rho = \frac{M}{V} = \frac{3}{4\pi r_0^3 N_A} = 2.3 \times 10^{17} \text{ kg} \cdot \text{m}^{-3} \tag{6.1.4}$$

其中,N_A 是阿伏伽德罗常数。由此可见,各种原子核的密度与核子数 A 无关,近于常数,而且非常大,约是铁的密度(7.9×10^3 kg·m^{-3})的 10^{13} 倍。

在宇宙形成初期大爆炸后,由星际介质凝缩成的原始恒星在引力作用下收缩而越来越密,当中心温度升高到氢点火发生聚变反应之后便成为普通的恒星,它们是靠燃烧核燃料产生热压力来支持自身的引力压缩的。一些质量较小的晚期恒星,在它们核心中的氢作为热核聚变能源耗尽之后,星体的巨大质量引起的万有引力可将自身压缩成密度极大的天体,这个过程就是引力坍缩。在这种情况下原子已被破坏,电子离开核而形成电子海洋,核沉浸在所形成的电子海洋中,称为白矮星,密度为 $10^9 \sim 10^{11}$ kg·m^{-3}。而质量更大的晚期恒星的引力坍缩甚至会造成超

新星爆发,产生中子星和黑洞。在中子星中,恒星的引力甚至可将电子压入核内,与核内质子形成中子,整个星体主要由中子组成,还剩有少量质子和同等数量的电子。典型的中子星质量为太阳的 2 倍,半径仅 10 km,内心密度达 $10^{17} \sim 10^{18}$ kg·m^{-3},已经是核密度量级①[6]。白矮星和中子星整体是电中性的,可以说是一个巨型原子,但已经不是通常的卢瑟福原子,而是在原子物理领域早被淘汰的无核式结构的汤姆孙原子了。这是废弃了的微观汤姆孙原子模型在宏观领域内的复活。

6.2 原子核的量子性质

6.2.1 自旋、磁矩和电四极矩

由于原子核是由质子和中子组成的,各个核子具有内禀角动量即自旋,它们在核内的空间运动会形成轨道角动量,所有核子的这些自旋和轨道角动量的矢量和就是原子核的总角动量,也称为核自旋 I。与原子情况相同,原子核自旋也遵循量子力学的角动量规则,它的平方值和在 z 方向分量值分别为

$$I^2 = I(I+1)\hbar^2 \tag{6.2.1}$$

$$I_z = m_I \hbar, \quad m_I = -I, -I+1, \cdots, I-1, I \tag{6.2.1a}$$

其中,I 是原子核的自旋量子数,m_I 是它的磁量子数。由于核自旋 I 的大小由式(6.2.1)开方确定,常用 I_z 的最大值 $I\hbar$ 或量子数 I 来简便地表述原子核自旋的大小,核数据表中给出的就是 I 值。由于质子和中子的自旋均为$(1/2)\hbar$,轨道角动量量子数为整数,原子核的 I 是整数或半整数。每一种处于一定能态的原子核的自旋都有确定数值,不同能态的值可能不同,通常所说的核自旋是原子核基态的总角动量。

原子核既具有角动量,又带正电荷,因而也与原子一样有磁矩 $\boldsymbol{\mu}_I$:

$$\boldsymbol{\mu}_I = g_I \frac{e}{2m_p} \boldsymbol{I} = g_I \frac{\mu_N}{\hbar} \boldsymbol{I} \tag{6.2.2}$$

---

① 陆琰.中子星与奇异星[J].物理,1997,26:387. 李宗伟,肖兴华.天体物理学[M].北京:高等教育出版社,2001.

只是由于质子带正电荷，公式中没有负号，电子质量要用质子质量 m_p 代替。其中，g_I 是原子核的 g 因子，不同核的 g 因子不同，μ_N 是核磁子：

$$\mu_N = \frac{e\hbar}{2m_p} = 3.152\,451\,260\,5 \times 10^{-8} \text{ eV} \cdot \text{T}^{-1} \tag{6.2.3}$$

由于 m_p 比 m_e 大 1 836 倍，核磁子大约比玻尔磁子小 1 836 倍，因此核磁矩比原子磁矩小很多。按同样量子力学规则，核磁矩在 z 方向有 $2I+1$ 个分量 μ_{Iz}：

$$\mu_{Iz} = g_I \mu_N m_I, \quad m_I = -I, -I+1, \cdots, I-1, I \tag{6.2.4}$$

通常原子核磁矩的大小用 $\boldsymbol{\mu}_I$ 的最大可观测分量 $g_I \mu_N I$ 表述，记为 μ_I，核数据表中给出的就是它，以 μ_N 作单位。从不同原子核的磁矩值除以 I 就得到它的 g_I 值。

如果将原子核当作一个点电荷，它在 r 处产生电势 $\varphi = Ze/(4\pi\varepsilon_0 r)$。实际上原子核有一定大小，核内电荷有一定分布，设电荷密度为 ρ，由电动力学可以证明，原子核在远处产生的电势不是上式，可以展开为 r 的级数项

$$\varphi = \frac{1}{4\pi\varepsilon_0}\left[\frac{1}{r}\int \rho \mathrm{d}V' + \frac{1}{r^2}\int \rho z' \mathrm{d}V' + \frac{1}{r^3}\int \rho(3z'^2 - r'^2)\mathrm{d}V' + \cdots\right] \tag{6.2.5}$$

这里坐标带撇的量表示核内电荷分布点的坐标，右边括号中第一项积分是核的总电荷 Ze，第一项即为上述点电荷势，第二项为电偶极矩势，第三项为电四极矩势，其后各项可忽略。如果原子核内的电荷为球形分布，则仅有第一项，不存在电矩。前面指出，一部分原子核内的电荷为球对称分布，其余原子核内的电荷为轴对称椭球形分布。在这两种分布下第二项 $\int \rho z' \mathrm{d}V'$ 均为零，原子核无电偶极矩，但第三项不一定为零。设对称轴方向半轴为 c，垂直对称轴的两个半轴为 a，电荷均匀分布的原子核的电四极矩的大小为

$$Q = \frac{1}{e}\int \rho(3z'^2 - r'^2)\mathrm{d}V' = \frac{2}{5}Z(c^2 - a^2) \tag{6.2.6}$$

因此，当 $c>a$ 时，$Q>0$，即长椭球形原子核，具有正的电四极矩；当 $c<a$ 时，$Q<0$，即偏椭球形原子核，具有负的电四极矩；球形原子核的电四极矩为零。

常用形变参数 δ 来描述原子核偏离球形的程度，$\delta \equiv \Delta R/R$，$\Delta R = c - R$，R 为与椭球同体积的球的半径，由两者体积公式 $4\pi R^3/3 = 4\pi a^2 c/3$ 决定，从而有

$$c = R(1+\delta), \quad a = \frac{R}{\sqrt{1+\delta}} \tag{6.2.7}$$

因此，当形变不大，即 δ 较小时有

$$Q \approx \frac{6}{5}Z\delta R^2 \approx \frac{6}{5}Zr_0^2 A^{2/3}\delta \tag{6.2.8}$$

在原子物理学中，原子的角动量和磁矩的值通常可以精确地预言。但在原子

核物理学中,由于核力和核结构的复杂性,这种预言是很困难的,原子核的自旋、磁矩和电四极矩的值都是由实验确定的。尽管一些理论可以预言某些原子核的某些能态的自旋、磁矩和电四极矩,然而这些理论的形成和发展主要是建立在对这些物理量测量结果的基础上。

原子核具有自旋、磁矩和电四极矩性质,先是为解释光谱线的超精细结构这一实验现象而引入的,后来也为许多其他实验现象所证实,例如奇特原子的性质和核磁共振等。反过来,可以通过实验来确定它们。实验测定它们的方法有:原子光谱的超精细结构、分子带光谱强度的交变、原子和分子束磁共振、顺磁共振和核磁共振谱的超精细结构等。表 6.1.1 也给出了某些核素基态的自旋、磁矩和电四极矩的测量值。总结所有的实验值后可得到下述一般结果,更详细的请见壳层模型一节。

(1) 质量数 A 为偶数的核的自旋(用自旋量子数 I 表示)为 0 或整数,质量数 A 为奇数的核的自旋为半整数,偶偶核(N,Z 为偶)的自旋为 0。例如,^{2}H 为 1,^{7}Li 为 3/2,^{4}He 为 0,^{14}N 为 1。这是原子核由质子和中子组成的必然结果。例如,对 ^{14}N 核来说,如果核由质子和电子组成,它应该有 14 个质子和 7 个电子,质子、中子和电子的自旋均为 1/2,奇数个质子和电子合成的总角动量应为半整数,与实验不符,但由 7 个质子和 7 个中子组成的 ^{14}N 核合成的总角动量就为整数了。

(2) 质子的磁矩 $\mu_p = 2.792\,847\,337(29)\mu_N$,并不为 μ_N;中子的磁矩 $\mu_n = -1.913\,042\,72(45)\mu_N$,也不为 0。当初斯特恩在测量时得到这一结果是出乎所有理论物理学家的意料的,斯特恩由于这一工作以及发展了分子束磁共振方法而获得 1943 年诺贝尔物理学奖。不带电的中子的磁矩不为零,质子的磁矩远大于 μ_N,这显然表明它们内部存在特殊的电荷分布。质子和中子的磁矩实验值称为反常磁矩。有一种说法认为,这种反常磁矩来源于与核力有关的带电 π 介子云,可到目前为止还没有一种满意的解释。由于质子和中子的自旋为 1/2,所以 $g_p = 5.585\,694\,67, g_n = -3.826\,085\,4$。

(3) 核磁矩应等于组成核的所有质子和中子的自旋磁矩之和再加上轨道磁矩,如最简单的氘核基态的磁矩实验值为 $0.857\,44\mu_N$,质子和中子的磁矩之和为 $0.879\,804\,6\mu_N$,两者的差异是轨道磁矩的贡献。S 态的轨道角动量为零,考虑氘核基态除有 S 态外,还混有 4% 的 D 态就可以说明实验值。至于更复杂的原子核的磁矩计算就更困难,只能靠实验确定。测得的原子核磁矩 μ_I 有正有负,数值在 0~6 个核磁子之间,偶-偶核的 $\mu_I = 0$。这也是原子核内不存在电子的证据之一,否则核的磁矩会大到玻尔磁子数量级。

(4) 原子核的电四极矩 Q 值一般是很小的,自旋 $I = 0$ 或 1/2 的核的 $Q = 0$,仅对一些稀土原子核和超铀原子核才有显著大的 Q 值,即使对它们来说,形变也不大,如电四极矩 Q 特别大的 ^{176}Lu 的 $Q = 4.9 \times 10^{-28}$ m^2,$\delta = 0.13$。

6.2.2 核磁共振

同原子情况一样,磁矩不为零的原子核在磁感应强度为 B 的磁场中会获得势能,取 B 的方向为 z 轴方向,由于 $\boldsymbol{\mu}_I$ 在 z 方向上的投影可以有不同值,能级会按磁量子数 m_I 分裂成 $2I+1$ 个,分裂后的能级与原能级的能量差值为

$$E_m = -\boldsymbol{\mu}_I \cdot \boldsymbol{B} = -\mu_z B = -m_I g_I \mu_N B, \quad m_I = \pm I, \pm(I-1), \cdots \tag{6.2.9}$$

由于选择定则 $\Delta m_I = 0, \pm 1$ 的限制,只有相邻能级可以跃迁,跃迁的能量为

$$\Delta E = g_I \mu_N B \tag{6.2.10}$$

类似于 3.5.2 节原子中电子顺磁共振方法,核磁共振(Nuclear Magnetic Resonance,NMR)方法也是利用外界供给高频电磁场能量正好等于此能量:

$$h\nu = g_I \mu_N B \tag{6.2.11}$$

使原子核发生共振跃迁吸收。由于原子核的 μ_N 是原子的 μ_B 的 1/1 836,因此使用频率要比顺磁共振低三个数量级。普通电磁铁(B 可达 2.4 T)使用几十 MHz,如当 $B = 1.2$ T 时 ^{1}H 核的 $\nu = 51$ MHz,超导磁铁(B 可达 19 T)可以用到 900 MHz,都在无线电射频段。所用频率越高则分辨率越好,从而能够实现不同分子的结构和环境影响的无损测量。

核磁共振波谱仪有两种工作模式:连续波和脉冲傅立叶变换。前者使用单一频率的射频波连续地辐照样品,通过扫描磁场强度得到能谱信号。后者使用强而短(1~50 μs)的等距离射频脉冲辐照样品,它实际是很宽范围频率信号的叠加,使样品中许多要测量的核同时被激发,得到时间域上的自由感应衰减信号的相干图,经过计算机进行傅立叶变换处理,就将时域中脉冲信号转变为频域中能谱信号,仍得到普通的核磁共振谱,这样每一个脉冲就相当于连续波的一次扫描,从而大大缩短了测量时间,使灵敏度提高两个数量级。

有机物质含碳、氢和氧元素。在碳和氧元素中,同位素丰度大的 ^{12}C 和 ^{16}O 都是偶偶核,核自旋 $I=0$,对核磁共振无贡献,但 ^{13}C 和 ^{17}O 的核自旋分别为 1/2 和 5/2,在自然界的丰度分别是 1.11% 和 0.038%,有核磁共振信号。^{1}H 即质子的丰度为 99.988 5%,核磁共振信号最显著,因而核磁共振方法特别适用于有机化合物。

化合物分子中的原子核会受到核外电子的屏蔽作用,设屏蔽系数为 σ,则作用在核上的真正磁场不是 $B_{外}$,而是 $B = B_{外} - \sigma B_{外} = (1-\sigma)B_{外}$。显然,屏蔽效应即 σ 与核的化学环境有关。例如,乙基苯($C_6H_5CH_2CH_3$)是由三种化学基 C_6H_5-、$-CH_2-$、$-CH_3$ 组成的化合物,虽然每个基中都含有氢核,但它们的化学环境不同,因而 σ 也不同。假设使标准样品中氢核产生的核磁共振信号的外磁场

为 $B_{外标}$，那么能够引起不同环境中氢产生核磁共振讯号的 $B_外$ 将有一偏离

$$\delta = \frac{B_{外标} - B_外}{B_{外标}} \times 10^6 \text{ ppm} \quad (6.2.12)$$

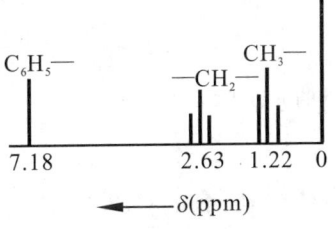

图 6.2.1 乙基苯的核磁共振谱

δ 称为化学位移，反映相对移动，单位是 ppm（即百万分之一），因此通过测量样品的 δ 就可确定其成分。图 6.2.1 为乙基苯的各化学基的核磁共振谱，以四甲基硅 $(CH_3)_4Si$ 作标准物质，它的 12 个氢核的化学环境相同，只有一个峰，令其 $\delta = 0$，若某种样品测得的 δ 中有等于图上的值，就表明存在上述化学基。图中—CH_2—和 CH_3—分别有几个小峰，这是不同化学集团间核自旋相互作用引起的能级超精细分裂造成的。

对凝聚态固体物质，分子周围还有其他原子或分子，它们与待测分子仍有电磁相互作用，通常这种作用是各向异性的，导致超精细结构信号的再分裂、重叠和展宽，不能得到高分辨谱。液体分子可以快速做平动或反转，从而平均掉各向异性作用，因而液态化合物和固态化合物溶液能得到高分辨谱。现在已发展一些去耦合方法，去除固体的这种各向异性作用，也可以得到高分辨的固体 NMR 谱。

由于现在应用计算机分析数据，可以把大量已知的原子、分子、离子和化学基的化学位移数据储存在计算机内，建立一个标准谱线数据库，作为分析时检索和对照之用，因而可以很容易确定待测未知样品的各种成分和它们的含量，使核磁共振谱仪在物理、化学、生物学、医学、材料科学和地质矿产研究中有很多应用[①]。布洛赫（F. Bloch）和珀塞尔（E. M. Purcell）由于发展核磁共振测量方法并测量到核磁共振现象而获得 1952 年诺贝尔物理学奖，恩斯特（R. R. Ernst）由于发展高分辨和高灵敏核磁共振波谱法而获得 1991 年诺贝尔化学奖，维特里希（K. Wuthrich）由于解决了生物大分子的核磁共振波谱法而获得 2002 年诺贝尔化学奖，劳特布尔（P. C. Lauterbur）和曼斯菲尔德（P. Manstfield）由于发展核磁共振三维成像方法并用到医学临床诊断而获得 2003 年诺贝尔生理学或医学奖，在 8.7.2 节中将会详细讨论。

例 6.1 在核磁共振谱仪中，当共振频率调谐到 42.57 MHz 时，观察到含氢样品的共振吸收，求所加的磁场大小。当调谐到 16.55 MHz 时，观测到 ^7Li 样品的共振吸收，已知 $g_H = 5.586$，^7Li 的 $I = 3/2$，计算 ^7Li 的 g 因子和磁矩值。

[①] 王金山.核磁共振新技术简介[J].物理,1980,9:62. 王金凤.核磁共振在固体物理中的应用[J].物理,1980,9:71. 蒋卫平,王琦,周欣.磁共振波谱与成像技术[J].物理,2013,42:826.

解 由式(6.2.11)可知,测氢样品所加磁场为

$$B = \frac{h\nu}{g_H \mu_N} = \frac{4.136 \times 10^{-15} \text{ eV} \cdot \text{s} \times 42.57 \times 10^6 \text{ s}^{-1}}{5.586 \times 3.152 \times 10^{-8} \text{ eV} \cdot \text{T}^{-1}} = 1 \text{ T}$$

^{7}Li 的 g 因子为

$$|g_{^7\text{Li}}| = g_H \frac{\nu_{\text{Li}}}{\nu_H} = 5.586 \times \frac{16.55}{42.57} = 2.171$$

^{7}Li 的磁矩值可由式(6.2.4)得到:

$$|\mu_{^7\text{Li}}| = |g_{^7\text{Li}}| I \mu_N = 2.171 \times \frac{3}{2} \mu_N = 3.257 \mu_N$$

6.2.3 宇称和统计性

原子核像其他微观体系一样,用波函数 ψ 来描述它的状态,宇称和统计性是波函数的两种特性,因此原子核也有宇称特性和统计性。这里的宇称 P 是指空间宇称,描述空间坐标反演下(即 $r \mapsto -r$)波函数的对称性。空间反演下波函数的数值和符号都不变的称为偶宇称,算符的本征值 $P = +1$,

$$P\psi(x,y,z,t) = \psi(-x,-y,-z,t) = +\psi(x,y,z,t) \quad (6.2.13)$$

空间反演下波函数的数值不变,但符号改变的称为奇宇称,算符的本征值 $P = -1$,

$$P\psi(x,y,z,t) = \psi(-x,-y,-z,t) = -\psi(x,y,z,t) \quad (6.2.14)$$

粒子的空间宇称包括由自身波函数形成的内禀宇称和由轨道运动波函数形成的轨道运动宇称,由多个粒子组成的系统的总宇称取决于组成粒子的各个内禀宇称和轨道运动宇称。原子核是由质子和中子组成的系统,质子和中子的内禀宇称为偶宇称,因此原子核的宇称由轨道运动宇称决定。在后面的 6.5 节中将给出,可以近似地认为原子核中各个核子是在一个中心力场中独立地运动,在 4.4.5 节给出中心场中核子的轨道运动宇称为 $(-1)^l$。在不涉及原子核集体运动时,原子核的波函数近似由各核子的波函数的乘积来描述,$\psi = \psi_1 \psi_2 \psi_3 \cdots$,因此,原子核宇称是各核子轨道运动宇称的乘积,是确定不变的,决定于各核子的轨道角动量 l_i 的总和,即

$$P = (-1)^{\sum_i l_i} \quad (6.2.15)$$

实验发现,在电磁相互作用和强相互作用中原子核的宇称是守恒的。也就是说,原子核及系统的总宇称不会从偶性改变为奇性,或者从奇性改变为偶性。李政道和杨振宁在分析了各种实验事实后在 1956 年指出,在弱相互作用中宇称可能是不守恒的,原来是偶宇称或奇宇称的波函数在作用后可能变为混合性的。为了证实这一想法,他们建议了一系列的实验。很快吴健雄等就在 ^{60}Co 的 β 衰变实验中证实了宇称不守恒现象,这方面将在 9.3.2 节详细介绍。李政道和杨振宁也因此

而获得1957年诺贝尔物理学奖。

弱作用中宇称不守恒,在观念上是一个大的变革,它引起了物理学界的震动。例如,泡利在当时给朋友的一封信中写到:"我不相信上帝是一个无能的左撇子,我愿意出大价和人打赌,实验的电子角分布将是左右对称的。我看不出有任何逻辑上的理由说镜像对称会和相互作用的强弱有关系。"不过要指出,实验表明,在原子核物理中,除在β衰变中涉及弱相互作用之外,通常情况下都是电磁相互作用和强相互作用,因而在处理相关问题时还是认为宇称是守恒的。

统计性是描述全同粒子交换时波函数的对称性。在4.2节给出,自旋为整数的玻色子在交换时波函数的数值和符号不变,为交换对称;自旋为半整数的费米子在交换时波函数变号,为交换反对称。原子核是由质子和中子组成的,它们都是费米子,在核内交换质子或交换中子为反对称,核内质子和中子遵从泡利原理。量子力学还给出,由偶数个费米子组成的系统为玻色子,由奇数个费米子组成的复合粒子仍为费米子。原子核是由费米子组成的复合粒子,两个全同原子核交换等于交换两个核中的全部 A 个核子,交换后系统改变符号为$(-1)^A$。因此,质量数为奇数的原子核是费米子,交换是反对称的,实际上它们的自旋都为半整数;质量数为偶数的原子核是玻色子,交换是对称的,它们的自旋都为整数或零。

6.3 原子核的稳定性和结合能

6.3.1 核素图和β稳定线

核素与元素的概念不同,元素中原子只考虑原子核内的质子数,而核素不仅考虑质子数,还要考虑中子数,相同质子数但不同中子数的原子属于不同的核素。

现在已经发现的核素约有2790种,其中276种是稳定核素,68种是天然存在的长寿命放射性核素,其他都是短寿命的放射性核素。可以像原子物理中把元素按原子序数 Z 排成元素周期表那样,把核素排在核素图上。但周期表只有一个参量 Z,核素有两个参量 Z 和 N,因此,核素图是一张 Z-N 二维图,通常以 N 为横坐标,Z 为纵坐标,每个核素在图上占据一格或一点。图6.3.1是一张核素图的开始部分,在每个格子内标上核素符号、衰变类型、半衰期和丰度等;方格内画斜线表示是稳定核素,未画的是不稳定放射性核素,箭头方向所指为它的衰变产物。

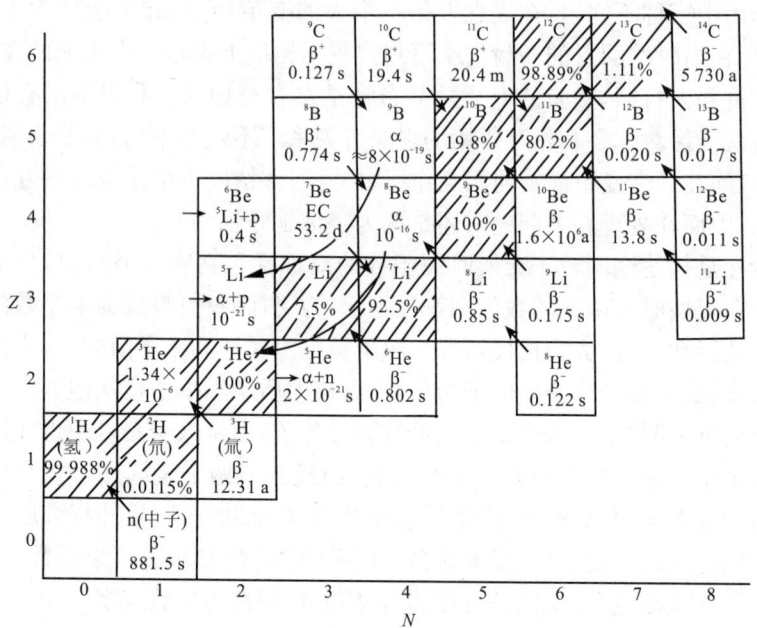

图6.3.1 核素图低质量开始部分

图6.3.2是一张简单的核素图,每种核素只标一点,稳定的和长寿命的核素由粗黑点表示,可以看到它们都集中在一条狭长的区域内。通过这个稳定区域中心可以作一条曲线,叫β稳定线。核子数$A<40$的核的β稳定线近似为45°直线,$N=Z$。更重的原子核的β稳定线逐渐向$N>Z$方向偏离,如^{208}Pb的$N=1.54Z$。

图6.3.2中,β稳定线的左上部核素属于丰质子或缺中子核素区域,具有β^+放射性;右下部核素属于丰中子核素区域,具有β^-放射性。两边的核素经β衰变后都趋向β稳定线。

β稳定线表明,原子核中核子有中子、质子对称相处的趋势,在轻核中最明显。可以这样来理解:中子和质子都是费米子,泡利原理要求每个能态最多只能存在分别处于不同自旋状态的两个中子和两个质子,多于两个中子(或质子)就必须到更高的能态上去。后面要讲到质子和中子只是核子的两种不同的同位旋状态,在质子数Z较小时,具有近似相同的单粒子能态。因此当$N=Z$时,体系能量最低。

对中重核,β稳定线的偏离是由于库仑力的影响。由于核力作用于质子-质子、质子-中子和中子-中子之间,是短程吸引力,只作用于相邻核子,正比于A,在轻核中起主要作用。而库仑力是长程排斥力,作用于所有质子与质子之间,正比于

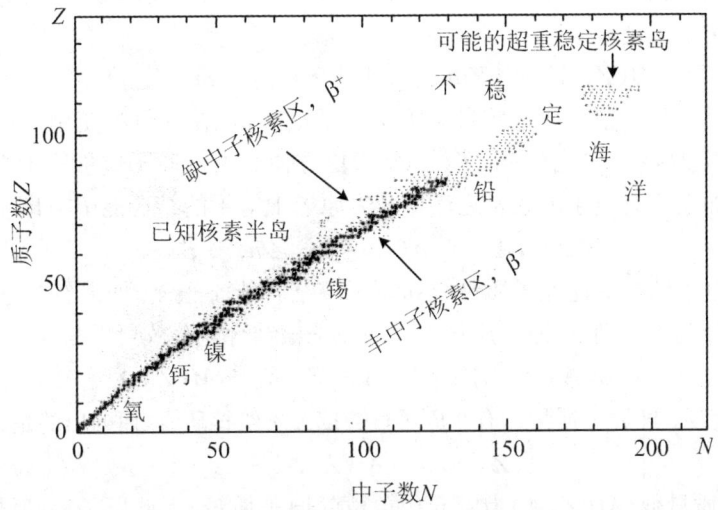

图 6.3.2 核素图和 β 稳定线

$A(A-1)$。随着 A 增大,库仑排斥作用比核力吸引作用增长更快,必须靠中子数增多以使吸引力有较大增长来补偿它才能保持原子核稳定,因此,随着 Z 增加,稳定核素中的中子数比质子数增加得更多。

不过当 $Z>83$,$A>209$ 即 $^{209}_{83}\text{Bi}$ 之后,稳定核素不再存在。Z 再大,甚至连长寿命放射性核素也不能存在。这是由于这时库仑力已大到使核子间结合较松,α 衰变和自发裂变等不稳定因素逐渐起作用。因此,很重的核素几乎都有 α 放射性以及自发裂变现象。如果把不稳定区比作海洋,稳定核素存在的区域就好像是半岛。理论预言,在远离半岛的不稳定海洋中,在 $Z\approx 114$,$N\approx 184$ 附近有一个超重核素稳定岛。超重核素研究涉及原子核的电荷和质量极限的探索,具有重要的理论意义,实验上在重离子加速器上通过重离子束与重核素靶反应人工产生越来越重的超重核素,已发现 $Z=112$ 元素鎶的多种核素,如 $^{277}_{112}\text{Cn}$、$^{281}_{112}\text{Cn}$ 和 $^{285}_{112}\text{Cn}$,半衰期分别为 1.1 ms、0.1 s 和 29 s。最高得到 $Z=118$,$N=176$ 的核素,半衰期 0.7 ms,但中子数离 184 差很远,至今未到达稳定岛[①]。

6.3.2 结合能

原子核的质量 $m(Z,A)$ 并不等于组成它的所有质子和中子的质量之和,这是

[①] 周善贵.超重原子核与超重元素[J].物理,2014(43):817.

由于自由核子在核力作用下相互吸引而结合成原子核时要释放出一部分能量，称为结合能 B。因此

$$B(Z,A) = [Zm_p + (A - Z)m_n - m(Z,A)]c^2 \quad (6.3.1)$$

由于书中常是给出原子质量而不是原子核质量，在计算中使用该原子核相应的原子质量 $M(Z,A)$ 代替 $m(Z,A)$ 常常更方便。由于原子质量等于组成它的原子核质量加上所有电子的质量之后再减去原子中电子的结合能 B_A，即

$$M(Z,A) = m(Z,A) + Zm_e - B_A/c^2$$

而原子的电子结合能比原子质量能和原子核结合能小很多，如果忽略它与 z 个氢原子的结合能的差别，用原子质量表示的原子核结合能公式可以写为

$$B(Z,A) = [ZM_H + (A - Z)m_n - M(Z,A)]c^2 \quad (6.3.2)$$

式中，M_H 表示 ^1H 原子质量。有些原子核数据表不给核质量，而列出的是质量过剩

$$\Delta(Z,A) = [M(Z,A) - A]c^2 \quad (6.3.3)$$

由于 A 为质量数，$M(Z,A)$ 为以 u 作单位的原子质量，因此原子核的结合能也可以写为

$$B(Z,A) = Z\Delta(^1H) + (A - Z)\Delta(n) - \Delta(Z,A) \quad (6.3.4)$$

式中，$\Delta(^1H)$ 和 $\Delta(n)$ 分别表示氢原子 ^1H 和中子的质量过剩，这里 Δ 的单位为 MeV。也可以用质量过剩计算原子质量

$$M(Z,A) = \frac{\Delta(Z,A)}{931.494\ 013} + A \quad (6.3.5)$$

要能形成原子核，其结合能均应为正值，实验表明确实是如此。实验还表明，当 $A>10$ 之后，原子核的结合能大致随核子数 A 增加而近于线性增加，因此，经常使用每个核子的平均结合能 ε 这一概念，并称为比结合能

$$\varepsilon(Z,A) = \frac{B(Z,A)}{A} \quad (6.3.6)$$

ε 表示把每个原子核拆成自由核子时，平均对每个核子所做的功，因而标志了原子核结合的松紧程度，ε 越大，结合得越紧。表 6.1.1 中除给出某些核素的原子质量外，也给出它们的比结合能值。

核素的比结合能 $\varepsilon(Z,A)$ 可以通过式(6.3.2)和式(6.3.6)用它的原子质量 $M(Z,A)$、中子质量 m_n 和 ^1H 的原子质量 M_H 算出。例如，^4He 的比结合能为

$$\varepsilon(^4He) = \frac{(2 \times 1.007\ 825 + 2 \times 1.008\ 665 - 4.002\ 603) \times 931\ \text{MeV}}{4}$$

$$= 7.07\ \text{MeV}$$

以每个核素实验上得到的 $\varepsilon(Z,A)$ 为纵坐标、A 为横坐标作图，可以得到一条

比结合能曲线,如图 6.3.3 所示。分析图形可得到如下一些结论:

(1) 粗略地看,除 $A<10$ 很轻的核素外,所有稳定原子核的 ε 值近于常数,约为 8 MeV/核子。这表明原子核的结合能确实粗略地与核子数成正比。原子中每个电子的平均结合能是从 13.6 eV(对氢)到 $2\sim 4$ keV(重元素),显然核内核子结合得比原子中电子结合紧密得多。这是由于原子的结合能起源于电磁力,而核的结合能起源于核力的缘故。后面还要给出这两种力大小的比较。

(2) 原子核的结合能比原子核本身的质能小很多,由上面数据,两者比大致为 $B/mc^2 \approx 8\text{ MeV}/939\text{ MeV} = 8.5\times 10^{-3}$。

(3) 仔细地看,中等质量数($A=40\sim 120$)的原子核的比结合能最大,平均在 8.6 MeV 左右。质量数更大或更小的原子核的比结合能较小,如 ^{235}U 的是 7.59 MeV,^{2}H 的是 1.11 MeV,^{3}H 的是 2.83 MeV,^{4}He 的是 7.07 MeV,见表 6.1.1。因此,如果把重原子核分裂成两个中等质量的核即裂变反应,或者把两个轻原子核聚合成较重的核即聚变反应,就会放出大量的能量,这将在 7.6 节详细讨论。

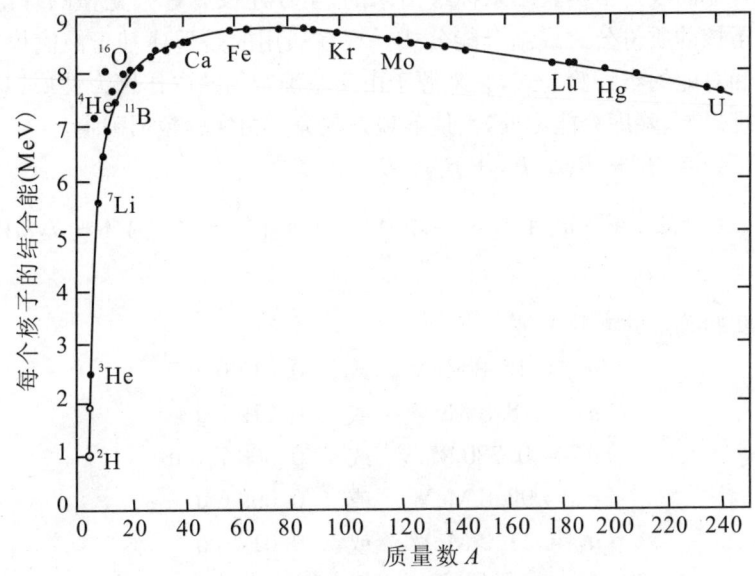

图 6.3.3 比结合能曲线

例 6.2 计算一个 ^{235}U 核俘获一个热中子后裂变成两个中等质量核及 2.4 个快中子所放出的能量。估算同样重量的铀和 TNT 炸药,由于裂变放出的能量和由于爆炸放出的能量的比值。设铀裂变放出能量的效率为 80%,求 2 万吨级原子弹实际用了铀材料的重量。

解 ^{235}U 裂变会放出 2.4 个中子,剩余的两个核的质量数为 232.6,因此一个 ^{235}U 核裂变放

出的能量

$$E_1 \approx 232.6 \times 8.5 \text{ MeV} - 235 \times 7.6 \text{ MeV} = 191 \text{ MeV}$$

一个铀原子重约 $235 \times 931 \text{ MeV} \approx 200 \text{ GeV}$，放出裂变能约为 200 MeV，两者的比值为 10^{-3}。炸药爆炸是化学变化，TNT 含有大量的碳、氢、氧和氮原子，一个分子平均重大约为 200 GeV，其中每个原子的平均重约 10 GeV，放出的能量是分子结合能，每个原子大约放出能量 1 eV，两者的比值为 10^{-10}。同样重量的铀原子数和炸药分子数大约相同，因而同样重量的铀裂变放出的能量是炸药放出的能量的倍数为

$$k = \frac{200 \text{ MeV}}{200 \text{ GeV}} \bigg/ \frac{1 \text{ eV}}{10 \text{ GeV}} \approx 10^7$$

2 万吨级原子弹用的铀材料重仅为

$$\frac{2 \times 10^4 \times 10^3}{10^7 \times 0.8} \text{ kg} = 2.5 \text{ kg}$$

6.3.3 液滴模型和结合能的半经验公式

比结合能曲线是由实验结果标绘出来的，至今还没有一个完整的理论可以直接给出原子核的质量公式或结合能公式。现在通用的是下述基于液滴模型，并考虑对称能和对能的半经验公式，它来源于由实验确定的核内作用力性质，每项具有明确的物理思想，除库仑能项外，其他各项系数完全由实验数据确定。

$$\begin{aligned} B(Z,A) &= B_V + B_S + B_C + B_a + B_p \\ &= a_V A - a_S A^{2/3} - a_C Z^2 A^{-1/3} - a_a \left(\frac{A}{2} - Z\right)^2 A^{-1} + a_p \delta A^{-1/2} \end{aligned}$$

(6.3.7)

有一组由实验确定的参数[1]是

$a_V = 15.8 \text{ MeV}$ 或 $0.017\,0 \text{ u}$

$a_S = 18.3 \text{ MeV}$ 或 $0.019\,7 \text{ u}$

$a_C = 0.720 \text{ MeV}$ 或 $0.000\,773 \text{ u}$

$a_a = 92.8 \text{ MeV}$ 或 $0.099\,6 \text{ u}$

$a_p = 11.2 \text{ MeV}$ 或 $0.012\,0 \text{ u}$

$\delta = 1$(偶偶核)，0(奇 A 核) 或 -1(奇奇核)

现在来讨论式(6.3.7)各项的物理意义。前三项来源于液滴模型，即将原子核比作一个带电液滴，将核内核子比作液体中的分子。主要的实验根据有两个，一是每个核子的平均结合能近于常数，即结合能正比于 A，说明核子间的相互作用力具有饱和性，一个核子只与附近一些核子作用，否则对多体长程力，与所有核子起作用的结合能 B 应正比于 $A(A-1)$。这种饱和性与液体分子力的饱和性类似。二

是由原子核的体积近似正比于 A 可知,核密度几乎是常数,表明原子核是不可压缩的。这与液体的不可压缩性类似。由于原子核带正电,液滴模型是将原子核看作是荷电的液滴。因此,原子核的结合能应主要包含体积能 B_V、表面能 B_S 和库仑能 B_C。

体积能正比于核的体积 V,由式(6.1.3)知 V 正比于 A,所以 $B_V = a_V A$。体积能来源于核力,是一种吸引作用,系数 a_V 为正值,是结合能的基本贡献项。

在表面上的核子只受到内部核子作用,结合能要小些,相当于表面张力,是负值项。表面能 B_S 正比于表面积,因为 $S = 4\pi R^2 = 4\pi r_0^2 A^{2/3}$,所以 $B_S = -a_S A^{2/3}$。

库仑能是核内各质子间的静电排斥作用能,是正值,结合能为它的负值。设核内质子均匀分布,在核内电场为 $E(r) = Zer/(4\pi\varepsilon_0 R^3)$,在核外电场为 $E(r) = Ze/(4\pi\varepsilon_0 r^2)$,总的静电库仑能为

$$B_C = \int_0^\infty \frac{1}{2}\varepsilon_0 E^2 dV = \frac{1}{2}\varepsilon_0 \int_0^R \left(\frac{Ze}{4\pi\varepsilon_0}\frac{r}{R^3}\right)^2 4\pi r^2 dr + \frac{\varepsilon_0}{2}\int_R^\infty \left(\frac{Ze}{4\pi\varepsilon_0}\right)^2 \frac{4\pi r^2 dr}{r^4}$$

$$= \frac{Z^2 e^2}{4\pi\varepsilon_0 R}\left(\frac{1}{10} + \frac{1}{2}\right) = \frac{3Z^2 e^2}{5 \times 4\pi\varepsilon_0 r_0 A^{1/3}} = a_C Z^2 A^{-1/3}$$

代入常数值,算得 a_C 值为 0.720 MeV,结合能为它的负值。

第四项是对称能,这是由 β 稳定线的讨论得到的。当 $N=Z$ 时,原子核结合更稳定些,$B_a = 0$;当 $N \neq Z$,即 $A/2 \neq Z$ 时,$B_a \neq 0$,使结合能减少。对称能实际上是量子力学效应,可由费米气体模型考虑到泡利不相容原理算出,这里不进一步讨论。

第五项是对能,这是由稳定核的质子和中子各有配对趋势得到的。在实验上已经发现,在稳定的核素中有一大半(161 种)是偶偶核,奇奇核只有 5 种,它们是 $^2_1H,^6_3Li,^{10}_5B,^{14}_7N$ 和 $^{138}_{57}La$,这表明偶偶核的结合能最大,奇奇核的最小,存在对能,反映在 δ 值上。当两个同类核子处于同一壳层即它们的 n,l 和 j 值相同时,经角动量耦合的总角动量有多种可能值,但原子核物理中比原子物理简单,实验发现成对的两个质子或中子一定耦合成自旋和轨道角动量的 z 分量方向相反、总角动量为零、能量最低的态,这就是成对效应。对能也是一种量子力学效应,可以这样理解。上述核子是全同费米粒子,在 4.2 节指出,它的波函数必须是交换反对称的,形成坐标波函数对称、自旋波函数反对称的相当于两核子靠近的单重态,或者形成坐标波函数反对称、自旋波函数对称的相当于两核子远离的三重态。但与氦原子不同的是,在那里两电子之间是库仑斥力,因而两电子远离的三重态比两电子靠近的单重态的斥力小,结合能较大,氦原子基态是 $^3S_1$。而在这里两核子间的主要作用力——核力是吸引力,因而两核子靠近的单重态的结合能较大,上述成对效应表

明两核子形成的是能量较低的、自旋相反、总角动量为零的单重态$^1S_0$。

用结合能的半经验公式算得的结果与实验值符合得较好,它可以较好地解释比结合能曲线。曲线中部平坦说明核力达到饱和,核力引起的体积能和表面能是结合能的主要部分;曲线重核部分下降是由于库仑斥力相对增大较多,所起的作用逐渐增强,从而使平均结合能下降的缘故;曲线轻核部分下降是由于核力还未饱和,对称能和对能在这部分起重要作用,并造成很大的起伏。

6.4 核 力

6.4.1 核力的性质

到现在为止,我们认识了自然界的两种基本相互作用力:万有引力和电磁力。计算得出两核子间万有引力引起的势能只是 10^{-36} MeV 数量级,因此除了天体星球和地球上宏观物体那样有巨大质量之外,在微观原子和原子核范围内万有引力的作用是可以忽略的。在原子物理范围主要是电磁力起作用,数量级在 eV。在原子核范围质子相距在 10^{-15} m,之间的静电力很大,数量级在 MeV,但只能起排斥作用,中子没有库仑力作用,核子间的磁力作用并不是很大,例如,质子和中子间磁作用势能在 0.03 MeV 左右。是什么力使核子如此紧密地结合在一起而形成原子核的呢?人们很自然地假设这是一种新的作用力——核力,即核子间的强作用力。

显然,原子核的各种特性和有关的现象,如原子核质量的规律性、结合能、磁矩、电四极矩、能级和跃迁概率等,最后总是要和核力的性质相联系。

长期以来,人们通过对各种原子核的基本性质的分析,如通过对质子、中子和原子核的散射实验数据分析,已经积累了许多有关核力的知识。但是到现在为止,我们对核力的了解仍然不能像对电磁力和万有引力那样,有一个基本的理论和公式。尽管如此,从大量资料中我们已经能够勾画出核力的主要面貌。核力有如下的一些基本性质。

1. 强相互作用力

原子核内核子间作用力可以抵消质子间电磁力排斥作用而使原子核存在这一事实说明了核力的强度。由结合能公式也可知道 $a_V \approx 20 a_C$,说明核中的核力对结合能的贡献比库仑力的贡献大得多。由核子之间的散射实验知道,核力是一种强相互作用力,其作用强度大约比电磁力的强度大两个数量级。

2. 短程性和饱和性

在 α 粒子散射实验中已经知道,当 α 与核相距小到 10^{-14} m 时仍然是库仑散射,核力作用的力程应小到 10^{-15} m。从上节知道,原子核的结合能正比于 A,而不是像库仑长程力那样正比于 $A(A-1)$,以及原子核体积正比于 A,这两个事实进一步告诉我们,核力具有短程性和饱和性,一个核子只与相邻的一些核子作用,核力力程大约为 2×10^{-15} m,力程甚至比中重原子核的尺度还要小。

3. 有排斥芯

原子核具有一定大小并且稳定,说明核力在极短距离内是一种排斥力,核子不能无限靠近。从高能核子散射实验可推得,这个排斥芯的半径约为 0.5×10^{-15} m。因此大致可以认为:核力在 $(0.5\sim2)\times10^{-15}$ m 范围内起吸引作用;核子间的距离小于 0.5×10^{-15} m 时,它们之间的作用表现为强大的排斥力;大于 2×10^{-15} m 后,核力作用急剧减小直至消失。

4. 核力的电荷无关性

质子和中子的质量相近,都是自旋为 1/2 的费米子,它们除了电荷不同之外其他性质都很相像。例如,镜像核是指一对原子核,它们的核子数相同,一个核的中子数等于另一个核的质子数,如 $^7_3\text{Li}_4$ 和 $^7_4\text{Be}_3$,$^{13}_6\text{C}_7$ 和 $^{13}_7\text{N}_6$。实验发现,一对镜像核的基态自旋和宇称相同,它们的低激发态能级结构也相同,它们的基态结合能差别可以用库仑能不同和中子与质子的质量差来解释。低能 pp,np 和 nn 散射实验也表明,在相同的能量、自旋和宇称状态下,它们的作用截面是相同的。所有这些实验表明,质子与质子、中子与中子以及质子与中子之间的核力作用势是相同的,核力与电荷无关。

因此海森伯在 1932 年提出,从核力来看,可以把质子和中子看作为同一种粒子,称为核子,只是它们处于两个不同的电荷态。可以类似电子自旋 s 具有两种自旋态 $s_z=\pm1/2$,引入抽象的同位旋矢量 t 和它的第三分量 t_3 来描述这种核力与电荷无关性。核子有两个状态:质子和中子,因此,单个核子的同位旋 $t=1/2$,有两个分量 $t_3=\pm1/2$,规定 $t_3=1/2$ 是质子态,$t_3=-1/2$ 是中子态。

有多个核子和原子核的总同位旋是各核子同位旋的矢量和,总同位旋的第三分量 T_3 则是各核子的代数和,即 $T_3=(Z-N)/2$ 在第 9 章中还会看到,其他强相互作用粒子的强作用力也与电荷无关,也存在同位旋和同位旋第三分量,在强相互作用中同位旋和它的第三分量守恒具有普遍意义。

5. 核力以中心力为主,但存在非中心力

虽然核力主要是中心力作用,但仍存在少量非中心力,这可以从下面分析氘核基态的实验数据的例子看到。

例 6.3 (1) np 可组成氘核束缚态,若核力与电荷无关,为什么不存在双中子和 ^{2}He 的束缚态?

(2) 试从氘核基态的实验数据分析核力存在非中心力。

答 (1) 中子和质子的自旋均为 1/2,np 体系可形成自旋单态和三重态,实验上发现 np 体系只存在一种束缚态即氘核,它的总角动量 $I=1$,磁矩 $\mu_d = 0.857\,44\mu_N$,如果氘核是由自旋平行、相对运动轨道角动量为零的一个质子和一个中子组成的,那么它的 $L=0, S=1/2+1/2=1$,$I=1$,形成 $^3S_1$ 态,它的磁矩 $\mu_d = \mu_p + \mu_n = 2.792\,85\mu_N - 1.913\,04\mu_N = 0.879\,81\mu_N$。这些数值基本上与实验值符合,说明氘核是自旋三重态,不存在单重束缚态 np 系统,这表明单态能量比三态的高,不能形成束缚态。由于核力的电荷无关性,nn 系统的结合能性质应与 np 系统的一样,但 nn 为全同费米子系统,只能有自旋反平行的单态,否则两个中子的量子数全同,违背泡利原理,因此不存在 nn 束缚态。至于 pp 系统 ^{2}He,除了也是全同费米子系统之外,还多一些库仑斥力,更不可能有束缚态。

(2) 氘核磁矩的实验值虽然与理论值很相近,但两者仍然差 $0.022\,37\mu_N$(即 2.6%),超过了实验误差。如果认为氘核基态中核子自旋牢固地耦合成自旋三重态,即 $S=1$,那么氘核基态实际上就不是单纯的角动量 $L=0$ 的 S 态,还有别的高角动量态的混合,$L = I - S$,由于 $I=1$,L 可以是 0,1,2。但从宇称守恒的要求出发,L 只能取 0 和 2,因此氘核基态只能是 $^3S_1$ 态与 $^3D_1$ 态的混合。由此算出的理论公式与实验得到的 μ_d 值比较,可以确定氘核基态是 96% 的 $^3S_1$ 态和 4% 的 $^3D_1$ 态的混合,不全是 S 态,存在非中心力。另外,氘核的电四极矩不为零,这也说明存在非中心力。

由此可见,即使是最简单的二体氘核已经是相当复杂的了,一般原子核多体问题的理论处理是很困难的,没有一个基本理论和公式,通常是通过实验获得的知识用某种作用势来处理。从上述核力的多种性质得到的比较简单的一种势函数是矩形势。图 6.4.1 给出的是偶 l 三重态的核子势 V 与半径 r 的关系,在 $r = 0.40 \times 10^{-15}$ m 处势上升到 ∞,以内是排斥芯;设核半径 $R = 1.75 \times 10^{-15}$ m,在 $r \geqslant R$ 处势为零,势阱深度 $V_0 = 72$ MeV。图中也给出了 2.22 MeV 的结合能束缚态。偶 l 单态的核子势与半径的关系与三重态的相似,只是深度要小些,约为 50 MeV,并且没有束缚态。用它们计算得到的结果与氘核的一切性质(除电四极矩外)都合理地符合。当然,真实的核子势不可能像这样简单,随半径的变化不可能是突

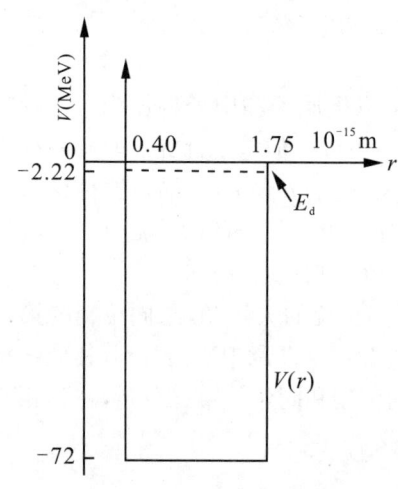

图 6.4.1 偶 l 三重态的核子势与半径的关系

变的。

6.4.2 核力的介子场论和交换作用

前面基于核力势的理论是一种唯象理论,只是总结了各种实验结果,并没有给出更多的东西,也不能解释这些结果的基本原因。核力的介子场论能够成功地解释核力的某些性质如短程性,以及它们如何从自然界的更为根本的属性产生。

量子电动力学认为两带电粒子的电磁相互作用不是超距的,而是由带电粒子之间不断交换虚光子所产生的。如图 6.4.2(a)所示,一个电子 e⁻ 放出一个光子 γ,这个光子被另一个电子吸收。1935 年汤川秀树(H. Yukawa)类比于电磁力,提出核力的介子场论,认为核子间相互作用是由于核子之间交换虚介子而产生的,如图 6.4.2(b)所示,一个核子 N 放出一个介子 π,这个介子被另一个核子吸收。他由此还估算出介子的质量大约为 100 MeV,如下面的例题所示。

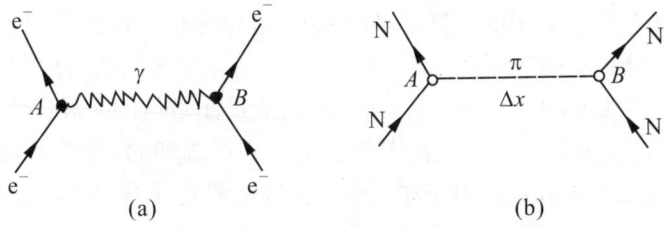

图 6.4.2 带电粒子之间(a)和核子之间(b)的相互作用

例 6.4 试用能量-时间不确定关系来估算传递核力的介子和传递电磁力的光子的质量。

解 如图 6.4.2 所示,设一个核子电子在点 A 放出一个虚介子光子,它经过 Δx 距离后在点 B 被另一个核子电子吸收。如果虚粒子以光速运动,则通过 Δx 距离所需的时间为 $\Delta t = \Delta x/c$。由不确定关系可以得到 Δt 时间内的能量转移为

$$\Delta E \approx \frac{\hbar}{\Delta t} = \frac{\hbar}{\Delta x/c} = \frac{\hbar c}{\Delta x}$$

它们就是传递相互作用的交换虚粒子的静止能量 mc^2。对电磁作用,力程为 ∞,所以 $m=0$,与光子质量的实验值一致。对核力作用,以力程 Δx 大约为 2×10^{-15} m 代入计算,得到

$$mc^2 = \Delta E \approx \frac{\hbar c}{\Delta x} = \frac{197 \text{ eV} \cdot \text{nm}}{2\times10^{-15} \text{ m}} \approx 100 \text{ MeV}$$

1936 年安德森(C. D. Anderson)等从宇宙线中找到一种粒子,它的质量与这个值相近,人们以为找到了此种介子,但很快弄清楚这种介子并不是传递核力的介子。其相互作用很弱,称为 μ 子。直到 1947 年,鲍威尔(C. F. Powell)在宇宙线实验中才找到了汤川预言的粒子,即 π 介子。π 介子有三种:π^+,π^- 和 π^0,质量分

别为 $m_{\pi^\pm} = 140\,\text{MeV}$,$m_{\pi^0} = 135\,\text{MeV}$。汤川因此获得1949年诺贝尔物理学奖,鲍威尔获得1950年诺贝尔物理学奖。

根据核力的介子场论,质子和中子之间的 p-n,p-p 和 n-n 相互作用可用图 6.4.3 所示的图形表示,n-n 和 p-p 作用是交换 π^0 介子产生的核力引起的,是一种普通的非交换力类型。而 p-n 和 n-p 相互作用则可以看作是交换带电π介子而使 p 变成 n,或 n 变成 p 引起的,核力表现为交换力。

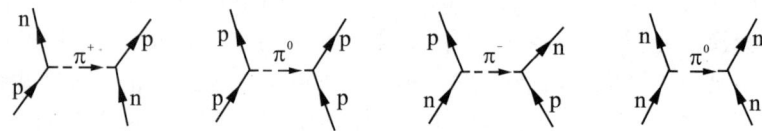

图 6.4.3 质子和中子的效的 π 介子和相互作用

综上可见,在交换过程中,也就是 π 介子被一个核子发射出来之后但尚未被另一个核子吸收之前,π 介子的质量是多出来的,能量守恒定律似乎受到了破坏。不过,幸而能量-时间不确定原理 $\Delta E \cdot \Delta t \geqslant \hbar/2$ 允许在测量的 Δt 时间内存在 ΔE 范围内的能量不确定,也就是说,在 Δt 时间内能量测量值的差异要大于 ΔE,因而在 ΔE 范围内的能量不守恒现象在实验上是无法观测到的,我们不能说在测量的 Δt 时间内能量 ΔE 不守恒。由于在实验上无法观测到 π 介子的释放和再吸收,人们把它称为虚介子。同样,在电磁相互作用中带电粒子之间交换的是虚光子。

仅仅考虑 π 介子作为核力的传递粒子还不能完全解释核力的性质,除了 π 介子之外,还有一些质量更大的介子也可以作为传递核力的介子,例如,用交换 ω 介子就可以解释核力的排斥芯。

不过尽管介子场论看起来很美妙,但用它来解决核力问题仍然存在很多困难,需要对强相互作用力作进一步的研究,在第9章中还要进一步讨论。

6.5 核结构模型

现在讨论核结构,也就是讨论核内核子是如何运动的。原子是核式结构,中心有一个很重的带正电的原子核,电子运动是原子运动的主体,用库仑中心力场作用可以很容易得到原子的壳层结构。但是原子核较为复杂,至今还没有根本解决核力问题。此外,核内核子平等相处,没有一个中心,这种多体作用在物理和数学处理上都是一个难题。因此,至今人们还不能对原子核结构作出确切的计算和分析,只是提出一些模型,对核内核子运动情况作近似的唯象的描述,但它们能够说明原子核的某些实验数据。所提出的模型早期有费米气体模型和液滴模型,更成功和确切的是后来发展的壳层模型和集体模型,下面讨论它们。

6.5.1 壳层模型

原子具有壳层结构,当原子序数 Z 等于某些幻数时,元素最稳定。原子核像原子一样也具有壳层结构,这已为大量实验事实所证明,特别是自然界存在所谓幻数核这一事实更为明显,也就是当中子数 N 或质子数 Z 是 2,8,20,28,50,82 和中子数 N 为 126 时的原子核最稳定。例如:

(1) 幻数核尤其是双幻数核在同位素中的丰度较大,如 $Z=2,8,20$ 的 $^4He_2$,$^{16}O_8$,$^{40}Ca_{20}$ 的丰度都大于 90%。$Z>32$ 的偶数 Z 核素中除 4 个外,没有一种同位素的丰度大于 50%。这 4 个例外是 $^{88}Sr_{50}$(82.5%),$^{138}Ba_{82}$(71.7%),$^{140}Ce_{82}$(88.5%) 和 $^{208}Pb_{126}$(52.4%),它们的中子数是幻数。

(2) 幻数核的稳定同位素或同中子素比邻近核多得多。$_8O,_{20}Ca,_{28}Ni,_{50}Sn$ 和 $_{82}Pb$ 分别有 3,6,5,10,4 种同位素,$N=20,28,50,82$ 的分别有 5,5,6,5 种同中子素,而 Z 或 N 多 1 或少 1 的都不多于 2 种,绝大多数只有 1 种。

(3) 3 个天然重原子核放射系列的最后稳定核是 ^{206}Pb,^{207}Pb 和 ^{208}Pb,它们的质子数是幻数 82,其中丰度最大的 $^{208}_{82}Pb_{126}$ 有 126 个中子,是双幻数核。

(4) 幻数核尤其是双幻数核的最后一个核子的结合能比幻数多一个的核大许多,如 ^{16}O 和 ^{17}O 的最后一个中子的结合能分别是 15.7 MeV 和 4.2 MeV。

(5) 幻数核的第一激发能比邻近核大得多。如 ^{208}Pb 是 2.6 MeV,邻近核的不大于 1 MeV。

原子核中幻数的存在似乎说明原子核中也有壳层结构,但这幻数与原子中幻数即满壳层电子数 2,10,18,36,54,86 又不完全一致,这是导致壳模型发展缓慢的原因之一。当然,最主要的原因是核内不存在一个物理的作用力中心,但逐渐积累的大量实验事实迫使人们还是去发展了壳模型。1949 年迈耶(M. G. Mayer)夫人和詹森(J. H. D. Jensen)提出了壳层模型,成功地解释了幻数,并因此获得了 1963 年诺贝尔物理学奖。

壳层模型假设每个核子在其余 $A-1$ 个核子联合作用形成的球对称中心势场中运动,这个平均场可以用短程势阱来描述;没有外界作用时,核子受泡利原理的限制,依次填充低能量能级,单个核子只能在特定能态上独立运动。因此壳模型又叫独立粒子模型。

下面用一个图 6.4.1 中简单的矩形势阱稍加改进的如下矩形圆角势阱计算：

$$V_A(r) = \begin{cases} -V_0, & r < R \\ -V_0 e^{-k(r-R)}, & r \geq R \end{cases} \quad (6.5.1)$$

把它作为短程势用到薛定谔方程，就可以从径向波动方程的解得到相应于不同径向量子数 ν 和角量子数 l 的一系列能级，同样每个 l 态有 $2(2l+1)$ 个简并态。这样得到的能级次序是 1s,1p,1d,2s,1f,…，数字为 ν 值，如图 6.5.1 中间第二列所示，左边第一列为最简单的谐振子势的结果。相应的核子总数是 2,8,18,20,34,…，这只能解释幻数 2,8 和 20，不能导出 28,50,82 和 126。

计算发现，势函数的形状对核子态排列次序影响不大。为此，增加一项核子的自旋-轨道耦合作用势 $Cl \cdot s$，系数由实验确定，有经验公式 $C = -24A^{-2/3}$ MeV。

$$V(r) = V_A(r) + Cl \cdot s \quad (6.5.2)$$

由于自旋-轨道耦合作用，核子的总角动量量子数 $j = l \pm 1/2$，使每一能级分裂为两个。与原子物理不同的是：C 值较大，使原子核的自旋-轨道耦合作用比原子的强得多，分裂的两个态的能量差很大，不再是微扰；差值 $\Delta E = -(2l+1)C/2$，随 l 增大而加大；C 值为负，使 $j = l+1/2$ 的能级低于 $j = l-1/2$ 的能级。这正是迈耶和詹森的工作，图 6.5.1 中间第三列给出的是这样算得的一种与实验符合的单核子能级结构[1,20,22]。例如，1h 能级分裂为 $1h_{9/2}$ 和 $1h_{11/2}$，$1h_{11/2}$ 能级下降很多靠近下面的一些能级，从而产生很大间隔形成幻数 82。同样，1f 分裂的 $1f_{7/2}$、1g 分裂的 $1g_{9/2}$ 和 1i 分裂的 $1i_{13/2}$ 能级下降很多，可以解释幻数 28,50 和 126。在这里由于主量子数 n 对能量的影响已不如角量子数 l 大，在核物理中能级符号 s,p,d 前的数字已经不是 n，而是用 $\nu = n - l$ 表示的能级次序看起来更清楚些。

原子核内的中子和质子各有一套如此的能级，只是核子数>50 的高能级的次序有些不一样。图 6.5.1 是中子的能级图。由于质子之间还有库仑斥力，质子的能级比相应的中子的能级高，间距要大些，原子核越重，两者差别越大。对 β 稳定线上的原子核，两套能级中最后填补的核子的能量应接近相等，因此，相应的中子的能级数目需要多一些，即中子数比质子数多。原子核越重，中子能级越多，质子数为 82 的能级大致相当于中子数为 126 的能级。再往上，除了 ^{209}Bi 之外都是不稳定的核素。理论预言，质子能级的下一个幻数可能是 114，中子能级的下一个幻数可能是 184，具有质子数 114 和中子数 184 的原子核是双幻数核，该核及其附近的一些核可能具有较大的稳定性，这就是前述超重核素稳定岛。

除了平均场作用和自旋轨道耦合作用之外，壳模型还要考虑前述的对能效应，即具有同样 n,l,j 值的两个同类粒子有对能作用，使角动量方向相反，并增加一项

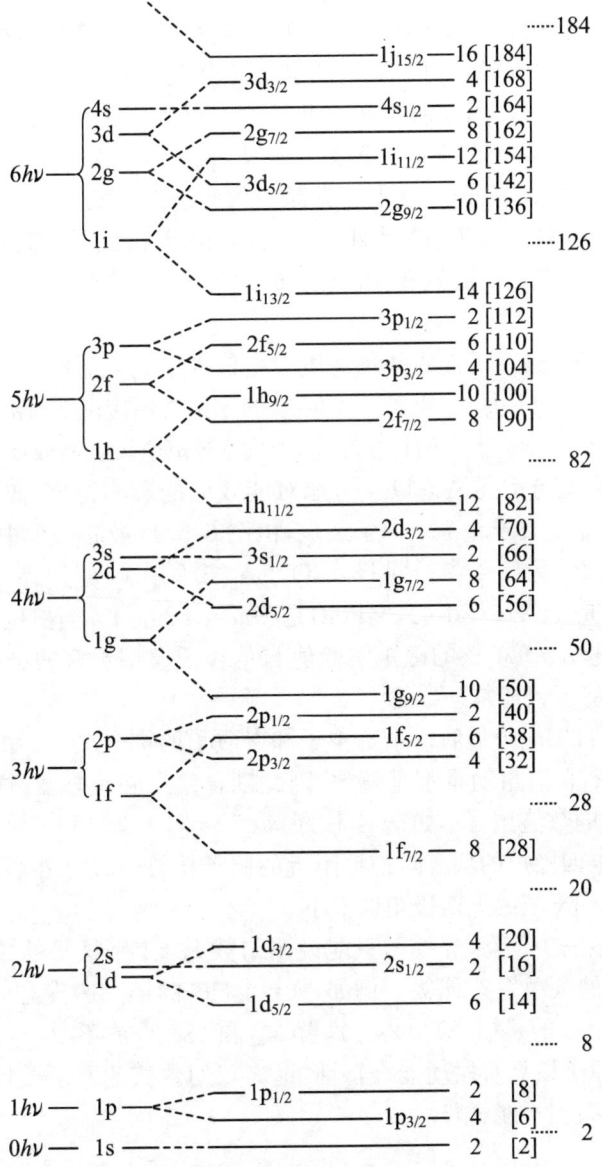

图 6.5.1 原子核内中子的壳模型能级

正比于 $(2i+1)$ 的结合能使能级降低。因此,当两能级中上能级的 j 较大并有较多核子且其中的成对核子的对能大于两能级间距时,若上能级填充为奇数,则下能级的一个核子会先填充上能级使其成对,造成下能级空位,最后一个奇核子只能填充下能级。如奇中子核 $^{77}_{34}\text{Se}_{43}$,$^{137}_{56}\text{Ba}_{81}$ 和 $^{207}_{82}\text{Pb}_{125}$ 的最后一个奇中子按图 6.5.1 应处于 $1g_{9/2}$,$1h_{11/2}$ 和 $1i_{13/2}$ 能级,由于这些能级上还存在其他一些成对中子,使结合能增大到超过与下面能级差,实验表明这些核的自旋和宇称分别是 $(1/2)^-$,$(3/2)^+$ 和 $(1/2)^-$,奇中子实际上分别处在下面的能级 $2p_{3/2}$,$2d_{3/2}$ 和 $3p_{1/2}$ 上。

壳模型理论可以在一定程度上解释原子核的基态性质。对偶偶核,由于同一能级中的两个成对核子的角动量大小相同,方向相反,因此,偶偶核具有偶宇称,总角动量和总磁矩为零。实验发现,所有的偶-偶核的 I^P 均为 0^+,磁矩也为 0,与此预言一致。

对奇 A 核,显然,原子核的基态性质应由依次填充壳层的最后那个奇核子所处的能级状态的 l 和 j 决定。因此,奇 A 核的宇称奇偶应由 l 的奇偶决定,总角动量就是 j,总磁矩是处于 j 态的这个单个核子的磁矩值。实验表明,绝大多数奇 A 核的自旋和宇称值与上述结论以及考虑对能效应的影响符合,如表 6.1.1 所示。例如,$^{13}_{6}\text{C}_7$ 核由 6 个质子和 7 个中子组成,由图 6.5.1,最后一个中子处于 $1p_{1/2}$ 能级,因此它的 I^P 为 $(1/2)^-$;同样,$^{17}_{8}\text{O}_9$ 是 $(5/2)^+$ $(1d_{5/2})$,$^{63}_{29}\text{Cu}_{34}$ 是 $(3/2)^-$ $(2p_{3/2})$,$^{131}_{54}\text{Xe}_{77}$ 是 $(3/2)^+$ $(2d_{3/2})$,$^{209}_{82}\text{Pb}_{127}$ 是 $(9/2)^+$ $(2g_{9/2})$。当然也有许多不符合,特别是 Z 大的核。奇 A 核的磁矩实验值与单粒子模型预言的虽符合不太好,但 μ_I 随 I 变化趋势大致还是一致的。

对奇奇核,自旋应由最后一个奇中子和奇质子的耦合决定。由于中子和质子的自旋都是 1/2,轨道角动量都是整数,因此耦合结果必是整数,这与实验结果是一致的,但具体的数值预言不如奇 A 核好。

壳模型对电四极矩的预言除幻数附近的原子核符合较好外,一般的比实验值小很多,而且奇中子核的电四极矩也不小。

至于原子核的激发态,壳模型只能说明幻数上 ±1 个核子的核特别是双幻数核附近奇 A 核的低激发态能级。例如,$^{5}_{3}\text{Li}$ 和 $^{5}_{2}\text{He}_3$ 的第一激发态的 I^P 是 $(1/2)^-$ $(1p_{1/2})$,$^{17}_{9}\text{F}$ 和 $^{17}_{8}\text{O}_9$ 的是 $(1/2)^+$ $(2s_{1/2})$,$^{41}_{20}\text{Ca}_{21}$ 和 $^{41}_{21}\text{Sc}$ 的是 $(3/2)^-$ $(2p_{3/2})$。而离双幻数核稍远的原子核具有振动能级特性,远离双幻数核的原子核具有转动能级特性,这些都是壳模型不能解释的。

6.5.2 集体模型

壳模型虽取得很多成功,但仍有不少问题不能解决。这是由于它把原子核中的每一个核子简单地看作是在一个球形平均势场中运动。事实上,原子核中一大群核子互相靠近,形成一个集体,会产生集体运动。因此,核子就不是运动在静止核势场中,而是运动在一个变动着的核势场中,个体核子的运动和集体运动相结合,这就是集体模型,或称综合模型。这样一个系统与分子是由电子运动和原子核的振动和转动相耦合形成的情况相类似。

当质子和中子都构成闭壳层即双幻数时,原子核的自旋为零,电四极矩也为零,因此原子核的稳定平衡形状是球形。如果在闭壳层外有少数核子,由于极化效应会引起小的形变,形成振动运动和振动能级,但平衡形状仍是球形。当满壳层外核子数很多时,球形平衡被破坏,形成非球形平衡形状,这形状常是轴对称形,因而会发生转动运动,形成转动能级。

我们先讨论转动能级情况,对如图 6.5.2 所示的轴对称旋转椭球原子核,由于绕对称轴 S 的转动不改变波函数,波函数对 φ 角微分为 0,因而不产生集体转动,只有绕垂直于 S 方向上的转动才形成集体转动。设转动角动量为 R,原子核的自旋角动量在对称轴上的投影为 Ω,那么原子核的总角动量就等于

$$I = R + \Omega \quad (6.5.3)$$

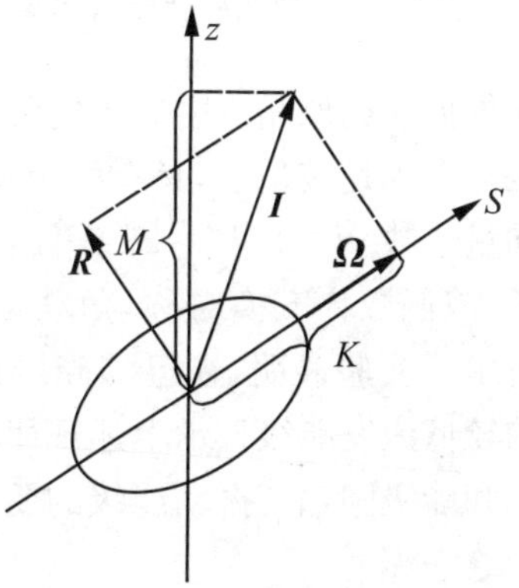

偶偶核基态的自旋 $\Omega = 0, I = R$,设 J 为转动惯量,转动能量类似分子的式(5.3.12):

$$E_I = \frac{\hbar^2}{2J}I(I+1), \quad I = 0, 2, 4, \cdots \quad (6.5.4)$$

图 6.5.2 原子核的转动角动量

但与分子不同的是:由于椭球形核相对于垂直对称轴的平面具有空间反演对称性,而这种反演对称性只决定于原子核的转动波函数,它为球谐函数,其宇称由 $(-1)^I$ 决定,基态自旋 $I = 0$,宇称为偶,I 为奇数的球谐函数的宇称为奇,在反射下变号,不满足宇称守恒要求,因此与分子不同 I 值只能取偶数。式(6.5.4)中 $I = 0, 2, 4, \cdots$,宇称均为偶,各转动能级相对于基态的能量之间有如下关系:

$$E_2 : E_4 : E_6 : E_8 = 6 : 20 : 42 : 72 = 1 : 3\frac{1}{3} : 7 : 12 \quad (6.5.5)$$

实验表明,在远离满壳层区域,即 $150 < A < 190$ 和 $A > 220$,很多偶-偶核的较低激发能级显示上述规律。图 6.5.3 所示的是 $^{180}_{72}\text{Hf}_{108}$ 的能级[19,21],能级旁标的能量数字为实验值,单位是 keV,圆括号中的为由式(6.5.5)计算的值,方括号中的是经过振动-转动效应修正后的计算值。由图可见,能级自旋、宇称和能量间隔基本上与转动能级的要求符合。

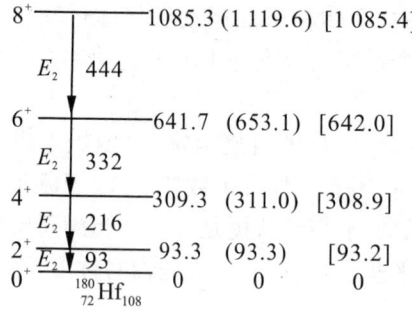

图 6.5.3 偶偶核 $^{180}_{72}\text{Hf}_{108}$ 的转动能级

$\Omega \neq 0$ 的奇 A 和奇奇原子核的转动能级更加复杂。这里不再叙述。

振动能级出现在原子核变形较小的近满壳层区域,这时原子核的集体运动是围绕球形平衡形状的多极振动的叠加,主要是四极振动。振幅不大时近似于简谐振动,特别是偶-偶核的振动能级为等间隔的

$$E_v = \left(N + \frac{5}{2}\right)h\nu, \quad N = 0,1,2,3,\cdots$$
(6.5.6)

这种振动类似晶体中原子的集体振动,其激发基本单元是声子,四极振动中每一个振动声子是玻色子,具有两个单位自旋,宇称为 +。第一激发态出现一个声子,振动量子数 $N=1$,$I^P=2^+$;第二激发态有两个声子,$N=2$,由于两声子为全同玻色子,波函数为交换对称,角动量相加后能级的 I^P 应为 0^+,2^+,4^+,如图 6.5.4(a) 所示。实验表明,在近满壳层区域,即 $60<A<150$ 和 $190<A<220$,许多偶偶核的较低激发能级显示上述规律,图 6.5.4(b) 给出 $^{114}_{48}\text{Cd}_{66}$ 的能级[22],其能级自旋、宇称和能级间隔与振动能级的要求符合。

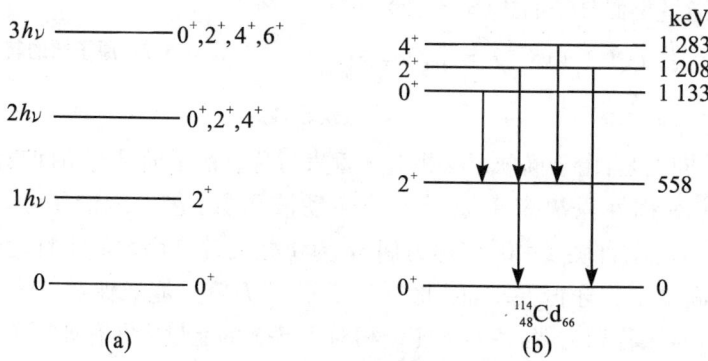

图 6.5.4 偶-偶核的振动能级

实际上,在振动能级上也会出现一组转动能级,在转动能级上也会出现一组振动能级,能级结构非常复杂,特别是重原子核高激发态结构。图 6.5.5 是一个例子,给出用加速后的重离子打靶的 $^{142}\text{Nd}(^{16}\text{O},4n)^{156}\text{Er}$ 核反应形成的 $^{156}_{68}\text{Er}$ 偶-偶核的高激发态能级结构[19],最高角动量为 $24\hbar$,共有三条转动带,中间一条一直跃迁到基态。可以看到,较高能级非常复杂,出现两边两条转动带。边上横线上数字

是计算的能量值,单位为 keV,紧挨竖直线和能级线上面的是实验值。奇 A 核的能级更加复杂,这里不再介绍。

集体模型是玻尔(A. Bohr)、莫特森(B. R. Mottelson)和雷恩瓦特(L. J. Rainwater)在 1952 年提出的,他们因此获得了 1975 年诺贝尔物理学奖。

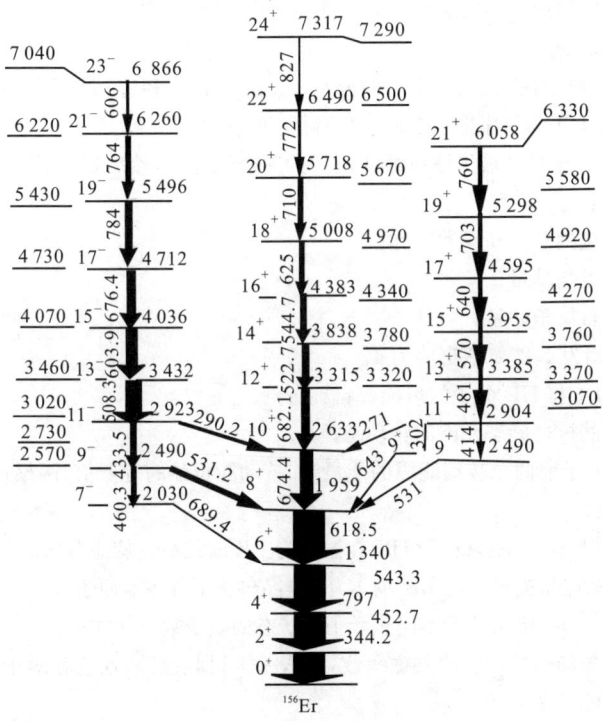

图 6.5.5 ^{156}Er 原子核的能级

例 6.5 (1) 试确定 $^{39}_{19}$K,$^{41}_{20}$Ca 和 $^{41}_{21}$Sc 核的基态和第一激发态的自旋和宇称;

(2) 试确定 $^{114}_{48}$Cd 和 $^{164}_{68}$Er 核的基态和最低的两个激发能级的自旋和宇称,若已知它们的第一激发能量为 558 keV 和 92 keV,求它们的第二激发能级的能量大约值。

解 (1) 它们都是近满壳层的奇 A 核,基态的 I^P 由最后一个核子所处的能级决定,由图 6.5.1,它们分别为 $(3/2)^+$,$(7/2)^-$ 和 $(7/2)^-$。由于 $1d_{3/2}$ 下面的能级 $2s_{1/2}$ 比上面的能级 $1f_{7/2}$ 离它近,因此,^{39}K 的第一激发态是 $2s_{1/2}$ 能级上一个质子激发到 $1d_{3/2}$ 能级成对,单个质子在 $2s_{1/2}$,^{39}K 的第一激发态的 I^P 为 $1/2^+$。而 $1f_{7/2}$ 上面的能级 $2p_{3/2}$ 比下面的能级 $1d_{3/2}$ 离它较近,因此,^{41}Ca 和 ^{41}Sc 的第一激发态的 I^P 均为 $3/2^-$。

(2) $^{114}_{48}$Cd 是近满壳层偶偶核,激发能级为振动能级,最低三个能级的 I^P 分别为 0^+,2^+ 和 $0^+,2^+,4^+$,第二激发态是 $0^+,2^+$ 和 4^+ 三个简并的振动能级退化而成的,其平均激发能大约是第一激发能的 1 倍,即 1 120 keV。而 $^{164}_{68}$Er 为远离满壳层的偶偶核,激发能级为转动能级,三个能级的 I^P 分别为 0^+,2^+ 和 4^+,第二激发能大约是第一激发能的 10/3 倍,即为 280 keV。

习 题

6.1 从 Aquila 星座方向探测到一个能量为 10^{17} eV 的宇宙线中子,试计算产生这个中子的星体离地球的最大距离。

6.2 5 MeV α 粒子在充 1 atm 空气的云室内显出 4 cm 长径迹,大约要观察多少个径迹才可能有一次机会发现由于与核碰撞引起的大角弯折?

6.3 一个 π^- 介子最初被氘核束缚在最低的库仑轨道上,然后被氘核俘获形成一对中子,π^- 的 $I^P = 0^-$。求:

(1) 中子对系统的总角动量和宇称;

(2) 它们的轨道角动量;

(3) 它们的总自旋角动量。

6.4 氢核自旋为 1/2,氘核自旋为 1。

(1) 确定 H_2,D_2 和 HD 分子的可能核自旋态;

(2) 它们各自的核自旋态允许的转动态;

(3) 估计 H_2 分子前两个转动能级的能量差、核动能贡献的近似值、两核自旋作用及核与轨道相互作用的贡献;

(4) 用(3)的结果得出 H_2,D_2 和 HD 在温度为 1 K 时的核自旋态分布。

6.5 一块石蜡样品被置于均匀磁场 B 中,样品包含了许多氢原子核。

(1) 当温度为 T 时,给出处于不同磁量子数状态的质子数表达式;

(2) 为观测由振动磁场产生的共振吸收,引入一个射频线圈,问它相对于稳恒磁场 B 的方向应如何放置? 为什么?

(3) 在什么频率下可以观测到共振吸收? 给出表达式。

6.6 核磁共振计算机断层照相机(NMR-CT)是临床医学中诊断人体疾病的最新一代装置。现有一台 400 MHz 的 NMR-CT。

(1) 求所用的超导磁铁的磁感应强度;

(2) 求质子能级的超精细分裂大小;

(3) 要得到 ^{17}O 的共振信号,频率要调到多大? (已知 ^{17}O 的 $I = 5/2$,$\mu = -1.89\mu_N$。)

6.7 (1) 估计两个氘核聚合成 ^{4}He 放出的能量及 1 g ^{2}H 全部聚合放出的能量。

(2) 一个 10^7 kW 的聚变堆每秒聚变的氘核数是多少? 一年要消耗多少千克的氘? (设效率为 100%。)

6.8 计算 ^{17}O 核的结合能、比结合能和最后一个中子的结合能。

6.9 在铍核内每个核子的平均结合能为 6.45 MeV,氦核内为 7.06 MeV,要把 ^{9}Be 分为两个 α 粒子和一个中子需消耗多少能量?

6.10 (1) 试由原子核结合能半经验公式推导出 β 稳定线上的原子核的 Z 和 A 所满足的关系式。铅的 $Z=82$，求最稳定的铅的 A 值。

(2) 如果电耦合常数 e^2 的大小为现在数值的一半，强作用不变，问 β 稳定线怎样变化？铅的稳定质量数 A 变为多少？

6.11 如果核力与电荷无关，np 可组成束缚态氘核，为什么不存在双中子和双质子的束缚态？

6.12 已知氘核基态角动量 $I=1$，$\mu_d=0.85744\mu_N$，$\mu_p=2.79285\mu_N$，$\mu_n=-1.91304\mu_N$。试分析氘核基态特性，为什么无 P,G 态贡献？计算纯 D 态磁矩，确定 S 态与 D 态的混合比。

6.13 (1) 由壳模型确定 ^{15}O，^{16}O 和 ^{17}O 基态的 I^P 值。

(2) 确定 $^{18}_4F$ 的 I^P 值；

(3) 解释偶-偶核的 I^P 为什么总为 0^+；

(4) 确定 $^{13}_5B$，$^{13}_6C$ 和 $^{13}_7N$ 的基态的 I^P；

(5) 讨论这三个核的质量的相对大小，并估算 $^{13}_6C$ 和 $^{13}_7N$ 的质量差。

6.14 由中子单粒子壳层模型能级图，估算：

(1) ^{207}Pb 基态和三个最低激发态的自旋和宇称；

(2) ^{209}Pb 基态与第一激发态的自旋和宇称；

(3) ^{208}Pb 和 ^{209}Pb 基态的磁矩；

(4) ^{208}Pb 和 ^{207}Pb 基态的电四极矩。

6.15 (1) 试确定 $^{91}_{39}Y$ 核的基态和第一激发态的 I^P 值；

(2) 估算此原子的处于 $n=1$ 态的电子的能量；

(3) 若核的第一激发能为 555.6 keV，它发出的 γ 射线产生的 K 壳层光电子的动能是多少？

(4) 随后发出的 K X 射线的能量是多少？

第 7 章 核衰变和核反应

在上一章已经详细介绍了原子核的一些基本特性,在这一章要介绍原子核发生变化的一些现象。它们包括原子核自发的变化现象和原子核反应,前者如各种放射性衰变和跃迁,核反应中最重要的有裂变反应和聚变反应。本章主要介绍这两方面的现象和基本规律[18-25]。

7.1 放射性衰变的基本规律

在现在已知的2 790多种核素中绝大多数是不稳定的,会自发地衰变,放出各种射线。这种现象称为放射性衰变。

人们对原子核的了解最早是从放射性开始的。1896年贝克勒尔(A. H. Becquerel)在研究铀盐和钾盐混合物的荧光现象时,将这种物质放在用黑纸包好的照相底板上,原先是想研究它被太阳照射后是否会放出X射线,使底片感光。但是,接连两天的阴雨使实验未做成。他偶然有了一个想法,想看看底片会不会也轻度曝光,当他打开纸包一看,发现底片曝光得很厉害,上面的阴影正好是那块铀盐的像。他立刻意识到这是发现了新射线,这种射线比X射线的穿透力更强,来源于不稳定原子核的衰变,这就是铀元素的放射性。之后,玛丽·居里(M. S. Curie,即居里夫人)和皮埃尔·居里(P. Curie)立刻投身于这一研究工作,从而发现并提取了比铀元素放射性更强的钋和镭元素。他们三人因此共同获得了1903年诺贝尔物理学奖。

到目前为止,人们已经发现的放射性衰变类型主要有四种:α衰变、β衰变(包括β^+和β^-衰变及电子俘获)、γ跃迁(包括内转换)和自发裂变。除此之外,还有一些少见的类型,它们是质子放射性(放出一个质子)、^{14}C 放射性、β 衰变后的缓发 p 或 n、双 β 衰变等。下面将分别介绍这些核衰变,在讲解这些之前,在这一节首先介绍放射性衰变的一般规律。

7.1.1 指数衰变规律和活度

放射性衰变是原子核的自发现象,与原子核所在原子的物理和化学状态关系很小,外界的温度、压力、电磁场、化学反应等对放射性的影响是很微弱的。可以认为,各个原子核都是彼此孤立的存在,每个原子核的衰变是独立地进行的,与其他原子核的存在无关,也不受外界影响,原子核的存在时间可长可短,原子核衰变完全是一个偶然事件。但如果有大量的同种原子核存在,彼此无关地衰变,虽不能确切知道某原子核在什么时刻衰变,从统计的观点来看,在 t 到 $t+\mathrm{d}t$ 时间内衰变的原子核数 $-\mathrm{d}N(t)$ 显然正比于原子核的数目 $N(t)$ 和 $\mathrm{d}t$ 时间,写成等式即为

$$-\mathrm{d}N(t) = \lambda N(t)\mathrm{d}t \tag{7.1.1}$$

加负号是因为 $N(t)$ 随时间增加而减少,$\mathrm{d}N$ 是负值,比例系数 λ 称为衰变常数,

$$\lambda = \frac{-\mathrm{d}N(t)}{N(t)\mathrm{d}t} \tag{7.1.2}$$

由于 $-\mathrm{d}N/N$ 是单个原子核的衰变概率,因此 λ 即为一个原子核在单位时间内的衰变概率,也就是衰变速率,显然 $1/\lambda$ 为衰变掉所需时间即寿命 τ,有 $\tau = 1/\lambda$。

设初始 $t=0$ 时刻的原子核数为 N_0,则将式(7.1.1)积分,得

$$N(t) = N_0 \mathrm{e}^{-\lambda t} = N_0 \mathrm{e}^{-t/\tau} \tag{7.1.3}$$

因此,大量同种原子核衰变时,原子核数目随时间增长是按指数规律减少的。

在放射性衰变中常用半衰期 T 而不是 λ(或 τ),它表示某种核素的原子核数目衰变成原来一半时所需的时间。由此定义,代入式(7.1.3)可得

$$T = \frac{\ln 2}{\lambda} = \frac{0.693}{\lambda} = 0.693\tau \tag{7.1.4}$$

图 7.1.1 是 ^{131}I 放射性衰变曲线(即 $N(t)$ 随时间 t 变化的曲线,图中为实线),图(a)是线性坐标,曲线为指数下降,图(b)中纵坐标为对数坐标,曲线为直线下降。

由此可见,单个原子核的衰变完全是偶然的,每个原子核发生衰变的时间是不能预先知道的,由概率决定,但大量同种原子核的衰变服从统计的指数衰变规律,它们的平均衰变速率 λ 和半衰期 T 是不变的,只是各种核素所特有的性质,不因外界温度、压力、核的状态等因素而变化,确定的核素有确定的半衰期。例如,常用的 ^{60}Co 的 $T \approx 5.275$ a,^{137}Cs 的 $T \approx 30.187$ a。

放射性核素衰变的激烈程度可用放射性活度 A 来表示。放射性活度 A 定义

为单位时间内衰变的原子核数目

$$A(t) = -\frac{dN(t)}{dt} = \lambda N(t) = A_0 e^{-\lambda t} = A_0 e^{-0.693t/T} \tag{7.1.5}$$

$A_0 = \lambda N_0$,是 $t=0$ 时刻的放射性活度。由此可见,活度 $\lambda N(t)$ 也是随时间按同一指数规律衰减,如图 7.1.1(a)虚曲线所示,纵坐标 $A(t) = \lambda N$ 由右边标出。由于活度是单位时间内衰变的原子核数的绝对量,因此,活度既与衰变速率 λ 成正比,又与原子核数目 N 成正比。

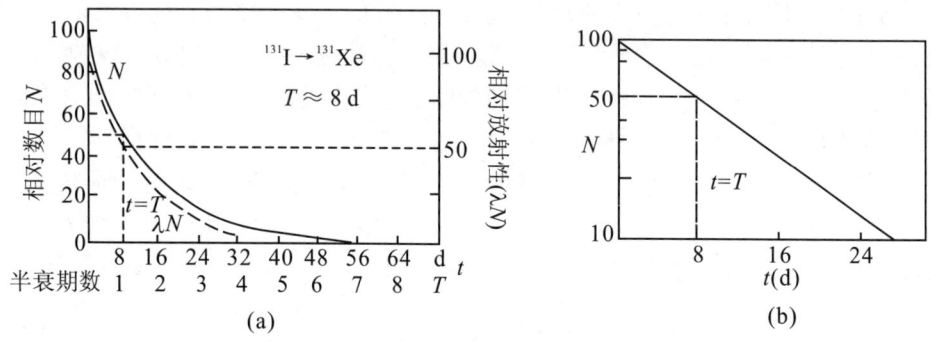

图 7.1.1 ^{131}I 放射性衰变曲线

过去用居里(用符号 Ci 表示)作为放射性活度的单位,定义 1 Ci 放射源每秒发生 3.7×10^{10} 次衰变,再小的单位有 mCi(毫居里)和 μCi(微居里),1 Ci = 10^3 mCi = 10^6 μCi。注意,这里居里表示的是衰变的原子核数目,而不是放射出来的粒子数,单位时间内放射出的粒子数叫放射性强度。例如,^{60}Co 衰变一次放出一个 β 粒子,约两个 γ 光子,1 mCi 的 ^{60}Co 源表示 1 s 内 ^{60}Co 发生了 3.7×10^7 次 β 衰变,放出 3.7×10^7 个 β 粒子和 7.2×10^7 个 γ 光子。

现在,国际上规定用贝克勒尔(Bq)作放射性活度单位,简称贝克。1 Bq = 1 次衰变/s。该单位显然是太小了,因此,常用 kBq(千贝克)和 MBq(兆贝克)作单位,1 Bq = 10^{-3} kBq = 10^{-6} MBq。

通常大小的半衰期可用测量不同时刻的放射性活度来确定。由于 A 与 t 是指数关系,$\ln A$ 与 t 是直线关系,因此,把测得的 A 与 t 的关系在半对数坐标纸上作图,如图 7.1.1(b)所示,得到的直线斜率即为 T。将式(7.1.5)取对数,由时刻 t_1 和 t_2 的放射性活度 A_1 和 A_2,也可得到

$$T = \frac{\ln 2(t_2 - t_1)}{\ln(A_1/A_2)} \tag{7.1.6}$$

小的半衰期需要用现代的核电子学技术来测量。由于核电子学已经可以测量

小于 1 ns 的时间和在这段时间内的计数,再用式(7.1.6)计算得到短半衰期。用式(7.1.6)计算大于 1 a 的长半衰期时,由于 A_1/A_2 接近 1,误差较大,常利用公式

$$T = \frac{\ln 2 \cdot N}{A} \tag{7.1.6a}$$

通过称重间接计算 N 和直接测量 A 而得到 T。因此,要测量的半衰期越长,所用的物质量就要越多以便有足够的 A。本章习题中给出一道有关质子衰变实验的题目,它所要求的水的用量是 10 000 t,真是大得惊人。

衰变规律可以在考古或其他应用中用来确定年代,如用 ^{14}C 测定古代生物的死亡年代。放射性核素 ^{14}C 是由上层大气宇宙线中的中子撞击大气中的氮核而产生的($n + {}^{14}N \rightarrow {}^{14}C + p$),它被氧化后以 $^{14}CO_2$ 分子存在,与大气中原有的 $^{12}CO_2$ 混合。^{14}C 的半衰期为 5 730 a,它的浓度即 ^{14}C 与稳定的 ^{12}C 含量之比大约为 10^{-12}。由于宇宙线的强度和大气中 ^{14}N 浓度较恒定,大气不断流动使 ^{14}N 分布均匀,因而这个比值也稳定。在生物代谢过程中碳元素进入活体,不断新陈代谢,其交换循环相当快,因此,活机体内 ^{14}C 的浓度与大气中 ^{14}C 的平衡浓度是一样的。但是,如果机体死亡,与外界交换循环停止,^{14}C 不再补充,但又要不断衰变,因而浓度逐渐减少。因此,通过测量古代生物遗骸中 ^{14}C 的现有浓度就可以求出它的死亡年代。

年代确定的范围决定于放射性核素的半衰期。^{14}C 的测量范围是 500～40 000 年;更短的可以用 ^{85}Kr(2～60 年),^{39}Ar(45～1500 年);更长的要用 ^{81}Kr(4 万～140 万年),^{36}Cl(几十万～几百万年)。

例 7.1 今测量到一具需要考古的死生物机体中 ^{14}C 的放射性为 8.00 次衰变/mg,而用同样方法测得活的同种生物体的 ^{14}C 的放射性为 12.5 次衰变/mg,求它的死亡年代。

解 由式(7.1.5)可得

$$t = \frac{T}{0.693} \ln \frac{A_0}{A(t)} = \frac{5\ 730\ a}{0.693} \times \ln \frac{12.5}{8.00} = 3\ 690\ a$$

7.1.2 级联衰变

放射性核素衰变常常级联发生,也就是说,放射性核素衰变后的产物仍不稳定,还要再衰变。有的核素甚至需要经过十几代衰变才能达到稳定核素。以最简单的具有两代级联衰变的核素为例讨论,即 A 核素衰变成 B 核素,再衰变为 C 核素:A→B→C。设 A,B,C 核素的衰变常数和半衰期分别为 $\lambda_1, \lambda_2, \lambda_3$ 和 T_1, T_2, T_3,如果 $t = 0$ 时刻只有母体 A 核素,数目为 N_{10},活度为 A_{10},那么 t 时刻的 A 核素数目和 A 核素放射性活度分别为

$$N_1(t) = N_{10} e^{-\lambda_1 t}$$
$$A_1(t) = A_{10} e^{-\lambda_1 t} = \lambda_1 N_{10} e^{-\lambda_1 t}$$

子体 B 核素一方面不断地衰变成 C 核素,同时又不断从 A 核素产生,因此,B 核素的生长率 $dN_2(t)/dt$ 应等于它的产生率(即 A 的衰变率)$\lambda_1 N_1(t)$ 减去它的衰变率 $\lambda_2 N_2(t)$,

$$\frac{dN_2(t)}{dt} = \lambda_1 N_1(t) - \lambda_2 N_2(t) \tag{7.1.7}$$

将 $N_2(t)$ 项移到等式左边,各项同乘 $e^{\lambda_2 t}$,得到

$$\frac{d}{dt}[N_2(t)e^{\lambda_2 t}] = \lambda_1 N_{10} e^{(\lambda_2 - \lambda_1)t}$$

积分后有

$$N_2(t)e^{\lambda_2 t} = \frac{\lambda_1}{\lambda_2 - \lambda_1} N_{10} e^{(\lambda_2 - \lambda_1)t} + C$$

由于最初假设 $t=0$ 时,$N_2=0$,因此可以求出 $C = -\lambda_1 N_{10}/(\lambda_2 - \lambda_1)$,于是

$$N_2(t) = \frac{\lambda_1}{\lambda_2 - \lambda_1} N_{10} (e^{-\lambda_1 t} - e^{-\lambda_2 t}) \tag{7.1.8}$$

B 核素的放射性活度为

$$A_2(t) = \lambda_2 N_2(t) = \frac{\lambda_1 \lambda_2}{\lambda_2 - \lambda_1} N_{10} (e^{-\lambda_1 t} - e^{-\lambda_2 t}) \tag{7.1.9}$$

由此可见,子核素 B 的数目和活度不再按简单的指数规律衰变,与母核素的半衰期也有关,如图 7.1.2 所示,开始时增加,在满足条件 $dA_2(t)/dt=0$,即

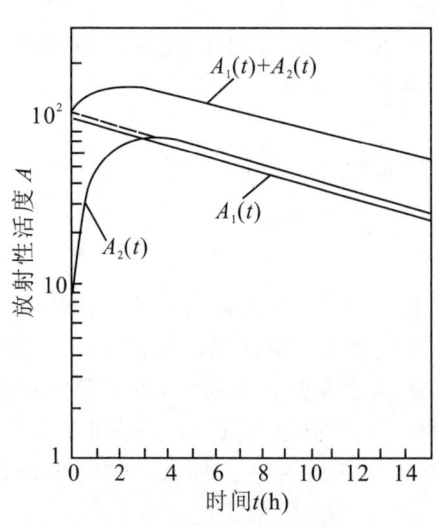

图 7.1.2 子核素生长和衰变曲线

$$t = t_m = \frac{1}{\lambda_2 - \lambda_1} \ln \frac{\lambda_2}{\lambda_1} \tag{7.1.10}$$

时达到最大值,然后下降。在 $t = t_m$ 时,令公式(7.1.7)为零,得到关系

$$\lambda_2 N_2(t_m) = \lambda_1 N_1(t_m) \quad 或$$
$$A_1(t_m) = A_2(t_m) \tag{7.1.11}$$

这时子核素与母核素的放射性活度相等。当 $t > t_m$ 时,$A_2(t) > A_1(t)$。

在母核素寿命远大于子核素寿命($T_1 \gg T_2$,$\lambda_1 \ll \lambda_2$)的情况下,相当长时间后($t > 5T_2$)测量,近似有关系

$$\left. \begin{array}{l} N_2(t) \approx \frac{\lambda_1}{\lambda_2} N_{10} e^{-\lambda_1 t} \\ A_2(t) \approx A_1(t) \end{array} \right\} \tag{7.1.12}$$

因此,子核素将按母核素的半衰期进行指

数衰变,两者的放射性活度近于相等,处于平衡状态,图 7.1.2 的两核素衰变条件就近似于这种情况。

核素和核技术在医院里使用得已越来越普遍了,在工业发达的先进国家,大约有 1/3 的病人要用核技术来诊断和治疗疾病,因此是否使用核技术已经成为医疗现代化的标志之一。为了减少病人所受放射性核素的照射剂量,以及能用更强的放射性,希望给病人注射寿命较短的放射性核素,然而这种药品的运输需要一定的时间,这就使得它的应用受到了限制。现在,利用上述级联衰变特性,已研究和生产出一种专供医院使用的短寿命核素,如 Mo‐Tc 发生器,医生给病人用的是 ^{99m}Tc,它的 γ 射线能量较低,为 141 keV,半衰期为 6.02 h,病人所受辐照剂量较小,但发生器装的是放射性 ^{99}Mo,它的半衰期是 66 h,大约经过 1 天,产生的 ^{99m}Tc 与 ^{99}Mo 达到平衡而按 ^{99}Mo 的半衰期衰变,需要时使用化学方法把 Tc 淋洗出来使用,过 1 天后又能产生足够量 Tc,可不断使用,像乳牛挤奶一样,很方便。类似的还有 Sn‐In 发生器,其衰变特性在习题 7.6 中给出。

在 C 核素不稳定情况下,有

$$\frac{dN_3(t)}{dt} = \lambda_2 N_2(t) - \lambda_3 N_3(t)$$

用式(7.1.8)并用求 $N_2(t)$ 的同样方法得到

$$N_3(t) = N_{10}\left[\frac{\lambda_1\lambda_2}{(\lambda_2-\lambda_1)(\lambda_3-\lambda_1)}e^{-\lambda_1 t} + \frac{\lambda_1\lambda_2}{(\lambda_1-\lambda_2)(\lambda_3-\lambda_2)}e^{-\lambda_2 t} \right.$$
$$\left. + \frac{\lambda_1\lambda_2}{(\lambda_1-\lambda_3)(\lambda_2-\lambda_3)}e^{-\lambda_3 t}\right] \tag{7.1.13}$$

在 C 核素稳定情况下,即 $\lambda_3=0, A_3=0$,式(7.1.13)变为

$$N_3(t) = N_{10}\left(1 - \frac{\lambda_2}{\lambda_2-\lambda_1}e^{-\lambda_1 t} + \frac{\lambda_1}{\lambda_2-\lambda_1}e^{-\lambda_2 t}\right) \tag{7.1.14}$$

7.1.3 核素生产

在科学研究和工业、农业、医学中使用的放射性核素通常是在反应堆和加速器中靠核反应方法产生。核素一方面通过核反应产生,设它的产生率为 $P(t)$,一方面又要衰变,它的衰变率为 $\lambda_1 N_1(t)$,因此,核素总的生长率为

$$\frac{dN_1(t)}{dt} = P(t) - \lambda_1 N_1(t) \tag{7.1.15}$$

现在来求靶被入射粒子照射 t 时刻后生成的放射性核素的活度。若反应截面为 σ,入射粒子通量即单位时间单位面积入射的粒子数为 φ,靶核数目为 N_0,则产生率 $P = \sigma\varphi N_0$。通常 P 为常数,用上面的类似方法,可以求得

$$N_1(t) = \frac{P}{\lambda_1}(1 - e^{-\lambda_1 t}) \tag{7.1.16}$$

因此,要求的活度为

$$A_1(t) = \lambda_1 N_1(t) = P(1 - e^{-0.693t/T_1}) \tag{7.1.17}$$

它随时间按指数规律增加,当 $t \geqslant 3T_1$ 时, $A_1 \geqslant 0.875P$,增加逐渐变缓慢;当 $t \geqslant 5T_1$ 时,$A_1 \geqslant 0.969P$,生成的放射性活度基本上达到饱和,如图 7.1.3 所示。

由此可见,在生产核素时,通常的照射时间是它的半衰期 T_1 的 3~5 倍,继续延长照射时间是没有意义的。

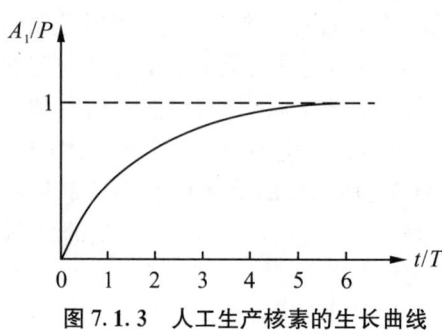

图 7.1.3 人工生产核素的生长曲线

如果 A 核也发生级联衰变,A→B→C,用同样方法可以求得 B 核素的活度为

$$A_2(t) = \lambda_2 N_2(t) = P\left(1 - \frac{\lambda_2}{\lambda_2 - \lambda_1}e^{-\lambda_1 t} - \frac{\lambda_1}{\lambda_1 - \lambda_2}e^{-\lambda_2 t}\right) \tag{7.1.18}$$

7.2 α 衰 变

7.2.1 α衰变条件和衰变能

α 粒子是氦核 ^4_2He,它由两个质子和两个中子组成,带两个单位正电荷。α 放射性原子核经 α 衰变后放出一个 α 粒子,变成原子序数少 2、质量数少 4 的另一种原子核。如镭放出 α 粒子后成为氡:

$$^{226}_{88}\text{Ra} \rightarrow\ ^{222}_{86}\text{Rn} + ^4_2\text{He}$$

通常只有重原子核才有 α 放射性,现在已经知道的有 400 多种 α 放射性核素,每种 α 放射性核素放出一种或数种单一能量的 α 粒子,它们的能量一般在 4~9 MeV 以内。例如,^{210}Po 主要放出一种能量为 5.304 MeV 的 α 粒子(占 99% 以上);^{241}Am 主要的 α 射线能量是 5.486 MeV(85.2%)、5.443 MeV(12.8%) 和 5.388 MeV(1.4%)等,与此同时,还伴随有能量是 59.5 keV(35.7%)和 26.4 keV(2.4%)等的 γ 射线,另外还有内转换效应(IC)产生的能量为 17.8 keV(19.3%)

和 13.9 keV(13.3%)等的 X 射线，详细见图 7.2.1。

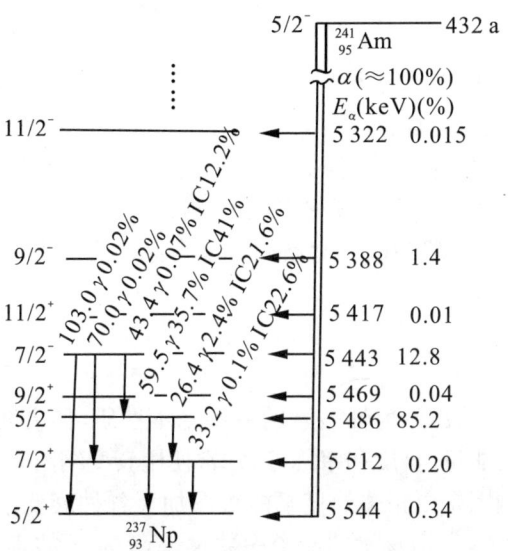

图 7.2.1 ^{241}Am 的 α 衰变纲图

α 粒子是重带电粒子，因此电离损失很大，通过物质的径迹是一条直线，射程很短，在空气中它大约能走 3 cm，用一层薄纸就可以挡住。

从能量守恒的观点看，只要母核的质量大于所有衰变产物的质量之和，就可以发生衰变，因此将衰变中释放出的能量即衰变能 E_d 定义为母核 A 的静止能量减去子核 B 加放出粒子的静止能量之和。衰变能也可以用原子质量来表示。用这两种方法得到的计算公式为

$$E_d = [m_A(A,Z) - m_B(A-4,Z-2) - m_\alpha]c^2$$
$$= [M_A(A,Z) - M_B(A-4,Z-2) - M_{^4\text{He}}]c^2 \quad (7.2.1)$$

这里，m_A，m_B 和 m_α 分别表示母核、子核和 α 粒子的质量；M_A，M_B 和 $M_{^4\text{He}}$ 分别表示母核原子、子核原子和 ^{4}He 原子的质量。这部分衰变能转变为 α 粒子的动能 T_α 和子核的反冲动能 T_B。

设衰变后 α 粒子和子核的运动速度分别为 v 和 V，由于衰变前母核是静止的，动量守恒要求衰变后的两粒子的运动方向相反，动量大小相等，即有 $m_\alpha v = M_B V$，从而得到 T_B 和 T_α 的关系：

$$T_B = \frac{1}{2}M_B V^2 = \frac{M_B^2 V^2}{2M_B} = \frac{m_\alpha}{M_B}T_\alpha \quad (7.2.2)$$

由此式和能量守恒可以导出衰变能 E_d 和 α 粒子动能 $T_α$ 的关系：

$$E_d = \frac{1}{2}m_α v^2 + \frac{1}{2}M_B V^2 = \left(1 + \frac{m_α}{M_B}\right) T_α \approx \frac{A}{A-4} T_α \qquad (7.2.3)$$

由式(7.2.2)可见，当原子核质量远大于 α 粒子质量时，剩余原子核的反冲动能远小于 α 粒子获得的动能。此外，由式(7.2.3)可见，衰变能不等于放出粒子的动能，只有当原子核质量远大于 α 粒子质量时，两者才近似相等。可以由式(7.2.1)通过原子质量或者由式(7.2.3)通过测量 α 粒子的动能来确定衰变能。能够发生 α 衰变的条件是 $E_d>0$，由此条件可以确定该核素能否发生 α 衰变，并求出衰变能或 α 粒子的动能。

7.2.2 衰变纲图

为了简单明了地给出放射性核素的一些基本性质，如衰变种类、射线能量、衰变道分支比、能级的能量、自旋和宇称等，常常使用衰变纲图。

实际上，衰变纲图是由相关的核素能级图加上各种衰变信息构成的。通常右边核素的原子序数大，左边核素的原子序数小；箭头向下的直线表示 γ 跃迁，箭头向右的斜线表示 $β^-$ 衰变，箭头向左的斜线表示 α 衰变、$β^+$ 衰变或电子俘获；跃迁线旁边标有衰变类型、放出粒子的能量和分支比；每条能级旁边标有能量、自旋、宇称和半衰期。图 7.2.1 是一个这样的衰变纲图，它给出了主要的 ^{241}Am 的 α 衰变道和 ^{237}Np 的 γ 跃迁与内转换道。

例 7.2 图 7.2.2 是 ^{8}Li 的衰变纲图，经容许型 $β^-$ 衰变到 ^{8}Be 的第一激发态，试证明 ^{8}Be 是不稳定的，能进行 2α 衰变，并求 ^{8}Be 基态和第一激发态能级的自旋和宇称。

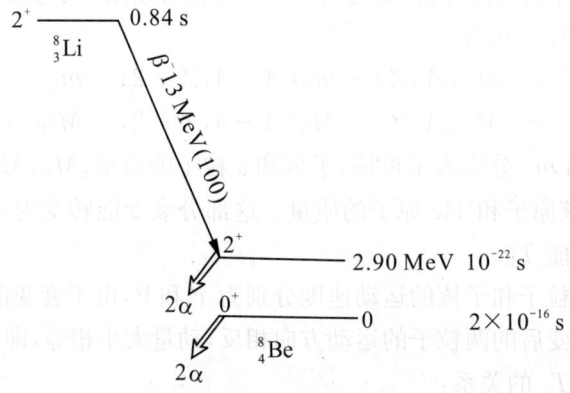

图 7.2.2 ^{8}Li 的衰变纲图

解 由式(7.2.1)和表6.1.1中的数据,得到^{8}Be的2α衰变能为

$$E_d = 8.005\,305\,\text{u} - 2 \times 4.002\,603\,\text{u} = 0.000\,099\,\text{u} > 0\,\text{u}$$

因此^{8}Be能进行2α衰变。

由于^{8}Be是偶偶核,它的基态自旋和宇称$I^P = 0^+$。

现在来求^{8}Be第一激发态的I^P。^{8}Li基态的$I^P = 2^+$,由于β^-为容许型衰变,由7.3节所述,有$\Delta P = +1, \Delta I = 0, \pm 1$,因而^{8}Be第一激发态的$P = +1$。此外,由于衰变产物为两个α粒子,α的$I^P = 0^+$,两个α粒子的总自旋角动量$S = 0 + 0 = 0$,波函数空间部分的宇称由$(-1)^L$决定。α衰变为强作用衰变,宇称守恒,角动量也守恒,因此,α衰变的初态,即^{8}Be第一激发态的宇称为偶,就要求L为偶数,总自旋$I = L + S = L$,也为偶数。因此,由于^{8}Li基态的$I = 2$,衰变ΔI要求等于$0, \pm 1$,^{8}Be第一激发态的I只能为2,I^P只能为2^+。

7.2.3 α衰变概率和寿命

可以用量子力学势垒贯穿效应来粗略地估算α衰变的概率和寿命。设想α粒子在核内自由运动,受到核力吸引,在核外受库仑力排斥,势能$V(r) = 2(Z-2)e^2/(4\pi\varepsilon_0 r)$,因而在核表面形成一势垒,如图7.2.3所示。设α粒子刚离开母核时,它与子核的距离R约为子核的半径与α粒子半径之和,代入核半径公式(6.1.2),$r = R \approx r_0(A_0^{1/3} + A_\alpha^{1/3})$,可以粗略地估计出势垒高度$V_B$,例如,$^{210}_{84}$Po的

$$V_B = \frac{2(Z-2)e^2}{4\pi\varepsilon_0 R} \approx \frac{2 \times 82 \times 1.44\,\text{eV}\cdot\text{nm}}{1.2 \times 10^{-15}\,\text{m} \times (206^{1/3} + 4^{1/3})} = 26\,\text{MeV}$$

比它放出的α粒子的动能$T_\alpha = 4 \sim 9\,\text{MeV}$大很多。从经典物理考虑,α衰变中的衰变能$E_d(\approx T_\alpha)$小于库仑势垒,α粒子是不能跑出核外的。但从2.4.4节的量子力学计算给出,α粒子却有一定的概率贯穿势垒跑出来,这是量子力学首次成功地用来解释的核物理问题。

首先利用2.4.4节的方势垒公式计算给出初步结果。这里核外是库仑势$V(r)$,势能不是常数,可以近似地用库仑势能下降到衰变能E_d即粒子可以跑出来的距离R_C来估计势垒宽度D,即令$D = R_C - R$,R_C由库仑势公式近似给出

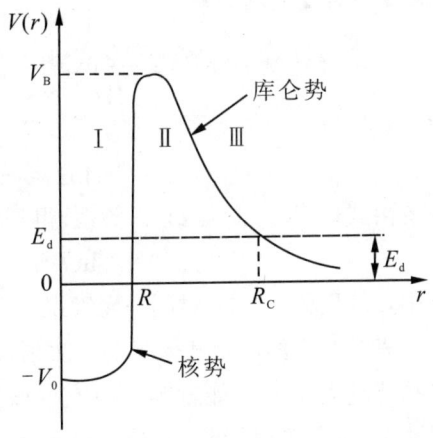

图7.2.3 α衰变中势能曲线

$$R_C \approx \frac{2Ze^2}{4\pi\varepsilon_0 E_d} \tag{7.2.4}$$

由于 α 衰变核的质量较大，α 粒子能量 $E_\alpha \approx E_d$，设 $V_0 = 0$，则由式(2.4.22)可以得到 α 粒子通过库仑势垒的贯穿系数

$$P = \frac{16 E_d (V_B - E_d)}{V_B^2} \exp\left[-\frac{2}{\hbar}\sqrt{2m(V_B - E_d)}(R_C - R)\right] = C e^{-G} \tag{7.2.5}$$

式中，C 为与 V_B，E_d 有关的系数，与所用的近似假设有关，m 为 α 粒子与核的折合质量。进一步回到实际问题上来，在核外是库仑势，势垒不是矩形，但可以把库仑势看作是由许多很小的矩形势垒拼接而成，其高度按库仑势 $V(r) = 2Ze^2/(4\pi\varepsilon_0 r)$ 线性下降，通过对 r 由 R 到 R_C 积分可得到更严格的 G 表达式：

$$G = \frac{2}{\hbar}\sqrt{2m}\int_R^{R_C}\sqrt{V(r) - E_d}\,dr = \frac{2\sqrt{2mE_d}}{\hbar}\int_R^{R_C}\sqrt{\frac{R_C}{r} - 1}\,dr$$

$$= \frac{2R_C\sqrt{2mE_d}}{\hbar}\left[\arccos\sqrt{\frac{R}{R_C}} - \sqrt{\frac{R}{R_C}\left(1 - \frac{R}{R_C}\right)}\right] \tag{7.2.6}$$

当 $E_d \ll V_B$ 时，$R_C \gg R$，有

$$G \approx \frac{4Ze^2}{4\pi\varepsilon_0 \hbar}\sqrt{\frac{2m}{E_d}}\left(\frac{\pi}{2} - 2\sqrt{\frac{R}{R_C}}\right) \tag{7.2.7}$$

α 衰变概率等于穿透概率 P 乘以 1 s 内 α 粒子撞击势垒的次数 n，母核半径近似为 R，α 粒子在核内的速度设为 v，则有 $n = v/(2R)$。由此可得 α 衰变概率 λ 与 α 衰变中衰变能的关系为

$$\lambda \approx nP \approx \frac{vC}{2R}\exp\left[-\frac{4Ze^2}{4\pi\varepsilon_0 \hbar}\sqrt{\frac{2m}{E_d}}\left(\frac{\pi}{2} - 2\sqrt{\frac{R}{R_C}}\right)\right] \tag{7.2.8}$$

取对数即有

$$\ln\lambda = -A E_d^{-1/2} + B \tag{7.2.9}$$

或者由式(7.1.4) $\lambda = \ln 2/T$ 关系，得到 α 放射核的半衰期 T 与衰变能的关系为

$$\ln T = A_1 E_d^{-1/2} + B_1 \tag{7.2.10}$$

式中，A，B 和 A_1，B_1 对同一元素视为常数，对不同的元素 m 不同，它们略有差异。

表 7.2.1 给出某些常见的 α 放射性核素的 α 衰变特性[23]。由表可见，α 粒子的动能越大，α 衰变能就越大，α 衰变概率也就越大，半衰期越短；而且 E_d 大一倍，T 小 20 多个数量级。早在 1911 年这一关系已在实验上被总结为盖革(H. Geiger)-努塔尔(T. M. Nutall)定律，后来经过仔细测量发现对偶-偶核实验值符合得更好一些，尤其是同一元素不同同位素的 $\ln T$-$E_d^{-1/2}$ 图上的点大多落在同一

直线上。奇 A 核差异较大，这是由于上面所用的理论较为粗糙。

表 7.2.1　某些常见 α 放射性核素的 α 衰变特性

α 核素	E_d(MeV)	主要的 T_α(MeV)	T	$\lambda(s^{-1})$
^{232}Th	4.08	4.02(77),3.96(23)	1.41×10^{10} a	
^{238}U	4.27	4.20(77),4.15(23)	4.47×10^9 a	4.9×10^{-18}
^{235}U	4.68	4.40(54),4.36(17),4.21(5.7),4.60(5.4), 4.56(4.5),4.32(4.7)	7.04×10^8 a	
^{226}Ra	4.87	4.78(94.5),4.60(5.5)	1.6×10^3 a	1.4×10^{-11}
^{210}Po	5.41	5.31(99)	138 d	5.8×10^{-8}
^{241}Am	5.64	5.49(85.2),5.44(12.8),5.39(1.4)	432 a	
^{238}Pu	5.59	5.50(71.6),5.46(28.3)	87.7 a	
^{222}Rn	5.59	5.49(100)	3.82 d	2.1×10^{-6}
^{216}Po	6.91	6.78(100)	0.15 s	
^{214}Po	7.84	7.69(100)	1.64×10^{-4} s	4.2×10^3
^{212}Po	8.95	8.79(100)	3.0×10^{-7} s	2.3×10^6

7.2.4　质子和其他类 α 放射性

类似 α 放射性的考虑，质子也可能克服库仑势垒跑出原子核，称为质子放射性。但是对普通的核素，最后一个质子的结合能总是正的，不存在质子放射性。只有对那些处在远离 β 稳定线的缺中子核素，其最后一个质子的结合能有可能为负，才能成为质子放射性核素。处于激发态的原子核也有可能产生质子放射性。1982 年以前发现的几十个质子放射性核素都是从 β^+ 衰变或轨道电子俘获后形成的子核激发态上发射的质子，后来才发现了几个质子放射性核素是直接从基态发射质子的[①]。例如，^{58}Ni + ^{96}Ru 聚合反应产生的核素 $^{151}_{71}$Lu$_{80}$ 能放出 1.23 MeV 质子，半衰期是 85 ms，它比稳定核素 $^{175}_{71}$Lu$_{104}$ 缺 24 个中子。^{58}Ni + ^{92}Mo 反应形成的 $^{147}_{69}$Tm$_{78}$ 也是一个例子，它放出 1.05 MeV 质子，半衰期是 0.42 s。

同样，我们还可以考虑发射双质子以及发射 ^{8}Be，^{12}C，^{14}C，^{16}O 等的离子放射性，不过这些发生概率也很小，是很难观测和鉴别的。1984 年有人报道在 189 天的测量中发现了 11 个 ^{14}C 放射性事例，它们是从 $^{223}_{88}$Ra → $^{14}_{6}$C + $^{209}_{82}$Pb 衰变中产生

---

① 杨福家.质子放射性和质子衰变[J].物理,1984,13:703.

的,后来被其他研究组证实。发射 ^{14}C 的概率是很小的,实验得到 ^{223}Ra 发射 ^{14}C 和 α 粒子的概率之比为 6.1×10^{-10}。之后,从 ^{222}Ra 和 ^{224}Ra 核素中也发现了 ^{14}C 放射性,而且从 ^{232}U, ^{234}U 等核素中还发现了 ^{24}Na 和 ^{28}Mg 放射性[①]。

7.3 β 衰 变

7.3.1 β衰变类型和衰变能

在1900年贝克勒尔发现第二种放射性即β衰变之后的相当长时间内,人们只知道一种β衰变即β⁻衰变,它产生的β⁻射线是由核内放出的电子组成。后来实验发现了多种类型的β衰变,就不再要求放出电子是β衰变的必要条件了。1930年泡利为解释β射线连续能谱而假设β衰变中还有中微子产生,1932年发现核内存在中子,1934年费米提出了β衰变理论,类比于光子是原子或原子核在不同能态之间跃迁产生的理论,他把质子和中子看作是同一种核子的不同能量状态,β衰变是由于核子不同能态间发生跃迁即核内质子和中子互相转化并发射电子和中微子的物理过程。在β衰变中,核内核子数 A 不变化,只是原子序数 Z 改变。根据质子和中子的转化方式不同,β衰变有三种主要类型。

(1) β⁻ 衰变

是指原子核内一个中子转化为一个质子同时又放出一个电子和一个反中微子 $\bar{\nu}_e$ 的过程,可用下式表示:

$$n \rightarrow p + e^- + \bar{\nu}_e \tag{7.3.1}$$

衰变结果使原子核的 Z 增加1,如

$$^{137}_{55}\text{Cs} \xrightarrow{\beta^-} {}^{137}_{56}\text{Ba} + e^- + \bar{\nu}_e$$

图 7.3.1 是 ^{137}Cs 的衰变纲图[23]。

(2) β⁺ 衰变

是指核内一个质子转化为一个中子并放出一个正电子和一个中微子的过程,它的表示式为

[①] 王世成.重碎片放射性:一种新发现的天然放射性[J].高能物理,1988,1:6. 施义晋.原子核自发衰变的新模式:发射较重离子的衰变[J].现代物理知识,1989,5:13.

$$p \to n + e^+ + \nu_e \tag{7.3.2}$$

衰变结果使原子核的 Z 减少 1,如

$$^{22}_{11}Na \xrightarrow{\beta^+} {}^{22}_{10}Ne + e^+ + \nu_e$$

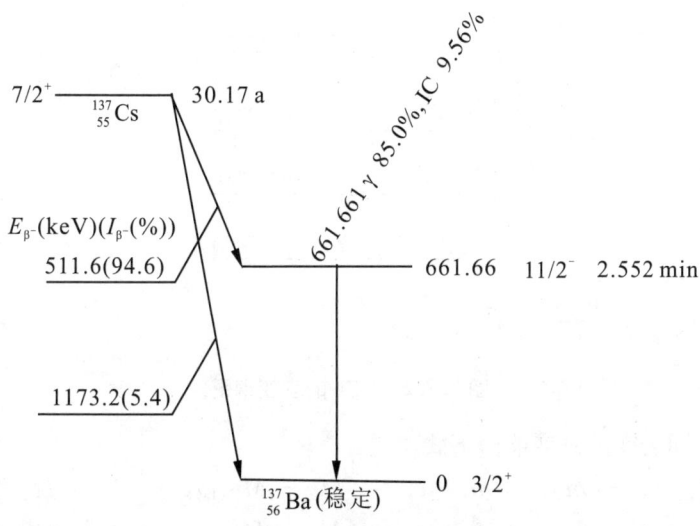

图 7.3.1 ^{137}Cs 的衰变纲图

β^+ 衰变放出的正电子会与周围物质中的电子湮灭生成两个能量各为 511 keV 的 γ 光子。

(3) 轨道电子俘获,简称电子俘获(EC)

是指原子核俘获一个核外电子,核内一个质子转化成一个中子,同时放出一个中微子的过程,其表示式为

$$e^- + p \to n + \nu_e \tag{7.3.3}$$

衰变结果使原子核的 Z 减少 1,但不放出电子。由于俘获的是核外内壳层电子,并产生原子内壳层空位,因此会产生原子的特征 X 射线或俄歇电子。K 壳层电子靠近核,通常容易被俘获,这种过程叫 K 俘获,其他壳层的电子被俘获的概率较小。

图 7.3.2 给出了 ^{64}Cu 的衰变纲图,这是一个特殊的放射性核素,同时具有三种 β 放射性。它们是:放出最大能量为 578.2 keV 的 β^- 电子,占 37.1%;放出最大能量为 652.9 keV 的 β^+ 正电子,占 17.9%;到 ^{64}Ni 激发态和基态的电子俘获各占 0.48% 和 44.5%。与电子俘获伴随的还有 ^{64}Ni 核退激发放出的 1 345.77 keV 的 γ 射线,占 0.48%,以及 ^{64}Ni 原子的能量为 7.460 9,7.478 2 和 8.26 keV 的 K X 射线;与 β^+ 衰变伴随的还有能量为 511 keV 的湮灭 γ 射线,占 35.5%。

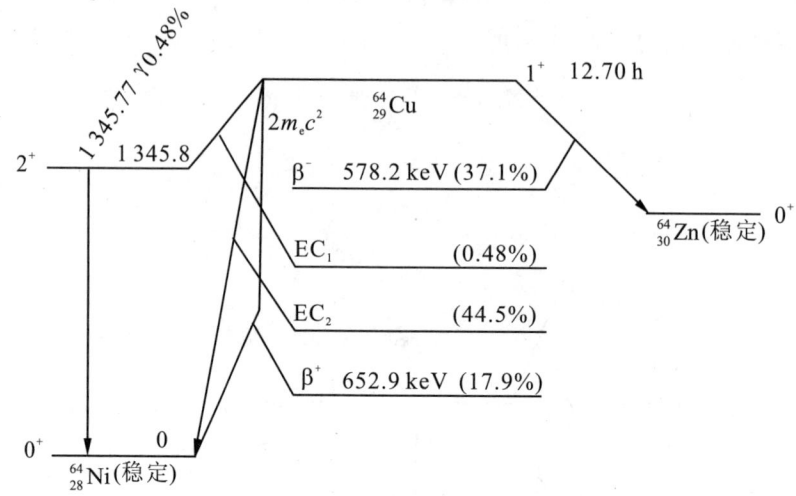

图 7.3.2　^{64}Cu 的衰变纲图

三种不同衰变的衰变能由下式给出：

$$E_d = \begin{cases} [m_Z - (m_{Z+1} + m_e)]c^2 = (M_Z - M_{Z+1})c^2 & (\beta^- \text{衰变}) \\ [m_Z - (m_{Z-1} + m_e)]c^2 = (M_Z - M_{Z-1} - 2m_e)c^2 & (\beta^+ \text{衰变}) \\ (m_Z - m_{Z-1})c^2 - E_{bi} = (M_Z - M_{Z-1})c^2 - E_{bi} & (\text{电子俘获}) \end{cases}$$

(7.3.4)

式中，M 为原子质量，m 为原子核质量，m_e 是电子的质量，E_{bi} 是原子 i 壳层的结合能。这些表达式是这样来的。根据衰变能的定义，E_d 为衰变前母核的静止能量减去衰变后子核加上放出粒子的静止能量之和，如上式前半部分表示。但若用原子质量代替原子核质量，在 β^- 衰变中，由于衰变后子核的 Z 增加 1，而电子未增加，核外多算了一个电子质量，正好与放出的电子质量抵消，故 E_d 可以用衰变前后原子的静止能量之差来表示。对 β^+ 衰变，衰变后子核的 Z 减少 1，用原子质量来表示核的质量时少算了一个电子质量，加上衰变的一个正电子的质量，应减去 $2m_e$。对电子俘获，核内不放出电子，而是吸收核外一个电子，这样子核虽变为 $Z-1$，但核外也少了一个电子，正好是电中性原子，但还要减去内层电子的结合能。

显然，只要衰变能 $E_d > 0$ 就可能发生 β 衰变，但由式(7.3.4)可见，不同的衰变类型能发生衰变的具体要求是不同的。对 β^- 衰变，只要母核的原子质量大于子核的原子质量就可以了；对电子俘获，母核的原子质量要比子核的多一个相当原子结合能的质量，由于结合能较小，这近似等于要求 $M_Z > M_{Z-1}$；对 β^+ 衰变，要求母核的原子质量比子核的多 2 倍电子质量。因此，能发生 β^+ 衰变的原子核一定能发生电子俘获,当然由于机制不同,所占份额不一定多,反过来能发生电子俘获的原子核不一定能发生 β^+ 衰变。

还有一些稀少的 β 衰变,如双 β 衰变,一次放出两个电子和两个中微子。由于这种衰变概率很小,实验上很难测到,往往容易被杂质放射性或其他本底所混淆,虽然已经寻找了 50 年,不断有人宣布测出来了,但后来又被否定了。直到 1988 年才找到一种双 β 衰变,其寿命为 10^{20} a[1],它们是

$$^{82}_{34}\text{Se} \rightarrow {}^{82}_{36}\text{Kr} + e^- + e^- + \bar{\nu}_e + \bar{\nu}_e$$

至于另外一种双 β 衰变,即无中微子发射的双 β 衰变,理论预言其寿命又要比上述双 β 衰变大两个多数量级,但至今还未发现。

目前已经知道的 2 000 多种 β 放射性核素中,绝大多数是 β^- 衰变。

7.3.2 β 射线能谱和中微子

早期除衰变机制外,还存在的另一个难题是经过十多年的仔细测量发现,同一核素发射的同一种 β 射线的能量不像 α 射线和 γ 射线那样是单一的,而是连续能谱。图 7.3.3 是 ^{137}Cs 的 β 射线动量谱,是用磁谱仪测量的,横坐标是产生磁场的电流 I,它正比于被测量到的 β 射线的动量。由于能量和动量有正变关系,图 7.3.3

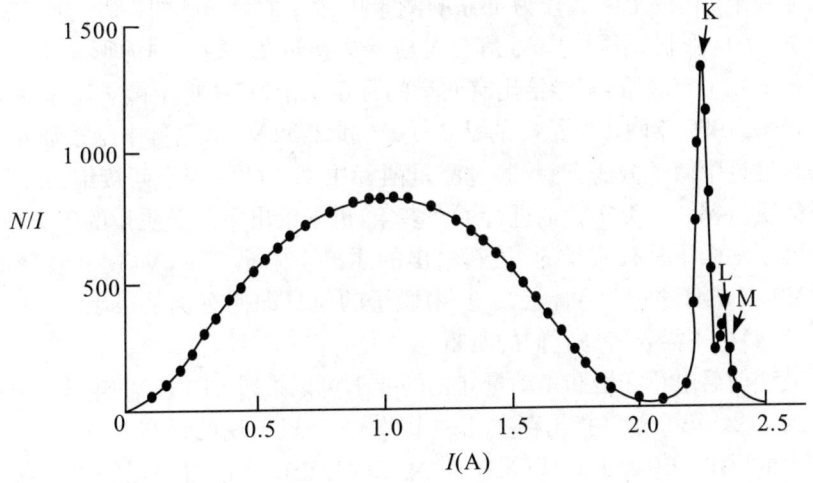

图 7.3.3 ^{137}Cs 的 β 射线和内转换电子动量谱

---

[1] Elliott S R, Hahn A A, Moe M K. Direct evidence for two-neutrino double-beta decay on ^{82}Se[J]. Phys. Rev. Lett. 1987, 59:2020.

也可近似看作β射线能谱图。由图可见,β射线的能量分布在 0 到某一最大值 E_0 之间(在图上 E_0 在 $I \approx 2$ A 处),E_0 大致为 ^{137}Cs 的衰变能,图上标有 K,L,M 的线谱是下节要介绍的 ^{137}Ba 的 662 keV γ 射线的内转换电子谱线。

问题是既然原子核也是一个量子力学体系,它具有的能量是分立的,β衰变是从一核素的确定能态跃迁到另一核素的确定能态,那么β衰变中放出的射线为什么不像α射线一样具有单一能量呢?这一难题直到 1930 年泡利假设伴随电子的发射还有一个质量很轻的中性粒子时才得以解决,1933 年费米将这个粒子叫作中微子,用 ν 表示。这样,虽然β衰变中放出的能量 E_d 是确定的,但它在子核、电子和中微子之间分配。不像α衰变那样简单,这里多了一个粒子,三个粒子之间的动量守恒关系就复杂得多,大小和方向都可以相互调节,一般说,一个粒子的能量可以在零到一个最大值之间连续变化而不违反能量和动量守恒。由于电子和中微子的质量比子核的质量小很多,子核反冲带走的动能可以忽略,E_d 主要在电子和中微子所携带的动能之间分配,电子能量是连续分布的,从 0 到 E_0。实验表明,$β^-$ 射线能量最大值 E_0 和从核反应或质谱方法所得到的β衰变能 E_d 很接近,衰变纲图或手册上给出的β射线能量都是它的最大值 E_0,常见的β射线能量 E_0 小于 3 MeV。

E_0 接近 E_d 表明中微子的质量 m_ν 远小于电子的,目前很难直接从这些数据来精确地确定 m_ν 的上限。较为可靠的测量中微子质量 m_ν 的一种方法是测量β谱接近 E_0 处的形状,不同的 m_ν 值会对应β谱接近 E_0 处不同的形状。人们用β谱仪进行了几十年测量,不能给出有质量的肯定结论,只是将中微子质量测量的上限下降很多,1999 年两个组给出的是 2.8 eV 和 2.5 eV[①]。测量中微子质量 m_ν 的新方法是进行中微子振荡实验,通过测量两种中微子的转变来间接给出不同种类中微子的质量差。这类实验也进行了许多年,也未给出中微子质量的绝对值,但间接地证明了中微子是有质量的,最新给出的质量上限是 0.1 eV,比β衰变的小很多,在第 9 章详细讨论。不管怎么说,中微子的质量即使有也是很小的,在衰变能公式(7.3.4)中不需要考虑它们的贡献。

从衰变前后电荷守恒和角动量守恒的要求可以推得,中微子的电荷为零,自旋量子数为 1/2。第 9 章将指出存在几种中微子,这里出现的是在 $β^-$ 衰变中与电子同时产生的反电子中微子 $\bar{\nu}_e$,以及在 $β^+$ 衰变中与正电子同时出现的或在电子俘获中与电子消失同时出现的电子中微子 ν_e。

---

① Weinheimer Ch, et al. High precision measurement of the tritium β spectrum near its endpoint and upper limit on the neutrino mass[J]. Phys. Lett. B, 1999, 460: 219; 464: 352. Lobashev M, et al. Direct search for mass of neutrino and annomaly in the tritium beta-spectrum[J]. Phys. Lett. B, 1999, 460: 227.

7.3.3 β跃迁分类和选择定则

不同核素的β衰变的半衰期相差很大,小到1s以下,大到10^{10}a以上。费米用量子力学微扰法计算β跃迁速率,从而得到半衰期,根据半衰期的大小将β跃迁分类。算得的单位时间内发射β粒子的跃迁概率即跃迁速率为[21-22]:

$$\lambda = \frac{2\pi}{\hbar} \left| \int \psi_f^* H \psi_i d\tau \right|^2 \frac{dn}{dE} \quad (7.3.5)$$

式中,dn/dE是单位能量间隔的终态数目即态密度,ψ_i是初态母核的波函数,ψ_f是终态波函数,即子核、电子和中微子的波函数乘积,H为β弱相互作用算符。H较为复杂,费米当初假设它为常数g,得到发射一个动量在p到$p+dp$间的β粒子的跃迁速率

$$\lambda(p)dp = \frac{g^2 |M_{if}|^2}{2\pi^3 c^3 \hbar^7} F(Z,E)(E_m - E)^2 p^2 dp \quad (7.3.6)$$

与实验β谱符合得较好。式中$F(Z,E)$称为费米函数,描述原子核库仑场对发射β粒子的修正,是子核电荷数Z与β粒子能量E的函数,有表可查;M_{if}是跃迁矩阵元,可按轨道角动量量子数L展开成依次减小的项对β跃迁分类,例如,$L=0$的项对应允许型跃迁,$L=1$的项对应一级禁戒跃迁,$L=2$的项对应二级禁戒跃迁。

β跃迁遵循角动量守恒定律,上述分类用到它,设跃迁前后原子核的自旋分别为I_i和I_f,电子和中微子的总和自旋角动量和轨道角动量分别为S和L,则有关系

$$I_i = I_f + S + L \quad (7.3.7)$$

以最简单的允许型跃迁为例,它的$L=0$,电子和中微子的自旋都为$1/2$,S可为0和1,因此,可以形成自旋反平行的$\Delta I = I_i - I_f = 0$的单态,称为费米跃迁(F型跃迁),或自旋平行的$\Delta I = 0, \pm 1$的三态($0 \to 0$跃迁除外),称为伽莫夫-特勒(Gamov-Teller)跃迁(G-T型跃迁)。

6.2节中已经指出,在弱相互作用中宇称不守恒,虽然在β衰变中宇称不守恒,但理论和实验指出,β衰变中原子核宇称的变化等于轻子带走的轨道宇称,即

$$P_i = P_f(-1)^L, \quad 或 \quad \Delta P = P_i/P_f = (-1)^L \quad (7.3.8)$$

P_i和P_f分别为母核和子核的宇称。

综合以上情况,得到允许型跃迁的选择定则为$\Delta I = 0, \pm 1, \Delta P = +1$;一级禁戒跃迁的为$\Delta I = 0, \pm 1, \pm 2, \Delta P = -1$;二级禁戒跃迁的为$\Delta I = \pm 2, \pm 3, \Delta P = +1$,不包括$\Delta I = 0$和$\pm 1$是因为若包括就能发生允许跃迁,二级禁戒跃迁可以忽略。一般情况下,n级禁戒跃迁的选择定则为

$$\Delta I = I_i - I_f = \pm n, \pm(n+1), \quad \Delta P = P_i/P_f = (-1)^n \quad (7.3.9)$$

7.4 γ 跃 迁

7.4.1 γ射线多极性和选择定则

原子核在经历 α 衰变或 β 衰变以后往往处于激发态,原子核从激发态到较低能态或基态的退激发跃迁,一般是以发射电磁波的方式进行的,发出的就是 γ 射线。由于原子核激发能量比原子的大很多,γ 射线能量也比原子辐射的光子能量大很多,一般在 10 keV 到 10 MeV 范围。像 α 射线一样,γ 射线的能量也是单一的,如果跃迁前后两能级的能量分别为 E_i 和 E_f,γ 射线的能量就等于它们的差

$$E_\gamma = E_i - E_f \tag{7.4.1}$$

图 7.4.1(a)给出的是 ^{60}Co 源经 β 衰变到达 ^{60}Ni 的激发态后连续发射两个 γ 射线到 ^{60}Ni 基态的衰变纲图,能量单位是 keV,图(b)是用高纯锗探测器测量到的 ^{60}Ni 的 γ 射线能谱。从图(b)中可以清楚地看到两条由于光电效应产生的全能峰,能谱的低能部分是由于康普顿效应产生的连续谱。

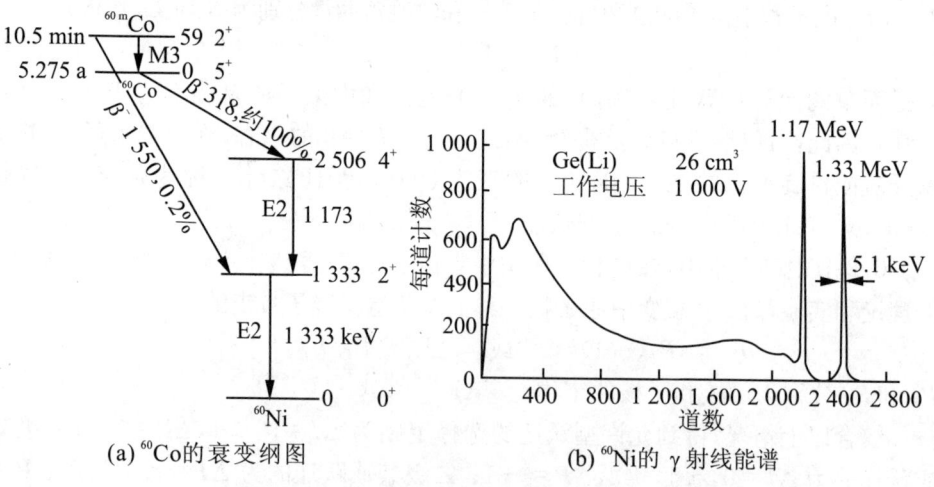

(a) ^{60}Co 的衰变纲图 (b) ^{60}Ni 的 γ 射线能谱

图 7.4.1 ^{60}Co 的衰变纲图和 ^{60}Ni 的 γ 射线能谱

下面从 γ 跃迁中角动量和宇称守恒出发来讨论 γ 射线的多极性[21,22]。设跃迁

前后能级自旋是 I_i 和 I_f,由角动量守恒定律可得,发射的 γ 射线带走的角动量

$$j = I_i - I_f, \tag{7.4.2}$$

若 j, I_i 和 I_f 分别是它们的量子数,则 j 可能的取值为

$$j = |I_i - I_f|, |I_i - I_f| + 1, \cdots, I_i + I_f \tag{7.4.3}$$

在中心力场中 γ 射线带走的角动量 j 除它的自旋 s 外还有轨道角动量 l,$j = s + l$,光子的自旋量子数 $s = 1$,由于电磁波的横波性,自旋 s 只能与波矢 k 平行或反平行,投影 $s_z = \pm 1$,即为右旋和左旋两个圆偏振波,不存在 $s_z = 0$ 的光子。因此,量子数 j 不能为 0,最小等于 1,$I_i = 0$ 到 $I_f = 0$ 的跃迁是禁戒的,只存在 $j = 1, 2, 3, \cdots$ 的辐射光子场,分别对应于偶极、四极和八极等辐射,2^j 称为辐射场的极次,阶数为 j。电磁辐射理论给出每一极次还有电和磁两种辐射,用符号 Ej 和 Mj 表示,因而存在电偶极 E1、磁偶极 M1、电四极 E2、磁四极 M2、电八极 E3 等多极辐射。由于 $s = 1$,一种 j 的辐射光子有三种 l 值,$l = j - 1$ 和 $l = j + 1$ 对应电多极辐射,$l = j$ 对应磁多极辐射。

在原子核的辐射中,观测点远离辐射源且辐射波长远大于源的线度,如较重的核半径 $R \approx 10^{-14}$ m,当 $E_\gamma = E_i - E_f = 1$ MeV,则 $\lambda = hc/E_\gamma = 3 \times 10^{-11}$ m $\gg R$,$kR = (E_\gamma/\hbar c)R \approx 0.05$,满足 $k \cdot r \ll 1$ 条件,量子电动力学由此条件给出电偶极辐射的跃迁速率公式[5,8]为

$$\lambda_{ij} = \frac{(E_i - E_f)^3}{3\pi\varepsilon_0 \hbar^4 c^3} \sum \left| \int \psi_f^* (-er) \psi_i \mathrm{d}\tau \right|^2 \tag{7.4.4}$$

式中,r 是原点到辐射源上某点的距离,$\mathrm{d}\tau$ 是在此点取的一个体积元,$\sum$ 表示对末态 f 的所有量子态跃迁速率求和,对初态 i 的所有量子态求平均。

当考虑其他种辐射时,上式哈密顿算符中还要乘以一项反映电荷在辐射源范围内变化的指数因子 $e^{i\mathbf{k}\cdot\mathbf{r}}$。当 $\mathbf{k} \cdot \mathbf{r} \ll 1$ 时它的展开式第一项为 1,对应的就是电荷分布形成的电偶极矩算符 $\mathbf{d} = (-e\mathbf{r})$ 产生的电偶极辐射。第二项 $(i\mathbf{k} \cdot \mathbf{r})$ 可以分成两个分量,对应电荷运动形成的磁偶极矩 $\boldsymbol{\mu}$ 和电荷分布形成的电四极矩 q,由此可得磁偶极和电四极辐射的跃迁速率公式。第三项 $(i\mathbf{k} \cdot \mathbf{r})^2/2!$ 对应磁四极和电八极辐射。以上述较重原子核为例,考虑单个质子跃迁壳模型,$m_p c^2 = 938$ MeV,质子磁矩 $\mu_p \approx 3\mu_N$,得到的各种多极 γ 射线的跃迁速率之间的近似关系为

$$\left. \begin{array}{l} \dfrac{\lambda_M(j)}{\lambda_E(j)} \approx \dfrac{1}{c^2} \left| \dfrac{\mu}{-er} \right|^2 \approx \left(\dfrac{3\mu_N}{ceR} \right)^2 = \left(\dfrac{3\hbar c}{2m_p c^2 R} \right)^2 \approx 10^{-3} \\[2ex] \dfrac{\lambda_{E(M)}(j+1)}{\lambda_{E(M)}(j)} = (\mathbf{k} \cdot \mathbf{r})^2 \approx (kR)^2 \approx 3 \times 10^{-3} \end{array} \right\} \tag{7.4.5}$$

由此可见,同一种多极性的磁跃迁速率比电跃迁速率小很多,同一种跃迁的辐射极

次越高,则跃迁速率越小,某个极次的磁跃迁速率近似等于高一极次的电跃迁速率

$$\lambda_M(j) \approx \lambda_E(j+1) \tag{7.4.6}$$

γ跃迁是一种电磁作用,遵从宇称守恒定律,这里的宇称是指空间反演下粒子波函数的对称性,在6.2.3节讨论过。对确定的原子核跃迁,涉及初态、末态原子核和光子三个粒子波函数,宇称守恒要求初、末态宇称 P_i、P_f 与光子宇称 P_γ 满足关系 $P_i = P_\gamma P_f$,因而 P_γ 等于两能级宇称的变化 $\Delta P = P_i/P_f$。实际上 P_γ 可以用跃迁速率公式和宇称守恒定律确定。对电偶极辐射,空间反演下公式(7.4.4)中电偶极矩($-er$)要变号,宇称守恒要求原子核初、末态宇称改变,因而电偶极辐射光子的总宇称为奇。由于磁偶极矩 $\boldsymbol{\mu}$ 由式(3.1.2)给出$\propto r \times v$,电四极矩 q 是两个电偶极矩组成,它们在空间反演下都不再变号,乘的因子 $\boldsymbol{k} \cdot \boldsymbol{r}$ 也不变号,宇称守恒要求原子核初、末态宇称不改变,因而磁偶极和电四极辐射光子的宇称为偶。最后得到辐射光子的总宇称 P_γ 也即原子核初态和末态宇称变化 ΔP 与光子的多极性有如下关系:

$$P_\gamma = \Delta P = \frac{P_i}{P_f} = \begin{cases} (-1)^j, & \text{对 } Ej \\ (-1)^{j+1}, & \text{对 } Mj \end{cases} \tag{7.4.7}$$

因此,若跃迁前后能级宇称相同,则γ射线具有偶宇称,只可能是M1,E2,M3,E4,⋯辐射;反之,若跃迁前后能级宇称相反,则γ射线有奇宇称,只能有E1,M2,E3,M4,⋯辐射。

综上所述,不是角动量守恒式(7.4.3)中各个 j 值的辐射都重要,j 只要取宇称守恒允许的最小一、二个就够了,较大 j 值由于跃迁速率小很多可以忽略。由此得到表7.4.1 γ跃迁选择定则,由它可从γ跃迁两能级的角动量和宇称确定γ射线的多极性。例如,^{60}Ni的两个γ跃迁的 $\Delta I = 2, \Delta P = +$,两条γ射线均为E2辐射;图7.3.3的^{137}Ba γ跃迁的初态$(11/2)^-$、末态$(3/2)^+$,则 $\Delta I = 4 \sim 7, \Delta P = -$,能发生的跃迁类型为M4,E5,M6和E7,主要是M4和E5。实验上也可反过来进行,从γ射线多极性来定能级的特性。

表7.4.1 γ跃迁选择定则

$\Delta P = P_i/P_f$ \ $\Delta I = \|I_i - I_f\|$	0 或 1	2	3	4	5
宇称不变 +	M1(E2)	E2	M3(E4)	E4	M5(E6)
宇称改变 −	E1	M2(E3)	E3	M4(E5)	E5

不同于原子情况,由于原子核的多极辐射的能量大,辐射寿命短,在通常的温

度和压强下的热碰撞不容易使它发生非辐射跃迁。其次,尽管随级数增加多极辐射减弱很多,但比原子的减弱(在 10^{-6} 量级)要弱很多。因此,只要低极辐射被禁戒,还是能观测到高次多极辐射的,而原子一般只存在电偶极辐射。

7.4.2 内转换和同质异能态

除了发射 γ 射线这种形式的 γ 跃迁之外,类似原子中的俄歇效应,还有一种非辐射 γ 跃迁叫内转换,用 IC 表示。这时处于激发态的原子核直接把激发能量交给核外电子而回到低能态或基态,核外电子将获得的一部分能量用于克服结合能 E_{bi} 而脱离原子,其余的能量变为它的动能,这称为内转换电子,它具有的能量为

$$E_e = E_i - E_f - E_{bi} \tag{7.4.8}$$

内转换电子不同于 β 射线,它的能量是单值的。图 7.3.3 给出的单能电子峰就是 ^{137}Ba 的 661.7 keV 能级的内转换电子的贡献,由于 Ba 原子 K 壳层电子的结合能 $E_{bi} \approx 37.5$ keV,K 层内转换电子的能量为 $661.7 - 37.5 \approx 624$ keV。

这两种 γ 跃迁过程同时存在,相互竞争。用内转换系数 α 表示内转换效应的大小,定义为内转换电子数 N_e 与 γ 射线数 N_γ 之比,也就是它们的跃迁速率之比

$$\alpha = \frac{N_e}{N_\gamma} = \frac{\lambda_e}{\lambda_\gamma} \tag{7.4.9}$$

总内转换系数等于各个电子壳层内转换系数之和,

$$\alpha = \alpha_K + \alpha_L + \alpha_M + \cdots \tag{7.4.10}$$

有表可查。由于 K 层电子离核更近,α_K/α_L 在 3~6 范围。在实际应用中,如已知 β 放射源的活度为 A,β 衰变到激发态的分支比为 η,则每秒激发态跃迁到基态的原子核数 $A\eta$ 等于每秒 γ 射线数 N_γ 与内转换电子数 N_e 之和,代入式(7.4.9),得到

$$N_\gamma = \frac{A\eta}{1+\alpha} \tag{7.4.11}$$

内转换系数随原子核的电荷数 Z 和 γ 辐射多极性 j 的增加很快增加,随跃迁能量 E_γ 的增加而减小,因此,较重的原子核以及跃迁前后能级角动量相差大和能量相差小的原子核的内转换系数大。例如,^{137}Ba 的 662 keV 激发能级 ($11/2^- \to 3/2^+$) 的 $\alpha = 0.11$ (γ 射线是 M4 和 E5),^{60}Co 59 keV 激发能级 ($2^+ \to 5^+$) 的 $\alpha = 3.6 \times 10^2$ (γ 射线是 M3 和 E4),都比较大,而 ^{60}Ni 的两条 1.17 和 1.33 MeV γ 射线(E2)的 α 都很小,分别是 1.7×10^{-4} 和 1.3×10^{-4}。

原子核激发态的 γ 跃迁速率是两种过程的跃迁速率之和,即 $\lambda = \lambda_\gamma + \lambda_e$。$\lambda$

通常较大,寿命很短,典型值为 10^{-14} s,比原子寿命的典型值 10^{-8} s 小很多。但是也有些激发态只能产生能量 E_γ 小的高极次辐射,跃迁速率会很小,能级寿命很长,出现亚稳能级,这种原子核态称为同质异能态。通常把半衰期大于 0.1 s 的长寿命同质异能态的质量数后面加上字母 m,以表示区别,如 ^{60m}Co 和 ^{60}Co。处于激发态的同质异能态与处于基态的相应核素实际上是同一种核素,具有相同电荷数和质量数,但有不同的衰变方式和半衰期,为区别把激发态核素叫同质异能素。例如,同质异能素 ^{60m}Co 主要通过 γ 跃迁到达 ^{60}Co,半衰期为 10.5 min,而 ^{60}Co 主要通过 β 衰变到达 ^{60}Ni,半衰期为 5.27 a。

7.4.3 穆斯堡尔效应

从原子核激发态跃迁到基态所发出的 γ 射线能否被处于基态的另一个同类原子核吸收,并使它跃迁到激发态,从而发生共振吸收呢?或进一步又放出同样能量的 γ 射线,发生共振散射呢?我们知道,类似的情况在原子中是很容易实现的,这就是共振荧光。但在原子核中就很困难了,主要原因是,在光子吸收和发射过程中,原子核或原子均有反冲,在前面的讨论中忽略了这部分反冲能量,考虑它就会导致两者差别,下面通过计算证明。

设光子的能量为 E_γ,二能级的能量差为 E_0,原子核或原子的质量为 M,反冲动量 p_r 等于吸收或放出的光子的动量,即有 $p_r = E_\gamma/c$,由于 $E_\gamma \ll Mc^2$,所以原子或原子核的反冲能量 E_r 远小于 E_0,因而 $E_\gamma \approx E_0$,由此求得

$$E_r = \frac{p_r^2}{2M} = \frac{E_\gamma^2}{2Mc^2} \approx \frac{E_0^2}{2Mc^2} \tag{7.4.12}$$

通常,原子的 $E_\gamma \approx 1$ eV,原子核的 $E_\gamma \approx 10^4$ eV,原子或原子核的质量 M 近于相等,因而由式(7.4.12)知原子核的反冲能量比原子的大 10^8 量级。

在发射过程中发射的光子的实际能量 $E_{\gamma e}$ 应比 E_0 少反冲能量,

$$E_{\gamma e} = E_0 - E_r = E_0 - \frac{E_0^2}{2Mc^2} \tag{7.4.13}$$

而在吸收过程中入射光子的能量 $E_{\gamma a}$ 应比 E_0 大 E_r,即

$$E_{\gamma a} = E_0 + \frac{E_0^2}{2Mc^2} \tag{7.4.14}$$

因此,在共振散射中散射光子的能量应比入射光子的能量小 $2E_r$。

现在还要考虑另一个因素,这就是能级有一定宽度。设能级宽度为 Γ,显然能够发生共振吸收或共振散射的条件是 E_r 或 $2E_r \leqslant \Gamma$,即反冲能量应在能级宽度内才能保证跃迁满足能量守恒。这一条件对原子和原子核这两种情况是不一样的。

例如，^{57}Fe 核的 γ 射线能量 $E_\gamma = 14.4$ keV，反冲能量

$$E_r = \frac{E_\gamma^2}{2Mc^2} \approx \frac{14.4^2 \text{ keV}^2}{2 \times 57 \text{ u} \times 0.938 \times 10^6 \text{ keV} \cdot \text{u}^{-1}} = 1.9 \times 10^{-3} \text{ eV}$$

上能级半衰期 $T = 9.8 \times 10^{-8}$ s，由第 8 章所给公式(8.6.11)，可求得能级宽度

$$\Gamma = \frac{\hbar}{\tau} = \frac{6.6 \times 10^{-16} \text{ eV} \cdot \text{s}}{98 \times 10^{-9} \text{ s}/0.693} = 4.7 \times 10^{-9} \text{ eV} \ll E_r$$

这样，原子核反冲吸收掉一部分能量后，^{57}Fe 发出的 γ 射线的能量不足以使其他 ^{57}Fe 原子核跃迁到高能级，不能发生共振吸收。而在原子情况下，例如钠原子的 589 nm D 线，$2E_r = 2.0 \times 10^{-10}$ eV，上能级寿命 $\tau = 1.6 \times 10^{-8}$ s，$\Gamma = 4.1 \times 10^{-8}$ eV $\gg E_r$，因而在原子情况下一般容易实现共振吸收和共振散射，而原子核不容易满足。

为了实现 γ 射线的共振散射，必须设法补偿反冲能量的损失。这一点有许多方法可以实现，其中最巧妙而且得到广泛应用的一种是 1958 年由穆斯堡尔(R. L. Mössbauer)发现的方法，其基本思想是把放射源和吸收体都做成固体或晶体，使原子进入固体晶格，原子核受到晶格束缚能的限制，遭受反冲的不再是单个原子核，而是整个晶体，它的反冲质量比一个原子质量大很多，因而反冲能大大减小，可以忽略。这种 γ 射线的无反冲共振吸收或散射称为穆斯堡尔效应。

由于无规则的热振动而造成的多普勒展宽也会影响上述测量，因此很多情况下是把源和吸收体放在低温下，这样也就进一步固定了发射核和吸收核。

目前已有 45 种元素 100 多个核素的 120 条 γ 射线被观测到穆斯堡尔效应，不过常温下能够应用的仅有 ^{57}Fe，^{119}Sn 和 ^{151}Eu 三种核素。人们已利用这一效应做成了穆斯堡尔谱仪，用来研究样品的原子核性质、固体性质或化学结构，在物理学、化学、生物学和医学、地质学、矿物学和冶金学中得到应用①。图 7.4.2 是穆斯堡尔谱仪原理图，^{57}Fe γ 放射源做往返直线运动，使 γ 源与吸收体之间的相对速度 v 做周

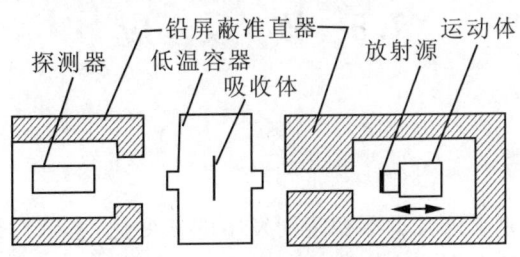

图 7.4.2 穆斯堡尔谱仪原理图

---

① 李士.穆斯堡尔谱学[J].高能物理，1988(1):9.

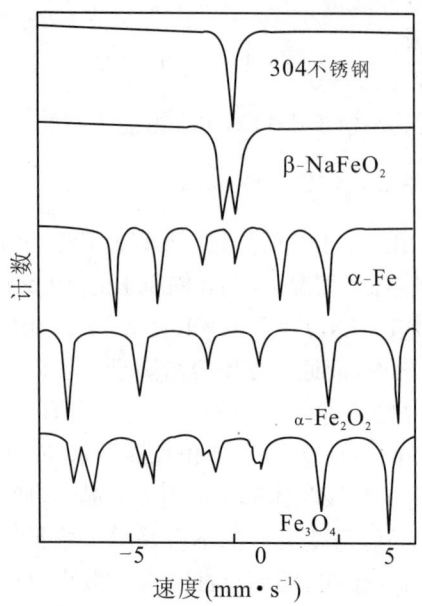

图 7.4.3　几个铁及铁的氧化物的穆斯堡尔谱

期性的线性变化,由于多普勒效应,放出的 γ 射线能量被调制,测量通过含有 Fe 的吸收体的 γ 射线,就可以获得穆斯堡尔共振吸收谱。图 7.4.3 是几种铁及铁的氧化物的穆斯堡尔谱,从图中可以看到,不同的氧化物状态和电子组态的铁具有不同的谱线。

由于多普勒效应造成的 γ 射线能量变化为

$$\Delta E = \frac{v}{c} E_\gamma$$

对 ^{57}Fe 的 14.4 keV γ 射线,$v = 1$ cm·s^{-1} 的速度相当于 $\Delta E = 4.80 \times 10^{-7}$ eV,因而分辨率 $\Delta E/E_\gamma = 3.3 \times 10^{-11}$,非常高。实际上,我们可以得到接近谱线自然宽度的穆斯堡尔谱,因此,穆斯堡尔谱仪也被用到高精密测量中。例如,1980 年有人通过测量 γ 射线在重力场中的能量变化得到引力红移,与爱因斯坦的广义相对论是符合的,因而又一次检验了广义相对论。穆斯堡尔因此获得 1961 年诺贝尔物理学奖。

7.5　核 反 应

7.5.1　核反应分类

放射性衰变是原子核自身不稳定而发生的核变化,本节讨论的原子核反应是入射粒子与稳定或长寿命原子核的相互作用而造成的核变化。入射粒子可以是质子、中子、α 粒子、γ 射线,也可以是比 α 粒子更重的离子,后者引起的反应称重离子核反应,γ 射线引起的反应称为光核反应。入射粒子能量可以低于 1 MeV,也可以高到 10^6 MeV。通常,入射粒子能量在 100 MeV 以下的称低能核反应,1 GeV 以上的称高能核反应,在这之间的称中能核反应。当然,也还有如下一些分类方法。

按出射粒子和入射粒子种类和能量的相同与不同,核反应可分为弹性散射、非弹性散射和核转变。

散射是指出射粒子与入射粒子的种类相同的核反应。弹性散射是指散射前后系统的总动能相等,原子核的内部能量不发生变化,末态与初态相同,如 $p + {}^{12}C \rightarrow p + {}^{12}C$。它包括由于库仑力作用的库仑散射(卢瑟福散射等)和由于核力作用的核势散射。

非弹性散射是指散射前后系统总动能不相等,原子核内部能量发生变化,反应后原子核处于激发态,如 $p + {}^{12}C \rightarrow p + {}^{12}C^*$。它包括由于库仑作用的库仑激发和由于核力作用的表面散射和集体激发。

核转变是指出射粒子和入射粒子不同的核反应,如卢瑟福1919年第一个实现的核反应 $\alpha + {}^{14}N \rightarrow {}^{17}O + p$ 就是核转变。

在核反应中能发生的核反应过程有时不止一种,每一种核反应过程称为一个反应道,反应前的叫入射道,反应后的叫出射道。如果一个入射道对应有几个出射道,一般说来各个反应道的发生概率不相同,由于它们是互相竞争的,总的反应截面为各个反应道截面之和。

核反应还可以按作用机制分类,粗略地可以分为两大类:复合核反应和直接反应。入射粒子和靶核内所有核子经过很多次碰撞达到热平衡后能量再次集中在少数粒子上出射的过程,就是复合核反应。在重离子核反应中也叫融合反应。由反应运动学关系可以求出复合核能级。入射粒子只与靶核内少数核子进行一次或少次作用,其他核子就像旁观者一样不介入的过程就是直接反应。最典型的直接反应是削裂反应和拾取反应。在削裂反应中,入射粒子中的一个或几个核子被靶核俘获,其余部分继续前进;在拾取反应中,入射粒子从靶核中拾取一个或几个核子而结合成较重的粒子继续前进。

7.5.2 重离子核反应

随着核物理和核天体物理研究的深入进行,重离子核反应变得越来越重要[1],已经成为核物理研究的最前沿领域。此外,重离子束也被用到原子、分子物理研究和癌症治疗。它具有如下一些特点,从而能得到多方面应用:

(1) 由于重离子带的电荷很多,库仑作用很强,可以用来研究光核反应中的巨

---

[1] 杨立铭.核物理的发展现状与新挑战[J].物理,1989,18:605. 姜承烈,赵葵.核物理新进展[J].核物理动态,1990,7:1.

共振现象,即峰的宽度达几兆电子伏的共振现象,以及研究其他库仑激发现象;

(2) 重离子入射形成高激发能的复合核的概率比轻粒子入射时大得多,容易得到几十兆电子伏激发能的复合核,因而可以得到丰富的原子核结构数据,如第6章图6.5.5就是用^{16}O核作用到^{142}Nd上得到的^{156}Er核的能级图;

(3) 由于可以选用自旋或电四极矩很大的重离子入射,因而可以用来研究高角动量原子核的特性,特别是在研究过程中发现了许多电四极矩较大的超形变核;

(4) 由于重离子质量大,利用它与高原子序数原子的核反应是寻找新元素和超重元素的主要工具;

(5) 重离子核反应容易得到远离β稳定线的新核素,它们能给出原子核结构和反应的新规律,提供新的异常的衰变模式,例如前面叙述的类α重离子放射性以及基态放射质子的放射性。

(6) 利用重离子与电子、原子和分子的碰撞可以开展许多原子分子物理和应用研究,特别是离子激发态、束箔光谱、单电子和多电子转移过程的研究。

(7) 重离子对生物分子细胞的作用研究,特别是用于癌症治疗。

由于上述这些特点,各科技强国均大力发展重离子加速器,以便开展重离子物理研究。中国科学院兰州近代物理所在1988年建成了一台兰州重离子研究装置(HIRFL),它用ECR源和PIG源产生多电荷重离子,注入器SFC是一台直径为1.7 m的扇聚焦回旋加速器,主加速器SSC是由4台扇形电磁铁和2台高频加速腔组成的分离扇回旋加速器,可以将离子加速到100 MeV·u^{-1},产生的束流经后束流线输运到各个实验终端。它可以加速元素周期表中从氢到铀的各种离子,束流强度大于10^{10} pps。1997年在HIRFL的实验终端又增建一条放射性束流线(RIBLL),该束流线产生的放射性核素为进行放射束物理研究提供了极为有利的条件。2000年之后以HIRFL为基础进行升级扩建,增加主环(CSRm)、实验环(CSRe)以及相应的外靶与内靶实验装置,于2007年建成兰州重离子加速器冷却储存环(HIRFL-CSR)。这个装置集离子加速、累积、冷却、储存、内靶与外靶实验和高分辨测量于一体,如图7.5.1所示。用HIRFL加速的离子多次注入主环,离子在主环内累积,然后再加速到更高能量进行内靶实验,或引出与外靶相互作用,或进一步剥离成高离化态束流注入实验环,开展内靶和电子离子复合等实验研究。在主环和实验环的直线段加冷电子束,使与离子束以相同速度共束运行,在库仑力作用下两束温度逐渐平衡,从而达到离子束冷却。这里"冷"不是束流的平均温度下降,而是速度的均方根值与平均值差减小,即能量分散减小,从而获得小空间发散度、高强度和高能量分辨的离子束。该装置最高加速能量为1 100 MeV·u^{-1}(^{12}C^{6+})和450 MeV·u^{-1}(^{238}U^{72+}),束流强度经电子冷却后增加4～10倍,达200

μA,寿命 60 s,动量展宽 $\Delta p/p \approx 10^{-4}$,性能达到国际先进水平。在重离子冷却储存环及其外靶系统上可以开展重离子核物理、强子物理、高电荷态原子物理、放射性束物理、重离子束辐照生物和重离子辐照治癌等研究[①]。

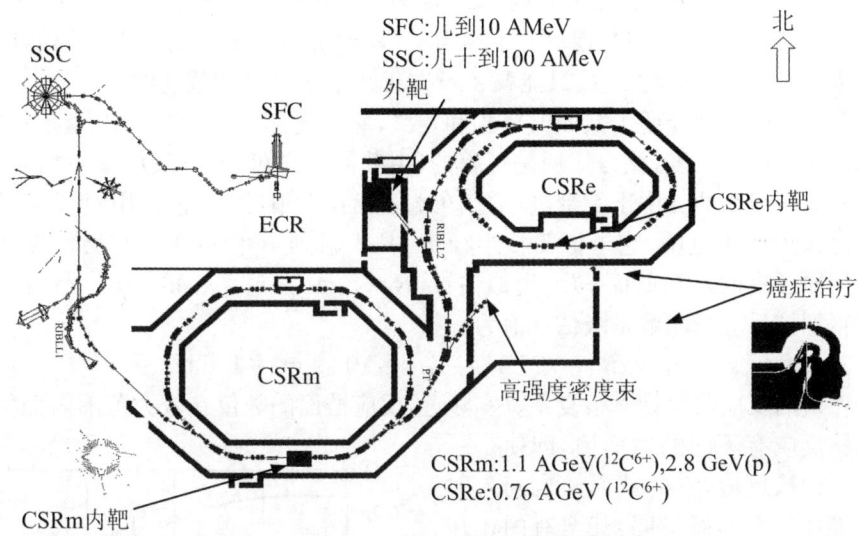

图 7.5.1 中国兰州重离子加速器冷却储存环
(中国科学院兰州近代物理所马新文教授提供)

7.5.3 守恒定律和反应截面

实验表明,核反应过程遵从如下一些守恒定律,即反应前后各粒子的守恒物理量之和(前五项)或之积(后两项)不变:

(1) 电荷守恒;
(2) 核子数即质量数守恒;
(3) 能量守恒,能量包括静止能量、动能和激发能;
(4) 动量守恒;
(5) 角动量守恒;
(6) 宇称守恒,角动量和宇称是指体系总的,包括各粒子内禀和相对运动的;
(7) 强作用中同位旋守恒。

---

① 夏佳文,詹文龙,魏宝文,等.兰州冷却环总体设计[J].高能物理与核物理,2006:335-343. 靳根明.重离子物理和交叉学科研究及 CSR 工程进展[J].原子核物理评论,2004:73-77. 柳卫平.加速器核物理大科学平台现状及展望[J].物理,2014,43:150.

例如,在 $^{14}_{7}N(\alpha,p)^{17}_{8}O$ 反应中,反应前后的电荷之和9与核子数之和18是相等的,反应前 α 和 ^{14}N 的内禀角动量和宇称分别为 0^+ 和 1^+,如果是对心碰撞,相对运动的 $L^P = 0^+$,那么反应前总的 $I^P = 1^+$;反应后 p 和 ^{17}O 的内禀 I^P 分别为 $(1/2)^+$ 和 $(5/2)^+$,两者角动量之和为2或3,宇称为 +。守恒定律要求反应后总的 I^P 也应为 1^+,因此,反应后相对运动的宇称为 +,角动量为1,2,3或2,3,4。相对运动宇称为 + 要求相对运动的 L 只能取2和4,即出射的是 d 波或 g 波。

第1章中已经介绍了截面的概念和定义,它也适用于核反应。由于原子核的尺度远小于原子尺度,核力作用是短程的,由截面定义可知,核反应截面相对原子作用截面是很小的。中子不带电,不存在电磁相互作用,能发生作用(即反应)的范围就是核力作用范围,它近似于核半径 R,凡入射到 R 内的中子均会发生反应。这里用原子核的几何截面 πR^2 近似估计,$R = r_0 A^{1/3}$,$r_0 = 1.4 \times 10^{-15}$ m,取 $A = 125$,得到核反应截面数量级估计值为

$$\sigma \approx \pi R^2 = \pi r_0^2 A^{2/3} = 1.5 \times 10^{-28} \text{ m}^2 = 1.5 \text{ b}$$

严格的反应截面计算很复杂。实际上,反应截面的数值在较大范围内变化,不同的核反应有不同的截面值,即使是一种给定的核反应,它的截面值也随入射粒子能量的不同而不同,甚至有的还在一定能量下出现峰值,称共振。一般的核反应截面量级为 mb(毫靶)至 b(靶),但某些热中子反应截面量级可高达 10^4 b,而中微子弱作用反应截面很小,在 10^{-12} b 以下。到现在为止对反应截面已积累了很多实验数据,有资料可查阅。图 7.5.2 为中子与 ^{12}C 的反应截面。

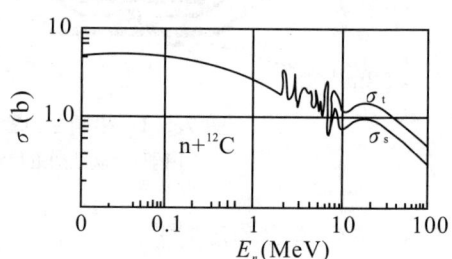

图 7.5.2 中子与 ^{12}C 的反应截面

例 7.3 11 MeV 质子入射到 0.1 mm 厚的铜箔上发生 $^{63}Cu(p,n)^{63}Zn$ 反应,反应截面 $\sigma = 0.5$ b,铜的密度为 8.92 g/cm^3,求产生中子的概率。

解 由式(1.1.2)和式(1.2.17),^{63}Cu 的 1 mol 为 0.063 kg,得到中子的产生概率为

$$P = \sigma N d = 0.5 \times 10^{-28} \text{ m}^2 \cdot \frac{6.02 \times 10^{23} \cdot 8.92 \times 10^3 \text{ kg} \cdot \text{m}^{-3}}{0.063 \text{ kg}} \times 10^{-4} \text{ m} = 4.3 \times 10^{-4}$$

由此可见,发生作用的概率是很小的,虽然一次核反应放出的能量相对可以很大,但想通过一般的核反应取得大量的原子能是不行的。难怪卢瑟福最初说过:"任何相信能从原子中获得能量的人是在说梦话。"不过后来人们还是发现了裂变和聚变的增殖方法,从而使人们能够利用原子能。

7.5.4 反应能和阈能

两体 a 和 A 的核反应如图 7.5.3 所示,可以表示为

$$a + A \rightarrow b + B + Q \tag{7.5.1}$$

其中,a 为入射粒子,A 为靶核,b 为出射粒子,B 为反应后剩余核,Q 表示反应能,它定义为核反应中释放出来的动能,即反应后粒子具有的动能与反应前粒子具有的动能之差。$Q>0$ 的反应称为放能反应,$Q<0$ 的反应称为吸能反应。若用 T 表示动能,则可以得到关系

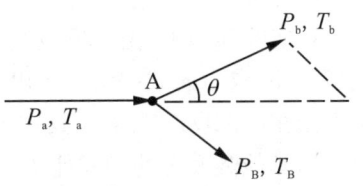

图 7.5.3 核反应运动学

$$Q = (T_b + T_B) - (T_a + T_A) \tag{7.5.2}$$

若反应前、后粒子都处于基态,则由能量守恒定律得

$$(T_a + m_a c^2) + (T_A + m_A c^2) = (T_b + m_b c^2) + (T_B + m_B c^2) \tag{7.5.3}$$

因此,反应前、后粒子都处于基态的核反应的反应能

$$\begin{aligned}Q_0 &= [(m_a + m_A) - (m_b + m_B)]c^2 \\ &= [(M_a + M_A) - (M_b + M_B)]c^2\end{aligned} \tag{7.5.4}$$

其中,m 为原子核质量,M 为原子质量。由于反应前、后总电荷不变,所以可以用原子质量代替原子核质量。因此,反应能 Q 也可以定义为反应前总静止能量与反应后总静止能量之差,类似衰变中衰变能的定义。

如果反应产物剩余核 B 不是处于基态,而是处于激发态,设激发能为 E^*,这时反应能公式(7.5.2)仍成立,但能量守恒公式(7.5.3)中的 $T_B + m_B c^2$ 应由 $T_B + m_B c^2 + E^*$ 代替,反应能的质量表达式(7.5.4)应为

$$Q = [(M_a + M_A) - (M_b + M_B)]c^2 - E^* = Q_0 - E^* \tag{7.5.5}$$

若反应产物剩余核 B 有几个激发态,则第 i 个激发态的激发能为

$$E_i^* = Q_0 - Q_i \tag{7.5.6}$$

这里用 Q_i 表示到达激发态的反应能,仍为反应中放出的动能,Q_0 为反应前、后粒子的静止能量差,即基态的反应能。

实验上可以通过测量反应中有关粒子的动能来得到 Q 值,通常靶核静止,$T_A = p_A = 0$,在固定角 θ 处测量出射粒子能量 T_b,由动量守恒关系式

$$p_B^2 = p_a^2 + p_b^2 - 2p_a p_b \cos\theta$$

在低能非相对论情况下,有 $p^2 = 2mT$,代入上式,由式(7.5.2)得到

$$Q = \left(\frac{m_a}{m_B} - 1\right)T_a + \left(\frac{m_b}{m_B} + 1\right)T_b - \frac{2(m_a m_b T_a T_b)^{1/2}}{m_B}\cos\theta \tag{7.5.7}$$

可以反解得到出射粒子的动能

$$T_b = \left\{ \frac{(m_a m_b T_a)^{1/2}}{m_b + m_B} \cos\theta \pm \left[\frac{m_a m_b T_a}{(m_b + m_B)^2} \cos^2\theta + \frac{m_B - m_a}{m_b + m_B} T_a + \frac{m_B}{m_b + m_B} Q \right]^{1/2} \right\}^2 \tag{7.5.8}$$

通常情况 $m_a < m_A$，公式中 ± 号只取 + 号，只有当 $m_a > m_A$ 时才有双解。

在实际问题中，由于反应产物剩余核 B 可能处于基态及各种激发态，因此，由式(7.5.8)求出的某一角度上出射的粒子 b 的动能 T_b 有一些分立值，由式(7.5.7)可求出相应的反应能 Q_i，其中最大的 Q_i 值即为到达反应产物剩余核 B 基态的 Q_0 值，其他激发态的激发能 E_i^* 也可由式(7.5.6)得到。

对放能反应，原则上入射粒子没有动能也可以产生核反应。核衰变即是这一情况的特例。对于吸能反应，入射粒子的动能必须大于一定数值才能发生反应，在实验室系中能发生反应的入射粒子的最小动能称为阈能，用 T_t 表示。由于反应前体系有动量，反应后体系也必定有相等的动量，因此，入射粒子的动能除供给体系吸收的反应能外，为保持动量守恒，还要供给反应产物以必要的动能，所以 $T_t > |Q|$。

现在来求阈能。设实验室系中坐标原点放在静止的靶核 A 上，按质心定义，在非相对论能区，质心坐标 x_c 和速度 v_c 分别为

$$x_c = \frac{m_a x_a + m_A \cdot 0}{m_a + m_A} = \frac{m_a}{m_a + m_A} x_a \tag{7.5.9}$$

$$v_c = \frac{dx_c}{dt} = \frac{m_a}{m_a + m_A} v_a \tag{7.5.10}$$

其中，x_a, v_a 为入射粒子 a 的坐标和速度。a 和质心各以速度 v_a 和 v_c 相对于靶 A 运动，因此，a 相对于质心（即在质心系）的运动速度 v_a^* 就等于 v_a 减去 v_c，于是有

$$v_a^* = v_a - v_c = \frac{m_A}{m_a + m_A} v_a \tag{7.5.11}$$

A 相对于质心的速度即 A 在质心系中的速度 v_A^* 就等于质心相对于 A 的速度 v_c，只是方向相反。因此 a 和 A 在质心系中的总动能

$$T^* = T_a^* + T_A^* = \frac{1}{2} m_a v_a^{*2} + \frac{1}{2} m_A v_A^{*2} = \frac{m_A}{m_a + m_A} T_a \tag{7.5.12}$$

由于在质心系中，反应前、后体系的总动量为零，反应产物不一定要有动能，因此，反应前体系 a 和 A 在质心系中的动能就提供给反应能 $|Q|$，质心系中阈能 T_t^* 即为 $|Q|$。由此得到入射粒子在实验室系的阈能为

$$T_{a,t} = \frac{m_a + m_A}{m_A} T_t^* = \frac{m_a + m_A}{m_A} |Q| \tag{7.5.13}$$

注意，在式(7.5.7)、式(7.5.8)和式(7.5.13)中，分子、分母都出现质量 m，可

以用质量数 A 代替 m，误差不大于千分之一。

例 7.4 用多大能量的质子轰击固定氚靶方能发生 p + t → n + ^{3}He 反应？若入射质子能量为 3.00 MeV，发射的中子与质子入射方向成 90°角，求发射的中子和 ^{3}He 的动能。

解 由式(7.5.4)和表(7.1.1)，反应能为

$$Q = [M(^1H) + M(^3H) - m_n - M(^3He)]c^2$$
$$= (1.007\,825 + 3.016\,049 - 1.008\,665 - 3.016\,029) \times 931 \text{ MeV} = -0.762 \text{ MeV}$$

此为吸能反应。由式(7.5.13)，产生此反应的入射质子阈能为

$$T_{p,t} = \frac{m_p + m_t}{m_t}|Q| = \frac{1.007\,825 + 3.016\,049}{3.016\,029} \times |-0.762 \text{ MeV}| = 1.017 \text{ MeV}$$

由式(7.5.8)，代入 $\cos\theta = 0$，得到中子的动能为

$$T_n = \frac{Q \cdot M(^3He) + [M(^3He) - M(^1H)]T_p}{m_n + M(^3He)}$$
$$= \frac{(-0.762 \text{ MeV}) \times 3.016\,029 + (3.016\,029 - 1.007\,825) \times 3.00 \text{ MeV}}{1.008\,665 + 3.016\,029}$$
$$= 0.926 \text{ MeV}$$

由式(7.5.2)，^{3}He 的动能为

$$T(^3He) = Q + T_p - T_n = -0.762 + 3.00 - 0.926 = 1.312 \text{ (MeV)}$$

7.6 裂变和聚变

现在讨论两种重要的与能源有关的核反应：重核裂变和轻核聚变。

7.6.1 自发裂变、诱发裂变和中子源

从上一章结合能的讨论中已经知道，由能量守恒观点来看，重核分裂成中等质量的核是可能的，这种现象称为裂变。核素自身能够裂变的现象称为自发裂变(SF)，不过天然核素中几乎不存在自发裂变。例如，^{235}U 和 ^{238}U 的 α 衰变的半衰期分别为 7.0×10^8 a 和 4.5×10^9 a，而自发裂变的半衰期分别为 1.8×10^{18} a 和 8.1×10^{15} a，自发裂变的概率只占 α 衰变的 3.9×10^{-10} 和 5.6×10^{-7}。只有更重的人造核素的自发裂变概率才逐渐变大，甚至成为核素的主要衰变方式。例如，半衰期分别为 2.65 a 和 60.5 d 的 ^{252}Cf 和 ^{254}Cf 的自发裂变占总衰变的 3.0% 和 99.7%。

自发裂变的核素也是一种中子源，而且是一种方便的强中子源。这种核素由

于是人工生产的，开始价格很高。例如，^{252}Cf 在 1968 年时每微克售价是 1 000 美元，到 1980 年的价格已降到每微克大约 10 美元，它们在实际工作中已变得越来越有用处。

可以用类似 α 衰变的势垒穿透来解释裂变现象。原子核裂变也要穿透一个库仑势垒，称为裂变势垒，例如^{236}U 为 5.9 MeV。只有放出的裂变能量即结合能接近裂变势垒高度才有较大的自发裂变概率。通常，裂变势垒比 α 衰变的势垒高，自发裂变概率比 α 衰变概率小很多，只有某些重质量核素才有较大的自发裂变概率。

除自发裂变外，入射粒子与重原子核作用发生的一个反应道，也可能是裂变，它称为诱发裂变。这是由于粒子进入核内要放出结合能，使形成的复合核处于激发态。如果这个激发能接近裂变势垒高度与裂变能之差，裂变概率就会显著增加。由于中子不带电，故进入原子核时不需要克服库仑势垒，低能中子甚至热中子（其能量为 0.025 eV，相当于室温下的 kT 值）就可以进入核内，因而中子诱发的裂变最重要。费米首先在 1934 年提出并用中子轰击原子核，发现许多人工放射性核素，1938 年哈恩(O. Hahn)和斯特拉斯曼(F. Strassmann)用中子轰击铀核得到裂变产物，费米因此而获得 1938 年诺贝尔物理学奖。

通常，裂变产生两块碎片，它们可以是各种不同质量的组合，不过两者的质量往往相差较大，质量相近的概率很小。例如，由中子引起的^{235}U 核裂变产物可以是 ^{144}Ba + ^{89}Kr + 3n，或者是^{140}Xe + ^{94}Sr + 2n，其他还有多种概率较小的反应通道。除了裂变成两块的之外，偶尔也有分裂成三块甚至四块的现象，三分裂首先是钱三强和何泽慧在 1947 年发现的，它出现的概率仅为 0.003。

注意，在中子引起的核裂变中可以产生多于 1 个中子，这可以引起链式反应，从而开发出反应堆中子源，在下一小节详细讨论。

产生诱发裂变的入射粒子除中子外还可以是带电粒子，当然带电粒子需要有较高的能量。当能量不很高时很难产生裂变，而是形成普通的核反应，因而可以用带电粒子产生中子的核反应制作中子源。常用的是 α 放射性中子源，利用 α 放射源放出的 α 射线与某种材料的核反应产生中子，如镭-铍中子源和钋-铍中子源。

当入射带电粒子的能量很高时，反应产物不是裂变成少数碎片，而是散裂成更多的碎片。最近发展的散裂中子源就是用来自大型加速器的高能负氢离子轰击重金属靶使其原子核发生散裂，通过级联核反应每个质子能产生 20～40 个中子，因而能释放出很多中子形成强中子源，可以研究各种材料的结构等物理化学特性。由于加速器产生的是脉冲束流，也称为脉冲散裂中子源。它有很多特点：是脉冲束流；中子通量非常大，已超过反应堆中子源一个量级；安全易控；每产生一个中子释放的热量仅为反应堆的 1/4（约 45 MeV）；可以选择使用不产生长寿命放射性裂变产物的靶材料,因而不像反应堆中子源那样产生长寿命放射性核废料,是干净的中子源。因而它是今后大型中子源的发展方向。

目前在美国、日本和英国已有这种类型的散裂中子源,我国由中国科学院物理所、高能所和广东省在东莞共同建造一个这样的大科学装置,称为"中国散裂中子源"(CSNS),在2018年一期已建成,束流功率为100 kW,脉冲重复频率为25 Hz,脉冲中子通量为 2.5×10^{16} cm^{-2} · s^{-1}。它包括1台80 MeV强流质子直线加速器、1台1.6 GeV同步加速器、2条束流输运线、1个W/Ta靶站和3台中子谱仪和相应的辐射防护等系统。这个装置将作为物理学、化学、生命科学、材料科学、医药、新能源开发等多学科领域的研究平台[①]。

7.6.2 链式反应、原子弹、裂变反应堆和核电站

由于裂变势垒的存在,只有很少核素的裂变能由热中子引起。天然核素中 ^{235}U 能被热中子裂变,但是它的丰度很低,只占天然铀的0.72%,其余的99.27%是 ^{238}U。自然界中存在较多的 ^{238}U 和 ^{232}Th 只能由1 MeV以上的快中子引起裂变,截面在1 b量级,它们的中子裂变截面随中子能量的变化如图7.6.1所示[22]。另外两种重要的热中子裂变核素是 ^{239}Pu 和 ^{233}U。^{235}U,^{233}U 和 ^{239}Pu 的热中子裂变截面分别是582.2 b,533.1 b和742.5 b。通常,奇A核的中子裂变阈能低,这是由于核中奇中子与外来中子形成中子对并贡献出一项对能,使复合核处于较高的激发能态,容易裂变。偶偶核就没有这一项。

裂变现象之所以重要,不仅是因为裂变过程中释放出大量的能量,例如,前面计算给出,一个 ^{235}U 核裂变放出大约200 MeV能量,1 kg ^{235}U 放出的能量相当于1万吨TNT炸药和2 900吨标准煤燃烧放出的能量。更重要的是伴随着每次裂变还会发射出更多的中子,例如,热中子 ^{235}U 裂变平均产生2.4个中子,这些新的中子有可能产生新的裂变。如果平均至少有一个新产生的中子再产生新的裂变,即中子的再生率不小于1,那么裂变就能够自持地继续下去,形成链式反应,使大规模利用原子能成为可能。但如果中子的再生率大于1,则裂变数按指数增加,不加控制就会爆炸,能够控制就是反应堆和电站。这是前面讨论的一般核反应所不能想象的。因此,裂变现象一发现,科学家便立刻认识到它的重要意义,很快在1943年建成了第一个链式反应堆,1945年制造出了原子弹,1954年建成了第一个原子能发电站。

但是,要形成链式反应也不那么容易,因为 ^{235}U 的热中子裂变截面虽然很

---

① 王芳卫,严启伟,梁天骄.中子散射与散裂中子源[J].物理,2005,34:731.

大,但裂变产生的中子能量是连续谱,峰值在 1 MeV 附近,由图 7.6.1 可见,^{235}U 的裂变截面随中子能量增加很快下降。另外,天然铀中绝大部分是^{238}U,虽然能量大于 1 MeV 的中子能产生裂变,但它的截面很小,比非弹性散射和吸收反应^{238}U$(n,\gamma)^{239}$U 截面小很多,裂变中子主要经非弹性碰撞能量很快减小,在它减小到热中子以前绝大部分均被^{238}U 吸收掉。因此,只用天然铀或低浓缩铀作燃料是不能形成链式反应的。

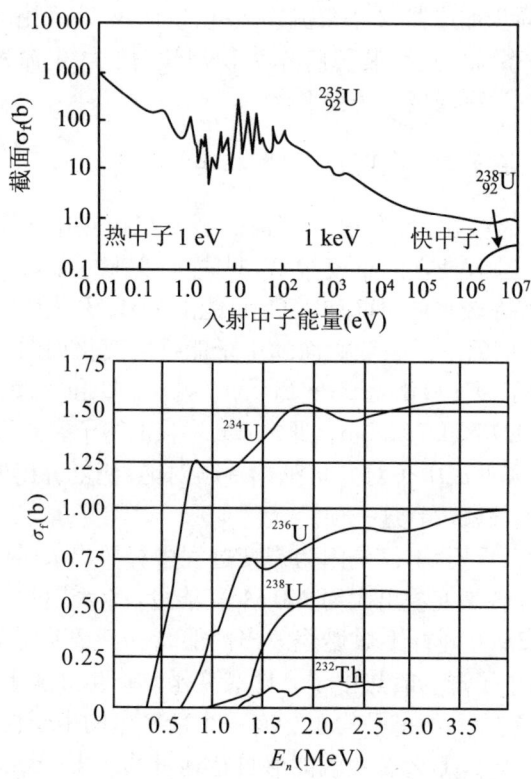

图 7.6.1　^{235}U(上),^{238}U 和^{232}Th 等(下)的裂变截面

采用高浓度的^{235}U 或^{239}Pu 作燃料,如果体积不大,中子很容易从表面逃逸,自持链式反应也无法进行,只有达到一定体积(称为临界体积),才可以形成链式反应。但是如果中子的再生率大于 1,则裂变数按指数增加,裂变在 ms 时间内会产生大量瞬发中子,链式反应进行得很快,大约 1 s 就可以产生 1 000 代中子,很难进行控制,从而形成剧烈的核爆炸,这就是原子弹。

原子弹利用化学炸药将一块处于次临界状态的裂变装料瞬时压缩成高密度(内爆法),或者使分离的两三块次临界裂变装料瞬时压拢在一起(枪法),从而达到超临界状态,并及时用中子源提供大量中子,触发链式反应而瞬时爆炸。1945年8月美国在日本投掷的两颗原子弹(一颗是铀弹,另一颗是钚弹),就分别使用了这两种方法。我国在1964年10月16日爆炸的第一颗原子弹一开始就用了先进的内爆式铀弹,其优点是可节省核装料。

要使链式反应成为可能并可控制,就需要一种装置,这种装置称为裂变反应堆,简称反应堆。在普通的热中子反应堆(欲称热堆)中,关键之处是增加中子减速剂,它使中子能量很快减小到热中子而不被^{238}U吸收,从而使链式反应能发生。显然,与中子质量相近的轻元素在和中子一次相碰时中子损失的能量最多,因此减速剂要用轻元素且不吸收中子的材料。最常用的是水和重水(D_2O),它循环流过反应堆芯,既起慢化又起冷却作用,带出的热量可用来发电。使用减速剂的反应堆通常用低浓缩铀或钍作燃料,以降低成本和保障安全,这要视反应堆的用途和种类而定。

反应堆中另一关键之处是使用控制棒和安全棒,它们由强烈吸收中子的镉或硼制成,通过提升或下降控制棒来控制链式反应的速率大或小,通过快速下降安全棒停止链式反应以避免危险。这里还有一个问题,就是链式反应是在很短时间内产生大量瞬发中子,为了控制反应,还可依靠裂变中存在的延迟发射到几秒甚至几分钟的大约1%缓发中子,它们是某些裂变产物β衰变链中产生的。因此,只要使反应堆处于次临界,即只有计入缓发中子才使链式反应得以进行,就有足够时间来控制反应的速率了。

在铀反应堆中^{238}U虽然起了不好的作用,但是它吸收快中子后经两次β$^-$衰变的产物^{239}Pu是通常的铀反应堆的副产品,是一种有用的核燃料,反应过程是

$$n + {}^{238}U \rightarrow {}^{239}U \xrightarrow[24\text{ min}]{\beta^-} {}^{239}Np \xrightarrow[2.35\text{ d}]{\beta^-} {}^{239}Pu \qquad (7.6.1)$$

但现在也在研究用^{239}Pu或^{233}U作核燃料的反应堆,称为裂变增殖堆或快堆,后者是^{232}Th的快子反应产物,其反应过程是

$$n + {}^{232}Th \rightarrow {}^{233}Th \xrightarrow[22\text{ min}]{\beta^-} {}^{233}Pa \xrightarrow[27.0\text{ d}]{\beta^-} {}^{233}U \qquad (7.6.2)$$

在快堆反应区周围还放置^{238}U或^{232}Th,它们吸收快中子产生^{239}Pu或^{233}U,后者又被慢中子裂变放出快中子,快中子又被前者吸收变成^{239}Pu或^{233}U,如此循环就可以利用在自然界中含量丰富的^{238}U和^{232}Th资源。快堆的另一优点是核废料越烧越少。2011年我国在北京中国原子能科学研究院建成一座"中国实验快堆",功率为65 MW,并网发电功率为20 MW。

反应堆已被用来建造大量的核动力潜水艇和航空母舰,此外也被大量地和平用于原子能发电,用来提供kW级电力的空间反应堆和作为中子源。反应堆中子

源也能提供高通量的中子供实验研究用,它的中子束流是连续的,通量虽不如散裂中子源,但比普通放射性中子源要大得多。2012 年我国在北京中国原子能科学研究院建成一台多用途"中国先进研究堆",功率为 60 MW,最大中子通量为 8×10^{14} $s^{-1}\cdot cm^{-2}$,已建成 13 台谱仪,可以开展中子衍射(弹性散射)、能谱(非弹性散射)和中子照相实验研究,还有孔道可开展中子活化分析、材料辐照和同位素生产等研究与生产工作[1]。与其他种射线比,中子的穿透深、作用与原子序数 Z 无关以及有磁性,是中子在上述应用中的特点。

到 2016 年全世界已有 445 座运行的核电站反应堆机组,遍布 31 个国家,总装机容量为 387 GW,核电占全世界总发电量的 11.5%,有 14 个国家核电所占比例超过 30%,其中法国的核电已占 77%。中国内地起步较晚,但发展很快。1991 年首先在浙江建成第一座秦山核电站 310 MW 机组一台,之后二期又自主建成 650 MW 机组两台、三期引进 720 MW 机组两台。已建成发电的还有广东大亚湾、广东岭澳、江苏田湾、浙江三门、广东阳江、辽宁红沿河、福建宁德等核电站。至 2016 年,全国共运行 36 台反应堆机组,核发电装机容量为 34 GW,占全国发电量的 3.5%。此外,在建的机组 21 台,装机容量为 23 GW,预计到 2020 年将建成 58 GW 装机容量核电机组,占全国发电量的 4%[2]。目前核发电机组已发展到第三代,中国 2017 年在三门投产的 AP1000 第三代机组的装机容量达 1 250 MW,比第二代的安全指标提高近百倍,成为世界上最先进的核电机组。在山东荣成正在建设的具有自主知识产权的更先进的 CAP1400 机组的容量达 1 500 MW。

7.6.3 人工核聚变和聚变反应堆

除了重核裂变能够放出大量的能量之外,轻核聚变也能够放出大量的能量。现在人们认为最有希望加以利用的轻核聚变反应有下列几种:

$$\left.\begin{array}{l} d + d \rightarrow {}^3He(0.82\ MeV) + n(2.45\ MeV) \\ d + d \rightarrow t(1.01\ MeV) + p(3.03\ MeV) \\ d + t \rightarrow {}^4He(3.52\ MeV) + n(14.06\ MeV) \\ d + {}^3He \rightarrow {}^4He(3.67\ MeV) + p(14.67\ MeV) \\ d + {}^6Li \rightarrow 2\ {}^4He + 22.4\ MeV \\ n + {}^6Li \rightarrow t + {}^4He + 4.8\ MeV \end{array}\right\} \quad (7.6.3)$$

---

[1] 刘蕴韬,陈东风.中国先进研究堆中子散射平台介绍[J].物理,2013,42:534.
[2] 刘军,许甫荣,郑春开.核能与核电[J].物理,2003,32:398. 徐銤.核电和物理学[J].物理,2006,35:689.

其中 d 即氘同位素 ^{2}H 核，t 即氚同位素 ^{3}H 核。前四个反应的截面如图 7.6.2 所示，它们构成一个循环，产生的 ^{3}He 核和 t 均被利用，总的效果是

$$6d \rightarrow 2\alpha + 2n + 2p + 43.23 \text{ MeV}$$

由于 ^{4}He 核即 α 粒子的比结合能比 d 和 t 核的大很多，因此放出很多能量。此外，虽然每个反应放出的能量比裂变的少很多，但平均每个核子产生的能量 3.6 MeV 却比裂变产生的 0.8 MeV 大 4 倍多。而化学能，例如，碳和氧燃烧成 CO_2 放出的分子结合能，约为平均每个核子 0.03 eV。因而同样质量的聚变材料放出的能量是同样质量物质燃烧放出的化学能的 1 亿(10^8)倍。

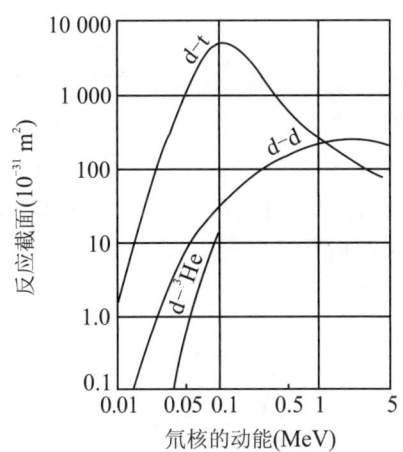

图 7.6.2 d-d, d-t 和 d-^{3}He 反应截面

世界上能源消耗急剧增加，当今世界每年消耗约 10^{21} J 能量，如仅利用现有的石油和煤等化石燃料，只够用 100 年；如只利用陆地上现有的天然热中子裂变物质 ^{235}U 作燃料，只够用 3 年；如果设法利用含量较多的 ^{238}U 和 ^{232}Th，也只够用 500 年。当然，能利用海水中的铀（重量比为 3×10^{-9}），裂变能源也是很充分的，但目前从海水中提取铀的成本还太高。

在上述几个反应中，d-t 反应的阈能最低。在自然界中，水是大量存在的，虽然水中含有氢，但几乎不存在氚同位素，而仅含有少量氘同位素，因此只能利用 d-d 反应。好在上述四个反应循环中，t 能再生，最后效果只使用 d。在天然氢中氘占 0.014 8%，大约 7 000 个氢原子中有一个氘原子。从水中提取氘的费用不算高，1 kg 海水能提取 0.03 g 氘，费用只需几分钱，如果全世界 1.44×10^{18} 吨海水中的 2.2×10^{13} 吨氘全部被利用，所产生的能量可以供人类 100 亿年使用。可以说聚变能量是取之不尽的，它将成为未来主要能源之一。

在实验室中利用加速器已经观测到式(7.6.3)中所列的聚变反应，但是要使聚变反应能够有效地进行却不容易。因为聚变材料都是带电粒子，不像中子那样容易进入原子核，必须有较大的如图 7.6.2 所示动能才能克服库仑斥力使核力吸引起作用。以 d-d 反应为例估计，由公式(6.1.1)，可算出氘核的半径

$$R_d = r_0 A^{1/3} = 1.4 \times 10^{-15} \text{ m} \times 2^{1/3} = 1.76 \times 10^{-15} \text{ m}$$

当两个氘核互相接触时，它们之间的距离 $r = 2R_d$，用这种情况下的库仑排斥势能来估算聚合需要克服的库仑势垒高度，则有

$$E_B = \frac{e^2}{4\pi\varepsilon_0 \cdot 2R_d} = \frac{1.44\,\text{eV}\cdot\text{nm}}{2\times 1.76\times 10^{-15}\,\text{m}} = 411\,\text{keV} \tag{7.6.4}$$

即每个氘核要有 206 keV 的动能才能产生聚变反应,以它作为热运动的平均动能 $3kT/2$ 来计算,$kT=137$ keV,相应的离子温度 $T=1.6\times 10^9$ K。但是考虑到粒子有一定的势垒穿透概率,并且粒子的动能有一个分布,不少粒子的动能大于平均动能,因此,估计能够实现可控制的 d-t 反应的临界温度为 10^8 K,即 8.6 keV;d-d 反应的临界温度还要高,大约在 2.4×10^8 K,即 20.6 keV。因此,聚变反应又叫热核反应。

在极高温下,一切物质的原子都已电离,形成电子与正离子并存的物质第四态:等离子体态。因此,聚变反应与等离子体物理密切相关,要求有上亿摄氏度高的等离子体。

为了实现受控热核反应,必须建立一个热绝缘的能容纳高温等离子体的聚变反应堆,在其中等离子体能够通过热动能克服聚变反应的库仑势垒,且所产生的聚变核能在考虑能量利用效率 η 后(如辐射和其他能量损失),必须大于维持等离子体所需要的能量,两个能量比值称为能量增益因子 Q。这就要求等离子体有足够高的温度 T 和大的密度 n,并维持足够长的时间 τ。能够获得能量增益因子 $Q>1$ 的最小 $n\tau$ 值称为劳森(J. D. Lawson)判据,它与 T 有关。对 d-t

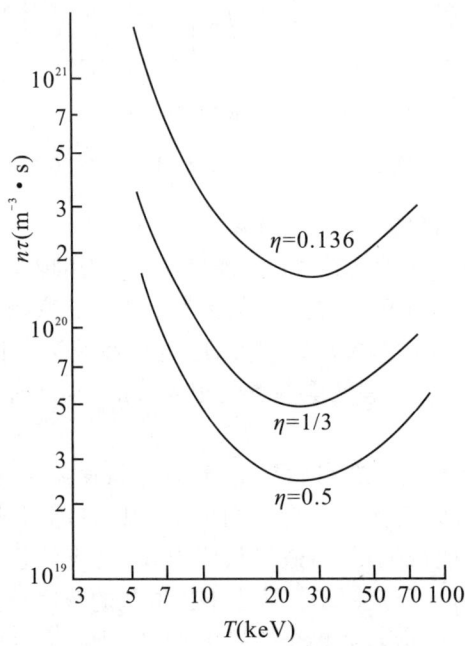

图 7.6.3 d-t 反应的劳森判据

反应计算所得到的结果如图 7.6.3 所示,$\eta=1/3$ 的一组典型劳森判据是

$$T = 10\,\text{keV},\quad n\tau = 8\times 10^{19}\,\text{m}^{-3}\cdot\text{s} \tag{7.6.5}$$

可见要实现劳森判据是很困难的,d-d 反应的劳森判据就更为苛刻。

普通的反应堆容器不可能在把等离子体约束一段时间的同时,又能承受上亿摄氏度的高温,因此人们研究了各种可能的聚变反应堆方案,使等离子体不直接与容器壁接触。其中有两种方案最有希望实现。一种方案是磁约束装置(MCF),利用强磁场将等离子体约束而围绕磁力线运动。具体的磁场有许多种类,最普遍的是利用环形磁场,称为环流器或托卡马克。目前世界上有许多台[1],最大的有美国1982年建成的TFTR,日本1985年建成的JT-60,欧盟1995年建成的JET。成都西南物理研究所有一台超导托卡马克HL-2A;中国科学院合肥等离子体所有一台超导托卡马克HT-7,另外一台等离子体存在空间为非圆截面、纵场和极向场都用超导磁铁、可以稳态运行的实验型先进超导托卡马克EAST已在2007年建成。利用这些装置磁约束聚变的研究已取得很大进展,特别是全超导稳态运行的EAST的建成更有重大意义,2017年已实现长达101 s的高约束长脉冲先进模式的稳态等离子体运行,对未来先进聚变堆的工程技术和物理基础产生重要影响。目前劳森判据已超过,已经得到16 MW的瞬态聚变功率输出,但能量增益还不够大,在最大的JET上$Q=0.62$,离真正的聚变反应堆还有很长一段路程。2006年年底,中、欧盟、美、日、俄、韩、印七方已决定在法国建造一台大型托卡马克装置"国际热核聚变实验示范堆"即ITER,作为一个以验证磁约束聚变点火和d-t等离子体的持续燃烧的科学性和各种工程技术可行性为目标的实验示范反应堆,它可以获得500 MW的聚变功率,能量增益大于10、自持燃烧时间400 s的等离子体放电脉冲[2],预计2025年建成开始实验,之后用20年运行以验证上述科学目标,为实现商业开发创造条件。

另一种实现聚变反应堆的方案是激光惯性约束(ICF)[3]。通常使用内爆压缩方法:靶丸是一个直径约百 μm 的氘-氚粒状物,外围包一层薄塑料圆筒,被放置在激光的焦点处,用纳秒级短脉冲宽度、高功率强激光束均匀聚焦照射靶丸,其外表面层在极短时间内吸收激光束的能量而被加热熔化,形成高温高压等离子体并向外高速喷射,产生的反冲压力使靶芯极快地向心运动,压缩内部氘和氚使其密度和温度急剧升高,从而开始聚变反应并迅速扩展到所有燃料,释放出巨大核能。这一过程由于高温高密度热核燃料自身的内爆压缩惯性作用,才得以在它们高速飞散前的极短时间内完成,因而这一类方法称为惯性约束聚变。激光惯性约束虽然避免了长时间约束高温等离子体的难题,但要求有高得多的粒子密度才能实现聚变点火。现在世界上多使用波长为351 nm的固体钕玻璃激光器经3倍频作驱动器。最大的是2009年建成的美国国家点火装置(NIF),位于旧金山的劳伦斯·利弗莫尔国家实验室,共192束脉宽1 ns的激光照射靶丸,脉冲总能量为1.8 MJ。中国

---

[1] 李建刚.托卡马克的研究现状及发展[J].物理,2016,45:88.
[2] 潘传红.国际热核实验反应堆(ITER)计划与未来核聚变能源[J].物理,2010,39:375. 潘垣,等.国际热核实验反应堆计划及其对中国核能发展战略的影响[J].物理,2010,39:379.
[3] 范滇元,张小民.激光核聚变与离功率激光:历史与进展[J].物理,2010,39:589. 江少恩,等.我国激光惯性约束聚变实验研究进展[J].中国科学 G,2009,39:1571.

在四川绵阳2015年建成的世界第二大神光-Ⅲ主装置具有48束、180 kJ/3 ns、峰值功率60 TW 激光。到目前为止,已分别实现劳森判据所要求的温度和 $n\tau$ 两大目标,也达到 $Q=1$ 即输出能量超过输入能量,但离演示激光聚变点火还有相当路程。

总之,激光惯性约束的优点在于设备较小,开、关火控制性能比较好,缺点是激光的能量利用效率 η 小于5%,需要消耗大量能源产生激光用来点火,而且燃料靶丸制造成本也很难降下来。磁约束设备需要很大的磁铁,但能量利用效率较高,聚变反应持续时间较长,不需要反复点火,目前进展较大,最有希望实现商用发电。除这两种之外,利用多束大功率高能带电粒子束(电子和离子)驱动器聚焦照射靶丸,也是惯性约束聚变的一种方案,其最大优点是能量利用效率高,这方面的研究也在开展[1]。虽然电子束的 η 可达50%,但电子束聚焦和传输的技术较困难,且由于电离损失小和散射造成能量沉积困难,以及易使靶丸韧致辐射预加热导致向心爆聚效果变弱。真正重要的是离子束,包括轻、重离子束驱动器,它们的 η 在20%~30%,能克服电子束驱动器的上述缺点。

除了高温核聚变之外,人们也一直在追求不需要高温条件的核聚变。现在冷核聚变主要用两种方法:μ 子催化和电化学[2][6]。不过,作为解决能源的方法,它们还存在更多难以克服的问题。

还有一个研究方向就是聚变增殖堆或叫聚变-裂变混合堆,它的中心部分是聚变堆芯,例如用氘-氚反应堆,外面包覆锂和 ^{238}U 或 ^{232}Th,氘和氚反应产生的快中子与锂反应产生氚,以补偿消耗的氚,快中子还可以与 ^{238}U 或 ^{232}Th 作用生成 ^{239}Pu 或 ^{233}U,起增殖核燃料作用。我国根据自己的国情也已开展了这方面的研究工作[3]。

7.6.4 太阳能和氢弹

尽管地球上还没有一个聚变反应堆在运行,但是在宇宙中,太阳和其他恒星辐射的能量却来源于聚变反应,主要有两个循环反应:

(1) 碳-氮循环,又称贝特(H. A. Bethe)循环,

---

[1] 赵永涛,肖国青,李福利. 基于加速器的惯性约束聚变物理研究现状及发展[J]. 物理,2016,45:98.

[2] 何景棠. μ 子催化冷核聚变[J]. 物理,1989,18:461. 李银安. 冷核聚变现象研究[J]. 物理,1990,19:65.

[3] 李帮楠. 聚变-裂变混合堆:中国发展增殖堆的道路[J]. 物理,1987,16:487. 彭先觉,师学明. 核能与聚变裂变混合能源堆[J]. 物理,2010,39:385.

$$\left.\begin{aligned}&p + {}^{12}C \rightarrow {}^{13}N \xrightarrow{\beta^+} {}^{13}C + e^+ + \nu_e\\&p + {}^{13}C \rightarrow {}^{14}N + \gamma\\&p + {}^{14}N \rightarrow {}^{15}O + \gamma \xrightarrow{\beta^+} {}^{15}N + e^+ + \nu_e\\&p + {}^{15}N \rightarrow {}^{12}C + \alpha + \gamma\end{aligned}\right\} \quad (7.6.6)$$

总结果是

$$4p \rightarrow \alpha + 2e^+ + 2\nu_e + 26.7\,\text{MeV} \quad (7.6.7)$$

(2) 质子-质子循环，又称克里奇菲尔德(C. L. Critchfield)循环，

$$\left.\begin{aligned}&p + p \rightarrow d + e^+ + \nu_e\\&p + d \rightarrow {}^3\text{He} + \gamma\\&{}^3\text{He} + {}^3\text{He} \rightarrow \alpha + 2p\end{aligned}\right\} \quad (7.6.8)$$

如果把第一和第二个反应重复两次，总结果也与碳-氮循环(7.6.7)相同。

碳-氮循环要求维持的温度较高，质子-质子循环要求维持的温度较低，一般温度低于 1.8×10^7 K 时以后者为主。太阳的中心温度只有 1.5×10^7 K，因此质子-质子循环占 96%。在许多年轻的比太阳温度高的恒星体中，以碳-氮循环为主。

太阳每天燃烧掉 5×10^{16} kg 的氢以放出巨大的能量，但这相对于太阳的总质量 2×10^{30} kg 来说是微不足道的。为什么太阳能维持缓慢的聚变反应呢？主要原因是太阳的巨大质量产生的强大引力，把自身压缩成中心温度为 1.5×10^7 K 的等离子体状态。由于太阳的这个温度相应的能量比势垒高度小很多，缓慢的聚变反应靠微小的势垒穿透概率来维持。这种引力约束是又一种惯性约束方案。

尽管在地球上还没有实现可控制的聚变反应，但如果能在短时间内将等离子体加热到超高温，使相应的能量接近势垒高度时，在军事上可以利用瞬时聚变反应制成氢弹。氢弹实际上用 ^{6}LiD 固体作燃料，用原子弹引爆，不但产生超高温使氘化锂固体气化成等离子体，而且产生大量中子，中子与锂作用会产生氚，这样在超高温条件下，氘和氘、氘和氚以及氘和 ^{6}Li, n 和 ^{6}Li 进行式(7.6.3)所给的一些聚变反应，放出大量能量。如果用天然铀或 ^{238}U 做氢弹外壳，则氘-氚反应产生的大量快中子可以使 ^{238}U 裂变，放出更大量的能量。它不受临界质量的限制，能够制成千万吨 TNT 当量的氢弹，美国在 1952 年首先研制成功。

原子弹和氢弹的杀伤破坏效应主要有五种：形成的高温高压火球猛烈向外膨胀产生的冲击波，光辐射，大量中子、γ、α、β 等射线产生的核辐射，放射性烟云在随风漂移中逐渐在各地沉降造成的沾染，以及瞬发 X 和 γ 射线产生的核电磁脉冲。为了最大限度地杀伤敌方人员和减少对武器、建筑和环境的破坏，20 世纪 70 年

代,继第一代核武器原子弹和第二代核武器氢弹之后又发展了第三代战术核武器——中子弹。中子弹是一种小型氢弹,虽然也有上述五种杀伤破坏效应,但中子弹通过减少氢弹中裂变反应相对聚变反应的能量,大大增强了核辐射(主要是高能中子)对人的杀伤效应,从而减弱对装备、建筑和环境的破坏效应[①]。目前正在研究第四代核武器,它的主要部分仍是氢弹,但不同之处在于,它不再利用核裂变来引发聚变反应,也就是说不存在放射性沾染,而是用其他"干净"的方式来引发核聚变,因此也被称为"纯热核武器"。

习 题

7.1 半衰期为 30.2 a 的 1 mg ^{137}Cs 的放射性活度是多少?每秒放出多少 β 射线和 γ 射线?

7.2 1 s 内测量到 ^{60}Co 放射源发出的 γ 射线有 3 700 个,设测量效率为 10%,求它的放射性活度。已知它的半衰期为 5.27 a,求它的质量。

7.3 中午 12:00 时试管中 $^{25}_{11}$Na 核(β 放射性,$T_{1/2}=60$ s)是 1 μg,求试管内原有的钠原子数到 12:10 还有多少?估算一个钠原子衰变的时间。

7.4 从 1.10 kg 铀矿中含有 0.20 kg 铅(^{206}Pb)这一事实估计地球的年龄。已知天然铀含 99.28% ^{238}U,0.714% ^{235}U 和 0.006% ^{234}U,^{206}Pb 是 ^{238}U 衰变系列的稳定产物,^{238}U 的半衰期为 4.5×10^9 a,衰变系列中其他核素的半衰期均比它小很多。

7.5 在用 ^{14}C 测量一具古尸的工作中,已知 ^{14}C 的 $T_{1/2}=5\ 730$ a,^{14}C 的浓度为 10^{-12}。

(1) 若取样 50 g 碳测量 1 h,得到 β 放射性计数为 2 500 个,不考虑本底计数,设探测效率为 90%,求它的死亡年代。

(2) 若取样 50 g 碳,要求测量精度为 ±50 a,需要多长测量时间?

(3) 测量 1 h,精度要求同上,问取碳样多少?

(4) 设 N_c,N_t 和 N_b 分别为真实计数、测量到的总计数和本底计数,即有 $N_c=N_t-N_b$,N_c 的统计误差为 $\Delta N_c=\sqrt{(\Delta N_t)^2+(\Delta N_b)^2}=\sqrt{N_t+N_b}$。如果本底计数是 4 000 h^{-1},测量 1 h,精度要求仍同上,要求取碳样多少?

7.6 厚度为 0.2 cm、面积为 1 cm^2 的锡片,放在反应堆热中子孔道中照射 1 000 h,以生产放射性核素 $^{113}_{50}$Sn。已知 $^{112}_{50}$Sn(n,γ)^{113}Sn 反应截面 $\sigma_\gamma=0.8$ b,^{112}Sn 核素丰度为 0.96%,锡的密度 $\rho=7.29\times10^3$ km·m^{-3},垂直投射的热中子通量为 5×10^{16} m^{-2}·s^{-1},^{113}Sn 的衰变纲图如图所示,$^{113}_{49}$In 的 (1/2)$^-$ 能级的内转换系数 $\alpha_K=0.43$。

(1) 求出堆时 $^{113}_{50}$Sn 的活度 A;

(2) 求 5 天以后 γ 射线(393 keV)的强度;

(3) 第 5 天从母体 Sn 中分离出子体 ^{113}In 核素,制成 100 份,每份注入一个人体脏器,以诊断

---

① 郑绍堂. 中子弹与中子弹中的物理学[J]. 物理,2001,30:472.

疾病,求经一天后体内剩余的^{113m}In 的放射性核素,不考虑人体新陈代谢效应;

(4) 求发射的 γ 射线的多极性。

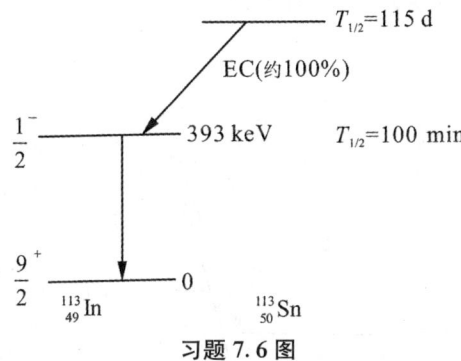

习题 7.6 图

7.7 ^{239}Pu 的半衰期可用下法测定:将 $m=120.1$ g 的 ^{239}Pu 球置于液氮中,液氮体积足以阻止 α 粒子。测得液氮蒸发功率为 0.231 W,已知 $E_α=5.144$ MeV,求 ^{239}Pu 的半衰期。

7.8 放射性核素 $^{238}_{94}$Pu 已作为宇宙飞行用能源,它是一种半衰期为 90 a 的 α 放射性,问:

(1) 为什么 ^{238}Pu 放射 α 射线而不是氚核?

(2) α 射线的能量约为 5.5 MeV,如有 238 g ^{238}Pu,它们释放的功率是多少?

(3) 上述能量是仪器运行能量的 8 倍,能用多长时间?

7.9 $^{238}_{94}$Pu 主要有三种能量的 α 射线,它们是 5.499 MeV、5.457 MeV 和 5.358 MeV,分别跃迁到 $^{234}_{92}$U 的基态和第一、第二激发态。求:

(1) ^{234}U 的第一、第二激发能级的能量;

(2) ^{238}Pu 基态和 ^{234}U 的三个能级的自旋和宇称;

(3) 产生的 γ 射线能量和多极性。

7.10 在一个为验证大统一理论的质子衰变实验中,使用了一个含有 10 000 t 纯水的水池。

(1) 用切伦科夫辐射探测,设效率为 100%,质子寿命为 10^{32} a,束缚在核内的质子以与自由质子一样的速率衰变,试估计一年内可观测到多少衰变;

(2) 设有一种衰变方式为 p→$π_0$+e^+,$π_0$→γ+γ,计算光子的最大和最小能量。

7.11 确定核素 $^{80}_{35}$Br 是否可能发生 $β^-$、$β^+$ 衰变和轨道电子俘获,是否可能有 α 衰变和发射中子的衰变,并计算各衰变能。

7.12 ^{82}Se 可经双 β 衰变成 ^{82}Kr,已知 $M(^{82}$Se$)=81.916\ 639$ u,$M(^{82}$Kr$)=81.913\ 44$ u,求衰变能。

7.13 (1) ^{8}B 可经 $β^+$ 衰变到 ^{8}Be,如图所示。这是太阳产生中微子的一个来源,简要说明哪些种 $β^+$ 衰变构成中微子谱的主要来源。

(2) 除上所述,太阳还通过 p+p→d+$β^+$+$ν_e$ 聚变反应产生中微子,试问这些中微子作用

在 ^{1}H 靶和 ^{2}H 靶上能否产生反应？能产生什么反应？已知下列原子的质量剩余(以 MeV 作单位)为

^{1}H(7.289)， n(8.071)， ^{2}H(13.136)， ^{8}B(22.922)， ^{8}Be(4.942)

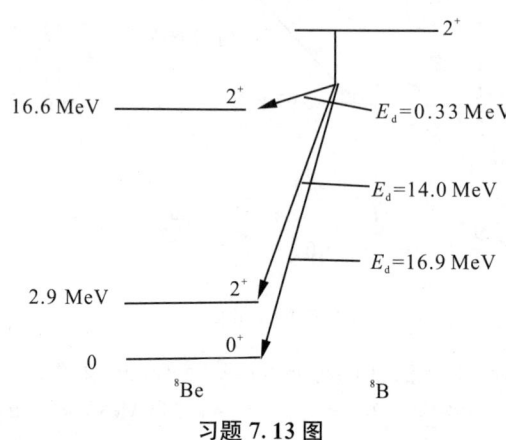

习题 7.13 图

7.14 原子核 ^{69}Zn 处于能量为 436 keV 的同质异能态时，试求它发射 γ 光子后的反冲动能和发射内转换电子后的反冲动能；若 ^{69}Zn 处于高激发态，可能发射中子，试求发射 436 keV 中子后的反冲能。

7.15 $^{182}_{83}$Ta 的激发态能量为 137 keV，寿命为 2×10^{-15} s，用同样能量的 γ 射线入射到 ^{182}Ta 核时，能否使核共振激发？

7.16 反应 ^{10}B + d → ^{8}Be + α + 17.85 MeV，当 d 束能量为 0.6 MeV 时，在 90°方向观测到四种能量的 α 射线，它们是 12.2，10.2，9.0 和 7.5 MeV，求 ^{8}Be 的激发能。

7.17 氘核吸收 6 MeV γ 射线后发生分解，如果在与入射光子成 90°角方向上探测到质子，求反应 Q 值和氘核的结合能、中子和质子的动能以及中子的飞出方向。

7.18 已观测到下列两核反应：^{14}N + α = ^{17}O + p − 1.26 MeV，^{16}O + d = ^{14}N + α + 3.13 MeV。如用 d 打 ^{16}O 时也形成 ^{17}O + p，计算 d 能量为 1.00 MeV 时在实验室系 0°和 90°方向出射的质子的动能。

7.19 在什么条件下反应 ^{7}Li(p,n)^{7}Be 能实现？在这个阈值下的中子实验室能量是多少？

7.20 探测器面积为 2 cm^2，覆盖一层自发裂变重核，平均寿命为 $1/3\times10^9$ a，每秒测到 20 个裂变事例。若放到通量为 10^{11} cm^{-2}·s^{-1} 的均匀中子流中，探测到的裂变数为 120 s^{-1}，试问中子诱发裂变截面为多大？

7.21 1987 年 3 月在两个地下大中微子探测器中同时记录到一个由若干中微子事例组成的爆发，它们出现在几秒钟间隔内，这是由于一个靠近银河系边缘的超新星 1987A 的突然爆发所发出的 10 MeV 能区的 ν 和 ν̄ 引起的。各个中微子探测器是由一个在约 1 000 m 深的矿井中的盛有约 5 000 t 纯水的容器组成的，水用一大组光电倍增管围绕，以探测相对论带电粒子产生的切伦科夫辐射。10 MeV 能区的中微子与纯水主要作用是(a)ν+e→ν+e，(b)ν̄+p→n+e$^+$。

(1) 10 MeV 的中微子在(a)作用中产生的出射电子最大能量是多少？

(2) 两反应中的出射带电粒子在质心系中有各向同性分布，哪种反应的出射电子在实验室系中角分布将揭示入射中微子方向？

(3) 两探测器的事例爆发被推断为 ν(实际是 $\bar{\nu}$)，它们的能量为 10～40 MeV，设所有这些中微子是同一时刻从那个超新星爆发中发射的，在到达地球时通过约 170 000 光年的距离，它们到达时间有 2 s 弥散，试估计中微子质量上限。

第8章 射线与物质的相互作用

前面几章讨论了原子、分子和原子核的能级结构,包括基态、激发态和电离态结构,这一章要讨论各种粒子射线与它们的作用。通常与原子核的作用截面很小,只有在少数情况下,如上章已讨论的中子入射才重要,这里着重讨论与原子的作用,分子情况大致相同。射线中粒子包括光子、带电粒子和原子,作用包括使原子仍处于基态的弹性散射过程,使原子激发、电离、退激发和辐射的非弹性散射和电离过程,以及其他一些特殊作用情况,当然这里的讨论假定它们只具有粒子性,因而不考虑波动性干涉和衍射效应。通过对这些作用过程的研究和了解,我们不仅对原子物理中一些新现象有了深入认识,而且发展了一些高分辨谱学技术用以研究原子、分子的能级结构,也发展了一些获得广泛应用的物质成分和结构分析以及其他应用的新方法。这里着重讨论所发生的物理现象[17-20,6],不过多地涉及理论计算,应用方法将在最后一节详细讨论。

在这一章把这些作用过程分成两大类来讨论:一类的入射粒子是电磁辐射,包括可见光、X射线或γ射线;另一类的入射粒子是带电粒子,包括电子和质子等。它们与原子的作用情况有很大的不同。

实际上,在前面几章讨论原子、分子激发态结构时,主要利用的是早期分辨率很差的原子、分子光谱学方法和电子碰撞方法。20世纪70年代,肖洛(A. L. Schawlow)和布洛姆伯根(N. Bloembergen)等首先应用窄带调频染料激光器发展了激光光谱学方法,由于高分辨和高强度的特点,它已经成为研究原子、分子价壳层激发态,特别是跃迁概率很小的能级的主要手段。波长可调且短到真空紫外、软X射线和硬X射线的同步辐射装置也成为研究原子、分子高激发态,内壳层和离子的激发态及电离态的主要手段之一。与此同时,由塞格巴恩(K. M. Siegbahn)等发展的通过高分辨电子能谱仪测量光电子和俄歇电子的能谱,以及通过高分辨电子能量损失谱仪和(e,2e)电子动量谱仪测量散射电子和电离电子的能谱,也成为研究原子、分子的价壳层和内壳层能级结构、动力学和轨道分辨波函数的重要手段。这些导致了 20 世纪 80 年代以来原子分子物理研究的新高潮[6],肖洛和塞格巴恩也因此获得了 1981 年诺贝尔物理学奖。

8.1 光子的吸收和散射

普通光线、X 射线和 γ 射线都是光子流,只是能量大小不同。当它们通过物质时,有可能与物质原子不发生作用而直接穿过,也有可能与原子的核外电子或原子核发生电磁作用而被吸收或散射。吸收主要包括使原子和分子激发(光激发)、电离(光电离或光电效应)或分子解离(光解离)以及电子对效应。散射主要包括不改变能量的弹性散射(瑞利散射和共振散射),以及改变能量使原子激发或电离的非弹性散射,激发除普通的康普顿散射外,还有前面 5.4 节介绍的拉曼散射[1,6,15-22]。下面我们从微观机制出发分别进行讨论,最后给出宏观效应。其中电子对效应放在下一节中讨论。

8.1.1 光电效应

光子被物质吸收后,光子能量 $h\nu$ 都被原子或分子吸收掉了,转变为后续过程需要的能量,光子本身消失。光激发使原子的电子从低能级 E_i 跃迁到高能级 E_k,激发能量为 $E_k - E_i = h\nu$;光解离使分子解离成两个或多个原子或离子,$h\nu$ 变为解离能,多余的成为离子动能;光电离使电子脱离原子或分子的束缚,$h\nu$ 变为电离能,多余的成为电子和离子的动能,习惯上把电离电子叫作光电子。

光电子可以从原子的各个壳层发射出来,设主量子数为 n 的壳层电子结合能为 E_{bn},忽略离子的反冲动能后,该壳层发射的光电子的动能为

$$T_e = h\nu - E_{bn} \tag{8.1.1}$$

各元素不同壳层电子的结合能已被实验测量和理论计算,有表可以查找[6]。也可以由莫塞莱公式(4.5.4)和(4.5.5)粗略地得到各壳层电子结合能的经验公式

$$E_{bn} \approx \frac{hcR(Z - \sigma_n)^2}{n^2} \tag{8.1.2}$$

其中 R 是里德伯常数,Z 是原子核电荷数,σ_n 是屏蔽因子,反映核电荷被内电子壳层的屏蔽效应。屏蔽因子主要由各原子的主量子数 n 决定,角量子数 l 只有精

细影响，$\sigma_K=1, \sigma_L=7.4$。$n=1$ 的 K 壳层的 $E_{bK}\approx 13.6(Z-1)^2$ eV，$n=2$ 的 L 壳层的 $E_{bL}\approx 13.6(Z-7.4)^2/4$ eV。由此可见，电子的结合能随量子数 n 的增大而很快减小。

下面的例子将证明，为满足动量守恒，必须是在原子核束缚下的电子才能产生光电效应，自由电子不能完全吸收掉光子能量而产生光电子。因此只要光子的能量足够大，如 X 射线和 γ 射线，束缚较为紧密的内层电子容易发生光电效应，产生光电效应的概率随电子束缚的紧密程度而很快增加。当光子能量比 K 层电子的结合能大时，K 层电子比其他外层电子对光电效应的贡献更大；当光子能量比 K 层电子的结合能小而又比 L 层电子的结合能大时，K 层电子不能发生光电效应，L 层电子起主要作用；而低能量的可见光子通常只能产生外层电子的光电效应。

例 8.1 试论证在光电效应过程中必须有第三者原子核参加。

证 如果没有第三者参加，设光子与静止的自由电子作用，光子消失，电子获得动能 T_e 和动量 p_e。考虑到相对论的一般情况，电子总能为 $\gamma m_e c^2$，作用前后能量守恒要求光子能量 $h\nu$ 满足

$$h\nu = T_e = (\gamma - 1) m_e c^2$$

其中洛伦兹因子 $\gamma = 1/\sqrt{1-\beta^2}$，$\beta = v_e/c$，$m_e$ 为电子的静止质量，电子的动量 $p_e = \gamma m_e v_e$，设电子的速度 $\ll c$，光子的动量

$$p_\gamma = \frac{h\nu}{c} = (\gamma-1)m_e c = \frac{\gamma-1}{\gamma}\frac{c}{v_e} p_e = (1-\sqrt{1-\beta^2})\frac{1}{\beta}p_e \approx \frac{\beta}{2} p_e < p_e$$

由此可见，没有原子核参加，保持了能量守恒就不能保持动量守恒，必须有第三者参加。

光子与原子发生光电效应的截面可用量子力学中的玻恩近似方法计算，对光子能量比 K 层电子的结合能稍大的情况，K 层电子发生光电效应的截面为

$$\sigma_K \approx 2^{5/2} \alpha^4 \varphi_0 Z^5 \left(\frac{m_e c^2}{h\nu}\right)^{7/2} \tag{8.1.3}$$

当光子能量远大于电子的静止能量，即 $h\nu \gg 0.5$ MeV 时，截面公式还要作相对论修正。式中 $\alpha = e^2/(4\pi\varepsilon_0 \hbar c)$，是精细结构常数，$\varphi_0$ 是汤姆孙散射截面

$$\varphi_0 = \frac{8}{3}\pi r_e^2 = 6.651 \times 10^{-29} \text{ m}^2 \tag{8.1.4}$$

$r_e = e^2/(4\pi\varepsilon_0 m_e c^2)$，是电子的经典半径。由此可见，光电效应截面随原子序数的 5 次方变化，随光子能量的 -7/2 次方变化。因此，重元素的光电效应比轻元素的强得多，而低能光子又比高能光子的光电效应截面大得多。当光子能量等于电子

的结合能时,光电效应的截面最大,光子能量小于电子的结合能时,不能产生该层的光电效应,但能产生更外层电子的光电效应,其截面显著变小,从而形成吸收峰。图 8.1.1 给出铅的光电效应截面随光子能量的变化关系[19],可见有明显的吸收峰,称为吸收边,图上有 K 吸收边、L 吸收边、M 吸收边,分别对应于不同壳层的吸收。由于以前讲过的壳层能级精细分裂情况,电子结合能还与角量子数 l 有关,L 吸收边又精细地分为三个:L_I,L_{II} 和 L_{III};M 吸收边分为 5 个。

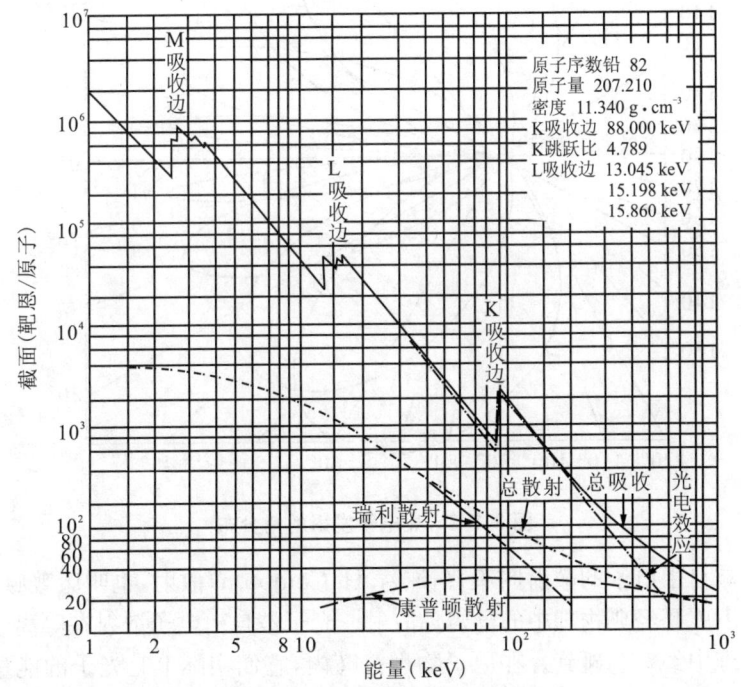

图 8.1.1 铅的各种吸收截面与入射光子能量关系

图 8.1.2 给出光电子发射的角分布随入射光子能量的变化关系[19],使用极坐标,0°方向为入射光子方向,$\eta = h\nu/(m_e c^2)$。由图可见,在光子能量很低即 η 很小时,光电子的发射方向主要是在垂直于入射光子方向;随光子能量增大,向前方向发射的光电子数会增加;当光子能量很大时,光电子将沿着光子入射方向发射。

8.1.2 康普顿散射和汤姆孙散射

光子通过物质时除了发生光电效应而被物质完全吸收外,还可能不被物质吸收,只是发生了散射作用,光子依然存在。光子被物质散射主要是被物质中的电子散射,电子可以是自由电子或束缚电子。

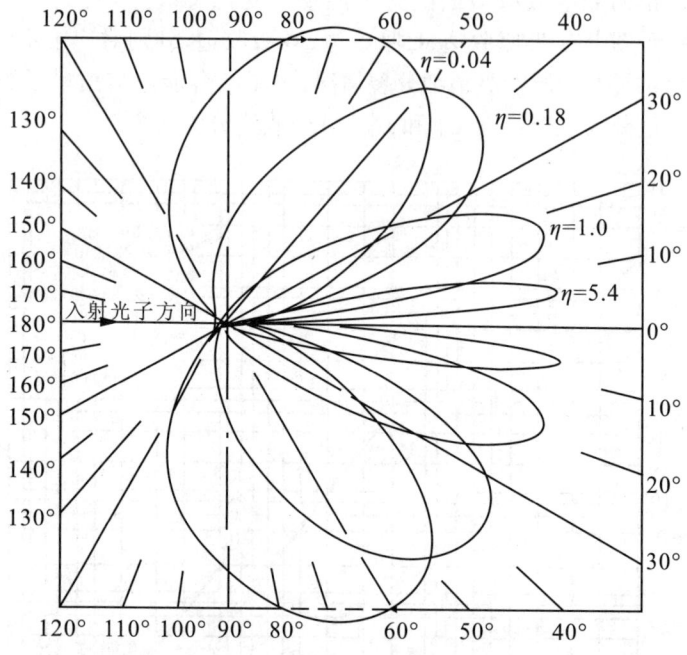

图 8.1.2 光电子发射的角分布

光子被自由电子的散射叫康普顿(A. H. Compton)散射,也叫康普顿效应,在低能情况下就是经典物理中的汤姆孙散射。光子被自由电子散射在等离子体物理和天体物理中经常会碰到。在原子物理范畴内,它们实际上是光子的能量比原子中电子的束缚能大很多时所发生的光子与束缚电子的散射,这时这个束缚电子可近似地看作是自由电子而被电离出来。汤姆孙散射和康普顿散射的区分是历史原因形成的,汤姆孙散射用波动理论处理,康普顿散射用光子论处理,两者本质上是一回事,康普顿散射是普适的,汤姆孙散射是康普顿散射的低能极限。

康普顿效应是 1923 年由康普顿和我国物理学家吴有训一起首先在实验中发现的,他们用波长 $\lambda_0 = 0.07126$ nm 的钼的特征 X 射线入射在石墨散射体上,在不同散射角 θ 处测量散射光强的波长分布。测量装置如图 8.1.3 所示。图 8.1.4 给出不同散射角 $\theta = 0°, 45°, 90°$ 和 $135°$ 的测量结果。实验发现,在散射光中除了有与入射光波长相同的成分之外,即相应于 $\theta = 0°$ 峰值的波长位置,还有波长更长的新成分,两者差 $\Delta\lambda$ 只与散射角有关,与散射物质和入射光波长无关。

康普顿散射不能用经典电磁理论解释,必须用光量子理论来处理,把光子看作具有一定能量和动量的粒子,与初始为静止的电子发生碰撞,如图 8.1.5 所示。利用相对论的能量和动量守恒定律,有

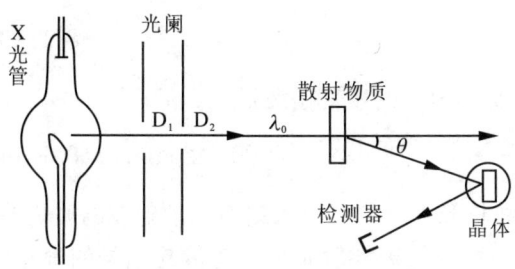

图 8.1.3 康普顿效应的实验装置

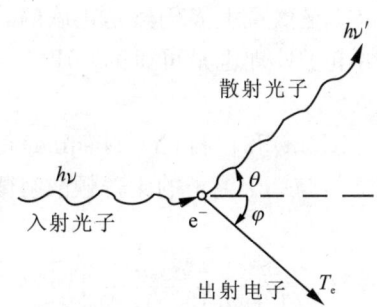

图 8.1.5 康普顿散射示意图

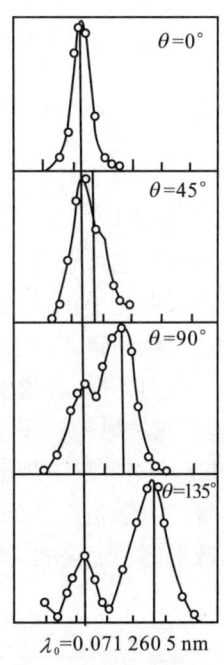

图 8.1.4 康普顿散射光强的波长分布与角度的关系

$$h\nu + m_e c^2 = h\nu' + \gamma m_e c^2 \tag{8.1.5}$$

$$\frac{h\nu}{c} = \frac{h\nu'}{c}\cos\theta + \gamma m_e v_e \cos\varphi \tag{8.1.6}$$

$$\frac{h\nu'}{c}\sin\theta = \gamma m_e v_e \sin\varphi \tag{8.1.7}$$

将式(8.1.6)右边第一项移项并和式(8.1.7)分别平方后相加,消去 φ,得

$$\gamma^2 m_e^2 c^2 v_e^2 = h^2\nu^2 + h^2\nu'^2 - 2h^2\nu\nu'\cos\theta \tag{8.1.8}$$

式(8.1.5)移项 $h\nu'$ 后平方与式(8.1.8)相减,代入 $\gamma^2 = c^2/(c^2 - v_e^2)$,得

$$h\nu h\nu'(1 - \cos\theta) = m_e c^2 h(\nu - \nu') \tag{8.1.9}$$

于是可以得到以下有用的公式

$$h\nu' = \frac{h\nu m_e c^2}{m_e c^2 + h\nu(1 - \cos\theta)} = \frac{h\nu}{1 + \eta(1 - \cos\theta)} \tag{8.1.10}$$

$$\Delta\lambda = \lambda' - \lambda = \frac{c}{\nu'} - \frac{c}{\nu} = \frac{h}{m_e c}(1-\cos\theta) = \lambda_C(1-\cos\theta) \quad (8.1.11)$$

$$T_e = h\nu - h\nu' = \frac{h\nu(1-\cos\theta)}{1-\cos\theta + 1/\eta} \quad (8.1.12)$$

$$\cot\varphi = (1+\eta)\tan\frac{\theta}{2} \quad (8.1.13)$$

式中,$\eta = h\nu/(m_e c^2)$,$\lambda_C = h/(m_e c)$ 称为电子的康普顿波长

$$\lambda_C = \frac{h}{m_e c} = \frac{hc}{m_e c^2} = \frac{2\pi \cdot 197 \text{ eV} \cdot \text{nm}}{511 \text{ keV}} = 0.002\,426 \text{ nm} \quad (8.1.14)$$

由式(8.1.11)可看出,电子的康普顿波长等于 $\theta = 90°$ 时入射波与散射波的波长差。由式(8.1.14)也可看出,电子的康普顿波长等于入射光子的能量与电子的静止能量相等时入射光子相应的波长。

波长变化的康普顿散射实验结果与上述各式符合得很好。这个符合是对光子论的又一有力证据,并说明动量和能量守恒定律在微观世界仍然是正确的。同时表明,康普顿散射中把原子中的电子当作自由电子处理也是可以的。康普顿因此获得 1927 年诺贝尔物理学奖。

用量子力学狄拉克公式计算,克莱因(O. Klein)和仁科(Y. Nishina)得到了康普顿散射的截面公式,当入射光子是非极化时,与一个电子的康普顿散射微分截面为[24]

$$\frac{d\sigma_C}{d\Omega} = \frac{r_e^2}{2}\left\{\frac{1}{[1+\eta(1-\cos\theta)]^2}\left[1+\cos^2\theta + \frac{\eta^2(1-\cos\theta)^2}{1+\eta(1-\cos\theta)}\right]\right\} \quad (8.1.15)$$

图 8.1.6 是对不同 η 值算得的 $d\sigma_C/d\Omega$ 与 θ 的关系曲线,即微分截面的角分布极坐标曲线[18-20],单位是每个电子 10^{-26} cm² · sr⁻¹。由图可见,在光子能量很低时,出射电子的发射方向接近各向同性;随着光子能量增大,向前方向发射的电子数会增多;当光子能量很大时,电子将沿着光子入射方向发射。

一个原子有 Z 个电子,如果假设入射光子的能量比所有电子的结合能都大得多(即 $\eta \gg 1$),那么一个原子的康普顿散射截面近似地等于上面的公式再乘以 Z。它们对立体角积分可以得到康普顿散射总截面

$$\sigma_C = Z\pi r_e^2 \frac{m_e c^2}{h\nu}\left(\ln\frac{2h\nu}{m_e c^2} + \frac{1}{2}\right), \quad \eta \gg 1 \quad (8.1.16)$$

比较公式(8.1.3)和(8.1.16)可见,康普顿效应对原子序数和能量的依赖远不如光电效应那样强烈,它与 Z 的一次方成正比,与能量关系较复杂,大致在高能时随能量增加而缓慢减小。

在入射光子能量较低并满足 $\eta \ll 1$ 或者在角 θ 很小的情况下,康普顿散射截面

就转化为汤姆孙散射截面,它们以及散射光子能量的上述表达式可以简化为

$$\left.\begin{aligned}\frac{\mathrm{d}\sigma_C}{\mathrm{d}\Omega} &= \frac{\mathrm{d}\sigma_T}{\mathrm{d}\Omega} = \frac{1}{2}r_e^2(1+\cos^2\theta) \\ \sigma_C &= \sigma_T(1-2\eta) \approx \sigma_T = \frac{8\pi}{3}r_e^2 \\ h\nu &\approx h\nu' \end{aligned}\right\} \quad (8.1.17)$$

这些就是经典汤姆孙散射情况下所得到的公式,这也证明汤姆孙散射是康普顿散射的低能极限,在 θ 为小角度散射情况下两者也趋于一致,这两点在图 8.1.6 中也可看到。所以,光子被自由电子散射可统一地用康普顿散射解释。

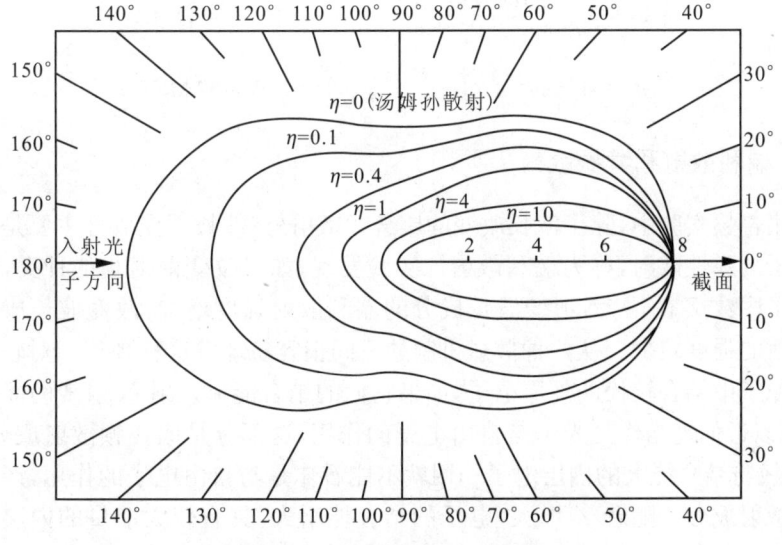

图 8.1.6 康普顿散射的微分截面

以上的讨论实际上是较高能量的光子与低能电子(近似看作静止)的散射,这种光子通常是 X 射线或 γ 射线。由于激光束的出现,我们可以研究低能光子与高能加速器产生的电子束的相互作用现象。在这种情况下,散射光子的能量不是减少而是增加。有时也把这种情况称为逆康普顿散射。

为此,可以先在与电子一起运动的"电子静止系"中处理逆康普顿散射,这时仍可以用上述康普顿散射公式,然后通过洛伦兹变换再由电子静止系回到实验室系,这样就会得到相应的关系式,在洛伦兹因子 $\gamma \gg 1$(即 $\beta \approx 1$)并且 $\gamma h\nu \ll m_e c^2$ 的情况下,散射光子能量为

$$h\nu' = \gamma^2 h\nu(1-\beta\cos\psi)(1+\beta\cos\psi') \quad (8.1.18)$$

式中 ψ 和 ψ' 分别为在实验室系和电子静止系中入射光子方向与入射电子方向的夹角。在光子与电子的 0° 对撞情况下，$\psi=0$，因而 $h\nu'\approx 0$。在光子和电子的 180° 对撞和光子背散射情况下，$\psi=\pi$，$\psi'=0$，因而有

$$h\nu' = 4\gamma^2 h\nu \tag{8.1.19}$$

这时散射光子的能量有最大值，这是获得高能单色光束的一种方法。

例 8.2 光子能量为 2 eV 的激光束与能量为 1 GeV 的电子对头碰撞，求向后的康普顿散射光子的能量。

解 由于

$$\gamma h\nu = \frac{10^3 \text{ MeV}}{0.511 \text{ MeV}} \times 2 \text{ eV} \approx 4 \text{ keV} \ll 511 \text{ keV}$$

因此有

$$h\nu' \approx 4\gamma^2 h\nu = 4 \times \left(\frac{1 \text{ GeV}}{0.511 \text{ MeV}}\right)^2 \times 2 \text{ eV} = 32 \text{ MeV}$$

8.1.3 瑞利散射和共振散射

在康普顿实验中，除了波长改变的康普顿散射外，波长不变成分主要是光子与束缚电子的弹性散射，称为瑞利散射。实验发现，如果改变散射物的种类，随着散射物原子序数 Z 的增大，不变波长成分的瑞利散射强度增加，改变波长成分的康普顿散射的强度减少。从两种散射机制的不同很容易理解这种现象。对较轻的原子和重原子中结合较松的外层电子，如果它们的结合能比入射 X 射线的能量小很多，则可以近似地当作是光子与自由电子的作用，这部分是康普顿散射成分；而入射 X 射线与结合能大的内层电子作用就不能看作是与自由电子的作用，产生的则是瑞利散射成分。随着 Z 增大，电子的结合能增大，具有较大能量的内层电子的数目增多，因而与束缚电子的散射增强，瑞利散射成分增大。

当然，实际情况不是这样截然分开的。一般情况下原子中的电子都是被束缚的，康普顿散射只是光子被原子中电子的非弹性散射的高能极限，改变波长成分的非弹性散射也应该考虑电子被束缚的影响。光子与束缚电子作用的理论计算是相当复杂的，可以把它看作是二次虚过程，即一个光子被吸收，以及另一个光子发射，整个过程涉及电子的初态、中间态和末态，如图 5.4.3 所示。如果作用后电子返回初态的就是瑞利散射，散射光子的能量与入射光子的相同，光子的动量变化被原子作为整体吸收了，总散射强度是被原子中各个电子散射的辐射振幅相加后平方；如果作用后电子未返回初态，电子吸收某些动量后到达激发态或连续态，前者是拉曼散射，后者是康普顿散射，因而散射光子的能量变小，被各个电子散射的辐射之间没有位相关系，总的散射强度是原子中各个电子的散射强度相加，不过所有这些计算

都是困难的,要用近似计算[18]。

对瑞利散射,理论计算和实验结果表明,随着散射角度 θ 的减少、散射体的原子序数 Z 的增加和入射光子能量 $h\nu$ 的减少,瑞利散射截面很快增加。因此,与康普顿散射比较,光子能量较低时瑞利散射截面将超过康普顿散射截面,重散射体和小散射角情况下瑞利散射更加重要。

当光子能量很小时,可以用类似推导汤姆孙公式的方法得到经典的瑞利散射截面公式。这时电子不能够再被认为是自由的了,而可以看作是束缚在原子内的谐振子,其固有频率为 ν_0,设入射电磁波频率为 ν,则有瑞利散射微分截面:

$$\frac{d\sigma_R}{d\Omega} = \frac{d\sigma_T}{d\Omega}\left[\frac{\nu^4}{(\nu_0^2 - \nu^2)^2}\right] \tag{8.1.20}$$

$d\sigma_T/d\Omega$ 是汤姆孙散射微分截面。在高频率 $\nu \gg \nu_0$ 情况下,就回到了汤姆孙散射情况。在低频率 $\nu \ll \nu_0$ 情况下,就导致光学中的瑞利散射的 $1/\lambda^4$ 依赖性公式

$$\frac{d\sigma_R}{d\Omega} = \frac{d\sigma_T}{d\Omega}\left(\frac{\nu}{\nu_0}\right)^4 = \frac{d\sigma_T}{d\Omega}\left(\frac{\lambda_0}{\lambda}\right)^4 \tag{8.1.21}$$

不改变波长的散射还有一种特殊的情况就是共振散射,这时入射光子的能量正好等于原子基态与共振激发能级的能量差,散射很强。我们知道,许多元素的简单光谱主要是一条或两条很强的谱线,例如,最熟悉的钠黄光是 589.0 nm 和 589.6 nm,它们一般是从受激态跃迁到基态的允许电偶极辐射中波长最长的光谱线,称为共振谱线,相应的激发能级就是共振能级。如果用钠黄光照射与金属钠达到平衡的钠蒸气,加热温度达到 100 ℃后,将会发现散射光,它们主要集中在与入射光垂直的方向上,这就是共振散射引起的共振荧光。随着加热温度提高,共振荧光迅速增强,达到 200 ℃时,整个钠蒸气泡都会发生共振荧光。

瑞利很早就发现,用偏振光激发时,产生的共振荧光也是偏振的。之后汉勒(W. Hanle)等人发现弱磁场(几高斯)可以破坏此种偏振性,称为汉勒效应。所加的磁场使偏振信号减小到一半处的磁场全宽度 ΔB 满足关系

$$g_J\mu_B\Delta B = \Gamma = \frac{\hbar}{\tau} \tag{8.1.22}$$

式中,μ_B 是玻尔磁子,g_J 是受激能级的朗德因子,Γ 和 τ 是这个能级的宽度和寿命。因此,使用汉勒效应方法已经成为测量原子和分子的受激能级寿命的最可靠方法之一[10]。

除了上述光子与原子中电子的各种散射之外,在光子能量大于 1 MeV 以上时,光子与原子核作为整体且依赖核能级的核共振散射和不依赖核能级的核汤姆孙散射、与物质作为整体且依赖核能级的无反冲核共振散射(即穆斯堡尔效应)以

及和个别核子的康普顿散射等,也会重要起来。有兴趣的可以参阅引文[18-22]。

康普顿散射、瑞利散射和拉曼散射同时存在,相互竞争,如图8.1.4所示。总体来看,康普顿散射是光子与自由电子的非弹性散射,在原子分子中发生在光子的能量比电子的束缚能大很多,因而可以不考虑束缚能效应,当光子的能量很大满足 $\eta \gg 1$ 时,主要是朝前发射的康普顿散射;瑞利散射是光子与原子分子的束缚电子的弹性散射,散射角度越小、原子序数越大、入射光子的能量越低截面越大;当光子能量低到正好与原子的共振激发能量相等时,共振散射变得重要起来;拉曼散射则是光子与原子分子的束缚电子的非弹性散射,截面相对较小。当光子的能量满足 $\eta \ll 1$ 特别是接近束缚能时,瑞利散射和拉曼散射是主要的。

8.1.4 吸收定律和X射线吸收精细结构

在光学中用指数减弱规律描述一束准直光通过物质时在入射光方向上测量的吸收情况。现在从原子作用情况来推导这一公式。一束平行光实际上是由许许多多的光子组成的,设这束光通过吸收层前有 I_0 个光子,通过均匀吸收层厚度 x 后有 I 个光子。光子数目的减少或者是由于光电效应或下节要讨论的电子对效应而消失,或者是由于各种散射效应偏离原来的方向而丢失。这些作用造成光子一个一个地从被准直的光束中移走。由于一个光子究竟与哪一个原子或分子作用完全是偶然的,在时间上互相没有关联,当光束被准直平行入射,光子的数目足够多,通过的物质厚度 dx 足够小以及探测器只能测量到那些没有被偏转的光子时,被移去的光子数 $(-\Delta I)$ 统计上正比于 Δx 和 I,写为等式即为

$$-\Delta I = \mu I \Delta x \tag{8.1.23}$$

其中,μ 是比例系数,称为吸收系数,与光子的能量有关,不同物质的数值也不同,即与原子序数 Z 也有关。在入射光强较小时,即线性吸收情况下,μ 不依赖 I,对一定能量的光子和确定的物质来说,μ 为常数。μ 的单位为 cm^{-1},有时为消除密度的影响,也用质量吸收系数 $\mu' = \mu/\rho$,单位是 $cm^2 \cdot g^{-1}$。由式(8.1.23)可得 μ:

$$\mu = \frac{-\Delta I}{I \Delta x} \tag{8.1.24}$$

$-\Delta I/I$ 表示一个光子通过物质距离 Δx 而与物质发生作用的概率,μ 即为光子通过物质单位厚度与物质发生作用的概率。由1.2.4小节讨论过的作用概率与截面定义公式(1.2.17)知,σ 是一个光子通过单位面积物质内与一个原子的作用概率即截面,如果单位体积内有 N 个原子,可以得到 μ 与 σ 的线性关系为

$$\begin{aligned} \mu &= N\sigma = N(\sigma_{ph} + \sigma_p + \sigma_C + \sigma_R) \\ &= \mu_{ph} + \mu_p + \mu_C + \mu_R \end{aligned} \tag{8.1.25}$$

这里 $\sigma_{ph},\sigma_p,\sigma_C,\sigma_R$ 和 $\mu_{ph},\mu_p,\mu_C,\mu_R$ 分别是光电效应、电子对效应、康普顿散射和瑞利散射的吸收截面和吸收系数。由于平均自由程 λ 表示光子通过物质时与原子发生一次作用所走过的平均距离,因此有关系

$$\lambda = \frac{1}{\mu} = \frac{1}{N\sigma} \tag{8.1.26}$$

以上这些光吸收和散射效应是相互竞争的,反映在公式中总截面和总吸收系数是各部分贡献的相加。图 8.1.1 给出的是铅原子的光电效应、康普顿散射和瑞利散射的截面以及总截面与光子能量的关系,由于能量不够高,不存在电子对效应。图 8.1.7 给出几种物质的总吸收系数与光子能量的关系[17],更高能量即几兆电子伏以上,吸收曲线又上升是由于电子对效应开始起作用。由两图可见,这些效应的相对重要性取决于 Z 和 $h\nu$,粗略地说,光电效应在低能高 Z 区占优势,电子对效应在高能高 Z 区占优势,康普顿效应在中能特别是低 Z 区占优势,而瑞利散射在很低能量和较高 Z 物质中尤其是在小散射角情况下才起重要作用,如图 8.1.8 所示。

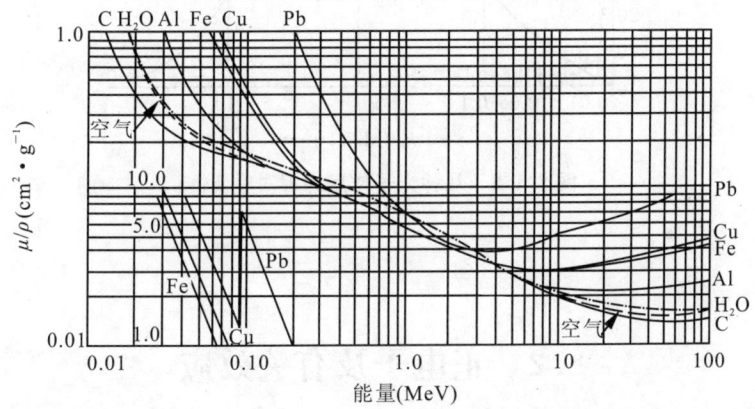

图 8.1.7 几种物质的总吸收系数与光子能量的关系

图 8.1.1 和图 8.1.7 给出的是入射光子能量在 1 keV 以上较高能量情况下的吸收曲线,实际反映的是原子内壳层和分子芯壳层电子的吸收情况。在光子能量小于内壳层电子束缚能情况即几十电子伏以下,共振吸收和拉曼效应吸收将起主要作用,这样得到的原子吸收光谱反映的是原子分子价壳层电子的吸收情况,能给出原子分子的激发能级[6],这在前几章已讨论过。

将式(8.1.23)积分就得到了光子束通过厚度为 x 的物质的指数吸收定律,也叫朗伯-比尔(Lambert-Beer)定律,它也可以写为对数形式:

$$I = I_0 e^{-\mu x} = I_0 e^{-N\sigma x} = I_0 e^{-x/\lambda} \qquad (8.1.27)$$

$$\ln \frac{I_0}{I} = \mu x = N\sigma x \qquad (8.1.27\text{a})$$

由此可见,光束通过吸收物质时,强度 I 或光子数随吸收层厚度 x 增加按指数不断减少,通过同样厚度时开始减少多些,随 x 增加减少数越来越少,平均路程即减少到 $1/e$ 的路程为 $\lambda = 1/N\sigma$。指数吸收规律已经在实际工作中有很多应用,在本章最后一节讨论。

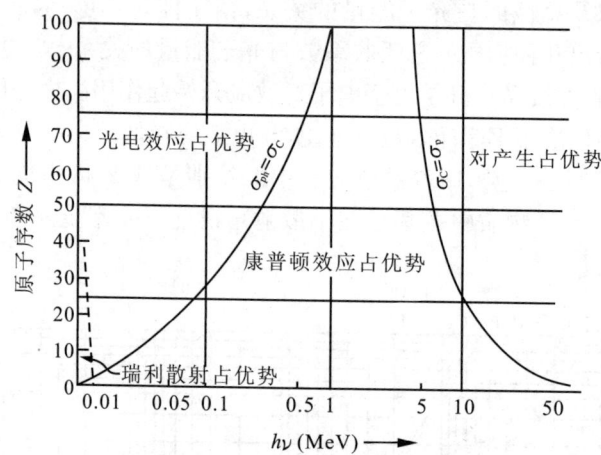

图 8.1.8　几种光子作用的相对重要性

8.2　正电子及有关效应

8.2.1　正电子和反粒子

现在讨论涉及正电子的一些现象。正电子的概念是狄拉克首先从理论上提出的,他将量子力学的非相对论薛定谔方程推广到相对论量子力学狄拉克方程时发现存在负能解。实际上,相对论中也会遇到类似的问题。由相对论方程

$$E^2 = p^2 c^2 + m^2 c^4$$

一个质量为 m、动量为 p 的粒子的能量可以有一个正能解和一个负能解

$$E^{\pm} = \pm\sqrt{p^2c^2 + m^2c^4} \tag{8.2.1}$$

负能解在经典物理中不至于造成灾难,由于能量是连续变化的,可以认为自然界一开始就选择了没有负能量的初始条件,因而无需考虑负能解。但是在相对论量子力学理论中负能解却不能去除,否则本征函数系就不能构成完备集合,而在量子力学中具有一组完备的本征函数系是任何可观测系统的必要条件。

如果存在负能态,它们的意义是什么呢? 如果认为负能态相当于有负质量的粒子,那么由牛顿第二定律可知,具有负能量的粒子获得的加速度方向与作用在它上面的力的方向相反,为了减少它的能量,必须给它正能量,给粒子能量后反而减少总能量,这与实验事实不符。

1930年狄拉克提出正电子理论,认为正负能态都是物理实在,如图8.2.1所示。正能量值从能量等于mc^2加上电子根据不确定原理应具有的零点能的地方开始往上排列,每一个能级上可以有自旋方向相反的两个电子。负能量的能级从靠近$-mc^2$的地方开始往下排列,直到$-\infty$。正负能态之间的跃迁是

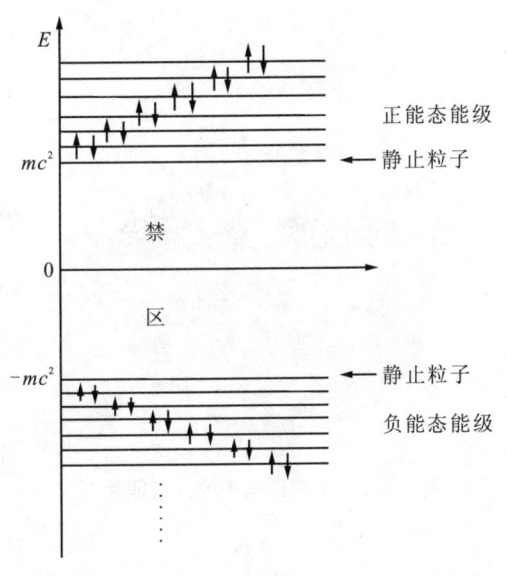

图 8.2.1 一个质量为 m 的粒子的正负能态

允许的。为了解释通常观测到的都是正能量电子,它们并未落到负能态的无底深渊中,狄拉克假设在正常情况下所有的负能级均被电子占领。由于泡利原理的限制,处在正能态的电子就不可能跃迁到负能态。

如果在这样的负能电子海中跑出一个电子,负能态的海洋中就出现了一个带一个正电荷的空穴,这时处在其他负能态上的电子可以进入这个空穴而又在海洋中留下新的空穴,空穴的运动行为与电子的一样,它们的质量相等,但电荷符号相反,这个空穴就是所谓的正电子,用符号 e^+ 表示。

狄拉克理论回答了一些问题,但又引起了更多的问题,过去我们习惯了的空无一物的虚无真空消失了,真空不空,变成了充满负能态电子的空间,或者说真空变成了填满负能态的电子海洋。在这种情况下,真空应具有无限多的电荷、无限大的

质量和无限大的负能量。狄拉克无法解释这些,只是假设我们已经习惯于这一状态,客观世界所发生的一切物理现象都是以这个负能电子海为背景,整个填满的负能电子海形成均匀的本底,它们并不产生任何可观测的效果,即所有的可观测量如电荷、质量、动量均为零,我们能感受到的只是相对于这一状态的偏离[①]。

1932年美国人安德森(C. D. Anderson)在云室中拍得了宇宙线产生的正电子的照片,如图8.2.2所示[②]。云室放在磁场中,中间加一块6 mm厚的铅板,用它可以判断入射粒子的穿行方向是从下往上的。这是由于带电粒子通过铅板后损失能量很多,径迹弯曲得更厉害些。从径迹的长度、粗细、磁场大小和方向可以确定粒子的质量与电子的相同,入射能量为63 MeV,出射能量为23 MeV,但偏转方向与电子的相反,这正好说明带电粒子是带一个正电荷,从而证实了正电子的存在。安德森因此而获得了1936年诺贝尔物理学奖。

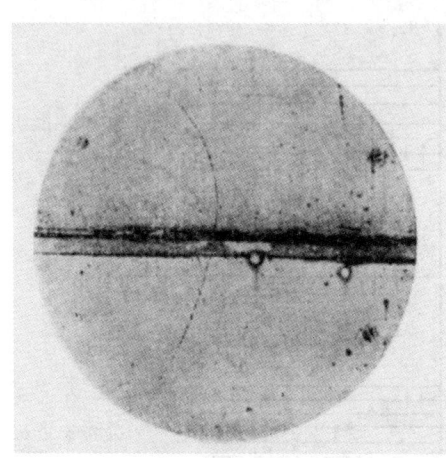

图8.2.2 发现正电子的云室照片

正电子与电子具有同样的质量、自旋、寿命和电荷大小,但它们的电荷符号相反,这种类型的粒子称为反粒子。正电子是电子的反粒子,在下一章还要介绍其他类型的反粒子。

有了正电子以后,我们可以更加对称地理解真空和物理世界了。一方面可以认为真空是负能态被充满的费米粒子海洋,另一方面从量子场论的观点可以认为真空是最低的能态,是没有任何场粒子被激发的状态,真空的电荷为零。如果外界有足够的能量作用在真空上,就能够激发出各种粒子。物理世界存在着带负电的电子和带正电的正电子,它们都具有正能量值,满足能量与动量之间的相对论关系,并会产生以后要叙述的一些有趣的现象。

---

① 彭宏安.物理内容丰富的真空[J].物理,1986,15:521. 涂涛,郭光灿.真空不空[J].物理,2018,47:549.

② Anderson C D. The Apparent Existence of Easily Deflectable Positives[J]. Science,1932,76:238; Phys. Rev.,1932,43:492. 杨振宁.基本粒子发现简史[M].上海:上海科学技术出版社,1963.

8.2.2 电子对效应

现在讨论上节提到的光子通过物质时发生的另一种作用——电子对效应[18,21]。当时人们只知道高能光子通过物质时的吸收主要是由康普顿散射引起的,可以用克莱因-仁科公式计算。我国赵忠尧先生在1930年测量硬γ射线通过物质的吸收系数时,首先发现硬γ射线只有在轻元素上的散射符合理论公式,而通过重元素时比公式大很多。他进一步分别选择铝和铅作为轻、重元素,研究这种反常吸收作用机制,发现伴随此反常吸收现象还存在一种特殊辐射,其能量约为电子的质量,而角分布是各向同性的。由此他首次发现高能光子产生电子对效应和正电子湮灭效应,这是一项诺贝尔奖的工作,比安德森在1932年观测到正电子径迹还早,当时瑞典皇家学会也曾郑重考虑过授予他诺贝尔物理学奖,遗憾的是当时有人对此成果提出疑问而使之错失机会。

电子对效应的作用结果是入射光子消失了,同时产生一个电子和一个正电子。类似在光电效应一节中所讨论的,要保证能量和动量能够同时守恒,必须有第三者参加。在电子对效应中,第三者可以是原子核,也可以是核外电子。入射光子的一部分能量 $2m_ec^2$(1.02 MeV)用于产生电子对(等于正负电子的静止质量),剩余的能量变为电子对的动能 T_+ 与 T_- 以及第三者的反冲能 $T_反$,则有关系

$$T_+ + T_- = h\nu - 2m_ec^2 - T_反 \tag{8.2.2}$$

由狄拉克理论很容易理解电子对效应,入射光子作用到负能态电子海洋中的一个负能电子上,使它跃迁到正能态,这时产生一个空穴即正电子,到正能态上的电子即为电子。显然要产生电子对效应,光子能量至少要大于正负能态的间隔 $2m_ec^2$,考虑到反冲能,产生电子对效应的阈能为

$$h\nu_阈 = 2m_ec^2\left(1 + \frac{m_e}{M}\right) \tag{8.2.3}$$

式中,M 为吸收反冲能的第三者(原子核或电子)的质量。因此,在原子核电磁场中阈值近于 $2m_ec^2$,而在电子电磁场中阈值近于 $4m_ec^2$,显然光子主要是与原子核作用产生电子对,在光子能量超过 $4m_ec^2$ 后,光子与电子作用产生电子对的概率逐渐增加,但通常还是比前者小很多[18]。注意,在后一情况中,如果反冲电子的动能较大而脱离束缚,则将产生三个电子。此外还可以看到,具有确定能量的光子产生的电子对的动能之和为常数,但单个电子或正电子的能量可以从0到 $h\nu - 2m_ec^2$。图 8.2.3 是理论计算的产生的电子对的能量分布[21],$\bar{\phi} = r_e^2 Z(Z+1)/137$,$\sigma_p(T_+)$ 是正电子能量为 T_+ 的微分截面,r_e 是电子的经典半径。由图可见,在很宽的能量范围内,低能光子产生各种能量的电子对的概率接近相

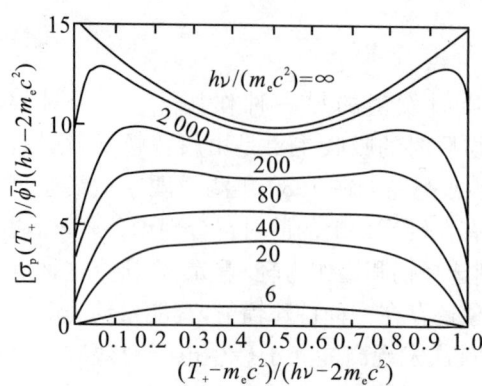

图 8.2.3 产生电子对的能量分布

等,而高能光子作用倾向于其中一个电子得到绝大部分能量。

总截面 σ 由微分截面对能量 T_+ 积分而得,即为图 8.2.3 中曲线下的面积乘以 $\bar{\phi}$。当光子能量还不够大而产生的正负电子能量 T_+ 和 T_- 较小,满足条件 $137 m_e c^2 h\nu/(2T_+ T_- Z^{1/3}) \gg 1$ 时,电子对产生的距离还未超过原子半径,可以不考虑核外电子对原子核的屏蔽,光子在电荷为 Ze 的原子核库仑场中产生电子对效应的原子总截面是

$$\sigma_p = \frac{r_e^2 Z(Z+1)}{137}\left(\frac{28}{9}\ln\frac{2h\nu}{m_e c^2} - \frac{218}{27}\right) \quad (8.2.4)$$

当光子能量 T_+ 和 T_- 很大以至不满足上述条件时,电子对产生距离超过原子半径,核外电子对原子核库仑场形成完全屏蔽,电子对效应的原子总截面为

$$\sigma_p = \frac{r_e^2 Z(Z+1)}{137}\left(\frac{28}{9}\ln\frac{183}{Z^{1/3}} - \frac{2}{27}\right) \quad (8.2.5)$$

因此,电子对效应截面与原子序数 Z^2 成正比,在光子能量较小时,随 $h\nu$ 增加截面线性增长,然后近于对数增加,当 $h\nu$ 很大时,σ_p 近于常数,与光子能量无关。图 8.1.7 吸收曲线总吸收系数在光子能量很高时,曲线又上升就是由于电子对效应的贡献,最后平坦不变。

8.2.3 电子偶素

在第 1 章特殊的氢原子体系中已经简单地提及电子偶素,这里将对它作更详细的介绍[①]。电子偶素是道依奇(M. Deutsch)在 1951 年发现的,它是正电子靠近电子时由于静电相互作用而与电子形成的类似氢原子一样的束缚态。由于它的折合质量 $\mu = m_e/2$,近于氢原子的一半,因此相对氢原子来说有如下一些不同的性质:

(1)电子偶素的不同 n 能级的能量均为氢原子的一半。由式(1.5.6),若氢原子的电离能为 I_H,则电子偶素的电离能

---

① 王少阶.电子偶素物理学[J].物理,1985,14:215. Berko S, Pendleton H N. Positronium[J]. Ann. Rev. Nucl. Part. Sci., 1980, 30: 543.

$$I_{Ps} = \frac{\mu}{m_e} I_H = \frac{1}{2} I_H = 6.8 \text{ eV} \tag{8.2.6}$$

(2) 电子偶素的半径 r_{Ps} 比同一主量子数的氢原子大 1 倍。由式(1.5.3)计算基态半径为

$$r_{Ps} = \frac{m_e}{\mu} r_H = 2 r_H = 2 r_0 = 1.06 \times 10^{-10} \text{ m} \tag{8.2.7}$$

(3) 电子偶素的能级精细结构介于氢原子与氦原子之间,但更类似于氦原子而不是氢原子,能级如图 8.2.4 所示。这是由于正电子的磁矩与电子的大小相等,比质子的大很多,造成正、负电子之间的自旋-自旋磁相互作用比在氢原子中的电子与质子之间的超精细作用大很多,不能忽略。氢原子中的电子自旋与本身的轨道角动量耦合成总角动量,是二重态。而电子偶素的正、负电子的自旋首先耦合成总自旋 S,然后再与轨道角动量 L 耦合成总角动量 J。这种情况类似于氦原子基态中的两电子耦合,精细结构分为两类:正、负电子的自旋反平行的 $S=0$ 的单态 ^1S 和平行的 $S=1$ 的三重态 ^3S。但有两点与氢原子的能级不同。首先,氢原子的两个电子是全同粒子,交换效应造成 ^3S 态能级比 ^1S 态能级低,差距较大;而电子偶素的正电子的电荷与电子的相反,不是全同粒子,不存在交换效应,S 态又不存在自旋与轨道作用,电子和正电子的自旋-自旋磁作用造成的精细结构效应的影响就显露出来,造成 ^1S 态能级比 ^3S 态能级低。

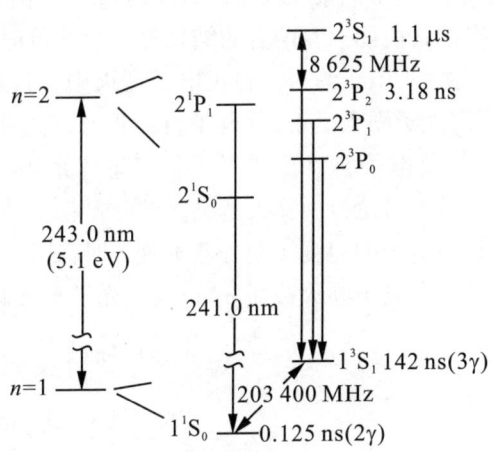

图 8.2.4 电子偶素的能级图

第二,由于正、负电子不是全同粒子,不受泡利原理限制,不像氢原子那样基态不存在 $1\,^3S$ 三重态,电子偶素存在 $1\,^3S$ 态,$1\,^1S$ 能级低些,两者能量差为 8.45×10^{-4} eV。处于 $1\,^1S$ 单态的电子偶素称为仲电子偶素,记为 p-Ps。处于 $1\,^3S$ 三态的电子偶素称为正电子偶素,记为 o-Ps。

(4) 氢原子和氦原子是稳定的,不衰变,而电子偶素却是不稳定的,p-Ps 的寿命 $\tau = 0.125$ ns。o-Ps 的寿命为 142 ns。这是由反粒子与粒子的湮灭效应引起的,将在下面小节里详细讨论。

类似于正负电子形成电子偶素,其他同种正反粒子也可以形成偶素,并有类似

的能级结构。例如,当今在粒子物理中被广泛研究的 c 夸克和反 c 夸克组成的 (c$\bar{c}$)粲偶素,其基态 $1\,^3S_1$ 是 J/ψ 粒子,$2\,^3S_1$ 态是 ψ' 粒子。再有,由 b 夸克和反 b 夸克组成的(b$\bar{b}$)偶素,其基态 $1\,^3S_1$ 是 γ(1S) 粒子,$2\,^3S_1$ 态是 γ(2S)粒子,现在已发现到 $6\,^3S_1$ 态即 γ(6S)粒子。不过这种夸克偶素的作用势已不再是库仑势,而是具有不同形式的其他种势。

8.2.4 正电子湮灭

正电子通过物质时,会发生两种作用。一是与原子或分子发生像后面两节要讲到的那种电子的电离、激发和散射作用,结果是正电子很快地损失能量而慢化到热速度,并扩散。在固体中,慢化在 10^{-12} s 内即完成。二是与物质中电子相遇时会发生湮灭作用[20]。有两种湮灭情况,一种是在两者能量均很小时形成束缚态电子偶素,电子偶素在较短的时间内随之发生湮灭;另一种是正电子与电子形成非束缚态的自由湮灭。两者的结果都是电子和正电子形成的体系(e^+e^-)消失,产生光子,称为正电子湮灭。在正电子湮灭中,可以发生双光子(2γ)和三光子(3γ)的湮灭,双光子湮灭是正、负电子自旋形成反平行的单态体系 $^1S_0$ 湮灭,三光子湮灭是正、负电子自旋形成平行的三态体系 $^3S_1$ 湮灭,在下章例 9.6 中有证明。

首先讨论自由湮灭情况。设 α 是精细结构常数,r_e 是电子的经典半径,在正电子相对电子的速度 v 远小于光速 c 时,狄拉克用量子电动力学计算得到,正电子与电子的双光子湮灭截面 $\sigma_{2\gamma}$ 以及三光子湮灭截面 $\sigma_{3\gamma}$ 与双光子湮灭截面之比分别为

$$\sigma_{2\gamma} \approx 4\pi r_e^2 \frac{c}{v} \tag{8.2.8}$$

$$\frac{\sigma_{3\gamma}}{\sigma_{2\gamma}} = \frac{4\alpha}{9\pi}(\pi^2 - 9) = \frac{1}{1\,114} \tag{8.2.9}$$

由于三光子湮灭态数($2S_3+1$)是双光子湮灭态数($2S_1+1$)的 3 倍,考虑到统计权重,正电子自由湮灭成三光子与湮灭成双光子的强度比为

$$\left(\frac{N_{3\gamma}}{N_{2\gamma}}\right)_{自由} = \frac{2S_3+1}{2S_1+1} \cdot \frac{\sigma_{3\gamma}}{\sigma_{2\gamma}} = \frac{3}{1\,114} = \frac{1}{371} \tag{8.2.10}$$

由此可见,主要发生的是双光子自由湮灭,湮灭截面与正电子的速度成反比,速度越小截面越大。例如,能量为 1 MeV 的正电子只有百分之几在飞行中湮灭,大部分是在能量消耗到很低时才湮灭。

设 n_e 为物质中的电子密度,由于单位时间内正电子的通过厚度为 v,由式 (1.2.17)可以得到正电子在物质中总的自由湮灭率 $\lambda_{自由}$,即单位时间内的湮灭作用概率为

$$\lambda_{\text{自由}} = \sigma v n_e = \left(\frac{1}{4}\sigma_{2\gamma} + \frac{3}{4}\sigma_{3\gamma}\right) v n_e \approx \frac{1}{4}\sigma_{2\gamma} v n_e = \pi r_e^2 c n_e \quad (8.2.11)$$

因此,自由正电子在真空中与电子一样是稳定的,但正电子在物质中由于会与电子发生湮灭作用而具有一定的寿命,由后面给出的式(8.6.3),低能正电子在物质中的自由湮灭寿命为

$$\tau_{\text{自由}} = \frac{1}{\lambda_{\text{自由}}} \approx \frac{1}{\pi r_e^2 c n_e} \quad (8.2.12)$$

仅与电子在物质中密度有关。对原子序数为 Z、质量数为 A、密度为 ρ 的材料,$n_e = N_A \rho Z/A$。在固体中寿命大致是 $(1\sim 4)\times 10^{-10}$ s,这也就是正电子在固体中的扩散时间。气体的 ρ 很小,因而 n_e 很小,寿命变大很多,大气中通常是 3×10^{-7} s。

现在讨论形成电子偶素束缚态的湮灭,主要形成的束缚态是基态 $1\,^1S_0$ 和 $1\,^3S_1$,然后它们再分别湮灭为双光子和三光子。由于两种态间能量差很小,形成的概率比就是它们的自旋多重态数之比。因此,正电子通过形成电子偶素湮灭成三光子与双光子的强度比,也就是它们的湮灭率之比与湮灭截面无关,等于

$$\left(\frac{N_{3\gamma}}{N_{2\gamma}}\right)_{\text{Ps}} = \left(\frac{\lambda_{3\gamma}}{\lambda_{2\gamma}}\right)_{\text{Ps}} = \frac{2S_3 + 1}{2S_1 + 1} = 3 \quad (8.2.13)$$

由此可见,低能正电子通过形成电子偶素湮灭成三光子的强度是湮灭成双光子的强度的 3 倍,但通过自由湮灭生成三光子的强度则比生成双光子的小很多。

为求出电子偶素的绝对湮灭率和寿命,需要知道它的电子密度。这可以用氢原子基态 $n=1, l=0$ 的波函数公式(2.6.21)和(2.6.36),并代入电子与正电子的距离 $r=0$ 和 $\mu = m_e/2$,从而得到电子偶素的 1s 电子密度 n_e^{1s} 为

$$n_e^{1s} = |\Psi_{1s}(0)|^2 = |Y_{00}R_{10}(0)|^2 = \frac{1}{\pi}\left(\frac{\alpha m_e c}{2\hbar}\right)^3 \quad (8.2.14)$$

将式(8.2.14)以及式(8.2.8)与式(8.2.9)分别代入式(8.2.11),并作 QED 辐射和库仑效应一阶小修正(即方括号内部分),则分别得到正电子形成电子偶素后衰变为双光子和三光子的湮灭率为

$$\lambda_{2\gamma}^{\text{Ps}} = \sigma_{2\gamma} v n_e^{1s} = \frac{\alpha^5 m_e c^2}{2\hbar}\left[1 - \frac{\alpha}{\pi}\left(5 - \frac{\pi^2}{4}\right)\right] = 0.798\,54\times 10^{10}\text{ s}^{-1} \quad (8.2.15)$$

$$\lambda_{3\gamma}^{\text{Ps}} = \sigma_{3\gamma} v n_e^{1s} = \frac{4}{9\pi}(\pi^2 - 9)\frac{\alpha^6 m_e c^2}{2\hbar}\left[1 + \frac{10.29\alpha}{\pi}\right] = 0.703\,9\times 10^7\text{ s}^{-1} \quad (8.2.16)$$

由此得到的电子偶素基态 $1\,^1S_0$ 和 $1\,^3S_1$ 的寿命分别为 0.125 23 ns 和 142.06 ns,与实验符合得很好。这与前述正电子的自由湮灭寿命不同。

以上电子偶素的湮灭率和寿命是在真空情况下求得的,在物质中三态电子偶素会被淬灭而大大缩短寿命。这是由于它的电子也可能与周围原子的自旋相反的电子

交换,转变为寿命很短的单态电子偶素湮灭,或与物质中电子碰撞而自由湮灭。

因此,正电子在物质中的实际湮灭必须同时考虑自由湮灭、形成电子偶素的湮灭以及电子偶素的淬灭,它们是相互竞争的过程。通常形成电子偶素的正电子能量 E_p 必须小于被正电子捕获的电子在原来的原子中的结合能 E_i 和电子偶素的最低激发能 E_{ex},如果 $E_p > E_i$,形成的电子偶素的动能就会大于电子偶素的结合能 E_{Ps},电子偶素会很快解体;如果 $E_p > E_{ex}$,非弹性碰撞过程就会发生,形成束缚态的概率很小。当然为要拉出电子,E_p 也要大于 $E_i - E_{Ps}$,即要满足下式:

$$E_i - E_{Ps} < E_p < E_{ex}, E_i \tag{8.2.17}$$

在通常的物质中,特别是金属中,E_i 很小,要产生电子偶素要求正电子的动能很小,正电子在慢化过程中主要产生自由湮灭,形成电子偶素的概率很小。但在气体、绝缘体粉末、气凝硅胶等材料中,以及材料中含有气泡、缺陷等情况下,材料的电子密度很小,正电子产生自由湮灭的概率变小,电子偶素淬灭的概率也变小,形成电子偶素的湮灭概率变大,有的甚至可以达到25%~50%。因此,在物质中正电子湮灭生成两个和三个光子的强度比在371和接近1/3之间变化,前者对应于没有电子偶素生成,后者对应于几乎全部都生成电子偶素且不存在淬灭的情况。

下面从能量和动量守恒关系讨论正电子湮灭后形成的光子特性。由于正电子湮灭要求正、负电子的动能 T_+ 和 T_- 很小,在把它们近似看作零的静止湮灭情况下,能量守恒要求形成的两个或三个光子的总能量为

$$E_{2\gamma}(\text{或 } E_{3\gamma}) = 2m_e c^2 + T_+ + T_- \approx 2m_e c^2 \tag{8.2.18}$$

对三光子湮灭,动量守恒要求产生的三个光子大致是共面发射的,具有的总能量在三个光子之间分配,每个光子的能量可以在0~511 keV范围取值。双光子湮灭情况不同,产生的两个光子的飞行方向相反,互成180°;能量各为 $m_e c^2 = 511$ keV。

虽然正电子在湮灭时能量很小,材料中电子具有的能量也较小,但严格处理还不是静止湮灭,正、负电子的动量有一定分布,造成湮灭光子特性与它们有关,偏离上述结果。在双光子湮灭中,光子发射的垂直方向上的动量分量 $p_\perp$ 会造成两个相反方向飞出的 γ 射线偏离180°,而形成一个围绕180°的 $\pm\theta$ 角分布,在光子发射方向上的动量分量 $p_\parallel$ 会由于多普勒效应造成光子能量偏离511 keV,而形成一个围绕511 keV 的能量分布 $\pm\Delta E$。它们满足如下关系:

$$\sin\theta = \frac{p_\perp}{m_e c}, \quad \Delta E = \frac{p_\parallel c}{2} \tag{8.2.19}$$

正电子湮灭现象得到了许多应用[①]。它生成的 511 keV 辐射可以作为高能光子能量刻度线。此外,已制造了几种正电子湮灭谱仪:角关联测量装置、多普勒谱仪和寿命谱仪,分别测量 θ 角分布、ΔE 展宽和湮灭光子出现时刻相对于正电子入射时刻的延迟时间。通过测量这些参量可以得到晶格中电子的动量,它们与材料的种类、缺陷、空穴、气孔、电子偶素形成的百分比等有关,从而可以进行金属费米面、固体表面电子结构、缺陷等研究。在固体物理和材料科学中获得了应用。在 8.7 节还会介绍在医学中的应用。

8.3 带电粒子的弹性和非弹性散射

现在讨论带电粒子通过物质时与原子发生碰撞的情况,即散射过程。为此,以下一些不同情况需要考虑:按入射粒子种类可分为质量轻的电子和重带电粒子(如质子、α 粒子、重粒子)两种;按作用对象有原子核和核外电子两种;按作用结果可分为弹性散射和非弹性散射两种。弹性散射是指两粒子碰撞后仅改变运动方向和速度大小(即动能)、两粒子的内部能量没有变化的作用。非弹性散射是指入射粒子的动能和靶粒子内部能量有交换,包括使原子或原子核激发、退激发或电离的作用,通常入射粒子会由于这种作用而损失能量,称为电离损失。

实际上,入射带电粒子与原子核和核外电子的库仑场都会同时发生弹性和非弹性散射作用,这四种作用的发生概率与入射粒子的种类和能量有关,在讨论时常区分轻或重、快速或慢速入射粒子。这些内容分两节讨论,本节先讨论各种弹性与非弹性散射的能量转移关系和散射截面,下节讨论电离损失和射程。

碰撞实验是研究微观粒子相互作用和结构的重要方法,在第 1 章讨论的卢瑟福 α 粒子的弹性散射实验和弗兰克-赫兹的电子与原子的非弹性碰撞实验是重要的例子,今天人们仍然还在用带电粒子的碰撞实验来研究原子和分子的物理和化学问题,其中包括原子分子激发态和电离态结构和动力学问题。

[①] 周宗源,伍必和. 正电子湮灭[J]. 物理,1980,9;535. 倪蕙苓. 正电子湮灭在固体物理中的应用[J]. 物理,1979,8;543. Ghosh A S, et al. Positron-atom and positron-molecule impact[J]. Physics Reports, 1982, 87: 313.

8.3.1 卢瑟福散射和莫特散射

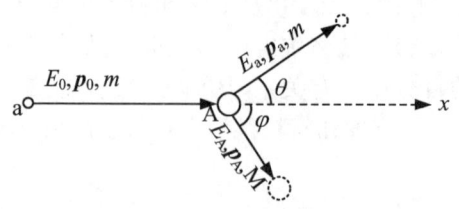

图 8.3.1 有质量的两粒子碰撞示意图

本小节讨论弹性散射,包括卢瑟福散射和莫特散射[18-20]。

带电粒子散射作用中的能量和动量转移关系,可以用经典的有质量的两粒子碰撞来描述,如图 8.3.1 所示。若最初原子静止不动,散射粒子的动能 E_a 和被碰撞的靶粒子获得的反冲动能 E_A 可以用类似 8.1.2 小节康普顿散射的方法由能量与动量守恒定律导出:

$$\left.\begin{array}{l} E_a = \left(\dfrac{m\cos\theta + \sqrt{M^2 - m^2\sin^2\theta}}{m + M} \right)^2 E_0 \\ E_A = \dfrac{4mM}{(m + M)^2} \cos^2\varphi E_0 \end{array}\right\} \tag{8.3.1}$$

式中,m 和 M 分别为入射粒子和被碰撞粒子的质量,E_0 为入射粒子的动能,θ 和 φ 分别为散射粒子和反冲粒子的运动方向与入射粒子运动方向之间的夹角。由公式可见,入射粒子会损失能量并改变方向,靶粒子会获得能量和反冲动量,它们与散射角 θ 和两粒子的质量比有关。在 $\theta = 0°$ 附近小角范围,E_a 近于 E_0,两者的动量 p_a 和 p_0 也近于相等,能量和动量转移很小。随 θ 角增加转移的能量和动量逐渐增加,E_a 和 p_a 逐渐减小,在 $\theta = 180°$ 时 $E_a = [(M-m)/(M+m)]E_0$ 最小。当 $m \ll M$ 时,如电子入射与核作用或 α 粒子入射与重核作用,θ 可取 $0° \sim 180°$,即使 $\theta = 180°$ 也有 $E_a \approx E_0$,$E_A \approx 0$;当 $m \gg M$ 时,如重粒子入射使原子的电子电离,不能有大角度散射,θ 较小,有 $E_a \approx E_0$,$E_A \approx 0$,这两种情况的能量转移均很小,后者的动量转移也很小;当 $m = M$ 时,如电子入射使原子的电子电离,当 θ 到达 $180°$ 时 E_a 减小到 0,能量和动量转移很大。

卢瑟福散射是一种最简单的弹性库仑散射,假设入射粒子和靶粒子都是没有结构的点粒子,自旋为 0,$m \ll M$,作用力是库仑作用。现在来讨论它的散射截面问题,设入射粒子的电荷为 ze,原子核有 Z 个电荷,首先考虑核作用库仑势能 $V(r) = zZe^2/(4\pi\varepsilon_0 r)$,两者的约化质量为 μ,问题就变为求解下列薛定谔方程:

$$\nabla^2 \psi + \frac{2\mu}{\hbar^2}\left(E - \frac{zZe^2}{4\pi\varepsilon_0 r}\right)\psi = 0 \tag{8.3.2}$$

这一方程与氢原子的相同,但由于 $E > 0$,这不是束缚态问题,边界条件不同，求解要复杂得多。当入射粒子的动能比相互作用的势能大很多时，可以用量子力学的玻恩近似方法求解[13]，得到的微分散射截面是散射振幅 $f(\theta)$ 的平方，为

$$\frac{\mathrm{d}\sigma_R(\theta)}{\mathrm{d}\Omega} = |f(\theta)|^2 = \left| -\frac{\mu}{2\pi\hbar^2}\int \exp\left(-\mathrm{i}\frac{\boldsymbol{K}\cdot\boldsymbol{r}'}{\hbar}\right)V(r')\mathrm{d}\tau' \right|^2$$

$$= \left|\frac{2\mu zZe^2}{4\pi\varepsilon_0 K^2}\right|^2 = \left(\frac{zZe^2}{4\pi\varepsilon_0 \cdot 4E_0}\right)^2 \cdot \frac{1}{\sin^4(\theta/2)} \quad (8.3.3)$$

其中，动量转移 $\boldsymbol{K} = \boldsymbol{p}_0 - \boldsymbol{p}_a$，弹性散射中前面已指出可忽略反冲能量，有 $|\boldsymbol{p}_a| \approx |\boldsymbol{p}_0|$，近似有 $K = 2p_0\sin(\theta/2)$，代入上式就可求出上述结果，与第 1 章用经典方法求得的公式(1.2.8)完全一样。

入射粒子能量较低时除与原子核的作用之外，还有与核外电子的作用。为了避免多体计算，与各个电子的作用近似用电荷分布为 $-e\rho(r')$ 的作用代替，忽略交换作用，于是方程(8.3.3)中的 $V(r)$ 要用下式代替：

$$V(r) = \frac{zZe^2}{4\pi\varepsilon_0 r} - \frac{ze^2}{4\pi\varepsilon_0}\int\frac{\rho(r')}{|r-r'|}\mathrm{d}\tau' \quad (8.3.4)$$

仍用玻恩近似，可以求得微分散射截面为

$$\frac{\mathrm{d}\sigma_R(\theta)}{\mathrm{d}\Omega} = |f(\theta)|^2 = \left(\frac{ze^2}{4\pi\varepsilon_0 \cdot 4E_0}\right)^2 \cdot \frac{|Z - F(\theta)|^2}{\sin^4(\theta/2)} \quad (8.3.5)$$

$F(\theta)$ 称为形状因子，反映核外电子的屏蔽效应，Z 越大、E_0 越小影响越大，$Z - F(\theta)$ 可视为有效核电荷。低入射能量玻恩近似不正确，玻恩近似正确的能量下限随 Z 的增加而增加，例如，氢是 500 eV($\theta \geqslant 15°$)，氖是 12 keV，氩是 40 keV。

在 α 粒子散射实验中，α 粒子的自旋为 0，因此可用卢瑟福公式，但如果入射粒子为自旋 1/2 的电子或质子，就不能用卢瑟福公式。莫特(N. F. Mott)使用相对论的狄拉克方程讨论了自旋为 1/2、电荷为 1 的粒子被无自旋的靶粒子散射，这称为莫特散射。按 αZ 的幂次展开后取到一次幂的莫特微分散射截面为

$$\frac{\mathrm{d}\sigma_M(\theta)}{\mathrm{d}\Omega} = \frac{\mathrm{d}\sigma_R(\theta)}{\mathrm{d}\Omega}\left[1 - \beta^2\sin^2\frac{\theta}{2} + \pi\beta\alpha Z\left(1 - \sin\frac{\theta}{2}\right)\sin\frac{\theta}{2}\right] \quad (8.3.6)$$

这里，α 是精细结构常数，$\beta = v/c$。结合式(8.3.3)可见，包括莫特散射和卢瑟福散射的库仑散射微分截面有如下特点：与 E_0^2 和 $\sin^4(\theta/2)$ 成反比，与 Z^2 成正比，因而随入射能量和散射角增加很快减小，集中在小角范围；散射体的原子序数越大散射截面就越大，核外电子的屏蔽作用越弱。

在能量较低时，式(8.3.6)中方括号内数值接近 1，莫特散射回到了卢瑟福散射。在能量较高的情况下，原子序数 Z 小时，莫特散射的截面比卢瑟福的小；Z 大

时,括号中第三项起的作用变大,莫特散射的截面会超过卢瑟福散射的截面。

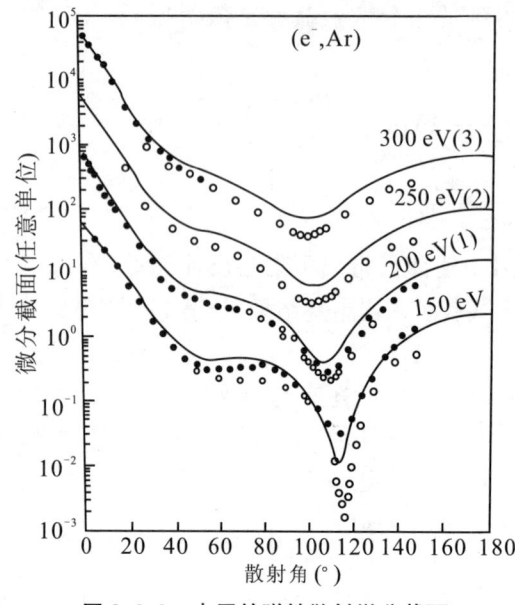

图 8.3.2　电子的弹性散射微分截面

低能情况下玻恩近似不再正确,需用其他一些新发展的计算方法处理。图 8.3.2 给出低能电子与氩原子的弹性散射微分截面与角 θ 的关系①,可见随 θ 增加,截面开始很快减小,散射角变大后则不符合玻恩近似而有较大变化。图中点为实验值,曲线为理论计算值。各能量值后括号中数字表示纵坐标已乘上相应的 10 的幂次。

对正电子入射情况,应该将式(8.3.6)括号中的 Z 用 - Z 代替,这时第三项永远为负值,因此正电子的莫特散射截面永远小于它的卢瑟福散射截面,并永远小于电子的莫特散射截面。

现在考虑靶粒子具有自旋 S_A。如果入射粒子是非极化的自旋为 1/2 的电子或质子,总自旋 $S = S_A \pm 1/2$,相应有两个独立的散射振幅 $f^\pm(\theta)$;如果靶是自旋为 1/2 的氢核,则 $f^+(\theta)$ 和 $f^-(\theta)$ 分别相应于自旋三态和单态,因此非极化束被非极化氢靶散射的微分截面是对这四个态求平均:

$$\frac{\mathrm{d}\sigma(\theta)}{\mathrm{d}\Omega} = \frac{3}{4} \mid f^+(\theta) \mid^2 + \frac{1}{4} \mid f^-(\theta) \mid^2 \quad (8.3.7)$$

对重原子情况,还要考虑自旋-轨道作用,情况更复杂。

将微分散射截面对角度积分,可得到总截面 σ。但由于在大角度下玻恩近似不成立,实验表明,总截面随入射粒子能量的减少而增加得没有像微分截面的二次方那么快,但比一次方要快些。

对于低能电子(约 10 eV 数量级),总散射截面随能量的减少不再增加,反而下降,在电子能量更低(1~2 eV)的情况下,总散射截面再次上升,这一现象称为拉姆绍

---

① Sultana N N, Wadehra J M. Elastic scattering of positrons and electrons by argon[J]. Phys. Rev. A,1987,35:2051.

尔(Ramsauer)-汤生(Townsend)效应。图8.3.3中给出了某些气体的结果①。

当然对能量很高的情况，不能把被碰撞粒子当作点粒子，必须考虑它的结构，玻恩近似也不成立，莫特散射公式需要修正。为简单起见，假定靶粒子具有球对称的密度分布，设 $F(K^2)$ 是形状因子，这时的散射截面是

$$\frac{\mathrm{d}\sigma(\theta)}{\mathrm{d}\Omega} = \frac{\mathrm{d}\sigma_M(\theta)}{\mathrm{d}\Omega} |F(K^2)|^2 \tag{8.3.8}$$

式(8.3.5)和式(8.3.8)中的形状因子 F 是联系实验观测和理论分析的桥梁。由于 $\mathrm{d}\sigma_M(\theta)/\mathrm{d}\Omega$ 和 $\mathrm{d}\sigma_R(\theta)/\mathrm{d}\Omega$ 可以精确计算，故形状因子可以由微分散射实验结果得到。也可以对靶粒子的结构和电荷分布作某种假设，从而计算出形状因子，与实验确定的值对比就可以判断这一假设是否正确。例如，通过高能电子的散射实验确定了原子核的尺度，确定了核内电荷是非均匀分布的，并确定了质子也是有结构的；通过高能电子和正电子散射实验确定了到目前为止所具有的最高能量下，电子仍无结构，可以看作是点粒子。这些都是应用这一方法所取得的重要成果。

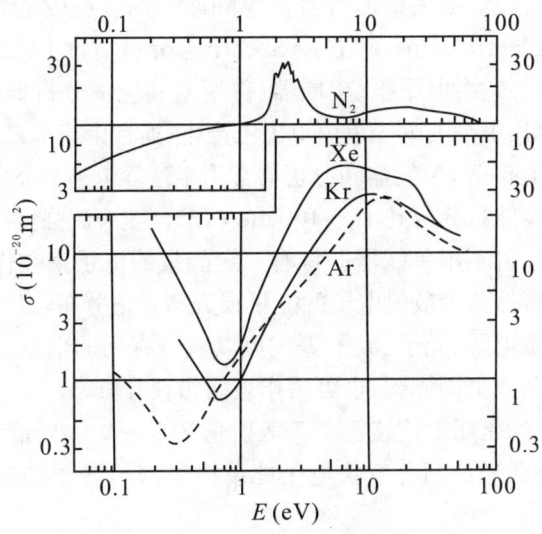

图 8.3.3　拉姆绍尔-汤生效应

---

① Jost K, et al. Electron and Atomic Collisions：XIII ICPEAC[M]. North-Holland, 1983.

8.3.2 非弹性散射

入射粒子能量大于原子的激发能时就有可能使原子激发到较高能级或电离态而发生非弹性散射[6]。由于原子核的激发能远大于原子的,对于不是特别高的入射能量下通常不考虑与原子核的非弹性散射。

在图 8.3.1 两体非弹性散射中,设原子最初静止不动,原子的激发能为 E_j,由能量和动量守恒定律可以得到散射粒子能量与弹性散射式(8.3.1)不同,为

$$E_a = \frac{1}{(m+M)^2}\Big[(M^2 - m^2)E_0 - (m+M)ME_j + 2m^2\cos^2\theta E_0$$
$$+ 2m\cos\theta E_0\sqrt{m^2\cos^2\theta + (M^2 - m^2) - (m+M)ME_j/E_0}\,\Big] \quad (8.3.9)$$

在入射粒子为电子的情况下,$m \ll M$,原子的反冲能可以忽略,因此有 $E_a \approx E_0 - E_j$,入射电子的能量损失值 ΔE 近似等于激发能,

$$\Delta E = E_0 - E_a \approx E_j \quad (8.3.10)$$

因此,通过测量电子能量损失谱即可直接得到原子的各激发能量 E_j,这就是电子能量损失谱方法(Electron Energy Loss Spectroscopy,简称 EELS),这种装置称为电子能量损失谱仪。它由电子枪、单能器、作用室和能量分析器组成,整个装置放在真空室里。被聚焦很细的电子束由电子枪产生,通常束流为几微安至几十微安,能量分辨为 0.5~1.5 eV,单能器和分析器常用半球静电型。单能器减少入射电子束的能量分散,提高能量分辨到 10~100 meV,但也使束流强度减弱。如对能量分辨要求不是很高,也可不用单能器。具有一定能量的电子束在作用区与原子分子束碰撞,用能量分析器测量散射电子的能量损失谱和角分布,或者增加其他探测器测量电离电子、俄歇电子、光子、离子等就可以获得有用的信息。通常使用气体或蒸气靶,如在作用区放上固体靶,也可用作表面物理分析[6]。

图 8.3.4 给出的是用上述装置在 7°散射角 2.5 keV 入射能量下测量到的 CO 分子的五个电子态跃迁的高分辨快电子能量损失谱①,分子的精细振动能级清楚分辨。

电子能损谱方法只需简单地改变直流电源电压就能实现从红外直到 X 射线这样一个很宽的能量范围的扫描,比光谱学方法简单,但能量分辨差一些。它的另一个优点是不受电偶极辐射跃迁选择定则的限制,可以研究禁戒跃迁,已成为研究原

---

① Zhu L F, et al. Electron-impact excitation of $D^1\Delta \leftarrow X^1\Sigma^+$ in carbon monoxide[J]. J. Chem. Phys., 2005, 122: 224-303.

子分子价壳层和内壳层激发态的能级结构和动力学的一种替代激光光谱的方法。

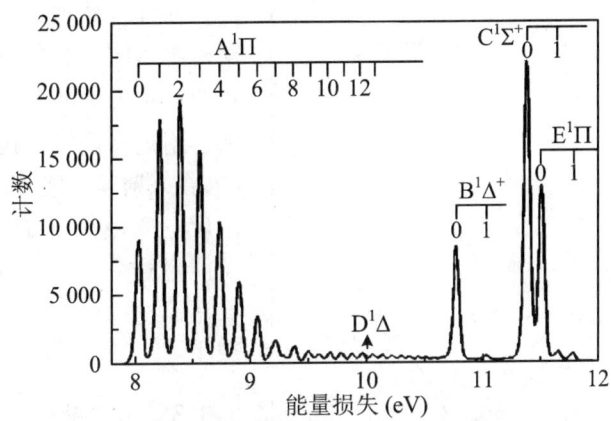

图 8.3.4　CO 分子的高分辨快电子能量损失谱

现在来求非弹性散射微分截面。这时要考虑原子的内部能级结构，入射带电粒子部分能量转移给原子使其从初态跃迁到末态，势函数中与原子核的库仑作用势不再贡献到原子的跃迁矩阵元 $\varepsilon_j(K)$ 中，只需考虑与电子的库仑势，这正是与弹性微分散射截面区别之处，因而通常非弹性散射截面小于弹性散射截面。同样低能时玻恩近似不成立，需要用其他近似方法处理。能量较高时，在非相对论条件下用一级玻恩近似，可得非弹性散射微分散射截面为

$$\frac{d\sigma(K)}{d\Omega} = \frac{p_a}{p_0}|f_j|^2 = \frac{4\mu^2 e^4}{(4\pi\varepsilon_0)^2 K^4}\frac{p_a}{p_0}|\varepsilon_j(K)|^2 \tag{8.3.11}$$

其中，折合质量 μ 在电子入射情况下近于电子质量，f_j 是非弹性散射振幅。

图 8.3.5 是能量为 100 eV 的电子与钠原子作用后产生的 3s–3p 共振激发微分散射截面随 θ 角的变化[①]。曲线是计算值，点是实验值，表明在大角度散射情况下，实验值与实线表示的玻恩近似计算不符。

在入射电子能量较高的情况下，由微分散射截面算得的非弹性散射总截面正比于 $\lg E/E$，因此非弹性散射截面随能量增加比弹性散射下降缓慢得多。在小角度散射和低入射电子能量情况下以弹性散射为主，随着能量增加和散射角度增大，弹性散射截面下降得更快，非弹性散射越来越重要。

电离的情况更为复杂。在入射电子的能量足够高时用玻恩近似计算。在入射

---

① Bransden B H, McDowell M R C. Electron scattering by atoms at intermediate energies Ⅱ. Theoretical and experimental data for light atoms[J]. Phys. Rep., 1978, 46: 249.

电子的能量低时也需用其他更复杂的近似理论处理。实验上已经对带电粒子与原子分子以及离子的电离现象作了大量的研究，一般来说，在阈值附近有精细结构和扩展精细结构；在入射粒子能量超过电离阈能 I 之后电离截面开始增加，当入射粒子能量达到 $(3\sim7)I$ 值时，电离截面达最大值，然后按 $\lg E/E$ 关系减少。

8.3.3 多次散射

以上讨论的是一次散射，总起来看，弹性散射主要是入射带电粒子与原子核的库仑作用，截面随入射能量和散射角增加很快减小，集中在小角度；非弹性散射主要是入射带电粒子与原子核外电子的库仑

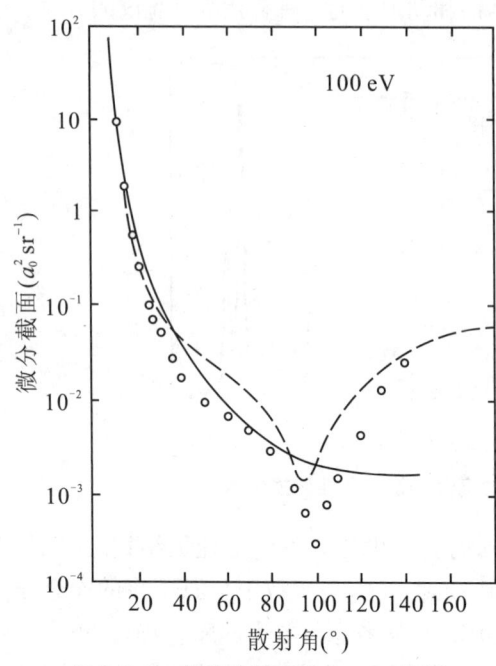

图 8.3.5　钠的电子碰撞 3s–3p 共振激发微分散射截面

作用，截面随入射能量和散射角增加减小得比弹性散射慢得多。当入射能量较高时非弹性散射损失能量的截面较大，随着入射能量逐步减小弹性散射截面迅速增加以致成为主要的。

本小节关心的是带电粒子通过一定厚度 t 的物质后偏离原来方向问题，这时往往要经历多次散射。重带电粒子的非弹性散射传给原子电子的动量很小，偏转很小，下节给出电离损失比电子的大很多，通过的路程很短，通过物质时基本上是走直线，多次散射无需考虑。

对于质量轻的电子，与原子核和核外电子的一次碰撞所转移的动量都有可能较大，多次散射的角度要大得多；此外电子通过的路程要长很多，会发生许多次散射，改变方向几乎完全决定于粒子与原子核的小角弹性散射。多次散射的理论计算很复杂。但是对次数很多的散射（例如 $n>20$ 次），多次散射主要是多次小角弹性散射的积累，可以用统计方法求平均偏离。经多次散射后的电子散射角 θ 的分布近似为围绕 $\theta=0°$ 的高斯型对称分布，由莫特散射截面计算出的散射角平方的平均值 $\overline{\theta^2}$ 为[17]

$$\overline{\theta^2} = \frac{4\pi N z^2 Z(Z+1)e^4 t}{(4\pi\varepsilon_0)^2 p^2 v^2} \ln\left[4\pi z^2 Z^{4/3} N t \left(\frac{\hbar}{mv}\right)^2\right] \approx Z^2 \left(\frac{E_s}{pv}\right)^2 \left(\frac{t}{X_0}\right)$$

(8.3.12)

其中，m,z,p,v 分别是入射粒子的质量、电荷数、动量和速度，Z,N,t,X_0 分别是被通过物质的原子序数，单位体积原子数、厚度和辐射长度，$E_s = (4\pi \cdot 137)^{1/2} \cdot m_e c^2 = 21.2$ MeV。

由此可见，多次散射的 $\overline{\theta^2}$ 近似地正比于 Z^2 和 t，反比于入射粒子的动能 E^2。也即在低能粒子入射和使用原子序数 Z 高的材料时，由于散射的偏转更显著，材料越厚，偏转也越厉害，甚至一部分电子可能偏转 180°，从物质内折返回来，形成反散射。为了避免散射，需要选用原子序数 Z 低的材料，如铝或有机玻璃。由公式可见，具有同样能量的质子和电子通过同样厚度的物质时，虽然能量和厚度不直接影响，但对数项中存在 $1/m$，因此质量小很多的电子的散射角要比质子大很多，大角散射主要是电子产生的。

8.4 带电粒子的电离损失和射程

8.4.1 电离损失

现在讨论带电粒子通过物质时与许多原子（分子）发生作用而损失能量的整体效应。在前述弹性散射中，由于动量守恒要求损失的能量是很小的，能量主要是消耗在使原子激发和电离的非弹性散射上，通常用粒子通过物质时单位路程上的能量损失 $-dE/dx$ 来表示粒子的这种能力，叫电离损失。现在来求它的表达式，先用经典方法推导，再给出量子力学的结果[17-21]。

设入射粒子的质量为 m，电荷为 ze，能量为 E_0，速度为 v。通常 E_0 远大于轨道电子的结合能，v 大于电子的轨道速度，靶电子可以看作是静止的自由电子，它的质量为 m_e，电荷为 $-e$。设入射粒子的运动方向为 x 方向，距电子的垂直距离为 b，称为碰撞参数，如图 8.4.1 所示。入射带电粒子与原子中电子之间由于库仑力作用将发生非弹性散射能量转移，由式(8.3.9)知，这种能量转移的大小决定于入射粒子被散射的角度 θ。像在第 1 章 α 粒子散射实验中所给出的那样，碰撞参数 b 大则 θ 小，转移的能量少。由于原子很空旷，绝大多数为小角散射，一次碰撞转

移的能量比 E_0 小很多。在距电子 r 处的点 B 粒子受库仑力作用的大小为

$$f = -\frac{ze^2}{4\pi\varepsilon_0 r^2} \tag{8.4.1}$$

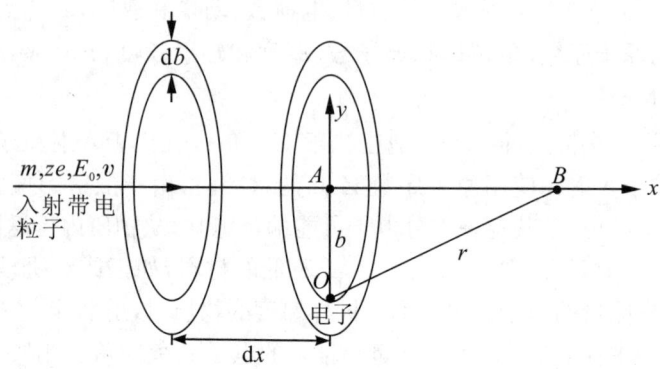

图 8.4.1　带电粒子与原子中电子作用示意图

由于粒子从电子近旁通过时,在最近点 A 之前和之后的库仑力的 x 方向分量大小相等,方向相反,所以传给电子的总动量的 x 方向分量为 0,只有 y 分量:

$$\Delta p \approx \int_{-\infty}^{+\infty} |f_y|\, \mathrm{d}t = \int_{-\infty}^{+\infty} \frac{ze^2}{4\pi\varepsilon_0 r^2} \frac{b}{r} \frac{\mathrm{d}x}{v} = \frac{2ze^2}{4\pi\varepsilon_0 bv} \tag{8.4.2}$$

上式中用了关系 $r^2 = x^2 + b^2$, $\mathrm{d}x = r\mathrm{d}r/\sqrt{r^2 - b^2}$。因此电子获得的能量为

$$\Delta E = \frac{(\Delta p)^2}{2m_e} \approx \frac{2z^2 e^4}{(4\pi\varepsilon_0)^2 m_e v^2 b^2} \tag{8.4.3}$$

实际上,入射带电粒子通过的路径上有许多电子,在半径为 b、厚度为 $\mathrm{d}b$、长为 $\mathrm{d}x$ 的圆柱体内的电子数是 $2\pi b \cdot \mathrm{d}b \cdot \mathrm{d}x \cdot NZ$,其中 Z 为靶物质的原子序数,N 为单位体积内的靶原子数,NZ 即为电子数密度。由此可得电离损失为

$$-\frac{\mathrm{d}E}{\mathrm{d}x} = \int_{b_{\min}}^{b_{\max}} \frac{2z^2 e^4}{(4\pi\varepsilon_0)^2 m_e v^2} 2\pi NZ \frac{\mathrm{d}b}{b} = \frac{4\pi z^2 e^4 NZ}{(4\pi\varepsilon_0)^2 m_e v^2} \ln \frac{b_{\max}}{b_{\min}} \tag{8.4.4}$$

下面的问题是求 $b_{\min}$ 和 $b_{\max}$。利用经典方法粗略地考虑,电子获得的最大能量是在对心碰撞时得到的,这相当于公式(8.3.1)中令 $\varphi = 0°$。设入射的是重带电粒子,$m \gg m_e$,原子中的电子获得的最大能量即入射粒子的最大能量损失为

$$(\Delta E)_{\max} = (E_A)_{\max} = 4\frac{m_e}{m} E_0 = 2m_e v^2$$

由式(8.4.3),可以得到

$$b_{\min} = \frac{ze^2}{4\pi\varepsilon_0 m_e v^2} \tag{8.4.5}$$

实际上,电子束缚在原子内,它吸收的能量不能很小。设平均激发能 I 是靶原子中各壳层电子的激发和电离能的平均值,只有当电子获得的能量大于或等于 I 时才有能量传递,因此要求 $(\Delta E)_{\min} = I$,由此得

$$b_{\max} = \frac{ze^2}{4\pi\varepsilon_0 v}\sqrt{\frac{2}{m_e I}} \tag{8.4.6}$$

因此重带电粒子入射的电离损失为

$$-\frac{dE}{dx} = \frac{4\pi z^2 e^4 NZ}{(4\pi\varepsilon_0)^2 m_e v^2}\ln\left(\frac{2m_e v^2}{I}\right)^{1/2} \tag{8.4.7}$$

玻尔-贝特-布洛赫(Bohr-Bethe-Bloch)用量子力学严格地计算 $b_{\min}$ 和 $b_{\max}$ 值,结果与上述经典值有些不同,入射重粒子和电子也不同。考虑相对论效应,$\beta = v/c$,入射重带电粒子的电离损失公式为

$$-\frac{dE}{dx} = \frac{4\pi z^2 e^4}{(4\pi\varepsilon_0)^2 m_e v^2}NZ\left[\ln\frac{2m_e v^2}{I(1-\beta^2)} - \beta^2 - \delta\right] \tag{8.4.8}$$

对电子入射,还需要考虑其他的修正。首先,两电子系统的约化质量为 $m_e/2$,因此公式的 ln 项中 $2m_e$ 应变为 m_e;第二,要考虑两全同电子的不可区分性,这要求能量转移值[式(8.4.3)]小一半;第三,在电子-电子碰撞时,必须考虑入射电子反冲而引起的横向速度和莫特散射效应。这样,入射电子的电离损失公式为

$$-\frac{dE}{dx} = \frac{2\pi e^4}{(4\pi\varepsilon_0)^2 m_e v^2}NZ\Big[\ln\frac{m_e v^2 E_0}{2I^2(1-\beta^2)} - (2\sqrt{1-\beta^2} - 1 + \beta^2)\ln 2$$

$$+ (1-\beta^2) + \frac{1}{8}(1-\sqrt{1-\beta^2})^2 - \delta\Big] \tag{8.4.9}$$

在能量较小的非相对论情况下($\beta < 0.5$),式(8.4.8)和式(8.4.9)分别简化为

$$-\frac{dE}{dx} = \frac{4\pi z^2 e^4}{(4\pi\varepsilon_0)^2 m_e v^2}NZ\ln\frac{2m_e v^2}{I} \quad \text{(对重带电粒子)} \tag{8.4.10}$$

$$-\frac{dE}{dx} = \frac{4\pi e^4}{(4\pi\varepsilon_0)^2 m_e v^2}NZ\ln\frac{0.58 m_e v^2}{I} \quad \text{(对电子)} \tag{8.4.11}$$

I 值可查表,近似有关系 $I \approx 16Z^{0.9}$ (eV)。

上述电离损失公式与实验符合得较好,图 8.4.2 为几种入射粒子在空气中的电离损失与粒子动能的关系[22],由公式和图可以得到如下一些结果:

(1) 公式中不直接包含入射粒子的质量 m,在非相对论情况下,由于 $E_0 = mv^2/2$,因此,在同样能量下,电离损失与入射粒子的质量 m 成正比,质量大的粒子电离损失大,电子的电离损失最小。

(2) 电离损失与入射粒子的电荷数平方 z^2 成正比,因而同样能量的 α 粒子是

质子的电离损失的 16 倍,同样速度的是 4 倍。

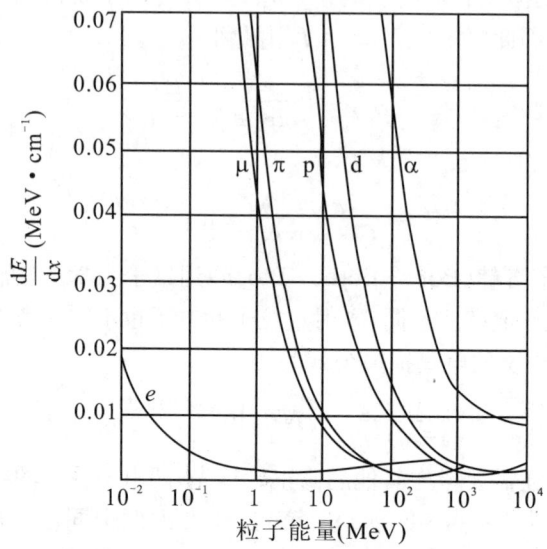

图 8.4.2　空气中的电离损失曲线

(3) 电离损失与入射粒子的能量 E_0 关系较复杂。在非相对论能区,电离损失与 v^2 成反比,随 E_0 增加很快下降。当 E_0 很大以至 $\beta \to 1$ 时,括号内 $1-\beta^2$ 因子就变得重要了,因此电离损失经过一个最小电离值区域后,随 E_0 增加而缓慢增加,此区段称为相对论上升区。当能量更高时,由于原子的极化产生的空间电场正好抵消了入射粒子产生的电场,对较远原子起屏蔽作用,从而使电离损失趋于饱和"坪"值,反映在公式中 δ 项。

相应于最小电离损失值的入射粒子称为最小电离粒子,其能量大约是其静止能量的 3 倍。一个单位电荷的粒子的最小电离损失值为 $0.1 \sim 0.2$ MeV·$kg^{-1} \cdot m^{-2}$,这里使用等效距离 ρx 代替普通距离 x,ρ 为物质密度。相对论性上升区的能量范围延续到大约是静止能量的 20 倍。坪值比最小电离值大 30%～60%,与物质种类有关。

当能量很小时,上述电离损失公式不成立,在 $E_0 < 500I$ 时,电离损失开始下降,很快达到零。

因此,对有较大能量的带电粒子入射到吸收物质,随着通过距离 x 增加,粒子能量由于损失而越来越小,电离损失值则会越来越大,到能量快消耗完时,电离损失最大,然后很快变小直到零停下来,最大电离损失处称为布拉格峰。

(4) 电离损失与通过物质的电子数密度 NZ 成正比，$N = \rho N_A/A$，A 是原子量。由于不同物质的 Z/A 近似为常数，电离损失近似与物质密度成正比。

当然，非弹性散射还有一种能量损失方式：入射带电粒子被库仑场加速而韧致辐射损失能量，称为辐射损失。辐射损失大小正比于 E_0 和 Z^2，在非相对论情况下，反比于 m，正比于 v^2，显然只有质量 m 小的很高能量的电子与 Z 大的原子核作用才容易改变速度，辐射损失才比较显著，甚至超过电离损失。例如，当电子通过空气和铅，由于电离和辐射产生的能量损失 dE/dx 相等时的能量分别为 83 MeV 和 7.2 MeV。通常对于重带电粒子和非相对论性电子，辐射损失可以忽略，能量损失只需考虑电离损失。

8.4.2 径迹和射程

带电粒子通过物质时由于发生激发和电离效应而不断损失能量，当它的全部能量消耗完了之后就会停止下来。因此，除了用电离损失之外，也可以用射程来描述带电粒子的电离本领。射程通常是指带电粒子在某种物质内运动，直到最后静止下来时的直线距离，它与粒子实际走过的路程即径迹不完全一样。

重带电粒子包括离子的质量大，它与核外电子的非弹性碰撞或与核的弹性碰撞引起的动量变化很小，通常不会导致入射粒子的运动方向有很大的改变，它的径迹几乎是直线，因此，射程 R 近似等于路程长度，并可由电离损失积分而得：

$$R = \int_{E_0}^{0} \frac{dE}{dE/dx} = \int_{0}^{E_0} \frac{dE}{-dE/dx} \tag{8.4.12}$$

重带电粒子射程可以用实验来测量，如图 8.4.3 所示。图(a)为测量装置的示意图，用硅半导体探测器测量经准直的 ^{210}Po 的 α 粒子束的计数，改变 α 源到探测器之间的距离 r 即吸收层厚度，可以得到计数率 N 与 r 的关系曲线，即得到图(b)上 α 粒子通过空气的积分吸收曲线 a。对 a 微分得到微分曲线 b，b 表示通过一小段路程 dr 后粒子数的变化 dN/dr。积分曲线下降段直线部分外延与横轴交点的 r 叫外推射程 R_p，微分曲线最大值处的 r 近似为积分曲线最大计数率 N_0 一半处的 r，叫平均射程 $\bar{R}$。由图 8.4.3(b)可见，大多数 α 粒子停在 $\bar{R}$ 附近，因此能量相同的同种重粒子在同一种物质中的射程基本上相等。

这一现象容易理解，因为重粒子每次作用方向改变很小，损失的能量差不多，也较小，在直线路径上会有许多次作用，统计平均起来每次作用损失的能量相近，每个粒子通过此物质时就有差不多的作用次数，也就有差不多的射程。实际上，每次作用损失的能量并不完全相同，因而射程出现较小涨落。

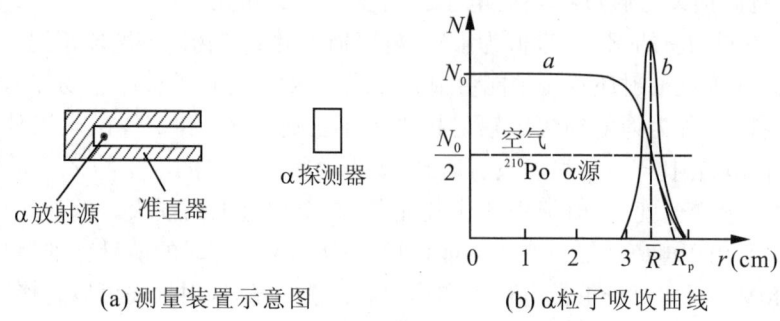

(a) 测量装置示意图　　　　(b) α粒子吸收曲线

图 8.4.3　α粒子的射程测量和吸收曲线

射程除与通过的吸收物质有关外,还与入射粒子的能量有关,能量越大,射程也越大,如空气中α粒子的射程-能量有如下的经验公式:

$$R = (0.285 + 0.005E_0)E_0^{3/2} \tag{8.4.13}$$

式中,E_0 用 MeV 作单位,R 用 cm 作单位。

电子的径迹和射程与重带电粒子的情况不一样,由于电子质量小,每次与核外电子或原子核的散射作用后运动方向可能改变较大,能量损失也可能较大,特别是电子能量较低时更明显。因此,电子通过物质时由于多次散射径迹是弯曲的,电子的吸收曲线是逐渐下降的曲线,没有开始阶段的平坦部分,不像重带电粒子那样有明显的射程,如图 8.4.4 所示[22],这里用的是质量吸收厚度 ρt,ρ 为密度。显然 R_p 与 $\bar{R}$ 的差异比重带电粒子的情况大很多。图中曲线 A 的入射粒子是单能电子,曲线 B 的是 β 射线,即具有各种能量的电子。

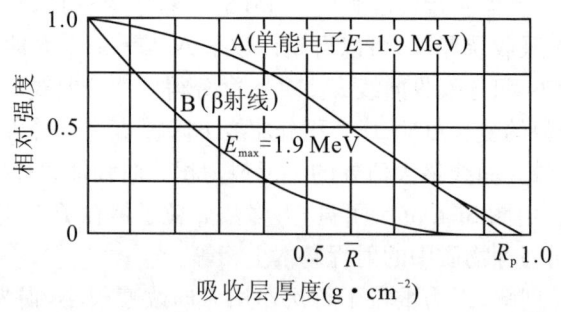

图 8.4.4　电子的吸收曲线

射程的各种特点也可以从它和电离损失的关系得到。重带电粒子的电离损失很大,因而射程很短;电子的电离损失小很多,因而射程大很多。此外,吸收物

质的电子密度 NZ 越大即密度和原子序数越大电离损失越大,因而射程越短。例如,^{210}Po 的 5.3 MeV α 粒子在空气中的射程为 3.8 cm,在铝中的射程约为 27 μm,用一张纸即可挡住;而 2 MeV 电子在空气中的射程为 700 cm,在铝中的射程约为 3 mm,因此要用 5 mm 以上的厚铝板才能挡住。各种粒子在不同物质中的射程与能量的关系已经被测量,并制成了图和表,可以在一些专门的书和网上查到。

注意,光子通过物质时与带电粒子不同,光子是经一次或少数次作用,每次损失很多能量,最后本身丢失,不适合用电离损失和射程来描述这个过程。在某些一束射线即大量粒子的应用如 8.7 节中,会用单位时间、单位路程中剂量即能量损失来描述射线对物质的损伤程度。对带电粒子束特别是重的,由于每个粒子的作用差不多,剂量可以近似用电离损失描述。随射线进入的距离增加,粒子逐渐损失能量而使能量值 E 逐渐减小,因此,电离损失开始较小、较平缓,在射程末端很快增大,过了峰值急剧减小到零。而高能光子束如 γ 射线的剂量随射线进入的距离增加是按指数规律逐渐减小的。

8.5 热碰撞激发和退激发

8.5.1 热激发和布居

前面讨论了原子吸收光子激发和带电粒子碰撞激发,现在讨论另外一种常见的激发现象,那就是热激发。我们知道,一个物体在外界温度升高后,虽然没有电子和光入射,自己也会变热甚至会发光,这就是热激发产生的辐射现象。白炽灯发光就是热激发现象。热激发也是一种碰撞激发,不过它不是具有一定能量的带电粒子与原子的碰撞,而是热平衡下原子与原子之间的碰撞。在这里我们不讨论单个微观粒子的作用过程,而是着眼于大量原子碰撞的统计结果。

一个原子或分子可能有各种能量状态,在某一时刻,一个粒子通常只能处于某一能量状态。但实际上所研究的体系总是存在大量粒子,如果不考虑外界作用,只是热运动,由于粒子之间的碰撞,它们彼此要交换能量。当交换的能量小于激发能时,这是纯粹的弹性碰撞,只有动能交换;当交换的能量较大时,有些原子或分子被激发到较高的能态,有些高能态原子或分子也可能回到低能态。在达到热平衡时,单位时间内从低能态激发到高能态的粒子数与从高能态回到低能态的粒子数相等,在各个能态的原子或分子数 N_i 即布居数取决于状态的能量 E_i、简并度 g_i 和温度 T,服从玻尔兹曼分布定律

$$N_i = \frac{N_0 g_i \mathrm{e}^{-E_i/(kT)}}{\sum_i g_i \mathrm{e}^{-E_i/(kT)}} \tag{8.5.1}$$

其中,k 为玻尔兹曼常数,N_0 是体系总的原子或分子数,g_i 是 i 能态的统计权重,在这里就是能级的简并度,即具有能量 E_i 的能级可能包括的状态数。例如,主量子数为 n 的原子态的 $g_n = 2n^2$,角量子数为 l 的原子态的 $g_l = 2(2l+1)$。

由上式可以求得处于两能态的原子或分子数目 N_2 与 N_1 之比为

$$\frac{N_2}{N_1} = \frac{g_2}{g_1} \mathrm{e}^{-(E_2-E_1)/(kT)} \tag{8.5.2}$$

由此可见,在室温 $T = 300$ K 下,$kT = 0.0258$ eV,若能级间隔 $E_2 - E_1 \ll 0.0258$ eV,$g_2 = g_1 = 1$,则 $N_2 \approx N_1$,两个能量状态中的原子数差不多。但通常电子激发能较大,如钠原子的第一激发态的 $E_2 - E_1 = 2.14$ eV,$g_1 = 2$,$g_2 = 6$,有 $N_2 = 2.8 \times 10^{-36} N_1$,室温下钠原子几乎全部在电子态基态。电子激发能级越高,则 $E_2 - E_1$ 越大,激发态的原子或分子数越少。

分子的转动和振动能量比电子激发能级间隔小很多,常常不全在基态上,有一部分会分布在激发态上。设分子全部在基态电子态,振动能级的能量 $E_v = (v+1/2)h\nu$,由于振动态没有简并,$g_i = g_v = 1$,式(8.5.1)中分母从 $v = 0$ 到 ∞ 求和用积分代替,得到 $kT/(h\nu)$,则处于振动量子数为 v 的振动能级上的分子数为

$$N_v = \frac{N_0 \mathrm{e}^{-(v+1/2)h\nu/(kT)}}{\sum_{v=0}^{\infty} \mathrm{e}^{-(v+1/2)h\nu/(kT)}} \approx \frac{N_0 h\nu}{kT} \mathrm{e}^{-vh\nu/(kT)} \tag{8.5.3}$$

通常振动能级间隔能量 $h\nu$ 是 0.1 eV 量级,比在室温下 kT 大不少,因此,随 v 增大,能级上的布居数按指数规律减少很快,大多数分子在振动态的 $v = 0$ 基态上。

转动能级 J 的能量 $E_J = hcBJ(J+1)$,$g_i = g_J = 2J+1$,式(8.5.1)中的分母用积分代替,得到 $kT/(hcB)$,处于转动量子数为 J 的转动能级上的分子数为

$$N_J = \frac{N_0(2J+1)\mathrm{e}^{-hcBJ(J+1)/(kT)}}{\sum_{J=0}^{\infty}(2J+1)\mathrm{e}^{-hcBJ(J+1)/(kT)}} \approx \frac{N_0 hcB}{kT}(2J+1)\mathrm{e}^{-hcBJ(J+1)/(kT)} \tag{8.5.4}$$

式中,B 为转动常数。由于在低激发区转动能级间隔 $2hcBJ$ 比室温下的 kT 小很多,指数部分随 J 增大开始时减少不多,而 g_J 随 J 增大而增大,由式(8.5.4)可知,能级上的布居数 N_J 由这两个因子决定。随 J 增大,一个因子线性增大,另一个因

子按指数规律减小,最大值不在 $J=0$ 的基态,有最大值分布。例如,CO 分子的 $B=1.922\ \mathrm{cm^{-1}}$,300 K 时处于 $v=0$ 的各转动能级上的布居如图 8.5.1 所示[6],最大值按上式对 J 微分后取零得到 $J=6.9≈7$,与实验值符合。

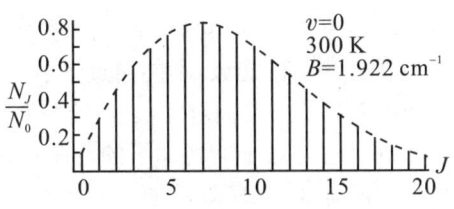

图 8.5.1 CO 分子基态纯转动吸收谱

显然,要增强辐射必须增加激发态的原子数,由式(8.5.4)可知,最有效的方法是增加温度。例如,当温度达到 1 500 ℃时,钠原子的 $N_2=1.95×10^{-7}N_1$,已经有相当多的原子处于激发态。随着温度的升高,进入激发态的原子数指数式增加,在光谱中开始时出现一条谱线,然后出现更多条谱线。

8.5.2 无辐射碰撞退激发

处于激发态的原子除了由于辐射而退激发之外,与其他原子或入射电子或离子碰撞时也可能将它的激发能量直接传给相碰的粒子而回到基态,不发生辐射,被碰撞的电子或原子把激发能变为它们的动能或使原子激发。这种原子退激发方式,对亚稳原子来说,具有特别的重要性。由于跃迁禁戒的限制,亚稳能级不能很快地自发辐射回到基态,而常常是通过碰撞回到基态。

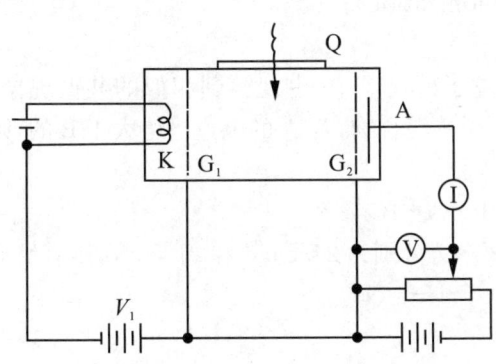

图 8.5.2 汞的无辐射退激发实验装置

碰撞无辐射退激发现象很早就由实验证实,图 8.5.2 是实验装置原理图,在一真空容器中充少量的汞蒸气,阴极 K 发出的电子被 G_1 加速,G_1 与 G_2 相连,它们与 K 之间加正电压 V_1,若电子获得的能量 eV_1 小于汞的第一激发能,电子在 G_1 和 G_2 之间的空间内只可能发生弹性碰撞。在 A 和 G_2 间加反电压 V,随着 V 的增加,通过阳极的电流 I 减少,当 V 接近 K 和 G_1 间电压 V_1 时,电子到达不了 A,电流计电流 I 为零。这时若用汞的 253.65 nm 光(相当于 4.9 eV)通过石英窗 Q 照射汞蒸气,使汞原子受激到 4.9 eV 激发态,它与慢电子能发生无辐射碰撞,把激发能传给电子作动能,使电子又能通过 G_2 和 A 空间,这样阳极电流突然增加。继续增加电压 V,电流 I 又减少,直到 V 比 K 和 G_1 间电压大 4.7 eV 时电流才没有。为什么 V 是 4.7 eV 而不是 4.9 eV 呢？这是因为汞原子的最外层有两个 6s 电子，基态能级为 $6\,^1S_0$，第一激发态是 4.7 eV 的 $6\,^3P_0$ 态，它是禁戒跃迁的亚稳能级，不能通过辐射回到基态。光激发的是 4.9 eV 的第二激发态 $6\,^3P_1$，它除了自发辐射外，也可能与其他基态汞原子碰撞而使后者到达亚稳态，自己回到基态。由于亚稳原子的寿命长，它们累积的数目比共振原子数目多得多，因此慢电子与 4.7 eV 亚稳原子碰撞的概率大。

其他的实验表明，处于激发态的原子(或分子) A 与基态原子 B 碰撞时，如基态原子 B 的激发能比激发态原子 A 的略少，碰撞的结果是 A 退激发，B 激发，多余的能量变为 B 的动能；B 不激发，全部 A 的激发能变为 A 和 B 的动能的概率永远是小的。这时由于 B 原子有一定的动能和速度，如果它可以跃迁到基态，那么发出的谱线有多普勒加宽，这一现象称为敏化荧光。

实验进一步表明，如果 B 原子(或分子)具有许多个激发能级，那么与激发态 A 原子发生碰撞的结果是，B 原子最容易激发到激发能接近 A 原子激发能的能态，发生共振现象。例如，在钠和汞的混合蒸气中，用汞的 253.65 nm 共振线照射，使汞原子激发而引起钠原子产生敏化荧光。实验发现，在敏化的荧光中，钠被激发到激发能接近 4.9 eV 的 $8\,^2S_{1/2}$ 态的概率最大。

如果处于激发态的原子 A 与基态原子 B 碰撞时，基态原子 B 的电离能比原子 A 的激发能小，碰撞的结果是 A 退激发，B 电离，多余的能量变为 B 和电离电子的动能，这一现象称为彭宁电离(Penning ionization)，

$$A^* + B \rightarrow A + B^+ + e$$

在电离和非电离的原子之间交换电子的反应中，也观察到相似的共振现象。设有一电离的 A^+ 离子和非电离的 B 原子的混合物，若 A 的电离电势大于 B 的，则有反应

$$A^+ + B \rightarrow A + B^+$$

例如 He 与 Ne 的混合气体，它们的电离电势分别为 24.5 eV 和 21.5 eV，则有反应

$$He^+ + Ne \rightarrow He + Ne^+$$

多余的能量 3 eV 变为它们的动能。

与敏化荧光相对应的是荧光淬灭现象。在上面的讨论中，B 原子被 A 原子敏化而发出荧光，但对 A 原子来说，它应产生的荧光却被 B 原子淬灭了。如果在原子 A 和 B 中再加入第三种原子，也可能淬灭 B 原子的荧光。例如，在钠和汞混合蒸气中加入少许其他气体，会发现用汞的 253.6 nm 共振线激发的钠的敏化荧光强度减小了。

实验发现，惰性气体几乎不引起淬灭现象，但某些气体分子如水蒸气、空气、氧

等淬灭作用较大。图 8.5.3 即为外加不同气压的气体对强度为 I 的汞的共振荧光的淬灭作用。这一现象是容易理解的,因为惰性气体为单原子分子,只有电子跃迁能级,而且第一激发能量很大,与汞的共振能量相差很远,在碰撞时很难发生非弹性碰撞。而其他分子的电子能级间隔较小,同时除电子能级外,还有振动和转动能级,能级间隔很密,容易有接近汞的共振能量的能级,因而发生非弹性碰撞的截面较大,易于淬灭荧光,转变为能量较小的红外光谱。

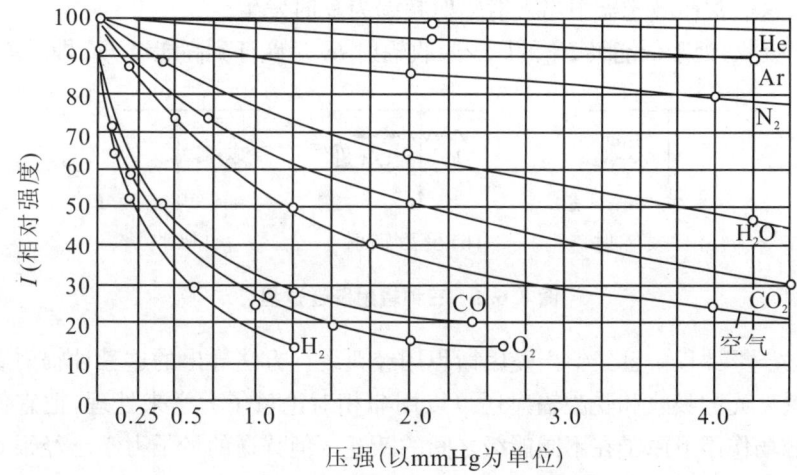

图 8.5.3　外加气体的荧光淬灭效应

在荧光淬灭现象中激发能量也可能转变为分子的解离能,如氢分子解离能为 4.34 eV,接近汞的 4.9 eV 共振能量,因而上述气体中氢分子的淬灭作用很大,结果造成了很大一部分氢分子的解离。

碰撞激发和退激发的各种现象已经得到了很多应用,如在氦-氖激光器、气体光源、用气体做的粒子探测器中都用到了这些现象。

8.6　能级、跃迁和谱线的特性

前面讨论了原子的激发和电离现象,这一节讨论处于某个能态的原子的跃迁问题,特别是从激发态往下跃迁的现象,当然这些现象对分子也存在。由于碰撞无辐射回到基态的现象上一节已讨论,本节主要讨论一些涉及辐射的跃迁问题[6]。

8.6.1 跃迁速率和寿命

首先讨论最简单的两能级系统,存在三种辐射跃迁过程,如图 8.6.1 所示:

(a) 自发辐射:处于高能级 E_2 的原子自发地跃迁到低能级,发出辐射 $h\nu = E_2 - E_1$;

(b) 受激辐射:处于高能级 E_2 的原子被外来辐射感应而跃迁到低能级,发出辐射 $h\nu$,这通常在激光器中当入射辐射频率为 ν 时发生;

(c) 吸收:处于低能级 E_1 的原子吸收辐射 $h\nu$ 后跃迁到高能级 E_2,即受激吸收。

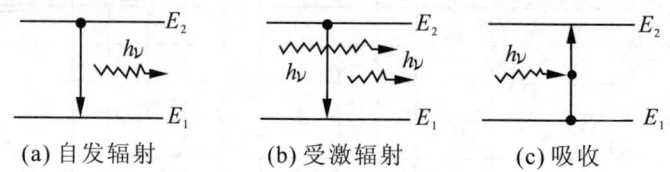

(a) 自发辐射　　　(b) 受激辐射　　　(c) 吸收

图 8.6.1　三种辐射跃迁过程

在"光学"课程中已经给出爱因斯坦用经典统计方法导出的这三种辐射跃迁之间的关系。光的吸收和受激辐射还可以用非相对论量子力学来处理,把它们当作是在电磁场作用下原子在不同能级之间的跃迁。但普通的量子力学已经很难解释自发辐射现象了,因为当原子在初始时刻处于某激发能级的定态上,如没有外界作用,原子的哈密顿量是守恒的,原子应该保持在该定态,电子不会跃迁到较低能级。因此,对这三种辐射跃迁的严格处理要用量子电动力学,像对兰姆移位和电子反常磁矩的解释一样,与零点能相联系的真空涨落电磁场造成了自发辐射。将原子和电偶极辐射场作为一个整体系统处理,用 k 表示辐射的波矢量,ε 表示偏振态,r 是辐射源上坐标原点到某个辐射点的距离,$-er$ 是电偶极矩。如果系统处在有 $n_{k,\varepsilon}$ 个量子的初始态(用 i 标记)中,则单位时间内系统跃迁到有 $n_{k,\varepsilon}+1$ 个量子的终态(用 f 标记)的概率即跃迁速率为[6,8]

$$\lambda_{if} = \frac{(E_i - E_f)^3}{3\pi\varepsilon_0 \hbar^4 c^3} \left| \int \phi_f^* (-er) \psi_i \mathrm{d}\tau \right|^2 (n_{k,\varepsilon} + 1) \tag{8.6.1}$$

式中,$E_i - E_f = h\nu$,上式已对 k 和 ε 的各个方向取了平均,相当于原子与各向同性的非偏振辐射的相互作用。此速率包括两项之和,第一项对应于受激辐射速率,在通常光源作用下可以忽略,只有在强光场中才明显出现。第二项对应于电偶极自发辐射速率,即外界不存在辐射($n_{k,\varepsilon}=0$)时的跃迁速率。

如果存在简并态,电偶极自发辐射的速率变为

$$\lambda_{if} = \frac{(E_i - E_f)^3}{3\pi\varepsilon_0 \hbar^4 c^3} \left| \int \psi_f^*(-er)\psi_i \mathrm{d}\tau \right|^2 = \frac{4(E_i - E_f)^3}{3\hbar^4 c^3} |D_{if}|^2 \quad (8.6.2)$$

式中，$D_{if} = \int \psi_f^*(-er)\psi_i \mathrm{d}\tau$ 是 i 到 j 态的电偶极跃迁矩阵元。如果原子初末态有简并，要对所有末态 f 求和、对所有初态 i 求平均。

现在讨论原子激发态寿命，也就是要问：处于激发态 2 的原子要经过多长时间才会发生跃迁到达能量较低的原子态 1？实际上，这个问题与上一章的放射性原子核衰变是同样情况，假设每个原子的退激发独立地进行，不受外界的温度、压力、电磁场、化学反应等影响。一个激发原子可能很快就退激发，也可能经过一段长时间才退激发，但对大量激发原子进行统计就会按指数规律式(7.1.3)减少。设态 2 只能跃迁到态 1，初始 $t=0$ 时刻的原子数为 N_{20}，如果处在激发态的同种原子数目 N_2 很多，则在 t 时刻态 2 中原子数目为

$$N_2(t) = N_{20} \mathrm{e}^{-\lambda_{21} t} \quad (8.6.3)$$

衰变常数 λ_{21} 为一个原子由态 2 退激发到态 1 的跃迁速率，应该等于由式(8.6.2)给出的自发辐射速率，也就是爱因斯坦自发辐射系数 A_{21}。

在原子核物理中常用半衰期 T 来表示放射性原子核衰变的快慢，但在理论上和原子分子物理中通常用平均寿命或寿命 τ 来表示。设在 t 时刻 $\mathrm{d}t$ 时间内有 $-\mathrm{d}N_2$ 个原子从态 2 跃迁到态 1，它们处在激发态 2 的总时间为 $(-\mathrm{d}N_2)t$，N_{20} 个原子处在态 2 的总时间为对它的积分，代入式(8.6.3)，得到态 2 的平均寿命

$$\tau = \frac{1}{N_{20}} \int_{N_{20}}^{0} t(-\mathrm{d}N_2) = \lambda_{21} \int_0^\infty t \mathrm{e}^{-\lambda_{21} t} \mathrm{d}t = \frac{1}{\lambda_{21}} \quad (8.6.4)$$

态 2 的原子平均寿命为跃迁速率的倒数，τ 大即态稳定，不易跃迁，跃迁速率小；反之，τ 小则易跃迁，跃迁速率大。通常所说的原子态寿命就是平均寿命。结合式(7.1.4)，可以得到 T 和 τ 的关系

$$T = \frac{0.693}{\lambda_{21}} = 0.693\tau \quad (8.6.5)$$

由此可以将指数衰变公式写为

$$N_2(t) = N_{20} \mathrm{e}^{-\lambda_{21} t} = N_{20} \mathrm{e}^{-t/\tau} = N_{20} \mathrm{e}^{-0.693 t/T} \quad (8.6.3\mathrm{a})$$

当 $t = \tau$ 时，$N_2 = N_{20}/\mathrm{e}$，因此平均寿命也可以理解为激发态原子数目减少到原来的 $1/\mathrm{e}$ 时所需的时间，因而 τ 就变为能够测量的物理量。通常原子基态是稳定的，寿命是无穷大。在原子中允许共振跃迁的激发能级的寿命通常在 10^{-8} s 量级。

由此可见，单个原子从激发态跃迁到低能态完全是偶然的，可以在这一时刻，也可以在另一时刻。但是大量原子的退激发却有一定的规律，它们遵从统计规律，按指数定律减少，有一定的平均寿命。因此，虽不能说某原子在某一时刻是否跃

迁,但可以说一个处于某一能态的原子有特定的平均寿命和跃迁速率。知道跃迁速率后,可以预言平均起来 dt 时间内会有多少个原子跃迁。

顺便说一下,平均寿命、跃迁速率的概念把微观粒子的特性和宏观可测量量联系起来了,它们是普遍被应用的概念。不仅同一粒子的不同能态有不同寿命,而且原子核、基本粒子均有寿命,大多数核素要衰变,400多种基本粒子中仅有几种不衰变,它们的衰变同样也服从指数规律。

8.6.2　谱线和能级的宽度

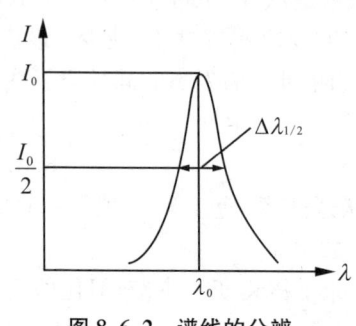

图 8.6.2　谱线的分辨

直到现在,假设给定的跃迁中所发射的辐射是严格单色的,能级是一条线,即原子所处的能态是单一能量状态。实际上,在光谱测量中谱线并不是单色的,谱线强度随波长变化不是一条竖直线,有一个极大值的分布,如图 8.6.2 所示。相当于强度最大值 I_0 一半处的波长宽度 $\Delta\lambda_{1/2}$ 称为谱线的半高度全宽度(FWHM),简称半高宽或宽度,所谓某一谱线波长是指谱线强度分布峰值处的波长 λ_0。也可以用辐射的频率 ν 或能量 $E = h\nu$ 来代替波长 λ,用同样的定义可以得到谱线宽度 $\Delta\nu_{1/2}$、$\Delta E_{1/2}$ 和频率 ν_0、能量 E_0。同样,在共振吸收实验中也发现并不是只有确定频率值 ν_0 的光子被吸收,而是在 ν_0 附近的光子都有可能被吸收,吸收光谱也显示宽度 $\Delta\nu_{1/2}$。

由于激发能级的位置是通过观测发射谱线和吸收谱线来确定的,而测量到的这些谱线有一定的宽度,虽然可以从实验技术上尽量想法减少这一宽度,但不可能完全消除。这表明受激态的能量不可能是一个精确值,一个特定的能态所对应的能级可以在一个很小的能量范围内出现,用能级宽度 Γ 来表征这一能量范围。所谓的能级能量 E 是指它的发射谱分布峰值 ν_0 所对应的能量值 $h\nu_0$,所谓的能级宽度 Γ 是指它的发射谱分布半高度全宽度 $\Delta\nu_{1/2}$ 所对应的能量值 $h\Delta\nu_0$。事实上,由于下面将要讨论的各种外在因素的影响,测量到的谱线宽度 $\Delta\nu_{1/2}$ 将会增宽,自然宽度 Γ 对应的是不存在影响测量分辨率的外在因素时所得到的谱线宽度,Γ 反映了能级能量的最小不确定程度,由这个能态的固有物理本性决定。

现在来求能级宽度与能级寿命和跃迁速率的关系[6]。第 2 章给出在不随时间变化的库仑势下薛定谔方程的波函数解为表达式(2.4.9),即有

$$\Psi(r,t) = \psi(r)\,\mathrm{e}^{-iEt/\hbar} \tag{8.6.6}$$

当时假设能级的能量 $E = E_0$ 是实数常数,由此得到找到粒子的概率为

$$|\Psi(r,t)|^2 = |\psi(r)|^2 \tag{8.6.7}$$

它不随时间变化,不会发生跃迁,$\psi(r)$是定态波函数,体系处于定态。为了得到自发跃迁的指数规律,可使激发态的能量附加一个小的虚部:

$$E = E_0 - \frac{1}{2}\mathrm{i}\Gamma \tag{8.6.8}$$

于是波函数变为

$$\Psi(r,t) = \psi(r)\mathrm{e}^{-\mathrm{i}E_0 t/\hbar}\mathrm{e}^{-\Gamma t/(2\hbar)} \tag{8.6.9}$$

概率变为

$$|\Psi(r,t)|^2 = |\psi(r)|^2 \mathrm{e}^{-\Gamma t/\hbar} \tag{8.6.10}$$

若令

$$\Gamma = \lambda\hbar = \frac{\hbar}{\tau} \tag{8.6.11}$$

式(8.6.10)就变成衰变规律公式(8.6.3a),这里 λ 是自发跃迁速率。那么这个能量虚部有什么物理意义？反映什么物理本质？这只要将作为时间函数的波函数(8.6.9)通过傅里叶变换变到作为能量函数的波函数就可以看到,它就是著名的布赖特-维格纳(Briet-Wigner)公式:发现粒子处于能量 E_0 的激发态的概率密度为

$$P(E) = \frac{\Gamma/(2\pi)}{(E-E_0)^2 + \Gamma^2/4}$$

此式的归一方法是对自变量积分即面积为1,实验上更方便的是使峰值为1,这样得到的光强随 ν 的分布关系为

$$I(\nu) = I_0 \frac{\gamma^2/4}{(\nu-\nu_0)^2 + \gamma^2/4} \tag{8.6.12}$$

它所描述的曲线通称为洛伦兹曲线,如图8.6.3所示,这是类似图8.6.2的钟形曲线,曲线的分布函数 $I(\nu)$ 称为线形,此种线形是洛伦兹线形。由此可见,当 $\nu-\nu_0 = \gamma/2$ 时,$I(\nu) = I_0/2$,减小一半,因此 γ 就是图8.6.2上的半高宽 $\Delta\nu_{1/2}$,即谱线宽度,相应于上述能级宽度。这种由于原子能态的自发跃迁而引起的能级宽度,也就是前述的自然宽度 Γ,是由量子力学导出的。由式(8.6.11)有 $\Gamma\tau = \hbar$,显然这与不确定关系 $\Delta E \cdot \Delta t \geqslant \hbar/2$ 是一致的,能级的自然宽度也可以说是在能态的自发跃迁中由于不确定关系所造成的能级最小展宽,相应地由于自发跃迁造成的寿命称为自然寿命。

Γ 可以通过能级寿命或跃迁速率的测量而求得,只有在能级的寿命为 ∞ 时,能级的能量才确定,$\Gamma = 0$。基态能级是稳定的,因而没有宽度。原子的激发能级寿命有限,因而有一定的能级宽度,从激发态能级到基态的跃迁辐射所具有的自然线

宽 Γ 就等于上能级的宽度 Γ_2。能级的相对自然宽度为

$$\frac{\Gamma}{E_0} = \frac{\hbar}{\tau h \nu_0} = \frac{\lambda_0}{2\pi c \tau} \tag{8.6.13}$$

例如,钠的共振能级的 $\lambda_0 = 589$ nm,$\tau = 16$ ns,可以算得 $E_0 = hc/\lambda_0 = 2.1$ eV,$\Gamma = 4.1 \times 10^{-8}$ eV,$\Gamma/E_0 = 1.95 \times 10^{-8}$。由此可见,原子能级的自然宽度是很小的。

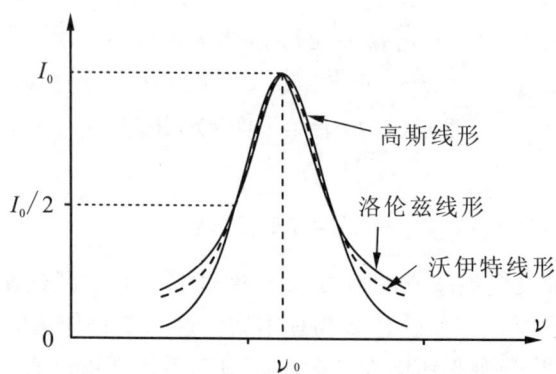

图 8.6.3　洛伦兹线形、高斯线形和沃伊特线形

以上讨论是假设辐射只在两能级之间发生,有式(8.6.11)的简单关系,下面进一步讨论多个能级的跃迁速率、寿命和能级宽度之间的关系。还是只考虑存在自发辐射跃迁情况。如果存在几个不同的下能级 k,上能级 i 有几种往下的跃迁道,情况就比较复杂。激发态 i 原子的减少数 $-\mathrm{d}N_i$ 应等于跃迁到各个道的数目之和,利用式(7.1.1),当跃迁的原子数较少,即 N_i 近似为常数时,得到

$$-\mathrm{d}N_i(t) = \sum_k \lambda_{ik} N_i(t)\mathrm{d}t = \lambda_i N_i(t)\mathrm{d}t \tag{8.6.14}$$

即激发态 i 上原子的总跃迁速率 λ_i 等于各个跃迁道的跃迁速率 λ_{ik} 之和:

$$\lambda_i = \sum_k \lambda_{ik} \tag{8.6.15}$$

i 能态的总自发辐射跃迁宽度即 i 能级的总宽度

$$\Gamma_i = \hbar \lambda_i = \hbar \sum_k \lambda_{ik} = \sum_k \Gamma_{ik} \tag{8.6.16}$$

即能级的总宽度 Γ_i 等于各个跃迁道的辐射宽度 Γ_{ik} 之和。注意,从能态 i 到能态 k 的跃迁道的辐射谱的宽度 Γ_{ik} 不等于能级 i 或 k 的宽度 Γ_i 或 Γ_k,也不等于两者之和 $\Gamma_i + \Gamma_k$,而是只涉及这两个能级之间的跃迁速率:

$$\Gamma_{ik} = \hbar \lambda_{ik} \tag{8.6.17}$$

i 能态的寿命

$$\tau_i = \frac{1}{\lambda_i} = \frac{1}{\sum_k \lambda_{ik}} = \frac{1}{\sum_k \frac{1}{\tau_{ik}}} \tag{8.6.18}$$

即总的跃迁速率和能级宽度是由各个跃迁道的跃迁速率和辐射宽度相加而得到的,但是总的能级寿命不能是各个跃迁道的寿命相加,而是变短了。

以上讨论的能级宽度有自然宽度和涉及几个能级的跃迁道造成的增宽,还有一种常见的跃迁道造成的增宽是下面介绍的原子受到外部光子、电子、原子或分子作用等造成的。这时激发态可以通过各个跃迁道回到基态或低激发态,它们之间是一种竞争关系,每一个跃迁道都有自己的跃迁速率,一个能级的总跃迁速率、总宽度和总寿命之间的关系也满足式(8.6.11)。通常,数据表中给出的能级寿命就是指这一总寿命。同样,原子核和粒子的寿命也是指它所有的衰变道的总和效应造成的寿命。

例 8.3 某原子的三个最低能级的能量为 E_0, E_1 和 E_2,跃迁速率分别为 $\lambda_{20} = 1.2 \times 10^8 \text{ s}^{-1}$,$\lambda_{21} = 8.0 \times 10^7 \text{ s}^{-1}$, $\lambda_{10} = 3.0 \times 10^8 \text{ s}^{-1}$。求三个能级的寿命和能级自然宽度。

解 基态 0 的 $\tau_0 = \infty$, $\Gamma_0 = 0$;

激发态 1 的 $\tau_1 = \tau_{10} = \frac{1}{\lambda_{10}} = 0.33 \times 10^{-8}$ s, $\Gamma_1 = \Gamma_{10} = \hbar \lambda_{10} = 2.0 \times 10^{-7}$ eV;

激发态 2 的 $\tau_2 = \frac{1}{\lambda_{20} + \lambda_{21}} = 5.0 \times 10^{-9}$ s, $\Gamma_2 = \hbar(\lambda_{20} + \lambda_{21}) = 1.3 \times 10^{-7}$ eV。

8.6.3 谱线增宽和线形

谱线宽度除了由于能级固有的自然线宽造成的以外,还存在一些其他增宽因素,如碰撞增宽、多普勒增宽、仪器增宽等。这是由于实际的原子并不是孤立存在的,每个原子周围存在其他一些原子、分子、离子、电子。另外,原子并不是静止的,而是在不停地运动。测量仪器如谱仪的有限能量分辨率也会产生谱线加宽,这里只是着重讨论碰撞增宽和多普勒增宽,详细可参考书[6,8]。

辐射或吸收的原子与周围的原子之间存在相互作用力,将对辐射原子的状态产生扰动,不同的原子能态受到其他原子的作用力也会有差异,并随原子间距离的改变而变化,这些造成原子的两个能态的能量差随原子间距离的改变而变化,从而导致跃迁谱线增宽,这种增宽称为碰撞增宽。碰撞增宽理论较为复杂,下面给出经典洛伦兹理论的估计。在气体压强较低的情况下,假设辐射被碰撞完全中止,也就是说激发态原子由于碰撞回到基态,从而造成平均寿命决定于两次相继碰撞之间的有效时间间隔 τ_c,由不确定关系可知,由于碰撞造成的用能量表示的谱线增宽为

$$\Gamma_c \approx \frac{\hbar}{\tau_c} \tag{8.6.19}$$

为求 τ_c,将原子看作半径为 r 的小球,其他原子静止,一个刚碰撞后的原子具有速度 v,Δt 时间内通过距离为 $v\Delta t$,考虑一个以 $v\Delta t$ 为高、$2r$ 为半径的圆柱体,体积为 $4\pi r^2 v\Delta t$,N 为气体单位体积内原子数,圆柱体内原子数即为 $4\pi r^2 Nv\Delta t$,这就是一个原子在 Δt 时间内发生的碰撞数,两次相继碰撞之间的时间间隔为

$$\tau_c = \frac{\Delta t}{4\pi r^2 Nv\Delta t} = \frac{1}{4\pi r^2 Nv}$$

设 P 为气体压强,k 为玻尔兹曼常数,由气体状态方程 $N = P/(kT)$,在温度 T 下的原子平均动能 $Mv^2/2 = 3kT/2$,$r \approx 1.0 \times 10^{-10}$ m,$M = Am_p$,M 是原子或分子质量,m_p 是质子质量,A 为原子量或分子量。由此得到碰撞增宽

$$\Gamma_c \approx 4\pi r^2 \hbar Nv = 4\pi r^2 \hbar P \sqrt{\frac{3}{kTAm_p}} \approx 1.1 \times 10^{-4} P \sqrt{\frac{1}{AT}}$$

(8.6.20)

其中,P,T 和 Γ_c 的单位分别是 atm,K 和 eV。由于碰撞增宽与气体的 N 即密度或气压成正比,也叫压力增宽。如室温下氦-氖(He-Ne)激光器的压强为 $1\sim 2$ Torr,$\Gamma_c \approx 10^{-8}$ eV,与自然宽度同数量级,气压增大时,碰撞增宽超过自然宽度。

由于碰撞增宽可以粗略地认为是由碰撞造成的原子激发态有效寿命减少而产生的,因此它所造成的光强分布或线形也是由式(8.6.12)描述的洛伦兹曲线。

经典理论定性地与实验一致,即在低气压下线宽的增加正比于相互作用粒子的密度即气压 P。但计算的数值比实验测量值小 $1\sim 2$ 个数量级,已经发展了一些根据量子作用势的理论,可以更好地解释实验。

现在讨论多普勒增宽。由于无规则的热运动,有些原子会跑向观测者,有些会离开,这样原子发射的光谱就会由于多普勒频移效应而增宽。选择光的发射方向为 z 轴,若原子相对于观察者的速度为 v_z(离开时 v_z 为负,接近时为正),考虑多普勒效应后的辐射频率为

$$\nu = \frac{\nu_0}{1 - v_z/c} = \nu_0 \frac{c}{c - v_z} \quad (8.6.21)$$

其中,ν_0 为静止原子发射的光波频率。由于原子速度有一定的麦克斯韦分布,在温度 T 一定的平衡状态下,速度在 v_z 到 $v_z + dv_z$ 范围的原子数为

$$dN(v_z) = N_0 \left(\frac{M}{2\pi kT}\right)^{1/2} \exp\left(-\frac{Mv_z^2}{2kT}\right) dv_z$$

用式(8.6.21)求出 v_z 并微分得到 $dv_z = cd\nu/\nu_0$,将 v_z 与 ν 以及 dv_z 与 $d\nu$ 的关系式代入上式,可以求出单位体积内发射频率在 ν 到 $\nu + d\nu$ 范围的原子数,它与单位

频率间隔的辐射强度即光强 $I_D(\nu)$ 成正比,

$$I_D(\nu) \propto dN(\nu) = N_0 \left(\frac{M}{2\pi kT}\right)^{1/2} \frac{c}{\nu_0} \exp\left[-\frac{Mc^2}{2kT}\left(\frac{\nu-\nu_0}{\nu_0}\right)^2\right] d\nu \qquad (8.6.22)$$

这就是多普勒增宽造成的谱线分布线形,它已不再是洛伦兹线形,而是指数形式的高斯线形,如图 8.6.3 所示。图上已假设洛伦兹型分布和高斯型分布有相同的半宽度,且峰值归一化。

由式(8.6.22)可求多普勒线形的半高度全宽,即多普勒频率增宽

$$\gamma_D = \Delta\nu_{1/2} = \nu_0 \left(\frac{8\ln 2 \cdot kT}{Mc^2}\right)^{1/2} \qquad (8.6.23)$$

多普勒能量和频率的相对增宽为

$$\frac{\Gamma_D}{E} = \frac{\gamma_D}{\nu_0} = \frac{\Delta\nu_{1/2}}{\nu_0} = \left(\frac{8\ln 2 \cdot kT}{Mc^2}\right)^{1/2} = 0.716 \times 10^{-6} \sqrt{\frac{T}{A}} \qquad (8.6.24)$$

例如,氖的原子量 $A=20$,算出氦-氖激光器在室温下的 $\Gamma_D/E = 2.77 \times 10^{-6}$,它发出的激光波长为 $0.633~\mu m$,由此得到 $\Gamma_D = 5.43 \times 10^{-6}$ eV,比自然宽度大两个数量级。若使用准直得很好的原子束,并在垂直方向观测,可以大大减小多普勒增宽。

自然宽度通常较小,可以不考虑,在高气压气体中碰撞增宽起重要作用,但大多数情况下涉及的是低气压、小电流放电,所产生谱线的宽度主要由多普勒增宽确定。当然在一定的实验条件下,仪器增宽是很大的。在一般情况下,谱线总宽度不等于各部分的简单相加,合成的总谱线形状既不是洛伦兹型,也不是高斯型,而是两种线形联合作用的结果。图 8.6.3 中虚线给出了这种分布,称为沃伊特线形。实验上可以用两种线形所占比例的不同来拟合实验得到的谱形,从而得到该实验中两种谱线分布所占份额。

8.6.4 跃迁类型和选择定则

7.4.1 节已详细讨论了 γ 射线的多极性、原子核的电与磁多极辐射跃迁速率和选择定则,现在讨论原子分子跃迁情况[8,6]。原子的半径 R 大很多,$R \approx 2 \times 10^{-10}$ m,跃迁光子能量小很多,若 $E_\gamma = 5$ eV,得到 $\lambda = hc/E_\gamma = 3 \times 10^{-6}$ m,也满足 $\lambda \gg R$ 的要求,$kR = (E_\gamma/\hbar c)R \approx 5 \times 10^{-3}$,也满足 $k \cdot r \ll 1$ 条件,因此,虽然在原子分子中发射光子的情况与原子核不完全相同,但前述原子核的公式也适用于原子分子。

以原子序数为 Z 的类氢离子基态为例,$R = a_0/Z$,磁矩 $\mu = -(L+2S)\mu_B/\hbar$ $= -\mu_B$,精细结构常数 $\alpha \approx 1/137$,基态能量 $E_1 = -Z^2 m_e c^2 \alpha^2/2$,由公式(7.4.5)可以得到原子分子的磁偶极与电偶极辐射以及电四极与电偶极辐射的跃迁速率比

分别为

$$\frac{\lambda_{M1}}{\lambda_{E1}} \approx \frac{1}{c^2}\left|\frac{\boldsymbol{\mu}}{-er}\right|^2 = \left(\frac{Z\mu_B}{ea_0 c}\right)^2 = \left(\frac{Z\alpha}{2}\right)^2 \approx Z^2 \cdot 10^{-5} \qquad (8.6.25)$$

$$\frac{\lambda_{E2}}{\lambda_{E1}} = (\boldsymbol{k}\cdot\boldsymbol{r})^2 \approx \left(\frac{E_1}{\hbar c}\frac{a_0}{Z}\right)^2 = \left(\frac{Z\alpha}{2}\right)^2 \approx Z^2 \cdot 10^{-5} \qquad (8.6.26)$$

由此可见,在原子分子物理涉及电磁相互作用的跃迁中,磁偶极跃迁的速率比电偶极跃迁速率小多个量级,电四极跃迁的速率比电偶极跃迁速率也小很多,与磁偶极跃迁速率相当,除非对重原子的内层跃迁,由于 Z 很大才使它们的比值变大。

与原子核放出的 γ 射线比较,原子的这两种辐射跃迁速率之比差不多要小两个数量级,因而原子的磁偶极辐射和电四极辐射要远远弱于电偶极辐射。此外,原子跃迁的能量也比原子核小很多,由式(7.4.4)跃迁绝对速率小很多,寿命长很多,通常情况下气体密度较大,发生非辐射碰撞退激发的概率比原子核大很多,两者作用使发射高阶多极辐射的概率比原子核要小很多。因此,在原子分子中只需要考虑最低极次的电偶极辐射,能发射电偶极辐射的跃迁称为允许跃迁,其他种跃迁称为禁戒跃迁,这些禁戒跃迁能级的寿命都很长,被称为亚稳能级。只有当电偶极辐射被禁戒时,才需考虑磁偶极辐射和电四极辐射,它们被称为一级禁戒跃迁,在密度较低的地球极光、大气上层、日冕以及气体星云中才有可能观测到它们。如果再被禁戒,则可能出现二级禁戒跃迁 M2 + E3,只有在原子核 γ 跃迁中它们才可能被观测。当然由于后面所给选择定则的限制,禁戒跃迁也不全能混合,如 $\Delta J = \pm 2$, $\Delta M = \pm 2$ 的跃迁只能发生 E2 不能发生 M1。

下面讨论选择定则,对于确定的初、末态跃迁 $i \to f$,由满足守恒定律和原子多极跃迁矩阵元不为零的必要条件就得到选择定则。表 8.6.1 给出常见的电偶极、磁偶极和电四极辐射的各种量子数的选择定则,给出对两跃迁能级特性的限制,这个视角与原子核 γ 跃迁选择定则表(7.4.1)不同。其中前三个在不考虑核自旋条件下是严格成立的。

定则 1 来自角动量守恒。就一般的多电子原子来说,设原子初、末态的总角动量量子数和它的 z 分量分别为 J_i, M_i 和 J_f, M_f,角动量守恒定律要求辐射光子带走的总角动量 $\boldsymbol{j} = \boldsymbol{J}_i - \boldsymbol{J}_f$,由量子力学角动量相加法则可以得到量子数 j 和它的 z 分量 m 的取值即选择定则为

$$j = |J_i - J_f|, |J_i - J_f| + 1, \cdots, J_i + J_f \qquad (8.6.27)$$

$$m = M_i - M_f \qquad (8.6.28)$$

表 8.6.1　原子光谱中的选择定则

定则	电偶极跃迁 E1	磁偶极跃迁 M1	电四极跃迁 E2
1	$\Delta J=0,\pm 1$ $(0\leftrightarrow\!\!\!\!/\,0)$	$\Delta J=0,\pm 1$ $(0\leftrightarrow\!\!\!\!/\,0)$	$\Delta J=0,\pm 1,\pm 2$ $(0\leftrightarrow\!\!\!\!/\,0,\,1/2\leftrightarrow\!\!\!\!/\,1/2,\,0\leftrightarrow\!\!\!\!/\,1)$
2	$\Delta M=0,\pm 1$	$\Delta M=0,\pm 1$	$\Delta M=0,\pm 1,\pm 2$
3	宇称改变	宇称不变	宇称不变
4	有单电子跃迁 $\Delta l=\pm 1$	无单电子跃迁 $\Delta l=0,\Delta n=0$	有或无单电子跃迁 若有,则 $\Delta l=0,\pm 2$
5	$\Delta S=0$	$\Delta S=0$	$\Delta S=0$
6	$\Delta L=0,\pm 1$ $(0\leftrightarrow\!\!\!\!/\,0)$	$\Delta L=0$	$\Delta L=0,\pm 1,\pm 2$ $(0\leftrightarrow\!\!\!\!/\,0,0\leftrightarrow\!\!\!\!/\,1)$

由此公式可知,对确定的跃迁 $J_i \to J_f$,产生的辐射场最大 j 值为 $J_i + J_f$,最小 j 值为 $|J_i - J_f|$。因而对确定的多极辐射场 j,能够产生它的原子分子初、末态的总角动量量子数差 $J_i - J_f$ 的最小值为 $-j$,最大值为 j,之间差1,有选择定则

$$\Delta J = J_i - J_f = \pm j, \pm(j-1), \cdots, 0 \quad 以及 \quad J_i + J_f \geqslant j \quad (8.6.29)$$

因此,对 $j=1$ 的偶极辐射有 $\Delta J = \pm 1, 0$,以及 $0 \leftrightarrow 0$ 跃迁禁戒;对 $j=2$ 的四极辐射有 $\Delta J = \pm 2, \pm 1, 0$,以及 $0 \leftrightarrow 0, 1/2 \leftrightarrow 1/2$ 和 $0 \leftrightarrow 1$ 跃迁禁戒。实际上由于光子的 j 最小为 1,$0 \leftrightarrow 0$ 跃迁禁戒是普遍的,这些就导致定则 1。如果跃迁不涉及光子,则 $0 \leftrightarrow 0$ 跃迁也能存在,称为单极跃迁,原子分子能通过碰撞或其他无辐射方式跃迁。当然在单电子原子中由于 J 为半整数,不存在 $0 \leftrightarrow 0$ 跃迁例外。

定则 2 同样来自角动量守恒以及原子波函数相对量子化轴的角对称性质。

定则 3 来自电磁作用过程中的宇称守恒定律,这在 7.4.1 节已详细讨论并给出公式(7.4.4),由此得到了定则 3。

后三个选择定则是近似成立的,因为多电子原子的波函数只能是薛定谔方程的近似解。定则 4 只对所涉及的每个态都能用单电子波函数的乘积即单电子组态描述、不存在组态混合的情况才适用。由于多电子原子的宇称为 $(-1)^{\sum l_i}$,结合定则 1 和定则 3 的要求,得到电偶极跃迁的 $\Delta l = \pm 1$,必须在不同电子组态之间发生单电子跃迁,其余电子的初、末态量子数不变;磁偶极跃迁的 $\Delta l = 0$,不能有不同电子组态之间的单电子跃迁,电子只能在同一组态内跃迁;电四极跃迁的 $\Delta l = 0, \pm 2$,既有不同也有相同电子组态之间的单电子跃迁。由此可见,宇称选择定则与 l 的选择定则是一致的。定则 5 和定则 6 适用于多电子原子的 LS 耦合成立的情

况,由于多极矩算符不包含自旋坐标,作用在初始状态上不改变它的自旋量子数 S,而不同 S 态之间是正交的,要求跃迁矩阵元不为零就是要求初、末态的 S 相同,从而导致定则5;总轨道角动量类似总角动量的处理可以得到定则6。结合定则4、5和6可以看到,在 LS 耦合下,磁偶极跃迁只能发生在有相同 n,l,L 和 S 值的两态之间,即同一电子组态的同一谱项的两个不同精细或超精细能级之间。

上述几种跃迁过程均只涉及一个光子的辐射,事实上还存在多光子辐射和吸收过程。例如,最简单的同时辐射两个光子的双光子辐射过程,两个光子角动量的耦合方式满足角动量守恒。它们的能量之和等于初态和末态的能量差:

$$h\nu_1 + h\nu_2 = E_i - E_f \tag{8.6.31}$$

双光子跃迁速率与电偶极跃迁速率之比为

$$\frac{\lambda_{2\gamma}}{\lambda_{E1}} \approx \alpha(\mathbf{k}\cdot\mathbf{r})^2 \approx \alpha\left(\frac{Z\alpha}{2}\right)^2 \approx Z^2 \cdot 10^{-7} \tag{8.6.32}$$

即比磁偶极跃迁速率还小两个量级。只有当电偶极、磁偶极和电四极跃迁均为禁戒时,双光子跃迁过程才能显示出来。

下面举几个例子。从氢的 $2\,^2S_{1/2}$ 亚稳能级到 $1\,^2S_{1/2}$ 基态的跃迁的 $\Delta l = 0$ 给出禁戒电偶极跃迁,$\Delta n = 1$ 给出禁戒磁偶极跃迁,$\Delta J = 0(1/2\to 1/2)$ 给出禁戒电四极跃迁,只能发生双光子跃迁。虽然由于兰姆移位,$2\,^2P_{1/2}$ 能级低于 $2\,^2S_{1/2}$,但由于它们的能量差太小,跃迁速率与能量的三次方成正比,因而跃迁速率很小,可以忽略。同样,氦的 $2\,^1S_0$ 到基态 $1\,^1S_0$ 也不能进行电和磁的单光子跃迁,它们之间主要的是双光子跃迁过程,$2\,^1S_0$ 为亚稳能级,寿命为 19.5 ms。现在经常用功率较大的可调频激光器来研究双光子和多光子跃迁等稀有过程。再如第3章氢原子钟中所用的氢原子基态 $1\,^2S_{1/2}$ 的两条超精细劈裂能级之间的跃迁是磁偶极辐射的一个例子,它们的所有量子数都满足磁偶极辐射的选择定则,定则3和定则4使电偶极辐射禁戒,定则1使电四级辐射禁戒。

8.7 射线的重要应用技术

大量粒子出射就形成射线,包括放射性原子核发出的 β⁻ 射线、β⁺ 射线、α 射线和 γ 射线,加速器产生的电子束、质子束和重离子束,电子束产生的 X 射线等。物质包括大量原子分子,射线通过物质就会发生射线的粒子与原子分子的电子和核的各种相互作用和效应,如前面几节所述。这些作用和效应不仅对原子、分子和原子核物理、化学物理以及生物学效应有很大的理论意义,而且由此发展的各种粒子探测器、装置和技术,已成为对原子态、分子态进行基础研究,以及对各种物质进行形貌、结构、化学组分等分析的有力工具,它们在原子分子物理和化学、固体物理、材料科学、生物学、医学、工业、农业、矿业、交通导航、剂量学、国防等领域得到很多应用。有许多技术和应用在前面几章中已讨论,如原子分子光谱、电子显微镜和扫描隧道显微镜、X 射线与中子的衍射与成像、精密测量、放射性核素测年代进行考古、穆斯堡尔谱仪、正电子湮灭谱仪、加速器、原子能发电和武器。还有一些也很有用,如示踪解决工农业、环境和疾病诊断中各种问题,利用射线对生物细胞的破坏进行消毒、杀菌和治癌。下面介绍它们中一些已获得实际应用的重要技术[①]。

8.7.1 简单的能谱技术

1. 射线吸收规律的简单应用

由于中性高能电磁波通过物质的吸收系数较小,它们能够穿透较深的物质厚度,因此,利用一定能量的准直 X 射线或 γ 射线通过确定的单质工作物质,由于吸收系数 μ 是常数,在用相应的探测器测量射线通过它的减弱,就可以由指数吸收定律公式(8.1.27)确定射线穿过的物质厚度或密度,从而制成各种厚度计、浓度计、密度计、料位计等,它们在工业、农业和矿业中有很多应用。如果工作物质不是均匀的,不同部位的种类和密度不同,则一定能量的辐射通过时,不同部位的吸收不同,从而可被区分开,在医学上用作人体组织病变检查,在飞机场和火车站用作人体和物品的安全检测。

图 8.1.1 中吸收曲线上的吸收边也常被用来制成 X 射线的过滤片,图上的 K 吸收边能量相应于使 K 壳层电子电离的入射 X 射线能量,它比该元素的 K 壳层 X 射线能量大。也就是说,某元素的 K X 射线能量正好处在该元素 K 吸收边左边能量较低的吸收系数较小的区域。但某元素产生的 X 射线除含有它的 K X 射线外,还有能量更低的连续谱,它们的吸收系数较大,如果使它通过用该元素制成的薄片后,它的 K X 射线容易通过,而其他的连续谱大部分被吸收而大大减弱。

在图 8.1.1 吸收边的高能方向,吸收系数随光子的能量增加而单调下降,但使

---

① 承焕生,等.背散射技术用于表面微分析[J].物理,1980(9):220. 谢楠柱.国际医学物理学的新发展[J].物理,2007(36):47. 柳澄,秦维昌.多层螺旋 CT[J].医学影像学杂志,2000(10):194. 罗述谦.X 射线成像技术在医学中应用[J].物理,2007(36):602. 刘东华.单光子发射型计算机断层成像[J].大学物理,2005(24):45. 樊明武.正电子发射断层照相(PET)的特色和应用[J].物理,1997(26):424. 蒋卫平,王琦,周欣.磁共振波谱与成像技术[J].物理,2013(42):826.

用高分辨谱仪测量后发现,在吸收边附近吸收系数随光子能量的增加呈现复杂的振荡变化。大致有两个区域:有复杂窄峰的近阈结构,以及在下降曲线上叠加一些小的和缓振荡的扩展 X 射线吸收精细结构(EXAFS),统称 X 射线吸收精细结构(XAFS)。通过研究发现前者是由于原子的电子被激发而形成里德伯态、激子态或连续区共振态等束缚态,后者是出射的光电子波与近邻原子的散射波之间相干作用造成的,与原子在复杂的分子或者在凝聚态中的周围环境有关[6]。这一现象已被用来研究复杂分子或凝聚态中分子的结构或原子周围环境,在材料结构分析、生物大分子结构和键长测量等前沿领域得到很多应用。

2. 卢瑟福背散射技术

1967 年美国将一只飞行器送到月球上,利用上面的 α 粒子对月球表面的大角卢瑟福背散射,分析了月球表面成分,从而开始了这一技术的实际应用。

从卢瑟福散射公式(8.3.5),可以由截面测量值直接确定被分析物质所含元素的原子序数 Z,但由于影响测量计数的因素很多,实际情况复杂,这一方法的精度不够高。常常是使用高能量分辨的硅半导体探测器,在一定的散射角 θ 下,通过测量能量为 E_0 的入射重带电粒子如 α 粒子的弹性散射能量 E_a,由式(8.3.1)来确定靶核质量 M,M 越大 E_a 越大,再配合式(8.3.5)确定百分含量,从而进行元素成分分析。由于重带电粒子的射程短,很难用透射方法测量,通常测量被弹性散射到近于 180°角的入射粒子能量,叫作卢瑟福背散射分析(RBS)技术。

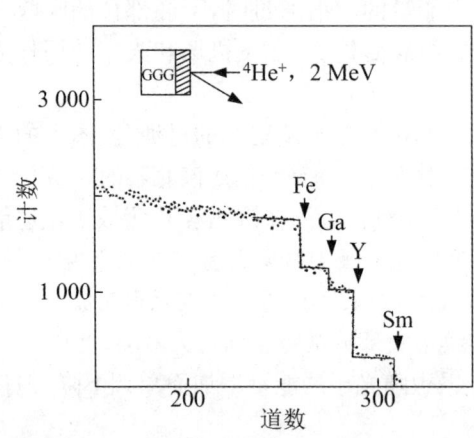

图 8.7.1 一种磁泡薄膜的卢瑟福背散射能谱

图 8.7.1 是用此技术测量到的在衬底上沉积一层磁泡材料薄膜的背散射能谱,它含有 Sm,Y,Ga,Fe 和 O 五种元素,根据能谱上相应元素的平台高度和元素的散射截面,可得各元素成分的相对含量比为 0.38 : 2.32 : 1.2 : 3.8 : 12,与预期值相近。

上述公式只适用于薄靶,对较厚的靶,入射离子除一次库仑弹性散射损失能量之外,还会由于电离损失 dE/dx 而减少能量,因而从靶内一定深度处发生弹性碰撞而背散射出来的离子能量要比由式(8.3.1)算出的小些,形成一定宽度 ΔE,因此需要从测量的 E_a 和 ΔE 对此修正才能得到正确的所含元素成分和材料层的厚度。

RBS 的探测深度能够达到几百纳米,可作无损伤深度分析,无需标准样品就可给出定量结果。其缺点是深度分辨还不够好,约 10 nm。

3. 光电子能谱、电子束能谱和 X 荧光分析技术

这些技术利用光子和带电粒子与原子分子的非弹性散射,包括电离和激发。

光电子能谱仪用光源照射样品直接测量原子分子光电离的电子能谱。入射光源可以使用激光、紫外线、X 射线或同步辐射,用它们测量的能谱分别叫激光光电子谱(LPS)、紫外线光电子谱(UPS)、X 射线光电子谱(XPS)和同步辐射光电子谱(SRPS)。LPS 和 UPS 测量价电子电离,特别是 LPS 有很高的能量分辨,能很好地分辨转动光谱,主要用于研究气相分子和固体的电子态结构。XPS 和 SRPS 主要用于测量内壳层光电子电离,进行固体以及气相分子组分、能态、结构和动力学的研究。由于内壳层电子能量受"化学位移"影响,因而能给出化学态的信息,特别适用于化学物理和材料科学。

电子束能谱仪用 8.3.2 节介绍的电子能量损失谱仪来测量非弹性散射或电离电子的能谱,由于能量分辨很高,可以研究原子分子价壳层和内壳层激发态和电离阈附近的精细结构,在表面物理中广泛地用于研究固体表面所吸附的原子、分子的吸附位置和状态以及分子的振动特性,各种表面和体内元激发过程,固体能带结构和晶体表面的自由度等。

在入射光子或带电粒子能量较大时,能发生原子内壳层的电离,除产生电离电子外,当外层电子跃迁到空缺电子的内层时,会发射特征 X 射线或者俄歇电子,它们的能量与原子的 Z 有关,测量它们的能量和相对强度就可以确定材料的成分和含量,这就是 X 荧光分析(XRF)和俄歇电子能谱(AES)技术。实际上它们是前述光电子和电子束能谱技术在粒子入射能量较高时的另一种应用情况,测量的是产生的另一类粒子。使用的光源与光电子能谱仪相同,只是能量更高,带电粒子源是高能电子枪或质子加速器,X 射线探测器是 Si(Li)半导体谱仪,电子能谱仪是半球分析器。由于轻元素发射俄歇电子比发射 X 射线的截面大,AES 与 XRF 适用分析的元素范围不完全相同,XRF 适用于中重元素,而 AES 适于轻元素。

使用质子作照射源的 XRF 被称为质子 X 荧光分析(PIXE),由于质子束容易聚焦到 μm 甚至 nm 量级,并进行 x 和 y 两维扫描,故可以用质子 X 荧光分析确定物质中元素含量的微区分布,如一个细胞内各种元素含量的分布,空间分辨可达 $0.2\ \mu m$ 以下。

4. 电子、中子和 X 射线衍射技术

以上讨论的射线应用技术涉及利用射线的粒子性,实际上一切粒子都具有波动性,因而也可以用粒子的波动性来获得物质的一些有用的原子分子性质。主要用的是光子、电子和中子这三种粒子,为了显示波动性,要求无质量的光子的波长

和有质量的电子与中子的德布罗意波长要达到原子尺度,因而对这几种粒子源的能量要有合适的要求。如相应于 0.1 nm 原子尺度所要求的光子能量是 12.4 keV、电子能量是 150 eV、中子能量是 0.078 eV。因此,X 射线衍射常用能量较高的同步辐射,电子衍射要用能量较低的单能电子束,中子衍射常用核反应堆产生的热中子束,然后用相应的图像探测器测量它们通过材料产生的衍射斑纹。

5. 放射免疫技术

这一技术应用放射性同位素标记抗原或抗体,基于抗原-抗体结合免疫反应原理测定人体内超微量($10^{-9} \sim 10^{-15}$ g)抗原、抗体物质。它将放射性同位素测量的高灵敏性、精确性和生物抗原-抗体反应的特异性相结合,具有灵敏度高、特异性强、重复性好、样品及试剂用量少、费用低、操作简便且易于标准化等优点,广泛应用于生物医学研究和临床诊断领域中各种微量蛋白质、激素、小分子药物和肿瘤标志物的定量分析。例如,用 ^{125}I γ 射线标记血清甲胎蛋白可以早期诊断原发性肝癌。

8.7.2 影像诊断技术

上述射线应用是简单的测量次级粒子总数,但很多应用要求知道它们的空间二维分布甚至三维分布,这就要用到影像技术,这里以医学影像诊断为例讨论。

医学影像是对通过人体的射线成像来诊断某器官疾病的设备,早期的 X 射线透视用放在身体另一面的荧光屏或胶片成像,同位素扫描机用探测器逐点测量体内器官发射的 γ 射线成像,都得到简单的二维分布。现代已发展了下述多种先进的数据文化影像设备。

1. X 射线计算机断层成像

X 射线影像通常使用高能电子直线加速器的电子束产生的单能 X 射线通过人体或物品后成像,分为平面和断层两种。最简单的平面成像是上述 X 射线透视,后来发展出数字化的平面成像技术,用 CCD 将荧光转化为电信号或直接用位置灵敏 X 射线探测器代替荧光屏和胶片,用计算机对影像信息进行数字化处理、传递和保存,这也克服了胶片微粒的不均匀性,从而提高图像的质量和空间分辨。

X 射线透视和摄影得到的是 X 射线从前到后穿透人体的正面二维平面像,反映 X 射线通路上物体对射线吸收的积分效应,给出的是通路上各部分组织的前后重叠图像。成像技术的突破性发展是立体三维成像,即断层扫描成像。在 20 世纪 70 年代美国人科马克(A. M. Cormack)应用计算机和矩阵原理,提出图像反投影重建理论,解决了二维成像中人体器官重叠难题。设人体站立方向为 z 轴,将人体水平方向上一个断层剖面分成许多个小单元像素,每个像素对 X 射线的衰减值若为 $f_i(x, y)$,与 x 和 y 的位置有关,X 射线源和探测器相对固定,沿此水平面旋转它们以便 X 射线从不同方向入射,则每条 X 射线通路上探测器记录的强度值或总衰减值 F_i 应是各像素 f_i 的线性组合,由于各个通路上会有不同的像素组合,就得到了线性方程组,通过计算机求解它就可以得到各个像素的 f_i 以及 f_i 的 x 和 y 分布,再将其映射成相应的灰度值就得到一幅二维断层图像。如果沿人体竖直 z 方向移动 X 射线源和探测器,得到的一幅幅断层图像经过计算机图像处理后就重建了人体从上向下的三维图像。之后英国人豪斯菲尔德(G. N. Housfield)据此原理制成 X 射线计算机断层成像装置,简称为 X-CT(Computed Tomography),实现了人体断层成像,他们共同获得 1979 年诺贝尔生理学或医学奖。

X-CT 装置包括扫描架、供患者躺的床、电子学线路、计算机数据处理与图像显示四部分。最重要的扫描架包含分别放在人体两侧的 X 射线球管和 X 射线探测器,工作时扫描架以人体长轴 z 方向围绕身体连续匀速旋转,病床沿 z 方向同步匀速递进,扫描轨迹呈螺旋状前进。最简单的是单层 CT,在 z 轴方向只有一排探测器,X 射线束经一排准直器孔被限定为薄扇形,其 z 轴方向的宽度等于层厚,旋转一周得到一幅图像,准直器遮挡的大量 X 射线没有被利用。由于小型化加速器、高性能探测器、多路数据获取处理电子学以及高速计算机的发展,20 世纪 90 年代后发展出多层螺旋 CT。它的 X 射线束是宽扇形,z 方向可以宽到几十毫米;沿 z 轴方向排列多排探测器阵列,精密准直器放在它们前面,旋转一周得到多幅即多层图像。层数和层厚取决于 X 射线束宽度和不同排的探测器阵列组合,例如,40 mm 宽 X 射线束配 64 排 0.625 mm 探测器,可以一次获得 64 层 0.625 mm 薄层图像,也可以由每 2 排探测器组成一个通道,获得 3 层 1.25 mm 层厚的图像,也可以由每 4 排探测器组成一个通道,获得 16 层 2.5 mm 层厚的图像。现在螺旋 CT 已发展到 64 层,以至 256 层。随着层数的增加和多维图像重建处理技术的进步,层厚逐渐减小到亚毫米,z 轴方向分辨越来越好,实现了多平面的三维高质量 CT 图像。

X-CT 成像技术还有以下进展:X-CT 增强技术注射含有碘的造影剂,它可以到达所需测量的器官,由于碘的原子序数较大,吸收 X 射线的截面大,因而提高人体器官的成像精度,扩大了 X 射线成像的应用范围;由于不同物质的吸收系数与 X 射线能量的关系不同,双能 CT 用高和低两种能量的 X 射线源得到的图像相减,可以改善组织特征的区分,消除无关组织对目标器官的影响;双源 CT 使用两个 X 射线源和两套探测器系统同时采集数据,相互垂直成 90°安置在扫描架上,可以加快扫描速度,减少一半放射剂量。

多层螺旋 CT 有如下优点:充分利用 X 射线源以同时得到多幅图像,旋转一周的时间小到 0.4 s,从而大大减少测量的时间和剂量,可以减轻射线对人体组织的损伤,对危重病人急症诊断也争取到宝贵时间;在 z 轴方向的纵向覆盖范围大,采集视野最大到 85 cm,可以在 10 s 内一次连续测量完成全身大范围成像;空间分辨小到 0.3 mm,可以早期诊断脑梗死和小到毫米的肺肿瘤;时间分辨短到几十毫秒,可以在一次屏息 0.25 s 期间完成心脏和大动脉搏动、肺呼吸、脑、血管等动态成像。所有这些不但提高了图像清晰度,减少了图像伪影,而且使 CT 由形态学检查发展到组织学和功能学检查。例如,代替并超越传统的介入法心血管造影,不仅能无创伤地从任意角度观察血管腔内小到 0.3 mm 的软、硬斑块,还能观察血管壁病变和血管外的情况。现在 X 射线成像的应用已经广泛普及到中等城市医院。

除了在医学的应用外,CT 成像在工业和其他方面也得到了应用。例如,检测飞机发动机和精密铸件等的缺陷,复杂结构件的内部尺寸测量及装配结构分析,在重要出入口的行李、货物以及爆炸物的密度分布安全检查。当然,不同应用所需的 X 射线能量是不同的,医用在几十 keV,大尺寸高密度的物质需用更高能量。

2. γ 相机、单光子发射计算机断层成像和正电子发射断层成像

这三种装置都是对人体内发射的 γ 射线成像,合称 E-CT,即发射型(emission)CT,属于核医学成像诊断设备。它们与其他影像技术不同的是射线源不是在体外而是在体内,先给病人注射、口服或吸入某种放射性核素标记的药物,它们在人体某个器官中浓聚或缺损,或参与体内某种代谢过程,因而针对不同的疾病、组织器官和病变具有很强的特异性,发射的 γ 射线被体外环状排列并有准直的 γ 探测器测量,就可以得到它们的浓度分布和代谢的像,从而得到生理、生化、病理过程及功能图像。

γ 相机和单光子发射计算机断层成像(SPECT)使用短寿命、低能量的 γ 射线源,如半衰期为 6 h 的能量为 142 keV 的 ^{99m}Tc,它们对机体的损伤较小,闪烁晶体可以较薄较大。γ 探测器由多孔铅准直器、一块大直径厚约 1 cm 的 NaI(Tl) 闪烁晶体和数十个光电倍增管组成,代替早期扫描仪逐点扫描而直接进行单光子二维位置灵敏测量。两者的区别是 γ 相机用单个 γ 探测器一次成像,得到的是简单、快速、动态的二维平面投影图像,诊断简单疾病如甲状腺肿大和功能,而 SPECT 采用类似 CT 技术,在身体周围放置单、双或三个 γ 探测器围绕人体旋转,能够多方位采集一系列平面投影像,经计算机数据处理得到三维层面和立体影像,因而现在得到更多应用。正电子发射断层成像(PET)使用短寿命放射性 β^+ 源,正电子在体内经很短行程就与负电子发生湮灭,产生一对方向相反的 511 keV γ 光子,代替笨重的铅准直器,在身体两侧对称地放置 γ 探测器,180°符合测量各对 γ 射线,就可确定湮灭正电子的位置和浓度分布。由于 γ 能量较高,PET 使用 BGO 闪烁晶体。类似 CT 技术,为了提高测量灵敏度,采用多层环状排列,这些探头也围绕人体旋

转,如 16 层可用上千个光电倍增管组成的探头,因而复杂、昂贵得多。

不同于 X-CT 只能得到扫描横断面成像,由于 SPECT 或 PET 可以获得器官各部分的放射性粒子的浓度分布,从而可以获得横断面、矢状面、冠状面和任意形状的断层成像。此外,人体的病变有些是通过基因突变和大分子运动紊乱造成脏器功能器质性变化引起的,CT 发射的 X 射线容易被机体的骨骼、肿瘤等硬组织吸收,是机体密度成像,而放射性核素标记的药物能特异地在分子层面定量动态地反映机体的代谢功能。例如,C,N,O,H 是人体组织中重要的组成元素,用不同的 β^+ 源 ^{11}C,^{13}N,^{15}O 和 ^{18}F(代替 H)标记人体的生物物质(如氨基酸、脂肪和糖等)就可以研究代谢,进入生物大分子层次。因此,E-CT 除了和 CT 一样无损地得到人体心、脑、肺、血管等组织器官的形貌,从而给出疾病或癌症的诊断和变化信息外,还能进行生化过程、生理功能与病理变化检查,特别是对疾病早期诊断具有重要意义。例如,SPECT 可以比 X-CT 提前三个月诊断出癌症,PET 诊断出癌症比 SPECT 还要早三个月。

由于放射源有一定寿命,进入人体会停留一定时间,为减少放射性对组织的伤害,所用的放射性寿命较短,剂量和能量要比 X 射线小。放射性又是各向同性发射,利用效率低,因此它们的缺点是计数率比 CT 小很多,要求旋转速度慢以得到足够多的计数,空间分辨和图像比 CT 差很多。SPECT 的空间分辨为 4 mm,PET 的为 2 mm。根据需要可以将它们与 CT 联合使用。

3. 核磁共振成像

核磁共振在 6.2.2 小节中已讨论,在成像技术和 CT 获得应用之后,它也很快被应用到临床医学而做成核磁共振计算机断层成像(NMR-CT)。但由于人们害怕核,而且它也不涉及核辐射,医学通常叫磁共振成像(MRI)。它将人体放在强磁场中,体内具有核磁矩的核能级由于塞曼效应分裂,会吸收外界合适频率的射频段电磁波跃迁到高能级,处于高能级的核会发出射频波回到低能级,即发生共振吸收和共振发射过程,在人体外安装相应的射频探测器,测量发出的射频波谱就可以确定原子核和相应的分子的种类、强度与位置。

MRI 系统包括磁铁、射频系统和计算机断层成像几部分。根据需要,医院通常使用 1 到 3 T 强磁场。由式(6.2.11)知,共振频率与磁场强度成正比,与空间位置无关,为了建立共振信号与原子核位置的对应关系,还要在 x,y 和 z 方向各加一个弱强度的梯度磁场线圈,以便进行读出、相位编码和层面选择。射频系统包括产生射频场的射频发生器和接收核磁共振信号的射频接收器。当外磁场强度确定后共振频率仅与原子种类有关,分子种类和化学环境由于化学位移也会造成精细影响,如在 1 T 磁场下氢原子的核磁共振所用射频频率是 42.5 MHz·T^{-1}。目前都采用脉冲射频场以产生连续而不是单一频率的电磁波,从而可以同时激发多种核素并得到它们的图像。接收的各种核的核磁共振信号包含多种信息:频率、强度和由于弛豫造成的衰减时间,后者分为纵向弛豫时间 T_1 和横向弛豫时间 T_2。通过计算机对获得的含有各种信息的数据进行处理,可以得到体内所需测量部位的精确立体断层图像。MRI 也是测量机体内部发射的射线而不是外部射线的吸收,因而与 SPECT 和 PET 一样,可以获得断层、矢状、冠状和任意形状面的断层成像。目前 MRI 的空间分辨已经小于 1 mm,接近 CT,三维脑扫描时间已经小于 1 s。

MRI 方法有许多优点:最显著的是能分辨核磁共振谱的化学位移,对由 ^{1}H,^{13}C,^{17}O,^{14}N,^{15}N,^{31}P,^{23}Na 和 ^{39}K 等原子核组成的不同分子、离子、化学基等化学物质灵敏;能得到任意方向剖面的多切片、多参数、多核脑功能成像;与只对骨骼、肿瘤等硬组织灵敏的 X-CT 不同,MRI 对各种软组织也灵敏,既能得到物理形貌图像,还能得到显示功能和代谢过程等生理生化信息的化学性质图像;不使用对人体有损害的 X 射线、γ 射线和 β$^+$ 射线以及容易引起过敏的示踪剂;除了强度信号外,其他信号参数都可以用来成像,从而能提供丰富的诊断信息。特别是人体软组织的含水量在 2/3 以上,^{1}H 的核磁共振信号最强,比其他的元素大三个量级以上,而人体不同组织之间及正常组织与病变组织之间含水量不同,信号也不同,且与病变的发展程度有关,因此,从它们的 ^{1}H 核磁共振信号强度像和弛豫时间 T_1 和 T_2 像能准确地检查出体内组织的病变及其不同发展阶段与原因,对人体疾病特别是癌症的临床诊断有很大意义。如肝炎和肝硬化的 T_1 变大,肝癌的 T_1 值更大,因而可区分肝部正常区、肝炎、良性肿瘤和癌。当然 MRI 也有缺点:费用高很多;一组断层的成像较慢,要几分钟;对含氢原子很少的骨骼等不能成像;对磁场和射频场不适应如装心脏起搏器的人不能用。因此,在医院 MRI 与 SPECT、PET 以及 X-CT 一起被广泛互补地使用。美国人劳特布尔(P. C. Lauterbur)和英国人曼斯菲尔德(P. Mansfield)由于引入梯度磁场发展三维 MRI 并用到医学临床诊断而获得 2003 年诺贝尔生理学或医学奖。

4. 超声成像

超声波不是电磁波,而是机械波,简称超声,医学使用的频率在 200 kHz～40 MHz。超声在介质中传播时,遇到不同声阻抗的分界面会发生反射和折射,两介质声阻抗相差大时反射强,相差小时透射强。人体内有三类组织的声速不同,声阻抗相差很大,它们是气体和充气的肺,液体和软组织,以及骨骼和矿物化后的组织。声波在三类组织的界面反射很大,很难从一类组织传到另一类组织中去;但在液体和均匀软组织中传播时,声速和阻抗变化不大,因而超声反射量适中,既保证界面反射回波的显像观察,又保证声波可穿透足够的深度,而且接收回波的时间延迟与目标深度成近似正比关系。

医用超声成像正是利用这些特性,将超声波照射人体,通过测量载有人体组织性质和结构信息的反射波来实现诊断,并获得广泛应用。一种是用窄长声束进行一维扫描,通过测量回声的光点亮度得到垂直方向二维平面成像,称为 B 超。这时超声探头经薄层油接触皮肤,超声会无回波地进入机体,遇到胆汁、血液、腹水、尿液等液体也无回波,遇到肝、脾等均匀软组织有低回波,遇到血管壁、结石、肿瘤等复杂的实体组织有强回波,遇到肺、胃肠道、气体的界面则全回波,因而能检测到结石、肿瘤、囊肿等病变。另一种是测量血液流速、方向和性质的彩色多普勒超声成像仪,通称彩超。由于血液在血管内的流速会因某种原因改变,如血管壁某处变厚或长斑块会使血流速度变快,彩超利用超声波与流动血液间相对速度的变化所产生的多普勒频移改变来诊断血管的病变。这两种诊断装置都使用同一块压电材料晶片做换能器探头,利用它的电-声转换性能产生超声波进入体内,利用它的声-电转换性能接收返回的超声波,经处理得到所需的图像。由于高频超声波穿透差,分辨好,适合检测浅表器官;而低频超声穿透好,分辨差,适合检测深部脏器,频率高低通过更换晶片厚度确定。其他种类如回声随时间变化的 M 型超声、三维成像等不像二维用得那么普遍。

超声成像的优点是操作简单,费用低廉,对人体无损安全,软组织只要有 $1/1\,000$ 的声阻抗差异就能分辨,目前已能对 20 cm 深度范围内的软组织给出 1 mm 的图像空间分辨。超声成像的缺点是图像对比度差,信噪比不好,读出结果有一定人为因素。

8.7.3 放射治疗

放射治疗简称放疗,是用各种电离辐射如核放射性、高能 X 射线、质子束、重离子束等照射病体组织,利用射线对生物大分子的生物学效应,使癌细胞杀伤、破坏,被机体自然吸收,最终导致癌组织缩小以至消失的治疗手段。细胞对射线的敏感性在分裂期最高,在 DNA 合成期最低,这样射线对异常增殖的癌细胞杀伤最大,对周围正常组织损伤较小,而且后者还有一定的修复能力。因此,放疗已经成为治疗疾病特别是癌症的一个重要手段,约 70% 的癌症病人在治疗中需用它。

尽管还有中药和目前正在发展的免疫疗法,手术、放疗和化疗是癌症治疗的三大手段,目前这三种手段对癌症的治愈率已分别达到 22%,18% 和 5%。放疗与外科手术有相似的作用,都是直接消除病灶的物理疗法。放疗会产生局部损伤,导致脱发、皮炎、食欲下降、恶心、呕吐、腹痛、腹泻或便秘等反应,化学疗法的毒副作用更大,放疗不能减轻化疗的毒性作用,化疗也不能减少放疗的损伤作用,当然这些毒副作用在停止治疗1~2月后会消失。现在常将三种治疗手段配合使用进行综合治疗，利用化疗与中药配合手术和放射治疗，可以有效地减弱各种毒副反应，帮助彻底杀灭癌细胞。

临床放射治疗分为体内和体外两种。体内治疗使用短寿命的低能放射性核素，主要是γ射线，如^{125}I(寿命60天)的35 keV，β射线用得较少，仅用于治疗表浅肿瘤。治疗时将其密封地直接送入有肿瘤的器官内腔(如直肠、子宫颈)，或通过注射或其他方法非密封地植入到肿瘤内(如鼻咽、舌、食管、支气管、乳腺、胰腺、前列腺、肝、肺、脊柱)，持续地进行照射来杀灭肿瘤细胞。另一种植入放射源的方法是在手术时放入或在CT或B超监视指引下用活检穿刺针插入肿瘤体内或周围，这一技术现在发展很快，可使大量无法手术治疗、外照射又难以控制或复发的病人获得再次治疗的机会，而正常组织不受到过量照射，以避免严重并发症。

体外治疗主要使用光子和带电粒子两类照射源。最多使用的是光子源，包括^{60}Co放射源的γ射线(1.2 MeV)和直线电子加速器(8~14 MeV)产生的X射线(4~10 MeV)，早期的X光机现在已不用。带电粒子源使用离子回旋加速器产生的质子或重离子(几十~几百 MeV)，能量越高进入体内越深。体外放疗还需要采用各种铅准直器以形成规则或不规则形状的体外照射野，整个设备也称为γ刀、X刀或粒子刀，技术上分普通放疗和精确放疗两种。

普通放疗使用X刀，采用简单的二维准直器，照射野内各点的剂量分布较均匀。其优点是设备和技术要求较低，操作简单，多用于恶性肿瘤手术前、后放疗。缺点是照射野形状与肿瘤三维形状不完全相符，照射野内的正常组织受的剂量较多，对肿瘤周围有敏感组织和要害器官的病例不适宜。

最简单的精确放疗是立体定向放疗，先用前述影像设备确定病灶靶区，再使射线尽可能从三维多个方向聚焦照射靶区，而病灶周围正常组织受的剂量相对减少很多。根据肿瘤特点可进行单次和多次照射。其中套在头上的γ刀是一个半球形钢壳，内装30~201颗小圆柱形^{60}Co源和相应的准直器，它们形成辐射状，使γ射线从不同方向等中心三维聚焦到病灶上，用于颅内动静脉畸形、脑功能疾病、脑瘤等治疗。体部多用X刀，将加速器及不同口径的准直器围绕病人转动，产生的X射线变换角度聚焦照射到病灶上，可用于肺、肝、胰腺和肾上腺等体内器官肿瘤的治疗。也有用γ刀，γ刀的费用较低，缺点是^{60}Co源寿命有限，过5~10年就要更换，对照射野的大小和剂量分布较难调节。X刀容易调节照射野和剂量进行多次治疗，但操作较难。立体定向放疗的缺点是治疗范围较小，通常病灶小于15 mm，剂量大且分布不均匀。

更新发展的精确放疗技术是适形调强放疗。由于病灶形状常不规则，且随身体其他器官变动而变化,也随照射次数增加而缩小,所谓适形是指射线照射剂量的三维物理形状与病灶的三维几何形状相同,所谓调强是指射线照射剂量随不同的病灶位置和治疗时间变化。适形调强技术将断层成像技术与立体定向放疗结合起来,使定位由二维过渡到三维,并用随照射野(单个、多个,固定或运动)形状可变的多叶光栅准直器和专用补偿器对病灶三维适形和调强照射,使病灶处有合适的剂量和分布,正常组织处剂量很少,已经相当于靶向治疗。治疗时病人躺在病床上,利用螺旋 CT 等三维立体定位设备确定病灶靶的位置、范围和形状;将这些数据输入计算机模拟定位系统进行图像重建,以便医生可以从不同角度立体地观察和研究病灶及周围组织;再用逆向三维治疗计划系统,优化设计出立体聚焦照射的最佳治疗方案,它具有多个最佳照射角度和照射野、每个照射野的形状与病灶一致且有合理的照射强度及变化的剂量分布;最后使照射源围绕病人转动,使多个照射野等中心照射病灶,进行三维适形调强治疗。

三维适形调强放疗相比于立体定向放疗有如下优点:首先,大大提高疗效和改善生存质量。其次,照射范围大很多,照射区域内剂量分布也好很多,因而扩大了放疗适应症范围,除头部小肿瘤外还可以治疗体部大肿瘤。第三,不像立体定向放疗以一次或几次较大剂量照射,可以利用好坏组织被射线照射后的修复能力不同,采取每天一次持续几十次的较小剂量照射,以便更有效地杀灭肿瘤细胞、保护周围正常组织。缺点是成本较贵,严格的体位重复和操作难度加大。

精确放疗技术另一个进展是用重带电粒子束的粒子刀。由前面各节可知,与 γ 射线、X 射线和电子束不同,单能带电重粒子行走直线,射程歧离且散射很小,照射深度可达体内 10~30 cm;离子进入体内由于电离而逐渐损失能量,起初电离损失较小,随着能量减小,电离损失快速上升到布拉格峰就急速下降到零,它的绝大部分能量损失在能量很小的射程末端。治疗时将峰对准病灶区,肿瘤细胞受到最大剂量,杀伤效率高,病灶前的健康组织只受到较小的剂量,病灶后和侧面的健康组织不受剂量,不存在损伤。因此,重离子比 X 射线和电子的最大优点是有优良的剂量分布,更适合作适形治疗,改变能量就可控制粒子束的射程使停止在病灶区边缘内。反过来,这对束流和病灶的三维定位精度要求远高于常规放疗,此外,由于病灶前的组织并不均匀,对射线的吸收不同,要对每个病人(尤其是对有重要器官包裹的肿瘤)治疗时用不均匀薄膜补偿器,使肿瘤的照射野得到理想的剂量分布和最佳的治疗效果。由于能量利用效率更高,重离子的另一特点是可以减少照射剂量和次数,患者的平均治疗期比 X 射线要缩短一半,在 1 月左右。由于这些特点,粒子刀可以治愈更多其他方法难治的癌症,毒副作用和后遗症较小,可用于治疗眼部、颅内、颈、脊椎、肝、肺、胰腺、子宫颈、前列腺等肿瘤和病变。由于产生较高能量的离子束通常是用回旋加速器,因而粒子刀的另一个缺点是设备相当庞大复杂,建造和维护费用昂贵。

最常用的粒子刀是质量最轻的离子束——质子束,带一个正电荷,能量在 70~250 MeV,能量低的用在浅表面,能量高的用在体内。另一种粒子刀是质量更重、带正电荷更多的重离子束,通常使用 $^{12}C^{+6}$,^{12}C 原子剥离掉 6 个电子,带 6 个正电荷。重离子束的优点是不仅像质子那样能切断肿瘤细胞 DNA 单键功能,而且能切断 DNA 双键功能,尤其是对肿瘤中心的缺氧癌细胞的杀伤作用更有效;病灶前的健康组织只受到 1/6 的峰值剂量(质子是 1/3);^{12}C 核分裂产物放射性同位素 ^{11}C 产生正电子,能被用来成像以便实时监测。当然,重离子刀比质子刀更庞大复杂。

粒子刀使用束流输运系统将加速器产生的离子束输送到治疗室,输运系统用磁场聚焦离子成细笔状,用电场导引它到病灶位置进行点扫描,通过调节离子能量可以进行不同深度的照射。由于患者在治疗室中进行定位约需半小时,而照射时间不过两三分钟,较大的质子治疗中心都有多个治疗室,病床可做三维平移和转动。固定束治疗室中离子束从固定方向对肿瘤进行照射,使用最为普遍;转动束治疗室设有转台,输运系统尾部在转台上围绕患者转动,离子束可从不同方向对肿瘤进行照射。

目前在美国、日本、欧洲等 16 国已建有 60 多个质子治疗中心和少量重离子治疗中心,我国已在山东淄博万杰医院建质子治疗中心、在上海建质子重离子医院、在台湾林口长庚医院建质子治疗中心,在多地正在建更多的治疗中心。中国科学院兰州近代物理所在其重离子加速器装置上已作过一些治癌研究,2016 年在甘肃武威肿瘤医院建成一台专门的重离子治癌示范装置。

体外治疗除使用光子和重带电粒子照射源外,电子束、中子束和 π^- 重带电粒子束也被研究过。但电子束由于散射严重,其物理剂量分布和生物效应在不同程度上会伤害肿瘤附近的正常细胞,而且剂量的有效利用率很低;中子和 π^- 粒子的生物效应虽好,但物理剂量分布不好,对正常组织损害过大。这些都不是理想的治疗方法,没有得到应用。

习 题

8.1 ^{137}Cs 放射源发出的 γ 射线能量是 662 keV,当它通过高纯锗半导体探测器时,试计算:

(1) 光电子的能量;

(2) 康普顿散射光子和反冲电子的最大和最小能量;

(3) 连续两次 90°康普顿散射光子的能量;

(4) 激活的 K X 射线的能量。

8.2 在一个用 X 射线激发的 X 荧光分析测量中，X 射线源为同位素 ^{238}Pu，放出的主要两条 X 射线的能量是 17.3 keV 和 13.6 keV，用 Si(Li) 探测器测量样品发出的 X 射线，探测器和源相对样品来说放在同一边，可以近似地认为产生的 X 射线方向与源发出的 X 射线方向相反，Si(Li) 不能直接测到源发出的 X 射线。测量结果表明除了有样品的特征 X 射线外，还有 4 个峰，它们是怎样产生的？计算它们的能量。

8.3 试求波长为 337.1 nm 的氮分子激光束与静止电子以及和 100 keV 能量的电子对头撞后的反散射光子的能量。

8.4 慢中子束通过一块镉板后强度减弱到原来的 5%，镉的 $A = 112, \rho = 8.7 \times 10^3$ kg·m^{-3}，中子是一个一个地被吸收，镉的吸收截面为 2 500 b，求所需镉的厚度。

8.5 已知铜和锌的 K_α X 射线的波长分别为 0.153 9 nm 和 0.143 4 nm，镍的 K 吸收限为 0.148 9 nm，它对铜和锌的 K_α 射线的质量吸收系数分别为 0.480 和 32.5 m^2·kg^{-1}，试问：
(1) 为使黄铜的这两条 K_α X 射线的相对强度之比提高 10 倍，需用多厚的镍吸收片？
(2) 通过此吸收片后两条射线各减弱多少？（已知镍的密度为 9.04×10^3 kg·m^{-3}。）

8.6 在使用 X 光机和 γ 放射源时，常常用铅板来屏蔽，以达到防护的目的，求为使 ^{137}Cs 源的 γ 射线 (662 keV) 和 50 keV X 光机的 X 射线减弱到 1/1 000 所需的铅厚。（已知它们的质量吸收系数分别为 0.010 m^2·kg^{-1} 和 0.849 m^2·kg^{-1}。）

8.7 试证明正负电子对不能被单个孤立光子产生，只能发生在粒子附近。求光子在原子核或核外电子附近产生电子对效应的阈能。

8.8 泡室是一种径迹探测器，能把带电粒子的径迹拍成照片。一个光子通过泡室时产生了一个电子-正电子对，泡室放在强度 $B = 0.20$ T 的均匀磁场中，从照片中发现它们具有相反的曲率半径 $r = 2.5 \times 10^{-2}$ m，求此光子的能量。

8.9 在一束能量为 10.0 eV 的电子射入单原子气体后，气体发生下列波长的光：140.2 nm、253.6 nm 和 313.2 nm，波长为 253.6 nm 的光强显著地大于另外两个波长的光强，试问出射电子具有多大能量？

8.10 试求为进行锌的 K X 荧光分析所需要的最小入射 X 射线、电子和质子的能量。

8.11 试求能量为 5.3 MeV 的 α 粒子
(1) 穿过铝和铅的电离损失之比；
(2) 穿过铝的电离损失值；
(3) 和同样能量的氘核穿过铝的电离损失之比。

8.12 在一个充 1 atm 空气的云室内，5.3 MeV 的 α 粒子显示出 4 cm 长的径迹，问大约要观测多少个径迹才可能有一次机会发现由于核碰撞引起的大角弯折？

8.13 求在液氮温度下处于三个最低转动态的 HD 分子的相对数。

8.14 求温度为 3 000 K 时处在基态、第一激发态和第二激发态的氢原子数目之比。

8.15 原子在寿命为 1.5×10^{-8} s 和 2×10^{-8} s 的两激发态之间跃迁，产生相应于波长为 532.0 nm 的谱线，试确定谱线的自然宽度。

8.16 在加热温度为 440 ℃时钠蒸气压为 1 mmHg。

(1) 求此条件下钠蒸气原子共振谱线的自然宽度、碰撞展宽和多普勒展宽（已知钠的 ^{3}P 能级寿命为 16 ns）；

(2) 能否观测到从 4D→3P 的 568.822 nm 的发射和吸收谱线？

8.17 氢的 2P 能级的电偶极辐射的自发辐射寿命是 1.596 ns，试估计单电离氦和双电离锂的 2P 能级寿命。

第 9 章 粒 子 物 理

1932 年 2 月查德威克发现中子后,人们认为物质的基本构成是:质子、中子、电子、中微子和光子。但在 1932 年 9 月安德森发现正电子以后的几年,在宇宙线实验中又发现了许多新粒子,如 6.4 节介绍的 μ 子和 π 介子,以及一些奇异粒子。这些粒子似乎和原子及原子核的组成没有直接关系,从此进入粒子物理时代。

这些粒子的尺度都很小,研究这些粒子内部结构的"显微镜",必须要用与粒子大小可比拟的波长的"束线"。动量为 p 的粒子的德布罗意波长 $\lambda \approx \hbar/p$,要能分辨 0.1 fm 则要用动量约 2 GeV·c^{-1} 的高能粒子作探针。另外,除了光子、电子和质子以外,绝大多数粒子都是不稳定粒子,要研究这些粒子,首先要产生它们。例如,由质能公式 $E=mc^2$,要产生质量为 91 GeV·c^{-2} 的 Z^0 中间玻色子,只有当质心系的能量 $E_{cm} \geqslant 91$ GeV 时才有可能,因此粒子物理有时也叫高能物理。

1931 年劳伦斯(E. Lawrence)发明了回旋加速器(1939 年因此获得了诺贝尔物理学奖),开创了以圆形加速器加速粒子及产生粒子的时代,1946 年建成 4.6 m 的回旋加速器,将 α 粒子加速到 380 MeV 轰击碳靶而可形成 π 粒子束。1953 年 3.3 GeV 的质子同步加速器在美国布鲁克海文实验室运行,利用高能粒子束和靶核作用的实验,观察到大量的"V"粒子。1952~1953 年间,利用高能 π 粒子束打靶的实验发现了核子共振态 Δ 粒子。1954 年劳伦斯建成 6 GeV 的同步加速器 Bevatron,1955 年塞格雷(E. Segrè)和张伯伦(O. Chamberlain)实验组发现了反质子(1959 年他们因此获得了诺贝尔物理学奖)。到 1957 年确认的粒子约有 30 种,而至今各种粒子的数目已有 400 多种,远超过化学元素的数目。于是产生了研究这些粒子的性质、相互作用和内部结构的学科——粒子物理[26-29]。

1919 年,赫斯(F. Hess)通过气球上的静电计实验,发现由外空间射向地球的具有电离能力的射线,1925 年密立根称之为宇宙线。原初宇宙线主要由高能质子和原子核组成,粒子能量甚至能达 10^{20} eV 以上。它们源自哪里?目前尚不甚清楚,费米空间望远镜(Fermi Gamma-ray Space Telescope, FGST)的数据显示可能源自超新星。原初宇宙线粒子进入地球的高层大气,与原子核作用发生簇射而产生次级粒子。另外,高能加速器能提供高能的质子束或电子束(目前最高能量的粒子束是欧洲粒子物理研究中心(CERN)的大型强子加速器(LHC)提供的 7 TeV 的质子束),通过它们相互对撞或用高能粒子轰击静止的靶原子核所产生的各种粒子来进行实验,是粒子物理实验研究的另一种主要途径。

9.1 粒子的基本性质和分类

每一种粒子都有一些特征的物理性质把它和其他种粒子区分开来,通常引入相应的物理量来描述这些物理性质。本节首先介绍一些普遍的物理量,一些局部的物理量在后面相应的地方介绍。根据粒子的性质和参与相互作用的情况等,可有不同的粒子分类方法,如按照自旋具有半整数或整数可将粒子分为费米子和玻色子两类。如果按照粒子参与相互作用的性质来分类,可把粒子分为三大类:轻子、强子以及规范与希格斯玻色子,本节后部分分别介绍这三类粒子和它们的性质。

9.1.1 粒子的基本性质

1. 质量

质量是粒子最基本的特征,测定粒子质量是分辨粒子的一种基本方法。自由粒子的静止质量和它的能量及动量有如下关系: $m_0^2 c^4 = E^2 - p^2 c^2$,其中 m_0 是粒子的静止质量,E 是粒子的总能量,p 是粒子的动量,c 是真空中的光速。对稳定粒子及寿命大于 10^{-8} s 的粒子,可由测量粒子的能量及动量或动量及速度等方法来确定粒子的质量。对寿命小于 10^{-10} s 的粒子,无法通过径迹用上述方法得到,可由该粒子衰变的各产物的动量(p_i)和总能量(E_i),利用下述多粒子系统的不变质量公式,得到其质量 m_0:

$$m_0^2 c^4 = E_{cm}^2 = \left(\sum E_i\right)^2 - c^2 \left(\sum p_i\right)^2 \tag{9.1.1}$$

例如,1974 年丁肇中实验组在质子轰击铍靶的 p + Be → e$^+$ + e$^-$ + X 反应中,通过双臂精密磁谱仪精密测量末态正负电子的动量、能量和出射方向,重建 e$^+$e$^-$ 的不变质量谱 $m_{e^+e^-}$,在 3.1 GeV 附近发现了一个宽度很窄的峰,如图 9.1.1 所示,由此发现了 J 粒子(后来称为 J/ψ),它的一种衰变产物就是 $e^+ + e^-$。

在粒子物理中,由于涉及的质量和长度都很小,常用"自然单位"来表示,其中规定 $\hbar = c = 1$。于是粒子的质量($eV \cdot c^{-2}$)的自然单位为 eV,相应地有 1 MeV = 10^6 eV,1 GeV = 10^3 MeV,1 TeV = 10^3 GeV。各种粒子的质量分布在非常宽的范围内,如光子的质量为零,电子的质量为 0.511 MeV,而中间玻色子 Z^0 的质量为 91.2 GeV。

2. 寿命和质量宽度

至今已知的绝大多数粒子是不稳定的,对一些寿命很短的粒子,实验上只能测量它的质量宽度,就以它的质量宽度来表征平均寿命。由式(8.6.11),平均寿命 τ 与能量宽度 Γ(在自然单位中即为质量宽度)具有关系式

$$\Gamma = \hbar / \tau \tag{9.1.2}$$

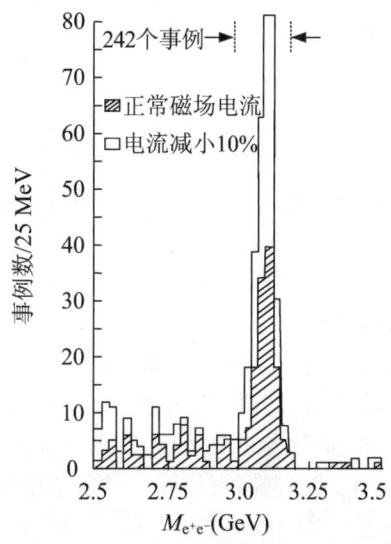

图 9.1.1 J/ψ 粒子的质量谱[27]

例如,$\rho(770)$介子的质量为 775.26 MeV,质量宽度为 149.1 MeV,相当于 $\tau \approx 4.4 \times 10^{-24}$ s。由此式也可看出,稳定的和寿命较长的粒子的质量具有确定值,$\Gamma \approx 0$,而寿命很短的不稳定粒子的质量并不确定,有一个分布宽度 Γ,通常以它的质量分布的中心极大值作为粒子的质量。原子核的质量也有同样情况。

粒子衰变实际上是通过某种相互作用转化为质量更小的粒子,粒子间的相互作用有强相互作用、电磁相互作用和弱相互作用。粒子间的引力作用比上述三种作用小得多,可忽略不考虑。由于三种作用差别很大,各粒子的寿命就有很大的差别,例如

$$\Delta^{++} \xrightarrow{\text{强作用}} p + \pi^+, \quad \Gamma \approx 117 \text{ MeV}, \quad \tau \approx 6 \times 10^{-24} \text{ s}$$

$$\pi^0 \xrightarrow{\text{电磁作用}} \gamma + \gamma, \quad \tau = 8.52 \times 10^{-17} \text{ s}$$

$$\Lambda^0 \xrightarrow{\text{弱作用}} p + \pi^-, \quad \tau = 2.63 \times 10^{-10} \text{ s}$$

$$n \xrightarrow{\text{弱作用}} p + e^- + \bar{\nu}, \quad \tau = 880 \text{ s}$$

由强作用发生衰变的粒子的寿命最短。至今,实验上还未观察到衰变行为的也就是稳定的只有电子、质子、三种中微子以及它们的反粒子和光子共 11 种。

3. 电荷

粒子所带的电荷都是正电子电荷 e 的整数倍,现在已发现的粒子的电荷数 Q 的最大值为 2。

4. 自旋

自旋是粒子的内禀角动量,它的大小是粒子的固有属性。自旋的单位是 $\hbar$,常用自旋量子数 J 表示粒子的自旋,J 的值只能是整数或半整数。如光子的自旋为 1,π 介子的自旋为 0,Δ 重子的自旋为 3/2。

5. 同位旋

在核物理中我们已经知道核力与电荷无关,质子和中子是原子核的组成成分,通称为核子。在强作用过程中它们的行为基本相同,可认为是同一种粒子。由此引入了同位旋 I 的概念,核子的同位旋为 1/2,质子与中子只是电荷不同,它们的同位旋第三分量 I_3 分别为 $+1/2$ 和 $-1/2$。在粒子物理中有些粒子的许多特性都一样,质量也非常接近,在强作用过程中的行为也基本相同,只是它们的电荷态不同,可以把它们视作同一种粒子的同位旋多重态。多重态的数目为 $2I+1$,即它们相应有 $2I+1$ 种粒子,如 π^+,π^0,π^- 是同位旋为 1 的粒子,它们的差别只是同位旋第三分量 I_3 分别为 $+1,0$ 和 -1。在强作用过程中,同位旋是守恒量。

6. 内禀宇称

宇称是描述粒子运动状态的空间波函数在空间反演下的对称性。粒子内部波函数在空间反演下的对称性即为内禀宇称 P,它是粒子的固有特性。在 9.3.2 小节证明,只有纯中性粒子(即相加量子数都为 0 的粒子)具有确定的内禀宇称,如 γ 光子的宇称为负(或称为奇),π^0 的宇称也为负。相加性量子数不为零的粒子的内禀宇称只有相对意义,一般对这些粒子的宇称作如下规定:

(1) 核子(中子和质子)的宇称为正;
(2) 一组同位旋多重态成员的宇称相同,如 π^+,π^0,π^- 的宇称都是负;
(3) 对奇异粒子,规定 K 介子的宇称为负,Λ 的宇称为正。

由量子场论可以证明,正、反费米子的宇称相反,正、反玻色子的宇称相同。基于上面的规定和守恒律,可以通过实验确定粒子的宇称。

在粒子数据表中,粒子的自旋 J 和宇称 P 以 J^P 的形式表示,如 γ 光子的 $J^P = 1^-$,π 介子的 $J^P = 0^-$。对具有整数自旋的粒子,根据它的自旋和宇称,常形象地称 $J^P = 0^+$ 的粒子为标量粒子,0^- 的为赝标量粒子,1^- 的为矢量粒子,1^+ 的为赝矢量粒子(或轴矢量粒子),自旋为 2 的粒子为张量粒子。

9.1.2 轻子

不参与强相互作用的费米子称为轻子。人们最早认识的轻子是电子和中微子,它们的质量都很小,就称它们为轻子。轻子都参与弱相互作用,带电轻子还参与电磁相互作用。现有的理论和实验证据可以认为它们是无内部结构的"类点粒子"($r<10^{-16}$ cm)。实验上已发现的轻子有:电子、μ子、τ子、电子中微子 ν_e、μ中微子 ν_μ 和 τ 中微子 ν_τ,连同它们的反粒子共有 12 种,它们的自旋都为 1/2。

1. 三种带电轻子

电子是最轻的带电轻子,质量为 0.511 MeV,是原子的基本组分和原子核 β 衰变的产物。电子参与电磁相互作用和弱相互作用,实验上没有观测到它会衰变,给出它的寿命大于 6.6×10^{28} a。

1936 年安德森等由宇宙线在云室的径迹中发现了一种新粒子,它的质量比质子小而对物质的穿透能力比电子强得多。由磁场中云室径迹的偏转(定出动量)和径迹的粗细(定出粒子的速度),可以测得它的质量是电子的 207 倍,介于质子和电子之间,称为 μ 介子,简称 μ 子。μ 子带有和电子一样的电荷,在相互作用的性质上和电子一样,只参与电磁作用和弱作用,不参与强作用,它的质量为 105.66 MeV,要比电子重得多,可以认为它是一种"重电子"。μ 子能衰变为电子,μ 子的寿命为 2.2 μs。衰变过程可表示为

$$\mu^- \rightarrow e^- + \bar{\nu}_e + \nu_\mu, \quad \mu^+ \rightarrow e^+ + \nu_e + \bar{\nu}_\mu \tag{9.1.3}$$

1975 年,在美国斯坦福实验室的正负电子对撞机实验中,佩尔(M. L. Perl)发现了 τ 轻子和反 τ 轻子。τ 轻子的质量为 $(1\,776.82\pm 0.16)$ MeV,差不多是质子的 2 倍,也具有和电子及 μ 子相似的特性,不参与强作用。τ 子的寿命为 2.9×10^{-13} s,不仅可以衰变为电子和 μ 子,

$$\tau^- \rightarrow \mu^- + \bar{\nu}_\mu + \nu_\tau\,(17.4\%), \quad \tau^- \rightarrow e^- + \bar{\nu}_e + \nu_\tau\,(17.8\%) \tag{9.1.4}$$

还可以衰变为质量比它轻的介子,典型的衰变过程有

$$\tau^- \rightarrow \pi^- + \nu_\tau\,(10.8\%), \quad \tau^- \rightarrow \pi^- + \pi^0 + \nu_\tau\,(25.5\%) \tag{9.1.5}$$

2. 中微子和反中微子的性质

中微子是一种质量近于零的不带电的中性粒子,只参与弱相互作用,与物质的作用截面非常小。因此要探测到中微子就需要有很强的中微子源以及庞大而又灵敏的设备。1941 年王淦昌建议,利用 ^{7}Be 原子核的 K 轨道的电子俘获过程,测量 ^{7}Li 原子核的反冲能来间接证明中微子的存在,但是,当时浙江大学因战争而内迁,无法进行所设想的实验,只能将论文投到美国的《物理学评论》,论文在 1942 年 1 月发表。半年后,美国科学家艾伦(J. S. Allen)用此实验间接证实了电子中微子的存在。1953 年,柯恩(C. L. Cowan)和莱茵斯(F. Reines)提出,利用反应堆中裂变碎片 β 衰变产生的反中微子打质子靶,通过中子衰变的逆过程:$\bar{\nu}+ \text{p} \rightarrow \text{n} + \text{e}^+$ 来探测中微子。若实验能探测到此过程中同时产生的中子和正电子,那就直接证

明了中微子的存在。他们利用加州萨瓦那河电厂的 700 MW 的反应堆产生的中微子,在地下 12 m,将各装有 200 L CdCl$_2$ 水溶液的两个水槽作为质子靶,再用三个含有 1400 L 的液态闪烁体,两端用 55 个光电倍增管记录闪烁光的探测装置来进行实验,装置原理图和示意图如图 9.1.2 所示。反中微子(约 1.2×10^{13} cm$^{-2} \cdot$ s^{-1})射入装有 CdCl$_2$ 的水靶,若被质子俘获,则产生中子和正电子。正电子很快在水中损失掉动能,而与靶中的电子湮灭产生一对能量为 0.511 MeV 的 γ 光子,它们被液态闪烁体探测,这过程大约为 10^{-10} s。而中子在水中慢化(这过程约为 15 μs)后被镉吸收,放出几个 γ 光子(总能量为 9.1 MeV),被闪烁体探测到。由延迟符合信号给出了可靠的结果。由于反应截面很小,实验中平均每小时只记录到 2~3 个事例,还需排除本底事例。经过 100 天的实验数据积累,终于在 1956 年获得了满意的结果,给出中微子的反应截面为 $(1.10 \pm 0.26) \times 10^{-43}$ cm^2,令人信服地直接实验证实了(反)中微子的存在。莱茵斯因此工作和佩尔分享了 1995 年诺贝尔物理学奖,可惜的是柯恩在此之前已经去世。

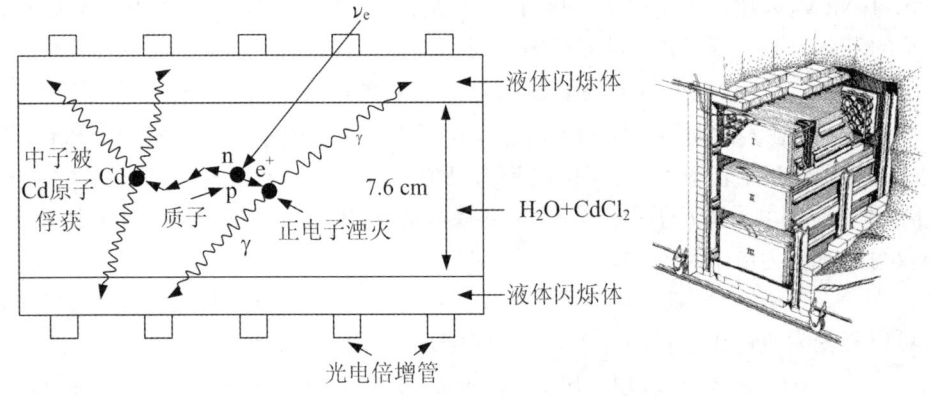

图 9.1.2　莱茵斯实验装置原理图和示意图[①]

至于中微子的探测,可以用中微子轰击中子产生质子和电子的反应 $\nu + n \rightarrow p + e^-$,为此,需用富中子的原子核。意大利物理学家庞蒂科夫(B. M. Pontecorvo)1946 年建议利用反应 $\nu + ^{37}_{17}\text{Cl} \rightarrow ^{37}_{18}\text{Ar} + e^-$,反应的阈能为 0.814 MeV。^{37}Cl 是一种稳定同位素,在自然界的氯中占 24.2%。氯在常温下是气体,如果利用液态的氯化合物作为靶材料,生成的氩是惰性气体,能较容易地被分离出来。^{37}Ar 具有放射性,因此可根据其衰变特性来探测和识别。1951 年戴维斯(R. Davis)开始利用四氯化碳(一种干洗剂)作为靶来探测中微子。他开始是用反应堆作为中微子源,实验

---

① Reines F. The Neutrino: From Poltergeist to Particle[R]. Nobel Lecture, 1995.

结果是几乎没有探测到中微子,这是因为当时人们并没有认识到中微子和反中微子是两种不同的粒子,而反应堆主要是 β⁻ 衰变中产生的反中微子。1965 年他改用太阳中微子源,利用太阳的核聚变过程"p-p 循环"所产生的大量中微子,射到地球上的通量在 10^{11} cm^{-2} · s^{-1} 的量级。实验是在霍姆斯特克(Homestake)的地下 1 478 m 的金矿井里用 380 m³ 四氯化碳(615 t)进行的,1967 年的实验结果测得太阳中微子流的上限是 3 SNU(太阳中微子单位),比当时的理论预言值(7.5±3) SNU 小。实验经过近 30 年(至 1998 年)的运行测得的中微子流量为 2.56 SNU,2001 年标准太阳模型的预言值是 7.6 SNU,实验值只是标准太阳模型所预言的 1/3。戴维斯实验证实了中微子的存在,并说明中微子和反中微子是两种粒子,更重要的是提出了所谓的太阳中微子问题——太阳中微子"缺失"。1989 年小柴昌俊(M. Koshiba)领导的神冈探测器通过测量中微子到达的方向进一步确认了太阳中微子的缺失,并意外测量到超新星 SN1987A 爆发的中微子。1998 年超级神冈探测器首先在大气中微子实验中发现了大气中微子振荡现象(9.4 节将介绍)。他们两人由于直接探测宇宙线中微子并开创中微子天体学的贡献,分享了 2002 年诺贝尔物理学奖的一半。

中微子不带电,没有磁矩,那中微子和反中微子有什么不同呢?定义一个物理量——螺旋度(helicity)H 来表征。设中微子的自旋为 s,动量为 p,则它的螺旋度为

$$H \equiv \frac{s \cdot p}{|s \cdot p|} \tag{9.1.6}$$

如果粒子的自旋矢量与动量矢量方向相同,那么它的螺旋度为正,反之为负。中微子的质量为 0,以光速运动,它的螺旋度也称作手征性(chirality),是一个洛伦兹不变量。中微子的 $H = -1$,是左旋的;反中微子的 $H = +1$,是右旋的,见图 9.1.3。1958 年,戈德海堡尔(M. Goldhaber)考虑到铕同质异能态 ^{152m}Eu 的电子俘获 β 衰变过程($^{152m}_{63}$Eu(0⁻) + e⁻ → $^{152}_{62}$Sm*(1⁻) + ν)中,钐原子核的质量很大,可以视作在衰变中保持静止,它退激发而产生的 γ 和中微子间应满足动量和螺旋度守恒,通过实验测定 γ 光子的螺旋度可以确定中微子的螺旋度,实验结果表明上述理论是正确的,中微子是左旋的,而反中微子是右旋的。

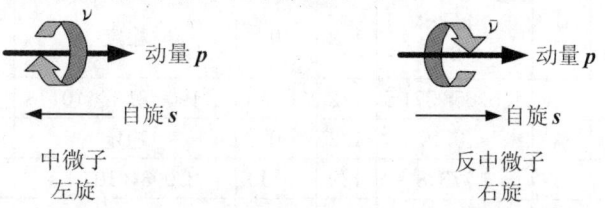

图 9.1.3 左旋中微子和右旋反中微子的示意图

3. 中微子的种类

π介子的衰变过程 $\pi^+ \to \mu^+ + \nu_\mu$ 会产生μ子和中微子，这种中微子称为μ中微子。它和电子中微子一样，质量都几乎是0，不带电荷，自旋为1/2。那它们有什么不同？它们和物质的相互作用是否相同？如何识别它们呢？中微子和物质的相互作用很弱，在物质中的平均自由程非常长，因此要识别它们非常困难。1961年莱德曼(L. Lederman)，斯坦伯格(J. Steinberger)和施瓦茨(M. Schwartz)实验组利用高能加速器产生π介子，由$\pi^\pm \to \mu^\pm + \nu/\bar{\nu}$过程产生中微子束(累积了$10^{14}$个中微子)。束流通过13.5 m厚的铁屏蔽墙，在10 t铝火花室组成的探测装置中，观测到了29个$\bar{\nu}+p \to \mu^+ + n$事例，而没有观测到$\bar{\nu}+p \to e^+ + n$。他们的实验确认了由π介子衰变产生的μ中微子是和β衰变中的电子中微子不同的粒子[28]，它们属于不同的族，或者说它们是不同的"代"。他们三人因此获得了1988年诺贝尔物理学奖。

同样，对应τ轻子也有相应的τ中微子。由于τ轻子的寿命非常短，很难形成τ中微子束，2000年美国费米实验室的实验组用大体积的乳胶室观察到了τ中微子存在的直接实验证据。

由以上讨论可知，有三代带电轻子和相应的中微子，可表示如下：

$$\begin{pmatrix} \nu_e \\ e \end{pmatrix}, \quad \begin{pmatrix} \nu_\mu \\ \mu \end{pmatrix}, \quad \begin{pmatrix} \nu_\tau \\ \tau \end{pmatrix}$$

括号内的轻子属于同一代。表9.1.1给出轻子的主要性质(本章大部分数据引自参考文献[29])。为区别不同"代"的中微子，定义"代"轻子数：L_e, L_μ, L_τ。电子和电子中微子ν_e属于电子类轻子，电子和ν_e的轻子数L_e为+1，正电子和$\bar{\nu}_e$的轻子数L_e为-1。对μ子和τ子有相似的定义。这些轻子是"基本"粒子，是否还有更多的轻子呢？

表9.1.1 轻子的主要性质[29]

粒子	符号	静止质量(MeV)	自旋	电荷数	寿命	轻子数 L		
						L_e	L_μ	L_τ
电子	e	0.510 998 928	1/2	-1	$>4.6\times10^{26}$ a	+1		
电子中微子(电子反中微子)	ν_e $\bar{\nu}_e$	<460 eV <2 eV	1/2	0	稳定	+1 -1		
缪子	μ	105.658 371 5	1/2	-1	$2.196\,981\,1\times10^{-6}$ s		+1	
缪中微子	ν_μ	<0.19	1/2	0	稳定		+1	
τ子	τ	1 776.8	1/2	-1	2.903×10^{-13} s			+1
τ中微子	ν_τ	<18.2	1/2	0	稳定			+1

由欧洲的正负电子对撞机 LEP 上的四个实验组对 Z^0 玻色子衰变宽度的实验数据与中微子的代数的理论值曲线比较,得出中微子有三代,$N_\nu = 2.984 \pm 0.008$,见图 9.1.4。另外,宇宙中氢/氦的质量丰度比和宇宙学的大爆炸模型中核合成过程和中微子种类的数目有关。如果中微子的代数多,则氦的丰度增加。现在的测量值是 26%,由此推断中微子代数≤4。

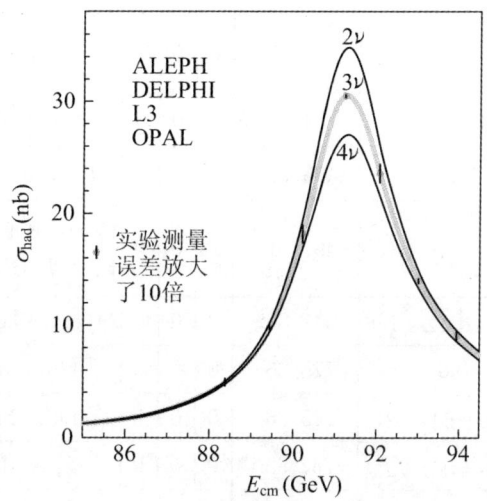

图 9.1.4　Z^0 玻色子衰变宽度的测量[29]

9.1.3　强子

参与强相互作用的粒子统称强子,强子也参与弱和电磁相互作用。强子按照它的自旋量子数可分为两类。

自旋为半整数的强子称为重子或反重子,重子的重子数 $B=1$,反重子的重子数 $B=-1$。质子是重子中质量最轻的,所有的反应过程都必须遵守重子数守恒的规律,因此质子是一个稳定粒子,实验给出的寿命下限是 $10^{31} \sim 10^{33}$ a。

自旋为整数的强子称为介子,它们的重子数 $B=0$。介子中质量最轻的是 π 介子。有三种电荷态的 π 介子,它们是 $\pi^\pm$ 和 π^0,因此 π 介子的同位旋为 1。π 介子是自旋和宇称 $J^P = 0^-$ 的粒子。带电 π 介子的质量为 139.57 MeV,中性 π 介子的质量为 134.98 MeV。带电的 π 介子只能由弱作用衰变为轻子,寿命为 2.6×10^{-8} s。

$$\pi^- \to \mu^- + \bar{\nu}_\mu \ (99.9877\%) \tag{9.1.7}$$

中性的 π 介子可由电磁作用衰变,寿命为 8.52×10^{-17} s。衰变过程有

$$\pi^0 \to \gamma + \gamma \ (98.798\%), \quad \pi^0 \to e^+ + e^- + \gamma \tag{9.1.8}$$

表 9.1.2 和表 9.1.3 列出了一些介子和重子的性质。

表 9.1.2 一些介子的性质[27,29]

粒子	反粒子	同位旋	自旋宇称	夸克组成	静止质量 ($MeV·c^{-2}$)	奇异数 S	粲数 C	底数 B'	寿命(s)或质量宽度	主要衰变模式
π^+	π^-	1	0^-	$u\bar{d}$	139.570	0	0	0	2.6033×10^{-8}	$\mu^+\nu_\mu(\mu^-\bar{\nu}_\mu)$
π^0	π^0	1	0^-	$(d\bar{d}-u\bar{u})/\sqrt{2}$	134.9766	0	0	0	8.52×10^{-17}	2γ
K^-	K^+	1/2	0^-	$s\bar{u}$	493.677	-1	0	0	1.2380×10^{-8}	$\mu^-\bar{\nu}_\mu,\pi^-\pi^0$
K^0	$\bar{K}^0$	1/2	0^-	$d\bar{s}$	497.614	$+1$	0	0	$K_S^0:0.8954\times10^{-10}$ $K_L^0:5.116\times10^{-8}$	$K_S^0\to\pi^+\pi^-,2\pi^0$ $K_L^0\to\pi^\pm e^\mp\nu_e$
η	η	0	0^-	$(u\bar{u}+d\bar{d}-2s\bar{s})/\sqrt{6}$	547.862	0	0	0	1.31 keV	$2\gamma,3\pi$
ρ^+	ρ^-	1	1^-	$u\bar{d}$	775.26	0	0	0	149.1 MeV	$\pi^+\pi^0$
ρ^0	ρ^0	1	1^-	$(u\bar{u}-d\bar{d})/\sqrt{2}$	775.26	0	0	0	149.1 MeV	$\pi^+\pi^0$
ω	ω	0	1^-	$(u\bar{u}+d\bar{d})/\sqrt{2}$	782.65	0	0	0	8.49 MeV	$\pi^+\pi^-\pi^0$
φ	φ	0	1^-	$s\bar{s}$	1019.461	0	0	0	4.266 MeV	$K^+K^-,K_L^0K_S^0$
D^+	D^-	1/2	0^-	$c\bar{d}$	1869.59	0	$+1$	0	1040×10^{-15}	$\bar{K}^0\mu^+\mu,K^-2\pi^+$
D^0	$\bar{D}^0$	1/2	0^-	$c\bar{u}$	1864.83	0	$+1$	0	410.1×10^{-15}	$K^-e^+e,K^-\pi^+$
J/ψ	J/ψ	0	1^-	$c\bar{c}$	3096.916	0	0	0	92.9 keV	$e^+e^-,\mu^+\mu^-,\rho\pi$
B^-	B^+	1/2	0^-	$b\bar{u}$	5279.26	0	0	-1	1.638×10^{-12}	$D+\cdots$
B^0	$\bar{B}^0$	1/2	0^-	$b\bar{d}$	5279.58	0	0	-1	1.520×10^{-12}	$K^\pm+\cdots$
Υ	Υ	0	1^-	$b\bar{b}$	9460.30	0	0	0	54.02 keV	$e^+e^-,\tau^+\tau^-$

表 9.1.3 一些重子的性质[29]

重子	电荷数 Q	夸克组成	静止质量 ($MeV·c^{-2}$)	自旋宇称	同位旋	粲数 C	奇异数 S	寿命(s)或质量宽度	衰变模式
p	$+1$	duu	938.272046	$1/2^+$	1/2	0	0	$>10^{31}\sim10^{33}$ a	
n	0	udd	939.565379	$1/2^+$	1/2	0	0	880.3	$pe^-\bar{\nu}_e$

续表

重子	电荷数 Q	夸克组成	静止质量 ($MeV \cdot c^{-2}$)	自旋宇称	同位旋	粲数 C	奇异数 S	寿命(s) 或质量宽度	衰变模式
Λ	0	uds	1 115.683	$1/2^+$	0	0	−1	2.632×10^{-10}	$p\pi^-, n\pi^0$
Σ^+	+1	suu	1 189.37	$1/2^+$	1	0	−1	$0.801\,8 \times 10^{-10}$	$p\pi^0, n\pi^+$
Σ^0	0	sud	1 192.642	$1/2^+$	1	0	−1	7.4×10^{-20}	$\Lambda^0 \gamma$
Σ^-	−1	sdd	1 197.449	$1/2^+$	1	0	−1	1.479×10^{-10}	$n\pi^-$
Δ^{++}	+2	uuu	1 232	$3/2^+$	3/2	0	0	117 MeV	$p\pi^+$
Δ^+	+1	duu	1 232	$3/2^+$	3/2	0	0	117 MeV	$p\pi^0$
Δ^0	0	ddu	1 232	$3/2^+$	3/2	0	0	117 MeV	$n\pi^0$
Δ^-	−1	ddd	1 232	$3/2^+$	3/2	0	0	117 MeV	$n\pi^-$
Ξ^0	0	uss	1 314.86	$1/2^+$	1/2	0	−2	2.90×10^{-10}	$\Lambda\pi^0$
Ξ^-	−1	dss	1 321.71	$1/2^+$	1/2	0	−2	1.639×10^{-10}	$\Lambda\pi^-$
Ω^-	−1	sss	1 672.45	$3/2^+$	0	0	−3	0.821×10^{-10}	$\Xi^0\pi^-, \Lambda k^-$
Λ_c^+	+1	udc	2 286.46	$1/2^+$	0	+1	0	200×10^{-15}	$pK^-\pi^+$

至今已发现的强子有数百种，这里简单地介绍其中的奇异粒子和共振态。

1. 奇异粒子

1947年在宇宙线中发现一些新粒子，在云室照片中留下的径迹呈现出"V"字形，称这类粒子为V粒子。这可能是一个带电的V粒子衰变为一个中性粒子和一个带电粒子，也可能是一个中性的V粒子衰变为两个带电粒子。V粒子的质量比较大，有的质量约达500 MeV，但具有"奇异"的特性。1953年3 GeV的质子同步加速器建成后，对这些粒子的特性才有了系统的实验研究。它们具有两个特征：

（1）奇异粒子是协同产生的，独立衰变，即它们产生时都是成对地出现，然后单独地衰变为非奇异粒子。例如，π^-介子进入氢气泡室与质子反应产生Λ和K^0：$\pi^- + p \rightarrow \Lambda + K^0$，然而$\Lambda$和$K^0$分别衰变：$K^0 \rightarrow \pi^+ + \pi^-$，$\Lambda \rightarrow p + \pi^-$。

（2）奇异粒子是快产生，慢衰变。实验上测得奇异粒子产生过程的截面在毫靶(mb)量级，属于强作用过程，因而介子和重子类强子中都有奇异粒子，但它们衰

变的寿命为 $10^{-8} \sim 10^{-10}$ s,属于弱作用过程。

这些规律很奇特,为了解释这类现象,盖尔曼和西岛(K. Nishijima)认为可能有一种新的守恒量(量子数)在控制这些反应。因而引入了一个新的整数量子数即奇异数 S 及一个新的守恒律(强和电磁作用过程奇异数守恒)。如上例中,π 介子与质子反应前是零奇异数,反应后产生了 $S=+1$ 的 K^0 介子和 $S=-1$ 的 Λ 重子,奇异数守恒。K^0 和 Λ 衰变的寿命都较长,是弱作用过程,奇异数不守恒。

引入奇异数后,同位旋多重态粒子的电荷数 Q 和同位旋第三分量 I_3 的联系可以用盖尔曼-中野(T. Nakano)-西岛关系式(简称 GNN 关系式)表示:

$$Q = I_3 + (B+S)/2 = I_3 + Y/2 \tag{9.1.9}$$

式中 B 是重子数,S 是奇异数,$Y=B+S$ 称为超荷。如 Ω^- 重子,它的同位旋为 0,即 $I_3=0$,重子数 $B=1$,$Q=-1$,由公式 $S=2Q-B$,算得 Ω^- 重子的奇异数为 -3。

在 1970 年后,相继发现了 J/ψ 和 Υ(Upsilon)粒子等,又引入了新的味量子数:"粲"数 C,"底"数 B' 和"顶"数 T。超荷的计算需要加入这些量子数,

$$Y = B + S + C + B' + T \tag{9.1.10}$$

如 D^+ 介子的 $C=+1$,$B=0$,$S=0$,$B'=T=0$,超荷数 $Y=(B+C)=1$,$Q=1$,由公式(9.1.9)得到它的同位旋的第三分量 $I_3=1/2$。它的同位旋多重态伙伴为 D^-,D^- 的 $C=-1$。

2. 强子共振态

1951 年美国芝加哥大学 450 MeV 回旋加速器建成,费米及其合作者利用次级 π 介子束与质子的散射实验发现,当入射 π 介子能量在 250 MeV 左右时,测量到的散射截面有峰值。同原子物理中光子的共振吸收形成原子的激发态相类似,πp 系统发生了共振,形成质子的激发态,见图 9.1.5。进一步的实验分析得到:这个激发态具有确定的量子数,是静止质量为 1 232 MeV、电荷数为 +2、自旋为 3/2、同位旋为 3/2 的粒子,称 Δ 粒子。共振时的反应过程为

$$\pi^+ + p \to \Delta^{++} \to \pi^+ + p$$

进一步的实验发现了许多重子共振态和介子共振态。这些共振态的激发能量与粒子基态静止质量大小差不多,它们通过强作用衰变,寿命很短,和原子及原子核中的激发态有明显的差别。共振态在粒子物理中完全具有粒子的特性,因此是作为独立的粒子来描述的。

目前已发现的强子包括它们的反粒子有 760 种,其中介子 222 种,重子 538 种,数目如此之多,人们很难相信它们都是基本的。一系列的实验事实,尤其是强子共振态的存在,使人们认为强子可能是有结构的,这将在下一节讨论。

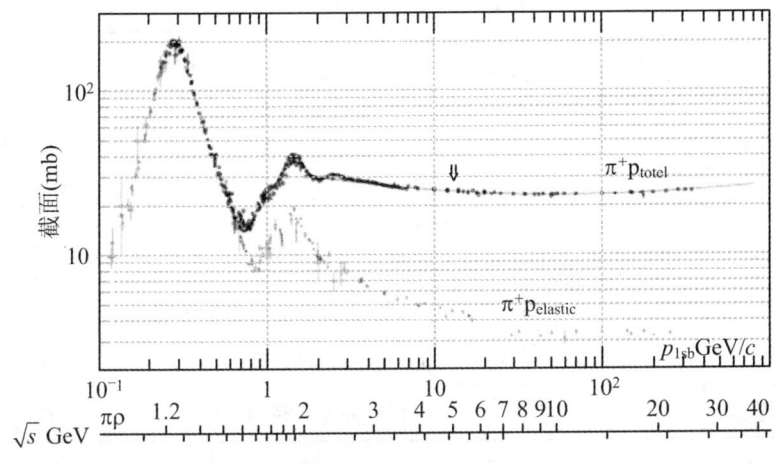

图 9.1.5　$\pi^+ p$ 散射截面随 π^+ 动量 p 和系统质心能量 $\sqrt{s}$ 的变化[29]

9.1.4　规范玻色子、希格斯粒子和反粒子

量子场论认为各种相互作用都是由交换相应的"场量子"或称规范玻色子来进行的,规范是指这些相互作用具有基本对称性即规范不变性,因此规范玻色子就是传递基本相互作用的粒子。电磁相互作用只有一种规范玻色子即光子 γ,弱相互作用有三种规范玻色子即 $W^\pm$ 和 Z^0,强相互作用有八种规范玻色子即八种胶子 g。引力作为第四种相互作用,也被认为是由引力子的规范玻色子传递的,但是实验上尚无证据表明引力子的存在,数学上也没有与量子引力相容的理论。电磁、弱和强作用中的这 12 种场量子都是自旋为 1 的规范玻色子,引力子的自旋为 2。希格斯粒子 H^0 的自旋为 0,也是玻色子,原则上不属于规范玻色子,但在电弱理论中它却起到赋予 $W^\pm$ 和 Z^0 粒子质量的作用,我们把它也归到这一类。表 9.1.4 给出规范玻色子和希格斯粒子的一些主要特性。

在 8.2 节已经介绍了反粒子的概念,并给出了发现的第一个反粒子——正电子 e^+。安德森从宇宙线中发现正电子以后,寻找狄拉克预言的反粒子是实验的一个重要探索目标。1955 年,张伯伦和塞格雷(E. G. Segre)在美国伯克利的 6 GeV 的质子加速器上用质子轰击薄靶,打出了反质子 $\bar{p}$(他们两人因此获得了 1959 年诺贝尔物理学奖),之后几年又发现了反中子 $\bar{n}$。1959 年王淦昌领导的我国实验组在苏联杜布纳联合核子研究所联合实验室中发现了反西格玛负超子 $\overline{\Sigma}^-$。

表 9.1.4 规范玻色子和希格斯玻色子的性质[29]

粒子	符号	电荷数	质量	自旋,宇称	寿命(s)质量宽度 Γ
光子	γ	$0(<1\times10^{-35}e)$	$0(<1\times10^{-18}\text{ eV})$	1^-	稳定
W 粒子	$W^\pm$	± 1	80.385 GeV	1	2.085 GeV
Z 粒子	Z^0	0	91.187 6 GeV	1	2.495 2 GeV
胶子	g	0	0	1^-	
引力子		0	$0(<6\times10^{-32}\text{ eV})$	2	
希格斯粒子	H^0	0	(125.09 ± 0.24) GeV	0	<0.013 GeV

正反粒子有相同的质量、寿命、自旋和同位旋,但其他相加性量子数如电荷、磁矩、重子数、轻子数、奇异数、粲数等都等值而异号,相乘性量子数如宇称对费米子是相反,对玻色子相同。存在反粒子是所有粒子的普遍性质,上面表中三类粒子都存在对应的反粒子,轻子和重子表中除 ν_e 的反粒子 $\bar{\nu}_e$ 外均未列入,介子表中给出反粒子,如 π^+,K^-,ρ^+,D^+,B^- 的反粒子分别是 π^-,K^+,ρ^-,D^-,B^+,而 K^0,D^0,B^0 分别是 $\overline{K}^0$,$\overline{D}^0$,$\overline{B}^0$。注意,那些由同一种夸克和反夸克组成的纯中性玻色子的相加性量子数为零,它的反粒子就是自己,如 π^0,η,ρ^0,ω,φ,J/ψ,γ 介子。任何过程中费米子与反费米子数目的差在反应前后必定相等,即费米子的数目必须守恒。所以费米子和反费米子必定成对产生或成对消失。

例 9.1 试列出质子-质子碰撞产生反质子的一种反应方程式,并求反应阈动能。

解 根据反应过程必须遵循重子数守恒的原则,此过程反应初态的重子数 $B=2$,而反应末态中的反质子的 $B=-1$,所以末态一定至少要有三个重子和一个反重子。再根据电荷守恒,可以写出反应式(最低能量)为 $p+p\rightarrow p+p+p+\bar{p}$。在质心系中反应初态粒子和末态粒子的总动量都为零,如果质心系中各末态粒子的动量都为零,则质心系的总能量全部转换为末态粒子的质量,这种反应称为阈能反应。

根据多粒子系统的不变质量公式(9.1.1),在阈能反应时,$E_{cm}^2 = \left(\sum m_i\right)^2 c^4$,其中 m_i 是末态粒子的质量。对入射质子轰击静止靶的实验,设入射粒子的总能为 E_a,质量为 m_a,靶粒子的质量为 m_b,由于 $E_a^2 - c^2 p^2 = m_a^2 c^4$,由式(9.1.1)得

$$E_a = \frac{\left(\sum m_i\right)^2 - (m_a^2 + m_b^2)}{2m_b}c^2$$

入射粒子的动能 $T_a = E_a - m_a c^2$,将上式代入,又 $m_a = m_b = m_p$,于是得到

$$T_a = \frac{(\sum m_i)^2 - (m_a + m_b)^2}{2m_b} c^2 = 6m_p c^2 = 6 \times 0.9383 \text{ GeV} \approx 5.63 \text{ GeV}$$

9.2 强子的夸克模型

在20世纪50年代发现大量强子后,物理学家面临的问题是:为了寻找构成物质的"基本粒子",却找到了比化学元素的种类还要多的"强子"! 不过,有了大量的强子就提供了系统考察强子的性质,并寻找其中的一些规律的可能。加速器实验发现强子有很多共振态(激发态),它们的行为有点像原子核和原子那样的复合粒子。那构成强子的成分是什么? 由对元素周期表规律的探索,理解了原子中电子的壳层结构,那强子有没有像周期表那样的规律? 按照强子特性的哪种分类可揭示出强子的内部结构? 有些介子(甚至轻子)具有和重子差不多的质量,所以按质量分类是没有意义的。盖尔曼-西岛定律表明强子间的反应受到一些规则支配,这些规则涉及每个粒子具有的同位旋和奇异量子数,这给出揭示强子结构的线索。

9.2.1 夸克的引入

最早获得成功的分类是将重子和介子按照其自旋 J 和宇称 P 进行分类。例如,将 J^P 为 $(1/2)^+$ 的重子和 0^- 的介子族成员分别放在 Y (超荷)-I_3 二维图上,如图9.2.1(a)和(b)所示,每组图都有八个粒子。

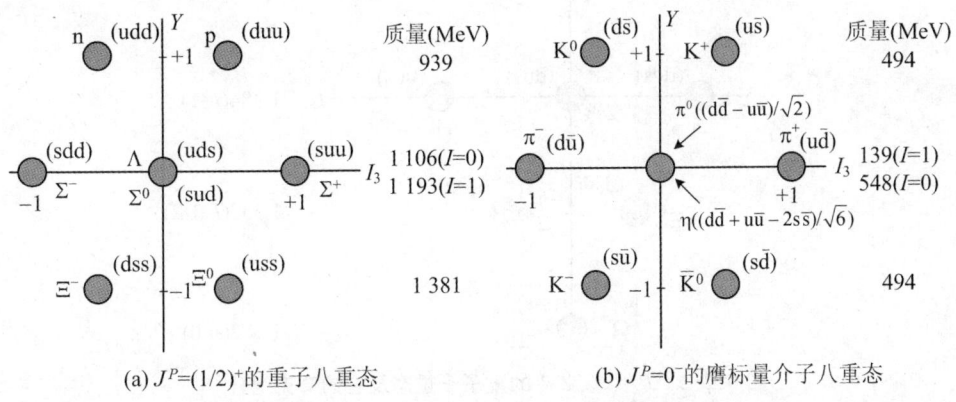

图 9.2.1　Y-I_3 二维图上的对称性[26]

图上 Y 相同即同一水平线上的粒子属于同位旋的多重态,同一多重态粒子的质量相近,相差最大的 $\pi^{\pm}$ 与 π^0 的质量差只有3%,由式(9.1.9)不同 I_3 对应不同的电荷态,这种质量差异可以认为是电磁作用引起的质量劈裂,而在强作用中可以把它们看作是一种粒子。这样就使"独立强子"的数目大为减少。在重子的 $(1/2)^+$ 八重态中,不同超荷数的重子的质量相差较小,随超荷数的增加质量近乎等间隔地增加,满足质量求和规则,$M_\Xi + M_N = M_\Lambda + M_\Sigma$,其中 N 表示核子,质量差为 150~200 MeV,这可以看成是增加 s 夸克后强作用引起的质量精细结构劈裂。这样就可以把 $(1/2)^+$ 八重态看成是由同一类粒子派生出的。图上排列的规律性意味着同一组的强子成员具有很强的内部结构的相关性,能够区分它们的是同位旋 I_3 和超荷 Y 这些特征量子数。

盖尔曼和奈曼(Y. Neeman)由此推出结论:每个强子必定是某个特定强子家族的一员,同一家族的强子具有相同的自旋和宇称,它们只是电荷和超荷数不同。他们认为,强子的这种分类中蕴含着一种数学对称性,1961年提出了 SU(3) 八重法方案,SU(3) 的基本数学表示是三维的。基于这理论,他们将当时已发现的 $(3/2)^+$ 的 9 个重子(电荷为 $-1,0,+1,+2$ 的四个 Δ 粒子,三个 Σ^* 粒子,两个 Ξ^* 粒子)排在 I_3-Y 图上,如图 9.2.2 所示,由图形的对称性及这些粒子的质量,认为应该存在一个十重态,并预言有一个 $Y=-2$(即奇异数 $S=-3$),$I=0$ 的带负电的新重子 Ω^-(图上用虚线框标出),它的级联衰变链是 $\Omega \to \Xi \to \Lambda \to p$。随奇异数的增加粒子质量的增量约为 150 MeV,由此推断新重子的质量为 1 676 MeV。1964 年 1 月,美国布鲁克海文实验室 5 GeV 的 K^- 粒子束射入 80 英寸的气泡室,实验

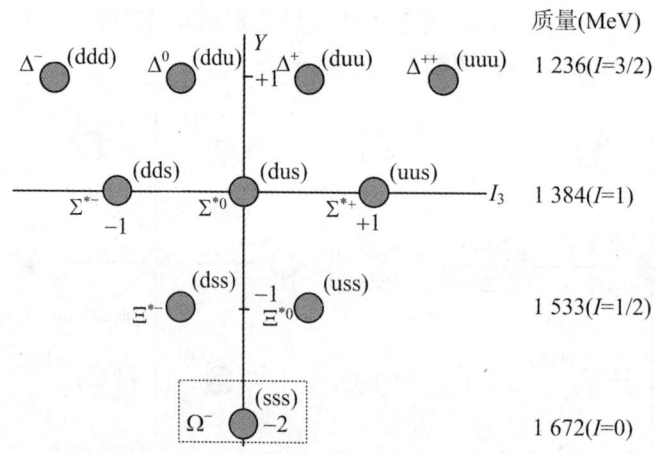

图 9.2.2 $J^P=(3/2)^+$ 的重子十重态及它的夸克组分[26]

组在分析 5 000 多张气泡室照片中发现了盖尔曼预言的 Ω^- 粒子事例,得出这粒子的奇异数 $S=-3$,质量为 1 686 MeV,正是盖尔曼预言的粒子。

1964 年盖尔曼和茨威格(G. Zweig)分别提出了强子结构模型[28],认为强子是由三个更基本的成分组成的,盖尔曼称之为"夸克"(quark)。奇特的是夸克是自旋为 1/2 的费米子,带有分数电荷。三种(味)夸克标记为(u,d,s),电荷为 $(2/3,-1/3,-1/3)e$。u,d 属于同位旋为 1/2 的多重态,u 和 d 表示同位旋的方向上和下,称上(up)夸克和下(down)夸克,由它们组成质子和中子。s 是有奇异数的夸克,称作奇异(strange)夸克。

9.2.2 介子和重子的夸克组成

下面具体介绍夸克是如何组成强子的。用 q 和 $\bar{q}$ 表示夸克和反夸克。

1. 介子

介子的重子数为 0,夸克模型认为介子是由一个夸克和一个反夸克组成的束缚态 $q\bar{q}'$(q 和 q' 的味可以是不同的)。三种味道的夸克 u,d,s 和三种味道的反夸克 $\bar{u},\bar{d},\bar{s}$,相应地表示为 3 和 $\bar{3}$,考虑两粒子交换的对称性,就可以组合成 $3\otimes\bar{3}=8\oplus1=9$ 种介子态,构成一个八重态和一个单态。例如,图 9.2.1(b)中的八重态 (π,K,η),介子的夸克组分已标示在图上,另外未标的一个单态介子是 $\eta'[(d\bar{d}+u\bar{u}+s\bar{s})/\sqrt{3}]$。设夸克和反夸克间的相对轨道角动量为 L,由于夸克和反夸克的宇称相反,于是介子系统的宇称 $P=(-1)^{L+1}$。介子的总角动量 J 满足关系 $|L-S|\leqslant J\leqslant L+S$,$S$ 是介子的自旋,可以是两个夸克的自旋反平行的 $S=0$ 或平行的 $S=1$。对 $L=0$ 的介子,它的 J^P 值可以有 (0^-) 膺标量介子和 (1^-) 矢量介子。前者 $S=0$ 的质量最小,处于基态,图 9.2.1(b)就是;后者 $S=1$ 即 $J=1$ 的质量较大,处于激发态,它的夸克组分及在 $Y-I_3$ 二维平面上的分布如图 9.2.3 所示,图上除有八重态外,也标出单态 φ。$L\neq0$ 的介子处于更高的能态,组成各种强子激发态。

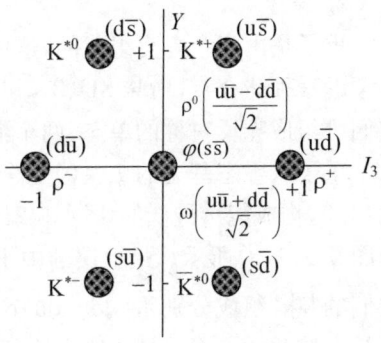

图 9.2.3 $J^P=1^-$ 的矢量介子九重态及它的夸克组成[26]

例 9.2 讨论由粲夸克和反粲夸克 $c\bar{c}$ 构成的 $L=0$ 的各种介子的自旋和内禀宇称。

解 $c\bar{c}$ 夸克组成系统的宇称 $P=(-1)^{L+1}$,当 $L=0$ 时,可以有两种态:

$^1S_0: L=0, S=0, J=0, P=-1$，量子态表示为 $J^P = 0^-$。已发现的粒子是 $\eta_C(2\,980\text{ MeV})$；
$^3S_1: L=0, S=1, J=1, P=-1$，量子态表示为 $J^P = 1^-$。这就是1974年发现的 J/ψ(3 096 MeV)。

如果将夸克的味从三种扩展，就可组成更多的介子和重子。由四种夸克 (u,d,s,c) 可组成 $J^P = 0^-$ 的赝标量介子和 $J^P = (1/2)^+$ 的重子如图 9.2.4 所示。

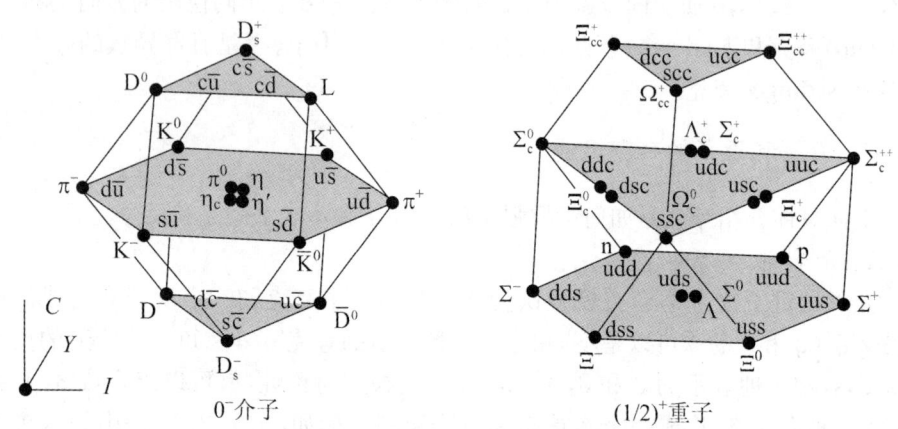

图 9.2.4　含粲夸克的 $J^P = 0^-$ 的赝标量介子和 $J^P = (1/2)^+$ 的重子[29]

2. 重子

重子是由三个夸克组成的，这些夸克可以是同一味的，也可以是不同味的。若只考虑三种味夸克，由味 SU(3)，可以得到 $3 \otimes 3 \otimes 3 = 1 \oplus 8 \oplus 8 \oplus 10$ 共 27 种组合。它们可组成味反对称的单态、两个混合对称的八重态和对称的十重态。

重子八重态基态的 $L=0$，三个夸克的自旋合成的重子最小自旋 $S=1/2$，因而 $J=1/2$，构成能量最低的 $J^P = 1/2^+$ 八重态，8 个粒子是 n, p, Σ, Λ 和 Ξ，其夸克组成如图 9.2.1(a) 所示。最上层的中子 n 和质子 p 是由最轻的 u,d 三个夸克组成的，它们的"味"组成分别是 $(ud-du)d/\sqrt{2}$ 和 $(ud-du)u/\sqrt{2}$，用 udd 和 duu 表示；下一层是由较重的一个 s 夸克替代其中的一个 u 或 d 而形成的 $\Sigma^-, \Sigma^0, \Sigma^+$ 和 Λ，如 Λ 的味组成是 $(ud-du)s/\sqrt{2}$；最下层是由两个 s 夸克替代形成的 Ξ^- 和 Ξ^0。三个夸克形成的 $L=0$、自旋更大的 $S=3/2$ 态是能量更高的 $J^P = 3/2^+$ 重子十重态，10 个粒子是 Δ, Σ*, Ξ*, Ω^-，其夸克组成如图 9.2.2 所示。最上层是由 u,d 三个夸克组成的 $\Delta^-, \Delta^0, \Delta^+$ 和 Δ^{++}；下一层是由 1 个 s 夸克替代 u 或 d 而形成的 Σ^{-*}, Σ^{0*} 和 Σ^{+*}；再下一层是由 2 个 s 夸克替代形成的 Ξ^{-*} 和 Ξ^{0*}；最下层是由 3 个 s 夸克组成的 Ω^-。

由强子的八重态和十重态可看到：每一个多重态的成员具有相同的自旋，它们的质量相近，同位旋和奇异数服从 GNN 关系式；不同多重态中强子质量差别的有序表明，质量差主要来自组分夸克的质量差，奇异夸克 s 的质量比 u,d 重。

夸克理论模型在强子分类方面取得了成功。既然可以从原子核中打出它的组分：质子和中子，那能不能将核子和介子打碎成夸克？能否在加速器和宇宙线实验上找到具有分数电荷的"自由夸克"？实验基本给出了否定的结果。那么"夸克"到底是强子的物理组成成分，还仅仅是理论假设？1967 年，由弗里德曼（J. Friedman）、肯德尔（H. Kendall）和泰勒（R. Taylor）等组成的 MIT‑SLAC 实验组利用 SLAC 的 20 GeV 电子直线加速器进行电子和质子的深度非弹性散射实验，在大角度散射中发现了异常现象，即大角度散射的截面比理论预期的要大很多（犹如卢瑟福的 α 粒子散射实验）。对实验数据的物理分析和理论工作表明，在质子内部有硬芯，质子由点粒子组成。根据入射粒子束的波长，可以给出核子内部组成成分的尺寸约为 10^{-17} m，比核子小两个量级（他们三人由此工作获得了 1990 年诺贝尔物理学奖）。这些粒子后来被称为"部分子"（parton），它们就是夸克吗？

9.2.3 夸克的基本性质和夸克模型的深入讨论

（1）夸克是参与强相互作用的自旋为 1/2 的费米子。它的宇称定为 +1，反夸克的宇称为 -1。夸克的自旋是由 1975 年斯坦福直线加速器中心的 SPEAR 正负电子对撞机的实验确认的，当质心能足够大（>6 GeV）时，由正负电子对产生的夸克和反夸克强子化为两个喷注，由喷注与对撞轴线夹角的角分布可以得到夸克的自旋为 1/2。

（2）夸克 q 的重子数为 1/3，反夸克 $\bar{q}$ 的重子数为 -1/3。

（3）夸克具有分数电荷 Q（以 $|e|$ 为单位），电荷数为 +2/3 或 -1/3。

（4）夸克有 6 种"味"。1964 年，盖尔曼只是提出有三种不同味的夸克：上夸克 u、下夸克 d 和奇异夸克 s。1974 年，华裔美籍物理学家丁肇中（S. C. C. Ting）领导的实验组在美国布鲁克海文实验室用 30 GeV 质子束轰击铍靶的实验，以及美国物理学家里克特（B. Richter）在正负电子对撞机（SPEAR）上的实验，同时独立发现了 J/ψ 粒子。进一步的实验和理论分析证明：J/ψ 是由新的一类夸克，称为粲（charm）夸克 c 及其反夸克 $\bar{c}$ 构成的介子。丁肇中和里克特共同获得了 1976 年诺贝尔物理学奖。1977 年，莱德曼实验组在美国费米实验室的 400 GeV 质子束打固定靶的实验中发现了 ϒ（Upsilon）粒子，这是由底（bottom）夸克 b 及其反夸克 $\bar{b}$ 组成的新粒子。1995 年，在费米实验室的质心能为 1.96 TeV 的质子‑反质子对撞机 Tevatron 的两个实验组：CDF 和 DZero，宣布发现了最重的（$m = 173.5$ GeV）的顶（top）夸克 t。实验证实存在 6 种味夸克。u 和 d 是普通夸克，s、c、b 和 t 夸克都有专门的味量子数描述,正负号与它的电荷相同,数值为 1,例如,s 夸克的奇异数 $S = -1$,其他夸克的 $S = 0$。

表 9.2.1 给出三代夸克的一些相加性量子数和性质,反夸克的量子数和夸克的符号相反。这些量子数和电荷 Q(以 e 为单位)的关系服从 GNN 公式

$$Q = I_3 + \frac{B + S + C + B' + T}{2} \tag{9.2.1}$$

表 9.2.1 夸克的一些相加量子数和性质[29]

	d	u	s	c	b	t
自旋 J	1/2	1/2	1/2	1/2	1/2	1/2
重子数 B	1/3	1/3	1/3	1/3	1/3	1/3
电荷数 Q	−1/3	+2/3	−1/3	+2/3	−1/3	+2/3
同位旋 I	1/2	1/2	0	0	0	0
同位旋的第三分量 I_3	−1/2	+1/2	0	0	0	0
奇异数 S	0	0	−1	0	0	0
粲数 C	0	0	0	+1	0	0
底量子数 B'	0	0	0	0	−1	0
顶量子数 T	0	0	0	0	0	+1
组分质量(GeV·c^{-2})	0.31	0.31	0.48	1.5	4.6	174
流质量(GeV·c^{-2})	0.0048	0.0023	0.095	1.275	4.18	173.21

例 9.3 试用 GNN 公式计算 u 夸克、s 夸克和 c 夸克的电荷。

解 由式(9.2.1),代入表(9.2.1)中数据可得 u,s,c 夸克的电荷分别为

$$Q(u) = \frac{1}{2} + \frac{1}{2}\left(\frac{1}{3} + 0\right) = +\frac{2}{3}$$

$$Q(s) = 0 + \frac{1}{2}\left(\frac{1}{3} - 1\right) = -\frac{1}{3}$$

$$Q(c) = 0 + \frac{1}{2}\left(\frac{1}{3} + 1\right) = +\frac{2}{3}$$

(5) 夸克具有"色"量子数。图 9.2.2 的十重态重子是基态,夸克系统的轨道角动量 $L = 0$,空间波函数是交换对称的。由 $J = 3/2$ 可推出三个夸克的自旋是平行的,如 Δ^{++} 必定有(u↑u↑u↑)。因此,Δ^{++} 中三个夸克波函数的空间、味和自旋都是对称的,明显违反了泡利不相容原理:在全同费米子组成的系统中,任何两个

粒子不可能处在相同的量子态。这表明夸克必须有其他量子数,因此,物理学家格林伯格(O. Greenberg)和南部(Y. Nambu)等引入了新量子数"色"[28]。借用光学中的原色概念,夸克具有三种色量子数:红、绿和蓝,分别记作 R,G 和 B;三种原色混合成无色;而反夸克具有原色的补色:$\bar{R},\bar{G},\bar{B}$。所有观测到的强子都是无色的,所以,组成介子的夸克和反夸克的颜色必定是互补的,重子的三个夸克的色组成必定是 RGB,GRB,…,要求重子的色的波函数必须是交换反对称的。对 Δ^{++} 粒子的波函数,三个具有不同颜色的 u 夸克组成了"色"的反对称态,因而满足泡利不相容原理。"色"量子数的引入不仅解决了重子波函数组成的量子统计的困难,也说明为什么重子至少由三个夸克组成。夸克带有色,而所有观测到的强子都是无色的,所以夸克只能紧闭在强子中,即"色禁闭",这也提供了不存在"自由夸克"的一种解释。

夸克具有色量子数的假定得到了实验的支持。一个明确的验证就是在高能正负电子的对撞实验中测量终态为强子和 μ 子的截面的比值 R。在质心能为 $1\sim 50\,\mathrm{GeV}$ 的能区,正负电子对撞主要是电磁过程,作用截面应与终态粒子电荷数的平方和可能产生粒子种类的数目成正比。高能正负电子对撞产生 μ 子对的截面为

$$\sigma(e^+e^-\to\gamma^*\to\mu^+\mu^-) = \frac{4\pi\alpha^2}{3s}$$

其中 α 是精细结构常数,s 是系统质心能的平方。夸克是带电费米子,正负电子对撞产生夸克对应该有相似的截面公式,只是要以夸克的电荷 $Q_i e$ 来替代上式 α 中的 e,当然产生强子还应将所有可能产生的夸克种类的 $Q_i e$ 相加。由于夸克有"色",这样截面就与"色"的数目 N_c 成正比,于是有

$$\sigma(e^+e^-\to 强子) = N_c\times\frac{4\pi\alpha^2}{3s}\sum_i Q_i^2$$

由此得到

$$R = \frac{\sigma(e^+e^-\to 强子)}{\sigma(e^+e^-\to\mu^+\mu^-)} = N_c\sum_i Q_i^2$$

在不同质心能下测得的 R 值见图 9.2.5。在质心能小于 3 GeV 时,只可能有 u,d,和 s 三种夸克产生,因此

$$R = N_c(Q_u^2+Q_d^2+Q_s^2) = N_c\left[\left(\frac{2}{3}\right)^2+\left(\frac{-1}{3}\right)^2+\left(\frac{-1}{3}\right)^2\right] = \frac{2}{3}N_c$$

R 的实验值为 2,则 $N_c=3$。由图可以看到,当质心能大于一对新夸克的产生阈能时,R 值就有一个跳跃。这个实验验证了夸克具有分数电荷和有三种色。

(6) 夸克的质量。核子是重子,由三个夸克组成,核子的质量几乎一样,可以推测它们的"组分"(constituent)夸克:u 和 d 夸克的质量几乎相同,且可近似为核

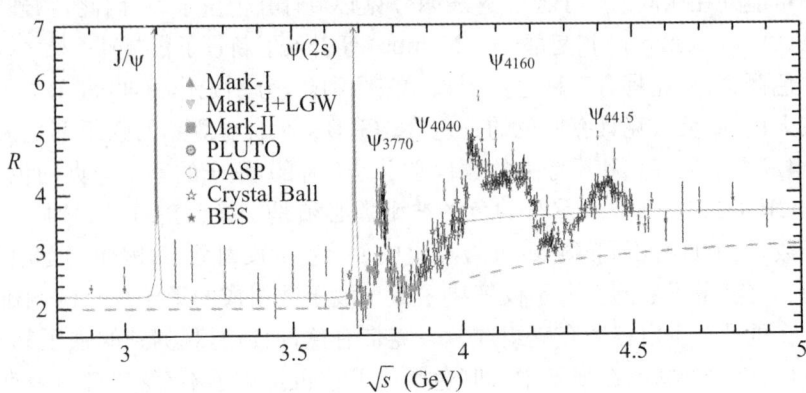

图 9.2.5 在轻夸克、粲夸克阈能区 R 值的数据点[29]
（图上虚线表示按上式计算的 R 值）

子质量的 1/3，即 $m_u = m_d = m_N/3 \approx 310$ MeV·c^{-2}。由重子十重态的质量看到，奇异数相差 1 的重子间的质量差约为 150 MeV，可以推测奇异夸克的"组分质量"$m_s = m_u + 150 \approx 500$ MeV·c^{-2}。但 π^+ 介子是由一个 u 夸克和一个反夸克 $\bar{d}$ 组成，它的质量只有 140 MeV！从质子和介子的质量推测得到的夸克质量实际上总是反映了相互作用过程，夸克总是与胶子耦合在一起，所以在讲组分夸克的质量时总是包含了夸克的束缚效应。然而，在非常高的能量时，可以认为在一个瞬间，夸克和胶子分开，这时相关的夸克称作"流(current)夸克"，流夸克的质量称作"流质量"或"裸(bare)质量"，此质量比组分质量要小得多，见表 9.2.1。

根据以上夸克的电荷、同位旋和质量的大小，类似轻子可以把夸克分为三代，即

$$\begin{pmatrix} u \\ d \end{pmatrix}, \begin{pmatrix} c \\ s \end{pmatrix}, \begin{pmatrix} t \\ b \end{pmatrix}$$

第一代是 $I = 1/2$ 的多重态，其同位旋的第三分量分别为 $+1/2$ 和 $-1/2$。其他两代的 $I = 0$。每一代上面夸克的电荷都是 $(+2/3)e$，下面夸克的电荷为 $(-1/3)e$。夸克的质量随代而增加，最重的顶夸克的质量竟是质子质量的 185 倍！

夸克模型可以给出所构成强子的一些性质，例如质量。强子的质量可以认为主要决定于三个因素。首先，由于味对称性的破缺，组成强子的各夸克的质量不同，如 s 夸克比 u 夸克和 d 夸克要重得多，使得多重态成员的质量随着组成的味数不同而变化。第二，夸克间的电磁相互作用使同位旋多重态的质量有微小差别，此质量差可由库仑作用来估计，其数量级约为 e^2/R_0。这两点可以说明同一 J^P 族粒

子的质量。第三,组成强子系统的夸克都具有"色荷",与夸克自旋对应的形成一个具有强相互作用特征的"色矩"(与磁矩对应)。色矩间的强作用的能量可以与氢原子中的超精细结构的自旋间的磁相互作用能相比拟。π介子是赝标量粒子,总角动量为0,两个自旋为1/2的夸克和反夸克的自旋是反平行的。而ρ介子是矢量介子,角动量为1,即两个夸克的自旋是平行的。夸克间的色矩强作用对自旋平行的态有更高的能量(就像磁矩在磁场中的情形),表现出有更大的质量能。以此可说明标量介子和矢量介子的质量差别。

上面讨论的是最简单的夸克模型。以质子为例,它有三个价夸克 u,u,d,夸克间通过胶子相互作用,结构可用图9.2.6(a)表示。但深入考虑,胶子可以转化为夸克-反夸克对,夸克-反夸克对又可以湮灭为胶子,在强子内部还应存在无数的夸克-反夸克对,它们被称为海夸克。为深入了解强子内夸克的结构函数,用高能轻子-质子、轻子-氘核的散射实验来分析质子中夸克的动量分布,结果表明质子中夸克的总动量只为质子动量的一半左右,另一半动量被质子中的中性粒子——胶子占有了。由此,强子中除了价夸克外,还有海夸克及胶子,如图9.2.6(b),这些统称为部分子。由高能 e-p 对撞实验还看到在 x 很小处,海夸克对和胶子的分布密度很大。

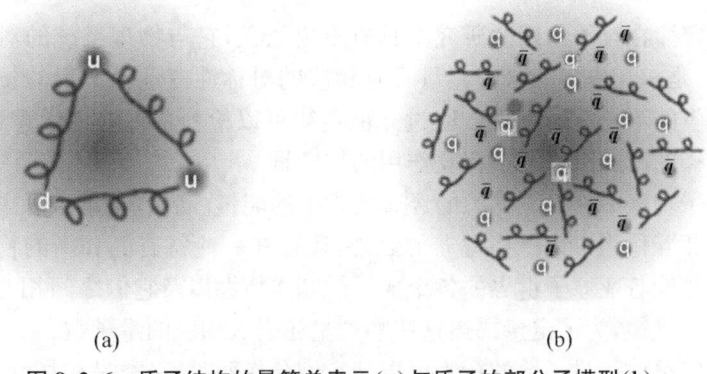

图9.2.6 质子结构的最简单表示(a)与质子的部分子模型(b)

质子具有自旋,那么如何由质子的内部结构来理解质子的自旋呢? 最简单的理解就是由三个价夸克的自旋来考虑,质子自旋应完全是夸克自旋的贡献,两个夸克同方向,一个夸克反方向,合成自旋为1/2。利用极化 μ 子和极化质子的深度非弹性散射截面的不对称性,可以研究与自旋有关的结构函数。但实验表明价夸克自旋对质子自旋的贡献只有约30%! 简单的夸克模型不能解释质子的自旋。更细致的模型就要考虑质子内部各成分的贡献,即由价夸克、海夸克、胶子和它们相对运动角动量的贡献,并由实验对各部分的贡献进行测量。对质子内部的部分子结构函数的实验研究和测量部分子对质子自旋的贡献,对强子组成的部分子理论和量子色动力学(QCD)都有重要意义。

夸克模型是在 QCD 的框架内,但 QCD 并不排除强子的其他可能的组成,例如,由多胶子组成的胶球、夸克和胶子组成的混杂态(如 qqqg,$q\bar{q}'g$)、多夸克态等。寻找这些非夸克模型预言的粒子也是对 QCD 的检验,近年在日本高能加速器研究所的 Belle 实验组,美国的 Babar 实验组发现了一些含有 $c\bar{c}$ 的如 X(3 872),X(4 260)等新粒子,2013 年北京正负电子对撞机 BESⅢ 实验组发现的新粒子 $Z_c^{\pm}$(3 900),由它的衰变产物 $\pi^{\pm} J/\psi$ 计算的不变质量在 3 900 MeV 处出现峰,而它带有电荷,看来像含有 $c\bar{c}u\bar{d}$(或 $c\bar{c}d\bar{u}$),这是四夸克态,还是由两个粲介子组成的分子,或其他结构? 这些都有待进一步的研究。

9.3 守恒定律与对称性

守恒定律在粒子物理的研究中具有重要意义,它与物理系统的对称性有着深刻的联系,是相互作用的哈密顿量具有相应的对称性或运动方程的拉氏量具有在某种变换下的不变性的表现。通过守恒定律可以检验各种动力学理论,另一方面对守恒定律的测试也可了解相互作用的拉氏量。

在粒子物理中除了已熟悉的经典物理中的能量、动量、角动量和电荷的守恒律是在各种相互作用中都严格遵守的之外,还存在一些特有的和新的物理量和守恒律。它们描绘着亚原子世界的各个成员的基本特性以及它们之间相互作用应服从的一些基本规律,为了定量描述这些物理量还引入相应的量子数。

根据守恒律和量子数的行为可以把它们分作两类:一类是相加性量子数,例如电荷、重子数、轻子数、奇异数(包括其他的味量子数)和同位旋等,在相互作用前与后所有粒子的这类量子数的总和守恒不变,注意同位旋相加是矢量加。另一类量子数的值只有 +1 或 -1 两种,例如粒子系统的宇称是各部分波函数宇称的乘积,这些量子数称作相乘性量子数,在相互作用前与后所有粒子的这类量子数的乘积是一个不变量。下面分别讨论这些新的特有守恒律。

9.3.1 相加性量子数的守恒律

1. 各种相互作用都严格遵守的守恒律

(1) 重子数在各种相互作用过程中守恒

在各种反应中,反应初态的重子数的总和必须等于反应末态的重子数的总和。重子数守恒可表示为

$$\sum_{\text{反应前}} B = \sum_{\text{反应后}} B = 常数 \tag{9.3.1}$$

我们知道质子是最轻的重子,是一个稳定粒子。如果质子会衰变,那重子数就不再守恒了,就突破了我们已有的相互作用的理论。

(2) 轻子数在各种相互作用过程中守恒

至今所有的实验表明,在所有的反应过程中轻子数及味轻子数守恒。

$$\left. \begin{array}{l} \sum_{\text{反应前}} L_e = \sum_{\text{反应后}} L_e = 常数 \\ \sum_{\text{反应前}} L_\mu = \sum_{\text{反应后}} L_\mu = 常数 \\ \sum_{\text{反应前}} L_\tau = \sum_{\text{反应后}} L_\tau = 常数 \end{array} \right\} \tag{9.3.2}$$

重子和轻子都是费米子,重子数和轻子数守恒必然导致在各种相互作用过程中费米子的数目守恒。

2. 在一定条件下遵守的守恒律

(1) 奇异数在强和电磁相互作用过程中守恒,在弱作用中可以不守恒。

① 从夸克的层次上来看,强作用过程中夸克间只是通过胶子交换"色",可以改变"色"但不改变"味"。所以强作用过程是"味"守恒的,因此奇异数一定是守恒的。

② 电磁相互作用中夸克的味不改变,因此在反应过程中奇异数守恒。

③ 弱作用过程中"味"可以改变,所以弱作用中奇异数可以不守恒,在弱作用中奇异数的改变有两种情形:

$$\Delta S = 0 \quad \text{或} \quad \pm 1 \tag{9.3.3}$$

例如,弱作用衰变过程

$$n \to p + e^- + \bar{\nu}_e, \quad \Delta S = 0 \quad \text{和} \quad \Lambda \to p + \pi^-, \quad |\Delta S| = 1$$

(2) 同位旋和同位旋第三分量在强相互作用过程中守恒;在电磁相互作用过程中,同位旋不守恒,但同位旋的第三分量守恒;在弱相互作用过程中同位旋和同位旋的第三分量都不守恒。

例9.4 试求反应①：$p+p \rightarrow d+\pi^+$ 和反应②：$p+n \rightarrow d+\pi^0$ 的截面比。

解 上述反应中各粒子的 I 和 I_3 的值分别如下：

粒子	d	p	π^+	π^0	n	$d+\pi^+$	$d+\pi^0$	$p+p$	$p+n$
I	0	$\frac{1}{2}$	1	1	$\frac{1}{2}$	1	1	1	1,0
I_3	0	$\frac{1}{2}$	1	0	$-\frac{1}{2}$	1	0	1	0

由上可见，在强作用中两个反应的 I_3 是守恒的。由于两个反应的终态都是 $I=1$，而反应①的初态是纯的 $I=1$，反应②的初态有 50% 是 $I=1$，另外的 50% 是 $I=0$，但同位旋守恒要求两个反应只对 $I=1$ 的初态才能发生，因此，这两个相近的强作用过程的截面比 $\sigma(2)/\sigma(1)=1/2$。

再如衰变过程 $\Sigma^0 \rightarrow \Lambda+\gamma$，$\gamma$ 是光子，只参与电磁相互作用。Σ^0 是同位旋 $I=1, I_3=0$ 的粒子，而 Λ 的同位旋 $I=0, I_3=0$，可见，I 不守恒、I_3 守恒。

例9.5 写出在 $\Lambda \rightarrow p+\pi^-$ 过程中每个粒子的 I 和 I_3，并指出这是哪种相互作用过程。

解 Λ, p 和 π^- 的 I 和 I_3 的值如下：

$$\Lambda: 0, 0; \quad p: 1/2, +1/2; \quad \pi^-: 1, -1。$$

此过程中同位旋和同位旋的第三分量都不守恒，只能是一个弱作用的衰变过程。

9.3.2 相乘性量子数的守恒律

1. P 宇称在强和电磁相互作用过程中守恒，在弱作用中不守恒

在 6.2.3 小节已给出 P 宇称算符的运算就是进行空间反演，即 $r \rightarrow -r$，物理规律在空间反演下的不变性导致宇称守恒。空间反演的操作相当于对镜面反射后再绕镜面法线旋转 180°，由于转动不变性（相应角动量守恒）成立，镜面反射对称性的检验就等价于对空间的反演对称性（常称作左右对称）的检验。

宇称的概念最早是在原子跃迁过程的选择定则中提出的，发现经典物理的各种过程以及原子过程中宇称守恒都成立。但人们对粒子物理过程的宇称守恒是否严格成立，早期并没有认真地考察过，自然地推测所有微观物理现象也是空间反演对称的。20 世纪 50 年代，在实验中观测到带正电的"两种"介子 τ^+ 和 θ^+（这些是曾用过的名称，请不要和第三代轻子 τ 混淆），它们的衰变过程分别为 $\tau^+ \rightarrow \pi^+ + \pi^+ + \pi^-$，$\theta^+ \rightarrow \pi^+ + \pi^0$，即末态分别衰变为 3π 和 2π。π^+, π^-, π^0 是一组 $I=1$ 的同位旋多重态，都具有相同的内禀宇称(-1)，自旋为 0，即 $J^P=0^-$。实验确定 τ^+, θ^+ 都是自旋为 0，而末态 2π 系统的宇称只能是 +1，因而 θ^+ 的宇称为 +1，而 τ^+ 的末态为 3π，它的宇称是 -1，由此可见 θ^+ 和 τ^+ 的宇称不同。如果支配 τ^+ 和 θ^+ 衰变的弱相互作用过程的宇称是守恒的，那它们就不可能是同一种粒子，而是两个完全不同的粒子。但它们的质量几乎相同，约为 500 MeV；平均寿命也没什么差别，约

10^{-8} s，是弱衰变的粒子。它们重要的物理特征（电荷、质量、自旋、平均寿命）都相同，由这些特性推测，它们又应该是同一个粒子，这就是所谓的 $\tau-\theta$ 困惑。

1956 年，李政道和杨振宁考察了许多物理实验资料，发现有很多实验资料支持电磁作用过程和强作用过程的宇称守恒。而当时对弱作用过程的宇称守恒还没有任何实验检验过。另外，从 $\tau-\theta$ 的强作用产生过程如 $\pi^+ + n \to \tau^+ + \Lambda$ 或 $\theta^+ + \Lambda$ 看，这两个反应有相同的截面，中子和 Λ 的 $J^P = (1/2)^+$，宇称守恒要求 τ^+ 和 θ^+ 的宇称都应是 -1。因此，他们率先提出解决此困惑的方法，就是假设弱相互作用过程不服从宇称守恒定律：实际上 τ,θ 是一种粒子即 K^+ 介子，它通过弱作用衰变到达不同宇称的末态。为此，他们提出了一些对弱作用过程宇称不守恒进行检验的实验建议，其中的一个实验就是测量极化 ^{60}Co 原子核 β 衰变的角分布。

1957 年吴健雄及其合作者完成此实验。其物理构思可用图 9.3.1(a) 来说明，设 ^{60}Co 原子核的自旋向上，在镜像中它的自旋是向下的，因此与自旋反向发射的 β 粒子的镜像就变成沿自旋方向发射的 β 粒子。如果宇称守恒，镜像应该对称，则沿自旋反向和同向发射的 β 粒子的概率应该是一样的，否则就表明宇称不守恒。^{60}Co 的衰变纲图如 7.4.1(a)，β 衰变后接连发射两个 γ 射线。实验装置示意和结果见图 9.3.1(b)，上下两个 NaI(Tl) 闪烁晶体用来测定 γ 射线的各向异性，能辅助确定 ^{60}Co 的极化程度；蒽晶体用来探测下面 ^{60}Co 源向上发射的 β 射线。实验时先用绝热退磁法冷却 ^{60}Co 原子核到很低温度（0.01 K），然后停止冷却并用通电线圈加磁场使原子核极化（自旋向上或向下决定于电流方向），同时开始 β 和 γ 计数。极化向上或向下计数的差异随时间减小是由于温度逐渐升高使极化度减小造成的，纵坐标是极化与非极化时的 β 相对计数率。测量结果显示与 ^{60}Co 极化方向反向发射的 β 粒子（H↓）的概率比沿极化方向发射（H↑）的要高，有明显的 β 不对称性。令人信服的表明在 β 衰变过程中，空间反射变换下的对称性破坏。其他一系列的实验，如 $\pi \to \mu$ 的衰变和 Λ 超子的衰变也都表明在弱作用中宇称不守恒。

2. C 宇称和 G 宇称的守恒定律

C 变换是指把粒子（反粒子）变成反粒子（粒子）的操作，又叫电荷共轭变换，用 $\hat{C}$ 算符表示，相应于 $\hat{C}$ 变换的宇称叫 C 宇称。C 变换使粒子的所有相加性量子数变为相反符号，但不改变占空间和时间相关的物理量，如寿命、动量和自旋，如电子 e^- 变换为正电子 e^+，质子 p 变换 $\bar{p}$，π^- 变换为 π^+。如果用狄拉克符号来表示粒子的波函数，则 π 粒子在 $\hat{C}$ 运算下，有 $\hat{C}|\pi^+\rangle \to |\pi^-\rangle \neq |\pi^+\rangle$，显然，$\pi^+$ 不是 $\hat{C}$ 的本征态。但对相加性量子数全为零的粒子，即纯中性粒子，它们的反粒子即为它本身，纯中性粒子是 $\hat{C}$ 的本征态。中性 π 介子是纯中性粒子，它是 $\hat{C}$ 的本征态，$\hat{C}|\pi^0\rangle = c|\pi^0\rangle$，$\eta_c$ 是常数，再用 $\hat{C}$ 运算一次，$\hat{C}(\eta_c|\pi^0\rangle) = \eta_c \hat{C}|\pi^0\rangle = \eta_c^2|\pi^0\rangle =$

$|\pi^0\rangle$,$\eta_C^2=1$,这样,π^0 的 C 宇称 η_C 可能是 $+1$ 或 -1。γ 光子也是纯中性粒子,运动电荷产生电磁场,在 C 变换下电流要改变符号,电磁矢量势 A 改变符号,因此光子的 C 宇称为 -1。

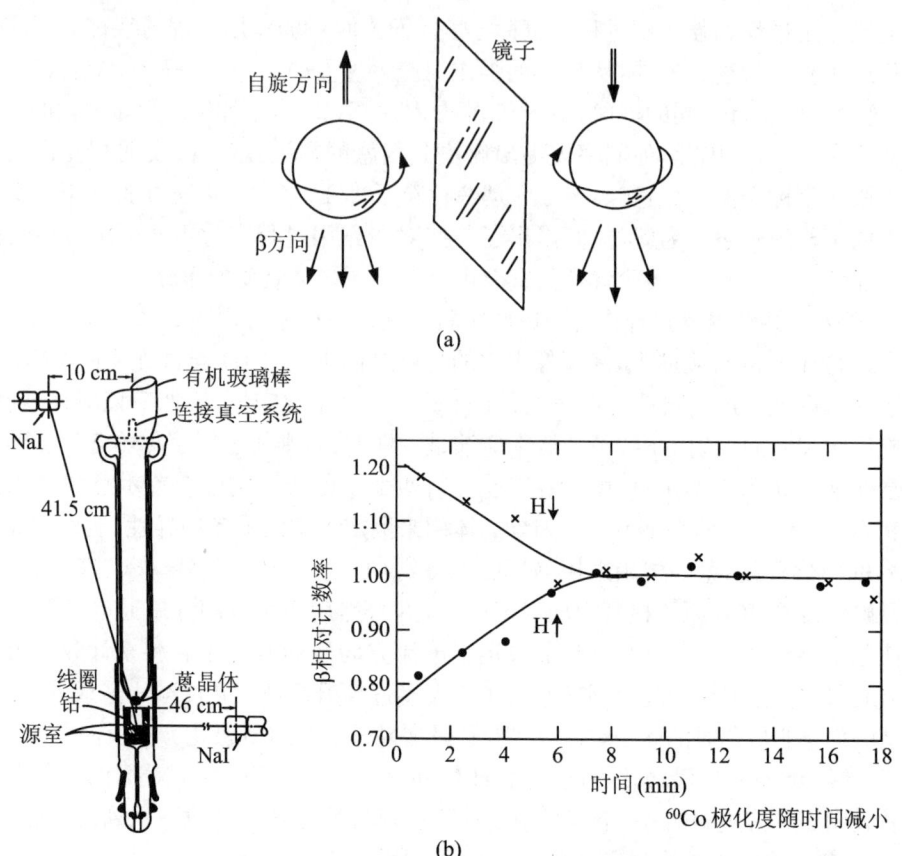

图9.3.1 (a) 极化 ^{60}Co 原子核 β 衰变过程的镜像①与(b) 吴健雄实验装置示意图及实验结果②

C 宇称是相乘性量子数,由 n 个光子组成的系统的 C 宇称为 $(-1)^n$。中性 π 介子的衰变过程为 $\pi^0 \to 2\gamma$,由此定出中性 π 介子的 η_C 为 $+1$,即 π^0 的 C 宇称为正。一个相加性量子数总和都为零的粒子系统,如由一个费米子和它的反费米子构成的

---

① Chen N Y. The law of parity conservation and other symmetry laws of physics[R]. Nobel Lecture, December 11, 1957. Lee T D. Weak interactions and nonconservation of parity[R]. Nobel Lecture, December 11, 1957.

② Wu C S, Ambler E, et al. Experimental Test of Parity Conservation in Beta Decay[J]. Phys. Rev., 1957(105): 1413.

系统,应该是 C 变换算符的本征态,其 C 宇称的本征值由系统的轨道角动量和自旋的取值确定:$\eta_C = (-1)^{L+S}$。例如,在例 9.2 中 $c\bar{c}$ 组成的 $^1S_0$ 态 η_C 粒子的 $C = +1$,$J^{PC} = 0^{-+}$,$^3S_1$ 态 J/ψ 粒子的 $C = -1$,$J^{PC} = 1^{--}$。

C 宇称只适用于纯中性系统,如只有 π^0 有 C 宇称。然而强相互作用是与电荷无关的,它不区分 π^+、π^0 和 π^-。因此,可以将 C 宇称扩展到给定多重态的所有电荷态。对平均"荷"为零的同位旋多重态(即 $\bar{Q} = \bar{B} = \bar{Y} = 0$,其中 Y 是超荷数),还可用另一个相乘量子数 G 宇称来描述。这些多重态是 G 的本征态,其本征值 $\eta_G = \eta_C (-1)^I$,η_C 是常数因子。例如,π 介子的 η_C 就是 π^0 的 $\eta_C = +1$,$I = 1$,因而 $\eta_G = -1$,所以 $\pi^\pm$ 的 $I^G(J^P)$ 为 $1^-(0^-)$,π^0 的 $I^G(J^{PC})$ 为 $1^-(0^{-+})$。

现在讨论 C 宇称和 G 宇称的守恒规律,现有的实验和理论证明:

① 电磁相互作用和强相互作用过程中 C 宇称都守恒;

② 在强相互作用中 G 宇称守恒,电磁相互作用中 G 宇称不守恒;

③ 弱相互作用过程 C 变换对称性破缺,已有的实验发现弱作用过程中 C 宇称不守恒,因而 G 宇称也不守恒。

例 9.6 试问分别处于 $^3S_1$ 和 $^1S_0$ 态的 e^+e^- 电子偶素系统可湮灭的光子数。

解 $^3S_1$ 和 $^1S_0$ 态的 e^+e^- 系统是一个纯中性粒子系统,它们的角动量 $L = 0$,自旋 S 分别为 1 和 0,C 宇称的 $\eta_C = (-1)^{L+S}$,分别为 -1 和 1。而光子的 C 宇称为 -1,由电磁作用中 C 宇称守恒和动量守恒的约束,$^3S_1$ 和 $^1S_0$ 态的 e^+e^- 只能分别湮灭为三个和两个光子。

3. CP 联合变换和时间反演变换不变性

(1) 弱作用过程中 CP 联合变换守恒

1957 年莱德曼等在对 π 介子衰变过程的实验研究中发现弱衰变的 P 和 C 都不守恒,但 CP 联合变换是守恒的。许多实验证明,在弱作用过程中 CP 联合变换是守恒的。中微子是只参与弱作用的粒子,在 C 变换下,一个左旋中微子转换为左旋反中微子态,但物理上不存在这样的过程,说明弱作用过程中 C 不守恒。然而在 CP 的联合作用下,左旋中微子 ν_L 转换为右旋的反中微子 $\bar{\nu}_R$,如图 9.3.2 所示。

(2) 弱作用过程中存在微弱的 CP 守恒破坏

中性 K^0 介子可衰变为两个 π 介子(π^+,π^- 或 π^0,π^0)或三个 π 介子(π^+,π^-,π^0 或 π^0,π^0,π^0)。这些衰变终态有相同的电荷对称性,即 C 宇称都为正,但前者的 P 宇称为正而后者的为负,因而前者的 CP 宇称为正而后者为负。如果衰变过程是 CP 守恒的,则它们的母粒子必定是不同的。设将 CP 为正的粒子称为 K_1^0,负的为 K_2^0,把它们看作是 K^0 和 $\bar{K}^0$ 的混合

$$|K_1^0\rangle = \frac{1}{\sqrt{2}}(|K^0\rangle + |\bar{K}^0\rangle), \quad |K_2^0\rangle = \frac{1}{\sqrt{2}}(|K^0\rangle - |\bar{K}^0\rangle)$$

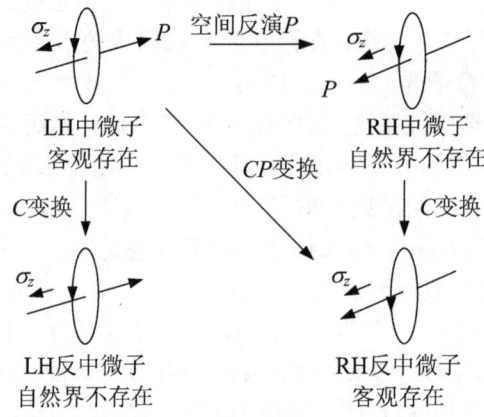

图 9.3.2 C,P 和 CP 变换对中微子和反中微子态的作用结果

实验测定它们的寿命分别为 $\tau(K_1^0)=0.89\times10^{-10}$ s, $\tau(K_2^0)=5.12\times10^{-8}$ s。反过来 K^0 也可表示为 K_1^0 和 K_2^0 的线性组合,由于 K_1^0 和 K_2^0 的寿命不同,在强作用过程(如 $\pi^-+p\rightarrow K^0+\Lambda^0$)中产生的 K^0,经过长的飞行距离后就只有长寿命的 K^0 介子了。把长寿命的中性 K^0 介子称作 K_L^0,短寿命的称作 K_S^0,由于 K_L^0 的 $CP=-1$,寻找 K_L^0 的 2π 衰变就是寻找 CP 宇称破缺的实验证据。1964 年,克罗宁(J. W. Cronin)和菲奇(V. L. Fitch)等在研究中性 K^0 介子衰变的实验中发现了 K_L^0 介子衰变到 2π 的稀有(2×10^{-3})现象,表明该过程 CP 联合变换对称性破缺。他们因此获得了 1980 年诺贝尔物理学奖。进一步的实验和理论研究表明,K_1^0 和 K_2^0 不是弱作用的本征态,而 K_S^0 和 K_L^0 才是在弱作用过程中见到的粒子,它们是

$$|K_S^0\rangle = \frac{1}{\sqrt{1+|\varepsilon|^2}}\cdot(|K_1^0\rangle+\varepsilon|K_2^0\rangle)$$

$$|K_L^0\rangle = \frac{1}{\sqrt{1+|\varepsilon|^2}}\cdot(|K_2^0\rangle+\varepsilon|K_1^0\rangle)$$

其中 ε 是一个小的复数,是 CP 破缺的参数(实验得$|\varepsilon|\approx2.3\times10^{-3}$)。

K 介子在研究弱作用理论中扮演着重要角色,τ-θ 谜即带电 K 介子衰变的奇特性质,使李政道和杨振宁提出宇称不守恒的弱作用理论。中性 K 介子衰变证实了弱作用中存在 CP 联合变换对称性破缺的现象。此外,在观测中性 K 介子的衰变中,发现 $K^0\rightarrow\mu^++\mu^-$ 的过程是被抑制的,在探讨其物理中格拉肖(S. Glashow)等提出了 GIM 机制,并于 1964 年提出存在第四种夸克的假设,比约肯(J. Bjorken)称它为 charm。为什么都和 K 介子有关?因为 K 介子是由 s 夸克即第二代夸克的成员组成的介子。小林诚(T. Kobayashi)和益川敏英(T.

Maskawa)在理论上对 CP 对称破缺的起源和机制进行探讨,于 1973 年提出了至少必须存在三代六个夸克的 CP 破缺机制(当时物理学界只确认了三个夸克),他们两人因此与提出自发对称破缺的南部阳一郎(Y. Nambu)分享了 2008 年的诺贝尔物理学奖。由六夸克混合的模型,预期在第三代的 b 夸克组成的介子中会有较大的 CP 破坏现象。在 20 世纪 90 年代后期建成的高亮度的能量在 10.58 GeV 的加速器——B 介子工厂上进行实验的日本的 Belle 组和美国的 Babar 组都观测到 B 介子的衰变中有较大 CP 破坏的直接证据,B^0 衰变幅度的不对称的值为

$$\frac{\Gamma(\bar{B}^0 \to K^- \pi^+) - \Gamma(B^0 \to K^+ \pi^-)}{\Gamma(\bar{B}^0 \to K^- \pi^+) + \Gamma(B^0 \to K^+ \pi^-)} = -0.097 \pm 0.012$$

(3) 时间反演变换不变

时间反演变换 T 不变性是近代物理研究微观过程中的一个重要概念。在原子核和粒子反应中,如果过程可以正、逆两个方向进行,时间反演不变要求反应的正、逆向进行的截面相等,这称为细致平衡原理。在实验误差范围内,这在原子核物理中已得到实验证实。在粒子物理中如果时间反演不变性成立,则粒子的电偶极矩一定为零。以中子为例,中子的磁矩为 μ,假设电偶极矩 $d \neq 0$,如图 9.3.3 所示,则宇称反演和时间反演不变性都不成立。表 9.3.1 给出一些粒子电偶极矩的实验上限值。数据表明,在电偶极矩的测量精度范围内没发现时间反演变换对称性的破缺。

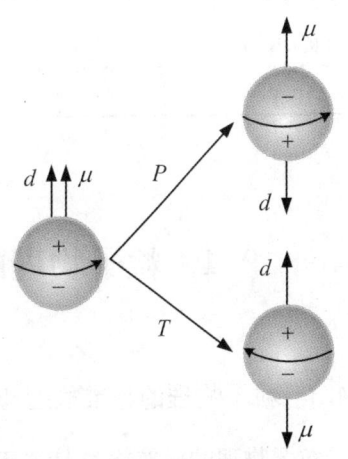

图 9.3.3 粒子电偶极矩的 P 和 T 反演不变性破缺

表 9.3.1 一些粒子的电偶极矩的实验上限值[29]

粒子	n	p	e^-	μ
电偶极矩(e·cm)	$<0.29 \times 10^{-25}$	$<0.54 \times 10^{-23}$	$<10.5 \times 10^{-28}$	$(-0.1 \pm 0.9) \times 10^{-19}$

4. CPT 定理

CPT 定理即所有相互作用过程对 C, P 和 T 变换的联合作用具有不变性,不管它们的顺序如何。

这定理是量子场论的一个最重要的原理,是从物理学的最基本假设得来的。CPT 定理预言粒子和它的反粒子应有相同的质量和寿命,磁矩的值相同,符号相反。表 9.3.2 列出一些粒子及其反粒子的上述物理量的实验结果,在实验误差范

围内两者相同,初步表明 CPT 定理是成立的。对很少的违反 CP 不变的过程,时间反演也要违反不变性,这在中性 K 介子和 B 介子系统中得到了验证。

表 9.3.2　一些粒子及其反粒子的质量和寿命的测量结果[29]

粒子	质量差/质量平均值	寿命差/寿命平均值	磁矩差/磁矩平均值
(e^+, e^-)	$<8\times10^{-9}$		$(-0.5\pm2.1)\times10^{-12}$
(μ^+, μ^-)		$(2\pm8)\times10^{-5}$	$(-0.11\pm0.12)\times10^{-8}$
(π^+, π^-)	$(2\pm5)\times10^{-4}$	$(6\pm7)\times10^{-4}$	
(K^+, K^-)	$(-0.6\pm1.8)\times10^{-4}$	$(0.11\pm0.09)\%$	
$(K^0, \bar{K}^0)$	$<6\times10^{-19}$		
$(p, \bar{p})$	$<7\times10^{-10}$		$(0\pm5)\times10^{-6}$

9.4　粒子物理的标准模型及其他物理模型

9.4.1　粒子物理的标准模型和四种相互作用

粒子物理的标准模型是关于物质的最基本组成及粒子间的各种(弱、电磁和强)相互作用的理论模型。它成功地解释了大量的实验结果,一些理论预期结果被实验精确检验。

1. 夸克和轻子是物质的最基本组分

综合前面几节的讨论可知,所有已知的物质是由六种夸克(每种夸克有三种"色")和六种轻子,通过交换相互作用的载体——场量子(规范玻色子)而结合在一起的。夸克和轻子都是自旋为 1/2 的费米子,可分为三代,第一代组成与我们日常生活密切相关的物质世界。每一代两个夸克之间的电荷差是 1,每代轻子之间的电荷差也是 1。至今的实验表明,在 10^{-18} m 的线度仍可以认为这些粒子是点粒子。

三代基本费米子的质量见表 9.4.1,它们都有相应的反粒子。基本费米子的质量一代比一代重,质量分布在很宽的范围。例如,最轻的第一代夸克的流质量约为 3 MeV,而第三代顶夸克的质量为 173.2 GeV,是 u 夸克的 5×10^4 倍。

表 9.4.1 三代基本费米子的质量[29]

	轻子		夸克(每个有三种色)	
第一代	e 0.511 MeV	$\bar{\nu}_e$ <2 eV	d 4.8 MeV	u 2.3 MeV
第二代	μ 105.6 MeV	ν_μ <0.19 MeV	s 95 MeV	c 1.27 GeV
第三代	τ 1 776.8 MeV	ν_τ <18.2 MeV	b 4.18 GeV	t 173.2 GeV

2. 相互作用

四种相互作用力——引力作用、弱相互作用、电磁相互作用和强相互作用支配着宇宙中的一切运动。引力是四种作用力中最弱的力,一切物质间都有引力作用,对大物体,如恒星等天体的运动,它起主宰作用,而在分子、原子、原子核及粒子物理等微观粒子的作用中基本可忽略引力。强作用力使夸克束缚在一起形成强子,使强子产生反应,使质子和中子结合为原子核。电磁力将原子核和电子组成原子、分子,在光电效应、π^0衰变中起作用,由它决定物质的化学和物理性质。弱力支配着像原子核β衰变、$K^\pm$、$\pi^\pm$衰变和中微子反应那类过程。所有的粒子间都存在弱相互作用,只是在强或电磁相互作用与它同时存在,且作用能量不是很高(≪100 GeV)的情况下,它的影响很小而可忽略。

表 9.4.2 四种作用力相应的场量子及特性[26]

作用类型	引力作用	电磁作用	弱作用			强作用
场量子名称	引力子	光子	中间玻色子			胶子
场量子符号		γ	W^+	Z^0	W^-	g
场量子电荷数	0	0	+1	0	-1	0
场量子质量(GeV)	0	0	80.385	91.188	80.385	0
场量子自旋-宇称,J^P	2	1^-	1			1^-
作用力程(m)	∞	∞	10^{-18}			$\leq 10^{-15}$
作用源	质量	电荷	弱荷			色荷
耦合常数	$\frac{G_N M^2}{4\pi \hbar c} = 5\times 10^{-40}$	$\alpha = \frac{e^2}{4\pi\varepsilon_0 \hbar c} = \frac{1}{137}$	$\frac{G_F}{(\hbar c)^3} = 1.166\times 10^{-5}\ \text{GeV}^{-2}$			$\alpha_s \leq 0.118\ 4$
典型截面(mb)		10^{-2}	10^{-8}			10
典型寿命(s)		10^{-16}	10^{-10}			10^{-23}
理论	广义相对论	QED	弱作用理论			QCD

在 9.1.4 小节讨论了粒子间的这四种相互作用及对应的场量子，它们相应的特点列于表 9.4.2。量子场论认为，相距 r 的两个具有荷 g_1 和荷 g_2 的粒子之间的相互作用是通过交换动量为 q 的场量子，假如场量子动量的传递以光速进行，则有 $r = ct$，由不确定原理 $qr \approx \hbar$，有 $q \approx \hbar/(ct)$，相应两个荷之间存在的作用力为

$$F = \frac{\mathrm{d}q}{\mathrm{d}t} = -k\frac{\hbar c}{(ct)^2} = -k\frac{\hbar c}{r^2} \qquad (9.4.1)$$

式中，k 是一个无量纲的耦合常数。在量子场论中以耦合常数 k 来表征相互作用的强度，粒子间相互作用力与耦合常数成正比。下面分别讨论这几种相互作用。

9.4.2 引力相互作用

20 世纪初爱因斯坦提出广义相对论，认为引力是质量的存在导致时空弯曲的效应，一定体积内包含的质量越大，这个体积边界处导致的时空曲率就越大。当一个有质量的物体在时空中运动，特别是加速运动时能够使曲率产生变化，并以波的形式向外以光速传播，这就是引力波。一个引力波通过一个观测设备时会造成应变，物体之间的距离就会按引力波的频率发生有节奏的增加和减少，通过测量这种应变就能发现引力波。

通常的星体的引力波太微弱了，宇宙中有巨大质量且发生变化从而产生强大引力波的天体现象是两个黑洞或中子星合并。但它们距离地球太遥远，引力波的直接探测是极其困难的。美国的 LIGO 是由分别放置在相距 3 000 公里的美国西北华盛顿州与东南路易斯安那州的两个激光干涉探测器组成，在每个探测器中，激光器发射的一束频率非常稳定的激光，通过分光镜后被分为两束强度相同的激光，分别进入两个互相垂直的各有 4 公里长的干涉臂，到尽头后反射回来在分光镜的位置相遇产生干涉，通过测量干涉光强来研究引力波。正常时调节两个干涉臂的长度使两束激光互相抵消，输出端没有光信号；当有引力波通过时会引起时空变形，一个臂的长度变长，另一个臂的长度变短，从而造成光程差，出现激光干涉信号。

2015 年 9 月 14 日 LIGO 探测器第一次测量到引力波信号，引力波穿过地球首先通过路易斯安那州的引力波探测器，7 ms 后通过华盛顿州探测器，信号 10 个周期持续 0.2 s。数据分析后得出这次引力波是发生在 13 亿年前的两个黑洞合并放出的，两个黑洞的初始质量分别为 36 倍与 29 倍太阳质量，以 0.5 倍光速绕对方旋转，合并后形成 62 倍太阳质量的单一黑洞，有 3 倍太阳质量的物质转化为能量，以引力波的形式辐射出来，瞬间功率超过宇宙中所有恒星的功率之和。2017 年 8 月 17 日 LIGO 又检测到第五次引力波信号，前四次都是双黑洞合并产生的，只产生引力波，这次是两颗距地球约 1.3 亿光年、质量分别为 1.2 倍与 1.6 倍太阳质量

的中子星合并产生的。设在意大利境内的 Virgo 引力波探测器也接收到信号,从而将此次引力波出现的区域框定到南半球的一片小范围天区。在 1.7 s 后美国卫星上的 Fermi 望远镜测到一个 γ 射线爆事件,几小时到十几天内,全球有超过 70 个天文台对准这个天区观测到光学、红外、射电、X 和 γ 射线的全波段信号。通过这次联合观测知道,双中子星合并不仅产生引力波,还产生全波段电磁辐射和其他有质量的粒子,但没有中微子。天体物理学家知道,在宇宙大爆炸后不久产生了大量轻元素,主要是氢和氦,元素周期表上往后的元素是在恒星内部的核聚变反应中产生的,特别是大质量恒星塌缩成中子星或黑洞后能生成一直到铁族元素,但质量更大的元素如何产生一直未能很好理解。此次通过对这个光学对应体的光谱观测,发现这两个中子星合并过程中产生相当于 10 倍地球质量的金、铂、铀等超铁重元素,这一机制解决了宇宙中重元素产生源的谜团。美国的韦斯(R. Weiss)、索恩(K. S. Thorne)和巴里什(B. C. Barish)因提出、建造激光干涉引力波探测器并首次测量到引力波获得 2017 年度诺贝尔物理学奖。

9.4.3 电磁相互作用

若在位置 A 和 B 各有一个电子 1 和 2,分别带电荷 $-e$,它们间的电磁相互作用是通过交换光子来实现的,如图 9.4.1(a)所示。粒子 1 在 A 处发射携带动量 q 的光子(一般用实线表示粒子,用波纹线表示光子,交点处表示荷作用顶点)。由于动量守恒,电子被反冲,光子在 B 处被粒子 2 吸收,电子受到排斥力。在前面例 8.1 已证明,在这种情况下,光子和电子间不能同时满足能量和动量守恒,所发射或吸收的光子称为"虚光子"。虚光子不可能独立于发射或吸收它的带电粒子而存在,它只能在不确定原理允许的时间 $\Delta t \approx \hbar/\Delta E = \hbar/(mc^2)$ 内存在,也只能在不确定原理允许的传播距离 $r = c\Delta t = \hbar/q$ 内存在,因此,虚光子的所以最大传播力程为

$$r = \hbar/(mc) \tag{9.4.2}$$

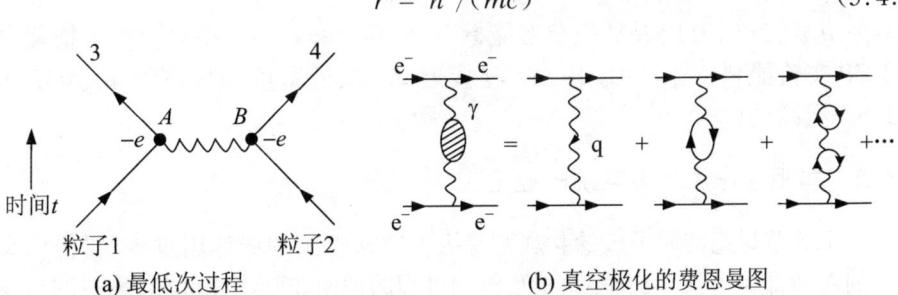

(a) 最低次过程 (b) 真空极化的费恩曼图

图 9.4.1 带电粒子间电磁相互作用

$\hbar/(mc)$ 也是相应的场量子的康普顿波长。光子是自旋为 1、不带电和质量为 0 的玻色子，$J^{PC}=1^{--}$，由此得到虚光子的传播距离趋于 ∞，电磁作用是长程力。

两个电荷 e 间的作用力

$$F = -\frac{e^2}{4\pi\varepsilon_0}\frac{1}{r^2} = -\frac{e^2}{4\pi\varepsilon_0\hbar c}\frac{\hbar c}{r^2} = -\alpha\frac{\hbar c}{r^2} \tag{9.4.3}$$

与式(9.4.1)比较可知，电磁作用的耦合常数就是精细结构常数 α：

$$\alpha = \frac{e^2}{4\pi\varepsilon_0\hbar c} = \frac{1}{137.035\,999\,139} \tag{9.4.4}$$

由此可见，一个电子发射或吸收光子的概率与作用力成正比，即与电荷的平方成正比，若带电粒子的电荷是 Qe，则这概率正比于 $Q^2\alpha$，即与 α 成正比，因此用 α 来度量电磁作用的强度。更普遍量子场论中认为，粒子间相互作用力或截面与"荷"的平方即耦合常数成正比。图 9.4.1(a) 两个电子的散射过程涉及在 A 处发射和 B 处吸收光子，所以发生此过程的概率正比于 α^2。

描述电磁作用的量子电动力学(QED)是一种精确的规范理论，除了有图 9.4.1(a) 所示的基本的最低次过程外，还会发生高次修正过程，如图 9.4.1(b) 所示。这时作为规范场量子的光子可以在真空中激发出正负电子对，即在真空中形成一个虚的电偶极子，这些虚的偶极子在发射虚光子的点电荷和吸收（检验电荷）虚光子的点电荷之间形成了"屏蔽"效应（真空极化），该理论与 3.3 节中讨论的电子反常磁矩的实验结果以极高的精度符合，此即辐射修正。由于此辐射修正，α 不再是常数，而是一个巡行耦合常数 α_{em}（或称跑动耦合常数，running coupling constant），随过程所涉及的动量转移值而变化，故称为"跑动"。人们通常选择一个参照能标 $E_0 = \mu^2$，该能标下的 α 值为 $\alpha(\mu^2)$。相对于 $\alpha(\mu^2)$，α 随 q^2 的跑动可以表示为

$$\alpha_{em} = \alpha(q^2) = \frac{\alpha(\mu^2)}{1 - \frac{\alpha(\mu^2)}{\pi}\ln(q^2/\mu^2)} \tag{9.4.4a}$$

在 $\mu = m_e$ 约为 0.511 MeV 的参考能标下，$\alpha(m_e^2) \approx 1/137$，在欧洲粒子物理中心的 LEP 实验能量 $E_{cm} = 91.19$ GeV（接近 Z^0 粒子质量）时，测得 $\alpha_{em}(M_Z) = 1/128$，与计算值符合。

9.4.4 弱相互作用及弱电统一理论

在 7.3 节讨论的原子核的 β 衰变是人们首次遇到的弱作用过程，弱作用衰变粒子的寿命都相当长，粒子间弱相互作用过程的截面非常小。例如，唯一的只参加弱作用的中微子的作用截面约为 $E_\nu(\text{MeV}) \times 10^{-42}$ cm^2。弱作用也像电磁作用那样，是通过交换中间矢量玻色子传递的。带电弱流的场量子是 $W^\pm$，质量 M_W 约为

80 GeV，很大，由式(9.4.2)可推断弱作用具有极短的作用力程约为 10^{-18} m。

类似电磁作用场的式(9.4.3)用电荷 e 表示电子与光子的耦合幅度，引入弱荷 g 表示在弱作用场中弱作用粒子与弱场粒子 $W^{\pm}$ 的耦合幅度。由此费米定义弱作用耦合常数 G_F，它与弱荷 g 有如下关系[26]：

$$\frac{G_F}{\sqrt{2}} = \frac{g^2}{8(M_W)^2} \tag{9.4.5}$$

表 9.4.2 给出 $G_F/(\hbar c)^3 \approx 1.166 \times 10^{-5}$ GeV^{-2}，G_F 值很小，表明弱作用很弱。

从夸克层次来看，中子衰变 $n \rightarrow p + e^- + \bar{\nu}_e$ 实质上是中子内的一个 d 夸克转换为 u 夸克，其过程可用图 9.4.2(a)表示。中子衰变时带 $-1/3$ 电荷的 d 夸克发射一个带负 -1 电荷的场粒子 W^-（图中用虚线表示），而成为带 $+2/3$ 电荷的 u 夸克，W^- 粒子又衰变为一个电子和电子反中微子。反应前后夸克的味和电荷改变了，这类过程称为带电弱流过程。d 和 u 夸克属于同位旋二重态的同一代夸克。轻子衰变也存在带电弱流过程，如图 9.4.2(b)所示，μ^+ 衰变 $\mu^+ \rightarrow \bar{\nu}_\mu + e^+ + \nu_e$ 时交换的是带 $+1$ 电荷的 W^+ 粒子，是在同一代的轻子间进行的。是否有不同代夸克间的带电弱流呢？K^+ 介子衰变过程 $K^+ \rightarrow \mu^+ + \nu_\mu$ 的分支比为 63.4%，K^+ 由 u 和 $\bar{s}$ 夸克组成，这表明不同代夸克间的转换也可以通过带电弱流进行。

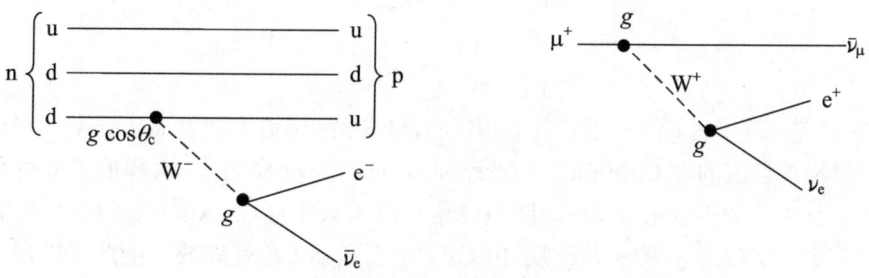

图 9.4.2 中子的 β 衰变过程(a)与 μ^+ 的衰变过程(b)

为了解释这一现象，20 世纪 60 年代，卡比博(N. Cabibbo)提出 d 和 s 夸克是夸克的味本征态，而不是弱作用的本征态，弱作用的本征态是电荷为 $-1/3$ 的这两个味夸克本征态的混合态 d'，混合角 θ_c 称为卡比博角。在当时只知道存在 u, d, s 三种夸克，弱作用中带电流涉及的轻子二重态为

$$\begin{pmatrix} \nu_e \\ e \end{pmatrix} \text{和} \begin{pmatrix} \nu_\mu \\ \mu \end{pmatrix}$$

弱作用对应的夸克二重态是

$$\begin{pmatrix} u \\ d' \end{pmatrix} = \begin{pmatrix} u \\ d\cos\theta_c + s\sin\theta_c \end{pmatrix}$$

其中,混合角 $\theta_c \approx 13°$。夸克二重态(u, d')的弱耦合幅度 g 与轻子二重态的耦合幅度相同。对奇异数 $\Delta S = 0$ 的过程,如中子衰变中含 u 和 d 的过程,其有效耦合幅度是 $g\cos\theta_c$,而对 $\Delta S = 1$ 的过程,如 $K^+ \to \mu^+ + \nu_\mu$,在 u 和 s 处的有效耦合幅度应是 $g\sin\theta_c$。

当时知道的轻子有两代,而夸克是三个,很不对称。此外,存在 $K^+ \to \mu^+ + \nu_\mu$ 的可能,但实验又没有观察到 $K^0 \to \mu^+ + \mu^-$。为此,格拉肖、伊利奥普洛斯(J. Iliopoulos)和马依阿尼(L. Maiani)在1970年提出存在第四种夸克的假设,由 GIM 机制解释这种现象。1974 年实验发现了 J/ψ 粒子,确认了存在第四种味夸克——粲夸克。

现在知道夸克有六种味,因而弱作用中夸克可通过带电弱流作用的有

$$\begin{pmatrix} u \\ d' \end{pmatrix}, \quad \begin{pmatrix} c \\ s' \end{pmatrix}, \quad \begin{pmatrix} t \\ b' \end{pmatrix}$$

其中,d',s' 和 b' 夸克是味夸克的混合态,可用三个夸克二重态间的幺正变换来描述:

$$\begin{pmatrix} d' \\ s' \\ b' \end{pmatrix} = \begin{pmatrix} V_{ud} & V_{us} & V_{ub} \\ V_{cd} & V_{cs} & V_{cb} \\ V_{td} & V_{ts} & V_{tb} \end{pmatrix} \begin{pmatrix} d \\ s \\ b \end{pmatrix} = V \begin{pmatrix} d \\ s \\ b \end{pmatrix}$$

其中,V 是一个 3×3 的幺正矩阵,称作 CKM 矩阵(用提出和发展了弱本征态理论的三位物理学家的姓 Cabibbo, Kobayashi, Maskawa 命名)。这样的矩阵可用三个实参数和一个相位角 δ 表示,该相位角在波函数中会以 $\exp[i(\omega t + \delta)]$ 形式出现。非零的相位角 δ 意味 T 破缺,由 CPT 不变则知 CP 就破缺。由此可以用三个混合角 $\theta_{12}, \theta_{23}, \theta_{13}$ 和相角 δ 来表示矩阵中的参数。

$$V = \begin{pmatrix} c_{12}c_{13} & s_{12}c_{13} & s_{13}e^{i\delta} \\ -s_{12}c_{23} - c_{12}s_{23}s_{13}e^{i\delta} & c_{12}c_{23} - s_{12}s_{23}s_{13}e^{i\delta} & s_{23}c_{13} \\ s_{12}s_{23} - c_{12}c_{23}s_{13}e^{i\delta} & -c_{12}s_{23} - s_{12}c_{23}s_{13}e^{i\delta} & c_{23}c_{13} \end{pmatrix}$$

其中,参数用 c_{ij} 表示 $\cos\theta_{ij}$,s_{ij} 表示 $\sin\theta_{ij}$,θ_{ij} 表示 i 和 j 之间的混合角,θ_{ij} 越大表明混合越厉害。这些系数目前的实验测定值为

$$V_{CKM} = \begin{pmatrix} V_{ud} = 0.975 & V_{us} = 0.221 & V_{ub} = 0.005 \\ V_{cd} = 0.221 & V_{cs} = 0.974 & V_{cb} = 0.04 \\ V_{td} = 0.01 & V_{ts} = 0.041 & V_{tb} = 0.999 \end{pmatrix}$$

很明显，$s_{12} \gg s_{23} \gg s_{13}$，由混合矩阵可推断在 B 介子衰变中 V_{ub} 起重要作用，会观察到大的 CP 破坏效应。目前精确测量这些系数的实验仍在进行。

前面指出电磁作用和弱作用都是一种规范理论，它们通过交换场粒子——光子和中间玻色子传递。现在简单讨论这两种作用的统一即电弱统一理论[26]。

电磁作用是一种阿贝尔规范作用，1954 年杨振宁和米尔斯（R. L. Mills）提出了非阿贝尔规范场理论（场论中的荷和场都不是用普通实数表示的，它们是一些矩阵。矩阵由可交换的元素组成的群称为阿贝尔群，群运算不满足交换律的其他群称为非阿贝尔群），为规范理论的扩展应用创造了条件。但直接将此理论应用到弱作用有一个重大障碍，即规范理论要求其中的矢量玻色子必须是质量为零，而中间玻色子具有很大的质量。

20 世纪 60 年代后期，温伯格（S. Weinberg）、萨拉姆（A. Salam）和格拉肖提出电弱理论，即 WS 理论（他们因此获得了 1979 年诺贝尔物理学奖），把电磁和弱相互作用看作是电弱相互作用的两个不同的表现，提出有四种质量为 0 的中间玻色子，它们是 $W_\mu^{(1)}, W_\mu^{(2)}, W_\mu^{(3)}$（属于弱同位旋为 1 的三重态）和单态 B_μ。那这些玻色子怎么会有质量呢？1964 年恩格勒（F. Englert）与布鲁特（R. Brout）和希格斯（P. W. Higgs）独立地提出由对称破缺而赋予玻色子质量的机制（后被称为希格斯机制）。他们引入一个新的弱同位旋二重态的复标量场，在真空中存在不断发射或吸收中性无色的自旋为 0 的这种希格斯场量子，称为希格斯粒子 H。正是希格斯场的真空预期值不为 0，才引起自发对称性破缺。在此基础上形成的电弱理论认为，标准模型中所有费米子、W 及 Z 玻色子的质量是通过它们与希格斯场粒子的耦合而获得的，但光子和胶子就不能和它耦合而质量仍然为零。此理论中引入弱混合角 θ_W 后，$W_\mu^{(3)}$ 和 B_μ 就混合组成了两种场：

$A_\mu \equiv W_\mu^{(3)} \sin\theta_W + B_\mu \cos\theta_W$ （相应光子场，光子质量为 0）

$Z_\mu \equiv W_\mu^{(3)} \cos\theta_W - B_\mu \sin\theta_W$ （相应于中性弱玻色子场）

且电磁耦合幅度即电荷 e 和弱耦合幅度即弱荷 g 之间的关系为 $e = g\sin\theta_W$（e 为电子电荷的绝对值）。由此理论通过弱耦合常数得出电弱作用中间玻色子的质量为

$$M_{W^\pm} = \left(\frac{g^2 \sqrt{2}}{8G_F}\right)^{1/2} = \left(\frac{e^2 \sqrt{2}}{8G_F \sin^2\theta_W}\right)^{1/2} = \frac{37.3}{\sin\theta_W} \text{ GeV} \quad (9.4.6)$$

$$M_{Z^0} = \frac{M_{W^\pm}}{\cos\theta_W} = \frac{75}{\sin 2\theta_W} \text{ GeV} \quad (9.4.7)$$

这是用最简单的 WS 理论得出的弱作用中间玻色子的质量。由于中间玻色子的质量不为零，弱电统一就有了基础，结果是在很大的动量转换（$q^2 \gg 10^4 \text{ GeV}^2$）下，电磁和弱相互作用是对称的，作用强度相当，只是在能量低时对称性才破坏。

当时该理论没有被马上接受,这不仅是因为中性流还没有被证实,而且对该理论是否能进入重整化理论的框架还存在问题。如果不能重整化,那该理论就不是一个有用的规范理论。1973年荷兰物理学家特霍夫特(G. t'Hooft)和韦尔特曼(M. J. G. Veltman)证明它可以重整化后,WS理论才被认为具有与电动力学同样的地位,他们二人因此获得了1999年诺贝尔物理学奖。

电弱统一模型除了有交换W玻色子的带电弱流外,还预言了存在交换Z^0的弱中性流过程,它们的自旋都为1,在中性流过程中味不改变。1973年实验证实了弱中性流的存在。1983年在欧洲粒子物理中心的质子-反质子对撞机(质心能为540 GeV)上,由卢比亚(C. Rubbia)领导的实验组首次通过下列过程观测到了$W^{\pm}$和Z^0玻色子,

$$u + \bar{d} \rightarrow W^+ \rightarrow e^+ + \nu_e, \mu^+ + \nu_\mu$$
$$\bar{u} + d \rightarrow W^- \rightarrow e^- + \bar{\nu}_e, \mu^- + \bar{\nu}_\mu$$
$$\left.\begin{array}{r}u + \bar{u} \\ d + \bar{d}\end{array}\right\} \rightarrow Z^0 \rightarrow e^+ + e^-, \mu^+ + \mu^-$$

卢比亚与范德米尔(S. van der Meer,在实现质子-反质子对撞机中的决定性作用)分享了1984年诺贝尔物理学奖。1989年在CERN建成的大型电子-正电子对撞机(LEP)上的实验和90年代建成的美国斯坦福直线对撞机的实验精确验证了弱电统一理论,测定得

$$M_{W^{\pm}} = (80.385 \pm 0.015) \text{ GeV}$$
$$M_{Z^0} = (91.1876 \pm 0.0021) \text{ GeV}, \quad \sin^2\theta_W \approx 0.23$$

电弱统一模型由于引入了希格斯粒子而获得了极大成功,但理论对希格斯粒子的质量没有给出确切的预言。由LEP和费米实验室的数据对电弱参数的测量给出希格斯粒子的质量范围$M_H = 117 \sim 251$ GeV。为了寻找希格斯粒子及新物理,CERN在1998年开始建造大型质子对撞机(LHC),预期目标是质心能$\sqrt{S} = 14$ TeV。根据在质心能量7和8 TeV下运行的实验数据,2012年7月宣布找到了质量约为125 GeV的粒子,最新结果是125.09 GeV,其主要性质与理论预言的希格斯粒子基本一致。成功预言它的恩格勒和希格斯(布鲁特2011年已去世)因此获得了2013年诺贝尔物理学奖,当然最终认定和确定它的性质还需要2015年后在质心能量14 TeV下的运行实验结果。

9.4.5 强相互作用

由前面的讨论已知道强作用要比电磁作用强很多,一般强作用过程的截面在

100 mb 的量级,强作用衰变的粒子寿命在 10^{-23} s 的量级,由此可推出强作用的耦合常数要比电磁作用大 $10^2 \sim 10^3$ 倍。参与强作用的粒子叫强子。夸克是强子的基本组成,因此,强作用必定是夸克之间的相互作用。涉及夸克的强作用实验表明:

① 夸克间的强作用和夸克的"味"无关,在强作用过程中味不改变,味量子数守恒;

② 强作用过程中同位旋和同位旋的第三分量分别守恒;

③ 实验没有观察到自由夸克。

强作用的本质是什么？夸克间强相互作用的"荷"是什么？由以上的事实知道,不可能是"味"和电荷,它们在强作用中是守恒量。前面讨论重子 SU(3)味十重态时,从费米子系统的统计性的要求,引入夸克的"色"自由度。实际上,强作用的荷是"色荷",它是夸克之间相互作用的"源",就像电荷是电磁作用的"源"一样。色 SU(3)定域规范变换不变性引出胶子场,其规范玻色子称为胶子(gluon),以符号 g 表示,要求胶子的质量一定为零,带色荷的夸克之间通过交换胶子来实现相互作用,基于此建立的动力学理论称为量子色动力学[①]。

夸克的色在交换胶子过程中改变,强作用顶点"色荷"必须守恒,由此必须由发射(或吸收)的胶子的色荷来填补。所以胶子本身是带色的。1979 年在德国 DESY 正负电子对撞机 PETRA(质心能 30 GeV)上的实验发现了三喷注事例,即正负电子湮灭产生夸克对,其中一个夸克辐射出高能胶子,形成第三个喷注,见图 9.4.3。在分析末态强子的喷注形态时,由硬胶子的韧致辐射给出胶子存在的实验证据,从胶子喷注相对于夸克喷注的角分布,肯定了胶子的自旋为 1。

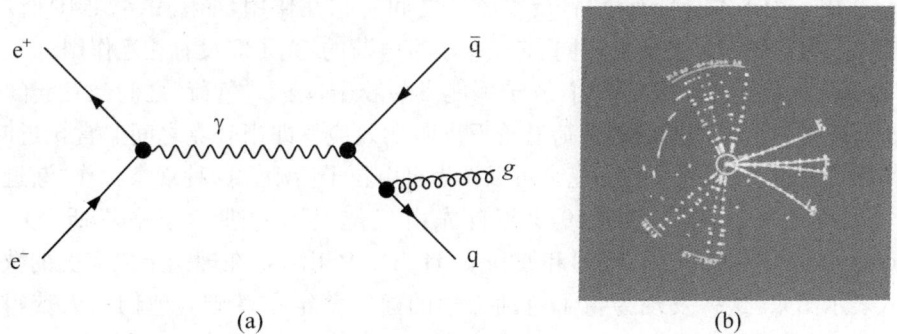

图 9.4.3 高能胶子韧致辐射示意图(a)与一个三喷注事例(b)

---

① CERN Courier, Nov 12, 2004, Twenty-five years of gluons.

强作用除了上述特点外,在涉及夸克和胶子作用还有以下一些特点:

① 夸克都带有"色",每个夸克可以带三种色中的一种,夸克的色可通过交换胶子而改变。胶子是质量为0,自旋为1的粒子。胶子带有色荷,每个胶子带有一个"色"和"反色"。三种"色"和三种"反色"可以有9种组合,但其中一组全对称的组成 $R\bar{R}+G\bar{G}+B\bar{B}$ 是无色的,所以QCD强相互作用的传播子的胶子可以有8种色:

$$R\bar{B}, R\bar{G}, B\bar{G}, B\bar{R}, G\bar{R}, G\bar{B}, \frac{1}{\sqrt{2}}(R\bar{R}-B\bar{B}), \frac{1}{\sqrt{6}}(R\bar{R}+B\bar{B}-2G\bar{G})$$

② 夸克和胶子的耦合常数以 α_s 表示。两个夸克 q_1 和 q_2 在胶子的发射和吸收中味不改变而色变化了,如图9.4.4(a)所示(以螺旋线表示胶子)。

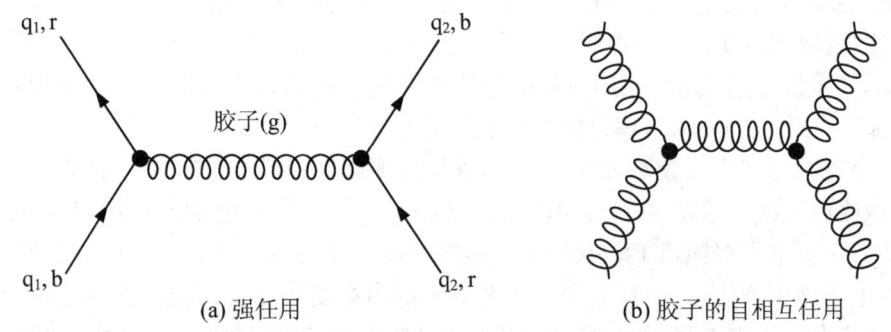

(a) 强作用　　　　　　　　(b) 胶子的自相互作用

图 9.4.4　强作用和强作用中胶子的自相互作用

③ 由于胶子本身带有色荷,所以胶子之间有相互作用,如图9.4.4(b)所示。这是和电磁作用的最主要的不同,光子是不带电荷的,光子间没有相互作用。

④ 由于胶子有自相互作用,胶子可能发射胶子,两个"色荷"之间激发起的色胶子"云"对两个相互作用的色荷有着反屏蔽的效应。即当夸克之间非常接近时,强作用力就很弱,以至于它们完全可以作为自由粒子活动。这种现象称作"渐近自由"。强作用的这种特点在1973年首先由三位美国物理学家格罗斯(D. J. Gross)、维尔切克(F. Wilcrek)和波利策(H. D. Politzer)在理论上以完美的数学形式表示出来,这一发现为量子色动力学的建立奠定了基础。他们三人获得了2004年诺贝尔物理学奖。选择一个参照能标 μ^2,相对于 $\alpha_s(\mu^2)$ 的强作用耦合常数 α_s 随动量转移 q^2 的跑动有下面的关系:

$$\alpha_s(q^2) = \frac{\alpha_s(\mu^2)}{1+\frac{\alpha_s(\mu^2)}{12\pi}(33-2f)\ln\frac{q^2}{\mu^2}} \tag{9.4.8}$$

式中，f 表示夸克"味"的数目。α_s 随 q^2 的变化见图 9.4.5，图中的点为实验值，曲线为由公式给出的拟合值，符合得较好，进一步证实了 QCD 理论。综合各种测量的平均值，得 $\alpha_s(M_Z^2) = 0.1184 \pm 0.0007$。

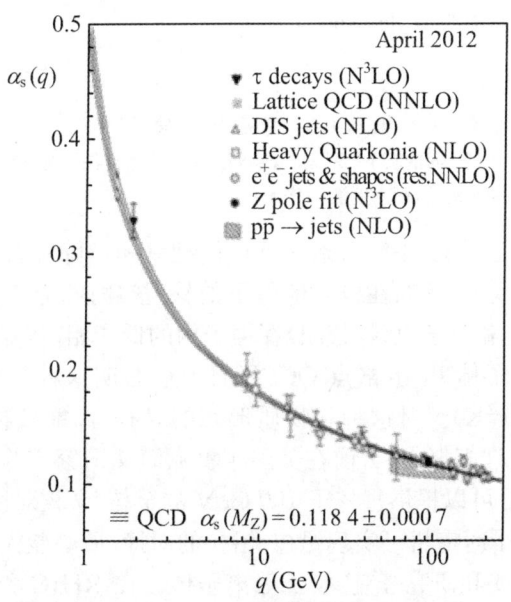

图 9.4.5　强作用的耦合常数随动量转移的变化[29]

⑤ 由于胶子的质量为 0，静态 QCD 的位势应和 QED 类似有 $1/r$ 的形式。但对介子的激发态谱等的研究给出夸克-反夸克间的位势可用下式描述：

$$V_s = -\frac{4}{3}\frac{\alpha_s}{r} + kr \tag{9.4.9}$$

上式右边的第一项与库仑势相似，主要是单胶子交换。由于胶子有 8 种色态，对三种夸克的色取平均可得因子 8/3，历史上对 α_s 的定义时引入一个因子 2，所以在式 (9.4.9) 中出现的因子为 4/3。第二项是线性项，$k \approx 1~\text{GeV} \cdot \text{fm}^{-1}$。可以想象夸克间由于胶子的相互作用，色场的力线像弹力线一样拉在一起，形成色管或色弦。随着一对夸克间距离 r 的增大，位能（$\approx kr$）不断增加，当位能超过产生一对夸克-反夸克所要求的能量时，所产生的夸克-反夸克束缚在一起，生成的是一个介子，而不可能把一端夸克拉出成为一个孤立夸克，这就是所谓的"色禁闭"。夸克只能禁闭在强子内，而不可能以自由粒子的形式存在。可形象地用图 9.4.6 说明。

QCD 理论在描述和预言强子间的相互作用方面取得了许多成果。实验上对

QCD 的理论的各种进一步的检验仍在进行。

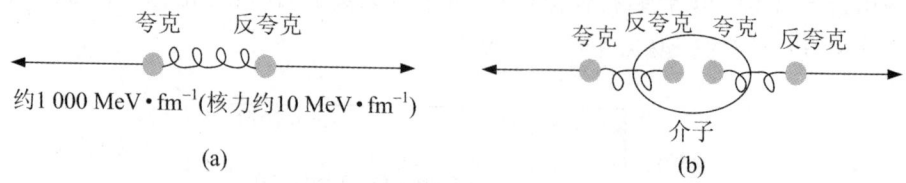

图 9.4.6 夸克的"色禁闭"
（a）连接两个夸克之间的胶子"弦"，将夸克间距离拉大所消耗的能量与长度成正比；
（b）弦断裂为两个短弦，而产生了一个介子

前面讨论了夸克禁闭，在什么条件下可能把禁闭解除呢？物理学家设想在极高温或极高能量密度下，例如在极高能量下的核-核碰撞，夸克和胶子可能通过相变解除禁闭，由夸克和胶子束缚（禁闭）在强子内的低能相，转变为在一定尺度范围的"夸克-胶子等离子体"。由格点 QCD 的计算，表明这种相变的临界温度约为 170 MeV（相当于 10^{12} K）。对这种新物质形态的寻找，高能核物理学界自 20 世纪 70 年代开始就作了许多努力，目前在美国布鲁克海文国家实验室的相对论重离子对撞加速器（RHIC）可以提供每核子 100 GeV 的金核-金核对撞（总质心能为 39.4 TeV），欧洲大型强子对撞机可实现铅核-铅核的对撞（质心能为 1 312 TeV）。实验的主要目标就是寻找和研究夸克-胶子等离子体。在 RHIC 和 LHC 上的 ALICE 实验中已发现了夸克-胶子等离子体，正进一步对强子物质的相结构作深入的研究。

总之，标准模型（SM）用电弱统一理论和量子色动力学来处理微观粒子的运动，它是描述基本粒子及它们之间相互作用的规范量子场理论。在标准模型下，基本粒子包括费米子、规范和希格斯玻色子；费米子有轻子、夸克，轻子有 6 种，夸克有 6 种味，每种味有三种颜色，共 18 种，它们都有相应的反粒子，所以总共就有 48 种基本费米子；传递相互作用的规范玻色子有光子 γ，中间玻色子 $W^\pm$，Z^0，以及胶子 g（8 种带色的胶子），共有 12 种；费米子和中间玻色子通过与希格斯粒子 H 作用而获得质量，因此总共应有 61 种基本粒子。

9.4.6 标准模型面临的挑战

标准模型虽然能基本解释至今为止的粒子物理实验，但仍有些物理现象和事实还不能解释，有些问题还可以进一步研究。现把主要的列出如下：

（1）标准模型的基本粒子有 61 种，这样就使我们不得不考虑这些粒子是基本的吗？是否还有深一层次的结构？另外，是否还有更多的标准模型外的粒子？

(2) 希格斯粒子的发现标志进入探索质量起源的新时代,那么质量的起源是什么? 它们与相互作用之间有什么关系? 为什么基本费米子都是三代? 而且各代间的质量有如此大的差别? 是否存在第四代费米子? 是否还有其他希格斯粒子?

(3) 夸克的禁闭能解除吗?

(4) 暗物质和暗能量。暗物质是指无法通过电磁波(无线电、光、X 和 γ 射线)的观测即不发生电磁作用的物质。在对漩涡星系的观测发现,发光物质在距离星系中心较远处变得相当少,根据牛顿引力定律,星系的旋转速度 $v=[GM(r)/r]^{1/2}$,$M(r)$ 是 r 以内的总质量,星系外侧的旋转速度应随半径 r 增大而减小,但观测发现它几乎不随星系的半径改变,表明远处有大量不可见物质,故推测星系外有数量庞大的暗物质。现代天文学通过对引力透镜、宇宙中大尺度结构的形成、微波背景辐射等的观察,已经表明宇宙中有大量暗物质存在。那这些暗物质是什么? 天体物理中已知道的不发光的大质量天体白矮星、中子星、黑洞等应该是暗物质,它们是由强作用的重子构成。还有是粒子物理学家感兴趣的新粒子,如弱作用重粒子(Weakly Interacting Massive Particle,WIMP),为解决强相互作用中 CP 问题而提出的轴子,有质量的中微子。

国际上寻找暗物质粒子有几种实验方法。深地下实验通过观测 WIMP 粒子与探测器物质的核反冲信号来直接寻找 WIMP 粒子,如我国四川锦屏山的地下暗物质实验室的 CDEX 实验和 PandaX 实验。一种间接实验在大型加速器上做,通过测量高能正负粒子对撞后产物的"丢失"能量和动量来确定暗物质粒子的存在和性质,如 LHC 加速器上的 ATLAS 实验和 CM5 实验。另一种间接实验是利用卫星在空间探测暗物质粒子湮灭或衰变的产物,已运行的探测器有美国的阿尔法磁谱仪 AMS-02 和 γ 射线望远镜 Fermi、意大利的 PAMELA 和日本的高能电子望远镜 CALET,以及中国 2015 年发射的"悟空"卫星上的空间望远镜 DAMPE。DAMPE 由两层塑料闪烁探测器阵列(用作反符合测量电荷,区分核素,区分电子和 γ 射线)、6 个双层硅微条径迹探测器阵列(测量宇宙线方向和电荷,区分电子和 γ 射线)、3 层分别插在硅微条层间的钨板(用作 γ 射线转换为电子)、14 层每层 22 根 BGO 电磁量能器(测量高能宇宙线能量,区分质子和电子)和中子探测器(区分质子和电子)组成,可以探测高能 γ 射线、电子和高达 PeV 的核素宇宙射线,对电子和 γ 射线的能量探测范围是 5 GeV~10 TeV,对 800 GeV 的能量分辨率为 1%,几何因子是 0.3mSR,是世界上测量能量范围最宽、能量分辨率最高和粒子鉴别本领最强的暗物质探测器。通过 2 年的测量,以常进为首席科学家的 DAMPE 组 2018 年已成功获得最精确的高能电子宇宙线能谱,正常能谱应该是一条平滑下降曲线,AMS-02 在 2014 年测量到<1 TeV 处微微有抬起,Fermi 在 2017 年测量到

抬起持续到＞1 TeV，而能测量更高能区的 DAMPE 在 1.4 TeV 处发现异常波动，呈现一个峰，＞1.4 TeV 又下降回归平滑曲线，现有的物理模型无法解释这一发现，表明 1.4 TeV 处有一个全新的物理现象，可能就是暗物质粒子湮灭信号。

1998 年波尔马特（S. Perlmutter）和施密特（B. P. Schmidt）、里斯（A. G. Riess）通过对遥远的超新星观测，发现宇宙在加速膨胀。为了解释此种"引力排斥"现象，天文学家提出存在一种难以察觉的充溢空间的具有负压强的能量形式，称为暗能量。按照广义相对论，这种负压强在长距离类似于一种反引力。他们因此获得了 2011 年诺贝尔物理学奖。这样在宇宙标准模型中现在已经知道通常的原子分子物质只占 4%，主要是由重子构成，暗物质占 22%，暗能量占 74%。那么宇宙加速膨胀的物理起因是什么？"暗能量"和"暗物质"都不能吸收、反射和辐射电磁波，它们的性质成为当今科学界中最大的谜团之一。

（5）中微子。在标准模型中存在三种中微子，每种都有其对应的带电轻子和反中微子；三种中微子都是无质量的左旋粒子；中微子只能转换为其对应的带电轻子，味中微子数守恒。

1957 年庞蒂科夫首先挑战味中微子数守恒，提出中微子振荡的设想。1962 年牧（Z. Maki）、中川（M. Nakagawa）和坂田从理论上提出中微子的质量本征态 $|\nu_j\rangle$（$j=1,2,3$）不是味的本征态 $|\nu_\alpha\rangle$（$\alpha=e,\mu,\tau$），不同味的中微子会发生混合，中微子的味本征态可以写成质量本征态的线性组合。当考虑两种味中微子 ν_α 和 ν_β 间有混合时，有 $\nu_\alpha=\nu_i\cos\theta_{ij}+\nu_j\sin\theta_{ij}$ 和 $\nu_\beta=-\nu_i\sin\theta_{ij}+\nu_j\cos\theta_{ij}$，$\theta_{ij}$ 是这两种中微子间的混合角。如果 $\theta_{ij}=0$，则 $\nu_\alpha=\nu_i$，$\nu_\beta=\nu_j$，也就没有混合。计算表明能量为 E 的 ν_α 在真空中经过距离 $L=ct$ 后成为 ν_β 的概率用常用单位表示为

$$P_{\alpha\to\beta}(E,L)\approx\sin^2(2\theta_{ij})\sin^2\frac{1.27\Delta m_{ij}^2 L}{E} \quad (9.4.10)$$

其中，$\Delta m_{ij}^2=m_j^2-m_i^2$ 是中微子质量的平方差，以 eV^2 为单位，L 以 m 为单位，E 以 MeV 为单位。

有几类不同的实验可以观测中微子是否存在这种味转变的振荡[①]。

（a）太阳中微子实验。太阳中微子由于不同的产生反应道而有各种能量，在 9.1.2 小节已给出戴维斯及小柴昌俊测得不同能量的太阳中微子流（即 ν_e）都比标准太阳模型预言的少。在加拿大的太阳中微子观察站（SNO）的探测器（地下 2 070 m，1 000 t 超纯重水切伦科夫探测器），测量中微子和重水可能发生的各种反应（带电流、中性流和弹性过程），可给出参与各种反应的三种中微子流。根据中微子在

---

① 曹俊，李玉峰．中微子振荡的发现及未来[J]．物理，2015，44：787．

太阳中传播的物质效应 MSW 机制,中微子在太阳核处产生后向外的传播过程中,在太阳核与真空之间的物质的电子密度满足共振条件,有些 ν_e 振荡为 ν_μ, ν_τ 离开太阳飞向地球。2001 年的实验结果表明太阳中微子中的电子中微子数目确实"缺失"了,但包含其他味中微子的总量并没减少,与标准太阳模型所预言的数目相符。这些工作不仅解决了"太阳中微子缺失问题",而且证实中微子存在振荡且具有质量,实验数据拟合得到的

$$\Delta m_{12}^2 = (7.6 \pm 0.2) \times 10^{-5} \text{ eV}^2, \quad \theta_{12} \approx 34° \pm 1°$$

由物质效应可得 $m_2 > m_1$。

(b) 大气中微子实验。大气中微子是高能宇宙线和地球大气层中原子核的反应产生的。特别是 $p + {}^{14}N \rightarrow \pi^+ + A, \pi^+ \rightarrow \mu^+ + \nu_\mu, \mu^+ \rightarrow e^+ + \nu_e + \bar{\nu}_\mu$。如果没有中微子振荡,那可以预期 ν_μ 和 ν_e 流的比应是 2∶1。然而由于振荡,那该比率会随天顶角的不同而不同。1998 年建在地下 1 000 m 的日本超级神冈大气中微子实验 (SuperK) 结果如图 9.4.7 所示,表明从地下($\cos\Theta = -1$)即穿过地球(其行程约 13 000 km)射出的 μ 中微子数目是从天顶方向($\cos\Theta = 1$)射来(行程约 15 km)的 μ 中微子数目的一半。由于从地球另一面的大气射到探测器的 ν_μ 要比从天顶方向的 ν_μ 要多通过地球直径距离,有更大的概率振荡变为另一种中微子,而电子中微子的流并没有明显的变化,由此推断可能是 $\nu_\mu \rightarrow \nu_\tau$ 间的振荡,虚线是没有振荡的蒙特卡洛模拟事例。目前得到的结果为

$$\Delta m_{23}^2 = (2.62 \pm 0.3) \times 10^{-3} \text{ eV}^2, \quad \theta_{23} = 42° < 45°$$

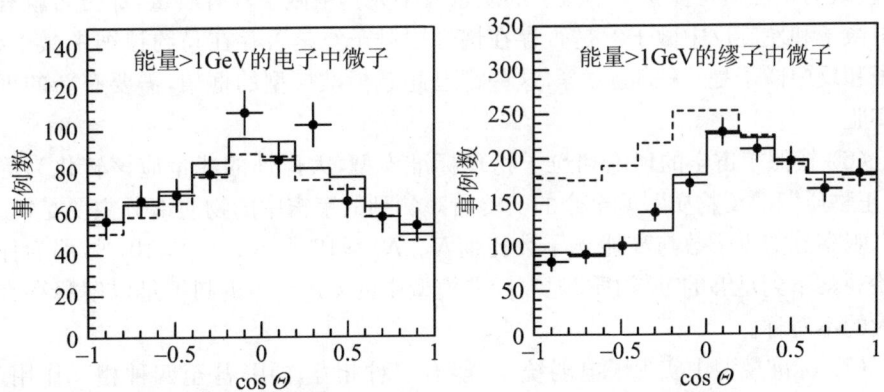

图 9.4.7　日本超级神冈大气中微子实验中微子事例数随天顶角的变化①
虚线是假设中微子没有振荡的模拟值,实线是 $\nu_\mu \rightarrow \nu_\tau$ 数据的最佳拟合值

领导日本超级神冈的梶田降章(T. Kajita)和加拿大 SNO 的麦克唐纳(A. B.

McDoland)因实验发现中微子振荡而获得 2015 年的诺贝尔物理奖。

(c) 反应堆中微子振荡实验。反应堆裂变产生的是电子中微子,能量是几 MeV,基线范围在几 km 到几百 km。中国大亚湾中微子实验的主要目标是测量 θ_{13},实验通过在离反应堆近点(约 500 m)和两个远点(1 648 m 和 3 000 m)的掺 Gd 的 20 t 液体闪烁探测器记录发生 $\bar{\nu}_e + p \rightarrow e^+ + n$ 反应的事例数,整个装置安在地下,各站点分别有 250~860 m.w.e(覆盖土层的等效水深)的表土覆盖,从 2011 年 9 月开始取数据,至 2012 年 2 月宣布远点探测器测得的电子中微子的数目比预期值(假设没有振荡的情况)少了 6%,经计算还率先给出 $\sin^2(2\theta_{13}) = 0.092 \pm 0.016$ (star) ± 0.005 (syst)。

(d) 加速器中微子实验。加速器可以产生大于 1 GeV 的 μ 中微子,这些实验要求长基线。例如,由在日本东海岸的 J-PARC(日本质子加速器研究中心)加速器产生的 μ 中微子(<GeV 能量)送到 295 km 外位于西海岸的超级神冈探测器的 T2K 实验。这些实验表明中微子振荡行为与大气中微子振荡一致,还给出轻子 CP 破坏的信息。

SuperK 的梶田隆章(T. Kajita)和 SNO 的阿·麦克唐纳(A. B. McDonald)因发现中微子振荡而获得 2015 年诺贝尔物理学奖。但目前的中微子振荡实验只能给出三个混合角和中微子质量方差绝对值的信息,不能得出质量,也不能给出两个质量态的质量次序,因为 Δm^2 和 $-\Delta m^2$ 得到的概率是相同的。三代中微子质量顺序有两种可能,即正常顺序 $m_3 > m_2 > m_1$ 和反常顺序 $m_2 > m_1 > m_3$。中微子 CP 破缺的相位角是多少?中微子的质量有多大?中微子具有质量,那是否就有右旋中微子和左旋反中微子?是否存在惰性中微子?是否存在马约拉纳中微子(中微子和反中微子是一种粒子)等,这些都已超越标准模型的框架,需要有新的理论及实验。

(6) 按照宇宙学的理论和粒子物理标准模型,大爆炸的能量应该转化为等量的"正物质"和"反物质",但至今的实验所观测到的宇宙中的物质部分主要是"正物质",观察到的重子数与高能光子数比值 $N_B/N_\gamma \approx 10^{-9}$,$N_{\bar{B}}/N_\gamma \approx 10^{-13}$,那为什么实验观察不到足够的"反物质"呢?标准模型中的 CP 破坏机制不足以解释存在如此大的不对称。

(7) 标准模型中实现了电弱统一,能有三种相互作用,甚至四种相互作用(即包括引力作用)的统一理论吗?为什么引力这么弱?

9.4.7 标准模型以外的理论

标准模型虽然取得了很大成功,得到了实验精确的验证,但标准模型仍存在上述一些弱点和问题。此外,理论本身引入了许多个(约19)参数,在标准模型中,希格斯粒子的质量是一个自由参数,其他参数有:标量粒子的各种自作用耦合常数以及标量粒子与各费米子间的耦合常数等。因此需要寻求更完美的理论,其他的理论介绍如下。

1. 大统一理论(Grand Unified Theory,GUT)

物理学家总是追求更完美、更基本而简单的统一理论。弱电统一理论的成功促使物理学家希望能有一个理论,使在更高的能量下强作用也和弱电作用实现统一,即具有更高的对称性。由耦合常数的跑动,似乎在很高能量它们会趋于相近。为什么质子和电子的电荷之和为0?夸克和轻子是否有关联?是否也可以统一?大统一理论SU(5)认为,右旋的三种色夸克和轻子($d_r,d_g,d_b,e^+,\bar{\nu}_e$)$_R$,这五种粒子处于完全相同的地位,具有SU(5)对称性,粒子间可以自由转换。夸克可以通过交换X玻色子转换为轻子,X的质量$M_X \sim 10^{15}$ GeV。SU(5)给出的弱混合角$\sin^2\theta_W = 0.21$,接近实验值。用$\alpha_1,\alpha_2,\alpha_3$表示电磁、弱、强作用的耦合强度。大统一意味着在$E = M_X$时三个耦合强度将相等,即$\alpha_1(M_X) = \alpha_2(M_X) = \alpha_3(M_X) = \alpha_{GUT}$。但将实验测到的这些系数外推到高能,这些耦合常数并不能汇合在一个点,如图9.4.8(a)所示。

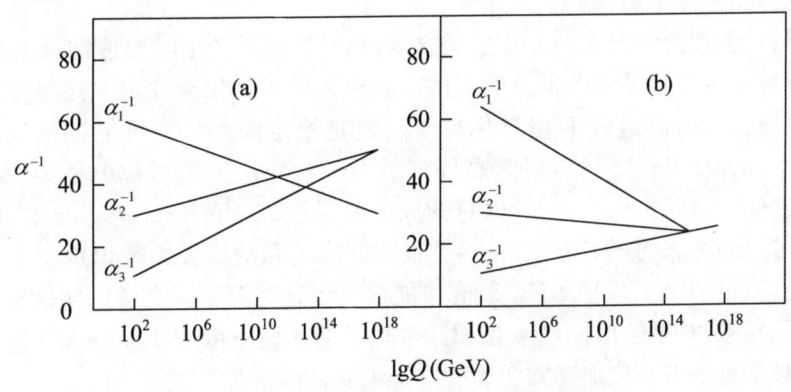

图9.4.8 $\alpha_1^{-1},\alpha_2^{-1},\alpha_3^{-1}$ **随能量标度的变化**[26]
(a) 大统一理论预言;(b) 超对称理论预言

SU(5)预言质子是不稳定的,衰变的寿命与M_X有关,若$M_X = 10^{15}$ GeV,则$\tau_p \approx 10^{30\pm1}$ a。但综合至今几个实验的数据,给出质子寿命$\tau_p > 10^{32}$ a。有关大统一仍留下许多未解决的问题。

2. 超对称理论(SUper SYmmetry,SUSY)

超对称理论认为存在"费米子-玻色子"的对称性,即所有已知的费米子(玻色子)都有它对应的玻色子(费米子)超伴子。最常用的是"最小超对称模型"(MSSM)。表9.4.3给出了相应的超对称(SUSY)粒子,在粒子符号上加一个符号"~"表示超对称粒子。

表9.4.3 粒子及它的超对称配偶

粒　子	自旋	超对称粒子	自旋
夸克(quark)q	1/2	标量夸克(squark)$\tilde{q}$	0
轻子(lepton)l	1/2	标量轻子(slepton)$\tilde{l}$	0
光子(photon)γ	1	(photino)$\tilde{\gamma}$	1/2
胶子(gluon)g	1	(gluino)$\tilde{g}$	1/2
$W^\pm$	1	(wino)$\widetilde{W}^\pm$	1/2
Z^0	1	(zino)$\tilde{Z}^0$	1/2

超对称理论可在 $M_X \approx 10^{16}$ GeV 时实现三种相互作用的统一,见图9.4.8(b)。它预言质子的寿命为 $10^{32} \sim 10^{33}$ a。它也为解释"暗物质"提供可能的组成。超对称理论中引入了新粒子,包含了一些新的混合角和CP破坏相,调节这些参数有可能引入更大的CP破坏效应。

在超对称理论中引入一个新量子数 R,超对称粒子产生时要遵循量子数 R 守恒,即超对称粒子是成对产生及消失的。超对称粒子如果衰变也一定衰变为更轻的超对称粒子,所以最轻的超对称粒子一定是稳定的。一种可能的候选者就是超中性子(neutralino)$\tilde{\chi}^0$。例如,高能正负电子对撞产生超对称电子,它又衰变: $e^+ + e^- \to \tilde{e}^+ + \tilde{e}^-, \tilde{e} \to e + \tilde{\chi}^0$,所以总的反应结果是 $e^+ + e^- \to e^+ + e^- + \tilde{\chi}^0 + \tilde{\chi}^0$,实验中通过探测终态的正负电子,并伴有很大的能量和动量丢失来识别 $\tilde{\chi}^0$。如果超中性子的质量小于 1 TeV,LHC 就有可能探测到这些粒子。至今的实验还没有发现超对称粒子,只是给出标量夸克和标量轻子的质量下限约 100 GeV。因此寻找超对称粒子也是下一代加速器实验的一个主要目标。

3. "额外维"(Extra Dimensions)理论

物理学家预期在普朗克能标,即约 10^{19} GeV 时四种相互作用统一,引力应和其他的作用力一样强。但在低能时引力比其他三种相互作用弱很多了(是电磁作用的 $1/10^{37}$),很难给出自然的解释。认为基本粒子是弦的振动模式或激发的超弦理论在量子引力理论中有很大进展,但超弦理论在四维时空中不能自洽,要求有额外的空间维。"额外维"理论认为,引力可以在额外维空间中传播,引力可以和其他相互作用一样强,但在四维时空中它显示很弱。额外维的存在可能会改变相互作用强度随能量的变化方式,甚至改变相互作用统一的过程。在这种情况下,相互作用的统一及新物理现象的出现,不一定要发生在很高能量,可能在低得多的能量时就会出现。引力在这些额外维中会产生大量的高能电子和光子对,因此在高能实验中测量和分析电子和光子的产额有可能验证这种理论。

其他还有许多理论,如人工色理论(technicolor theory),该模型假设希格斯玻色子并不是真正的基本粒子,而是由一些尚未被观测到的成分构成的。人工色模型也暗示,在 LHC 加速器上将发现大量形态各异的奇特粒子。

习 题

9.1 试说明由于违反什么守恒律,使下列反应不能发生:
(1) $n \to p + e^-$；　　　(2) $n \to \pi^+ + e^- + \nu_e$；　　　(3) $n \to p + \pi^-$；　　　(4) $n \to p + \gamma$。

9.2 试计算当 γ 射线和静止电子相互作用而产生正、负电子对的阈能。

9.3 判断下列各反应中哪些是禁戒的,若是允许的反应,请说明是属于哪种相互作用。
(1) $p \to \pi^+ + e^+ + e^-$；　　　(2) $\Lambda^0 \to p + \pi^-$；　　　(3) $\mu^- \to e^- + \nu_e + \nu_\mu$；
(4) $n + p \to \Sigma^+ + \Lambda^0$；　　　(5) $\Sigma^+ \to p + \gamma$。

9.4 讨论 Ω^- 超子可能的衰变方式,并说明为什么它只能通过弱作用衰变。

9.5 用高能质子轰击液氢靶时,求产生 π 介子的阈能。(氘核的质量为 1 875.6 MeV。)

9.6 若规定 K^+ 介子的奇异数为 $+1$,试定出 K^- 和 Σ^+ 粒子的奇异数。

9.7 已知带电 π 介子的寿命为 2.6×10^{-8} s,在实验室中测得飞行中 π 介子的寿命为 75 ns,求 π 介子的速度、总能量、动能和动量。

9.8 求静止 π 介子衰变产生的 μ 子和中微子的动能。

9.9 设一个介子衰变成两个自旋为零的中性 π 介子,这个介子的自旋可能取哪些值?

9.10 一个高速电子与静止电子碰撞,求反应产生正电子的阈动量。

9.11 用 π^+ 介子轰击静止质子时,测到有质量为 1 690 MeV 的共振态,求入射 π^+ 介子的最低能量。

9.12 π^- 介子($J^P = 0^-$)和氘核($J^P = 1^+$)组成原子基态。π^- 最终被氘核俘获,并发生反应: $\pi^- + d \to n + n$,求:
(1) 产生的中子对的轨道角动量;
(2) 中子系统的总自旋角动量。

9.13 实验中观察到下列过程:$\Xi^- \to \Lambda^0 + \pi^-$,试分析其同位旋、奇异数守恒情况,并说明这一过程是哪种相互作用过程。

9.14 请写出强子 $\bar{K}(s\bar{d})$, $\varphi(s\bar{s})$, $\Delta(uuu)$, $\Xi(ssd)$, $\bar{\Omega}(\bar{s}\bar{s}\bar{s})$ 的电荷 Q,同位旋 I 及 I_3,奇异数 S 和重子数 B。

9.15 阐述电子偶素 $^3S_1$ 状态不可能衰变为两个光子的理由。

9.16 试证明由粲夸克和反粲夸克 $c\bar{c}$ 组成的介子不可能具有 $J^{PC} = 1^{-+}$ 的状态。

第9章 粒子物理

9.17 在光子、中微子、中子和电子中，试问：
(1) 哪些不参与电磁相互作用？
(2) 哪些不参与强相互作用？
(3) 哪些不参与弱相互作用？

9.18 在北京正负电子对撞机上的实验中，利用反应 $e^+ + e^- \to J/\Psi$，测到质量为 3.1 GeV 的 J/ψ 粒子，求这一反应的阈能。如果以 e^+ 撞击静止的 e^-，则产生 J/ψ 的阈能为多大？

9.19 J/ψ 粒子是由粲夸克和反粲夸克组成的，已知它的 $J^{PC} = 1^{--}$，请给出这个粲夸克素的轨道角动量、自旋角动量、同位旋量子数。

9.20 已知 Ξ^- 的 $Q = -1, B = 1, S = -2$。请写出它的夸克组成，以及它的同位旋多重态中其他粒子的 Q, B 和 S。

9.21 ρ^- 介子是由 π^- 和 p 散射得到的介子共振态，其反应为 $\pi^- + p \to \rho^- + p$，试由守恒关系给出 ρ^- 介子的同位旋、同位旋第三分量、奇异数和重子数。

9.22 实验测得 ρ 介子的质量宽度为 150 MeV，求它的平均寿命。

9.23 指出并说明下列哪些反应或衰变是守恒定律允许的：
(1) $p \to \pi^+ + \pi^0$；   (2) $\pi^- + p \to K^+ + \Sigma^-$；   (3) $\pi^- \to e^- + \gamma$；
(4) $p \to \Sigma^+ + \pi^0$；   (5) $p + p \to n + p + \pi^+ + \pi^- + \pi^0$。

9.24 衰变过程 $\Lambda \to p + \pi^-$ 是一个弱作用过程，请给出判断的理由。

9.25 试判断下列衰变过程哪些是可能发生的，哪些是不可能发生的，并加以说明。
(1) $\pi^+ \to \mu^- + \nu_\mu$；   (2) $\pi^- \to \pi^+ + e^- + e^-$；   (3) $\pi^0 \to e^- + p$；
(4) $p \to n + e^+ + \nu_e$；   (5) $n \to p + e^- + \bar{\nu}_e$。

9.26 根据夸克模型，说明强子中含有的价夸克或反夸克数。

9.27 指出下列过程产生的 ν 中哪些是中微子，哪些是反中微子，并写出是属于哪种类型的：
(1) $\Lambda^0 \to p + \mu^- + \nu$；   (2) $\Sigma^+ \to \mu^+ + \nu + n$；   (3) $\tau^+ \to e^+ + \nu + \nu$；
(4) $\mu^- \to e^- + \nu + \nu$；   (5) $K^+ \to \mu^+ + \nu$。

9.28 假设某种玻色子的下列量子数都不为 0，试问这种玻色子和它的反粒子的哪一个量子数是相同的？
(1) 奇异数；   (2) 粲数；   (3) 内禀宇称；   (4) 磁矩；   (5) 电荷。

9.29 K^+ 介子可以衰变为三个 π 介子，$K^+ \to \pi^+ + \pi^- + \pi^+$，试计算 π 介子的最大能量和平均能量。

9.30 下列四组粒子中，哪一组是属于完备的同位旋多重态？
(1) (ρ^+, ρ^-)；   (2) (K^+, K^-)；   (3) $(K^0, \bar{K}^0)$；   (4) $(\Sigma^+, \Sigma^0, \Sigma^-)$。

9.31 费米子和反费米子系统的空间宇称 η_P 与电荷宇称 η_C 由系统的相对运动轨道角动量 L 和总自旋 S 决定，下列表达式中哪个是正确的？
(1) $\eta_P = (-1)^L, \eta_C = (-1)^{L+S}$ (2) $\eta_P = (-1)^{L+1}, \eta_C = (-1)^{S+1}$
(3) $\eta_P = (-1)^{L+S}, \eta_C = (-1)^{L+1}$ (4) $\eta_P = (-1)^{L+1}, \eta_C = (-1)^{L+S}$

9.32 已知共振态 $\psi(3686)$ 的夸克组成为 $2^3S_1(c\bar{c})$,其衰变总宽度 $\Gamma = 277$ keV,衰变到正负电子对的分宽度 $\Gamma_{ee} = 2.14$ keV。

(1) 画出衰变末态为正负电子不变质量谱的形状(注意横坐标的比例),在不变质量谱上标出 $\psi(3686)$ 的质量;不变质量谱的半高全宽(FWHM)应该取何值(假定谱仪的质量分辨小于 1 keV)?

(2) 计算该共振态的平均寿命。

(3) 写出 $\psi(3686)$ 的 $I^G(J^{PC})$。

9.33 设能量在 GeV 的中微子的反应截面约为 10^{-38} cm^2,试估算中微子在铁中的平均自由程。

9.34 由粒子表得到 Σ 粒子的质量分别为 1 189.4 MeV(Σ^+),1 192.6 MeV(Σ^0) 和 1 197.4 MeV(Σ^-),试由它们的夸克组成来估算 d 夸克和 u 夸克的质量差。

附录 I 基本的物理和化学常数[①][②]

物 理 量	符号	数 值
真空中光速	c	2.99792458×10^8 m·s^{-1}
^{133}Cs 基态超精细频率	$\Delta\nu(^{133}\text{Cs})$	9 192 631 770 Hz
牛顿引力常数	G_N	$6.67408(31) \times 10^{-11}$ m^3·kg^{-1}·s^{-2}
磁常数	μ_0	$4\pi \times 10^{-7}$ N·A^{-2} = $12.566370614 \times 10^{-7}$ N·A^{-2}
电常数,$1/(\mu_0 c^2)$	ε_0	$8.854187818 \times 10^{-12}$ F·m^{-1}
普朗克常数	h	$6.62607015 \times 10^{-34}$ J·s = $4.135667697 \times 10^{-15}$ eV·s
	$\hbar$	$1.0545718175 \times 10^{-34}$ J·s = $6.5821195686 \times 10^{-16}$ eV·s
基本电荷	e	$1.602176634 \times 10^{-19}$ C
复合常数	$\hbar c$	197.326 980 4 eV·nm
	$\dfrac{e^2}{4\pi\varepsilon_0}$	1.439 963 925 6 eV·nm
精细结构常数,$e^2/(4\pi\varepsilon_0 \hbar c)$	α	$1/137.0605826 = 7.2973494183 \times 10^{-3}$
里德伯常数,$m_e c \alpha^2/(2h)$	R_∞	$1.09737315685081(65) \times 10^7$ m^{-1}
阿伏伽德罗常数	N_A	$6.02214076 \times 10^{23}$ mol^{-1}
摩尔气体常数	R	8.3144463 J·mol^{-1}·K^{-1}
法拉第常数	F	96 485.332 89(59) C·mol^{-1}
玻尔兹曼常数,R/N_A	k	1.380649×10^{-23} J·K^{-1} = $8.61733326 \times 10^{-5}$ eV·K^{-1}
摩尔体积(理想气体)	V_m	$22.413962(13) \times 10^{-3}$ m^3·mol^{-1} (273.15 K, 101.325 kPa)
发光强度	K_{cd}	683 lm·W^{-1}
约瑟夫森常数,$2e/h$	K_J	483 597.848 4··· GHz·V^{-1}
克里青常数,h/e^2	R_K	258 12.807 459··· Ω
电子质量	m_e	$9.10938356(11) \times 10^{-31}$ kg = $0.5109989461(31)$ MeV·c^{-2}
质子质量	m_p	$1.672621898(21) \times 10^{-27}$ kg = $938.2720813(58)$ MeV·c^{-2}
中子质量	m_n	$1.674927471(21) \times 10^{-27}$ kg = $939.5654133(58)$ MeV·c^{-2}
氘核质量	m_d	$3.343583719(41) \times 10^{-27}$ kg = $1875.612928(12)$ MeV·c^{-2}
α粒子质量	m_α	$6.644657230(82) \times 10^{-27}$ kg = $3727.379378(23)$ MeV·c^{-2}

续表

物理量	符号	数值
μ子质量	m_μ	$1.883\ 531\ 594(48) \times 10^{-28}$ kg $= 105.658\ 374\ 5(24)$ MeV·c^{-2}
电子荷质比	$-\dfrac{e}{m_e}$	$-1.758\ 820\ 024(11) \times 10^{11}$ C·kg^{-1}
玻尔半径,$4\pi\varepsilon_0\hbar^2/(m_e e^2)$	a_0	$0.529\ 177\ 210\ 67(12) \times 10^{-10}$ m
经典电子半径,$e^2/(4\pi\varepsilon_0 m_e c^2)$	r_e	$2.817\ 940\ 322\ 7(19) \times 10^{-15}$ m
电子的康普顿波长,$h/(m_e c)$	λ_C	$2.426\ 310\ 236\ 7(11) \times 10^{-12}$ m
电子 g 因子	g_e	$-2.002\ 319\ 304\ 361\ 82(52)$
质子 g 因子	g_p	$5.585\ 694\ 702(17)$
玻尔磁子,$\hbar e/(2m_e)$	μ_B	$9.274\ 009\ 994(57) \times 10^{-24}$ J·T^{-1} $= 5.788\ 381\ 801\ 2(26) \times 10^{-5}$ eV·T^{-1}
电子磁矩	μ_e	$-928.476\ 462\ 0(57) \times 10^{-26}$ J·T^{-1} $= -1.001\ 159\ 652\ 180\ 91(26)\ \mu_B$
核磁子,$\hbar e/(2m_p)$	μ_N	$5.050\ 783\ 699(31) \times 10^{-27}$ J·T^{-1} $= 3.152\ 451\ 255\ 0(15) \times 10^{-8}$ eV·T^{-1}
质子磁矩	μ_p	$1.410\ 606\ 787\ 3(97) \times 10^{-26}$ J·T^{-1} $= 2.792\ 847\ 350\ 8(85)\ \mu_N$
中子磁矩	μ_n	$-0.966\ 236\ 50(23) \times 10^{-26}$ J·T^{-1} $= -1.913\ 042\ 73(45)\ \mu_N$
费米耦合常数	$G_F(\hbar\ c)^3$	1.166×10^{-5} GeV^{-2}
弱混合角	$\sin^2\theta_W$	$0.231\ 2(2)$
$W^\pm$ 玻色子质量	m_W	$80.385(15)$ GeV·c^{-2}
Z^0 玻色子质量	m_Z	$91.187\ 6(21)$ GeV·c^{-2}
强作用耦合常数	α_S	$0.118\ 4(7)$
原子质量单位,$m(^{12}C)/12$	u	$1.660\ 539\ 040(20) \times 10^{-27}$ kg $= 931.494\ 095\ 4(57)$ MeV
哈特里能量,$e^2/(4\pi\varepsilon_0 a_0)$	E_H	$27.211\ 386\ 02(17)$ eV $= 4.359\ 744\ 650(54) \times 10^{-18}$ J
能量转换因子	eV	$1.602\ 176\ 634 \times 10^{-19}$ J $= 1.782\ 661\ 922 \times 10^{-36}$ kg $= 1.160\ 451\ 812 \times 10^4$ K $= 1.073\ 544\ 105(66) \times 10^{-9}$ u

① 本表参考:http://www.nist.gov/pml/data/中 Fundamental Physical Constants. 常数来源于《CODATA Recommended 2014 values of the Fundamental Physical Constants》(P. J. Mohr 和 B. N. Taylor)和《粒子物理手册》。

② 2018年国际计量大会决定,进一步将普朗克常数 h、基本电荷 e、阿伏伽德罗常数 N_A 和玻尔兹曼常数 k 这四个基本物理量确定为精确不变量,由此其他一些物理量如,α、R、K_J 和 R_K 也为精确的,标志长期以来使用实物和自然现象定义基本量的方式终结。因此原表中用"(精确)"标示的少数基本量不再标示,剩余的有误差的物理量在后面的括号内标示误差。

附录 Ⅱ 电磁波谱和波段

电磁波按电动力学的观点,是指在空间传播的交变电磁场;按量子力学观点,它是由光子组成的,具有波粒二象性。电磁波的产生方式不尽相同,它们的频率或波长也不同,包括的范围很广,频率越小或波长越大,表现出的波动性越明显,反之则粒子性越明显。因此,根据不同的传播特性、需要和习惯,可以采用不同的频谱参量:波长 λ、频率 ν 和光子能量 E。三者之间的关系为: $\nu = c/\lambda, E = h\nu = hc/\lambda$,式中 h 为普朗克常数,c 为光速。

自然界中各类辐射源产生的电磁波谱是相当丰富和宽阔的,在实践中按频率从低到高(或按能量、波长等)的顺序分为 6 个波段:无线电波、红外线、可见光、紫外线、X 射线和 γ 射线,它们之间可能有交叉,实际上无线电波内的短波部分又称为微波。当然这里定义的 γ 射线已不是传统意义的原子核能级之间跃迁发出的电磁波,而是能量大于 10 keV 的电磁波,能量大于 10 MeV 的主要是宇宙深处产生的 γ 射线暴。下面的表和图给出整个电磁波谱和各个波段的名称、波长、频率和能量的范围。

序号	波段	波长 λ	频率 ν	能量 E
1	无线电波	3 000 m～1 mm	0.1 MHz～300 GHz	
2	红外线	1 mm～780 nm	300 GHz～385 THz	
3	可见光	780～380 nm	385～789 THz	1.59～3.26 eV
4	紫外线	380～10 nm		3.26～120 eV
5	X 射线	10～0.01 nm		120 eV～120 keV
6	γ 射线	10^{-10}～10^{-14} m		10 keV～100 MeV

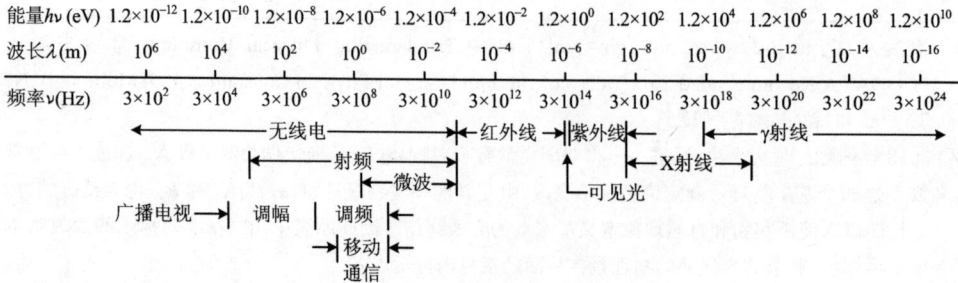

由于无线电波的频谱非常宽,按照不同的传播特性和用途,整个频谱又分为11个小段:极低频、超低频、特低频、甚低频、低频、中频、高频、甚高频、特高频、超高频和极高频。下面的表给出整个无线电波谱和各个波段的名称、频率和波长的范围。

序号	波段	频率	波长范围
1	极低频(极长波)ELF	3～30 Hz	100～10 Mm
2	超低频(超长波)SLF	30～300 kHz	10～1 Mm
3	特低频(特长波)ULF	300～3 000 kHz	1 000～100 km
4	甚低频(超长波)VLF	3～30 kHz	100～10 km
5	低频(长波)LF	30～300 kHz	10～1 km
6	中频(中波)MF	300～3 000 kHz	1 000～100 m
7	高频(短波)HF	3～30 MHz	100～10 m
8	甚高频(米波)VHF	30～300 MHz	10～1 m
9	特高频(分米波)UHF	300～3 000 MHz	100～10 cm
10	超高频(厘米波)SHF	3～30 GHz	10～1 cm
11	极高频(毫米波)EHF	30～300 GHz	10～1 mm

频率越低,传播损耗越小,覆盖距离越远,绕射能力也越强,但是系统容量有限,频率资源紧张,因此低频段的无线电波主要应用于海上通信、电话和广播等。而高频段则相反,主要用在电视、移动通信、导航、雷达、加热等。例如,调幅广播工作于 0.12～30 MHz,调频广播工作于 80～100 MHz,调频电视工作于 50～2 000 MHz,移动通信工作于 100～2 500 MHz,雷达工作于 100 MHz～100 GHz。无线电波中可以穿透地表大气层、能在空间传播的中频以上的高频部分又称为射频(RF),频率范围从 300 kHz～300 GHz,射频的较高频段部分(300 MHz～300 GHz)即后3种也称为微波。

附录Ⅲ 10 的幂词头

中文名称	符号	数值	例
阿	a	10^{-18}	as
飞	f	10^{-15}	fs
皮	p	10^{-12}	ps
纳	n	10^{-9}	nm
微	μ	10^{-6}	μm
毫	m	10^{-3}	mm
厘	c	10^{-2}	cm
分	d	10^{-1}	dm
千	k	10^{3}	keV
兆	M	10^{6}	MeV
吉	G	10^{9}	GeV
太	T	10^{12}	TeV
拍	P	10^{15}	PW

附录 IV 原子单位制

在原子分子物理研究中,特别是理论计算中,常使用原子单位制(atomic unit),简写为 a.u.。在原子单位制中,为了使许多公式表示得更简单,通常让一些基本的尺度常数为 1:
$$m_e = e = \hbar = \alpha c = 1$$
由它们出发,可以定义其他一些物理量的原子单位。它们是:

1 原子质量单位	$\equiv m_e$	$= 5.11 \times 10^5$ eV
1 原子电荷单位	$\equiv e$	$= 1.60 \times 10^{-19}$ C
1 原子角动量单位	$\equiv \hbar$	$= 6.58 \times 10^{-16}$ eV·s
1 原子速度单位	$\equiv \alpha c$	$= 2.19 \times 10^6$ m·s^{-1}
1 原子长度单位	$\equiv a_0 = \hbar/(m_e \alpha c)$	$= 0.529 \times 10^{-10}$ m
1 原子动量单位	$\equiv \hbar/a_0 = m_e \alpha c$	$= 1.25 \times 10^{-5}$ eV·m^{-1}·s
1 原子能量单位	$\equiv \dfrac{e^2}{4\pi\varepsilon_0 a_0} = m_e(\alpha c)^2$	$= 27.2$ eV
1 原子时间单位	$\equiv \dfrac{a_0}{\alpha c}$	$= 2.42 \times 10^{-17}$ s

其中,m_e 为电子的静止质量,e 为电子的电荷大小,$\hbar$ 为普朗克常数,a_0 为第一玻尔轨道半径,c 为光速,α 为精细结构常数。

利用上述定义可以得到在原子单位制中附录 I 中所给各物理学常数的数值,这里不再列表,仅给出几个例子。例如,电子的静止质量为 1,电子的电荷大小为 1,光速为 $\alpha^{-1} \approx 137$,氢原子的第一玻尔轨道半径为 1,氢原子的电离能为 1/2,电子在氢原子第一玻尔轨道上运动的速度为 1,动量为 1,角动量为 1,能量为 1/2,运行一周的时间即周期为 2π。

1 原子能量单位又称为哈特里(Hartree)。在文献中常用的能量单位还有里德伯,1 里德伯常用 1 Ry 表示,1 Ry = 13.6 eV,即为氢原子的电离能。

附录Ⅴ 诺贝尔物理学奖获得者及其主要工作[①]

瑞典科学家诺贝尔(A. Nobel,1833~1896)通过所从事的火药研究及制造,成了当时的百万富翁。他终生未婚,没有儿女,去世前留下遗嘱,把整个不动产作如下处理:由指定的遗嘱执行人进行安全可靠的投资,并作为一笔基金,每年以其利息用奖金形式分发给那些在前一年中对人类有最大贡献的人。奖金分五部分:物理学奖,化学奖,生理学或医学奖,文学奖,和平奖。

诺贝尔当时留下的基金为900万美元。1969年增设经济学奖,由瑞典银行提供奖金。

瑞典政府为此设立了一个基金委员会,只掌管基金投资和奖金发放。物理学奖、化学奖和经济学奖由瑞典皇家科学院主持选出,生理学或医学奖由瑞典卡洛琳研究院主持选出,文学奖由斯德哥尔摩研究院主持选出,和平奖由挪威议会中一个五人委员会主持选出。在执行时,诺贝尔奖获得者已不局限于在当年颁奖之前一年中对人类有最大贡献的人。

诺贝尔奖获得者的推选程序如下:首先由主持单位在前一年9月拟出下一年度推荐人名单,向全世界650个以上(对物理学奖和化学奖来说)科学家发出邀请推荐信。这年2月各个评奖委员会开始对候选人进行反复评比和筛选,直到确定其中1~3人。最后经过调查研究,根据候选人的科研成果做出决定。得奖人名单于10月公布,颁奖仪式于诺贝尔祭日(12月10日)举行。根据传统,诺贝尔奖只授予活着的人,每次不超过3人。各项奖的得奖人可得到一笔奖金、一个金质奖章和一张奖状。每年各项奖的奖金数目并不相同,1901年的奖金是3.5万美元,1935年是4.2万美元,1975年是15万美元,1988年是47.3万美元,2001年是140万美元。

从1901年开始颁奖至今,只有在两次世界大战中断六年。其中,美国的巴丁获两次物理学奖,居里夫人获物理学奖和化学奖各一次,卢瑟福的α粒子散射实验和原子的核式模型并没有获得物理学奖,他获得的是1908年化学奖。

历届诺贝尔物理学奖获得者及其主要工作如下表所示:

时间	获奖者	国籍	研究成果
1901	伦琴(W. C. Röntgen)	德国	1895年研究真空管放电时发现X射线
1902	塞曼(P. Zeeman)	荷兰	1896年发现磁场影响辐射,即塞曼效应
	洛伦兹(A. H. Lorentz)	荷兰	对塞曼效应的理论研究

[①] 韦伯 R L.诺贝尔物理学奖获得者[M].上海:上海翻译出版公司,1985. 周发勤.诺贝尔奖金及其获得者[J].科学与哲学,1979(1):47.

续表

时间	获奖者	国籍	研究成果
1903	贝克勒尔(A. H. Becquerel)	法国	1896年发现天然放射性
	皮埃尔·居里(P. Curie)	法国	对天然放射性现象的研究
	居里夫人(M. S. Curie)	法国	
1904	瑞利(J. Rayleigh)	英国	气体密度的研究以及与此有关的氩的发现
1905	勒纳德(P. Lenard)	德国	1892年对阴极射线的研究
1906	约瑟夫·汤姆孙(J. J. Thomson)	英国	1897年测量电子的电荷与质量的比值
1907	迈克耳孙(A. A. Michelson)	美国	创制光学精密仪器研究光谱学、度量学
1908	李普曼(G. Lippmann)	法国	发明应用干涉现象的彩色照相法
1909	马可尼(G. Marconi)	意大利	发明无线电报和发展无线电通信
	布劳恩(C. F. Braun)	德国	对无线电报的研究和改进
1910	范德瓦耳斯(J. D. van der Waals)	荷兰	气体和液体状态方程的研究
1911	维恩(W. Wien)	德国	发现热辐射定律
1912	达伦(N. G. Dalén)	瑞典	发明用于灯塔和浮标照明的自动调节器
1913	昂尼斯(H. K. Onnes)	荷兰	制成液氦,发现低温下物质的超导现象
1914	劳厄(M. von Laue)	德国	1912年发现晶体的X射线衍射
1915	亨利·布拉格(W. H. Bragg)	英国	利用X射线分析晶体结构
	劳伦斯·布拉格(W. L. Bragg)	英国	
1917	巴克拉(L. G. Barkla)	英国	发现元素的特征X射线
1918	普朗克(M. Planck)	德国	提出能量子概念,创建辐射的量子理论
1919	斯塔克(J. Stark)	德国	发现正离子射线的多普勒效应及光谱线在电场中的分裂
1920	纪尧姆(C. E. Guillaume)	瑞士	对精密物理学的贡献和发现镍合金钢的反常性
1921	爱因斯坦(A. Einstein)	德国,瑞士	对理论物理的贡献和发现光电效应
1922	玻尔(N. Bohr)	丹麦	对原子结构和原子辐射的研究
1923	密立根(R. A. Millikan)	美国	电子电荷的测量和光电效应的研究

续表

时间	获奖者	国籍	研究成果
1924	曼内·塞格巴恩(K. M. Siegbahn)	瑞典	X射线光谱学方面的发现和研究
1925	弗兰克(J. Franck)	德国	1914年实验发现电子与原子碰撞的能量转移不连续性,证实原子的能级结构
	赫兹(G. L. Hertz)	德国	
1926	皮兰(J. B. Perrin)	法国	对物质不连续结构的研究,测定原子量
1927	康普顿(A. H. Compton)	美国	1923年发现散射X射线的康普顿效应
	查尔斯·威尔逊(C. T. R. Wilson)	英国	发明观测带电粒子径迹的威尔逊云室
1928	理查森(O. W. Richardson)	英国	热电子现象的工作,发现里查森定律
1929	德布罗意(L. de Broglie)	法国	1925年提出电子的波动性即波粒二象性
1930	拉曼(C. V. Raman)	印度	1928年发现光散射的拉曼效应
1932	海森伯(W. K. Heisenberg)	德国	创立量子力学矩阵力学,提出不确定关系
1933	薛定谔(E. Schrödinger)	奥地利	1926年创立量子力学非相对论波动力学
	狄拉克(P. A. M. Dirac)	英国	1928年创立量子力学相对论波动力学
1935	查德威克(J. Chadwick)	英国	1932年发现中子
1936	赫斯(V. F. Hess)	奥地利	1911年发现宇宙线
	卡尔·安德森(C. D. Anderson)	美国	1932年发现正电子
1937	戴维森(C. J. Davisson)	美国	1927年发现晶体的电子衍射现象
	乔治·汤姆孙(G. P. Thomson)	英国	
1938	费米(E. Fermi)	意大利	发现辐射产生新放射性核素及慢中子产生核裂变
1939	劳伦斯(E. O. Lawrence)	美国	发明和发展回旋加速器,用它取得成果
1943	斯特恩(O. Stern)	美国	发展分子束方法,发现质子反常磁矩
1944	拉比(I. I. Rabi)	美国	发展分子束磁共振方法并测得原子核磁矩
1945	泡利(W. Pauli)	奥地利	1924年发现电子不相容原理即泡利定理
1946	布里奇曼(P. W. Bridgman)	美国	高压装置发明及高压物理研究
1947	阿普尔顿(E. V. Appleton)	英国	研究大气高层物理性质,发现无线电短波电离层
1948	布莱克特(P. M. S. Blackett)	英国	发展威尔逊云室,用在宇宙线测量

续表

时间	获奖者	国籍	研究成果
1949	汤川秀树（H. Yukawa）	日本	提出核力的介子理论，预言介子的存在
1950	鲍威尔（C. F. Powell）	英国	发展核乳胶方法，对介子的发现
1951	科克罗夫特（J. D. Cockroft）	英国	开创人工加速粒子进行原子核蜕变研究
	沃尔顿（E. T. S. Walton）	爱尔兰	
1952	布洛赫（F. Bloch）	美国	发展核磁共振精密测量方法及有关发现
	珀塞尔（E. M. Purcell）	美国	
1953	泽尔尼克（F. Zernike）	荷兰	发现相差衬托法，并发明相差显微镜
1954	玻恩（M. Born）	英国	量子力学研究，特别是波函数的统计解释
	博特（W. W. G. Bothe）	德国	提出符合法及由此取得的发现
1955	兰姆（W. E. Lamb）	美国	发现氢光谱的精细结构即兰姆移位
	库什（P. Kusch）	美国	精密测定电子磁矩，发现电子反常磁矩
1956	肖克利（W. Shockley）	美国	1947年发现半导体晶体管放大效应
	巴丁（J. Bardeen）	美国	
	布拉顿（W. H. Brattain）	美国	
1957	杨振宁（C. N. Yang）	美籍华人	1956年发现弱作用下宇称不守恒定律
	李政道（T. D. Lee）	美籍华人	
1958	切伦科夫（P. A. Cherenkov）	苏联	1934年发现切伦科夫效应
	弗兰克（I. M. Frank）	苏联	1937年理论解释切伦科夫效应
	塔姆（I. E. Tamm）	苏联	
1959	塞格雷（E. G. Segrè）	美国	1955年发现反质子
	张伯伦（O. Chamberlain）	美国	
1960	格拉泽（D. A. Glaser）	美国	发明气泡室
1961	霍夫斯塔特（R. Hofstadter）	美国	高能电子核散射实验确定核形状和大小
	穆斯堡尔（R. L. Mössbauer）	德国	1958年发现无反冲 γ 共振吸收
1962	朗道（L. D. Landau）	苏联	物质凝聚态理论的研究，特别是液氦

续表

时间	获奖者	国籍	研究成果
1963	梅耶夫人(M. G. Mayer)	美国	1949年提出原子核壳层模型
	詹森(J. H. D. Jensen)	德国	
	维格纳(E. P. Wigner)	美国	提出原子核和基本粒子同位旋理论
1964	汤斯(C. H. Townes)	美国	独立制成微波激射器,发展激光器
	巴索夫(N. G. Basov)	苏联	
	普罗霍罗夫(A. M. Prokhorov)	苏联	
1965	费恩曼(R. P. Feynman)	美国	发展量子电动力学
	施温格(J. S. Schwinger)	美国	
	朝永振一郎(S. Tomonaga)	日本	
1966	卡斯特勒(A. H. Kastler)	法国	发现和发展了研究原子共振的光学方法
1967	贝特(H. A. Bethe)	美国	原子核反应理论,恒星能量产生理论
1968	阿尔瓦雷斯(L. W. Alvarez)	美国	发展氢泡室和数据分析系统,发现大量共振态
1969	盖尔曼(M. Gell-Mann)	美国	发现基本粒子分类和相互作用夸克模型
1970	阿尔文(H. O. G. Alfvén)	瑞典	等离子体物理和磁流体动力学的研究和发现
	奈尔(L. E. F. Néel)	法国	研究和发现反铁磁性和铁氧体磁性
1971	伽柏(D. Gabor)	英国,匈牙利	1948年发明全息照相
1972	巴丁(J. Bardeen)	美国	1957年提出BCS超导理论
	库珀(L. N. Cooper)	美国	
	施里弗(J. R. Schrieffer)	美国	
1973	约瑟夫森(B. D. Josephson)	英国	1962年理论预言通过隧道阻挡层的超导电流现象即约瑟夫森效应
	贾埃弗(I. Giaever)	美国,挪威	发现超导体中隧道效应
	江崎玲于奈(Leo Esaki)	日本	发现半导体隧道效应并制成隧道二极管

续表

时间	获奖者	国籍	研究成果
1974	赖尔(Sir Martin Ryle)	英国	开拓射电天文学,发展射电望远镜
	赫威斯(A. Hewish)	英国	开拓射电天文学,发现脉冲星
1975	阿格·玻尔(A. Bohr)	丹麦	提出原子核内核子集体运动和综合模型
	莫特森(B. R. Mottelson)	丹麦	
	雷恩瓦特(L. J. Rainwater)	美国	
1976	里克特(B. Richter)	美国	发现 J/ψ 粒子
	丁肇中(S. C. C. Ting)	美籍华人	
1977	菲利普·安德森(P. W. Anderson)	美国	磁性和无序系统的电子结构的理论研究
	莫特(N. F. Mott)	英国	
	范弗莱克(J. H. van Vleck)	美国	
1978	彭齐亚斯(A. A. Penzias)	美国	发现宇宙微波背景辐射
	罗伯特·威尔逊(R. W. Wilson)	美国	
	卡皮查(P. L. Kapitza)	苏联	低温物理方面,发明氦的液化器
1979	温伯格(S. Weinberg)	美国	1967 年提出弱、电磁作用统一理论,预言弱中性流
	萨拉姆(A. Salam)	巴基斯坦	
	格拉肖(S. L. Glashow)	美国	1973 年发展了温伯格-萨拉姆理论
1980	克罗宁(J. W. Cronin)	美国	做 K_0 介子衰变实验,确定 CP 不守恒
	菲奇(V. L. Fitch)	美国	
1981	布洛姆伯根(N. Bloembergen)	美国	非线性光学和激光光谱学的研究
	肖洛(A. L. Schawlow)	美国	
	凯·塞格巴恩(K. M. Siegbahn)	瑞典	发展高分辨电子能谱仪和能谱研究
1982	肯尼斯·威尔逊(K. G. Wilson)	美国	相变的临界现象理论
1983	钱德拉塞卡(S. Chandrasekhar)	美国	研究恒星结构和演化,特别是白矮星
	福勒(W. A. Fowler)	美国	宇宙中化学元素的形成理论
1984	鲁比亚(C. Rubbia)	意大利	1983 年发现中间玻色子 $W^{\pm}$, Z^0
	范德梅尔(S. van der Meer)	荷兰	发明"随机冷却"方案实现 $p\bar{p}$ 对撞

续表

时间	获奖者	国籍	研究成果
1985	克里青(K. von Klitzing)	德国	1980年发现量子霍尔效应
1986	鲁斯卡(N. Ruska)	德国	1933年发明电子显微镜
	宾尼格(G. Binnig)	德国	1981年发明扫描隧道显微镜
	罗雷尔(H. Rohrer)	瑞士	
1987	米勒(K. A. Müller)	瑞士	1986年发现高温氧化物超导
	贝德诺尔茨(J. G. Bednorz)	德国	
1988	莱德曼(L. Lederman)	美国	1962年发现ν_μ,验证轻子的二重态结构
	施瓦茨(M. Schwartz)	美国	
	斯坦伯格(J. Steinberger)	美国	
1989	拉姆齐(N. F. Ramsey)	美国	发明分离振荡场方法并用到氢激射器和原子钟
	德默尔特(H. G. Dehmelt)	美国	发展射频阱技术测量基本物理常数
	保罗(W. Paul)	德国	发明射频阱(保罗阱)捕获带电粒子技术
1990	弗里德曼(J. Friedman)	美国	1967年做高能电子被质子的深度非弹性散射实验,发现部分子,证实强子有结构
	肯德尔(H. Kendall)	美国	
	泰勒(R. Taylor)	加拿大	
1991	德热纳(P. G. de Gennes)	法国	对软物质(复杂的流体)的研究
1992	夏帕克(G. Charpak)	法国	发明多丝正比室并推动粒子探测器发展
1993	赫尔斯(R. A. Hulse)	美国	1974年发现脉冲双星,证明相对论新重力定义
	约瑟夫·泰勒(J. H. Taylor)	美国	
1994	布罗克豪斯(B. N. Brockhouse)	加拿大	发展中子散射技术到凝聚态物质
	沙尔(C. Shull)	美国	
1995	莱茵斯(F. Reines)	美国	1956年发现电子型反中微子
	佩尔(M. L. Perl)	美国	1975年发现τ轻子
1996	戴维·李(D. M. Lee)	美国	1971年发现^{3}He超流相
	奥谢罗夫(D. D. Osheroff)	美国	
	理查森(R. C. Richardson)	美国	

续表

时间	获奖者	国籍	研究成果
1997	朱棣文(Steven Chu)	美籍华人	在激光冷却和囚禁原子方面的贡献
	菲利普斯(W. D. Phillips)	美国	
	塔努吉(C. C. Tannoudji)	法国	
1998	崔琦(Daniel C. Tsui)	美国	1982年发现分数量子霍尔效应
	施特默(H. Störmer)	德国	
	劳克林(R. Laughlin)	美国	
1999	霍夫特(G. 't Hooft)	荷兰	1973年证明非阿贝尔规范场的重整化,使弱电统一理论有了基础
	韦尔特曼(M. J. G. Veltman)	荷兰	
2000	基尔比(J. S. Kilby)	美国	1958年发明集成电路芯片
	阿尔费罗夫(Z. I. Alferov)	白俄罗斯	1963年发明高速晶体管和激光二极管
	克罗默(H. Kroemer)	德国	
2001	康奈尔(E. A. Cornell)	美国	1995年实现玻色-爱因斯坦凝聚并对特性进行研究
	维曼(C. E. Wieman)	美国	
	克特勒(W. Ketterle)	德国	
2002	戴维斯(R. Davis)	美国	直接探测宇宙中微子,开创中微子天文学
	小柴昌俊(M. Koshiba)	日本	
	贾科尼(R. Giacconi)	美国	发现宇宙X射线源,开创X射线天文学
2003	阿布里科索夫(A. A. Abrikosov)	美国,俄罗斯	超导体理论的开拓性工作
	金茨堡(V. L. Ginzburg)	俄罗斯	
	莱格特(A. J. Leggett)	美国,英国	建立^{3}He超流体理论,了解其中库珀对的结构
2004	格罗斯(D. J. Gross)	美国	1973年提出夸克渐近自由理论
	波利策(H. D. Politzer)	美国	
	维尔切克(F. Wilczek)	美国	

续表

时间	获奖者	国籍	研究成果
2005	格劳伯(R.J.Glauber)	美国	光学相干的量子理论
	霍尔(J.L.Hall)	美国	超精密激光光谱学,包括光梳技术
	亨施(T.W.Hänsch)	德国	
2006	马瑟(J.C.Mather)	美国	通过空间卫星测量发现宇宙微波背景辐射的黑体辐射形态和各向异性
	斯穆特(G.F.Smoot)	美国	
2007	费尔(A.Fert)	法国	发现"巨磁电阻"效应
	格林贝格(P.Grünberg)	德国	
2008	南部阳一郎(Y.Nambu)	美国	发现对称性自发破缺机制
	小林诚(T.Kobayashi)	日本	发现对称性破缺的起源,预言6夸克
	益川敏英(T.Maskawa)	日本	
2009	高锟(Chatles K. Kao)	英国	光纤和光纤通信的开创性研究
	博伊尔(W.S.Boyle)	美国	发明电荷耦合器件CCD图像传感器
	史密斯(G.E.Smith)	美国	
2010	盖姆(A.Geim)	英国	二维空间最薄石墨稀材料的突破性实验
	诺沃肖洛夫(K.Novoselov)	英国	
2011	波尔马特(S.Perlmutter)	美国	通过观测遥远超新星发现宇宙的加速膨胀
	施密特(B.P.Schmidt)	美国,澳大利亚	
	里斯(A.G.Riess)	美国	
2012	阿罗什(S.Haroche)	法国	操控和测量单个量子系统的突破性实验方法
	维因兰德(D.J.Wineland)	美国	
2013	希格斯(P.W.Higgs)	英国	提出亚原子粒子质量起源的机制
	恩格勒(F.Englert)	比利时	
2014	赤崎勇(I.Akasaki)	日本	发明高亮度蓝色发光二极管,使三原色(红、绿和蓝)白光LED成为可能
	天野浩(H.Amano)	日本	
	中村修二(S.Nakamura)	美国	

续表

时间	获奖者	国籍	研 究 成 果
2015	梶田隆章(T. Kajita)	日本	实验发现中微子振荡
	麦克唐纳(A. B. McDonald)	加拿大	
2016	索利斯(D. J. Thouless)	美国	理论提出物质的拓扑相变和拓扑相
	霍尔丹(F. D. M. Haldane)		
	科斯特利茨(J. M. Kosterlitz)		
2017	韦斯(R. Weiss)	美国	提出用激光干涉仪探测引力波,建成这类天文台LIGO,首次观测到引力波
	索恩(K. S. Thorne)		
	巴里什(B. C. Barish)		
2018	阿斯金(A. Ashkin)	美国	发明光镊及其在生物系统中的应用
	莫罗(G. Mourou)	法国	发明超强超短啁啾激光脉冲放大技术
	斯特里克兰(D. Strickland)	加拿大	

习 题 答 案

第1章

1.1 0.310 nm

1.2 (1) 1.5×10^{30}；(2) 3.7×10^{17}

1.3 4.48×10^6 s^{-1}

1.4 $1.44\ \mu$m，4.83×10^{-19} C = $3e$

1.5 (2) 2.3×10^2 N·m^{-1}，2.5×10^{15} s^{-1}

1.6 (1) 21.5×10^{-15} m；(2) 51.9×10^{-15} m；(3) 43.0×10^{-15} m

1.7 (1) 1.31×10^{-4}；(2) $1:0.0359:0.00513$；(3) 1.00×10^8；(4) 8.01×10^{-22} cm^2

1.8 0.0527 nm，6.6×10^{15} s^{-1}，1.5×10^{-16} s，2.2×10^6 m·s^{-1}，2.0×10^{-24} kg·m·s^{-1}，4.2×10^{16} rad·s^{-1}，1.06×10^{-34} kg·m^2·s^{-1}，9.1×10^{22} m·s^{-2}，13.7 eV，-27.3 eV，-13.6 eV

1.9 (1) 1.06 mA；(2) 12.6 T

1.10 8.3×10^{-8} N，3.6×10^{-47} N，2.3×10^{39}

1.11 莱曼系：91.16 nm，121.5 nm，巴耳末系：364.6 nm，656.3 nm，帕邢系：820.4 nm，1875.2 nm

1.12 54.4 eV，40.8 eV，48.4 eV，30.4 nm，91.16 nm，0.0264 nm

1.13 (1) 6→4；(2) 10 972 227 m^{-1}；(3) 10 973 732 m^{-1}

1.14 (1) 13.5984 eV，13.6021 eV，54.4133 eV，54.4158 eV，122.4411 eV，122.4427 eV；(2) 氢的 121.6 nm

1.15 (1) 97.2 nm，102.5 nm，121.5 nm，486.1 nm，656.1 nm，1874 nm
(2) 7.8×10^{-8} eV，3.86 m·s^{-1}

1.16 2.53 keV，0.351 keV，He 元素，24.9 keV

1.17 (1) -9.28 MeV，0.39×10^{-14} m，-2.32 MeV，1.5×10^{-14} m
(2) 9.28 MeV，6.96 MeV

1.18 (1) 529.2 nm，1.3600 MeV，0.0268 MeV；(2) 529.47 nm，1.3593 MeV，0.0268 MeV

第2章

2.1 (1) 6.24 nm，0.145 nm，0.0727 nm；(2) 12.4 keV，150 eV，0.0815 eV，0.0205 eV

2.2 (1) 0.01225 nm，2.9×10^{-4} nm；(2) 0.18 nm；(3) 2.5×10^{-8} nm

习题答案

2.3　216 V

2.4　177.76°,175.51°,175.51°,133.48°

2.5　0.18 nm

2.6　2.47×10^{-5} m

2.9　(1) $-\dfrac{Z^2 e^2}{2a_0}$;(2) $mc^2(1-\alpha^2 Z^2)^{1/2}$;(3) $\left(\dfrac{\hbar^2}{2mV_0}\right)^{1/2}$

2.11　4.95×10^{-5} m

2.12　(1) 152 eV;(2) 1.22×10^{-7} N

2.13　(1) $\psi_n = \sqrt{\dfrac{8}{abc}}\sin\dfrac{n\pi x}{a}\sin\dfrac{k\pi y}{b}\sin\dfrac{l\pi z}{c}$, $E_n = \dfrac{\hbar^2\pi^2}{2m}\left(\dfrac{n^2}{a^2}+\dfrac{k^2}{b^2}+\dfrac{l^2}{c^2}\right)$;(2) 28 eV

2.15　当 $E<V_0$, $R=1$, $T=0$;

当 $E>V_0$, $R=\left(\dfrac{k'-k}{k'+k}\right)^2$, $T=\dfrac{4k'k}{(k'+k)^2}$, $k=\sqrt{\dfrac{2mE}{\hbar^2}}$, $k'=\sqrt{\dfrac{2m(V_0-E)}{\hbar^2}}$

2.16　0.674 nm

2.17　3×10^3 MeV

2.18　(1) $\dfrac{1}{\sqrt{\pi a_0^3}}e^{-r/a_0}$;(2) $\dfrac{3}{2}a_0$;(3) $r=a_0$;(4) $-\dfrac{e^2}{a_0}$;(5) $\dfrac{e^2}{2a_0}$

第3章

3.1　0

3.2　0.69 mm

3.3　2.5×10^{13} m·s^{-1}

3.5　0.39 T

3.6　(1) $-\hbar^2$, $\hbar^2/2$;(2) $j=1/2, 3/2$, $J=\sqrt{3}\hbar/2, \sqrt{15}\hbar/2$

3.7　1.14×10^{-4} nm

3.8　$R=4.2\times10^5$

3.10　(1) $6\,^2P_{3/2}$ 和 $6\,^2P_{1/2}$;(2) 6.87×10^{-2} eV;(3) 1.187×10^3 T

3.11　(2) $Z^*_{4S}=2.25, \Delta_{4S}=2.22$;$Z^*_{4P}=1.78, \Delta_{4P}=1.75$;$Z^*_{3D}=1.04, \Delta_{3D}=0.12$

3.12　1.372 9, 0.882 7, 0.009 5, 0.001 8

3.13　2 773 K

3.14　(1) 4/3, 6/5;(3) $4\mu_B B, 6\mu_B B$

3.15　4; $\pm 4/3, \pm 3/2$;55.5 T

3.16　(1) 5,分别是 $3\,^2S_{1/2}, 3\,^2P_{1/2,3/2}, 3\,^2D_{2.5/2}$;(2) 14

3.17　1.16×10^{-4} eV, 2.8×10^{10} Hz

3.18　9.41×10^{-25} J 或 5.87×10^{-6} eV

3.19　0.8,$^2D_{3/2}$

第4章

4.1　$^5S_2$

4.3　Ne：$1s^2 2s^2 2p^6$；Mg：$1s^2 2s^2 2p^6 3s^2$；P：$1s^2 2s^2 2p^6 3s^2 3p^3$；
　　Co：$1s^2 2s^2 2p^6 3s^2 3p^6 4s^2 3d^7$；Ge：$1s^2 2s^2 2p^6 3s^2 3p^6 3d^{10} 4s^2 3p^2$

4.4　100，45

4.5　(1) 不能存在，不能存在，可以存在；(2) 不能存在，可以存在

4.6　$^2P_{3/2,1/2}$，$^2D_{5/2,3/2}$，$^4S_{3/2}$；共 20 个态

4.7　$S=3/2, L=1, J=1/2, 3/2, 5/2$；$^4P_{1/2,3/2,5/2}$

4.8　Mg：$1s^2 2s^2 2p^6 3s^2$，$^1S_0$；
　　Al：$1s^2 2s^2 2p^6 3s^2 3p$，$^2P_{1/2}$；
　　Ti：$1s^2 2s^2 2p^6 3s^2 3p^6 4s^2 3d^2$，$^3F_2$

4.9　(1) $^2S_{1/2}$，$^2D_{3/2,5/2}$，$^2G_{7/2,9/2}$，$^4P_{1/2,3/2,5/2}$，$^2P_{1/2,3/2}$，$^4F_{3/2,5/2,7/2,9/2}$，$^2F_{5/2,7/2}$；(2) 基态为 $^4F_{9/2}$

4.10　$(1/2,1/2)_{1,0}$，$(1/2,3/2)_{2,1}$，$(3/2,1/2)_{2,1}$，$(3/2,3/2)_{3,2,1,0}$

4.11　4 条，0.4 cm

4.12　1.76×10^{11} C/kg

4.13　(1) 3/2

4.15　18 种：$^1S_0\to{}^1P_1$，$^3S_1\to{}^3P_{2,1,0}$，$^1P_1\to{}^1P_1$，$^3P_2\to{}^3P_{2,1}$，$^3P_1\to{}^3P_{2,1,0}$，$^3P_0\to{}^3P_1$，$^1D_2\to{}^1P_1$，
　　$^3D_3\to{}^3P_2$，$^3D_2\to{}^3P_{2,1}$，$^3D_1\to{}^3P_{2,1,0}$

4.17　不能

4.18　铬和铜

第5章

5.1　3.46 eV

5.2　0.232 cm^{-1}

5.3　3.31×10^{-47} kg·m^2，0.141 nm

5.5　(1) 2 884.03 cm^{-1}；(2) 2.18 cm^{-1}

5.6　$B=1.93$ cm^{-1}，$R_0=0.113$ nm，$k=2\,642.52$ N·m^{-1}

5.7　(1) $\Delta\lambda/\lambda=0.022$；(2) 不能

5.8　$^3\Sigma$，$^1\Sigma$

5.9　(1) R 支：102 879.65 cm^{-1}，102 880.21 cm^{-1}，102 879.04 cm^{-1}，102 876.14 cm^{-1}；
　　　P 支：102 873.34 cm^{-1}，102 867.59 cm^{-1}，102 860.11 cm^{-1}，102 850.90 cm^{-1}；
　　(2) 带头在紫端，102 880.21 cm^{-1}

5.10　大拉曼位移，8.97×10^{13} Hz

第6章

6.1　3 000 光年

习题答案

6.2　17 500 个

6.3　(1) $J = 1^-$;(2) $L = 1$;(3) $S = 1$

6.4　(1) $S_{H_2} = 0, 1, S_{D_2} = 0, 1, 2, S_{HD} = \frac{1}{2}, \frac{3}{2}$。

　　 (2) 对 H_2:$S = 0, J = 0, 2, 4, \cdots; S = 1, J = 1, 3, 5, \cdots$;

　　　　对 D_2:$S = 0, 2, J = 0, 2, 4, \cdots; S = 1, J = 1, 3, 5, \cdots$;

　　　　对 HD:$S = \frac{1}{2}, \frac{3}{2}, J = 0, 1, 2, 3, \cdots$。

　　 (3) $\Delta E_{转} \approx 6.8 \times 10^{-3}$ eV,$E_{动} \approx 0.30$ eV,$E_{SS} \approx 1.1 \times 10^{-11}$ eV,$E_{LS} \approx 2.3 \times 10^{-8}$ eV。

　　 (4) 处于核自旋基态,H_2 和 D_2 在 $S = 0, J = 0$ 态

6.5　(1) $N_m = \dfrac{N e^{m g_p \mu_N B/(kT)}}{e^{-g_p \mu_N B/(2kT)} + e^{g_p \mu_N B/(2kT)}}$

6.6　(1) 9.40 T;(2) 1.65×10^{-6} eV;(3) 54.1 MHz

6.7　(1) 23.8 MeV,5.7×10^{10} J;(2) 5.25×10^{20} s^{-1},553 kg

6.8　131.7 MeV,7.75 MeV,4.15 MeV

6.9　1.57 MeV

6.10　(1) $Z = \dfrac{A}{2 + 0.015 A^{2/3}}$,$A = 208$;(2) $A = 198$

6.12　$S = 1, J = 1, L = 0, 2, \mu_d$(D 态) = 0.310 10 μ_N,96.1%

6.13　(1) $\left(\dfrac{1}{2}\right)^-, 0^+, \left(\dfrac{5}{2}\right)^+$;(2) $0^+, 1^+, 2^+, 3^+, 4^+, 5^+$;

　　　(4) $\left(\dfrac{3}{2}\right)^-;\left(\dfrac{1}{2}\right)^-;\left(\dfrac{1}{2}\right)^-$;

　　　(5) ^{13}B 质量最大,^{13}C 最小,质量差为 3.15 MeV

6.14　(1) $\left(\dfrac{1}{2}\right)^-, \left(\dfrac{5}{2}\right)^-, \left(\dfrac{3}{2}\right)^-$ 和 $\left(\dfrac{13}{2}\right)^+$;(2) $\left(\dfrac{9}{2}\right)^+$ 和 $\left(\dfrac{11}{2}\right)^+$;

　　　(3) 0 和 $-1.91 \mu_N$,;(4) 0 和 0

6.15　(1) $\left(\dfrac{1}{2}\right)^-, \left(\dfrac{9}{2}\right)^+$;(2) -19.6 keV;(3) 536 keV;(4) 14.7 keV

第 7 章

7.1　86.4 mCi,$N_\beta = 3.20 \times 10^9$ s^{-1},$N_\gamma = 2.74 \times 10^9$ s^{-1}

7.2　0.50 μCi,4.42×10^{-10} g

7.3　2.4×10^{16},2.3×10^{13},54.4 min

7.4　1.33×10^9 a

7.5　(1) 1 823 a;(2) 1.1 h;(3) 54.8 g;(4) 67.6 g

7.6　(1) 1.8 mCi;(2) 4.53×10^7 s^{-1};(3) 2.6×10^5;(4) M4 和 E5

7.7　2.44×10^4 a

· 439 ·

7.8   (2) 4.2×10^9 J·a^{-1};(3) 270 a

7.9   (1) 43 keV,143 keV;(2) $0^+,0^+,2^+,4^+$;
     (3) 43 keV,E2,100 keV,E2

7.10 (1) 33.4;(2) 469.3 MeV,9.7 MeV

7.11 β^-,2.011 MeV;β^+,0.85 MeV;EC,1.855 MeV;无 α 和 n 衰变

7.12 2.98 MeV

7.13 (1) $E_d = 14.0$ MeV 贡献最大,$E_d = 0.33$ MeV 较小,$E_d = 16.9$ MeV 可忽略;
     (2) 只有 ^{8}B 的 $E_d = 14.0$ MeV 的 β^+ 衰变中产生的中微子能产生反应:
     $\nu_e + p \to n + e^+ + \nu_e + \nu_e, \nu_e + d \to p + p + e^-$ 和 $\nu_e + d \to n + n + e^+ + \nu_e$

7.14 1.5 eV,4.8 eV,6.4 keV

7.15 能

7.16 0.00,3.00,4.80 和 7.05 MeV

7.17 -2.223 MeV,2.223 MeV;1.897 MeV,1.880 MeV;84.32°

7.18 2.87 MeV,2.60 MeV

7.19 1 879 keV,29 keV

7.20 5 mb

7.21 (1) 9.75 MeV;(2) 反应(a);(3) 9 eV

第 8 章

8.1   (1) 650 keV;(2) $h\nu'_{max} = 662$ keV,$h\nu'_{min} = 184$ keV,$E_{e\,max} = 0$,$E_{e\,min} = 478$ keV;
     (3) 184 keV;(4) 9.9 keV

8.2   17.3 keV,16.2 keV,13.6 keV 和 12.9 keV

8.3   3.678 eV,12.5 eV

8.4   0.025 cm

8.5   (1) 9.2 μm;(2) 0.995(Cu),0.968(Zn)

8.6   6.11 cm,0.070 cm

8.7   1.02 MeV,2.04 MeV

8.8   3.2 MeV

8.9   10 eV,5.11 eV,1.15 eV

8.10 9.7 keV,9.7 keV,1.3 MeV

8.11 (1) 0.63;(2) 1 671 MeV·cm^{-1};(3) 6.49

8.12 17 500 个

8.13 0.07:0.74:1

8.14 $1:2.86\times 10^{-17}:4.34\times 10^{-20}$

8.15 1.7×10^{-5} nm

8.16 (1) 4.1×10^{-8} eV,1.1×10^{-9} eV,8.37×10^{-6} eV

8.17 0.998×10^{-10} s(He$^+$), 1.97×10^{-11} s(Li^{2+})

第9章

9.1   (1) 轻子数不守恒；   (2) 重子数及轻子数不守恒；
      (3) 电荷不守恒；   (4) 能量不守恒

9.2 $4m_e c^2 \approx 2.04$ MeV

9.3   (1) 禁戒,重子数不守恒；   (2) 允许,弱作用衰变；
      (3) 禁戒,轻子数不守恒；   (4) 禁戒,奇异数不守恒；
      (5) 禁戒,若有光子参加,则应是电磁作用,但(3)过程奇异数不守恒

9.4   可能的衰变：$\Omega^- \to \Lambda^0 + K^-$, $\Omega^- \to \Xi^0 + \pi^-$, $\Omega^- \to \Xi^- + \pi^0$；
      Ω^- 是 $S=-3$ 最轻的重子,只能通过弱作用衰变到奇异数比它小 1 的终态。

9.5 $T_a = 287.5$ MeV

9.6 K^- 的奇异数为 -1, Σ^+ 的奇异数为 -1

9.7 $\gamma = 2.885, \beta = 0.94, v = \beta c, E_\pi = \gamma m_\pi c^2 = 403$ MeV, $T = 263$ MeV, $p = \beta E = 378$ MeV·c^{-1}

9.8 $T_\mu = 4$ MeV, $T_\nu = E_\nu = 30$ MeV

9.9   介子的自旋可能取值为 $J = 0, 2, 4$ 等偶数

9.10 $T_a = 6m_e = 6 \times 0.511$ MeV $= 3.07$ MeV

9.11 π^+ 介子的阈动能 $T_a = 902.4$ MeV, $E = 1\,042$ MeV

9.12 (1) $L = 1$; (2) $S = 1$

9.13 弱作用过程

9.14

	Q	I	I_3	S	B
$\overline{K}^0$	0	1/2	+1/2	-1	0
ϕ	0	0	0	0	0
Δ^{++}	2	3/2	3/2	0	1
Ξ^-	-1	1/2	$-1/2$	-2	1
$\overline{\Omega}^-$	-1	0	0	3	1

9.15 正电子素 $^3S_1$ 的 $L = 0, S = 1$,所以 $C = (-1)^{L+S} = -1$,而两光子电磁作用衰变过程的终态 $C = +1$, C 宇称不守恒,只能衰变为三个光子。

9.17 (1) 中微子；(2) 光子、中微子和电子；(3) 光子

9.18 对撞机反应的阈能即是 3.1 GeV,电子打静止靶的阈动能 $T_a = 9\,400$ GeV

9.19 $L = 0$；自旋 $S = 1$; $I = 0$

9.20 Ξ^- 的夸克组成为 dss, $Q = -1, B = 1, S = -2$; Ξ^0 的夸克组成为 uss, $Q = 0, B = 1, S = -2$

9.21 $I = 1, I_3 = -1, S = 0, B = 0$

9.22 $\tau \approx 4.4 \times 10^{-24}$ s

9.23 (2) 是允许的

9.25 (1) 违反电荷守恒和 μ 轻子数守恒;(2) 违反电子轻子数守恒和能量守恒;
(3) 违反能量守恒和重子数守恒;(4) 违反能量守恒;(5) 可以发生

9.26 重子含有三个价夸克,介子含有一个夸克和一个反夸克

9.27 (1) $\Lambda^0 \to p + \mu^- + \bar{\nu}_\mu$;(2) $\Sigma^+ \to \mu^+ + \nu_\mu + n$;(3) $\tau^+ \to e^+ + \nu_e + \bar{\nu}_\tau$;
(4) $\mu^- \to e^- + \bar{\nu}_e + \nu_\mu$;(5) $K^+ \to \mu^+ + \nu_\mu$

9.28 (3)

9.29 $T_{max} \approx 50$ MeV,平均能量 ≈ 25 MeV

9.30 (4)

9.31 (4)

9.32 (2) $\tau = \hbar/\Gamma = 2.4 \times 10^{-21}$ s;(3) $0^- (1^{--})$

9.33 $L = 1/(N_A \sigma \rho) = 1/(6.02 \times 10^{23} \times 10^{-38} \times 7.87) = 2 \times 10^{13}$ (m)

9.34 Σ^+, Σ^0 和 Σ^- 的夸克组成分别为 uus,uds 和 dds,设它们中的夸克间平均距离相同,它们的质量差是由夸克质量的差别及电磁作用引起的,则有

$$M(\Sigma^-) = M_0 + m_s + 2m_d + \delta(e_d^2 + 2e_d e_s) = M_0 + m_s + 2m_d + \delta/3$$

$$M(\Sigma^0) = M_0 + m_u + m_d + m_s + \delta(e_d d_u + e_d e_s + e_u e_s)$$
$$= M_0 + m_s + m_u + m_d - \delta/3$$

$$M(\Sigma^+) = M_0 + m_s + 2m_u + \delta(e_u^2 + 3e_u e_s) = M_0 + m_s + 2m_u$$

其中夸克电荷 e_u, e_d 和 e_s 分别为 $2/3e, -1/3e$ 和 $-1/3e$, δ 是常数,M_0 是夸克间强作用引起的总质量,假定不同夸克间强作用相同。于是得到

$$m_d - m_u = [M(\Sigma^-) + M(\Sigma^0) - 2M(\Sigma^+)]/3 = 3.7 \text{ MeV}$$

主要参考书目

[1] 杨福家.原子物理学[M].4版.北京:高等教育出版社,2008.

[2] 褚圣麟.原子物理学[M].北京:人民教育出版社,1979.

[3] 顾建中.原子物理学[M].北京:高等教育出版社,1986.

[4] Willmott J C.原子物理学[M].李申生,译.北京:高等教育出版社,1985.

[5] 郑乐民,徐庚武.原子结构与原子光谱[M].北京:北京大学出版社,1988.

[6] 徐克尊.高等原子分子物理学[M].3版.合肥:中国科学技术大学出版社,2012.

[7] 喀兴林.量子力学与原子世界[M].太原:山西科学技术出版社,2000.

[8] 科尼 A.原子光谱学和激光光谱学[M].北京:科学出版社,1984.

[9] 王国文.原子与分子光谱导论[M].北京:北京大学出版社,1985.

[10] Bransden B H, Joachain C J. Physics of Atoms and Molecules [M]. 2ed. New York: Pearson Education, 2003.

[11] Svanberg S. Atomic and Molecular Spectroscopy [M]. New York: Springer-Verlag, 1992.

[12] 郭硕鸿.电动力学[M].2版.北京:高等教育出版社,1997.

[13] 曾谨言.量子力学:卷Ⅰ[M].4版.北京:科学出版社,1998.

[14] 张永德.量子力学[M].2版.北京:科学出版社,2010.

[15] 邹鹏程.量子力学[M].2版.北京:高等教育出版社,2003.

[16] 赵凯华,钟锡华.光学[M].北京:北京大学出版社,2008.

[17] 徐克尊,等.粒子探测技术[M].上海:上海科学技术出版社,1981.

[18] Siegbahn K. α, β, γ-Ray Spectroscopy [M]. Amsterdam: North-Holland Publishing Company, 1965.

[19] Ajzenberg-Selove F. Nuclear Spectroscopy [M]. New York: Academic Press, 1960.

[20] 梅镇岳.原子核物理学[M].3版.北京:科学出版社,1983.

[21] 梅镇岳.β和γ放射性[M].北京:科学出版社,1975.

[22] 卢希庭.原子核物理[M].北京:原子能出版社,1981.

[23] 刘运祚.常用放射性核素衰变纲图[M].北京:原子能出版社,1982.

[24] Segre E. Nuclei and Particles [M]. London: W. A. Benjamin, Inc., 1977.

[25] Lide D R. Handbook of Chemistry and Physics[M]. 89th ed. CRC Press, 2008-2009.
[26] Perkins D H. 高能物理学导论[M]. 4版. 北京：世界图书出版社，2000.
[27] 许咨宗. 核与粒子物理导论[M]. 合肥：中国科学技术大学出版社，2009.
[28] 南部阳一郎. 夸克：基本粒子物理前沿[M]. 陈宏芳，译. 合肥：中国科学技术大学出版社，2013.
[29] Particle Data Group. Review of Particle Physics[J]. Phys. Rev. D, 2012, 86: 451; 445; 131; 189; DOI: 10.1103/PhysRevD. 86.010001.

中英文名词索引

A

α射线 alpha rays 7.1,7.2
α衰变 alpha decay 7.2
阿伏伽德罗常数 Avogadro's constant 1.1.1
暗物质 dark matter 9.4.5
暗能量 dark energy 9.4.5

B

巴耳末系 Balmer series 1.3.1,5.1.1
半衰期 half-life 7.1.1,7.2.3
本征函数 eigen function 2.5.1
本征方程 eigen equation 2.5.1
本征值 eigenvalue 2.5.1
贝克 Bq 7.1.1
β稳定线 beta stable line 6.3.1
β射线 beta rays 7.1.0,7.3
β衰变 beta decay 7.3
伯格曼系 Bergmann series 3.4.2
标准模型 standard model 9.4.1
波恩-奥本海默近似 Born-Oppenheimer approximation 5.2.2,5.3.1
波粒二象性 wave-particle duality 2.1
玻尔磁子 Bohr magneton 3.1.1
玻色子 boson 4.2.2
　规范玻色子 canonical boson 9.1.4,9.4.1
希格斯粒子 Higgs boson 9.1.4,9.4.3
波函数 wave function 2.3,2.6
　波函数叠加 wave function superposition 2.3.2
　波函数塌缩 wave function collapse 2.5.2
不确定关系 uncertainty relation 2.2
不相容原理 exclusion principle 4.2.2
布拉开系 Brackett series 1.3.1
布居 population 8.5.1

C

超对称理论 supersymmetry theory 9.4.6
超荷 supercharge 9.1.3
超荷数 supercharge number 9.1.3
超精细结构 hyperfine structure 3.3.4
超重核素 superheavy element 6.3.1
粲夸克 charm quark 9.2.3
测量公设 postulate of measurement 2.5.2
成像技术 imaging technique 8.7.2
　超声成像 ultrasonic imaging 8.7.2
　磁共振成像 MRI magnetic resonance imaging 8.7.2
　单光子发射计算机断层成像技术（SPECT）single photon Emission computed tomography 8.7.2
　X射线计算机断层成像（X-CT）X-ray Computed tomography 8.7.2
　正电子发射断层成像（PET）position emission tomography 8.7.2
磁偶极跃迁 magnetic dipole transition 7.4.1,8.6.4
磁约束 magnetic confinement 7.6.3

重叠积分 superposition integral 5.2.2

D

大统一理论 grand unified theory 9.4.6
单缝衍射 single-slit diffraction 2.1.3,2.2.1
单重态 single-state 4.1,4.2.3
单光子的粒子性和波动性 particle and wave character of single photon 2.1.2,2.1.3
德布罗意波 de Broglie wave 2.1.4
等效电子 equivalent electron 4.3.3,4.4.1
氘 deuterium 1.4.2
电磁波谱和波段 electromagnetic wave spectrum and range 附录Ⅱ
电磁相互作用 electromagnetic interaction 6.4.1,9.4.2
电荷数 electric charge 9.1.3
电离能 ionization energy 1.3.4,4.3.2
电离损失 ionization loss 8.4.1
电偶极矩 electric dipole moment 3.5.3
电偶极跃迁 electric dipole transition 7.4.1,8.6.4
电四极跃迁 electric quadrupole transition 7.4.1,8.6.4
电子的波动性 wave character of electron 2.1.4,2.1.5,2.1.6
电子性质 electron character 1.1.2,1.1.3
电子反常磁矩 electron abnormal magnetic moment 3.3.3
电子自旋 electron spin 3.2.1
自旋回磁比 spin gyromagnetic ratio 3.2.1
自旋角动量 spin angular momentum 3.2.1
自旋朗德因子 spin Landé factor 3.2.1
电子对效应 electron pair effect 8.2.2
电子能量损失谱 electron energy loss spectroscopy 8.3.2,8.4.3
电子衍射实验 electron diffraction experiment 2.1.5

电子俘获 electron capture 7.3.1
电子顺磁共振 electron paramagnetic resonance 3.5.2
电子偶素 positronium 1.5.3,8.2.3
电子显微镜 electron microscope 2.4.5
电子云 electron cloud 2.6.4
电子组态 electron configuration 4.3.1
多次散射 multi-scattering 8.3.3
多极性 multipole character 7.4.1,8.6.4
对能 pairing energy 6.3.3
对称能 symmetry energy 6.3.3
对应原理 parallelism principle 2.7.1

E

俄歇电子能谱 Auger electron spectroscopy 4.5.2
俄歇效应 Auger effect 4.5.2

F

法拉第常数 Faraday's constant 1.1.3
泛频 over-frequency 5.3.3
反粒子 antiparticle 8.2.1,9.1.4
反氢原子 anti-hydrogen atom 1.5.3
反应堆 reactor 7.6.2
反应截面 reaction cross section 7.5.2
反应能 reaction energy 7.5.3
放射性 radioactive 7.1
放射性活度 radioactivity 7.1.1
放射性衰变 radioactive decay 7.1
放射治疗 radiotherapy 8.7.3
费米子 Fermion 4.2.2
非简谐振动 inharmonic vibration 5.3.3
非刚性效应 non-rigid effect 5.3.2
非弹性散射 inelastic scattering 8.3.2
分子轨道 molecular orbital 5.2.2,5.3.4

成键轨道 bonding orbital 5.2.2

反键轨道 antibonding orbital 5.2.2

弗兰克-赫兹实验 Franck-Hertz experiment 1.4.3

G

高斯线形 Gaussian profile 8.6.2

概率密度 probability density 2.6.4

γ射线 gamma rays 7.1,7.4

γ跃迁 gamma transition 7.4

共振散射 resonance scattering 7.1.3,7.4.3

共振态 resonance state 9.1.3

光电效应 photoelectric effect 8.1.1

光电子谱 photoelectron spectroscopy 8.3.2

光量子学说 quantum theory of light 1.2.1

光谱带 spectral series 5.1

光谱项 spectral term 1.3.1

光子的特性 character of photon 1.2.1

惯性约束 confinement 7.6.3

轨道磁矩 orbital magnetic moment 3.1.1

轨道回磁比 orbital gyromagnetic ratio 3.1.1

轨道角动量 orbital angular momentum 3.1.1

H

哈密顿算符 Hamiltonian operator 2.5.1

哈特里 Hartree 附录Ⅲ

氦原子的光谱和能级 spectrum and energy levels of helium 4.1

  正氦 orthohelium 4.1

  仲氦 parahelium 4.1

核磁子 nuclear magneton 3.3.4,6.2.1

核反应 nuclear reaction 7.5

  重离子核反应 heavyionic nuclear reaction 7.5.1

核磁共振（NMR）nuclear magnetic resonance 6.2.2

核力 nuclear force 6.4

核素 nuclide 6.1.2,6.3.1

核素生产 nuclide production 7.1.3

核素图 nuclide chart 6.3.1

核素性质表 table of properties of nuclides 6.1.2

核子 nucleon 6.1.1,6.4.1

洪特定则 Hund's rules 4.4.3

化学键 chemical bond 5.1,5.2

幻数 magic number 6.5.1

J

jj耦合 j-j coupling 4.4.2

J/ψ粒子 J/ψ particle 9.2.3

截面 cross section 1.2.4

结合能 binding energy 6.3.2,8.1.1

集体模型 collective move model 6.5.2

激发电势 excitation potential 1.4.3

激光聚变 laser fusion 7.6.3

基线系 fundamental series 3.4.2

级联衰变 cascade decay 7.1.2

简并 degeneracy 2.5.2,2.6.3,4.3.3

碱金属原子 alkaline metal atom 3.4

解离能 dissociation energy 5.2.1

交换对称性 exchange symmetry 4.2.1,6.2.3,6.4.1

交换积分 exchange integral 5.2.2

交换能 exchange energy 4.2.4

交换效应 exchange effect 4.2.4

胶子 gluon 9.1.4,9.2.3,9.4.4

角动量量子数 angular-momentum quantum number 2.6.2,3.2.3,5.3.4,6.5.1

角动量相加法则 rule of sum for angular momentum 3.2.4

介子 meson 6.4.2,9.1.3

介子场论 meson field theory 6.4.2

径迹 track 8.4.2
精细结构常数 fine structure constant 1.3.3,3.3.1,9.4.2
居里 Ci 7.1.1
聚变 fusion 7.6.3

K

K介子 K ion 9.1.3
K线系 K series 4.5.1
康普顿波长 Compton wavelength 8.1.2
康普顿散射 Compton scattering 8.1.2
克莱因-戈尔登方程 Klein-Gordon equation 2.4.2
空间量子化 space quantization 3.1.3
夸克模型 quark model 9.2
库仑积分 Coulomb integral 5.2.2
库仑能 Coulomb energy 4.2.4,6.3.3
库仑散射 Coulomb scattering 8.3.1
扩展X射线吸收精细结构（EXAFS）extended X-ray absorption fine structure 8.1.4

L

LS耦合 L-S Coupling 4.4.1
赖曼系 Lyman series 1.3.1
拉波特定则 Laporte's rules 4.4.5
拉曼散射 Raman scattering 5.4
拉莫尔进动 Larmor precession 3.1.2
拉姆绍尔-汤生效应 Ramsauer-Townsens effect 8.3.1
兰姆移位 Lamb shift 3.3.3
朗伯-比耳定律 Lambert-Beer law 8.1.4
朗德间隔定则 Landé interval rule 4.4.1
朗德因子 Landé factor 3.2.1,3.5.1,4.4.4
类氢离子光谱 hydrogen-like ion spectrum 1.4.1
量子化假设 quantization supposition 1.3.2

量子数 quantum number 1.3.2,2.6.2,2.6.3,3.2.1,5.3.2,6.3.3
量子数亏损 quantum-number defect 3.4.1
里德伯原子 Rydberg atom 1.5.1
里德伯常数 Rydberg constant 1.3.1,1.4.2
里德伯能量单位 Rydberg energy unit 附录Ⅳ
粒子素 particle-element 1.5.3
逆康普顿散射 anti-Compton scattering 8.1.2
链式反应 chain reaction 7.6.2
裂变 fission 7.6.1
　自发裂变 spontaneous fission 7.6.1
　诱发裂变 inducement fission 7.6.1
连续谱 continual spectrum 1.3.4,4.5.1
零点能 zero energy 2.4.3
螺旋度 helicity 9.1.2
手征性 chirality 9.1.2
卢瑟福散射 Rutherford scattering 1.2.1,1.2.2,8.3.1
卢瑟福背散射 Rutherford back-scattering 8.7.1
洛伦兹单位 Lorentz unit 3.5.1
洛伦兹线形 Lorentz profile 8.6.2
劳森判据 Lawson criterion 7.6.3

M

漫线系 diffuse series 3.4.2,4.1
μ子 muon 1.5.2,9.1.3
μ子原子 muon atom 1.5.2
莫塞莱公式 Moseley formula 4.5.1
穆斯堡尔效应 Mössbauer effect 7.4.3
莫特散射 Mott scattering 8.3.1

N

内转换 internal conversion 7.4.2
能级 energy level 1.3.3,1.3.4

能级宽度 energy level width 8.6.2
能级图 energy level chart 1.3.3

P

π介子 pion 6.4.2,9.1.3
帕邢系 Paschen series 1.3.1
帕邢-巴克效应 Paschen-Back effect 3.5.1
碰撞参数 collision parameter 1.2.2
碰撞退激发 collision deexcitation 8.5.2
彭宁电离 Penning ionization 8.5.2
皮克林系 Pickering series 1.4.1
普朗克常数 Plank's constant 1.2.1,2.7.2
谱线增宽 spectrum broadening 8.6.3
　　碰撞增宽 collision broadening 8.6.3
　　多普勒增宽 Doppler broadening 8.6.3

Q

奇异数 strangeness number 9.1.3
奇异粒子 exotic particle 9.1.3
奇特原子 exotic atom 1.5.1
壳层模型 shell model 6.5.1
强子 hadron 9.1.3
强相互作用 strong interaction 6.4.1,9.4.1
氢弹 hydrogen bomb 7.6.4
氢原子光谱 spectrum of hydrogen 1.3.1
氢原子能级 energy levels of hydrogen 1.3.3
氢原子能级的精细结构 fine structure of the energy levels of hydrogen 3.3
轻子 lepton 9.1.2
全同粒子 identical particles 4.2.1
全同性原理 identical principle 4.2.1

R

轫致辐射 bremsstrahlung 4.5.1
热核反应 thermonuclear reaction 7.6.3

热激发 thermal excitation 8.5.1
瑞利散射 Rayleigh scattering 8.1.3
锐线系 sharp series 3.4.2,4.1
弱相互作用 weak interaction 6.2.3, 7.3.3,9.4.3
弱电统一理论 unified electroweak theory 9.4.3

S

三重态 triplet 4.1,4.2.3
扫描隧道显微镜（STM）Scanning Tunneling Microscopy 2.4.5
双光子跃迁 double photon transition 8.6.4
双β衰变 double β decay 7.3.1
斯特恩-盖拉赫实验 Stern-Gerlach experiment 3.1.3
势垒 potential barrier 2.4.4,7.2.3
势阱 potential well 2.4.3
势能曲线 potential curve 5.2.1,5.3.2
寿命 lifetime 7.1.1,8.6.1,9.1.1
射程 range 8.4.2
守恒定律 conservation law 7.5.2,9.3
受激辐射 stimulated emission 8.6.1
衰变常数 decay constant 7.1.1
衰变规律 decay rule 7.1.1,8.6.1
衰变纲图 decay grotrian diagrams 7.2.2
衰变能 decay energy 7.2.1,7.3.1
算符 operator 2.4.2
隧道效应 tunnel effect 2.4.4
斯塔克效应 Stark effect 3.5.3

T

τ子 tauon 9.1.3
态的叠加原理 principle of state superposition 2.3.3
汤姆孙散射 Thomson scattering 8.1.1,8.1.2

弹性散射 elastic scattering 8.3.1
统计性 statistic character 6.2.3
同步辐射 synchrotron radiation 4.5.3
同位素 isotope 6.1.2
同位旋 isotopic spin or isospin 6.4.1,9.1.1, 9.3.1
同质异能素 isomer 6.1.2,7.4.2
同质异能态 isomeric state 7.4.2

U

ϒ粒子 Upsilon 9.2.3

X

X射线吸收精细结构 absorption fine structure of X-ray 8.1.4
X射线谱 X-ray spectrum 4.5.1
　特征X射线 characteristic X-ray 4.5.1
吸收边 absorption edge 8.1.1
吸收定律 absorption law 8.1.4
吸收系数 absorption coefficient 8.1.4
虚介子 virtual meson 6.4.2
虚光子 virtual photon 6.4.2
薛定谔方程 Schrödinger equation 2.4,2.5, 4.2,5.3.1,7.2.3

Y

亚稳态 metastable state 6.1.2,7.4.2,8.6.4
引力波 gravitation wave 9.1.4
引力子 graviton 9.1.4,9.4.1
引力相互作用 gravitation interaction 9.1.4, 9.4.1
荧光产额 fluorescent yield 4.5.2
阴极射线 cathode ray 1.1.2
宇称 parity 6.2.3,7.3.3,7.4.1,8.6.4,9.1.1
宇称守恒 parity conservation 4.4.5,6.2.3, 7.3.3,7.4.1,9.3.2
宇宙射线 cosmic ray 9.0
阈能 threshold energy 7.5.3
元素周期性 periodicity of elements 4.3.2
原子弹 atomic bomb 7.6.2
原子的性质 character of atom 1.1.1
原子单位制 atomic unit system 附录Ⅳ
原子磁矩 atomic magnetic moment 3.5.1,4.4.4
原子壳层结构 atomic shell structure 4.3.2
原子模型 atomic model
　玻尔模型 Bohr model 1.3.2
　卢瑟福模型 Rutherford model 1.2.2
　汤姆孙模型 Thomson model 1.1.4
原子核磁矩 nuclear magnetic moment 3.3.4,6.2.1
原子核电四极矩 nuclear electric quadrupole moment 3.3.4,6.2.1
原子核结合能 nuclear binding energy 6.3.2
原子核的性质 character of nucleus 6.1.3
原子核液滴模型 nuclear drop model 6.3.3
原子核衰变 nuclear decay 7.1
原子核自旋 nuclear spin 3.3.4,6.2.1
原子论 atomism 1.1.1
原子序数 atomic number 1.2.3,4.5.1
跃迁速率 transition probability per unit time 8.6.1

Z

正电子 positron 8.2
正电子湮灭 positron annihilation 8.2.4
振动光谱 vibratory spectra 5.1,5.3.3
振动能级 vibratory level 5.1,5.3.3
振转光谱 vibration-rotational spectra 5.1, 5.3.3
　电子振动转动光谱 electron-vibration-rotational

spectra 5.3.5
转动光谱 rotational spectra 5.1,5.3.2
转动能级 rotational level 5.1,5.3.2
塞曼效应 Zeeman effect 3.5.1
质量宽度 mass width 9.1.1
质量数 mass number 6.1.2
质子 proton 6.1.1,7.2.4
质子放射性 proton radioactive 7.2.4
质子 X 荧光分析 proton induced X-ray emission (PIXE) 4.5.1
质子的磁矩 magnetic moment of proton 6.2.1
自发辐射跃迁 spontaneous radiative transition 8.6.1
自然宽度 nature width 8.6.2
自旋波函数 spin wave function 4.2.3
自旋-轨道相互作用 spin-orbit interaction 3.2.2,4.4.1,6.5.1
中心力场近似 central force field approximation 4.3.1,6.5.1
中子 neutron 6.1.1.8.6.2
  缓发中子 delayed neutron 7.6.2
  瞬发中子 instantaneous neutron 7.6.2
中微子 neutrino 7.3.2,9.1.2
重子 baryon 9.1.3,9.2.2
重子数 baryon number 9.1.3
主线系 principal series 3.4.2,4.1
作用量判据 action criterion 2.7.2

人名索引

Anderson, C. D. 安德森 1.5.3, 6.4.2, 8.2.1, 9.1.4
Auger, M. P. 俄歇 4.5.2
Avogadro, A. 阿伏伽德罗 1.1.1, 1.1.5
Back, E. 巴克 3.5.1
Balmer, J. J. 巴耳末 1.3.1
Barish, B.C 巴里什 9.4.1
Becquerel, A. H. 贝克勒尔 7.1
Bethe, H. A. 贝特 7.6.4, 8.4.1
Binnig, G. 宾尼格 2.4.5
Birge, R. T. 伯奇 1.4.2
Bloch, F. 布洛赫 8.4.1
Bloembergen, N. 布洛姆伯根 8.0
Bohr, A. A. 玻尔 6.5.2
Bohr, N. N. 玻尔 1.3.1, 2.3.3, 8.4.1
Boltzmann, L. E. 玻尔兹曼 1.1.1, 8.5.1
Born, M. 玻恩 2.3.2
Bose, S. N. 玻色 4.2.2
Brackett, F. S. 布拉开 1.3.1
Brout, R. 布鲁特 9.4.3
Cabibbo, N. 卡比博 9.4.3
Chadwick, J. 查德威克 6.1.1
Chamberlain, O. 张伯伦 9.1.4
Chang, J. 常进 9.4.5
Chu, S. 朱棣文 1.1.2
Compton, A. H. 康普顿 8.1.2
Coolidge, W. 考利基 4.5
Cormack, A. M. 科马克 8.7.2
Cowan, C. L. 柯恩 9.1.2

Critchfield, C. L. 克里奇菲尔德 7.6.4
Cronin, J. W. 克罗宁 9.3.2
Curie, M. S. 居里夫人 7.1
Curie, P. 皮埃尔·居里 7.1
Dalton, J. 道尔顿 1.1.1
Davis, R. E. 戴维斯 9.1.2
Davisson, C. J. 戴维孙 2.1.5
de Broglie, L. V. 德布罗意 2.0, 2.1, 2.3
Dehmelt, H. G. 德默尔特 3.3.3
Deutsch, M. 道依奇 8.2.3
Dirac, P. A. M. 狄拉克 1.5.3, 2.3.3, 2.4.1, 8.2.1, 9.1
Duane, W. 杜安 4.5.1
Einstein, A. 爱因斯坦 2.1.1, 2.3.3
Englert, F. 恩格勒 9.4.3
Ernst, N. N. 恩斯特 6.2.2
Faraday, M. 法拉第 1.1.3
Fermi, E. 费米 1.5.2, 4.2.2, 7.3.3, 9.1.3
Feynman, R. P. 费恩曼 3.3.3
Fitch, V. L. 菲奇 9.3.2
Franck, J. 弗兰克 1.4.3
Friedman, J. I. 弗里德曼 9.2.2
Friedrich, W. 弗里德里克 4.5
Gamov, G. 伽莫夫 7.3.3
Geiger, H. 盖革 1.2.1, 7.2.3
Gell-Mann, M. 盖尔曼 9.1.3, 9.2.1
Gerlach, W. 盖拉赫 3.0, 3.1
Germer, L. H. 盖末 2.1.5
Glashow, S. L. 格拉肖 9.4.3

Goldhaber, M. 戈德海堡尔 9.1.2
Goudsmit, S. A. 古兹密特 3.2.1
Gross, D. J. 格罗斯 9.4.4
Hahn, O. 哈恩 7.6.1
Hanle, W. 汉勒 8.1.3
He, Z. H. 何泽慧 7.6.1
Heisenberg, W. 海森伯 2.2.1, 2.3.3
Hertz, G. 赫兹 1.4.3
Higgs, P. W. 希格斯 9.4.3
Hertz, H. R. 赫兹 1.1.2
Housfield, G. H. 豪斯菲尔德 8.7.2
Hund, F. 洪特 4.4.3
Hunt, P. 亨特 4.5.1
Iliopoulos, J. 伊利奥普洛斯 9.4.3
Jensen, J. H. D. 詹森 6.5.1
Jönsson, C. 约恩逊 2.1.6
Joliot-Curie, F. 约里奥·居里 6.1.1
Joliot-Curie, I. 伊伦·居里 6.1.1
Kajita, T. 梶田隆章 9.4.2
Kaufman, W. 考夫曼 1.1.2
Kendall, H. W. 肯德尔 9.2.2
Klein, O. 克莱因 2.4.1, 8.1.2
Knipping, P. 尼宾 4.5
Kobayashi, T. 小林诚 9.3.2
Koshiba, M. 小柴昌俊 9.1.2
Kusch, P. 库什 3.3.3
Lamb, W. E. 兰姆 3.3.3
Landé, A. 朗德 3.2.1
Laporte, O. 拉波特 4.4.5
Larmor, 拉莫尔 3.1.2
Laue, M. Von 劳厄 4.5
Lauterbur, P. C. 劳特布尔 6.2.2, 8.7.2
Lawson, J. D. 劳森 7.6.3
Lee, J. D. 李政道 6.2.3, 7.3.3, 9.3.2
Lederman, L. M. 莱德曼 9.1.2
Lorentz, A. H. 洛伦兹 3.5.1

Lyman, T. 赖曼 1.3.1
Maiani, L. 马依阿尼 9.4.3
Maki, Z. 牧 9.4.5
Maskawa, T. 益川敏英 9.3.2
Mansfield, P. 曼斯菲尔德 6.2.2, 8.7.2
Marsden, E. 马斯登 1.2.1
Maxwell, J. C. 麦克斯韦 8.6.3
Mayer, M. G. 迈耶夫人 6.5.1
McDonald, A. B. 麦克唐纳 9.4.2
Mendeleev, D. I. 门捷列夫 4.3.2
Menzel, D. H. 门泽尔 1.4.2
Millikan, R. A. 密立根 1.1.3
Mills, R. L. 米尔斯 9.4.3
Moseley, H. G. J. 莫塞莱 4.5.1
Mössbauer, R. L. 穆斯堡尔 7.4.3
Mott, N. F. 莫特 8.3.1
Mottelson, B. R. 莫特森 6.5.2
Nakagawa, M. 中川 9.4.5
Nambu, Y. 南部阳一部 9.3.2
Neeman, Y. 奈曼 9.2.1
Nishijima, K. 西岛 9.1.3
Nishina, Y. 仁科 8.1.2
Paschen, F. 帕邢 1.3.1, 3.5.1
Paul, W. 保罗 3.3.3
Pauli, W. 泡利 3.2.1, 4.2.2, 5.2.1
Pauling. L. 鲍林 5.2.1
Perl, M. L. 佩尔 9.1.2
Perlmutter, S. 波尔马特 9.4.5
Phillips, W. D. 菲利普斯 2.1.1
Pickering, W. H. 皮克林 1.4.1
Planck, M. 普朗克 2.1.1, 2.7.2
Politzer, H. D. 波利策 9.4.1
Pontecorvo, B. M. 庞蒂科夫 9.1.2, 9.4.5
Powell, C. F. 鲍威尔 6.4.2
Purcell, E. M. 珀塞尔 6.2.2
Qian, S. Q. 钱三强 7.6.1

453

Rabi, I. I. 拉比 3.3.3, 3.5.2, 6.2.2
Rainwater, L. J. 雷恩瓦特 6.5.2
Raman, C. V. 拉曼 5.4
Ramsey, N. F. 拉姆齐 3.3.4
Ramsauer, C. W. 拉姆绍尔 8.3.1
Rayleigh, J. 瑞利 5.4, 8.1.3
Reines, F. 莱茵斯 7.3.2, 9.1.2
Retherford, R. C. 李瑟福 3.3.3
Richter, B. 里克特 9.2.3
Riess, A. G. 里斯 9.4.5
Rohrer, H. 罗雷尔 2.4.5
Röntgen, W. C. 伦琴 4.5
Rubbia, C. 鲁比亚 9.4.3
Ruska, N. 鲁斯卡 2.4.5
Rutherford, E. 卢瑟福 1.2.1, 6.1.1
Rydberg, J. R. 里德伯 1.3.1, 1.4.2, 1.5.1
Salam, A. 萨拉姆 9.4.3
Schawlow, A. L. 肖洛 8.0
Schmidt, B. P. 施密特 9.4.5
Schödinger, E. 薛定谔 2.3.3, 2.4
Schott, G. A. 舒特 4.5.3
Schuster, A. 休斯脱 1.1.2
Schwartz, M. 施瓦茨 9.1.2
Schwinger, J. 施温格 3.3.3
Segre, E. G. 塞格雷 9.1.4
Siegbahn, K. M. 塞格巴恩 8.0
Stark, J. 斯塔克 3.5.3
Steinberger, J. 斯坦伯格 9.1.2
Stern, O. 斯特恩 3.0, 6.2.1
Stokes, 斯托克斯 5.3.5, 5.4
Stoney, G. J. 斯通尼 1.1.3

Strassmann, F. 斯特拉斯曼 7.6.1
Tannoudji, C. C. 塔努吉 2.1.1
Taylor, G. I. 泰勒 2.1.3
Taylor, R. E. 泰勒 9.2.2
Teller, E. 特勒 7.3.3
Thomas, L. H. 托马斯 3.2.2
Thomson, G. P. 汤姆孙 2.1.5
Thomson, J. J. 汤姆孙 1.1.2, 1.1.4, 8.1.2
t'Hooft, G. 特霍夫特 9.4.3
Thorne, K. S. 索恩 9.4.1
Ting, S. C. C. 丁肇中 9.1.1, 9.2.3
Tomonaga, S. 朝永振一郎 3.3.3
Uhlenbeck, G. E. 乌伦贝克 3.2.1
Urey, H. 尤里 1.4.2
Van der Meer, S. 范德米尔 9.4.3
Veltmam, M. J. G. 韦尔特曼 9.4.3
Wang, G. C. 王淦昌 9.1.4
Weinberg, S. 温伯格 9.4.3
Weiss, R. 韦斯 9.4.1
Wilczek, F. 维尔切克 9.4.4
Wilson, C. T. R. 威尔逊 1.1.3
Wu, C. S. 吴健雄 6.2.3, 9.3.2
Wu, Y. X. 吴有训 8.1.2
Wuthrich, K. 维特里希 6.2.2
Yang, C. N. 杨振宁 6.2.3, 7.3.3, 9.3.2, 9.4.1
Yukawa, H. 汤川秀树 6.4.2, 9.1.2
Zeeman, P. 塞曼 3.5.1
Zhang, W. Y. 张文裕 1.5.2
Zweig, G. 茨威格 9.2.1